计 算 机 系 列 教 材

计算机操作系统原理

主 编 温 静

副主编 高翠芬 高 霞

参 编 姬朝阳

WUHAN UNIVERSITY PRESS

武汉大学出版社

图书在版编目(CIP)数据

计算机操作系统原理/温静主编 . —武汉:武汉大学出版社,2014.7
计算机系列教材
ISBN 978-7-307-13718-9

Ⅰ.计… Ⅱ.温… Ⅲ.操作系统—教材 Ⅳ.TP316

中国版本图书馆 CIP 数据核字(2014)第 150025 号

责任编辑:刘 阳　　责任校对:鄢春梅　　版式设计:马 佳

出版发行:**武汉大学出版社** (430072 武昌 珞珈山)
(电子邮件:cbs22@ whu. edu. cn 网址:www. wdp. com. cn)
印刷:荆州市鸿盛印务有限公司
开本:787×1092 1/16 印张:27 字数:688 千字 插页:1
版次:2014 年 7 月第 1 版 2014 年 7 月第 1 次印刷
ISBN 978-7-307-13718-9 定价:55.00 元

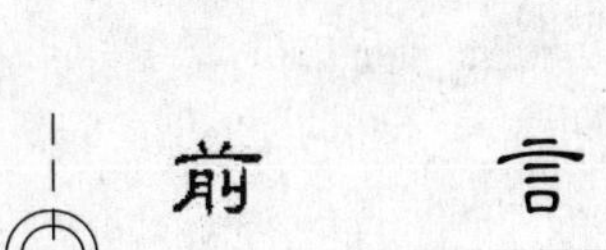

操作系统是计算机系统中最重要的系统软件，它负责管理计算机系统中的硬件资源和软件资源，并为用户使用计算机提供了方便友好的界面。随着互联网技术的广泛应用和普及，我国的高等院校和 IT 界对操作系统的关心和重视达到了前所未有的程度，掌握计算机操作系统原理是大数据时代构建现代化信息大厦的核心和基础。

操作系统原理课程是计算机专业的一门重要的专业基础课，并从 2009 年开始纳入计算机专业硕士研究生的统考课程。该课程的特点是概念多、内容抽象、理论性及综合性较强。

本书主要围绕操作系统的五大功能展开论述，在内容的安排上，不但重视理论讲解，而且为避免大量的理论知识太过枯燥及空洞，本书在最后几章分别介绍了具有代表性的三大类操作系统——网络操作系统、分布式操作系统及嵌入式操作系统的原理及应用。

考虑到操作系统原理作为硕士研究生的入学考试科目，本书在内容编排上特地针对考试范围进行了精心的组织和编排。根据作者多年的教学经验，对于一些难以理解的知识点，均安排了相应的例题，由浅入深地进行剖析，使学生能够从简单的实例入手，比较容易地掌握操作系统的内部工作原理。另外，为了帮助读者检验和加深对内容的理解，在每一章都配置了大量题型丰富的练习题。

本书的内容共分 12 章，第 1 章至第 8 章为必讲内容，涵盖了操作系统的概念及五大功能；第 9 章至第 12 章可作为参考阅读资料，亦可根据课时进行灵活处理。

本书的第 1 章至第 9 章由温静编写，第 10、11 章由高翠芬、姬朝阳编写，第 12 章由高霞编写。全书由温静统一编排定稿。

在本书的编写过程中，王化文教授给予了大力支持及鼓励，赵荆松老师对本书的编写提供了大量的帮助和校正，在此表示衷心的感谢。

由于编者水平有限，书中难免有错误和不妥之处，恳请广大读者批评指正，特此为谢。

编 者

2014 年 6 月

目 录

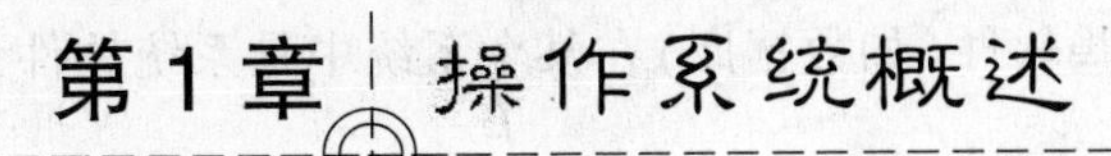

第1章　操作系统概述

计算机系统由硬件和软件两部分组成。操作系统(Operating System, OS)是配置在计算机硬件上的第一层软件，是对硬件系统的首次扩充。它在计算机系统中占据了特别重要的地位；而其他的系统软件，如汇编程序、编译程序、数据库管理系统等，以及大量的为了满足用户特定的需求而编写的应用软件，都将依赖于操作系统的支持，取得它的服务。操作系统已成为现代计算机系统(大、中、小及微型机)、多处理机系统、计算机网络、多媒体系统以及嵌入式系统中都必须配置的、最重要的系统软件。

1.1　操作系统的定义

众所周知，操作系统是现代计算机系统中一种不可缺少的系统软件。它在计算机用户与计算机硬件之间起着衔接作用。但是，操作系统到底是什么？操作系统要做哪些工作？这些是每个初学者必然会提出的问题。下面将根据操作系统在计算机系统中的地位和作用阐述操作系统的概念。

1.1.1　计算机系统

计算机系统是接收用户输入的信息，并按用户要求对信息进行加工和处理，最终输出结果的系统。计算机系统由硬件系统和软件系统组成。硬件系统为计算机系统正常工作提供一个运行环境；软件系统则保证计算机系统按用户指定的要求协调地工作。

硬件系统主要由中央处理机(CPU)、存储器、输入/输出控制系统和各种输入/输出设备组成。中央处理机是对数据进行加工和处理的部件。存储器可分为主存储器和辅助存储器(磁盘、磁带、光盘等)，用于存放各种程序和数据。主存(内存)可被中央处理机直接访问。输入/输出设备(如键盘、鼠标、打印机、显示器、语音输入/输出设备、扫描仪等)是计算机与用户之间进行交互的接口部件。输入/输出控制系统控制和管理各种外部设备(包括各种辅助存储器和输入/输出设备)与主存之间的数据传递。

软件系统包括系统软件、支撑软件和应用软件三部分。

系统软件是计算机系统中与硬件结合最紧密的软件，也是计算机系统中必不可少的软件。例如，操作系统、编译系统、数据库管理系统等都是系统软件。操作系统的功能是管理系统所有的硬件和软件资源，并控制和协调程序的正常执行，同时为用户提供一个友好的界面。编译系统的功能是把用高级语言(如 PASCAL、C、C++等语言)所编写的源程序翻译成机器能识别的目标程序。

支撑软件是可支持其他软件的开发和维护的软件。例如，数据库、各种接口软件、软件开发工具等都是支撑软件。

应用软件是按特定领域中的某种需要而编写的专用程序。例如，财务管理、人口普查等专用程序均属应用软件。

系统软件、支撑软件和应用软件并不能截然分开，它们之间的界限并不十分清楚，具体划分时可能出现交叉的情况。例如，操作系统是一种系统软件，但它支持编译系统、数据库等的开发，因而也可看做一种支撑软件。有些软件(如数据库)在某个系统中是系统软件，而在另一系统中就可能成为支撑软件。

所有系统中的硬件和软件统称为计算机系统的资源。因此，计算机系统的资源包括两大类：硬件资源和软件资源。如图 1-1 所示的是一个计算机系统的抽象视图。

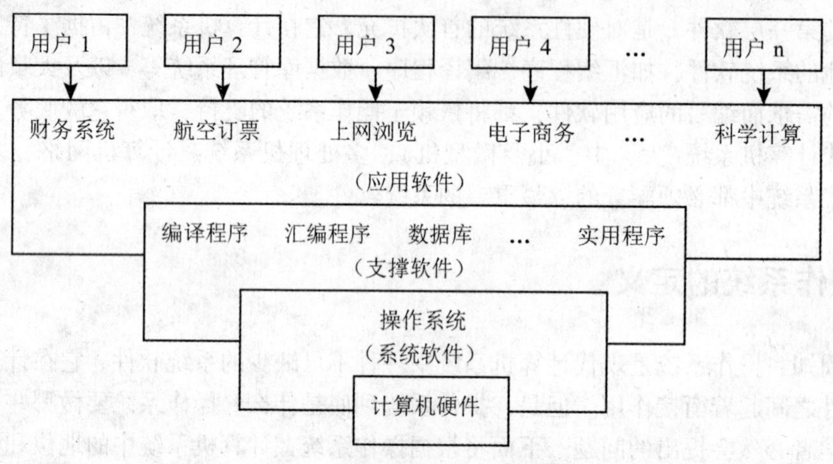

图 1-1　计算机系统的抽象视图

从操作系统的角度来观察，各种不同层次的用户(系统管理员、普通用户、应用程序、其他计算机系统)要利用计算机系统解决的问题可能不相同，但是，任何一个程序在执行前必须首先被装入内存，只有装入内存后才可能被执行，程序的执行要依靠处理机，程序执行中还可能要用到各种外部设备来完成信息的输入和输出，或者调用共享文件和公用模块等。也就是说，任何程序的执行都需要占用计算机系统的资源。然而，在多用户多任务的系统中，系统容纳的用户或任务数比较多，而系统资源又很有限，各用户对资源的请求和使用可能会有冲突。例如，当一个用户正在用打印机输出信息时，另一个用户也要求使用该打印机，如果对用户的这种资源请求不加限制，则将会引起混乱。因此，计算机系统必须具有控制和协调资源分配的能力，并能识别各类不同用户对系统的不同需求，从而有效地控制和管理各类用户，确保各类任务的正常完成。

1.1.2　操作系统的定义和目标

操作系统是计算机系统中一个最重要的系统软件。不同用户在使用操作系统时，对这个大型的系统软件的印象也是不一样的。例如，系统管理者认为操作系统是一组命令的集合，它接收输入的命令，并按要求完成指定的功能；程序设计人员认为操作系统是一组功能调用程序的集合，它为程序员编制程序提供了方便；而在普通用户眼中的操作系统则是一个方便用户使用的图形化的界面。因而，至今对操作系统尚未有一个严格的定义。

但从总体出发，一般认为，操作系统是一组控制和管理计算机硬件和软件资源，合理地对各类作业进行调度，以及方便用户使用的程序的集合。

针对不同的用户，在不同的应用领域内，操作系统需要提供不同的功能，系统设计时的要求和要达到的目标也不尽相同。但总的来说，在设计一个操作系统时需要达到以下四个目标。

1. 有效性

在第一代计算机时代(20 世纪 50—60 年代)，由于计算机系统非常昂贵，机器速度很慢，外设种类比较单一，设计和开发一个操作系统最重要的目标无疑是有效性。

那一时期怎样能更有效地发挥计算机系统的功能是操作系统设计人员所关心和热衷的。有效性主要指如何提高资源的利用率，包括 CPU、各种 I/O 设备及内存等。人们希望在配置了设计优良的操作系统之后，能使这些系统资源都达到充分利用，使得它们随时处于忙碌状态。有效性的另一个方面还体现在提高系统的吞吐能力上。所设计的操作系统希望能通过合理地组织计算机的工作流程，实现成批作业的处理，提高机器在单位时间内所完成的总工作量。

2. 方便性

早期的第一代计算机时期是没有操作系统的，那么人们使用机器都采用人工操作的方式。大量的手工操作使得人们对机器的使用变得很不方便。那时的计算机仅限于少数计算机专业人员才能使用，普通用户是无法使用的。因此，为了使得计算机能被普通用户所接受，方便性便成了设计现代操作系统的一个重要目标。配置一个好的操作系统后，它会给用户提供一个良好的接口，使得用户通过这个接口能方便地使用机器，从而使得计算机变得易学易用，推动计算机的发展，使之迅速渗透到千家万户。

方便性和有效性是设计操作系统时最重要的两个目标。在过去的很长一段时间内，由于计算机系统非常昂贵，因而其有效性显得比较重要。但是，近十多年来，随着硬件越来越便宜，在设计配置在微机上的操作系统时，人们似乎更注重如何使用户能更为方便地使用计算机，故在微机操作系统中都配置了受到用户广泛欢迎的图形用户界面，提供了大量的供程序员使用的系统调用。

3. 可扩充性

随着计算机技术的迅速发展，使得计算机的速度越来越快，硬件种类越来越多，功能越来越强，体系结构也在发生着日新月异的变化。相应地，这些技术的发展也对计算机上所配置的最重要的系统软件——操作系统提出了更高更新的要求。因此，操作系统必须要有很好的可扩充性，方便适应计算机在硬件、体系结构以及应用发展等方面的需求。在设计开发一个操作系统时，应该设计合理的方便扩充功能的结构，如微内核结构，以便于随时方便地增加新的功能模块，或对旧的功能模块进行修改。

4. 开放性

自 20 世纪 80 年代以来，由于计算机网络的迅速发展，特别是 Internet 应用的日益普及，使计算机操作系统的应用环境已由单机封闭环境转向开放的网络环境。

在互联网这样一个大环境中，有来自不同厂家生产的各种硬件设备通过网络加以集成化。这就要求这些设备之间要能够兼容，彼此之间不会发生冲突，还要能够方便地进行移植和通信。这些都要求操作系统要具备开放性。

开放性是指系统能遵循世界标准规范，特别是遵循开放系统互联(Open System Interconnection，OSI)国际标准。凡遵循国际标准所开发的硬件和软件，均能彼此兼容，可方便地实现互联。开放性已成为 20 世纪 90 年代以后计算机技术的一个核心问题，也是一个新推出的系统或软件能否被广泛应用的至关重要的因素。

1.2 操作系统的形成和发展

操作系统在现代计算机中起着举足轻重的作用。它是由人们对计算机系统的功能需求而产生，并随着计算机技术的发展和计算机应用的日益广泛而逐渐发展和完善的。最早的第一代计算机时期操作系统还未出现，人们使用计算机都采用人工操作方式；直到20世纪50年代中期出现了单道批处理操作系统；60年代中期随着多道程序设计技术的发展，出现了多道批处理系统；不久又出现了分时系统及主要用于工业控制和信息处理的实时操作系统。20世纪80年代至今，伴随着第四代计算机超大规模集成电路的发展，微机操作系统、多处理机操作系统、网络操作系统及分布式操作系统迎来了大发展的年代。

1.2.1 人工操作阶段

众所周知，世界上第一台计算机诞生于1946年，从1946年到20世纪50年代中期，属于第一代计算机时期。在这一时期，计算机体积庞大，计算速度仅为每秒钟数千次，功耗也非常高。此时的计算机主要由主机、输入输出设备和控制台构成。

人们利用这样的机器来解决问题只能采用人工操作的方式。此时的机器一次只能允许一个用户占用，因此用户在使用计算机时必须轮流使用。一个用户使用计算机的过程是这样的：用户先将程序记载在卡片或纸带上，然后将纸带或卡片装到输入机上，再经手工操作将纸带上的程序和数据输入计算机，接着通过按控制台的开关按钮来启动程序的运行。程序运行结束后，用户取走计算结果，并将卡片或纸带从输入机上卸下来，然后，下一个用户才来使用计算机。

早期的这种人工操作方式的缺点很明显：首先用户独占系统所有资源，这对资源造成了很大的浪费，特别是在早期计算机非常昂贵的情况下，这种浪费是很严重的。在系统资源中，尤其又数CPU的浪费最为严重，CPU有大量的时间在等待人工操作，即便是在早期第一代计算机时代，CPU的运行速度还很慢的情况下，这种浪费也是应该避免的。

随着计算机的不断发展，计算机的速度、容量、外设的品种和数量等方面都发生了很大的变化，比如，计算机的速度从每秒几千次、几万次发展到每秒几十万次甚至上百万次。可是人工操作的速度不会变，因此，计算机的高速度就与人工操作的慢速度之间形成了一对矛盾，叫做人机矛盾，随着机器的发展，这种人机矛盾越来越尖锐。如表1-1所示为人工操作时间与机器有效运行时间之间的关系，由此可见人机矛盾的严重性。

表1-1　人工操作时间与机器有效运行时间的关系

机器速度	作业在机器上计算所需时间	人工操作时间	操作时间与机器有效运行时间之比
1万次/秒	1小时	3分钟	1 ：20
60万次/秒	1分钟	3分钟	3 ：1

注：通常，把计算机完成用户算题任务所需进行的各项工作称为一道作业

随着计算机速度的不断提高，人机矛盾已到了不可容忍的地步。为了解决这一矛盾，只有设法去掉人工干预，实现作业的自动过渡，这样就出现了批处理。

1.2.2 批处理

早期的计算机时代，整个机器是由用户独占的，并且用户每次上机也只能处理一个作业。作业的整个执行过程也都由用户自己承担。

为了实现作业建立和作业过渡的自动化，系统引入了批量监督程序，监督程序是一个常驻内存的很小的核心代码，在早期的计算机中充当操作系统的角色。每一种语言的翻译程序(汇编语言或某种高级语言的编译程序)或实用程序(如连接程序)都作为监督程序的子例程。

1. 联机批处理

在联机批处理方式中，监督程序负责控制和管理作业的自动执行。每个用户将需要计算机解决的问题组织成一个作业，每个作业有一份作业说明书，它提供了用户作业标识、程序运行所需的编译程序以及作业所需的系统资源等。除了作业说明书以外，作业当然还包含相应的程序和数据。

因为是批处理，所以此时的系统已经有能力处理多个作业了。每个用户将自己的作业交到机房，由操作员将一批作业装到输入机上，然后在监督程序控制下，将之输入到系统磁盘上。在执行一个作业前，批处理监督程序会根据作业说明书，判断此时系统能否满足作业需求，如果满足，则将作业调入内存，经过编译、链接和运行之后输出计算结果。一个作业执行完毕后，监督程序又自动调入下一个作业进行处理。重复上述过程，直到该批作业全部处理完毕。

这种方式之所以叫联机批处理，是因为在整个处理过程中，I/O操作都是在主机(CPU)控制下完成的。

2. 脱机批处理

早期的联机批处理虽然实现了作业的自动执行，但在这种联机方式中，作业的I/O操作需要主机(CPU)的控制，这样使得CPU将大量的时间花在等待作业I/O上。我们知道，设备I/O的速度与CPU的计算速度不是一个数量级的，并且随着计算机的发展，CPU的处理速度越来越快，这两者之间的速度差距会越来越大，CPU的浪费也将会越来越严重。为了克服这一缺点，在批处理系统中引入了脱机I/O技术从而形成了脱机批处理系统。

"脱机"的含义是I/O操作脱离主机，在这种系统中专门引入一台外围机来控制I/O操作。每当要进行I/O操作时，就由外围机来接管，此时CPU可以从I/O中解脱出来，进行一些数据的计算和处理工作。

需要输入数据时，在外围机的控制下，将纸带(卡片)上的数据(程序)输入到磁盘上，当CPU需要这些数据和程序时，就从磁盘上将其高速调入内存。

类似地，需要输出数据时，CPU先将数据直接高速地输出到磁盘上，然后在另一台外围机的控制下，将磁盘上的数据通过相应外设输出。整个执行过程如图1-2所示。

这种脱机I/O方式的主要优点如下：

(1)减少了CPU的空闲时间，提高了CPU的利用率。在这种方式下，CPU不再需要花费大量的时间去等待慢速的I/O操作，而是可以去做一些数据处理工作，从而大大提高了利用率。

(2)提高了I/O速度。当CPU在运行中需要数据时，是直接从高速的磁带或磁盘上将数

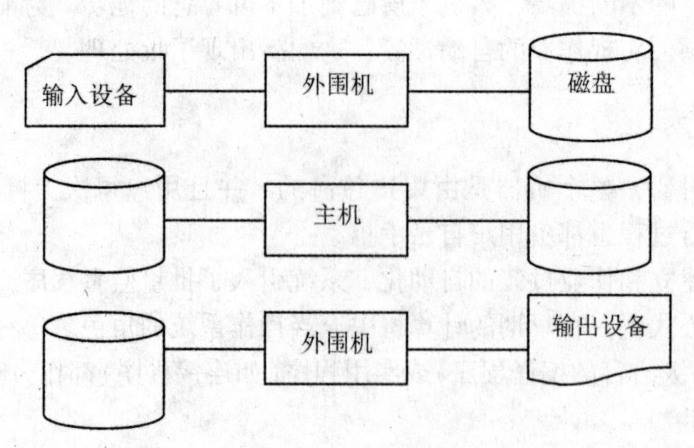

图 1-2 脱机 I/O 示意图

据调入内存的，不再是从低速 I/O 设备上输入，极大地提高了 I/O 速度，从而缓和了 CPU 和 I/O 设备速度不匹配的矛盾，进一步减少了 CPU 的空闲时间。

3. 执行系统

在批处理系统中，监督程序虽然实现了作业的自动执行，但仍然存在一些缺点，如输入、输出中的纸带(卡片)的装卸都需要人工来完成，操作员也在随时监督机器的状态。因此并没有真正实现自动化。另外，系统的安全性也无法得到保障，当程序执行一条非法指令时，机器无法辨别。在这种情况下，就需要操作员通过按控制台按钮来排除这个错误。更严重的是，因为系统没有保护措施，所以无法防止用户程序对系统的有意或无意的破坏。

20 世纪 60 年代初期，硬件获得了两方面的进展：一是通道的引入；二是中断技术的出现。这两项重大成果导致操作系统进入执行系统阶段。

通道是一种特殊的处理机，与系统中的中央处理机一样，它也有处理能力，但是，仅限于处理 I/O 操作，它有自己的通道程序。每当有 I/O 请求时，CPU 就会将 I/O 任务交给通道来执行。通道可以与 CPU 并行工作，而且 CPU 与外设也能并行工作。

所谓中断是指当主机接到某种信号(如 I/O 操作完成信号)时，马上停止原来的工作，转去处理这一事件，当该事件处理完后，主机又返回断点继续执行。

有了通道和中断技术，I/O 操作仍然可以在主机的控制下完成，主机通过向通道发送 I/O 指令，从而将 I/O 转交给通道去完成，在通道控制 I/O 执行的过程中，主机(CPU)可以做其他的数据处理工作。当 I/O 完成后，以中断的方式向 CPU 发送信号，此时，CPU 再来进行后续处理。在这种系统中，原有的监督程序的功能需要得到扩充，这个功能优化后的监督程序常驻内存，称为执行系统。

在执行系统中，I/O 操作也不需要主机干预，但它比脱机批处理前进了一步，节省了外围机，降低了成本，而且同样能支持主机和通道、主机和外设的并行操作。在执行系统中的 I/O 操作由系统检查合法性之后才交给通道去完成，因此可以避免不合法的 I/O 命令对系统造成破坏，从而提高了系统的安全性。

批处理系统和执行系统的普及，发展了标准文件管理系统和外部设备的自动调节控制功能。这一时期，程序库变得更加复杂和庞大，随机访问设备(如磁盘、磁鼓)已开始代替磁带而作为辅助存储器，高级语言也发展得比较成熟和多样化。许多成功的批处理操作系统在 20 世纪 50 年代末到 20 世纪 60 年代初期出现，其中 IBM7090、IBM7094 计算机配置的 IBM

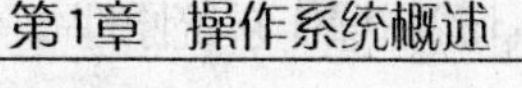

OS 是最有影响的。

1.2.3　多道程序设计与操作系统的形成

1. 多道程序设计

随着中断和通道技术的出现和发展，I/O 设备与 CPU 之间已经可以达到并行操作，初步解决了 CPU 的高速与外部设备的低速之间的矛盾。但在早期的单道系统环境下，不能使得 CPU 与 I/O 设备真正达到并行操作。

在早期的单道程序设计环境下，内存中只有一道程序，这一道程序将独占系统所有的资源。如果程序需要进行计算，那么它将会占用 CPU，计算一段时间后，它将需要进行 I/O 操作，此时，CPU 就会被释放，程序转而去占用外部设备。我们知道，I/O 操作是比较慢的，在漫长的 I/O 操作的这一段时间内，CPU 无事可做。本来 CPU 是可以去做其他的处理工作的，但是在单道系统下，内存中只有这一道程序，如果这个程序不需要占用 CPU，那么 CPU 就被闲置了。

如图 1-3 所示为单道程序工作示例，在输入操作未结束之前，处理机处于空闲状态，其原因是由于系统内存中只有一道程序。

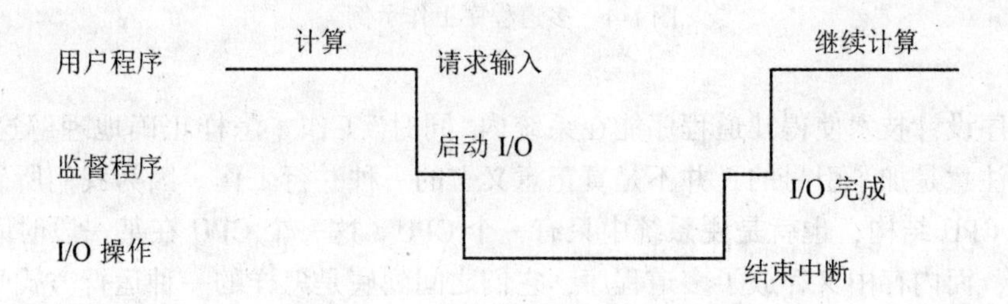

图 1-3　单道程序工作示例

在单道系统环境中，由于内存中只有一道程序，使得这一道程序将会占用系统中所有的资源。这对资源无疑造成了很大的浪费，没有得到充分利用。而在计算机的一些应用领域中，根据应用的特点，它们所占用的系统资源是不同的。比如商业数据处理、信息检索及订票系统等任务涉及计算量比较少，对 CPU 的占用很少，而 I/O 量比较大，所以需要较多地占用外部设备。另外一些应用，比如科学计算、天气预报及工程计算任务，涉及的计算量非常大，对 CPU 的占用比较多，而使用外部设备比较少。分析以上这两类任务的特点，我们发现，它们对系统资源的使用是互补的，那么可以考虑将这样的任务进行合理搭配，一起放入内存中，这样，不仅对 CPU 和外设达到了充分利用，而且在内存中同时容纳几道程序，比在内存中只放一道程序，对内存的利用率也大大提高了。这就引入了多道程序的概念。

多道程序设计技术是指在内存中同时存放几道相互独立的程序，使得它们在监督程序的控制之下，相互穿插地运行。如某一道程序首先占用 CPU 运行，运行一段时间后，需要进行 I/O 操作，此时，它会让出 CPU，而去占用某一台外部设备。CPU 一旦空闲下来，操作系统马上调度到内存中的另一道程序，使之投入运行，这样便可以使得 CPU 与外部设备尽量都处于忙碌状态，从而较大程度地提高了计算机系统资源的利用率。

如图 1-4 所示为多道程序工作示例。在图 1-4 中，系统内存中同时存在两道程序 A 与

B，程序A首先占用CPU运行一段时间，然后需要进行数据输入，此时，A便让出CPU，占用系统中的一台输入设备进行输入工作。在A让出CPU时，系统马上调度到程序B使之占用CPU运行，程序B运行一段时间后，也需要进行数据的输入，此时占用系统中的另一台输入设备进行输入(假设系统中的外部设备有多台)。在A和B都在进行输入的这一段时间内，CPU才暂时处于空闲状态，但是这种空闲与单道程序比较起来已经是大大改善了。当A与B输入工作结束后，又继续交叉地利用CPU进行处理，直到全部执行完毕为止。通过单道和多道这两种情况的工作示例，我们会发现，多道程序设计技术使得CPU的利用率大大提高了，同时内存和外设等资源也得到了充分利用。

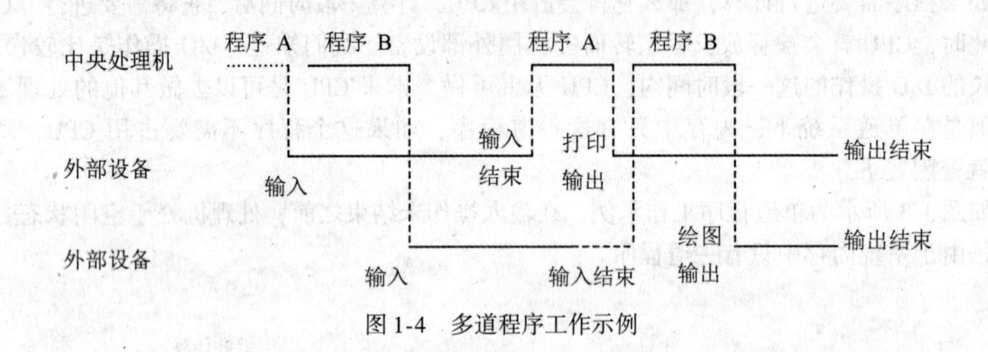

图1-4　多道程序工作示例

多道程序设计技术使得几道程序能在系统内“同时”工作。怎样正确地理解这种“同时”呢？这里要注意是加了引号的，并不是真正意义上的一种并行工作。因为我们所研究的计算机结构是单CPU结构，也就是说系统中只有一个CPU。这一个CPU在某一段时间内只能处理一个程序，而内存中又存放了多道程序，它们之间到底是怎样的一种运行方式呢？其实刚刚在前面的多道程序工作示例中已经解释过了，这种“同时”工作是从宏观上来看的，从一段时间来看，或者说从程序提交到内存直到都运行结束为之，这一大段时间内，我们所看到的是这多个程序都处于运行状态，有的在占用CPU运行，有的在占用外部设备进行输入输出，总之，它们的工作都在向前推进。但如果从一小段很短的时间来看，即从微观上来看，它们又是一种轮流、穿插或交替地占用CPU运行的。我们把这样的一种执行方式称为并发执行，它跟并行执行是有本质区别的。如果在多处理机环境中，多道程序就可以达到真正意义上的并行执行了。

2. 操作系统的形成

当计算机发展到了第三代的时候，就已经进入了集成电路时代了。这一时期，计算机经历了一个飞速发展的阶段。机器运行速度更快，主存及辅存容量都得到了很大的扩充，外设的种类和数量明显增多。硬件的飞速发展也促进了软件的发展，为了更好地发挥硬件的功效，更好地满足各种应用的需要，就不得不需要有一种功能比监督程序更完善、更强大的系统软件来掌控整个计算机系统。

在这一时期的计算机中，各种硬件的发展如内存容量、外设种类及CPU的运算能力都给操作系统的形成奠定了一个坚实的基础。另一方面，从技术上来讲，中断和通道技术的出现使得外设与CPU之间及外设与外设之间都能达到并行工作，同时，多道程序设计技术的出现，这一切从理论上来讲，都能使半自动的监督程序方式过渡到能自动控制程序执行的操作系统方式。但是操作系统的真正出现，还需要大容量的高速辅助存储器的支持。大约到了

20世纪60年代中期，随着大容量高速磁盘的问世，相继出现了多道批处理操作系统和分时操作系统及实时操作系统，此时标志着操作系统的真正形成。计算机配置操作系统之后，资源管理水平和操作的自动化程度进一步得以提高，具体表现在：提供存储管理、文件管理、设备管理功能，支持分时操作，多道程序设计趋于完善。

1.3 操作系统的类型

从操作系统诞生之日起，在短短的50多年中，操作系统取得了重大发展。促使操作系统不断发展的因素有很多。首先，从用户的角度来讲，用户需要能更方便地使用计算机，于是开发设计人员就要想方设法地改善用户的上机环境，出现了具有人机交互能力的分时系统（或称之为多用户系统），随着技术的不断发展，人机交互界面做得越来越友好和方便。其次，硬件技术的发展速度很快，器件的不断更新换代，从电子管到晶体管再到集成电路、大规模乃至超大规模集成电路时代，促使计算机器件特别是微机芯片也要不断地更新换代，从最早期的8位发展到16位、32位，目前市面上出售的个人机都已是64位了。微机芯片的发展，使得相应的操作系统的性能也得到了显著的增强和提高。再次，提高计算机系统资源的利用率始终是操作系统发展的一大动力，在多用户共享资源的计算机系统中，必须想方设法提高资源的利用率，各种调度算法、分配策略相继被研究和采纳。最后，计算机体系结构的不断发展也推动了操作系统的发展，以适应新的体系结构。比如，当计算机由单处理机系统发展为多处理机系统时，相应地，操作系统也应该有单处理机操作系统发展为多处理机操作系统。伴随着计算机网络的飞速发展，操作系统也出现了网络操作系统、分布式操作系统及嵌入式操作系统等。

由于在不同的应用领域，所呈现出的操作系统的特点也有很大差异。按照功能、特点和使用方式的不同，可以把操作系统分为三种基本类型：批处理操作系统、分时操作系统和实时操作系统。

1.3.1 批处理操作系统

批处理操作系统，顾名思义，这里的“批”就是指将一批作业提交给系统，提交系统的除了作业所对应的程序和数据外，还包括用户写好的作业说明书。这些作业的相关信息提交系统之后，是放在系统的外存上的。这样一批在外存上等待计算机系统处理的作业以队列的方式组织起来，称之为后备作业。等到系统有空闲的时候，就由操作系统在外存上选择合适的作业，并按作业说明书的要求自动控制作业的执行。采用这种批量化处理作业的操作系统称为批处理操作系统（Batch Processing Operating System）。

批处理操作系统按照用户预先写好的作业说明书控制作业的执行。因此，作业执行时无须人为干预，批处理操作系统实现了计算机操作的自动化。

批处理操作系统可分为单道批处理系统和多道批处理系统。

1. 单道批处理系统

单道批处理系统（Simple Batch Processing System）是一种早期的基本的批处理操作系统。“单道”的意思是一次从外存后备作业中选择一个调入计算机系统内存运行，因而这种系统也是一个单用户单任务的操作系统。这种系统的主要目的是控制一批作业自动地、顺序地执行。当一个作业正常结束或出了错异常结束后，操作系统便会自动选择下一个作业调入内存运行。图 1-5 示出了单道批处理系统的处理流程。

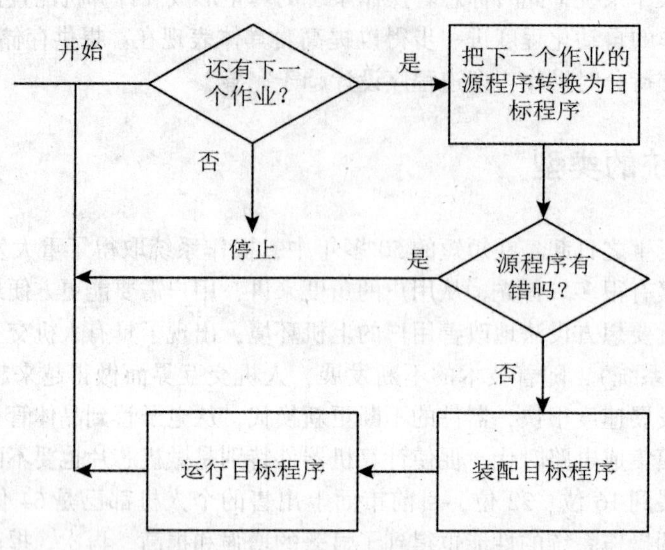

图 1-5 单道批处理系统的处理流程

从上图中我们可以看出，用户提交的一批作业是自动执行的，即使某一个作业在编译时出了错，系统也不会提示用户修改源程序，而是直接跳过，执行下一个作业，直到这一批作业全部执行完毕，才会反馈用户一个结果。所以批处理系统不具备交互性。

2. 多道批处理系统

随着硬件的不断发展，中断和通道技术的出现以及多道程序设计技术的成熟和完善，推动了多道批处理系统(Multiprogrammed Batch Processing System)的出现。

这里批处理中"批"的含义前面已经解释过了，意思是一次将一批经过合理搭配的作业提交给计算机系统，存放在系统的外存磁盘上。"多道"的含义是系统根据某种调度算法，从外存后备作业队列中一次挑选多个作业调入系统内存运行。

多道批处理系统提出的理论依据是多道程序设计技术，同时存在于内存中的多个作业运行时是一种轮流交替的执行状态。从宏观上看是并行的，但从微观上是串行的。在这种系统中，内存中的多道作业由于是经过合理搭配的，所以，它们对资源的占用可以达到很好的互补。例如，有的作业占用的 CPU 时间多一些，而有的作业则占用的外设时间多一些。而且多道作业同时存在于内存中，这对内存本身也是一种很好的利用。这种系统能显著提高系统资源的利用率。另外，在多道批处理系统中，由于是多道作业同时在内存中运行，因此，系统的吞吐量大大增加。

但是这种系统也存在一些问题，对于单个作业的执行时间来讲，在多道系统中可能会比单道系统所花的时间要长。这是因为在单道系统中，一次执行一个作业，当作业执行时，就由它独占系统所有资源，它需要什么资源就可以马上占用什么资源，不存在和其他作业竞争资源的情况；但在多道系统中，由于多个作业都存在于内存中，而它们在运行时又是一种轮流交替占用资源的状况，所以肯定会出现彼此之间竞争资源的情况，这种相互制约就会延长单个作业的执行时间。

例如：有 2 道作业 A 和 B，A 的运行轨迹为：计算 5ms，输入 10ms，再计算 5ms。B 的

运行轨迹为：输入10ms，计算5ms。如果在单道系统中，A需要20秒完成，B需要15秒完成。但是如果在多道系统中，A计算5ms之后，要占用输入机进行输入，但此时输入机正被B占用，可以算出，A需要等待5ms，当B释放了输入机后，A才能继续占用，因此A的总的处理时间比单道系统中多了5ms。如图1-6所示：

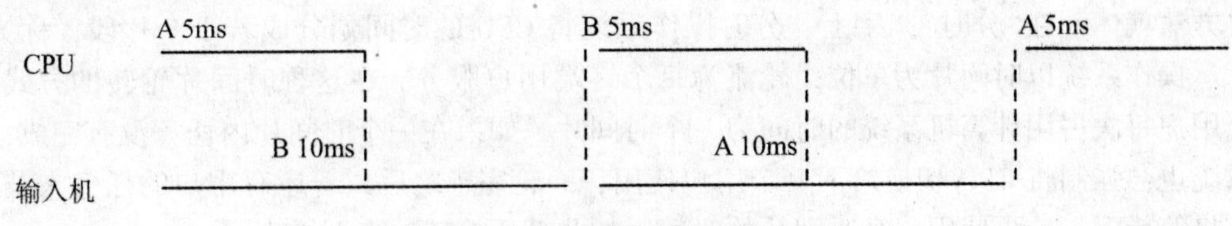

图1-6 两道程序工作示例

从图中可以看出，A的总处理时间为25ms，B的总处理时间为15ms。A的处理时间之所以比单道环境下有所延长，是因为多道程序存在于内存中，彼此之间的相互制约，即对资源产生竞争引起的。

1.3.2 分时操作系统

批处理操作系统所关注的焦点是性能，因为在批处理时代，计算机硬件成本较高，价格比较昂贵，所以人们关心的是怎样提高单位时间内系统所能处理的工作量，即努力提高系统吞吐量。这种通过批量处理的方式正是具备了这样一个优点，一批作业同时提交给系统，并且事先根据作业特点进行了合理搭配，它们在运行过程中，对系统各类资源是一种轮流使用的状态，所以最大限度地发挥了各类资源的功能。

批处理系统所处理的作业的特点是与用户很少交互的大作业，这些作业一般需要很长时间才能完成，并且几乎不需要用户干预。用户一旦将作业提交给系统之后，就由系统控制自动地执行，执行过程中，如果某几个作业出了错误，用户也不得干预，而是等待这一批作业全部执行完毕后，系统会反馈给用户一个结果，这时用户才能对出错的作业进行修改，以便下一次提交给系统。从另一方面来说，正是因为这些作业在执行过程中不允许用户干预，才能保证达到很大的系统吞吐量。

而对于那些需要交互的作业，通常也是执行时间比较短的命令，需要用户守候在终端旁，随时向系统发送命令，并等待系统的响应。这一类作业显然就不适合采用批处理系统来进行处理了。

1. 分时系统的出现

对于这种需要人机交互的短小作业来说，对系统的要求与批处理系统截然不同。它要求系统具备交互性，另外响应时间要快，于是便出现了分时系统。

多个用户可以通过各自的终端与主机相连，并允许他们同时与计算机系统进行一系列的交互，而从用户的角度来看，他们感觉好像自己独占一台支持自己请求服务的计算机系统。具有这种功能的操作系统称为分时操作系统（Time Sharing Operating System），简称分时系统。

在分时系统中，多个用户可以共同使用一台计算机。每个用户通过一个终端与计算机系统相连。最简单的终端设备可以只由一个显示器和一个键盘组成，即只具备基本的输入与输出设备即可。用户通过终端向系统发送命令，以获得系统提供的服务。系统接到用户的命令请求后，就根据用户的请求完成相应的工作，并把结果反馈给用户。然后，用户根据上一个请求的执行结果，向系统提交下一条命令。重复系统与用户的交互会话过程，直到用户完成自己的全部工作。

那么在分时系统中，一台计算机系统是如何为多个终端用户提供服务的呢？这个问题的解决方法就体现在“分时”二字上。分时操作系统将 CPU 的时间划分成若干个片段，称为时间片。操作系统以时间片为单位，轮流为每个终端用户服务。在这种时间片轮转的方式下，每个用户每次占用计算机系统的时间为一个时间片，如果在一个时间片内任务没有完成，那么系统也会强制将 CPU 切换给下一个用户使用，一轮完毕之后，若还有用户的任务未结束，那么将等待下一轮再使用一个时间片的时间，如此循环轮转，直至结束。

2. 分时系统的特点

分时系统也是支持多道程序同时执行的系统，但它不同于批处理多道系统。批处理多道系统是实现自动控制无须人为干预的系统，而分时系统是实现人机交互的系统。分时系统有以下主要特点：

(1)多路性。一台计算机系统可以与多个终端用户相连，“同时”为他们提供服务。这里的“同时”仍然是需要加引号的，只是宏观上的同时，从微观上来看，他们仍然是分时、轮流地占用同一台计算机。

(2)独立性。每个用户通过自己的终端取得系统服务，彼此之间是独立的，互不干扰的。由于计算机的处理速度非常快，因此这些用户在共享同一台主机时，感觉不到是在和别人一起分享，就好像是自己独占一台主机一样。

(3)及时性。用户的请求能在很短的时间内获得响应。此时间间隔是以人们所能接受的等待时间来确定的，通常仅为 1 ~ 3 秒钟。

(4)交互性。用户可通过终端与系统进行广泛的人机对话。其广泛性表现在：用户可以请求系统提供多方面的服务，如文件编辑、数据处理和资源共享等。

3. 分时系统的代表

比较著名的分时系统有 CTSS 和 MULTICS。

最早的分时系统是美国麻省理工一个叫 Project MAC 的组织开发的名叫 CTSS(Compatible Time Sharing System，兼容分时系统)的分时系统。最早他们是在 1961 年为 IBM709(最后一款电子管机)开发此类系统，后来又为 IBM7094 开发此类系统。与后期的操作系统相比，CTSS 是一个简单甚至可以说是粗糙的操作系统，尽管如此，但它却拥有分时系统的特征：宏观上同一时间能完成多件交互工作。

MULTICS(MULTiplexed Information and Computing Service，多路信息和计算系统)是麻省理工学院、贝尔实验室和通用电气公司三家联合开发的分时系统。在该系统的管理中使用分页和分段的技术以及很多其他方面独特新颖的概念和思想，为现代操作系统的设计奠定了基础。

1.3.3 实时操作系统

1. 实时系统的出现

虽然多道批处理操作系统能够批量处理用户作业，获得较大的系统吞吐量及较佳的资源利用率；分时系统具有快速响应能力及人机交互能力，但随着计算机的应用日益广泛，这两

种操作系统却难以满足实时控制可实时信息处理的需要。例如，将计算机用于控制工业生产过程，因为工业生产过程的每一个环节要求都很精确，系统要求对采集的数据及时处理，以便及时地对相应的设备进行调整和控制，若不能及时地对采集到的数据进行处理，可能会对产品质量产生影响。又如，在一些银行业务的处理以及可提供异地购票的火车和飞机售票系统中，一些信息需要及时处理，以保持数据的同步。另外，在导弹发射系统、情报检索系统及飞机自动驾驶系统等重要应用中，对实时性的要求就更高了。在这样的系统中，计算机要能同时接收各终端发来的服务请求和提问，快速查询信息数据库，在极短的时间内做出响应。为了满足这样一些领域的需求，于是出现了实时系统。

所谓实时操作系统(Real Time Operating System)是指当外部事件或数据产生时，能够对其予以接收并以足够快的速度进行处理，从而保证用户事件能得到及时的解决的操作系统。因此，在实时系统中，必须要具备及时的响应能力，另一方面，因为实时系统处理的都是一些比较重要的领域的问题，因此，系统的高安全性和高可靠性也是一大主要特点。

2. 实时系统的分类

根据对响应时间限定的严格程度，实时系统又可分为硬实时系统和软实时系统。

硬实时系统有一个强制性的、不可改变的时间限制，它不允许任何超出时限的错误。超时错误会带来损害甚至导致系统失效、或者系统不能实现它的预期目标。一般主要用于工业生产的过程控制、航天航空系统的跟踪和控制、武器的制导等领域。

软实时系统的时限是柔性灵活的，它可以容忍偶然的超时错误。失败造成的后果并不严重，仅仅是轻微地降低了系统的吞吐量。主要用于对响应的速度要求不那么高，且时限要求也不那么严密的信息查询和事务处理领域，如情报检索系统、订票系统、银行财务管理系统和仓库管理系统等。这些系统的响应时间一般在几秒至几十秒内。这类系统一般都配有大型文件系统和数据库系统，对系统的安全、可靠和保密性提出了很高的要求。

上面介绍了操作系统的三种基本类型，如果某个操作系统兼具批处理、分时和实时处理的全部或两种功能，则此操作系统称为通用操作系统。

1.3.4 微机操作系统

1. 微机操作系统的出现

随着大规模和超大规模集成电路技术的飞速发展，计算机不仅只局限于企业中的应用了，面向个人用户使用的微型计算机逐渐走入了千家万户。由于硬件水平的限制，早期的微机主要采用8位CPU芯片，那时的操作系统也只不过是只读存储器ROM中的设备驱动程序。后来，最著名的支持软盘的8位微机操作系统CP/M(Control Program Monitor)在1975年出现了，此时的操作系统功能是由常驻在RAM中的程序模块来完成的，主要增强了文件管理功能。1981年，Microsoft公司研究开发了MS-DOS1.0，IBM在IBM-PC系列个人机中采用了这个操作系统，自此，在长达十年的时间内，MS-DOS处于微机操作系统的垄断地位。

微机操作系统除了在个人机这一领域之外，还有另一条发展途径便是构成更为复杂的系统——工作站。工作站(Workstation)，是一种以个人计算机和分布式网络计算为基础，主要面向专业应用领域，具备强大的数据运算与图形、图像处理能力，为满足工程设计、动画制作、科学研究、软件开发、金融管理、信息服务、模拟仿真等专业领域而设计开发的高性能计算机。大部分工作采用了分时操作系统UNIX。UNIX支持多道程序设计，提供大量的交互控制命令函数库、软件开发工具及窗口图形显示环境，并支持主要的网络协议。

2. 微机操作系统的发展

进入20世纪90年代以来，微机逐渐在人们的生活中普及。为了用户的使用方便，近年来微机操作系统向多媒体方向发展。多媒体操作系统能实现对包括字符、图形、图像、声音等多媒体数据和信息的压缩、存储、传输、处理和播放功能。这样的多媒体操作系统功能强大，机构复杂，为用户提供了方便的使用平台和唯美直观的图形界面。目前在家用的微机操作系统领域占据主导地位的仍然是微软的 Windows 系列。下面简要介绍 Windows 的发展历程。

Windows 是美国微软公司在20世纪80年代中期推出的新一代视窗操作系统，为广大用户创造了生动活泼、丰富多彩的学习和应用环境。

Windows 95 及随后的 Windows 98 是为了接替 MS-DOS 和 Windows 3. x 而开发的用于台式机和便携机上的多任务操作系统，尽管从用户界面方面看，它与 Windows 3. x 很相似，但内部的实现机制是完全不同的。Windows 9x 安装方便，“即插即用”使硬件设备的安装变得前所未有的简单。它还具有更为直观易操作的工作方式，这极大地有利于系统的普及。Windows 9x 在电话拨号、环球邮政、资源浏览和网络服务方面也提供了更好的支持。尽管 Windows 9x 不是建立在 DOS 之上，但仍提供了对 DOS 的向后兼容的虚拟机。

Windows NT 推出时间比 Windows 95 早，它是在微机上实现的能取代 UNIX 且通用、可移植、操作简便的操作系统。Windows NT 是纯32位操作系统，采用先进的 NT 核心技术。NT 即新技术(New Technology)。该系统面向工作站、网络服务器和大型计算机，它与通信服务紧密集成，提供文件和打印服务，能运行客户/服务器应用程序，内置了 Internet/Intranet 功能。

Windows 2000 是微软公司 Windows NT 系列32为视窗操作系统。起初称为 Windows NT 5. 0。英文版于1999年12月19日上市，中文版于次年二月上市。Windows 2000 操作系统在设计上更注重发挥底层硬件技术的优势来满足企业级分布式计算环境的需求。它的用户版本在2001年10月被 Windows XP 所取代；而服务器版本则在2003年4月被 Windows Server 2003 所取代。

Windows 2003 是 Microsoft 所推出的堪称最具有工作效率的基础架构平台，Windows 2003 沿用了 Windows 2000 Server 的先进技术并使之更易于部署、管理和应用，可用于构建从工作组到数据中心级别的 IT 基础架构，并可提供一个结构高效、安全且强有力的应用平台。

Windows Server 2008 是微软最新一个服务器操作系统，它继承了 Windows Server 2003，它代表了下一代 Windows Server。使用 Windows Server 2008，IT 专业人员对其服务器和网络基础结构的控制能力更强，从而可重点关注关键业务需求。Windows Server 2008 通过加强操作系统和保护网络环境提高了安全性。通过加快 IT 系统的部署与维护，使服务器和应用程序的合并与虚拟化更加简单，提供直观管理工具，为 IT 专业人员提供了操作的灵活性。Windows Server 2008 为企业的服务器和网络基础结构奠定了很好的基础。

Windows Server 2008 用于在虚拟化工作负载、支持应用程序和保护网络方面为企业提供最高效的平台。它为开发和可靠地承载 Web 应用程序和服务提供了一个安全、易于管理的平台。从工作组到数据中心，Windows Server 2008 都提供了令人兴奋且很有价值的新功能，对基本操作系统做出了重大改进。

在家用操作系统这一方面，微软继 Windows 9x 系列之后，又陆续推出了 Windows XP、Windows Vista、Windows 7 以及 Windows 8。这一系列的操作系统在用户 PC 机上大受欢迎。

这些操作系统的共同特点是系统界面友好，方便用户使用。并且新版本比旧版本的界面更加唯美，系统的安全性更强。

2012 年 10 月刚刚发布的 Windows 8 操作系统较之前几个版本，在界面、功能和安全性方面都有了很大的改进。在设计方面，Windows 8 取消了屏幕下面的工具栏，采用一种新的基于“title”的系统，这种设计将使人们更容易处理各项任务。

Windows 8 比以前版本的 Windows 有更好的安全性能。通过在启动之前验证这个操作系统的方式保证没有任何恶意程序感染系统和用户数据，从而提高了系统安全性。Windows 8 还配置了改进的杀毒软件和对 Windows Defender 的支持。

1.3.5 网络操作系统

1. 网络操作系统及其主要功能

计算机网络是一个数据通信系统，它把地理上分散的计算机和终端设备通过网络设备连接起来，以达到数据通信和资源共享的目的。在计算机网络中所配置的操作系统叫做网络操作系统。网络操作系统(Network Operating System)是网络的心脏和灵魂，是向网络计算机提供服务的特殊的操作系统，使计算机系统具备网络操作所需要的能力。

网络操作系统除具有通常操作系统所具备的处理器管理、存储管理、设备管理、文件管理和用户接口的功能外，还应提供以下功能：

(1)网络通信：这是网络操作系统最基本的功能，其任务是在源主机与目标主机之间，实现无差错的数据传输。

为实现网络通信，网络操作系统应该能够在通信开始时为主机之间建立物理连接，通信结束后，应将该连接拆除；若传输信息较长，操作系统应能控制源主机将报文分解，便于在网络中传输，目标主机接收之后，应能重新将之组装成报文；对传输过程进行控制，以确保数据传输的正确性；为避免信息在传输过程中丢失，应在网络中进行流量控制；为确保信息传输无差错，还应对接收到的信息进行校验。

(2)资源共享：计算机网络中的资源共享主要有硬盘共享、打印机共享、文件共享等。网络操作系统的作用是实现各个用户对网络资源的共享，并协调他们对共享资源的正确使用，保证数据的安全性和一致性。

(3)网络服务：主要的网络服务有以下几个方面：

① 电子邮件(E-mail)服务。

② 文件传输(FTP)服务。

③ 远程访问(Telnet)服务。

④ 共享硬盘服务。

⑤ 共享打印机服务。

2. 网络操作系统的分类

网络操作系统按构成模式可分为集中模式、客户/服务器模式和对等模式三种。

(1)集中模式：集中式网络操作系统是由分时操作系统加上网络功能演变而成的。系统的基本单元是由一台主机和若干台与主机相连的终端构成的。信息的处理和控制是集中的。UNIX 就是这类网络操作系统的典型。

(2)客户/服务器模式：这种模式是最流行的网络工作模式。主要由客户机、服务器和网络系统三部分组成。在这种模式下，服务器是网络的控制中心，需要安装服务器端软件，并向客户提供服务。客户端需要安装客户端软件，客户机需要与服务器之间进行交互，从而共同完成对应用程序的处理。

(3)对等模式：采用这种模式的站点都是对等的，既可以作为客户访问其他站点，又可以作为服务器向其他站点提供服务。这种模式具有分布处理和分布控制的功能。

3. 主要网络操作系统

主要的网络操作系统有：

(1)Microsoft 公司的 Windows NT/2000 Server/2003 Server/2008 Server。

(2)AT&T 公司的 UNIX System V。

(3)自由软件 Linux。

(4)Novell 公司的 Netware。

(5)Sun 公司的 Sun NFS。

1.3.6 分布式操作系统

1. 分布式操作系统

计算机网络虽然能较好地解决网络环境中的各台主机之间的资源共享和通信问题，但是也存在一些缺陷。首先，计算机网络并不是一个一体化的系统，它没有标准的、统一的接口。网络中各台计算机的系统调用命令及数据格式等可能各不相同。若某台计算机需要使用网络中另一台计算机中的资源，则必须指明是哪个站点的哪一台计算机，并使用该台计算机中的命令及数据格式来请求使用资源。其次，为了完成一个共同的计算任务，通常需要网络中的各台计算机共同协作，但是在计算机网络中难以实现这种协作。

在分布事务处理、分布数据处理及办公自动化系统等实际应用中，用户希望以统一的界面、标准的接口使用系统的各种资源，实现所需要的各种操作，这就要求有一个完整的、一体化的且具有分布处理能力的系统，因此，就导致了分布式系统的出现。

分布式操作系统(Distributed Operating System，DOS)由若干台独立的计算机通过网络连接构成。整个系统给用户的感觉就像一台计算机。在系统中，各台计算机没有主次之分，它们都有自己的处理器、存储器和外部设备，它们既可以独立工作(自治性)，亦可相互合作。在系统中各台机器之间可以并行操作且有多个控制中心，即系统具有并行处理能力和分布式控制能力。分布式系统是一个一体化的系统，在整个系统中有一个全局的操作系统，负责全系统(包括每台计算机)的资源分配和调度、任务划分、信息传输、控制协调等工作，并为用户提供统一的界面、标准的接口。

2. 分布式操作系统与网络操作系统的区别

在系统结构上，分布式系统与网络系统有许多相似之处，但从操作系统的角度来看，分布式操作系统与网络操作系统存在较大的差别。

(1)分布性：虽然从物理上看，分布式系统与计算机网络系统一样是分布的，是由多台计算机通过网络连接在一起构成的。但从逻辑上讲，分布式系统最基本的特征是计算的分布性，而网络系统虽然也具备分布处理的能力，但其功能大多集中在某个主机或服务器上，控制方式是集中的。

(2)透明性：在网络系统中如果要访问某台机器上的资源，则必须给出哪个站点哪台机器，并以那台机器中的命令方式才能访问到共享资源。但在分布式系统中，系统的内部结构对用户是完全透明的，如果要访问某个文件，只需提供文件名，而无须知道它在哪个站点

上，即可对它进行访问。

(3)统一性：分布式系统要求一个统一的操作系统，实现操作系统的统一性。而网络系统可以安装不同的操作系统，只要这些操作系统遵从一定的协议即可。

(4)健壮性：分布式系统中的任何一台机器出了故障，不会影响系统的正常运行，因为分布式系统可以通过容错技术实现系统重构，因此，它具有健壮性，即具有较好的可用性和可靠性。而网络中的处理和控制因为是集中在某一台主机或服务器上的，因此一旦这台主机或服务器出了故障则会影响到整个系统的正常运行，系统具有潜在的不可靠性。

1.3.7 嵌入式操作系统

1. 嵌入式操作系统的出现

随着计算机技术、信息技术及网络的迅速发展和广泛应用，3C(Computer，Communication，Consumer Electronics)合一趋势已初现端倪，计算机技术是贯穿信息化的核心技术，网络和通信设备是信息化赖以存在的基础设施，电子消费产品是人与社会信息化的主要接口。随着计算机技术渗透到各行各业，各个应用领域及人们日常生活中的各种电器设备，计算机在这些领域内的应用叫计算机嵌入式应用。这种嵌入式应用的特点是计算机不再以物理上独立的设备形式存在，而是嵌入到各种应用系统中。为了对这样的系统进行有效的控制和管理，就出现了嵌入式操作系统。

嵌入式操作系统(Embedded Operating System，EOS)是一种专用的计算机系统，作为装置或设备的一部分。过去主要应用于工业控制和国防系统领域，随着Internet技术的发展、信息家电的普及应用及嵌入式操作系统的微型化和专业化，嵌入式操作系统开始从一些专门领域逐渐渗透到人们的日常生活中。

2. 嵌入式操作系统的特点

从上面的定义，可以看出嵌入式操作系统的几个重要特征：

(1)系统内核小：由于嵌入式系统一般是用于小型电子装置的，系统资源相对有限，所以内核不能太大，比一般传统的操作系统要小得多。

(2)专用性强：嵌入式系统的个性化很强，其中的软件系统与硬件的结合非常紧密，因此如果应用需要跨硬件平台的话，则要针对不同的硬件环境进行系统的移植。

(3)系统精简：嵌入式系统一般没有系统软件和应用软件的明显区分，不要求其功能设计及实现上过于复杂，这样一方面利于控制系统成本，同时也利于实现系统安全。

(4)高实时性的系统软件：嵌入式系统的应用领域要求其上配置高实时性的系统软件，而且软件要求固态存储，以提高速度，软件代码要求高质量和高可靠性。

1.4 操作系统的功能

众所周知，操作系统是计算机系统中必不可少的系统资源，管理和控制着整个计算机系统的硬件和软件资源，协调系统中多个进程的正常运行，同时，也为用户提供一个良好的使用机器的界面。所以，操作系统的首要的最直观的功能便是用户接口，其次是管理系统资源的功能，概括起来主要包括文件管理、存储管理、处理机管理和设备管理。

此外，由于互联网的普及，已有越来越多的计算机接入网络中，为了方便计算机联网，又在操作系统中增加了面向网络的服务功能。对于这些网络方面的功能，本书将放在网络操作系统这一章再来介绍，下面简要介绍一下用户接口、文件管理、存储管理、处理机管理和设备管理功能。这五大功能对应的具体内容在本书的第2章、第4章、第5章、第6章和第8章。

1.4.1 用户接口

为了方便用户使用计算机，操作系统又向用户提供了“用户与操作系统的接口”。该接口通常可分为两大类：命令接口和程序接口。

1. 命令接口

为了便于用户方便地使用计算机处理自己的作业，系统提供了联机用户接口、脱机用户接口，在联机系统和脱机系统中，用户可以通过这两类接口方便地向系统提交命令，从而取得系统的服务。而随着视窗操作系统(如 Windows 系统)的出现，现代微机操作系统一般都提供使用非常方便的图形化用户接口，在这样的操作界面中，用户可以方便地借助鼠标等设备，选择所需要的图标或菜单，采用点击或拖拽的方式来取得系统所提供的服务。

(1)联机用户接口。所谓“联机”是指有人机交互能力的系统。在分时系统或单用户系统中，用户在终端旁随时与系统进行对话。当用户需要取得系统服务时，就在终端或控制台上键入一条命令，系统便立即转入命令解释程序，对该命令进行解释并执行。在完成指定功能后，系统将结果反馈到终端或控制台上，等待用户键入下一条命令。在联机系统中所提供的这种用户接口实际上是一些键盘命令所组成。比如：用户登录系统，控制程序的运行，申请系统资源，从终端输入程序和数据以及任务完成后从系统中注销等命令。

(2)脱机用户接口。所谓“脱机”是指不具备人机交互能力的系统，如批处理系统。在这种系统中，由于用户不能直接与系统进行交互，因此作业提交后，只能委托系统代替用户对作业进行控制和干预。系统通常是参照作业说明书来对作业进行管理的。这类接口是由一组作业控制语言(Job Control Language，JCL)组成。用户用 JCL 把需要对作业进行的控制和干预事先写在作业说明书上，然后将作业连同作业说明书一起提交给系统。当系统调度到某个作业运行时，就会调用命令解释程序，对作业说明书上的命令逐条解释执行，从而完成在用户不能干预的情况下，自动控制作业的运行。

(3)图形化用户接口。在联机方式下，虽然用户可以直接通过键盘命令来取得系统的服务，但是，用户需要记忆每一条命令，否则就无法取得系统服务。这对于那些非计算机专业的用户而言，是非常困难的，也是没有必要的。于是，另一种形式的联机用户接口——图形化用户接口便应运而生。这种方式非常人性化地将一些系统功能及各种应用程序和文件等用非常直观的图标的方式呈现在用户面前。此时用户已完全不必像使用命令接口那样去记每一条命令了，而是需要实现什么功能，直接去点击相应的菜单或图标就能达到目的，从而将用户从繁琐而单调的操作中解脱出来。使得许多非计算机专业的用户也能非常熟练地使用计算机。

2. 程序接口

如果说命令接口是针对普通用户和系统管理员的，那么程序接口则是针对另一类用户——程序员。系统中所提供的这一类接口是为了方便程序员在编程过程中对系统功能的调用。通常程序员在编程过程中，会需要去请求系统为之提供某类服务，如请求工作区，请求读或写一个文件或请求打印输出等，这些都需要操作系统的服务支持，系统提供程序接口使得程序员在源程序中通过系统功能调用的方式取得系统服务。

1.4.2　文件管理

在计算机系统的外存中保存着用户或系统的大量的数据与程序，这些数据与程序都以文件的形式存储在磁盘或磁带上，当用户需要的时候，将它们调入内存使用。为了对大量的文件进行有效的管理，需要在操作系统中配置文件管理机构。文件管理的主要任务是对外存中存放的大量文件进行管理，以方便用户使用，并同时提供各种措施以保证文件的一致性及安全性。为此，文件管理应该具备文件的基本操作、文件存储空间的管理、文件目录管理及文件的共享与安全等功能。

1. 文件的基本操作

为了方便用户使用文件，所以文件系统提供了一组文件的基本操作，这组文件的基本操作实际上是系统所提供的有关文件类的系统调用。用户可以按照文件系统的规定调用这些文件操作，实现对文件的存取。

这些基本操作包括建立、打开、读、写、关闭和删除文件等。若用户要把一个新文件存放到外存磁盘上，首先要调用“建立”操作，向系统提出建立一个文件的要求。当用户要使用一个已经放在外存磁盘上的文件时，则需要调用“打开”操作，向系统提出使用一个文件的要求。若用户要对文件进行读取或写入的操作，则调用相应的“读”或“写”操作。当用户对一个文件操作完毕后，则需要调用“关闭”操作归还文件的使用权。用户调用“删除”操作可请求文件系统删除一个保存在外存上的文件。

2. 文件存储空间的管理

文件的存储空间即外存磁盘或磁带，由于大量的文件保存在外存空间上，它们被操作系统及用户频繁地调用和共享，用户执行程序期间经常要在磁盘上存储文件和删除文件，所以怎样有效地利用外存空间及怎样提高外存文件的访问速度，是文件存储空间管理应该考虑的。

为此，文件系统提供了很多种文件存储空间的管理方式，如空闲表法、空闲链表法、位示图法及成组链接法等。这些方式有效地对文件存储空间进行了管理，提高了存储空间的利用率。另外，系统还提供了许多对存储空间进行分配和回收的功能，对存储空间通常采用离散的方式进行分配，以尽量减少外存碎片，在分配时通常以盘块为单位。

3. 文件目录管理

为了使得用户能够方便快捷地在外存上找到自己需要的文件，通常会为文件建立一个目录项。目录项的内容包括文件名、文件属性、文件在外存上的地址等。在系统中为了减少目录项所占的空间，以提高文件的检索速度，通常也将目录项设为文件名和索引结点号。根据文件名找到索引结点号，再根据索引结点号找到索引结点，在索引结点中有文件属性、文件地址等内容。

每个文件都有自己的目录项，由若干个目录项又可构成一个目录文件。文件目录管理最基本的功能就是实现文件的“按名存取”，即用户根据文件名就能在外存上找到该文件。此外，文件目录管理还应提供快速的目录查询手段，以提高对文件的检索速度。常见的文件目录结构包括单级目录、两级目录及多级目录。在现代计算机系统中，通常都采用多级目录结构。

4. 文件的共享与安全

存储在磁盘上的大量的文件有很多是可以提供给用户共享的。为了实现文件共享，系统还必须提供文件保护的能力，即提供保证文件安全性的措施。

系统所提供的文件共享方式有很多：

(1)文件的读/写管理。该功能是根据用户的请求，从外存中读取数据，或将数据写入外存。在进行文件读(写)时，系统先根据用户给出的文件名去检索文件目录，从中获得文件在外存中的位置。然后，利用文件读(写)指针，对文件进行读(写)。一旦读(写)完成，便修改读(写)指针，为下一次读(写)做好准备。由于读和写操作不会同时进行，故可合用一个读/写指针。

(2)文件保护。为了防止系统中的文件被非法窃取和破坏，在文件系统中必须提供有效的存取控制功能，以实现下述目标：

①防止未经核准的用户存取文件；

②防止冒名顶替存取文件；

③防止以不正确的方式使用文件。

1.4.3 存储管理

存储器管理的主要任务是为多道程序的运行提供良好的环境，方便用户使用存储器，提高存储器的利用率以及能从逻辑上扩充内存。为此，存储器管理应具有内存分配、内存保护、地址映射和内存扩充等功能。

1. 内存分配

内存分配的主要任务是为每道程序分配内存空间，使它们“各得其所”；提高存储器的利用率，以减少不可用的内存空间；允许正在运行的程序申请附加的内存空间，以适应程序和数据动态增长的需要。

操作系统在实现内存分配时，可采取静态和动态两种方式。在静态分配方式中，每个作业的内存空间是在作业装入时确定的；在作业装入后的整个运行期间，不允许该作业再申请新的内存空间，也不允许作业在内存中“移动”。在动态分配方式中，每个作业所要求的基本内存空间也是在装入时确定的，但允许作业在运行过程中继续申请新的附加内存空间，以适应程序和数据的动态增长，也允许作业在内存中“移动”。

为了实现内存分配，在内存分配的机制中应具有这样的结构和功能：

(1)内存分配数据结构。该结构用于记录内存空间的使用情况，作为内存分配的依据；

(2)内存分配功能。系统按照一定的内存分配算法为用户程序分配内存空间；

(3)内存回收功能。系统对于用户不再需要的内存，通过用户的释放请求去完成系统的回收功能。

2. 内存保护

内存保护的主要任务是确保每道用户程序都只在自己的内存空间内运行，彼此互不干扰；绝不允许用户程序访问操作系统的程序和数据；也不允许用户程序转移到非共享的其他用户程序中去执行。

为了确保每道程序都只在自己的内存区中运行，必须设置内存保护机制。一种比较简单的内存保护机制是设置两个界限寄存器，分别用于存放正在执行程序的上界和下界。系统须对每条指令所有要访问的地址进行检查，如果发生越界，便发出越界中断请求，以停止该程序的执行。如果这种检查完全用软件实现，则每执行一条指令，便需增加若干条指令去进行越界检查，这将显著降低程序的运行速度。因此，越界检查都由硬件实现。当然，对发生越

界后的处理，还需与软件配合来完成。

3. 地址映射

一个应用程序(源程序)经编译后，通常会形成若干个目标程序；这些目标程序再经过链接便形成了可装入程序。这些程序的地址都是从“0”开始的，程序中的其他地址都是相对于起始地址计算的。由这些地址所形成的地址范围称为“地址空间”，其中的地址称为“逻辑地址”或“相对地址”。此外，由内存中的一系列单元所限定的地址范围称为“内存空间”，其中的地址称为“物理地址”。

在多道程序环境下，每道程序不可能都从“0”地址开始装入(内存)，这就致使地址空间内的逻辑地址和内存空间中的物理地址不相一致。为使程序能正确运行，存储器管理必须提供地址映射功能，以将地址空间中的逻辑地址转换为内存空间中与之对应的物理地址。该功能应在硬件的支持下完成。

4. 内存扩充

存储器管理中的内存扩充任务并非是去扩大物理内存的容量，而是借助于虚拟存储技术，从逻辑上去扩充内存容量，使用户所感觉到的内存容量比实际内存容量大得多，以便让更多的用户程序并发运行。这样，既满足了用户的需要，又改善了系统的性能。为此，只需增加少量的硬件。为了能在逻辑上扩充内存，系统必须具有内存扩充机制，用于实现下述各功能：

(1)请求调入功能。允许在装入一部分用户程序和数据的情况下，便能启动该程序运行。在程序运行过程中，若发现要继续运行时所需的程序和数据尚未装入内存，可向操作系统发出请求，由操作系统从磁盘中将所需部分调入内存，以便继续运行。

(2)置换功能。若发现在内存中已无足够的空间来装入需要调入的程序和数据时，系统应能将内存中的一部分暂时不用的程序和数据调至盘上，以腾出内存空间，然后再将所需调入的部分装入内存。

1.4.4 处理机管理

在传统的多道程序系统中，处理机的分配和运行都是以进程为基本单位，因而对处理机的管理可归结为对进程的管理；在引入了线程的操作系统中，也包含对线程的管理。处理机管理的主要功能是创建和撤销进程(线程)，对诸进程(线程)的运行进行协调，实现进程(线程)之间的信息交换，以及按照一定的算法把处理机分配给进程(线程)。

1. 进程控制

在传统的多道程序环境下，要使作业运行，必须先为它创建一个或几个进程，并为之分配必要的资源。当进程运行结束时，立即撤销该进程，以便能及时回收该进程所占用的各类资源。进程控制的主要功能是为作业创建进程，撤销已结束的进程，以及控制进程在运行过程中的状态转换。在现代操作系统中，进程控制还应具有为一个进程创建若干个线程的功能和撤销(终止)已完成任务的线程的功能。

2. 进程同步

前已述及，进程是以异步方式运行的，并以人们不可预知的速度向前推进。为使多个进程能有条不紊地运行，系统中必须设置进程同步机制。进程同步的主要任务是为多个进程(含线程)的运行进行协调。有两种协调方式：

(1)进程互斥方式。这是指诸进程(线程)在对临界资源进行访问时，应采用互斥方式；

(2)进程同步方式。这是指在相互合作去完成共同任务的诸进程(线程)间，由同步机构对它们的执行次序加以协调。

为了实现进程同步，系统中必须设置进程同步机制。最简单的用于实现进程互斥的机制是为每一个临界资源配置一把锁 W，当锁打开时，进程(线程)可以对该临界资源进程访问；而当锁关上时，则禁止进程(线程)访问该临界资源。而实现进程同步的最常用的机制则是信号量机制。

3. 进程通信

在多道程序环境下，为了加速应用程序的运行，应在系统中建立多个进程，并且再为一个进程建立若干个线程，由这些进程(线程)相互合作去完成一个共同的任务。而在这些进程(线程)之间，又往往需要交换信息。例如，有三个相互合作的进程，它们是输入进程、计算进程和打印进程。输入进程负责将所输入的数据传送给计算进程；计算进程利用输入数据进行计算，并把计算结果传送给打印进程；最后，由打印进程把计算结果打印出来。进程通信的任务就是用来实现在相互合作的进程之间的信息交换。

当相互合作的进程(线程)处于同一计算机系统时，通常在它们之间是采用直接通信方式，即由源进程利用发送命令直接将消息(Message)挂到目标进程的消息队列上，以后由目标进程利用接收命令从其消息队列中取出消息。

4. 调度

在后备队列上等待的每个作业都需经过调度才能执行。在传统的操作系统中，包括作业调度和进程调度两步。

(1)作业调度。作业调度的基本任务是从后备队列中按照一定的算法，选择出若干个作业，为它们分配运行所需的资源(首先是分配内存)。在将它们调入内存后，便分别为它们建立进程，使它们都成为可能获得处理机的就绪进程，并按照一定的算法将它们插入就绪队列。

(2)进程调度。进程调度的任务是从进程的就绪队列中，按照一定的算法选出一个进程，把处理机分配给它，并为它设置运行现场，使进程投入执行。值得提出的是，在多线程操作系统中，通常是把线程作为独立运行和分配处理机的基本单位，为此，须把就绪线程排成一个队列，每次调度时，是从就绪线程队列中选出一个线程，把处理机分配给它。

1.4.5 设备管理

设备管理用于管理计算机系统中所有的外围设备，而设备管理的主要任务是：完成用户进程提出的 I/O 请求；为用户进程分配其所需的 I/O 设备；提高 CPU 和 I/O 设备的利用率；提高 I/O 速度；方便用户使用 I/O 设备。为实现上述任务，设备管理应具有缓冲管理、设备分配和设备处理以及虚拟设备等功能。

1. 缓冲管理

CPU 运行的高速性和 I/O 低速性之间的矛盾自计算机诞生时起便已存在了。而随着 CPU 速度迅速提高，使得此矛盾更为突出，严重降低了 CPU 的利用率。如果在 I/O 设备和 CPU 之间引入缓冲，则可有效地缓和 CPU 与 I/O 设备速度不匹配的矛盾，提高 CPU 的利用率，进而提高系统吞吐量。因此，在现代计算机系统中，都无一例外地在内存中设置了缓冲区，而且还可通过增加缓冲区容量的方法来改善系统的性能。

对于不同的系统，可以采用不同的缓冲区机制。最常见的缓冲区机制有单缓冲机制、能实现双向同时传送数据的双缓冲机制，以及能供多个设备同时使用的公用缓冲池机制。上述

这些缓冲区都将由操作系统中的缓冲管理机制将它们管理起来。

2. 设备分配

设备分配的基本任务是根据用户进程的I/O请求、系统的现有资源情况以及按照某种设备的分配策略，为之分配其所需的设备。如果在I/O设备和CPU之间还存在着设备控制器和I/O通道时，还须为分配出去的设备分配相应的控制器和通道。

为了实现设备分配，系统中应设置设备控制表、控制器控制表等数据结构，用于记录设备及控制器的标识符和状态。根据这些表格可以了解指定设备当前是否可用，是否忙碌，以供进行设备分配时参考。在进行设备分配时，应针对不同的设备类型而采用不同的设备分配方式。对于独占设备(临界资源)的分配，还应考虑到该设备被分配出去后系统是否安全。在设备使用完后，应立即由系统回收。

3. 设备处理

设备处理程序又称为设备驱动程序。其基本任务是用于实现CPU和设备控制器之间的通信，即由CPU向设备控制器发出I/O命令，要求它完成指定的I/O操作；反之，由CPU接收从控制器发来的中断请求，并给予迅速的响应和相应的处理。

处理过程是：设备处理程序首先检查I/O请求的合法性，了解设备状态是否是空闲的，了解有关的传递参数及设置设备的工作方式。然后，便向设备控制器发出I/O命令，启动I/O设备去完成指定的I/O操作。设备驱动程序还应能及时响应由控制器发来的中断请求。并根据该中断请求的类型，调用相应的中断处理程序进行处理。对于设置了通道的计算机系统，设备处理程序还应能根据用户的I/O请求，自动地构成通道程序。

1.5 操作系统的特性

前面所介绍的三种基本操作系统即批处理、分时和实时操作系统各自有着自己的特性，如批处理系统具有批量处理作业的特性，能获得较大的系统吞吐量；而分时系统则具备人机交互能力，响应时间快；实时系统最大的特性是实时，另外也具备较高的系统安全性和数据一致性。通常我们所使用的操作系统是同时具备这三者或其中两者的特性的，所以称之为通用操作系统。不管是这三类基本操作系统，还是我们通常使用的通用操作系统，都具备并发、共享、虚拟和异步这四个基本特性。其中并发性是操作系统的最基本的特性。

1.5.1 并发性

并发和并行是两个容易混淆的概念，并发性(Concurrency)是指两个或多个事件在同一时间间隔内发生，而并行性是指两个或多个事件在同一时刻发生。两个概念的定义虽然只有几个字的差别，可以含义却相去甚远。并发性强调的是一段时间的状态，而并行性强调的则是一个短暂时刻的状态。

本书所讨论的系统环境是单CPU、多道程序环境。即系统中只有一个CPU，而内存中却同时存在多个程序运行。而我们知道，一个CPU在某一时刻最多只能运行一个程序，因此在单CPU环境下，多个程序不可能达到并行。那么它们是怎样的一种运行状态呢？前面在讲多道程序设计时已经提到过，事实上内存中的多个程序是轮流、交替地使用CPU的。从宏观上来看，它们都已经开始运行但都没有运行完毕，即未得到运行结果，但从微观上来看，它们是轮流占用CPU的。并且当某个程序正在占用CPU时，其他程序可能正在占用某个外部设备，从而使得 CPU 与外部设备、外部设备之间可以达到并行，很大程度地提高了系统资源的利用率，也提高了系统效率。

操作系统的这种并发性，传统的程序的概念已无法描述，因此需要引入一个新的概念——进程。在系统中一旦程序进入内存，准备运行，则应为之创建相应的进程，多个进程之间能够并发执行。进程和并发是现代操作系统中最重要的基本概念，也是操作系统运行的基础，本书将在第三章中作详细阐述。

1.5.2 共享性

共享性(Sharing)是操作系统的另一个重要特性，是指计算机系统中的硬件或软件资源不再被某个程序独占使用，而是可以供多个程序共同使用。虽然，从理论上讲，可以将程序所需要的资源全部分配给它，但是这样会对资源造成很大的浪费，因此，系统的做法是让系统中的资源可供内存中多个并发执行的进程(线程)共同使用，相应地，把这种资源的共同使用称为资源共享。根据资源属性的不同，可以有以下两种不同的资源共享方式。

1. 互斥共享方式

系统中的某些资源，根据其本身的固有属性，使得进程在对它们使用的时候只能互斥地使用。如，当进程 A 要使用某资源时，必须先提出申请，系统检查资源状态，如果此时该资源空闲，则分配给进程 A，若资源正被另一个进程使用，则进程 A 就必须等待，只到资源被使用完毕释放时，再将进程 A 唤醒，然后 A 才能对该资源进行访问。我们把这种资源共享方式称为互斥共享。而把这种在一段时间内只允许一个进程访问的资源称为临界资源(或独占资源)。计算机系统中的大多数硬件设备，如打印机，磁带机等都属于临界资源，除此而外，系统中的许多软件即堆栈、表格、队列、变量等也都应看做临界资源，在对它们进行访问时要采取互斥。

2. 同时共享方式

系统中还有另一类资源，允许多个进程在一段时间内对它们进行“同时”访问。这里的“同时”同样应该是加引号的，代表从宏观上看，多个进程是对资源进行同时访问，但从微观上看，它们实际上是在轮流使用该资源。典型的可供多个进程“同时”访问的硬件资源是磁盘设备，磁盘是一种高速可共享的设备，允许多个进程交替使用，一个进程暂时不使用时，可以让另一个进程使用。因此从宏观上看仍是多个进程同时使用，所以是同时共享。除了硬件设备外，还有一些软件也是可以同时共享的，如只读的数据、数据结构、只读文件及一些用重入码编写的可执行文件。

并发与共享是相辅相成，互相依存的。一方面，资源共享是建立在进程并发执行的基础上的，若系统不允许进程并发，那么自然进程之间也不可能资源共享；另一方面，多个进程在并发执行的过程中势必产生对资源的共享，若系统不能对资源共享实施有效的管理，那么也必然会影响到多个进程的并发执行。

1.5.3 虚拟性

操作系统的虚拟性(Virtual)是指通过某种技术将一个物理实体变为若干个逻辑上的对应物。物理实体是真实存在的，看得见，摸得着的，而逻辑上的对应物则是用户逻辑思维的产物，是感觉出来的。相应地，用于实现虚拟的技术称为虚拟技术。现代计算机系统中都采用了虚拟技术，操作系统向用户提供了比直接使用裸机更简单方便的抽象服务方式，使得用户

通过操作系统来使用机器，从而对用户隐藏了硬件操作的复杂性。这就相当于在原先的物理机上覆盖了一层功能更强、使用更方便的扩充机，这种计算机称为虚拟机。例如，它可以利用分时使用的技术将一个 CPU 虚拟成多个 CPU；利用程序的局部性原理及交换技术实现对内存空间的虚拟；利用 SPOOLing 技术将一台输入输出设备虚拟成多台输入输出设备；利用虚拟磁盘技术将一台硬盘虚拟为多台虚拟磁盘。

1.5.4 异步性

异步性(Asynchronism)也称不确定性，是指在相同的计算机环境及相同的初始条件下，同一数据集上运行的同一程序每次执行的顺序和所需时间都不一定相同。因为在多道程序环境下，内存中同时存在多道程序，使得操作系统内部的活动是极其复杂的，这些活动之间又有着错综复杂的联系。计算机系统内活跃的进程数量是变化的，这些进程间复杂的联系、进程的输入输出请求、从外部设备发出的中断等事件发生的时间都是不可预测的，外部设备的速度也存在细微的不确定的变化，所有这些因素导致进程在不可预知的时间、顺序中进行。即进程的执行速度不可预知。但是这种随机性并不意味着操作系统无法控制资源的使用和进程的执行，系统内部产生的事件序列有许多可能性，操作系统的一项重要任务是确保捕捉任何随机事件，正确地处理可能发生的随机事件及其序列，否则会导致严重的后果。

1.6 操作系统的结构设计

一个大型程序系统总是由一些模块组成。这些模块之间是可以相互访问的，一个模块通过模块之间的接口可以访问另一个模块内的程序和数据。

操作系统作为一种系统中必不可少的、具有并发特性的大型系统软件，其接口异常复杂，信息交换也非常频繁。由于操作系统的功能非常强大，所以有些模块可以需要访问另一些模块中的程序，而有些模块可能又需要访问另一些模块中的数据，而系统的某些功能可能又需要若干个模块协同工作才能实现。因此，在设计一个操作系统时，必须分析它的结构，如何设计出一个有效的、可靠的、易使用的、易修改的操作系统结构是设计开发操作系统的一种重要任务。

在操作系统的发展过程中，产生了多种多样的系统结构，几乎每一个操作系统在结构上都有自己的特点。从总体上看，根据出现的时间的早期，操作系统结构依次可以分为整体式结构、模块化结构、层次式结构和微内核结构。其中，习惯上将前三种结构称为传统的操作系统结构，而将微内核结构称为现代操作系统结构。

1.6.1 传统的操作系统结构

传统的操作系统结构的典型代表是整体式结构、模块化结构和层次式结构。由于这三种结构是在早期的操作系统设计中所采用的结构，因此称之为传统的操作系统结构。

1. 整体式结构

整体式结构也叫简单结构或无结构。在早期设计开发操作系统时，设计者只是把注意力放在功能的实现和获得高的效率上。整个操作系统的功能由一个一个的过程来实现，这些过程之间又可以相互调用，导致操作系统变为一堆过程的集合，其内部结构复杂又混乱。因此这种操作系统没有结构可言。系统中的调用关系如图 1-7 所示。

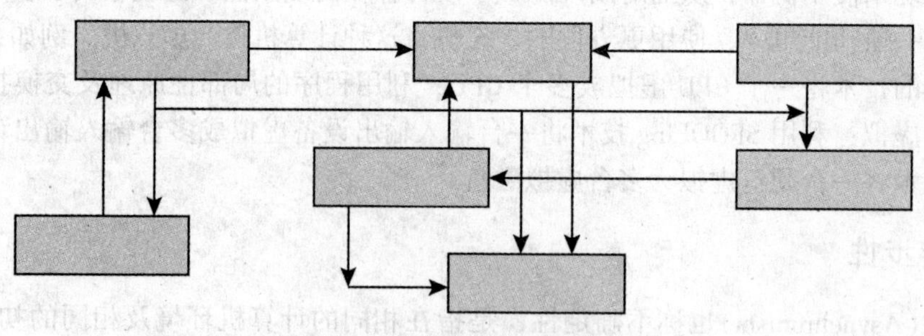

图 1-7　整体式结构调用关系

这种早期的整体式结构的最大优点就是接口简单直接，系统效率高。但是却有很多的缺点：没有可读性，也不具备可维护性，一旦某一个过程出了问题，凡是与之存在调用关系的过程都要修改，所以给调试和维护人员带来许多麻烦，有时为了修改系统中的错误还不如重新设计开发一个操作系统。因此，这种早期的整体式结构现在已经淘汰不用了。

2. 模块化结构

模块化结构是指将整个操作系统按功能划分为若干个模块，每个模块实现一个特定的功能。模块之间的通信只能通过预先定义的接口进行，或者说模块之间的相互关系仅限于接口参数的传递。

在这种模块化结构中，模块的划分并不是随意的，而是要遵循一定的原则，即模块与模块之间的关联要尽可能地少，而模块内部的关联要尽可能地紧密。这样划分出来的模块之间具备一定的独立性，从而减少了模块之间的复杂的调用关系，使得操作系统的结构变得清晰；而模块内部各部分联系紧密，使得每个模块都具备独立的功能。

例如，按照这种模块化结构可将操作系统分为进程管理模块、存储器管理模块、文件管理模块、设备管理模块等。而在每一个模块中又可划分许多子模块，如进程管理模块中又划分为进程控制、进程调度等子模块。图 1-8 示出了由模块、子模块等组成的模块化操作系统结构。

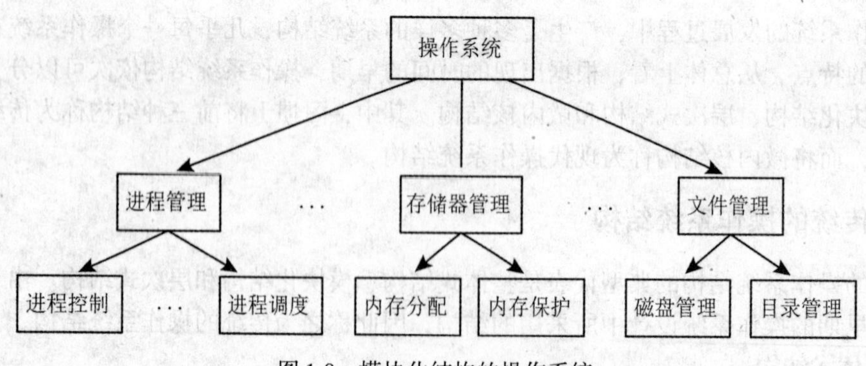

图 1-8　模块化结构的操作系统

在模块化结构设计方法中，最关键的也是最难的部分在于对模块的划分和设置模块之间的接口。如果我们在划分模块时，将模块划分得太小，虽然可以降低模块本身的复杂性，使

得模块内部的功能单一，但会引起各模块之间的复杂的调用关系，从而使得整个系统的结构混乱；如果将模块划分得过大，又会增加模块内部的复杂性，导致每个模块的功能变得很复杂。因此，在划分模块时，应把握好两者的分寸。

模块化结构的主要优点是：

(1)由于划分了模块，可以将每个模块的研发任务分配给每个开发小组，这样大家齐头并进，推动了整个操作系统的开发过程。

(2)各模块间存在较少的关联，所以增强了操作系统的可读性、可理解性和可维护性。

(3)可以获得较高的系统效率。

模块化结构的主要缺点是：

(1)在开始设计操作系统时，就对模块进行了划分，对接口功能进行了规定，因此很难保证在此基础上所设计开发出来的操作系统的正确性。

(2)由于模块的划分依据是操作系统所提供的功能，因此各模块间必然会存在较多的牵连，有可能造成循环依赖，从而降低了模块的相对独立性。

3. 层次式结构

层次式结构观点是将操作系统按层次结构分解成若干部分。一般把操作系统中提供最基本、最重要的服务的部分定义为最底层，其他各个层次依次建立在其底层基础之上。从而使整个系统结构呈现出一种有序分层的结构形式。

这种层次式结构的基本思想是：从最底层的裸机(即硬件)开始，相继在每一层上覆盖一层软件从而构成一个虚拟机，重复这个过程，直至构成所需要的系统为止。

操作系统的这种层次式结构如图1-9所示。图中，紧紧依附于裸机之上的第一层是系统核，该层提供最基本、最重要的一些系统功能。如具有初级中断处理、进程控制和进程通信及处理机分派等功能。由于这些功能都是系统调用最频繁的，因此安排在最底层，使得运行速度最快。系统核以外各层依次是存储管理层、I/O处理层、文件存取层、调度(作业调度)和资源分配层。它们具有各种资源管理功能并为用户提供各种服务。

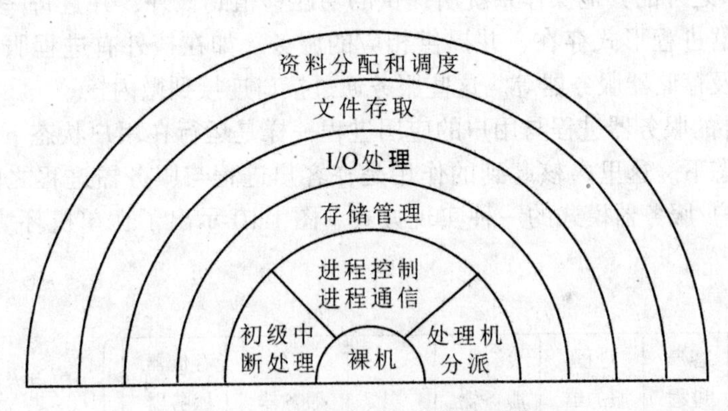

图1-9　层次式结构的操作系统

从层次式结构的构成过程我们可以看到，这种结构之所以称为有序分层法，是因为各层次之间具备以下特点，即上层可以调用下层，而下层不可调用上层。这样使得每一层之间是一种单向的依赖关系。所带来的好处是：增强了系统的可读性、可调试性、可维护性及可扩充性。例如，在调试系统过程中，由于下层不依赖上层，因此可以从底层开始，逐层进行调试；若要在现有系统功能基础上增加新的功能，也可不影响到其他层次，有利于系统的维护和扩充。

1.6.2 微内核操作系统结构

按照操作系统结构出现的年代划分，可分为传统的结构和现代的结构两大类。传统的操作系统结构包括上一小节介绍的整体式、模块化及层次式结构；而现代操作系统结构则是指现在比较流行的微内核操作系统结构。

1. 微内核的基本概念

微内核(Micro Kernel)操作系统结构，是20世纪80年代后期发展起来的。现代操作系统设计中的一个突出思想是把操作系统中更多的成分和功能放到更高的层次(即用户模式)中去运行，而只留下一个尽量小的内核，用它来完成操作系统最基本的核心功能，这种技术称为微内核技术。

由于它能有效地支持多处理机运行，故非常适用于分布式系统环境。当前比较流行的、能支持多处理机运行的操作系统，几乎全部都采用了微内核结构，如Carnegie Mellon大学研制的Mach OS，便属于微内核结构操作系统；又如当前广泛使用的Windows操作系统，也采用了微内核结构。

2. 微内核的特点

为了提高操作系统的"正确性"、"灵活性"、"易维护性"和"可扩充性"，在进行现代操作系统结构设计时，即使在单处理机环境下，大多也采用微内核结构，将操作系统划分为两大部分：微内核和多个服务器。总结起来，有关微内核操作系统结构的特点有以下几点：

(1)内核小而精。这也正是微内核名称的由来，因为内核足够小，但它又是经过精心设计的、能实现现代操作系统最基本的核心功能的部分。微内核并不是一个完整的操作系统，而只是操作系统中最基本的部分，提供系统的最基本、最重要的服务。它通常用于实现与硬件紧密相关的处理及负责用户与系统之间的通信。

(2)把除内核之外的其他操作系统所提供的功能移植到核外，并且每一个操作系统功能均以单独的服务器进程形式存在，并提供相应的服务。如在核外有进程服务器、终端服务器、文件服务器及存储器服务器等。这些服务通过接口连接到微内核。

(3)这些核外的服务器进程与用户的应用进程一样是运行在用户状态下的；而微内核则是运行在核心状态下。这里内核起到的作用是在客户进程与服务器进程之间进行消息的传递。这是基于客户/服务器模式的一种实现方式。图1-10示出了在单机环境下的客户/服务器模式。

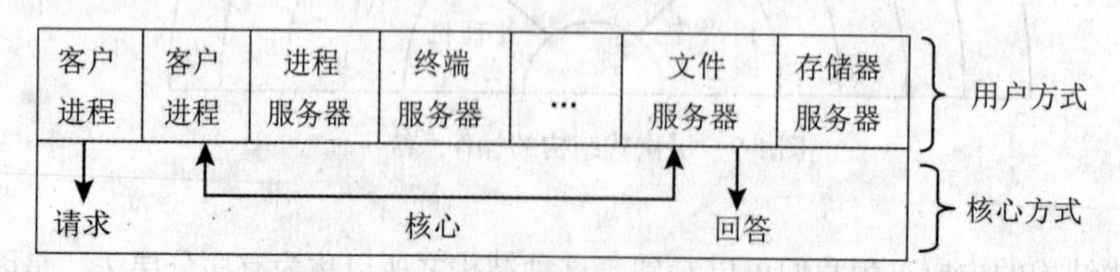

图1-10 单机环境下的客户/服务器模式

3. 微内核的优点

根据微内核结构的概念和特点，我们发现，与传统的操作系统结构相比，微内核结构具有明显的优势。现将微内核结构的优点归纳总结为以下几点：

(1)可靠性。由于将操作系统的大部分功能放在核外，并以服务器的方式运行在用户态，而客户进程与服务器进程以及服务器进程之间均采用消息传递的方式进行通信，因此，当某个服务器出现错误时，不会影响到内核，也不会影响其他服务器。

(2)扩充性。由于操作系统的功能通过服务器的方式实现，所以如果要增加新的功能，则只需将新增功能以服务器的方式让它运行在核外即可。从而便于系统功能的扩充。

(3)移植性。由于所有与硬件相关的代码都在微内核中，而操作系统其他绝大部分(即核外的各种服务器)均与硬件平台无关，因此，要想把操作系统移植到另一个计算机硬件平台上所需做的修改是比较小的。

(4)适宜于分布式处理的计算环境。由于微内核操作系统中，客户和服务器之间以及服务器和服务器之间的通信，采用的是消息传递通信机制进行的。因此不同的服务器可以运行在不同的处理器或计算机上，彼此之间通信时只需要根据标识符就能找到某一台计算机上的某一个服务器进程。致使微内核操作系统能很好地支持分布式系统和网络系统。

4. 微内核的缺点

目前微内核结构所存在的有待解决的最大问题是运行效率有所降低。

效率降低的最主要的原因是，在完成一次客户对操作系统提出的服务请求时，需要进行多次消息传递，从而使得处理机的状态发生多次用户态及核心态之间的切换。

而在传统的操作系统结构中是不存在这一问题的。因为用户通过系统调用的方式取得系统服务，在执行系统调用时，由用户态转向核心态；在调用结束，返回用户程序时，再由核心态转为用户态。一共只发生了两次转换。

但是在微内核方式中，由于系统服务以服务器进程方式和用户进程一起运行在用户态，当用户需要取得相应服务时，不能直接与服务器进程通信，而是需要经过内核进行消息传递。这样就需要至少发生四次状态的转换。而在实际的应用当中，可能还会发生更多的状态转换，例如，如果用户提出的请求某个服务器无法完成，则还需再请求其他服务器，那么将会发生八次状态转换。这极大地影响了系统运行的效率。

为了改善运行效率，可以考虑重新将核外的一些功能移入到内核中。这样可以减少用户请求系统服务时状态转换的次数。但这又会使微内核的容量明显地增大，失去了微内核的意义。在小型接口定义和适应性方面的优点也有所下降，同时也提高了微内核的设计代价。

1.7 现代主流操作系统

在20世纪80年代后期，计算机工业获得了飞速发展。各种新型计算机和新操作系统不断出现和发展，计算机和操作系统领域均进入了一个百花齐放、百家争鸣的年代。尤其重要的是工作站和个人机的出现，使计算机大为普及。现代操作系统的代表有：Windows、UNIX及Linux。

1.7.1 Windows 操作系统

1. Windows 操作系统概况

微软(Microsoft)公司成立于1975年，目前已经成为世界上最大的软件公司，其产品覆盖操作系统、编译系统、数据库管理系统、办公自动化软件和因特网支撑软件等各个领域。微软公司从1983年开始研制 Windows 操作系统，从最初的 Windows 1.0 的诞生到今天的 Windows 8，已经走过了30年，成为风靡全球的微型计算机操作系统，微软公司几乎垄断了个人计算机软件行业。

1992年4月 Windows 3.1 发布后，Windows 逐步取代了 DOS 开始在全世界范围内流行。从1995年8月开始，微软公司相继推出了 Windows 9x 系列，即 Windows 95、98 及 Windows Me(Microsoft Windows Millennium Edition)等家用操作系统版本。

Windows NT 系列的第一个版本 Windows NT 3.1 于1993年8月推出，之后又相继发布了 NT3.5、NT3.51、NT4.0 等版本。Windows NT 分为面向工作站和高级笔记本的 Workstation 版本(以及后来的 Professional 版)，以及面向服务器的 Server 版。2000年2月推出的 Windows 2000 系统是基于 Windows NT 5.0 内核的基础上开发的。2001年3月，微软尝试将家用的 Windows Me 与商用的 Windows 2000 合二为一，推出了能满足所有用户要求的操作系统 Windows XP (eXPerience)。

另外，Windows 还有嵌入式操作系统系列，包括 Windows CE(Consumer Electronics)、Windows CE.NET、Windows NT Embedded 4.0 和 Windows XP Embedded 等，其中，Windows CE 是 Windows 家族中最小的成员。

2. Windows 2000/XP

Windows 2000 是在 Windows NT 5.0 的基础上修改和扩充而成的，能够充分发挥32位微型计算机的硬件能力，在处理速度、存储能力、多任务和网络计算支持诸方面与小型机竞争。Windows 2000 除了很好地继承了 Windows NT 的特性之外，在网络连接、安全性、可靠性和性能方面都有了很大的改进。Windows 2000 有四个版本：Windows 2000 Professional、Windows 2000 Server、Windows 2000 Advanced Server 及 Windows 2000 Datacenter Server。这四个版本分别面向不同的应用领域，满足不同用户的需求。

Windows XP 是基于 Windows 2000 代码的产品，同时拥有一个新的用户图形化界面。Windows XP 简化了 Windows 2000 的用户安全特性，并整合了防火墙，以用来确保长期以来困扰微软的安全问题。在 XP 中，微软还将第三方软件整合到操作系统中，如防火墙、媒体播放器(Windows Media Player)、即时通信软件(Windows Messenger)等。

3. Windows XP 64 - Bit Edition 和 Windows Server 2008

微软在2003年3月28日发布了64位的 Windows XP。

64位的 Windows XP 称为 Windows XP 64-Bit Edition。其实就是64位版本的 Windows XP Professional。根据不同的微处理器架构，它又分为 IA-64 版的 Windows XP 及 x86-64 版的 Windows XP 两个版本。其中 IA-64 版的 Windows XP 拥有64位寻址能力，主要面向顶级的高端 IA-64 架构的工作站。用在高端的科学运算，石油探测工艺，立体绘图及复杂的动画制作等领域，是一种用于高效能运算(High Performance Computing)的强大的操作系统。而 x86-64 版的 Windows XP 则用于一般的 x86-64 位架构的工作站，桌面电脑以及笔记本电脑，用途与32为 Windows XP Professional 一样，但具有64位寻址功能。

Windows Server 2003 是 Windows 多任务服务器操作系统，以集中或分布的方式实现各种服务器角色，其中包括：文件和打印服务器、Web 服务器和 Web 应用程序服务器、邮件服务器、终端服务器、远程访问/虚拟专用网络服务器、目录服务器、域名系统、流媒体服务器、主机配置协议服务器和 Windows 互联网命名服务器。版本经过升级之后，目前比较主流的服务器版是 Windows Server 2008。Windows Server 2008 除了具备 Windows Server 2003 的特征之外，还具有内置的 Web 和虚拟化技术，可帮助用户增强服务器基础结构的可靠性和灵活性。Windows Server 2008 的虚拟化技术，可在一个服务器上虚拟化多种操作系统，如 Windows、Linux 等。服务器操作系统内置的虚拟化技术和更加简单灵活的授权策略，可帮助用户获得前所未有的易用性优势并降低成本。

1.7.2　UNIX 操作系统

1. UNIX 操作系统简介

UNIX 操作系统是一个多任务多用户的分时操作系统，诞生于 1969 年，由美国 AT&T 公司贝尔实验室的 Kenneth Lane Thompson 和 Dennis MacAlistair Ritchie 开发成功。UNIX 操作系统最初是用汇编语言编写的，目的是为了在 Bell 实验室内构造一种进行程序设计研究和开发的良好环境，仅限于内部使用。1971 年 UNIX 操作系统被移植到 PDP-11 上。1973 年，Ritchie 在 BCPL(Basic Combined Programming Language)语言的基础上开发出 C 语言，并用 C 语言重新改写了 UNIX 操作系统，增加了实用程序，并开始对外授权，这就是最早的 UNIX 版本——UNIX V。

1974 年 7 月，*The UNIX Time-Sharing System* 一文在美国权威杂志 Communications of ACM 上发表，引起公众的注意。外界最早可获得的是 UNIX 第 6 版，1978 年的 UNIX 第 7 版是当今 UNIX 的先驱，此版为 UNIX 的繁荣奠定了基础。20 世纪 70 年代中后期 UNIX 源代码的免费扩散引起很多大学、研究机构和公司的兴趣，大众的积极参与对 UNIX 操作系统的改进、完善、传播和普及起到了重要作用。

目前这个操作系统已经广泛移植到微型计算机、小型计算机、工作站、大型计算机和巨型计算机上，已成为全球应用最广、影响最大的操作系统；UNIX 提供一套十分丰富的软件工具和一组强有力的实用程序，有一个功能强大的 Shell 命令解释器，为用户提供了方便的命令界面。

2. UNIX 操作系统的特点

UNIX 取得成功的最重要原因是系统的开放性，公开源代码，可方便地向 UNIX 系统中添加新功能和工具，使系统越来越完善，成为有效的程序开发支撑平台，UNIX 是目前唯一可以安装和运行在从微型计算机、工作站直到大型机和巨型机上的操作系统。UNIX 操作系统的主要特点如下：

(1)多用户多任务操作系统，在 UNIX 内部允许有多个任务同时运行且允许多个用户分时使用。这是 UNIX 有别于 DOS 操作系统的根本特征。早期的 UNIX 操作系统的多用户多任务是靠分时机构实现的，现在的有些 UNIX 除了具有分时机制外，还加入了实时多任务能力，用于像实时控制、数据采集等实时性要求较高的场合。

(2)UNIX 系统用高级程序设计语言——C 语言编写，这使得系统易于理解、修改和扩充，并使系统具有很好的移植性。

(3)结构可分为内核和核外应用子程序，增强了系统的开放性和扩充性。内核部分就是一般所说的 UNIX 操作系统，它包含了一些基本功能，如进程管理、存储管理、设备管理和文件管理等。而将其他功能从内核中分离出来放在核外，并在用户状态下运行。这种结构形式使得系统功能的修改和扩充都比较方便。

(4)良好的用户界面。UNIX 向用户提供两种界面，一种是命令界面，包括用户通过字符终端敲入命令来取得系统服务或用户通过图形化终端采用点击菜单或图标的方式取得系统服务；另一种界面是面向程序的界面，程序员在编程过程中通过系统功能调用来取得系统服务。

(5)树形结构的文件系统。UNIX 具有一个树形结构的文件系统，它由基本的文件系统和若干个子文件系统组成。而且 UNIX 的文件系统是可装卸的，不仅可以扩大文件的存储空间，而且还提供了文件保护功能。

(6)文件和设备统一处理。UNIX 系统中，将所有的硬件设备当做文件来处理。这样便于对用户隐藏硬件的差异，使得用户在使用硬件设备时如同使用普通文件一样，这样既简化了系统的设计，又便于用户使用。

(7)具有强大的网络和通信功能。UNIX 具有很强的网络功能，目前流行的 TCP/IP 协议就是 UNIX 的缺省网络协议。正是因为 UNIX 与 TCP/IP 的完美结合，促进了 UNIX、TCP/IP 以及 Internet 的推广和普及。目前 UNIX 一直是 Internet 上各种服务器的首先操作系统。

正因为 UNIX 具备以上这些特点，使得它已成为操作系统的一种标准，而不是指某种特定的操作系统，许多公司和大学都推出自己的 UNIX 系统发行版，到 20 世纪 90 年代，UNIX 版本已多达 100 余个，且互不兼容，局面非常混乱。为了改善这种局面，使同一个应用程序能够在所有不同的 UNIX 版本上运行，IEEE 拟定一个 UNIX 标准，称作 POSIX(Portable Operating System Interface of Unix，可移植的 UNIX 操作系统接口)，它定义相互兼容的 UNIX 操作系统所必须支持的最少系统调用接口和工具。此标准已被多数 UNIX 操作系统支持，同时，其他操作系统也都支持 POSIX 标准，这都进一步推动了 UNIX 的发展。

在计算机的发展历史上，没有哪个程序设计语言像 C 语言那样得到如此广泛的应用，也没有哪个操作系统像 UNIX 那样获得普遍的青睐和应用，它们对整个软件技术和软件产业都产生深远影响，为此，Ritchie 和 Thompson 共同获得 1983 年度的 ACM 图灵奖(ACM Turing Award)和软件系统奖(Software System Award)。

1.7.3 Linux 操作系统

1. Linux 的诞生

Linux 是操作系统，确切地说是 GNU/Linux 操作系统。它的诞生、发展与 UNIX 操作系统、Minix 操作系统、GNU 计划、POSIX 标准以及 Internet 广泛应用有着极大的关系。

Linux 操作系统是一个符合 POSIX 标准的 UNIX 克隆产品，和 UNIX 一样，也是一个多用户多任务的分时操作系统。Linux 系统对硬件要求很低，能很好地运行在多种硬件平台上，功能强大而且架构开放。Linux 系统的最大优点是源代码公开，可免费使用，因此非常适合广大计算机爱好者学习研究并进行二次开发。进入 21 世纪以来，Linux 的市场份额(尤其是在服务器领域)呈逐渐上升趋势。

Linux 操作系统诞生于 1991 年，由于当时 UNIX 的商业化运作，使得许多高校无力购买商业版的 UNIX 操作系统。后来，芬兰的 Tanenbaum 教授为了操作系统课程教学的需要，开发了一个 mini 的 UNIX 操作系统，简称 Minix 操作系统。该系统主要用于教学，以便于让学

生更形象、更清楚地了解操作系统的原理。

Tanenbaum 教授开发了 Minix 系统后，引发了学生 Linus Torvalds 的兴趣。但因为 Minix 系统一直恪守着“Small is beautiful”的原则，最终导致了 Linus 决定编写一个类 Minix 的操作系统，不过它的特征繁多，面向实用而非教学，这就是我们所说的 Linux。

GNU 是一个组织，是一种规范。GNU 计划是 Richard M. Stallman 于 1975 年在麻省理工学院(MIT)所成立的自由软件基金会中所执行的一项计划。GNU 计划规定：当使用者对 GNU 计划下的软件做修改时，仍必须维持 GNU 的精神，即修改后的软件也应该无条件地奉献。

1991 年 10 月 5 日，Linus 在 comp. os. minix 新闻组上发布消息，正式向外界宣布 Linux 系统内核的诞生。这段消息也称为 Linux 的诞生宣言，并一直广为流传。我们知道一个完整的操作系统，除了内核之外，还应该包含一系列的系统应用软件，而 GNU 软件的出现为 Linux 操作系统的开发创造了一个合适的环境，是 Linux 能够诞生的基础之一。

随着 Internet 技术的发展，越来越多的人通过网络认识了 Linux，越来越多的人使用并改进 Linux。如果没有遍布全世界的计算机爱好者的不懈努力和无私奉献，那么 Linux 也不可能发展到今天这样的水平。

2. Linux 的发行版本

Linus Torvalds 在 1991 年开发出第一个 Linux 内核版本，从此宣告 Linux 系统的诞生。后来有更多的程序员和开发者通过网络不断地加入 GNU 组织，对 Linux 不断进行完善和修改，造就了今天人们所看到的 Linux 操作系统，也称 GNU/Linux 系统。不同的操作系统厂商发布不同的 Linux 版本，下面简单介绍一下目前比较流行的 Linux 发行版本。

(1) Red Hat

Red Hat 是全球最大的开源技术厂家，其产品 Red Hat Linux 也是全世界应用最广泛的 Linux 发行版。Red Hat 最早有 Bob Young 和 Marc Ewing 在 1995 年创建。Red Hat Linux 版本从 1. 0 发展到 9. 0，这些早期的版本早已停止了技术支持。在 Red Hat Linux 9. 0 之后便分为了两个系列，一个是由 Red Hat 公司提供收费技术支持和更新的 Red Hat Enterprise Linux 系列；另一个是由开源社区开发的免费的 Fedora 系列。

Red Hat Enterprise Linux 系列目前最新的版本为 Red Hat Enterprise Linux 6. 4，并宣布在 2013 年下半年将发布 RHEL7。企业级用户使用较多的是 RHEL6. 0。这一系列的版本更新周期大约为 24-36 个月，更新周期较长，系统较稳定，一般用于企业级应用。

Fedora 系列目前最新版本为 Fedora 18，这一系列的版本更新周期为 3-6 个月，因为是社区开放的免费版本，所以可看做是企业版的测试版本，不稳定，一般不建议服务器使用。

目前还有一款比较流利的 Red Hat 克隆版 CentOS，内容与 Red Hat Enterprise Linux 操作系统一样，只是更换了 Red Hat Enterprise Linux 操作系统的 logo，并对 Red Hat Enterprise Linux 中的 rpm 进行了重新编译，形成了一个免费的 Linux 系统，基本上与 Red Hat Enterprise Linux 保持同步发行。国外的许多企业都使用这个版本。现在最新版本为 CentOS 6. 4。

(2) SUSE

SUSE 是德国最著名的 Linux 发行版，在整个 Linux 行业中具有较高的声誉。从市场份额来看，SUSE 目前占据着服务器市场第二的位置。

SUSE 操作系统包含了一个安装及系统管理工具 YaST2，它能够进行磁盘分割、系统安装、在线更新、网络及防火墙组态设定、用户管理和其他更多的工作。它为原理复杂的设定工作提供了方便的组合界面。

SUSE 支持在安装的时候调整 NTFS 硬盘的大小，使得将 Linux 安装到一台已经安装了 Windows 操作系统的计算机的工作进行得更顺利。此外，SUSE 会自动侦测到很多常见的 Windows 调制解调器并为它们安装驱动程序。SUSE 也具备优秀的桌面效果，拥有极全的软件包。

(3) Debian

Debian GNU/Linux 是 Linux 爱好者最中意的 Linux 操作系统，Debian 计划是一个以创造一个自由操作系统为共同目标的个人团体所组建的协会。Debian GNU/Linux 附带了超过 29000 个软件包，这些预先编译好的软件被包裹成一种良好的格式以便于在机器上安装。

Debian 系统分为三个版本分支，包括 stable、testing 和 unstable。其中 unstable 为最新的测试版本，其中包括最新的软件包，但是也有相对较多的 bug，不稳定，适合桌面用户使用；testing 版本都经过了 unstable 版本的测试，相对较为稳定，另外也支持不少新技术；stable 版本一般只用于服务器，上面的软件包大部分都比较过时，但是稳定性和安全性非常高。

为什么会有如此多的用户中意于 Debian 系统呢？主要是因为 Debian 系统软件包更新非常方便，可采用 apt-get 和 dpkg 命令实现。其中 dpkg 是 Debian 系统特有的软件包管理工具，被誉为所有 Linux 软件包管理工具中最强大的，配合 apt-get，在 Debian 系统中安装、升级、删除和管理软件变得非常容易。

(4) Ubuntu

如果说 Red Hat 是服务器领域的佼佼者的话，那么桌面领域最流行的莫过于 Ubuntu 了。Ubuntu 是基于 Debian 的 unstable 版本演变而来的，可以说 Ubuntu 是一个拥有 Debian 所有优点的桌面操作系统。Ubuntu 是一个相对较新的发行版本，其首个版本于 2004 年 10 月 20 日发布。Debian 依赖庞大的社区，而不依赖任何商业性组织和个人，Ubuntu 使用 Debian 的大量资源，同时其开发人员作为贡献者也参与 Debian 社区开发。而且，许多热心人士也参与 Ubuntu 的开发。

Ubuntu 的出现改变了许多潜在用户对 Linux 的看法。从前人们认为 Linux 难以安装、难以使用，但是 Ubuntu 的安装非常人性化，只要安装提示一步步地进行即可，基本可以做到无人值守安装，就如同安装 Windows 系统一样简便。最让用户开心的是 Ubuntu 拥有非常酷的桌面环境。

3. Linux 的特点

Linux 操作系统之所以能在今天受到越来越多的用户青睐是因为它符合现代操作系统的要求和发展方向，即尽可能地方便用户使用，合理地组织工作流程，最大限度地提高计算机系统的资源利用率。现将 Linux 特点归纳总结如下：

(1) 多用户多任务工作环境

Linux 是真正的多用户多任务操作系统，同时还是一个分时系统。可在 Linux 系统中规划出不同等级的用户，如系统管理员（即超级用户）和普通用户。所谓多用户是指资源可被不同用户使用，每个用户对系统资源（如文件、设备）根据用户等级具有特定的权限，也互不影响；多任务是指计算机可以同时执行多个程序，而且各个程序的运行相互独立。系统采用将 CPU 时间分片的方式来循环轮转地处理多个任务。而由于机器速度非常快，因此用户感觉不到。

Linux 操作系统充分利用了 x86 CPU 的任务切换机制，实现了真正的多用户、多任务工

作环境，允许多个用户同时执行不同的程序，并且可以给紧急任务以较高的优先级。

(2)开放性

开放性是指Linux系统遵循由国际标准化组织(International Standardization Organization, ISO)制定的开放式系统互联(Open System Interconnection, OSI)国际标准。Linux是开放源代码自由软件的代表，作为自由软件，主要包括两个特点，一是源代码开放；二是使用者免费获得源代码后，可以根据需要对其进行自由修改、复制和发布程序的源代码，并公布于Internet上，以供他人免费获取。因此，开发软件成本低，有利于开发各种特色的操作系统。

(3)良好的可移植性

可移植性是指将操作系统从一个平台转移到另一个平台后，它仍然能够按其自身的方式运行的能力。Linux操作系统具有良好的可移植性。能够在多种硬件平台下运行，不仅可以运行在x86系列的计算机上，还可以运行在其他如APPLE、AMD、ARM、MIPS等系列计算机上。可移植性为运行Linux的不同计算机平台与其他任何计算机进行准确有效的通信提供了保障，不需要另外增加特殊的和昂贵的通信接口。

(4)强大的网络功能

完善的内置网络功能是Linux的一大特点，Linux在通信和网络功能方面优于其他操作系统，因为Linux本身就是依靠互联网而快速发展起来的。

Linux系统内置通信联网功能，能与LAN Manager、Windows for Workgroups、Novell Netware网络集成，方便与异种机联网。同时能提供网络服务器几乎所有的服务，如Web、Mail、Proxy、FTP、Samba服务等。因此，可作为Internet上的服务器和网关路由器。

(5)稳定性强

Linux的产生很大程度上来自于UNIX的贡献，因此，Linux具有与UNIX系统相似的程序接口和操作方式，同时也继承了UNIX稳定、高效的特点。有人曾经在使用中做过实验证明一台Linux服务器3年不用重启。安装Linux的主机可连续运行一年以上而无需关机，可见其稳定性很好。

(6)安全性能好

虽然在网络上没有绝对安全的主机，但由于Linux系统的支持者众多，有相当多的热心团体、个人参与其中的开发，因此可以随时获得最新的安全信息，并给予随时的更新，具有相对的安全性。

Linux的安全性可以从三个方面得到体现：一是Linux操作系统采取了许多安全技术措施，如读、写、执行的权限控制，带保护的文件、I/O子系统、审计跟踪、核心授权等；二是由于其源代码开放，所以大大减少了操作系统存在未知“后门”的可能性；三是由于Linux是由松散的组织开发的，使用它不会受到某家公司的控制。

Linux虽然是一个新兴的操作系统，具有不少明显优势，但还有一些不足。对长期依赖微软的Windows操作系统的人来说，Linux的使用仍然很陌生，尤其对于非计算机专业的用户而言，Linux的复杂安装和操作令人难以接受。因此，Linux操作系统要进入千家万户可能还需要经历一个长期的过程。

对企业级用户而言，虽然Linux的服务器市场份额这几年呈现节节攀升的迹象，但是对于那些仍然使用Windows操作系统的企业来讲，也不可能一夜间抛弃Windows操作系统。虽然许多计算机运营商纷纷表态支持Linux，但目前Linux操作系统的应用软件和工具仍没有Windows完备。但不管怎样，Linux操作系统已成为一个充满生机、有着广泛应用前景的操作系统，是一个唯一能与 UNIX 和 Windows 相抗衡的操作系统。

本章小结

本章详细介绍了计算机操作系统的一些基础知识，包括操作系统的定义；操作系统的形成和发展；操作系统的类型；操作系统的功能和特性；操作系统的结构设计及现代主流操作系统简介。

操作系统是一组控制和管理计算机硬件和软件资源，合理地对各类作业进行调度，以及方便用户使用的程序的集合。操作系统在设计时需要达到四个目标：有效性、方便性、可扩充性和开放性。

操作系统的形成和发展过程经历了人工操作阶段、早期批处理时期及多道批处理时期。操作系统的类型分为批处理操作系统、分时操作系统、实时操作系统、微机操作系统、网络操作系统、分布式操作系统及嵌入式操作系统等，其中最基本的操作系统是批处理、分时和实时操作系统。

批处理系统的基本特点是成批处理作业，又分为单道批处理和多道批处理两种类型。其中单道批处理系统的内存中一次只能存放一道作业，即一次只允许一道程序在内存中运行；而多道批处理系统则可在内存中同时存放多道作业，允许多个程序在内存中穿插交替运行，从而大大提高了系统的吞吐量及系统资料的利用率。

分时系统中，一台主机可以连接多个用户终端，每个终端一次只能占用主机一个时间片的时间，若时间片到，则不管该终端的任务是否完成，都必须释放主机的使用权，将主机让给下一个用户终端使用。采用这种循环轮转的方式只到每个终端的任务都完成为止。

实时系统中，则主要侧重于系统的响应时间及安全可靠。实时系统根据实时任务的紧急程度，又分为硬实时系统和软实时系统两类。在硬实时系统中，由于任务的紧急程度非常高，因此必须在规定的时间内完成，否则可能产生非常严重的后果，这种任务对系统的及时响应要求非常高；而软实时系统中，由于任务的紧急程度不高，因此若在规定时间内未完成，也不会产生非常严重的后果，所以对系统的实时性要求不是特别高。

操作系统主要包含五大功能：用户接口、文件管理、存储管理、处理机管理及设备管理。操作系统包含四大特性：并发性、共享性、虚拟性和异步性。而其中最基本的特性是并发。

操作系统的结构设计可包含传统的操作系统结构和微内核操作系统结构。其中传统的操作系统结构又包含整体式结构、模块化结构和层次式结构三种类型。

现代主流操作系统有 Windows、UNIX 及 Linux。

习题 1

1. 选择题

(1)操作系统是一种( )。

A. 通用软件　　B. 系统软件

C. 应用软件　　D. 工具软件

(2)从用户的观点来看，操作系统是( )。

A. 用户与计算机之间的接口

B. 控制和管理计算机系统的资源

C. 合理组织计算机的工作流程

D. 一个大型的工具软件

(3)下列的( )不属于操作系统所管理的资源。

A. CPU　B. 数据　C. 中断　D. 内存

(4)操作系统的功能不包括( )。

A. 用户管理　B. 处理机管理和存储管理

C. 文件管理　D. 设备管理

(5)以下关于计算机系统和操作系统的叙述中错误的是( )。

A. 操作系统是独立于计算机系统的，它不属于计算机系统

B. 计算机系统是一个资源集合体，包括软件资源和硬件资源

C. 操作系统是一种软件

D. 计算机硬件是操作系统赖以工作的实体，操作系统的运行离不开计算机硬件的支持

(6)允许多个用户以交互方式使用计算机的操作系统称为( )；允许多个用户将多个作业提交给计算机集中处理的操作系统称为( )；计算机系统能及时处理过程控制数据并作出响应的操作系统称为( )。

A. 批处理操作系统　B. 分时操作系统

C. 网络操作系统　D. 实时操作系统

(7)分时系统中通常采用( )策略来为用户服务。

A. 先来先服务　B. 短作业优先

C. 时间片轮转　D. 响应比高者优先

(8)实时操作系统必须在( )内处理完来自外部的事件。

A. 响应时间　B. 周转时间

C. 规定时间　D. 调度时间

(9)设计实时操作系统时，首先要考虑系统的( )。

A. 实时性和可靠性　B. 实时性和灵活性

C. 灵活性和可靠性　D. 灵活性和可移植性

(10)Windows XP是( )操作系统。

A. 多用户多任务　B. 单用户多任务

C. 网络　D. 单用户单任务

(11)下列关于并发性的叙述中正确的是( )。

A. 并发性是指若干事件在同一时刻发生

B. 并发性是指若干事件在不同时刻发生

C. 并发性是指若干事件在同一时间间隔内发生

D. 并发性是指若干事件在不同时间间隔内发生

(12)采用( )结构时，将操作系统分成用于实现操作系统最基本功能的内核和提供各种服务的服务器两个部分。

A. 整体式　B. 模块化　C. 层次式　D. 微内核

(13)以下关于网络操作系统设计目标描述错误的是( )。

A. 网络中各台计算机没有主次之分，任意两台计算机可以通过通信交换信息

B. 网络中的资源供各用户共享

C. 分布式系统实现程序在几台计算机上分布并行执行，相互协作

D. 网络操作系统配置在计算机网络上，而分布式操作系统不能配置在网络上

(14)在操作系统的层次结构中，各层之间是( )。

A. 互不相关　　B. 内外层相互依赖

C. 外层依赖内层　　D. 内层依赖外层

(15)现代操作系统的两个重要特征是( )和资源共享。

A. 多道程序设计　　B. 中断处理

C. 程序的并发执行　　D. 实现分时与实时处理

2. 问答题

(1)简述现代计算机系统的组成及其层次结构。

(2)什么是操作系统？计算机系统配置操作系统的主要目标是什么？

(3)操作系统的形成和发展经历了哪几个时期？各个时期的特点是什么？

(4)何谓脱机 I/O 和联机 I/O？

(5)为什么对作业进行批处理可以提高系统效率？

(6)计算机系统采用中断和通道部件后，已实现处理器与外部设备的并行工作，为什么还要引入多道程序设计技术？

(7)什么是多道程序设计？多道程序设计技术有什么特点？

(8)试比较批处理操作系统和分时操作系统的不同点。

(9)试比较实时操作系统和分时操作系统的不同点。

(10)试比较单道和多道批处理系统。

(11)试述嵌入式操作系统的发展背景及其特点。

(12)简述现代操作系统的基本功能。

(13)简述操作系统的特征。

(14)操作系统怎样让多个程序同时执行？

(15)实时操作系统可以分为哪几类？

(16)网络操作系统的主要功能有哪些？

(17)分布式操作系统与网络操作系统的区别有哪些？

(18)操作系统有哪几种结构形式？

(19)简述微内核操作系统的特点。

(20)简述 UNIX 操作系统的特点。

(21)简述 Linux 操作系统的特点。

(22)设有两道程序按 A，B 的优先次序运行，其内部计算和 I/O 操作的时间如下：

程序 A 使用 30msCPU 后使用 40msI/OA，最后使用 20msCPU，

程序 B 使用 60msCPU 后使用 20msI/OB，最后使用 30msCPU。

① 试画出按多道程序运行的时间关系图；

② 完成两道程序共花多少时间？它比单道运行节省多少时间？

第2章 操作系统运行环境及用户界面

操作系统是计算机系统中最重要的系统软件。它负责管理系统中所有的硬件及软件资源，协调多个用户作业的正确执行，合理安排计算机的工作流程。操作系统为了实现其管理功能，必须有一个赖以活动的环境，这就是操作系统的运行环境。最重要的是硬件环境。当然，操作系统要形成可执行状态，也需要其他系统软件的支持，如语言处理程序、连接装配程序等。另外，操作系统的运行环境还与程序员、操作员、系统管理员有关。

操作系统除了有自己赖以依存的运行环境之外，它也为用户提供了一个方便友好的用户界面，这个用户界面为用户及程序员或系统管理员提供了能满足不同工作需要的恰当的服务。

2.1 操作系统的安装与引导

我们知道，现代的计算机系统如果没有安装操作系统，那么用户将无法使用。所以，如果用户想要使用一台计算机来为自己提供某些服务的话，首先最重要的就是要学会如何在机器上安装一个操作系统，并从系统的启动过程中了解整个系统引导过程。

2.1.1 选择操作系统的原则

如果将计算机比喻成一个人，计算机硬件则为人的身体，计算机软件则为人的思想。由于操作系统是整个计算机系统中最重要的软件，也是整个计算机系统的指挥者和管理者，管理并协调系统中的所有硬件和软件。因此，选择合适的操作系统对计算机系统来说是十分重要的，这就好比要将一个人的身体与思想很好地统一起来，那么操作系统就扮演着这样的角色。所以，选择合适的操作系统，是能否发挥计算机性能的前提，而且，从用户的角度来讲，不同的操作系统能满足用户不同的需求。

现在市场上可供选择的操作系统种类繁多，就目前主流的三大类操作系统(即 Windows、UNIX 及 Linux)来讲，每一类操作系统又有不同的分支及版本，版本的更新速度少则几个月，多则一年，一年半或两年。那么面对这样种类繁多的操作系统，我们用户又将怎样选择呢？或许大多数用户都有喜新厌旧的毛病，每当有新版本的操作系统发布，就会去选择新版本，因为新版本无论是用户界面还是功能都会比旧版本有很大的改进，但是殊不知新版本虽好，可能并不见得适合自己的计算机。不同的硬件环境与使用要求，就要求使用不同的操作系统。所以，要从实际出发，选择合适的操作系统，避免不必要的资源浪费。下面主要从桌面应用和服务器应用两个方面加以说明。

1. 桌面应用

对于普通用户的桌面应用来说，目前能选择的操作系统主要有 Windows XP、Windows 7 和 2012 年 10 月最新发布的 Windows 8。

Windows XP 早在 2001 年就已经发布了，到今天已经过去了十几年，但仍然拥有大量的用户群，那么也就不得不承认它确实具有让人无法抛弃它的特点。Windows XP 最重要的一个特点就是它从此取代了被人称作“玩具操作系统”的软件——Windows 9X。它采用的是 Windows NT/2000 的技术核心，其特点是运行非常可靠和稳定。将这样稳定而可靠的技术运用到面对普通电脑用户的操作系统软件中，是最值得称道的。它的另一个特点是较之微软前几个版本的视窗操作系统，Windows XP 的用户界面焕然一新，用户使用起来非常得心应手。Windows XP 在设计时还充分考虑到了共享计算机的安全需要。它内建了极其严格的安全机制，每个用户都可以拥有高度保密的个人特别区域。快速登录特性也使得修改用户信息变得十分快捷、简便。

Windows 7 系统与 Windows XP 相比，功能更加强大，安全性更强，最直观的是它提供了更加唯美的用户界面，更适合普通用户使用。而对于企业用户，可以选择集成 Windows XP 模式功能的 Windows 7 专业版。

对于最新发布的 Windows 8 功能更强大，安全性更好，最重要的是，在界面上对前几版操作系统来了一个小小的颠覆。Windows 8 系统支持 ARM 架构；专为触摸屏设计的 Metro 界面与传统鼠标操作界面并存；拥有全新的开始按钮和开始菜单；采用 Ribbon 界面的 Windows 资源管理器；全新的关机模式实现快速启动；集成 Hyper-V 功能；可运行所有 Win7 程序；资源占用极低，低端电脑可流畅运行。对于上述微软发布的 Win8 的种种优势，还有待广大用户去体验和验证。

2. 服务器应用

对于服务器来讲，一个最重要的部分就是安装于其上的操作系统。它的性能直接影响到企业业务的开展、服务器能否真正提供服务应用。服务器是针对于企业的应用设备的，其操作系统也有别于 PC 操作系统(即桌面应用)，目前的服务器操作系统主要分为三大流派：UNIX、Linux 和 Windows。

UNIX 可以说是服务器操作系统历史最悠久的系统，曾经的市场占据优势明显，但随着 Windows 和 Linux 服务器市场的重要性不断提高，安装数量也在不断增加，Unix 遭到了来自 Windows 和 Linux 的冲击，市场占有率每年都有不同程度的下降。但 Unix 在硬件方面具备另外两者所不能比的高性能和高可靠性，能与众多的服务器厂商硬件很好地结合，因此 Unix 在未来的一段时间内，仍有其生存和发展的空间。特别是在中国市场，目前的金融、电信等关键性领域，Unix 的应用仍然是占主要地位，主要是由于这些应用领域对安全性和可靠性要求很高，而这恰好都是 Unix 的优势所在。但是从 Unix 向其他系统的迁移对于用户来说比较麻烦。

在提到 Linux 应用的时候，首先想到的应该就是它在企业级服务器领域的应用，事实的确如此，由于 Linux 性能稳定和成本相对低廉，使得它在服务器中所占的市场份额是最大的，另外 Linux 的安全性也是其占据市场的一个重要原因。

Windows 操作系统基于它在桌面领域的突出表现，几乎一直在 PC 机操作系统领域占据着不可动摇的垄断地位。但是近几年，随着微软新一代服务器操作系统 server 2008 的发布，不仅大大增强了自身在服务器领域的实力，而且给予业界巨大的震撼。其强大的功能，和继承 server 2003 的优势拓展其更强的功能，这些方面都给服务器操作系统领域带来新冲击。

由此可见，当前在服务器领域基本上是一种三足鼎立的局面。在 Unix、Linux 和 Windows 三大操作系统竞争中，面临 Windows 在服务器领域应用的不断成熟和 Unix 向 Linux 迁

移的减缓，Linux应考虑如何进一步走向高端，降低服务和维护的成本以争取新的用户；而Windows所面临的则是如何改变原有企业级的应用平台，吸引更多的用户加入到Windows服务器系统领域中来；对于Unix系统，它的定位始终是高端市场，强调系统的安全性和可靠性，成为金融、电信等高要求的企业级应用的首选。

2.1.2　安装操作系统的注意事项

1. Linux安装注意事项

现在的大部分发行版都很容易安装，基本上都是图形向导式的，每个发行版都不太相同，也无法在此一一描述，这里仅仅说明几个要注意的问题。

(1)如果要和Windows混装，一定要先装Windows，后装Linux。

(2)分区的时候，根据计划安装的软件灵活决定分区。一般分区有/boot、/、/home和swap分区。其中，swap分区类型和其他不同，需要专门选择一下，它的空间一般是物理内存的两倍即可，但因为现在内存空间一般都比较大，所以也就不遵循这个规律了，一般swap分区分配1GB就足够了。

(3)为了方便，还可以安装发行包做好的软件。安装Linux时可以先安装一个最小系统，然后安装所有的编译工具。安装编译工具一般都通过发行包的包管理工具来实现。最后，在管理工具中选择所有关于Development相关的选项或gcc相关选项。

(4)关于系统的启动设置，如果是单磁盘单系统则比较简单，可以将引导记录安装在硬盘的主引导扇区。由于Linux支持多操作系统，所以存在其他的操作系统时可以使用多引导管理程序或不使用。如果使用，可以将Linux的引导记录安装在自己分区的引导扇区，并将其他操作系统加入到管理程序中，并设置默认的启动系统。如果不使用，还要保证其他系统的运行就要使用启动盘来启动Linux了。

(5)关于启动盘的创建，在安装结束时会出现建立启动盘的提示，最后做一张，一旦忘记了密码可以使用启动盘进入单用户模式清除密码。

在安装了最小系统和全套的编译器后，就可以在这个系统中下载和安装各种应用软件了。

2. Windows安装注意事项

目前在个人电脑中安装的最多的可能就是Windows XP和Windows 7了。下面就以Win 7为例来说明安装过程中的注意事项。

(1)选择好安装方法，Win 7系统只支持NTFS文件系统，必须是NTFS的格式才能安装Win 7系统，如果已经下载了ISO镜像，并刻录到DVD，接下来就有两个选择去运行安装程序。如果系统已经安装了Windows XP、Vista或更早期的版本，则可以选择升级安装，当然也可以选择全新安装，如果选择全新安装，就需要把原来系统中的文件进行备份。

(2)安装Win 7对硬盘容量有一定的要求，微软公布的RC(微软测试版本)最低硬件建议16G的可用磁盘空间，但那不是硬性要求。实际中，全面安装Windows 7 Ultimate x86需要6G到9G的空间。当然，如果用户安装额外的程序或创建数据文件后，这一数额将会上升，但究竟应当有多大的系统分区呢？15G应该是一个最小的尺度，但迟早也会变得紧张，所以如果有足够的备用的磁盘空间，建议预留至少30G。

(3)Win 7系统只支持NTFS文件系统，所以在这里介绍一下将FAT32转换为NTFS的方法。首先点击开始/运行，然后输入“cmd”；进入命令提示符窗口后输入：“convert D：/FS：

NTFS”(注：输入命令时不带引号，D表示要转换的磁盘或分区)，这条转换命令不会损坏磁盘上的数据，若转换的磁盘不是系统盘，则无需重启就已转换成功。

2.1.3 操作系统的引导过程

操作系统的引导过程是指机器从开机后，外存上的操作系统内核文件经过加载进入内存并形成一个用户能使用机器的环境的过程。操作系统的引导过程涉及计算机硬件的低层功能，下面简要介绍与计算机引导过程有关的几个部分。

1. BIOS与系统自检

基本输入输出系统(BIOS)是直接与硬件打交道的底层代码，它为操作系统提供了控制硬件设备的基本功能。BIOS包括很多种类型，这里主要讨论安装在主板上的ROM BIOS，因为计算机的启动过程是从它这里开始的。由于ROM是只读存储器，存放在ROM的数据不会因为掉电而丢失，是永久保存的，所以即使计算机在关机或掉电以后，BIOS中的代码也不会丢失。BIOS包含了系统自我检测和配置的程序以及系统的配置数据。

当按下电源开关后，电源就开始向主板和其他设备供电，主板上的控制芯片组会向CPU发出并保持一个RESET信号，让CPU内部自动恢复到初始状态。当芯片组检测到电源稳定后，便撤去RESET信号，CPU马上就从地址FFFF0H处开始执行命令，这个地址实际上在系统BIOS的地址范围内，无论是哪个型号的主板，这里放的都是一条跳转指令，跳到传统BIOS中真正的启动代码处。

BIOS的启动代码所做的第一件事就是进行系统自检(Power-On Self Test，POST)。POST的主要任务是检测系统中主要设备是否存在或能否正常工作，如内存和显卡等设备。如果此过程中发现了一些致命错误，如没有内存或者内存有问题，那么BIOS就会直接控制喇叭发声来报告错误，声音的长短和次数代表了错误的类型。POST结束之后就会调用其他代码来进行更完整的硬件检测。

2. 硬件设备检测

在内存测试通过之后，BIOS将开始检测系统中安装的一些标准硬件设备，如硬盘、CD-ROM、通信端口等设备，绝大多数较新版本的BIOS在这一过程中还有主动检测和设置内存的定时参数、硬盘参数和访问模式等。标准设备检测完毕后，BIOS开始检测和配置系统中安装的即插即用设备，每找到一个设备之后，BIOS都会在屏幕上显示出设备的名称和型号等信息，同时为该设备分配中断、DMA通道和I/O端口等资源。

到这一步为止，所有硬件都已经检测配置完毕了，多数系统BIOS会重新清屏并在屏幕上方显示出一个表格，其中概略地列出了系统中安装的各种标准硬件设备以及它们使用的资源和一些相关工作参数。

3. 更新ESCD

接下来系统BIOS将更新ESCD(Extended System Configuration Data，扩展系统配置数据)。ESCD是BIOS用来与操作系统交换硬件配置信息的一种手段，这些数据被存放在CMOS(一小块特殊的RAM，由主板上的电池来供电)之中。

通常ESCD数据只在系统硬件配置发生改变后才会更新，因此，不是每次启动时都能够看到“Update ESCD…Success”这样的信息。但对于有些系统，即使硬件配置没有发生改变，BIOS也会把ESCD的数据修改成自己的格式，因此会导致在每次启动机器时，BIOS都要把ESCD更新一遍，这就是为什么有些机器在每次启动时都会显示出相关信息的原因。

4. 引导系统

在完成对 ESCD 的更新后，BIOS 的启动代码将根据用户指定的启动顺序从网络、硬盘或光驱启动。以从 C 盘启动为例，BIOS 将读取硬盘上的主引导记录(Master Boot Record, MBR)至内存的某个单元，然后执行 MBR 中的主引导程序，主引导程序的功能是从分区表中找到第一个活动分区，然后读取并执行这个活动分区的分区引导记录，而分区引导记录将负责读取并执行相应的操作系统文件。如果系统中安装有多种操作系统，那么 MBR 中的主引导程序将被替换成多操作系统引导代码，这些代码将允许用户选择一种操作系统，然后读取并执行该操作系统的基本引导代码。

2.2 操作系统的运行环境

因为操作系统是安装在硬件上的第一层软件，并且管理和协调着整个系统的所有工作，在计算机系统中起着举足轻重的作用，所以，有必要对整个计算机系统的工作框架以及操作运行所赖以生存的硬件结构有一个大致的了解。

2.2.1 系统工作框架

上节介绍了整个操作系统的引导过程，我们可以得知任何一个计算机系统都有“引导程序”，正是在这个引导程序的引导下整个计算机系统才能启动起来。每当用户按下主机箱上的 Power 键，计算机系统就会立即自动执行引导程序，通过运行引导程序，进行系统初始化，然后把操作系统的核心程序装入内存，并让操作系统的核心程序占用处理机执行。

操作系统核心程序一旦完成了系统的初始化工作后，便意味着系统的启动已经结束，接下来系统便等待用户从键盘输入命令或用鼠标点击相应的菜单和图标来取得系统的服务。用户每发出一个命令，系统便对该命令执行并反馈给用户结果，然后再等待下一条用户命令。

操作系统在接收到用户命令后，会对该命令进行分析，根据该命令的要求分别调用相应的系统程序或应用程序来执行。当这些程序在执行时，操作系统便会处于暂时的休眠状态。事实上，操作系统的这种休眠是在对整个系统采取密切关注，一旦发现程序在执行过程中发生了任何意外，便会马上进行处理。程序执行过程中可能会发生的意外可能是程序出错，如非法操作、定点溢出、除数为“0”等；也可能是硬件故障，如内存读/写错、电源不正常等；也可能是请求调用某个操作系统功能，如请求分配资源、请求启动外部设备等；还可能是某个外部设备的输入/输出操作完成，请求系统干预或程序执行结束，等等。

第 1 章讲到了操作系统具有异步性，即对上述随时可能出现的种种不同类型的事件，操作系统均有能力去处理。在计算机系统中，对所发生的事件均首先由硬件识别且触发一个“中断”，以暂停正在运行的程序，转去执行这一事件。此时，就由操作系统根据事件的不同类型选择相应的服务程序对其进行处理，处理完毕后再让出处理机，让被暂停的程序或其他程序执行。

若把除操作系统外的程序统称为用户程序，则计算机系统的工作框架可粗略地表示为图 2-1。

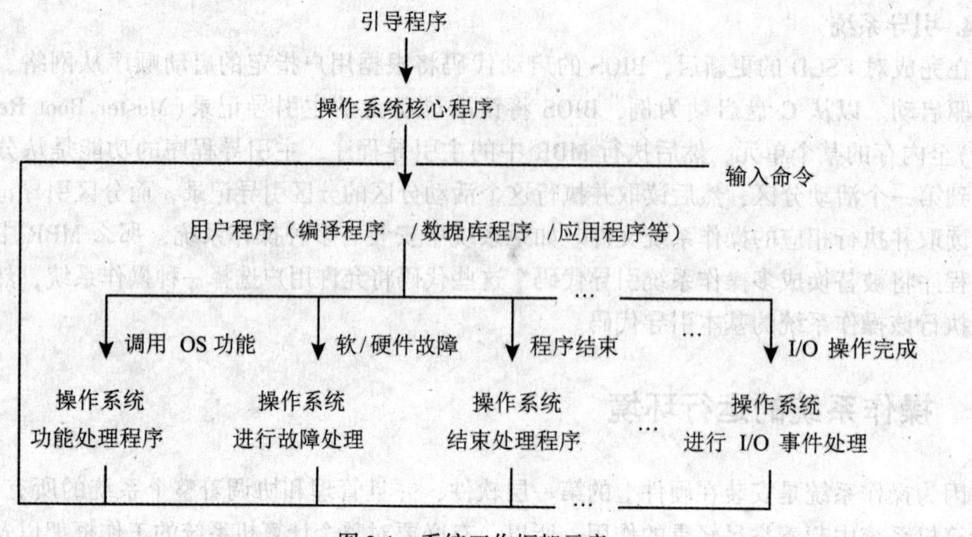

图 2-1 系统工作框架示意

2.2.2 中央处理机(CPU)

中央处理机(Central Processing Unit，CPU)是计算机系统中最重要的硬件，可以说是整个计算机的大脑。CPU 是控制并执行指令的部件，该部件不仅要与计算机的其他功能部件进行信息交换，还要控制它们的操作。CPU 的基本功能是读取并执行指令，它通常包含运算器和控制器两大部分。运算器实现指令中的算术和逻辑运算，是计算机运算的核心。控制器负责控制程序运行的流程，包括取指令、维护 CPU 状态、CPU 与内存的交互等。

1. CPU 的主要寄存器

寄存器是一种暂时存储器件，用于 CPU 执行指令的过程中暂存数据、地址及指令信息。在计算机的存储系统中，寄存器的访问速度最快。寄存器为处理机本身提供了一定的存储能力，其速度比主存储器快得多，但因为寄存器集成在微处理器芯片中，所以它的造价较高，存储容量一般也比较小。

CPU 中的寄存器可以分为以下几种类型：

(1)数据寄存器(DR)：用来暂时存放由内存读出的一条指令或一个数据；反之，当向内存存入一条指令或一个数据时，也暂时将它们存放在数据寄存器中。

(2)通用寄存器：用来暂时存放 ALU 运算的数据或结果。CPU 中的通用寄存器可多达 16 个，32 个，甚至更多。

(3)程序状态字寄存器(PSW)：主要包括两部分内容：一是状态标志，如进位标志(C)、结果为零标志(Z)，大多数指令的执行将会影响到这些标志位；二是控制标志，如中断标志、陷阱标志等。

例如，8086 微处理器的程序状态字寄存器有 16 位，如图 2-2 所示，一共包含 9 个标志位，其中 6 个为状态标志，3 个为控制标志。

(4)地址寄存器(AR)：保存当前 CPU 所访问数据的内存单元地址。主要用于解决内存或外设与 CPU 之间的速度差异，使地址信息可以保持到内存或外设的读写操作完成为止。

(5)程序计数器(PC)：又称指令计数器，用于存放下一条指令的地址。

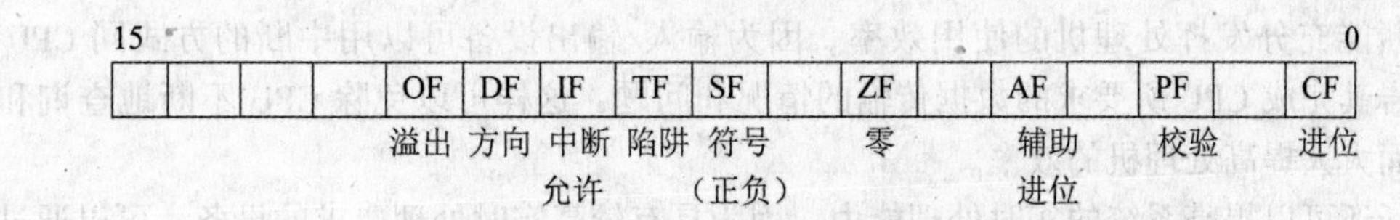

图 2-2　8086 微处理器的程序状态字

(6)指令寄存器(IR)：用来存放从存储器中取出的指令。当指令从内存取出并暂存于指令寄存器之后，在执行指令的过程中，指令寄存器的内容不允许发生变化，以保证实现指令的全部功能。

CPU 处理指令时，首先处理机每次从存储器中读取一条指令，并在读取指令完成后，根据指令类别自动将程序计数器的值变成下一条指令的地址，通常是自增 1。其次，将读取到的指令放在处理机的指令寄存器中，于是处理机解释并执行这条指令。

一个单条指令的处理过程称为一个指令周期。程序的执行就是由不断读取指令和执行指令的指令周期组成的。

2. 处理机的状态

操作系统是计算机系统中最重要的系统软件，为了能正确地进行管理和控制，其本身是不能被破坏的。因此，系统应该对操作系统采取保护措施，采用的方式是区分处理机的工作状态。

在系统中运行的所有程序可以分为两大类：系统程序和用户程序。系统程序即操作系统程序(如处理机调度程序、内存分配程序、I/O 管理程序等)；用户程序是指为了满足用户特定需求的一些应用程序。而这两类程序在运行时必须要具备不同的权限，如用户程序如果需要某些资源，就必须请求操作系统程序来为它分配，自己不能随意取用系统资源。因此，为了区分当前处理机上运行的是哪一类程序，需要区分处理机的状态，通常设为系统态和用户态两类。若处理机的状态为系统态，则表示目前运行的是系统程序；若处理机的状态为用户态，则表示目前运行的是用户程序。

当用户程序运行时处理机的状态是用户态，如果该用户程序需要请求操作系统服务，则处理机会转去执行提供相应服务的系统程序，此时状态转换为系统态。从用户态进入系统态的唯一途径是中断，有关中断的相关知识将在第八章详细介绍。当系统为用户程序提供了相应服务之后，则用户程序又会继续运行，这时将再次发生状态的转换，即从系统态转换为用户态。

2.2.3　中断机制

计算机系统中存在着同时进行的各种活动，这些活动均以进程的方式在 CPU 上运行。上节对程序分为系统程序和用户程序两类，那么，相应地，进程也可以分为两类：系统进程和用户进程。为了完成各自的任务，这些进程需要获得中央处理机的控制权。在单 CPU、多道程序环境下，它们会在 CPU 上轮流运行。于是，系统必须提供能使这些进程在 CPU 上快速切换的能力，并且还应具备自动处理计算机系统中发生的各种突发事件的能力。

要实现上述这些功能，系统必须提供中断机制。例如，当按动键盘上一个按键或收到时钟的报时信号或打印机工作完毕发出中断信号时，均将引起处理机的注意并处理相应事件，这就是中断。

中断能充分发挥处理机的使用效率。因为输入/输出设备可以用中断的方式同 CPU 通信，报告其完成 CPU 所要求的数据传输的情况和问题，这样可以免除 CPU 不断地查询和等待，从而大大提高处理机的效率。

中断还可以提高系统的实时处理能力。因为具有较高实时处理要求的设备，可以通过中断方式请求及时处理，从而使处理机立即运行该设备的中断处理程序。

关于中断的有关知识将在第 8 章作详细介绍。

2.2.4 I/O 技术

在一台计算机系统中，有大量的外部设备，管理和控制所有的外部设备，又称 I/O(输入/输出)设备是操作系统的主要功能之一。为了控制设备的 I/O，提高处理机和外部设备的运行效率，出现了各种不同的 I/O 硬件结构。

外部设备通常包含一个机械部件和一个电子部件。为了达到设计的模块性和通用性，一般将其分开。电子部分称为 I/O 部件或设备控制器，机械部件则是设备本身。设备在设备控制器的控制下运行。

在早期的计算机系统中，设备控制器通过 I/O 硬件结构与中央处理机连接。对设备控制器的操作是由处理机直接发出的 I/O 指令来实现的。这种程序直接控制 I/O 的主要缺陷是，处理机为了关注 I/O 设备控制器的状态，必须耗费大量的时间进行循环测试 I/O 设备的状态，严重地降低了整个系统的性能。这种早期 I/O 结构，由于效率太低，已经被淘汰。

现代计算机中使用通道技术和直接内存存取(Direct Memory Access，DMA)技术实现外部设备与 CPU、设备与设备的并行工作。

缓冲区是外部设备在进行数据传输期间专门用来暂存这批数据的主存区域，引入缓冲的目的是为了缓和 CPU 与外部设备之间速度的差异。在通道和 DMA 工作中使用缓冲技术，使设备利用率大为提高，同时也提高了 CPU 的利用率。

2.2.5 时钟

时钟是操作系统进行调度工作的主要工具，如维护系统的绝对日期和时间；在分时系统中，用时钟间隔来实现各个进程按时间片轮转运行；在实时系统中，按要求的时间间隔输出正确的时间信号给相关的实时控制设备；定时唤醒那些要求按照事先给定的时间执行的各个外部事件(如定时为各进程计算优先数，银行系统中定时运行某类结账程序等)；记录用户使用各种设备的时间和记录某外部事件发生的时间间隔等。

由上述时钟的作用可以看到，时钟是操作系统运行时必不可少的硬件设施，所以现在的微型计算机系统中均有时钟。

时钟可分为绝对时钟和间隔时钟。通常使用一个硬件时钟，它按照固定周期发出中断请求，通常为几毫秒发出一次时钟中断。系统设置一个绝对时钟寄存器，定时地把此寄存器的内容加 1。如果这个寄存器的初始内容为 0，那么，只要操作员告诉系统开机时的年、月、日、时、分、秒，就可以据此推算当前的年、月、日、时、分、秒。

间隔时钟在每个时间切换点将间隔时钟寄存器的内容减 1，通过程序设置此寄存器的初值，当间隔时钟寄存器的内容为 0 时，就产生间隔时钟中断，等同于闹钟的作用，意味着预定时间已到。操作系统经常利用间隔时钟执行调度控制。

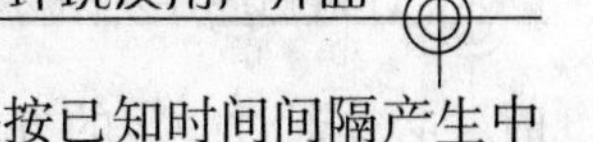

通常是由硬件与软件共同来完成时钟功能的。时钟硬件的作用是按已知时间间隔产生中断，与时间有关的其他各项任务则必须由软件来完成。

2.3 用户工作环境

现代操作系统提供了多用户工作环境，众多用户可以在操作系统的支持下完成各种应用任务。因为现代操作系统中都采用了虚拟技术，所以共享系统的多个用户感觉是自己在独占整个系统，就像是系统为每一个用户提供了一个工作环境，将多个用户隔离开来，避免他们之间互相干扰。

我们知道，操作系统分为三种基本类型，即批处理操作系统、分时操作系统和实时操作系统。这三种操作系统设计的侧重点不同，导致它们具备不同的特性，满足不同领域的需要。用户在实际应用当中，可以根据自己的需要来选择合理的操作系统，即操作系统具有能满足不同工作需要的用户工作环境。

操作系统应为用户提供一个工作环境，形成用户环境包含下面三个方面的内容。首先，操作系统设计人员在设计操作系统时，应设计合理的操作命令，用户可以通过输入相应的命令来取得由操作系统所提供的各种服务，如对设备、文件、进程等的操作。其次，应提供各种软、硬件资源，并要提供关于操作系统的使用说明。最后，应将操作系统安装到计算机上，并对系统参数和控制结构进行初始化，当用户需要的时候，激活操作系统，使它成为一个可以提供服务的系统。至此，操作系统就可以为用户所使用了。

下面以分时系统为例，简述一个交互式的工作环境。在分时系统中，由于是多用户分时使用计算机，所以要对每个用户的身份进行合法性检查。通常每个用户都有一个用户标识，用于标明用户身份。当用户登录系统时，必须输入用户名和密码，接着系统进行合法性检查，当验证合法后，系统就可以确定用户享有的特权和应用的限制。

当用户登入系统后，就能享受到系统所提供的用户工作环境了。用户通过从终端上输入相应的命令来取得操作系统的服务。操作系统接收到用户命令，就执行这一用户请求并将结果反馈给用户。当用户要求操作系统处理另一个请求时，就重复上面的过程。该过程通常称为终端对话期间。在分时系统中，各个终端用户能同时作会话处理，每个用户都能和操作系统交谈，并由操作系统同时发送回答。

当用户登录系统后，系统会给用户分配一个工作区(高速缓存或主存的暂存区域)，用于存储和处理用户的数据。同时用户在外存上也有一个用户私用库，在库中，用户保留由自己命名的文件，该文件可能包含数据、程序和其他命令。当用户撤离系统时，工作区中的文件将不再保留，系统将会把工作区中的内容保存到外存中的用户私有空间中。外存中，除了用户的私用库外，系统还提供了一个公用库，用于保存所有用户使用的数据和程序，如操作系统实用程序库，各种程序设计语言库等，这些库通常由计算机厂商作为系统软件提供。

2.4 操作系统与用户的接口

2.4.1 用户接口的定义

操作系统不仅是系统资源的管理者，而且要为用户提供服务。通常，用户使用计算机时，必须通过一定的方式和途径，将自己的使用要求告诉计算机。用户使用计算机的方式和途径构成了操作系统的用户接口(User Interface)。

操作系统的用户接口是操作系统提供给用户与计算机打交道的外部机制。用户能够借助这种机制和系统提供的手段来控制用户所在的系统。

操作系统的用户接口分为两种形式：一种是命令接口，一种是程序接口。命令接口又分为联机用户接口(即键盘命令)、脱机用户接口(即作业控制语言)和图形化用户接口。程序接口则主要面向程序员，当程序员在编制应用程序过程中需要取得操作系统服务时，便通过程序接口来调用操作系统功能函数。这些操作系统服务包括申请内存、使用各种外设、创建进程或线程等。

随着计算机的飞速发展和广泛应用，计算机已经走入了千家万户，缺乏计算机专业知识的用户越来越多，如何不断更新技术，提供形象直观、功能强大、使用简便、容易掌握的新一代用户接口，便成为操作系统设计的一个重要目标。随着多媒体、多通道及智能化技术的发展与应用，加速了新一代用户接口的开发进程，取得了较大的成功。例如，具有沉浸式和临场感的虚拟现实(Virtual Reality)应用环境已走向实用。随着科技的发展，我们相信在未来人们可以用语音、自然语言、手势、面部表情、视线跟踪等更加自然和方便的手段进行输入，而计算机的输出也会给用户带来立体的视觉、听觉和嗅觉盛宴。

2.4.2 用户接口的类型

操作系统提供的用户接口如图 2-3 所示。从图中可见，操作系统在用户和机器之间起到了很好的桥梁和纽带的作用，用户接口包括命令接口和程序接口两个方面。其中，命令接口又分为键盘命令、作业控制语言及图形化用户接口。而程序接口则是指系统功能调用。

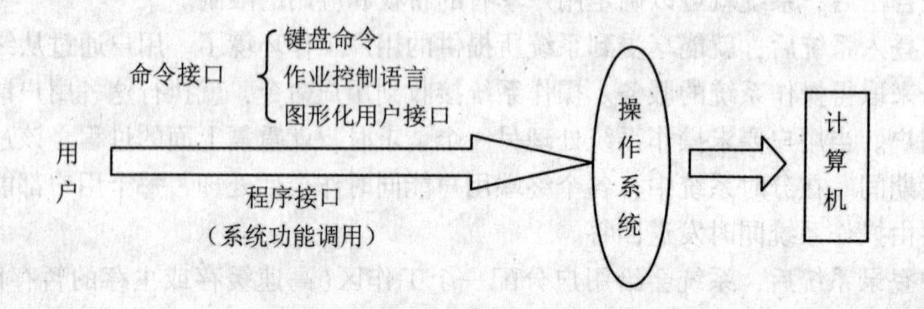

图 2-3 操作系统提供的用户接口

1. 命令接口

对于命令接口而言，其形式取决于操作系统的类型。我们知道，分时系统是典型的交互式系统，用户需要守在终端旁与系统进行交互，所以在这种系统中通常的接口形式是键盘命令或图形化用户接口。用户可以通过键盘输入命令或点击图标和菜单的方式人为地安排工作过程，可以很主动地取得系统的服务。而在批处理系统中，由于用户将一批作业提交系统后，就无法再干预了，无论作业执行成功与否，都不能与系统进行交互，只能等到一批作业全部执行完毕后，才能得知作业的执行情况。因此，在这种系统中采用的接口形式通常是作业控制语言，即用该语言书写作业说明书，系统按照作业说明书来自动执行作业。

(1)键盘命令

在分时系统或交互式系统中，提供键盘命令让用户通过从键盘上输入命令来取得系统的服务。这种接口方式一般面向系统管理员。不同的系统所提供的键盘命令的数量和语法都有差异，但其基本功能是相同的。一般在交互式系统中为用户提供的过程主要有三个步骤：登录、通信和注销。因此，相应地，键盘命令也可以分为这三大类。

用户如果要想进入系统去取得系统的服务，则首先必须在系统中注册。这个注册的过程由系统管理员来完成，因为只有系统管理员才有权限去添加一个新用户。当系统管理员添加了用户并设置了密码之后，用户就可以用输入用户和密码登录系统了。

当用户登录系统之后，他需要取得系统的服务，即与系统进行通信。属于通信类的键盘命令是比较丰富的，一般包括有：文件管理，编辑修改用户文件，编译、连接和运行用户的源程序，输入数据及申请资源等。

当用户工作结束或暂时不使用系统时，应输入注销命令，从系统中退出。

(2)作业控制语言

作业控制语言(Job Control Language，JCL)是用于批处理系统中描述作业的语言。在批处理系统中，由于系统没有交互性，不能进行人机交互，用户不能对作业的执行进行干预。所以使用作业控制语言写成作业说明书，然后，用户将作业连同作业说明书一起提交给系统。当调度这个批作业时，系统调用 JCL 处理程序对语句逐条解释执行。如果作业在执行过程中出现异常情况，系统会根据作业说明书上的指示进行干预。这样，作业一直在作业说明书的控制下运行，直到运行结束。

(3)图形化用户接口

用户虽然可以通过键盘命令和作业控制语言的方式来取得系统服务，控制自己作业的运行，但是却需要牢记各种命令，必须严格按照规定的格式输入命令，这样既费时又不方便。这两种接口方式也只适合于从事计算机行业的人员使用，需要具备一定的专业知识，显然，对计算机的普及是非常不利的。为了使得计算机的使用变得很方便，更重要的是要让许多不具备计算机专业知识的人都能很熟练地使用计算机，于是，图形化用户接口(Graphic User Interface，GUI)便应运而生，GUI 是近年来最为流行的用户接口形式。正是它的出现使得计算机迅速走进千家万户。

图形化用户接口采用了图形化的操作界面，用非常容易识别的各种图标来将系统各项功能、各种应用程序和文件，直观、逼真地表示出来。用户可以通过鼠标、菜单和对话框来完成对应程序和文件的操作。图形用户接口元素包括窗口、图标、菜单和对话框，图形用户接口元素的基本操作包括菜单操作、窗口操作和对话框操作等。

2. 程序接口

程序接口即系统功能调用。这种接口形式主要面向程序员。程序员在编程过程中需要取得系统服务，通常采用系统功能调用的形式。关于系统功能调用的内容将在2.5节作详细介绍。

2.5 系统功能调用

为了实现程序级的服务支持，操作系统提供统一的系统功能调用，采用统一的调用方式——访问管理程序来实现对这些功能的调用。

2.5.1 系统功能调用的定义

操作系统的主要功能是为应用程序的运行提供良好的环境，为了达到这个目标，内核提供了一系列具备特定功能的内核函数，通过一组称为系统调用(system call)的接口呈现给用户。用户在编程过程中，如果需要编制出功能强大的应用程序，则必须调用系统提供的内核函数，访问内核函数必须由系统调用把应用程序的请求传送至内核，调用相应的内核函数完成所需的处理，将处理结果反馈给应用程序。

系统之所以提供系统功能调用的方式来让用户取得系统服务，主要是出于对操作系统的保护。应用程序不能直接去调用内核函数，如果需要系统服务，则必须利用系统提供给用户的特殊接口——系统功能调用。

用户在应用程序中如果需要取得操作系统的服务，如读文件、写文件、请求主存资源等，则会在应用程序写一条调用相应功能的语句。编译程序在把源程序翻译成目标程序时，就会把源程序中需调用操作系统功能的逻辑要求转换成一条访管指令(即访问管理程序的指令)。当处理机执行到访管指令时就会发生访管中断，它表示正在运行的应用程序对操作系统提出了某种请求。通过访管中断，处理机就会由执行用户应用程序而转去执行相应的内核函数，以获得操作系统的服务；当系统功能调用完毕时，控制返回到发出系统功能调用的用户程序。

2.5.2 系统功能调用的类型

操作系统所提供的系统功能调用有很多，按功能可分为以下几类：

(1)文件操作类

这类系统功能调用主要有建立文件、删除文件、打开文件、关闭文件、读文件、写文件及删除文件等。

(2)资源管理类

这类系统调用主要涉及对系统资源的管理。包括对内存和对设备的管理等。

(3)进程通信类

建立和断开通信连接；发送和接收消息；传送状态信息；连接和断开远程设备等。

(4)信息维护类

获取和设置日期及时间；获取和设置系统数据；生成诊断和统计数据。

2.5.3 系统功能调用的实现

操作系统的服务是通过系统调用来实现的，系统调用提供运行程序和操作系统之间的接口。操作系统实现系统调用功能的机制称为陷阱或异常处理机制。由于系统调用而引起处理机中断的机器指令称为访管指令(supervisor)、自陷指令(trap)或中断指令(interrupt)。其中访管指令即访问管理程序，那么只能由用户发出访管指令以取得系统的服务，因此访管指令是一条非特权指令，在用户态下执行并使得CPU的状态转为系统态。

每个系统调用都事先规定一个编号，称之为功能号，要调用操作系统的某一特定功能时，必须在访管指令中给出对应的功能号，在大多数情况下，还附带有传递给内核函数的参数。如图2-4所示为系统调用的执行过程。

为了实现系统调用，操作系统设计者必须完成以下工作：

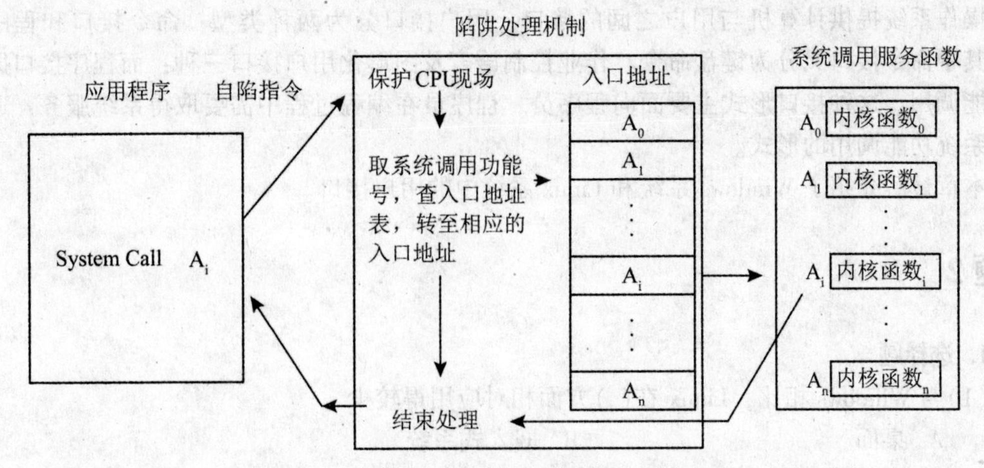

图 2-4 陷阱处理机制和系统调用的执行过程

(1) 编写系统调用服务函数；

(2) 设计系统调用的入口地址表，每个入口地址都指向一个系统调用的内核函数，有些还包含系统调用自带参数的个数；

(3) 陷阱处理机制，当执行访管中断时，需要保护 CPU 的现场，以便于中断处理完后，返回用户程序继续执行。

整个系统调用的过程：当用户程序执行到访管指令时便产生一次中断，硬件使 CPU 在原来用户态下执行用户程序变成在系统态下执行操作系统的系统调用程序。系统首先保护 CPU 的现场信息，然后按照访管指令中的系统调用功能号，查相应的内核函数的入口地址，根据入口地址去执行内核函数，从而为用户提供需要的服务。当内核函数执行完后，再恢复被中断的用户程序的现场信息，从断点处继续执行。

本章小结

操作系统作为计算机系统中最重要的系统软件，其本身的运行需要一定硬件所支持的运行环境。

操作系统在安装之前，往往会根据用户的实际工作需要选择合适的版本。在操作系统的安装过程中，有一些需要注意的事项，具体的又根据所安装的操作系统是 Linux 版本还是 Windows 版本而有所不同。

操作系统安装完毕之后，就可以启动系统了。操作系统的引导过程分为这样几个步骤：BIOS 与系统自检、硬件设备检测、更新 ESCD 及引导系统。

操作系统运行的硬件环境包括中央处理机、中断机制、I/O 技术及系统时钟。

操作系统为用户提供了一个工作环境，形成用户环境包含下面三个方面的内容。首先，操作系统设计人员在设计操作系统时，应设计合理的操作命令，用户可以通过输入相应的命令来取得由操作系统所提供的各种服务，如对设备、文件、进程等的操作。其次，应提供各种软、硬件资源，并要提供关于操作系统的使用说明。最后，应将操作系统安装到计算机上，并对系统参数和控制结构进行初始化，当用户需要的时候，激活操作系统，使它成为一个可以提供服务的系统。至此，操作系统就可以为用户所使用了。

操作系统提供计算机与用户之间的接口，用户接口分为两种类型：命令接口和程序接口。其中命令接口又分为键盘命令、作业控制语言及图形化用户接口三种；而程序接口即系统功能调用。这种接口形式主要面向程序员。程序员在编程过程中需要取得系统服务，通常采用系统功能调用的形式。

本章最后介绍了 Windows 系统和 Linux 系统中的用户接口。

习题 2

1. 选择题

(1)与 Windows 相比，Linux 在( )方面相对应用得较少。

A. 桌面　　B. 嵌入式系统

C. 服务器　　D. 集群

(2)BIOS 的启动代码所做的第一件事是( )。

A. 引导系统　　B. 检测硬件设备

C. 更新 ESCD　　D. 系统自检

(3)在计算机系统中，对所发生的事件均首先由硬件识别且触发一个( )，以暂停正在运行的程序，转去执行这一事件。

A. 硬件　　B. 程序

C. 中断　　D. 事件

(4)( )是计算机系统中最重要的硬件，可以说是整个计算机的大脑。

A. 存储器　　B. 中央处理机

C. I/O 设备　　D. 时钟

(5)中央处理机与外围设备的并行工作能力是由( )提供的。

A. 硬件　　B. 系统软件

C. 应用软件　　D. 支撑软件

(6)当 CPU 执行操作系统程序时，处理机处于( )。

A. 执行态　　B. 用户态

C. 就绪态　　D. 系统态

(7)时钟可分为绝对时钟和( )。

A. 相对时钟　　B. 硬件时钟

C. 间隔时钟　　D. 软件时钟

(8)下列有关联机命令接口的论述中正确的是( )。

A. 联机命令接口是用户程序与 OS 之间的接口，因此它不是命令接口

B. 联机命令接口包括键盘和屏幕两部分

C. 联机命令接口包括一组键盘命令、终端处理程序及命令解释程序三部分

D. 联机命令接口是用户程序

(9)下列关于脱机命令接口的不同论述中正确的是( )。

A. 该接口是作业说明书

B. 该接口是一组系统调用

C. 该接口是命令文件

D. 该接口是作业控制语言

(10)下列关于系统的论述中正确的是( )。

A. 运行系统调用时，可由用户程序直接通过函数调用指令转向系统调用处理程序

B. 运行系统调用时，用户程序必须执行系统调用指令(或访管指令)，并通过陷入中断转向系统调用处理程序

C. 运行系统调用时，用户程序必须通过外部的硬件中断，转向系统调用处理程序

D. 运行系统调用时，用户程序可直接通过转移指令转向系统调用处理程序

2. 问答题

(1)计算机系统中“引导程序”的主要功能是什么？

(2)简述处理机的两种工作状态。

(3)试述程序状态字寄存器的作用。

(4)在分时系统和批处理系统中的命令接口有什么区别？

(5)试述系统功能调用的过程。

第3章 进程管理

进程是对正在运行的程序的一种抽象，是操作系统的核心概念之一。操作系统的其他所有内容几乎都是围绕着进程展开的，所以，尽可能全面地理解进程概念对学习操作系统知识非常重要。

本章首先介绍我们非常熟悉的概念——程序，介绍了程序的两种执行方式——顺序执行和并发执行，通过程序并发执行的特点，从而引入“进程”概念。然后详细介绍进程概念、进程控制、进程的互斥和同步、进程通信等相关内容，接下来又介绍了与进程相似的另外一个概念——线程，最后以 Windows 和 Linux 系统为例，介绍在这两种系统中所提供的功能强大的进程管理机制。

3.1 程序执行方式

在计算机领域，“程序”这个词可能是我们使用最频繁的一个术语了。程序(Program)是为实现特定目标或解决特定问题而用计算机语言编写的命令序列的结合。为实现预期目的而进行操作的一系列语句和指令。

在早期的计算机运行环境中，多道程序的设计还未出现，程序都是顺序执行的。随着多道程序的出现，可以允许系统内存中同时容纳多道程序，这些程序可以并发执行。因此，程序的执行方式可分为两类：顺序执行和并发执行。

3.1.1 程序的顺序执行

在早期的单道系统环境中，内存中只能存放一道程序，而且各个物理部件之间也不具备并行工作能力，因此，一次只能运行一道程序。如果有一批程序需要处理，则各道程序也只能顺序地装入内存，按顺序一个一个执行；如果每一个程序又分为多个执行步骤，那么这些步骤也只能按顺序执行。

例如，假设有 n 个程序需要进入系统运行，每个程序又分为三个执行步骤：输入数据(I)、计算(C)、打印结果(P)。在早期的单道系统环境中，这 n 个程序必须按顺序执行，即第一道程序执行完毕退出内存后，第二道程序才能装入内存运行……以此类推，直到第 n 道程序运行结束退出内存为止。对于每一道程序内部的三个执行步骤，同样也必须按顺序执行，因为对一个程序而言，逻辑上决定了必须先输入数据，再进行计算，最后打印计算结果。

如果用结点 I 来表示输入操作、结点 C 来表示计算操作、结点 P 来表示打印操作，则这 n 个程序顺序执行的流程如图 3-1 所示。

上图说明了在早期单道环境下，程序之间应该根据进入系统内存的时间先后而进行顺序处理；对一个程序内部的多个执行步骤也应按逻辑关系顺序执行。除了这两种顺序执行情况

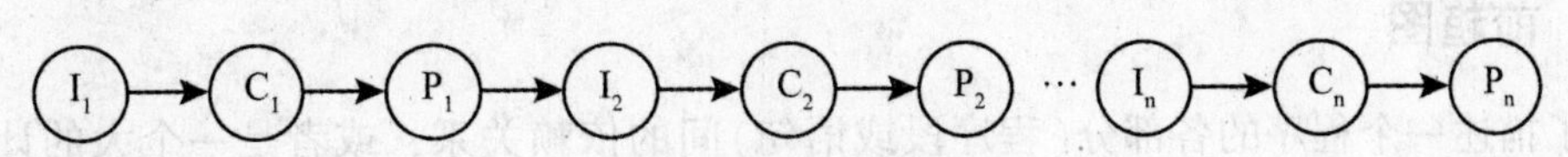

图 3-1 程序的顺序执行

外，对一些语句，也应根据它们执行时的逻辑关系采取顺序执行方式。

例如，S1：b=a+2；

S2：c=b-5；

S3：x=c+b；

S4：y=x+10；

其中语句 S1、S2、S3 和 S4 之间必须按顺序执行，因为 S2 要用到 S1 的运行结果；S3 要用到 S2 的运行结果；S4 要用到 S3 的运行结果。这 4 条语句顺序执行的流程如图 3-2 所示。

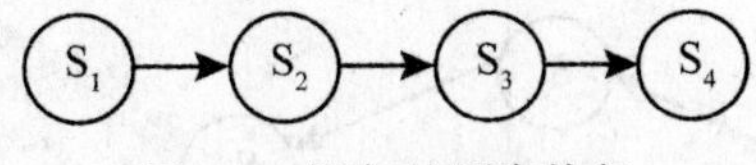

图 3-2 语句的顺序执行

通过以上两个例子，我们可以得出程序顺序执行具有以下特征：

(1)顺序性：当多个程序在处理机运行时，处理机的操作必须严格按照程序所规定的顺序执行，只有当上一个操作完成后，下一个操作才能开始执行。除非人为干预造成机器暂停，否则，前一个操作的结束就意味着后一个操作的开始。

(2)封闭性：由于多道程序必须严格按顺序执行，因此，系统一次只能执行一道程序。当这道程序执行时，它将独占系统所有的资源。当程序开始运行时，操作系统将进行初始化，设置一个系统资源的初始状态，在以后的程序执行过程中，系统所有资源的状态改变就只与正在执行的这道程序有关了，外界环境和其他程序都无法改变系统资源状态，也都无法影响该程序的执行。所以，正在执行的程序处于一个封闭的状态下，不受外界干扰。

(3)可再现性："可再现性"是指程序的执行结果可以再次出现。只要是在相同的运行环境下，并且初始条件保持不变，同一个程序不管让它运行多少次，其结果是一样的，即可以再次出现。

程序顺序执行的这三个特征其实是有逻辑关联的。顺序性直接导致了封闭性；而封闭性又直接导致了可再现性。由于程序执行具有顺序性，则系统中一次只能运行一道程序，所以，这道程序在运行时将会独占系统资源，具有封闭性，由于它具有封闭性，所以它的执行不受外界条件及其他程序的影响，因此只要保证是在同样的运行环境下，具有同样的初始条件，多次执行同一道程序，其结果一定能重复出现。

由于程序顺序执行时具备可再现性的特征，所以，程序的顺序执行方式被证明是正确的，不会出现错误，并且顺序程序的编制和调试都比较方便，易于实现，但它的上述特征决定了计算机系统的效率不高。为了增强计算机系统的处理能力和提高各种资源的利用率，现代计算机中引入了多道程序设计技术，从而为实现程序的并发执行提供了理论基础。

3.1.2 前趋图

为了描述一个程序的各部分(程序段或语句)间的依赖关系，或者是一个大的计算的各个子任务之间的因果关系，我们常常采用前趋图方式。

前趋图是一个有向无环图，简称DAG(Directed Acyclic Graph)。图中每个结点表示一个程序段、一条语句或一个进程。结点之间的有向边表示两个结点之间存在的偏序(Partial Order)或前趋关系(Precedence Relation)“→”。

例如，在前趋图中若有结点P1与P2之间用“→”相连，则表示P1所代表的语句或程序段必须在P2之前执行，并且称P1为P2的直接前趋，P2为P1的直接后继。把图中没有直接前趋的结点叫做初始结点或根结点，把没有直接后继的结点叫做终端结点或叶子结点。

例如，上节介绍程序的顺序执行中图3-1和图3-2就是两个前趋图，图中的每个“→”代表一个前趋关系，表示语句或程序段的执行先后次序。由于这两个例子都是顺序执行的，所以前趋关系比较简单。下面这个例子给出稍微复杂一点的前趋关系，如图3-3所示。

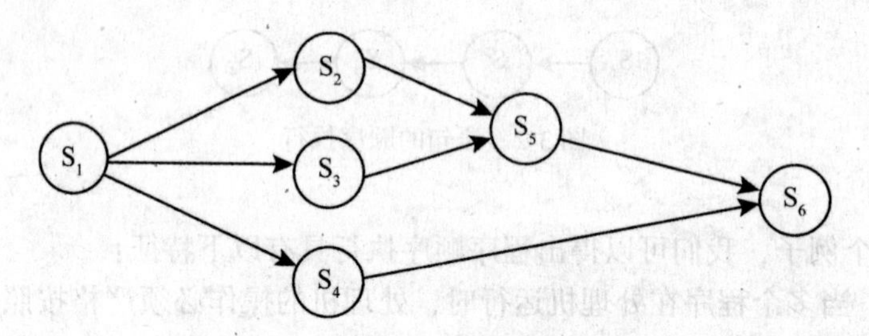

图3-3 具有6个结点的关系图

在图中，有6个结点，代表6个程序段或6条语句，有7条有向边“→”，代表图中有7个前趋关系(先后次序)。图中结点S1为初始结点，表示程序的执行从S1开始；结点S6为终端结点，表示程序的执行到S6结束。这些结点之间的前趋关系可以表示如下：

S1→S2，S1→S3，S1→S4，S2→S5，S3→S5，S4→S6，S5→S6

而对于图中没有“→”相连的结点，如S2、S3和S4，则表示它们之间没有执行的先后次序，谁先谁后或交替执行都是可以的。因此，通过前趋图很好地展现了程序段或语句之间的并发执行。

再来考查下面的例子：

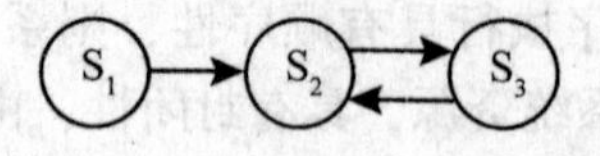

图3-4 具有3个结点的关系图

按照前趋图的定义分析，上图不是一个前趋图，因为前趋图是一种有向无环图，而上图中S2→S3，S3→S2，构成了一个环，所以不是前趋图。

3.1.3 程序的并发执行

并发执行是为了增强系统处理能力和提高资源利用率所采取的一种程序执行方式。程序

并发执行需要得到计算机硬件系统和软件系统的共同支持。

从硬件角度，中断机构的设立使得计算机系统中的多个硬部件能并行工作。而通道技术的出现又使得处理机能与各种外设之间达到并行工作。

从操作系统角度，多道程序设计技术的引入，使得系统内存中可以同时容纳多道程序，这些程序可以在不同的硬部件上同时操作，这不仅增强了系统的并发性，提高了效率，而且也提高了系统中各类硬件资源的利用率。

在这样的运行环境下，内存中的多道程序微观上是在轮流交替占用处理机运行，宏观上是同时执行，因此称之为程序的并发执行。

让我们再回到图 3-1 的例子，对于 n 个程序的处理，每个程序都有输入、计算和打印三个步骤。在多道环境下，这 n 个程序可以同时调入内存，因为三个执行步骤输入、计算和打印分别占用不同的物理部件，输入需要占用输入机，计算需要占用处理机，而打印则占用打印机，这三种物理部件之间是可以同时工作的，所以这三个操作步骤可以同时进行。

当然，对每一个程序而言，它的这三个步骤必须是顺序的。但是系统内存中同时存在 n 个程序时，可以让它们的运行采取工厂的流水线的方式，即当第一个程序输入完毕，正在计算时，进行第二个程序的输入操作，而当第一个程序的计算完毕，就可以进行打印输出了，此时，若第二个程序的输入结束，则又可以占用处理机进行计算了，同时第三个程序又可以开始输入了……n 个程序的并发执行如图 3-5 所示。

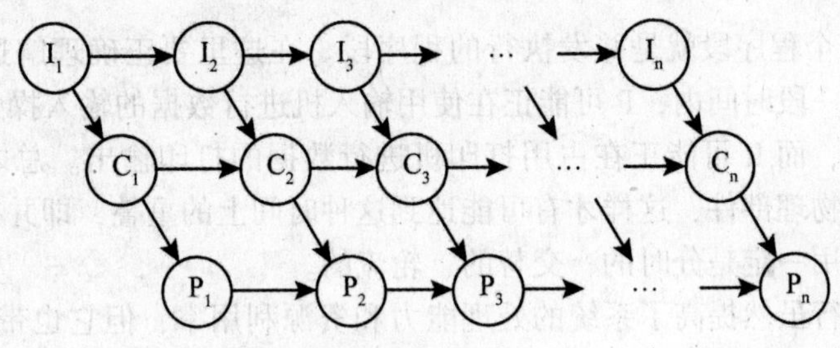

图 3-5　程序的并发执行

下面我们来分析在图 3-5 中所存在的前趋关系。

假设系统中的输入机和打印机各自只有一台，而我们所讨论的又是单 CPU 多道程序环境，即处理机也只有一个。那么图 3-5 中的前趋关系可以归纳为两类：

(1) I1→I2→I3→⋯→In

C1→C2→C3→⋯→Cn

P1→P2→P3→⋯→Pn

这一类前趋关系的原因是竞争资源。其中 I1→I2→I3→⋯→In 是由于对输入机的竞争，因为程序 1 首先进入内存，所以先得到输入机，程序 2 的输入 I2 就必须等到 I1 结束之后才能开始，同样的道理，I3 必须等 I2 结束……C1→C2→C3→⋯→Cn 是由于对处理机的竞争；P1→P2→P3→⋯→Pn 是由于对打印机的竞争。

(2) I1→C1→P1

I2→C2→P2

…

In→Cn→Pn

这一类前趋关系的原因是程序内部的逻辑关系。因为对每一个程序而言，都有输入、计算和打印三个处理步骤，而这三个步骤必须按顺序执行，首先输入数据，有了数据才能进行计算，计算完毕有了结果才能对结果进行打印输出。

在图中，除了这两类前趋关系之外，还有一些结点之间是没有"→"相连的，如I3、C2和P1，I4、C3和P2……下标满足i+1、i和i-1关系的结点。这些结点之间没有前趋关系，即不存在执行时的先后次序，它们是可以并发的，而又因为这些操作分别占用不同的物理部件，因此可以达到真正的并行操作。

由此归纳出程序并发执行的定义，所谓程序的并发执行是指若干个程序段同时在系统中运行，这些程序段的执行在时间上是重叠的，一个程序段的执行尚未结束，另一个程序段的执行已经开始，即使这种重叠是很小的一部分，也称这几个程序段是并发执行的。

如：

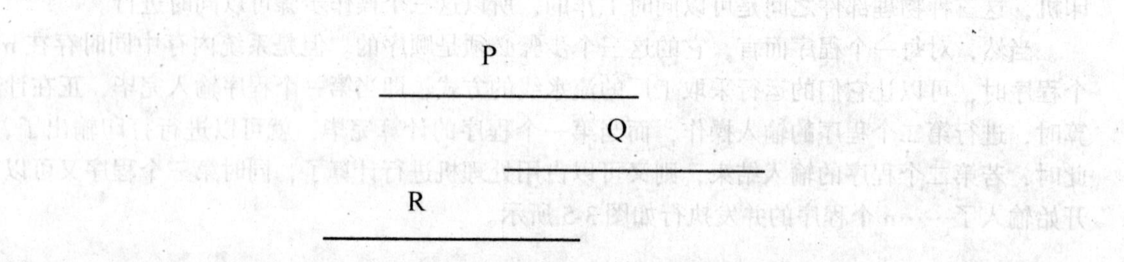

P、Q、R这三个程序段就是并发执行的程序段。在这里要正确理解这三个程序段在时间上的重叠。在那一段时间内，P可能正在使用输入机进行数据的输入操作，Q可能正在占用处理机进行计算，而R可能正在占用打印机进行数据的打印输出。总之，三个程序段一定是在占用不同的物理部件，这样才有可能达到这种时间上的重叠，即并行操作。这种并发执行对处理机的占用一定是分时的、交替的、轮流的。

程序的并发执行虽然提高了系统的处理能力和资源利用率，但它也带来了一些新问题，产生了一些与顺序执行时不同的特征。

(1)间断性：多个程序在并发执行时，由于它们共享系统中的资源，或者彼此之间要进行相互合作共同完成一项任务，因此导致它们在运行过程中，会产生一些相互制约，使得程序的执行呈现出间断性的特征。

例如，在图3-5中，虽然从理论上来讲，I3、C2和P1可以并发执行，当C1完成后，P1即可开始，此时，I3和C2同时操作虽是可能的，但能否实现，还要看它们和其他程序段之间的相互制约关系。如果此时I2没有结束，则I3和C2不能进行，因为I2和C2有直接的相互制约关系，而I2和I3之间有间接的相互制约关系。这些相互制约关系将导致并发程序具有"执行—暂停—执行"这种间断性的活动规律。

(2)失去封闭性：由于是多道程序并发执行，因此运行的程序不能独占系统的资源，必须是与其他程序共享系统资源，而且多个程序在运行过程也可能会产生合作，总之，程序之间存在着一些相互关联，这导致了程序不再是在一些封闭的环境下运行了，一个程序的运行会受到外界环境及其他程序的影响。例如，当处理机被占用时，其他程序必须等待。

(3)不可再现性：程序的运行结果不能再次出现。因为程序不再是在一个封闭的环境下运行了，而是受到其他程序的影响，因此在相同的系统环境下，相同的初始条件下，让同一

个程序多次运行，可能会得到不同的运行结果。

例如：两个并发执行的程序A和B，它们共享一个公共变量n。

A：n=1；

B：n=2；

print(n)；

程序A和B并发执行时，可能会出现以下三种情况：

① print(n)在n=1与n=2之后执行，则打印结果为2；

② print(n)在n=2与n=1之间执行，则打印结果为2；

③ print(n)在n=2与n=1之后执行，则打印结果为1；

此例说明，程序在并发执行时，由于失去了封闭性，其计算结果已与并发程序的执行速度有关，从而使程序的执行失去了可再现性。程序经过多次执行后，虽然它们执行时的环境和初始条件相同，但得到的结果却各不相同，这种现象说明程序并发执行时会发生与时间有关的错误。

3.2 进程的基本概念

在多道程序环境下，程序的并发执行破坏了程序的封闭性和可再现性，使得程序的运行不再处于一个封闭的环境中，从而导致出现了与时间有关的错误。但操作系统最重要的特征就是并发，而程序又不能描述并发，因此需要引入一个新的概念——进程。

3.2.1 进程的定义

20世纪60年代初期，在MIT的Multics系统和IBM的CTSS/360系统中首先引用进程这一概念来描述程序的并发执行过程。从那以后，有许多人对进程下过各式各样的定义，其中有些很相似，有些侧重的方面各异，但直至目前还没有一个统一的定义，其中，能够反映进程实质的定义有：

(1)进程是程序在处理机上的一次执行过程。

(2)进程是可以和别的计算并发执行的计算。

(3)进程是程序在一个数据集合上的运行过程，是系统进行资源分配和调度的一个独立单位。

(4)进程是一个具有一定功能的程序关于某个数据集合的一次运行活动。

其中(1)强调了进程的动态性；(2)强调了进程的并发性；(3)强调了进程的独立性；(4)重点描述了进程具有一个表征它的数据结构。综合起来，这些定义都很好地描述了进程的各个特征，反映了进程的各个方面。但目前比较有权威性的是1978年在庐山召开的全国操作系统学术会议上，计算机学者给出的定义：进程是具有独立功能的程序关于某个数据集合的一次执行过程，是系统资源分配和调度的基本单位。

3.2.2 进程的特征

在引入进程概念后，系统对程序的管理和控制就转换成了对进程的管理和控制。要对进程进行有效的管理，必须了解进程有哪些特征。进程特征主要包含以下几个方面：

1. 结构性

前一节介绍程序的并发执行容易出现与时间有关的错误，因为程序一旦并发执行则会失去控制，从而导致结果不可再现。而进程是可以并发的，为什么进程的并发执行不会出错呢？最主要的原因是进程的结构性。

进程的组成可分为三部分：程序、数据和进程控制块(Process Control Block，PCB)。其中，程序和数据是我们所熟悉的，程序即用户所编制的源程序，实现一定的功能；数据是程序运行处理的对象。这两个部分是由用户所提供的。进程控制块用以描述进程的控制和管理信息，是系统为实施对进程的有效管理和控制所创建的系统数据结构。正是因为进程具备三个组成部分，因此进程才能正确地并发执行。

2. 动态性

进程本质上是用于刻画程序的执行过程的，因此，动态性是进程的最基本特征。

进程的动态性具体体现在两个方面：一方面进程是程序在处理机上的一次执行过程，即指程序从开始运行到结束，整个过程可能"执行—暂停—执行"，这个过程具有动态性；另一方面进程具有一定的生命周期，它由创建而产生，由调度而执行，因缺乏资源而暂停执行，最后因撤销而消亡。可见，进程在其生命期内是一种动态的特性。

3. 并发性

并发性是操作系统的最重要的特性，而进程是用来描述操作系统的并发性的概念，因此，并发性也是进程的重要特征。

并发性是指多个进程实体同时存在于内存之中，能在一段时间内都得到运行。引入进程的目的就是为了使程序能与其他程序并发执行，以提高资源利用率和系统效率。

4. 独立性

进程的独立性体现在两个方面：一方面进程是独立运行的单位，即以进程为单位占用CPU运行，但这种独立性是有前提条件的，只有在系统中没有引入线程的情况下，处理机调度才能以进程为单位，如果系统中引入了线程，则以线程为单位进行调度；另一方面进程是资源分配和资源调度的单位。例如，进程可以向系统提出资源请求，系统可以将资源分配给进程，也允许进程自行使用如变量、文件等类型的软件资源。这种独立性是无条件成立的，不管系统中是否引入线程，资源分配和调度的单位始终都是进程。

5. 异步性

所谓异步性是指进程按照各自独立的、不可预知的速度向前推进。

由于并发执行的进程之间存在相互制约关系，使进程的推进速度受到其他进程的影响，造成进程的运行顺序、完成时间等都是不确定的。同一个进程在相同的初始条件和相同的系统环境下，运行多次，所花的时间可能会不同，但结果一定可以重复出现。因此，在操作系统中必须建立相应的同步措施以确保各进程能协调正确地运行。

3.2.3 进程与程序的区别

进程源于程序，但又不同于程序，有着自己鲜明的特征。下面在归纳进程与程序的区别之前，先举一个例子说明二者的不同。

程序与进程的区别就好比火车与列车的区别。火车是一种交通工具，是静止的。当火车开动起来，里面会承载一些旅客或货物，会从某个始发站开往另一个终点站，此时，它是动态的，我们给它起了另一个名字——列车。列车包含火车、旅客和车次，并且针对不同的始

发站和终点站会对应不同的车次。

程序就好比火车，是静止的，而进程就好比列车，当程序运行时就成了进程，是动态的；进程包含程序、数据和PCB，就好比列车包含火车、旅客和车次一样，具有结构性；同一个程序在不同的数据集上运行多次，则对应不同的进程，就好比同一辆火车，承载不同的旅客，从不同的地方始发到达不同的终点，则对应的列车的车次不同。

通过这个例子，我们归纳得出进程与程序的以下几点区别：

(1)程序是静态的，而进程是动态的。程序运行起来则构成进程。

(2)程序是永久的，而进程是暂时的。程序是由用户用某种程序设计语言编制而成，将由用户作为资料永久保存，可以传递不同的参数而多次使用。而进程是有生命周期的，由创建而产生，撤销而消亡。当它的任务完成后，就没有再存在的必要了，因此是暂时的。

(3)进程和程序并不是一一对应的。一个程序执行在不同的数据集上就成为不同的进程，可以用PCB来唯一地标识每个进程，而这一点正是程序无法做到的，由于程序没有和数据产生直接的联系，即使是执行不同的数据的程序，它们的指令的集合依然是一样的，所以无法唯一地标识出这些运行于不同数据集上的程序。

一般来说，一个进程肯定有一个与之对应的程序，而且只有一个。而一个程序有可能没有与之对应的进程(因为它没有执行)，也有可能有多个进程与之对应(运行在几个不同的数据集上)。例如，C语言的编译程序可以编译多个C语言的源程序，每编译一个源程序就构成一个进程，因此，一个编译程序可以对应多个不同的进程，这些进程的程序段相同，但数据段不同。

(4)进程在执行过程中，根据需要可以创建其他进程，而程序不具有这个功能。

3.2.4　进程的状态

为了刻画进程的动态特征，可以将进程的生命期划分为一组状态，用这些状态来描述进程的活动过程。

1. 进程的三种基本状态

不同的操作系统对进程状态的划分有所不同，但不管是哪一种操作系统，对进程的三种基本状态的划分都是一致的，即进程具有就绪、执行和阻塞三种基本状态。

(1)就绪状态(Ready)

进程已获得了除处理机之外的所有运行所必需的资源，一旦获得了处理机就可以立即执行，此时进程所处的状态叫就绪状态。可以用一句话简单概括这种状态：“万事俱备，只欠CPU”。处于就绪状态的进程已经具备了运行条件，只是目前CPU正在被其他进程占用，使得它暂时得不到CPU而无法运行。

系统中处于就绪状态的进程通常有多个，将这些进程组织成一个队列，称为就绪队列。当CPU空闲时，从就绪队列中挑选一个进程执行。

(2)执行状态(Running)

执行状态又叫运行状态。执行状态特指进程正占据CPU并向前推进的状态。就绪进程只有经过进程调度获得CPU之后才会转入执行状态。

处于执行状态的进程数目不能大于处理机的数目，由于我们所讨论的是单CPU环境，因此在这种系统中某一时刻处于执行状态的进程最多只有一个。

(3)阻塞状态(Blocked)

阻塞状态又称为等待状态(Wait)、睡眠状态(Sleep)。阻塞状态是指正在执行的进程，由于发生某事件(如缺乏运行所需的数据、等待输入/输出完成等)，而不得不暂停执行，释放掉 CPU。处于阻塞状态的进程是由于自身缺乏资源而不具备运行条件，这时即使 CPU 空闲，它也无法使用。

某一时刻，系统中可能会有多个进程处于这种缺乏资源而不能运行的阻塞状态，为便于管理，通常将处于阻塞状态的进程组织成一个队列，叫阻塞队列。在一些大、中型系统中，由于进程个数很多，在某一时刻处于阻塞状态的进程个数也很多，所以常常按照导致阻塞的原因不同而划分成多个阻塞队列。

进程在其生命周期内，并非固定处于某一种基本状态，而是会随着自身的推进和外界条件的变化而发生状态的改变。通常，进程会不停地在就绪、执行和阻塞这三个基本状态之间转换，直至最终结束为止。如图 3-6 所示为进程的三种基本状态转换。

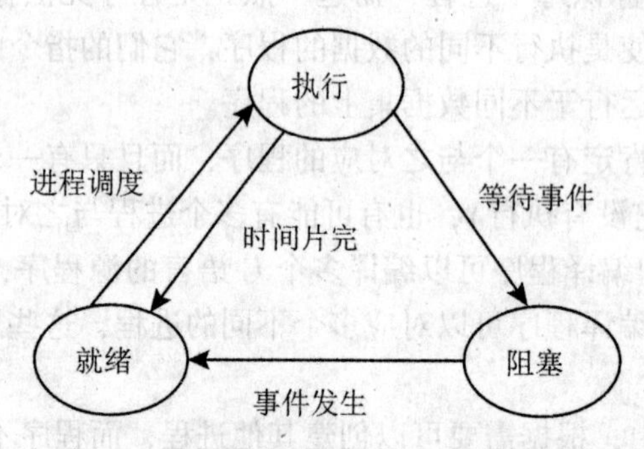

图 3-6　进程的三程基本状态及其转换

从图 3-6 可以看出，进程的三种基本状态之间存在四个转换：

(1)就绪状态→执行状态：处于就绪状态的进程，当进程调度程序为之分配了处理机后，该进程便由就绪状态转变为执行状态。

(2)执行状态→就绪状态：导致这种进程状态转换的原因有两个：一是在分时系统中，进程的执行按时间片轮转的方式进行，当处于执行状态的进程所分配的时间片用完时，系统就将它暂停执行；二是在一些抢占方式的系统中，由于就绪队列中出现了更高优先级的进程，使正在运行的进程被迫暂停执行。这两个原因都会使得正在执行的进程由执行状态转换为就绪状态。

(3)执行状态→阻塞状态：正在执行的进程，运行了一段时间后，由于某事件的发生，如等待系统进行输入/输出操作、等待其他进程释放其所需的资源、等待与之合作进程的计算结果等，导致该进程的运行受阻，不得不放弃 CPU，由执行状态转为阻塞状态。

(4)阻塞状态→就绪状态：处于阻塞状态的进程，由于阻塞的原因解除，如输入/输出工作完成、等待的数据达到、获得等待的资源等，使之由阻塞状态转变为就绪状态。

2. 进程的创建状态和终止状态

在一些实际的系统中，为了管理的需要，还存在着两种比较常见的进程状态，即创建状态和终止状态。

（1）创建状态

刚刚创建的进程，操作系统还没有将它加入就绪队列。通常处于创建状态的进程的PCB已经创建但还未被加载到系统内存中。

（2）终止状态

进程已结束运行，释放了除PCB之外的其他资源，此时进程所处的状态称为终止状态。处于这种状态的原因可能是进程自身停止了，也可能是因为某种原因被取消。

引入了创建状态和终止状态所构成的五种状态进程转换图如图3-7所示。

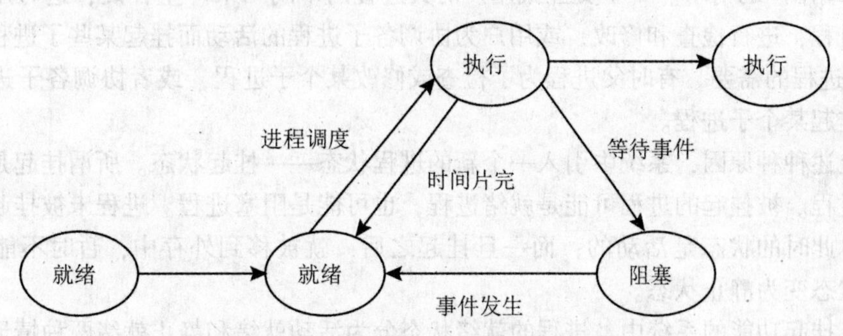

图3-7　具有五种状态的进程状态转换图

创建状态和终止状态对进程管理是非常有用的。创建状态对应于刚刚建立的新进程。例如，如果一位新用户试图登录一个分时系统，或是在批处理系统中，一批新作业提交给系统执行等，在这些情况下，操作系统都会为之创建新进程，通过执行进程来完成相应的任务。

操作系统将分两个步骤来创建新进程。首先，系统会给进程分配进程标识符，分配和创建管理进程所需的所有表。此时，进程就处于创建状态，这时的进程创建工作才进行了第一步，操作系统已经执行了创建进程的必需动作，但此时的进程是不能执行的。例如，操作系统可能基于性能或内存空间的限制等原因，而需要限制系统中的进程数目。当进程处于创建状态时，操作系统所需要的管理该进程的一些信息（PCB）已经保存在内存中，但进程所对应的程序代码还未进入内存，也没有为与这个程序有关的数据分配空间。当进程处于创建状态时，其程序保留在外存中。

类似地，进程退出系统也分为两步。首先，当进程正常结束、出现不可恢复的错误而取消、或被其他进程取消时，该进程都会被终止。终止的第一个阶段是使进程转换为终止状态（或退出状态）。进程位于这个状态是有必要的。此时，进程不再被执行了，与该进程相关的一些信息被操作系统保留起来，这给辅助程序或支持程序提供了提取所需信息的时间。因为一个实用程序为了分析性能和利用率，可能需要提取该进程的历史信息，一旦这些程序都提取了所需的信息，操作系统就不再需要保留任何与该进程有关的数据了，则该进程将从系统中删除。

3. 进程的挂起状态

在某些系统中，为了更好地管理和调度进程及适应系统的功能目标，引入了挂起状态（Suspend）。引入挂起状态可能基于以下原因：

（1）交换的需要。当外存上有进程急需运行，而内存空间不够，无法调入，但此时内存中有很多进程均处于阻塞状态，为了合理利用内存空间，提高系统效率，可将内存中的某些未运行的进程移出到外存，而将外存中急需运行的进程调入。

(2)系统负荷调节的需要。系统中有时负荷过重，进程数目过多，资源相对不足，从而造成系统效率下降，负荷过重，这时需要挂起一部分不太紧迫的进程以便调整系统负荷，待系统中负荷减轻后再恢复被挂起进程的运行。

(3)系统的需要。当系统出现故障或某些功能受到破坏时，需要暂时将系统中的某些进程挂起，等系统故障排除后，在恢复为原来的状态。

(4)终端用户的请求。一个交互式用户对其进程的中间结果产生怀疑，这时用户可以挂起自己的进程，进行检查和修改，或用户为协调各子进程的活动而挂起某些子进程。

(5)父进程的需要。有时父进程为了检查或修改某个子进程，或者协调各子进程间的活动，需要挂起某个子进程。

由于上述种种原因，系统中引入一个新的进程状态——挂起状态。所谓挂起是指进程暂停活动的过程。被挂起的进程可能是就绪进程，也可能是阻塞进程。进程未被挂起之前是处于内存中，此时的状态是活动的；而一旦挂起之后，就被移到外存中，暂时不能参与 CPU 的竞争，状态变为静止状态。

在具有挂起功能的系统中，进程的就绪状态分为活动就绪和静止就绪两种情形；进程的阻塞状态分为活动阻塞和静止阻塞两种情形。相应的进程状态转换图如图 3-8 所示。

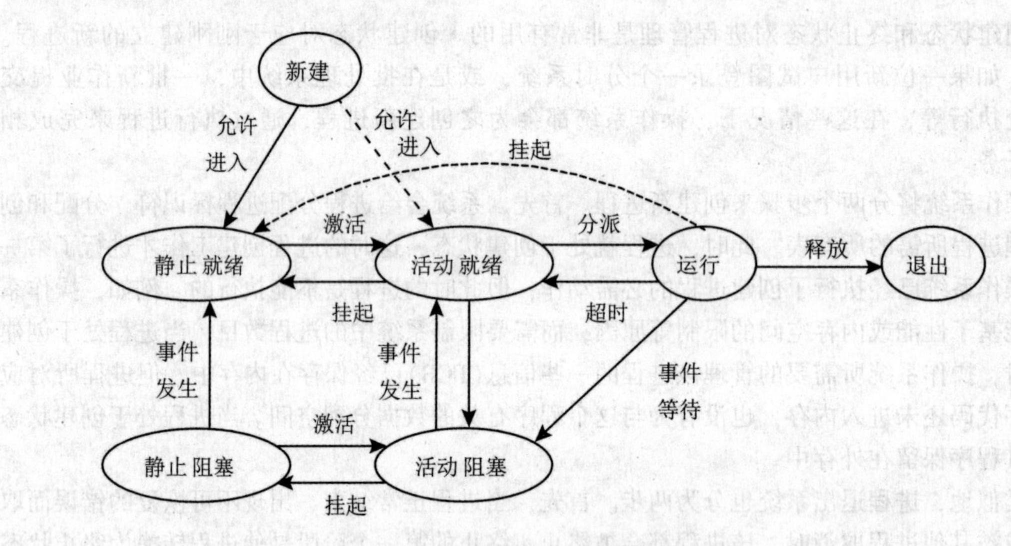

图 3-8 具有挂起状态的进程状态转换图

在上图中，比较重要的转换如下：

(1)活动阻塞→静止阻塞：为了释放内存以得到足够空间，系统将会选择将一个阻塞进程挂起，即将之换到外存中，为另一个没有阻塞的进程让出空间。

(2)活动就绪→静止就绪：系统首先挂起阻塞进程，但当系统负荷仍然较重时，也可以挂起一些优先级较低的就绪进程。

(3)静止阻塞→活动阻塞：若某个优先级较高的静止阻塞进程所等待的资源或某事

件即将发生，并且具有足够的内存空间，这时该进程就由静止阻塞状态转为活动阻塞状态。

(4)静止就绪→活动就绪：如果内存中没有就绪进程，操作系统需要调入一个进程执行；此外，当处于静止就绪状态的进程比处于活动就绪状态的任何进程优先级都要高时，也可以进行这种转换。即将外存中静止就绪状态的进程调入内存，插入就绪队列。

3.2.5 进程控制块

1. 进程控制块的作用

为了描述和控制进程的执行，系统为每个进程定义了一个数据结构——进程控制块(PCB)，它是进程的组成部分之一，是操作系统用来记录进程状态及相关信息的数据结构。操作系统通过 PCB 来了解和掌握进程的状态。PCB 是进程存在的唯一标志。PCB 的作用是使一个在多道程序环境下不能独立运行的程序(含数据)，成为一个能独立运行的基本单位，一个能与其他进程并发执行的进程。

我们知道，程序不能并发，一旦并发容易产生与时间有关的错误，因此为了描述系统的并发性，引入了进程。进程为什么能够并发而不出错呢？主要是因为进程具有一个重要的数据结构，即进程控制块。操作系统正是根据 PCB 来对并发执行的进程进行控制和管理的，进程执行过程中的动态信息都反映在 PCB 中，操作系统通过 PCB 来实时掌控进程的执行情况，从而避免出现错误。

例如，当系统要调度某个进程执行时，要从该进程的 PCB 中查出其现行状态及优先级；在调度到某进程后 ，要根据 PCB 中的信息设置运行所需的 CPU 现场，并进一步根据 PCB 中所记载的程序和数据的内存地址，找到其程序和数据；进程在执行过程中，当需要和其他进程相互合作，实现同步、通信时，也需要访问 PCB 中的相关内容；当进程由于某种原因导致执行暂停时，又需要将现场信息保存到 PCB 中。可见，在进程的整个生命周期内，系统总是通过 PCB 来对进程进行控制和管理，所以说，PCB 是进程存在的唯一标志。

当系统创建一个进程时，就为它建立了一个 PCB；进程结束时系统又收回其 PCB，进程也就随之消亡了。

PCB 一般常驻内存，位于内存的系统区中。为了方便系统管理和控制进程，通常将所有进程的 PCB 组织成一个 PCB 表，PCB 表的大小决定了系统中最多可同时存在的进程个数，称为系统的并发度。不同操作系统的 PCB 表的大小不一样，代表系统并发度也不同。但同一操作系统用来存放 PCB 的空间大小往往是固定的，如早期的 UNIX 系统中预留了能存放 50 个 PCB 的空间，这样就限制了系统中的进程数最多不能超过 50 个，系统的并发度为 50。

2. 进程控制块中的信息

不同的操作系统使用的 PCB 结构各不相同，对于简单的系统来说，PCB 结构较小，所包含的信息量也较少，而在一些大型复杂的系统中，PCB 所含的信息比较多。一般来说，PCB 中所包含的信息大致可以分为四类：标识信息、处理机状态信息、进程调度信息和进程控制信息。表 3-1 列出了 PCB 中所包含的四类信息。

表 3-1　　　　　　　　　　　　　　**PCB 的基本信息**

类型	信息	说　明
标识信息	进程名	由创建者提供的便于记忆的名称，通常由字母、数字组成，用于用户访问进程时使用
	进程标识符	创建进程时，操作系统分配给该进程的唯一代码，通常是一个整数，用于系统管理和控制进程使用
	父进程标识符	创建该进程的进程标识符，用于描述进程的家族关系
	子进程标识符	由该进程创建的进程标识符，用于描述进程的家族关系
CPU 现场信息	指令计数器	存放进程要执行的下一条指令
	通用寄存器	存放 CPU 通用寄存器的内容
	程序状态字 PSW	存放条件码、执行方式、中断屏蔽标志等状态信息
	用户堆栈指针	存放指向与用户进程相关的系统堆栈的栈顶指针
进程调度信息	进程状态	指明进程所处的当前状态，是进程调度的主要依据
	进程优先级	反映了进程要求 CPU 的紧迫程度，系统把 CPU 优先分配给优先级高的进程
	进程阻塞原因	当进程状态为阻塞状态时，记录进程等待的资源或事件；否则，该项为空
	队列指针	记录了处于相同进程状态的下一个进程的 PCB 的首地址，一次将处于同一状态的所有进程链接成一个队列，队列头指针指向第一个 PCB 的首地址，由操作系统掌握
进程控制信息	程序段指针	记录进程的程序在内(外)存中的首地址
	数据段指针	记录进程的数据在内(外)存中的首地址
	通信信息	进程在运行过程中与其他进程进行通信时的有关信息，如消息队列指针、信号量等互斥和同步机制
	资源清单	列出了除 CPU 外，进程所需的全部资源及已经获得的资源，如内存资源、I/O 设备、打开文件列表等
	记账信息	包括进程已占用 CPU 的时间、进程等待时间等

3. 进程控制块的组织

系统中的进程数目较多，分别处于就绪、执行或阻塞等不同的状态，而在有的系统中又将阻塞队列按照原因不同而分为多个。因此，为了便于调度和管理进程，操作系统常常将各进程所对应的 PCB 用适当的方式组织起来。一般来说，把处于同一状态的所有进程的 PCB 链接在一起的数据结构称为进程队列(process queue)，简称队列。对于不同的操作系统，组织 PCB 的方法也有所不同，常见的有以下三种。

(1)线性方式

把所有不同状态的进程的 PCB 组织在一个线性表中，如图 3-9 所示。这种组织方法最简单，系统只需要知道该线性表的首地址，就能查找到进程的 PCB。但由于调度进程时需要查找整个 PCB 表，导致系统效率下降，因此这种方法只适合于系统中的进程数目不多的情况。

PCB1	就绪
PCB2	执行
PCB2	就绪
PCB2	阻塞
PCB2	阻塞
PCB2	就绪
PCB2	就绪
PCB2	阻塞
PCB2	就绪
PCB2	阻塞

图 3-9 线性方式

(2)链接方式

这是把具有同一状态的进程的 PCB，通过指针链接成一个队列。这样，可以形成就绪队列、阻塞队列和空闲队列等，由于在单 CPU 环境下，某一时刻最多只有一个进程处于执行状态，所以没有执行队列，而只需设置一个执行指针用于指示该执行状态进程的 PCB。对其中的就绪队列常按进程优先级的高低排列，把优先级高的进程的 PCB 排在队列前面。此外，也可根据阻塞原因不同而把处于阻塞状态的进程的 PCB 排成不同的阻塞队列。图 3-10 示出了一种链接队列的组织方式。

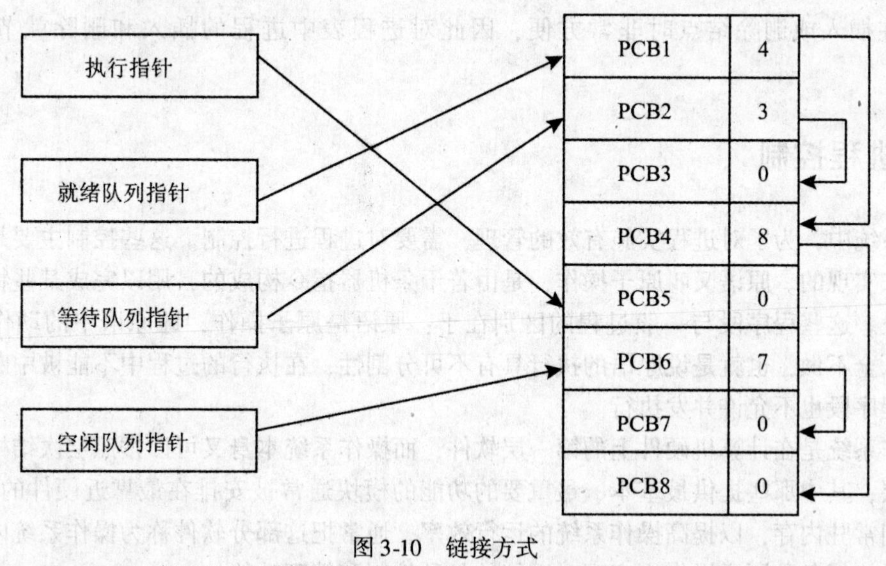

图 3-10 链接方式

与线性方式相比，链接方式需要在系统中增加一些固定单元来存放不同状态队列的首地址，但由于每个状态的 PCB 数量较少，而且分类明确，所以查找速度快得多。但这种方式与线性方式存在同样的缺点：在表格中插入或删除进程需要较多的时间开销。

(3)索引方式

系统根据所有进程的状态建立几张索引表。例如，就绪索引表、阻塞索引表等，并把各索引表在内存的首地址记录在内存的一些专用单元中。在每个索引表的表目中，记录具有相应状态的某个 PCB 在 PCB 表中的地址。图 3-11 示出了索引方式的 PCB 组织。

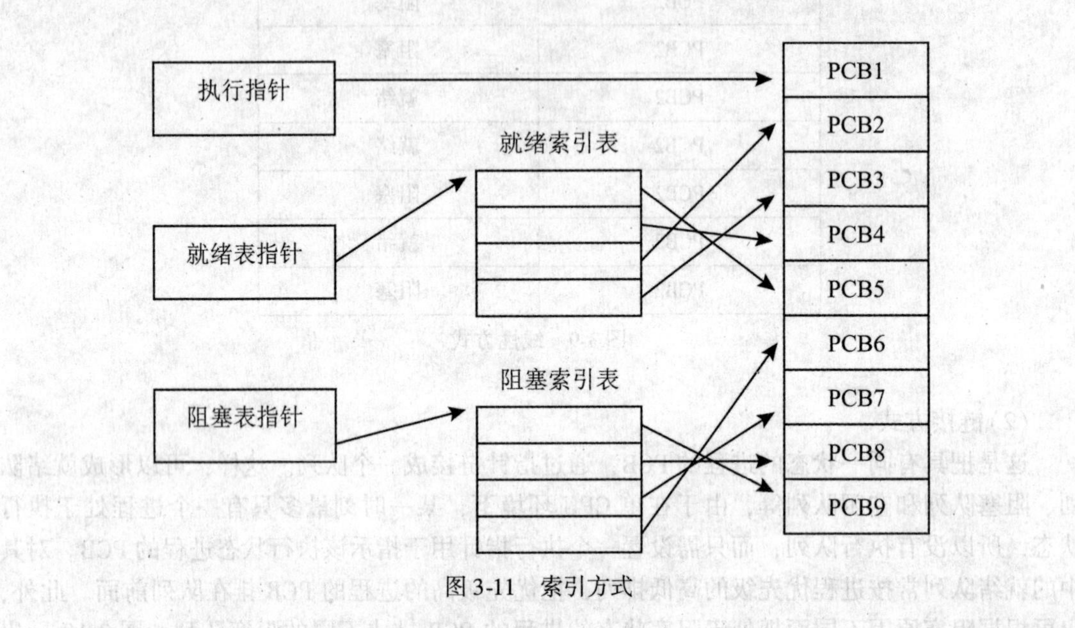

图 3-11　索引方式

采用索引方式时，每个进程的 PCB 中增加一个链接指针的表项，指向队列中的下一个进程的 PCB 的起始地址，每个进程表的结构就形成了链表结构，而链表结构的优点就是在插入或删除结点时非常方便，因此对进程表中进程的插入和删除就节省了很多时间。

3.3　进程控制

在系统中，为了对进程实施有效的管理，需要对进程进行控制。这些控制主要是通过一些原语来实现的。原语又叫原子操作，是由若干条机器指令构成的，用以完成某些特定功能的程序段。这些程序段与一般过程的区别在于：原语是原子操作，即原语中的动作要么全做，要么全不做，也就是说原语的执行具有不可分割性，在执行的过程中不能被中断，作为原语的程序段也不允许并发执行。

操作系统是在计算机硬件上的第一层软件，而操作系统本身又可以按照层次结构被划分成很多层，其中那些提供最基本、最重要的功能的模块通常被安排在最靠近硬件的最底层，并使它们常驻内存，以提高操作系统的运行效率，通常把这部分软件称为操作系统内核。内核是通过执行各种原语操作来实现对系统的各种控制和管理功能的。

在操作系统内核中用于进程管理的原语主要有进程创建原语、进程撤销原语、进程阻塞原语、进程唤醒原语、进程挂起原语和进程激活原语等。下面依次介绍这些进程控制原语。

3.3.1　进程的创建

1. 进程创建的原因

进程的存在是需要创建的，进程是有生命周期的，创建即产生。在多道程序环境中，在系统中运行的单位是进程，是以进程的方式占用 CPU 的，所以要想实现某些功能，必须创建相应的进程。引起进程创建的事件大致有以下几类：

(1)用户登录：在分时系统中，每个用户通过终端登录到系统，其目的是要获得系统的某些服务。因此，当用户登录到系统后，系统就会为之创建相应的进程(如 shell 进程)，并将之加入到进程的就绪队列，等待调度，从而为用户提供服务。

(2)提交作业：在批处理系统中，用户将一批作业提交给系统，当这些作业通过作业调度进入系统内存后，系统就会为之创建相应的进程，并加入就绪队列，等待调度执行。

(3)操作系统提供服务：当运行中的用户程序向操作系统提出某种请求时，系统需要调用相应的操作系统程序来完成，此时，就要为这个系统程序创建相应的进程，通过运行该进程来提供用户所需的服务。例如，用户程序请求输入一批数据，操作系统将为输入程序创建相应的输入进程，负责管理用户数据的输入工作。

(4)应用请求：前三种情况下都是由系统根据需要为用户创建进程的，事实上，应用程序也可以根据需要创建一个新进程，以便使新进程以并发执行的方式完成特定任务。

例如，一个应用进程可以产生另一个进程，以接收应用程序产生的数据，并将数据组织成适合以后分析的格式。新进程与应用进程并发地执行。

这种进程创建方式对构造应用程序是非常有用的，例如，服务器进程(如打印服务器、文件服务器等)可以为它所处理的每一个请求创建一个新进程。当操作系统为另一个进程的请求而创建一个新进程时，这个动作称为进程派生。

当一个进程派生另一个进程时，前一个称为父进程，被派生的进程称为子进程。每个子进程同样也可以派生自己的子进程，从而形成了一棵进程家族树，如图 3-12 所示。

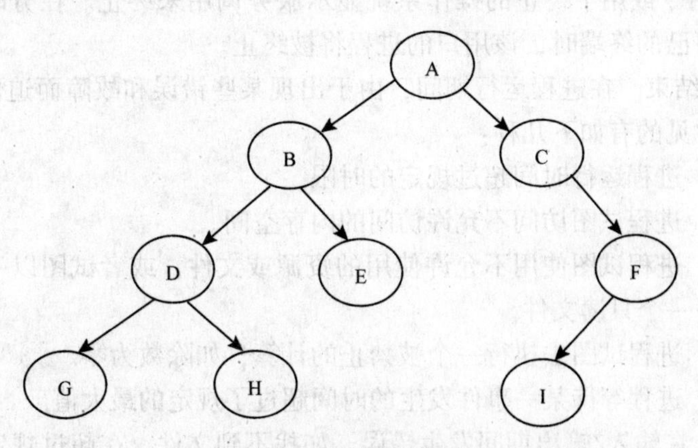

图 3-12　进程家族树

在图中，结点代表进程，“→”代表创建关系。进程 A 叫做整个进程家族树的祖先进程，除 A 之外的进程称之为 A 的子孙进程。进程 B 创建了进程 D 和 E，因此，B 称为 D 和 E 的父进程，而 D 和 E 称为 B 的子进程。

由父进程创建的子进程可以继承父进程所拥有的资源，如父进程的优先级、分配的缓冲区、打开的文件等，这样有利于提高进程控制的效率。通常，父进程与子进程之间需要相互通信和协作，它们可以并发执行。当子进程被撤销时，要将其从父进程那里继承的资源归还给父进程；而当父进程撤销时，必须先撤销其所有的子孙进程。

为了标识进程之间的家族关系，在进程的 PCB 中都设置了家族关系表项，以标明自己的父进程及所有的子进程。

2. 进程的创建过程

创建进程可以调用进程创建原语来实现。具体创建过程如下：

(1)申请空闲 PCB。进程由程序、数据和 PCB 三部分组成，其中 PCB 是进程存在的唯一标志。所以创建进程首先就是为进程申请一个空白的 PCB。系统中所有空闲的 PCB 都组织在一个空闲队列中，首先从队列中取出一个空白的 PCB，并为之分配一个唯一的进程标识号 PID。

(2)为新进程分配资源。根据新进程提出的资源要求为之分配资源，例如，为新进程的程序和数据分配内存空间，并将之调入内存中。

(3)初始化新进程的 PCB。对 PCB 中所包含的信息进行初始化。如进程标识符、处理机状态信息、进程状态、进程优先级、资源清单等。

(4)将新进程的 PCB 插入就绪队列。新创建的进程的状态为就绪状态，所以将之插入就绪队列中。

3.3.2 进程的撤销

1. 进程撤销的原因

引起进程撤销的原因，主要有以下几点：

(1)进程正常结束。当一个进程完成了它的任务后，系统就应该将其撤销并收回其所占有的资源。任何一个计算机系统都必须为进程提供表示其完成的方法。例如，批处理系统中应包含一个 Halt 指令或用于终止的操作系统显示服务调用来终止。在分时系统中，当用户退出系统或关闭自己的终端时，该用户的进程将被终止。

(2)进程异常结束。在进程运行期间，由于出现某些错误和故障而迫使进程终止。这类异常事件很多，常见的有如下几种：

① 运行超时。进程运行时间超过规定的时限。

② 地址越界。进程试图访问不允许访问的内存空间。

③ 保护错误。进程试图使用不允许使用的资源或文件，或者试图以一种不正确的方式使用，如试图去写一个只读文件。

④ 算术错误。进程试图去执行一个被禁止的计算，如除数为零。

⑤ 等待超时。进程等待某一事件发生的时间超过了规定的最大值。

⑥ I/O 失败。在输入/输出期间发生错误，如找不到文件、在超过规定的最大读写次数后仍然读写失败或者无效操作。

⑦ 无效指令。进程试图执行一条不存在的指令。

⑧ 特权指令错。进程试图执行一条只有操作系统才有权限执行的指令。

(3)外界干预。外界干预是指进程的终止不是由于本进程自身引起的，而是指进程应外界的请求而终止运行。这些外界干预包含以下几个方面：

① 操作员或操作系统干预。由于某些原因，操作员或操作系统终止进程，如发生了死锁。

② 父进程终止。当一个父进程终止时，操作系统可能会自动终止该进程的所有子孙进程。

③ 父进程请求。由于父进程具有终止自己的任何子孙进程的权力，所以当父进程提出终止某个子孙进程的请求时，系统将会终止该进程。

2. 进程的撤销过程

撤销进程可以调用进程撤销原语来实现。具体撤销过程如下：

(1)根据被撤销进程的标识符，从 PCB 集合中找到该进程的 PCB，从中读出该进程的状态。

(2)如果该进程的状态为执行，则首先应暂停该进程的执行，转进程调度程序，在就绪队列中选择一个新的进程占用 CPU 运行。

(3)检查该进程是否还有子孙进程，若有则应首先撤销其所有的子孙进程，以防止它们成为不可控的进程。

(4)将被撤销进程所拥有的资源，或归还给父进程，或归还给系统。

(5)系统回收该被撤销进程的 PCB，并将之放入 PCB 资源池，以便创建新进程时申请使用。

3.3.3 进程的阻塞与唤醒

1. 进程阻塞与唤醒的原因

前面在介绍进程三种基本状态的转换时，我们知道当一个正在执行的进程由于某种原因或出现了某个事件而导致状态转为阻塞，这一由执行状态转为阻塞状态的过程就叫做进程阻塞；而处于阻塞状态的进程，在将来的某一个时刻，其所需要的资源被另一个进程释放，则又将它的状态由阻塞转为就绪，这一过程叫做进程唤醒。通常引起进程的阻塞和唤醒的原因有以下几种：

(1)请求系统服务。正在执行的进程向系统提出某种服务请求，由于某种原因，系统无法立即满足该进程的请求，则该进程将由执行状态转为阻塞状态。例如，某进程在运行过程中需要使用打印机，则向系统提出申请打印机的请求，而此时系统中没有空闲打印机，则系统无法立即满足该进程的服务请求，所以进程状态由执行转为阻塞，只有等到有进程使用完毕释放打印机时，才将请求进程唤醒。

(2)启动某种操作。当进程启动某种操作后，必须等待该操作完成后才能继续执行，在等待过程中，它的状态为阻塞。例如，进程在执行过程中，请求使用打印机，系统将一台打印机分配给该请求进程后，接下进程就占用打印机进行打印，这段等待打印的时间内进程的状态为阻塞。在打印操作完成后，再由中断处理进程将该进程唤醒。

(3)新数据尚未到达。在进程执行过程中，常常需要与其他进程之间进行合作，共同完成某一项任务。相互合作的进程之间需要进行通信，即进行数据的传递。当某个进程在执行过程中，所需要的数据尚未到达，则将会由于缺乏数据而暂停执行，转为阻塞状态。当与之合作的另一个进程在将来的某个时刻，产生了该进程所需的数据时，再将它唤醒。

(4)系统进程无新工作可做。系统中往往设置了一些具有特定功能的系统进程，每当这种进程完成任务后，由于暂时没有用户进程提出这些服务请求，那么将会导致这些系统进程无事可做，此时，这些系统进程就将自己阻塞起来，等到有用户进程提出了服务请求时，提供相应服务的系统进程就被唤醒。

2. 进程的阻塞过程

进程的阻塞是一种主动行为，由上述种种导致阻塞的原因可知，由于发生这些事件，使得进程不再具备运行条件，因此即使占据 CPU 也运行不了，所以进程主动释放 CPU，加入到阻塞队列中。进程的阻塞过程如下：

(1)停止当前进程的执行。由于阻塞过程是将进程由执行态转为阻塞态，所以进程的当前状态应为执行，首先应停止执行，让出 CPU。

(2)保存该进程的 CPU 现场信息。因为进程的暂停执行只是暂时的，在将来的某个时刻，随着阻塞进程被唤醒，它一定会被再次调度执行，因此，应将它的 CPU 现场信息保存到它的 PCB 中，以便下次继续执行。

(3)将进程状态改为阻塞，并插入到阻塞队列中。在有些系统中，若按阻塞原因划分了不同的阻塞队列，则应将该进程插入到相应原因的阻塞队列中。

(4)转进程调度程序。从就绪队列中选择一个新的进程投入运行。

3. 进程的唤醒过程

进程的唤醒是一种被动行为，进程由于某种原因而阻塞，在将来的某个时刻，当这一事件解除时，就由解除该事件的进程将阻塞进程唤醒。进程的唤醒过程如下：

(1)将被唤醒的进程从相应的阻塞队列中移出。

(2)将进程状态由阻塞改为就绪，并将该进程插入到就绪队列。

(3)在某些抢占式系统中，若被唤醒进程的优先级比当前运行进程高时，可能需要设置调度标志。

应当注意的是，进程的阻塞和唤醒是一对作用刚好相反的原语。一个进程由执行状态转变为阻塞状态，是这个进程自己调用阻塞原语去主动阻塞的，而进程由阻塞状态转变为就绪状态，则是另一个进程调用唤醒原语来实现的，一般这两个进程之间是一种合作关系。而且，当任何进程阻塞之后，系统一定会在将来安排另外一个进程将之唤醒，否则，这个阻塞进程就将永远阻塞下去，再无机会继续执行，这是系统所不允许出现的。

3.3.4 进程的挂起与激活

1. 进程的挂起

在具有挂起状态的系统中，当出现了引起进程挂起的事件时，可以调用挂起原语来将指定的进程挂起。应注意，调用挂起原语的进程只能挂起它自己或它的子孙进程。挂起原语的执行过程如下：

(1)根据被挂起进程的标识符，在 PCB 队列中查找该进程的 PCB。

(2)从该进程 PCB 中读出该进程的状态。

(3)若进程当前为执行状态，则停止进程执行并将该进程的 CPU 现场信息保存到它的 PCB 的现场保护区中，将该进程的状态改为挂起就绪。并转进程调度程序，从就绪队列中选择一个新的进程投入运行。

(4)若进程当前为活动就绪状态，则将该进程状态改为挂起就绪。

(5)若进程当前为活动阻塞状态，则将该进程状态改为挂起阻塞。

2. 进程的激活

当进程挂起的原因已经消除时，可以调用进程激活原语激活进程。激活原语的执行过程如下：

(1)根据被激活进程的标识符，在 PCB 队列中找到该进程的 PCB。

(2)从该进程 PCB 中读出该进程的状态。

(3)若进程当前状态为挂起就绪，则将该进程状态改为活动就绪。

(4)若进程当前状态为挂起阻塞，则将该进程状态改为活动阻塞。

(5)在某些抢占式系统中，若进程激活后状态为活动就绪状态，而又具有较高的优先级，则可能需要转进程调度。

3.4 进程互斥

在多进程系统中，诸进程可以并发执行，并以各自独立的速度向前推进。但由于它们共享系统资源并必须协作，因而进程之间存在错综复杂的相互制约关系。

3.4.1 进程竞争与合作

在多道程序环境中，活动的大量的并发进程有着相互制约关系。这种相互制约关系分为两种情况：一种是由于竞争系统资源而引起的间接相互制约关系；另一种是由于进程之间的相互合作而引起的直接相互制约关系。

(1)间接相互制约关系。同处于一个系统中的进程，通常都共享着某种系统资源，如共享 CPU、共享 I/O 设备等。所谓间接相互制约即源于这种资源共享，例如，有两个进程 A 和 B，如果在 A 进程提出打印请求时，系统已将唯一的一台打印机分配给了进程 B，则此时进程 A 只能等待；一旦进程 B 将打印机释放，则 A 进程才能由阻塞改为就绪状态。

又如，我们在 3.1.3 节中介绍关于并发的例子中，存在两类前趋关系，其中第一类就是这种间接相互制约关系，原因是多个进程竞争资源。其中 I1→I2→I3→…→In 是由于对输入机的竞争，因为程序 1 首先进入内存，所以先得到输入机，程序 2 的输入进程 I2 就必须等到 I1 结束之后才能开始，同样的道理，I3 必须等 I2 结束……C1→C2→C3→…→Cn 是由于对处理机的竞争；P1→P2→P3→…→Pn 是由于对打印机的竞争。

这种进程间的间接相互制约关系可以用图 3-13 来表示：

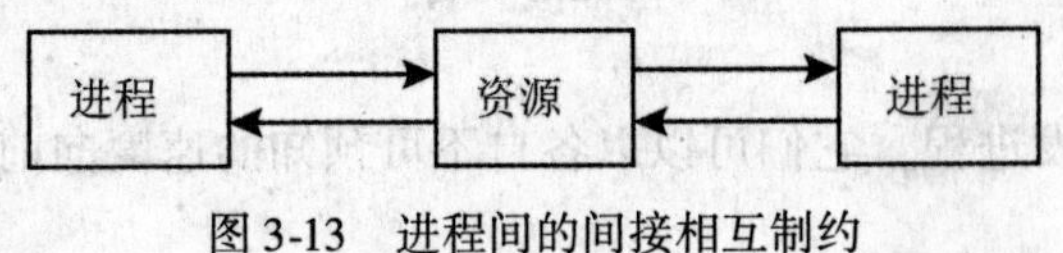

图 3-13 进程间的间接相互制约

(2)直接相互制约关系。这种制约主要源于进程间的合作。例如，有一输入进程 A 通过一个缓冲区向计算进程 B 提供数据。当该缓冲区为空时，计算进程 B 因不能获得所需数据而阻塞，而当进程 A 把数据输入缓冲区后，便将进程 B 唤醒；反之，当缓冲区已满时，进程 A 因不能再向缓冲区投放数据而阻塞，当进程 B 将缓冲区数据取走后便可唤醒 A。

又如在 3.1.3 节中的并发的例子中，第二类前趋关系就是这种直接相互制约关系，原因是多个进程合作。因为对每一个程序而言，都有输入、计算和打印三个处理步骤，这三个处理步骤分别用三个进程来实现，而这三个步骤必须按顺序执行，首先输入数据，有了数据才能进行计算，计算完毕有了结果才能对结果进行打印输出，因此对应的进程之间存在这种相互制约关系。

这种进程间的直接相互制约关系可以用图 3-14 来表示：

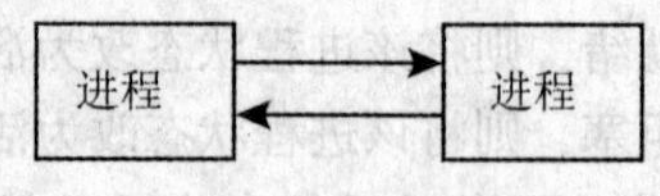

图 3-14 进程间的直接相互制约

3.4.2 进程互斥的概念

进程之间因为竞争资源所导致的间接相互制约关系就是进程的互斥。当多个进程之间存在互斥关系时，这些进程之间本身没有逻辑关系，而是因为都要使用同一个资源而引起的。对于引起进程互斥的资源而言，又是一类比较特殊的资源，即临界资源。

1. 临界资源

我们曾经在第一章中介绍操作系统的互斥共享方式时介绍过临界资源的定义，即在一段时间内只允许一个进程访问的资源称为临界资源（或独占资源）。比如打印机、磁带机等系统中的大多数硬件设备都属于临界资源，除此而外，一些软件或数据结构如变量、队列、表格等也应看做临界资源。对临界资源的访问只能采取互斥的方式，即当一个进程正在访问某临界资源时，其他进程就必须等待，直到该临界资源被用完释放后才能使用。一定不能对临界资源采取交叉访问，否则会出现与时间有关的错误。下面通过几个例子说明对临界资源访问不当会出现错误。

（1）进程共享公共变量

例如，在一个银行系统的两个终端上，分别运行着两个进程 P1 和 P2，它们共享同一账户变量 count，进程 P1、P2 的功能都是从该账户中取款，部分程序段如下：

P1：	P2：
…	…
M = count；	N = count；
M = M-200；	N = N-300；
count = M；	count = N；
…	…

由于 P1 和 P2 是并发进程，它们可以以各自不可预知的速度向前推进，因此，可能会出现以下几种运行方式：

方式一：

P1：M = count；M = M-200；count = M；

P2：N = count；N = N-300；count = N；

在这种方式下，很明显，进程 P1 和进程 P2 是按照顺序执行的方式进行的。而我们在前面介绍程序的顺序执行方式时讲过，这种运行方式不会出错。并且通过分析上面的程序段，我们发现 count 的值减了 500，即用户依次在两个终端上取款，第一次取了 200，第二次取了 300，最终导致账户上的金额减少了 500，这个结果是完全正确的。

方式二：

P1：M=count；M=M-200；count=M；

P2：N=count；N=N-300；count=N；

在这种方式下，虽然在两个终端上都从账户上取了钱，一次取了300，一次取了200，但是最终的账户余额却只减少了200。

在方式二中之所以出现错误，是因为count是一个公共变量，这种变量应该看做临界资源，对它的使用要加以限制，一次只允许一个进程访问，当一个进程访问完毕后，另一个进程才能访问。在方式二中，进程P1首先对count进行访问，但只执行了一条语句后，进程P2又对count进行访问，因此，对临界资源count变量实行了交叉访问，没有采取互斥访问方式，因此导致结果出现了与时间有关的错误。

(2)进程共享打印机

打印机是系统资源，应由操作系统统一分配。显然，打印机自身的特点决定了不允许多个进程交叉使用，否则会使得输出结果混乱，难以区分。例如，以下是两个进程P1和P2对打印机的使用的程序段描述：

```
P1:                     P2:
…                       …
while(1)                while(1)
{x=x-1;                 {x=x-1;
if(x<0)                 if(x<0)
  等待打印机;              等待打印机;
使用打印机;              使用打印机;
x=x+1;}                 x=x+1;}
…                       …
```

其中变量x表示空闲打印机的台数，初始值为1。假设进程P1提出使用打印机，按照程序的描述，x的值减1，则x变为0，表示打印机分给了P1，然后执行if语句判断条件不满足，则P1使用打印机进行打印，使用完毕后，x的值加1，表示释放了打印机，使得打印机的空闲台数又变为1。接下来，如果P2提出使用打印机，则与P1的分析过程一样，能顺利地获得打印机，使用完后，释放，使得打印机的台数又恢复到初始值1。

这种方式是P1和P2顺序提出使用打印机，因此，在这种并发执行的情况下，该算法可以达到正确使用打印机的目的。

但是，考虑另外一种情况，P1和P2同时提出使用打印机，则它们都执行x的值减1操作，使得x变为-1，此后，P1和P2执行if语句检测发现x的值都小于0，则都处于等待打印机的状态，但事实上此时打印机并未分配出去，而这两个进程却谁也无法使用这台空闲的打印机而陷入永远等待的状态。

显然，这是一个与时间有关的错误。发生这种错误的原因在于进程P1和P2对共享变量x无控制的存取访问所导致的。即当P1尚未结束对x的访问，P2又进入了对x的访问。

2. 临界区

在每个进程中，访问临界资源的那段程序可以从概念上分离出来。我们把进程中访问临界资源的那一段代码叫做临界区(Critical Section，CS)。如果一个进程正在访问临界资源，我们就说该进程进入了临界区。

显然，如果能够保证各进程互斥地进入自己的临界区，便可以实现多个进程对临界资源的互斥访问。

例如，在进程共享公共变量的例子中，进程 P1 的临界区为：

M=count；M=M-200；count=M；

而进程 P2 的临界区为：

N=count；N=N-300；count=N；

又如，在进程共享打印机的例子中，进程 P1 的临界区为：

```
x=x-1;
 if(x<0)
          等待打印机;
    使用打印机;
x=x+1;
```

进程 P2 的临界区为：

```
x=x-1;
 if(x<0)
          等待打印机;
    使用打印机;
x=x+1;
```

如果能够保证一个进程在临界区执行时，不让另一个进程进入相关临界区执行，即各进程对临界资源的访问是互斥的，那么就不会造成与时间有关的错误。

这里应当注意区分相关临界区和无关临界区。相关临界区是指并发进程中涉及相同临界资源的那些临界区。例如进程共享公共变量的例子中，两个进程 P1 和 P2 都要访问变量 count，所以它们的临界区是相关的。同样，进程共享打印机的例子中，两个进程都要访问变量 x，所以它们的临界区也是相关的。显然，请求使用打印机的进程不会去访问变量 count，而共享公共变量的进程也不会去访问 x，所以它们的临界区是无关的。那么，我们所要求的互斥进入临界区也只需要针对那些相关临界区。

那么应该如何实现对相关临界区的互斥进入呢？首先，每个进程在进入临界区之前，应该先对要访问的临界资源进行检查，看它是否正在被别的进程访问。如果未被访问，状态为空闲，则该提出访问请求的进程可以进入临界区访问，并同时设置该临界资源正在被访问的标志；如果此刻临界资源正在被其他进程访问，则该提出访问请求的进程不能进入临界区。

为了实现进入临界区之前的检查，需要在临界区之前加入一段实现临界资源状态检查的代码，叫做进入区(entry section)。相应地，为了实现退出临界区时的释放，应在临界区之后加一段用于恢复临界资源状态的代码，叫做退出区(exit section)。一个进程中除了进入区、临界区、退出区这三个与访问临界资源相关的程序段之外，剩余的实现程序功能的那些代码都称为剩余区(remainder section)。例如，前面介绍的两个例子，进程 P1、P2 中打"…"的部分都为剩余区。这样，可以把一个访问临界资源的进程描述如下：

```
While(1)
{entry section
critical section;
```

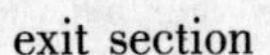

exit section

remainder section;}

3. 访问临界区应遵循的规则

为了实现进程互斥地进入自己的临界区，必须对共享同一个临界资源的临界区的访问加以限制，具体应遵循以下4个原则：

(1)空闲让进。当无进程处于临界区时，表明临界资源此时的状态为空闲可用，则请求访问该临界资源的进程可以进入临界区，对临界资源进行访问。

(2)忙则等待。当已有进程进入了临界区时，表明临界资源此时的状态为忙，则请求访问该临界资源的进程等待，即进入阻塞状态，从而保证对临界资源的互斥访问。

(3)有限等待。任何要求进入临界区的进程，应保证在有限的时间内能够进入临界区，以免陷入"死等"的状态。这一要求反过来理解，则是进入临界区的进程应在有限的时间内对临界资源访问结束退出，不可无限期地占用临界资源。

(4)让权等待。如果进程不能进入自己的临界区，也就是说此时临界资源正在被其他进程访问，则该请求进程应调用阻塞原语将自己阻塞，并立即释放处理机，以免进程陷入"忙等"状态。

3.4.3 信号量机制

为了解决进程互斥问题，需要采取有效的措施。互斥的实现既有硬件方法也有软件方法，其中最有效的实现方法是信号量机制。

信号量机制是在1965年，由荷兰著名的计算机科学家Dijkstra所提出的一个同步机构，其基本思想是在多个相互合作的进程之间使用简单的信号来同步。

信号量是一种结构体类型的变量，其中包含两个成员：一个代表资源数目的整型变量和一个进程队列。信号量结构体类型的定义如下：

```
struct semaphore
{int value;
 queue L;}
```

假设定义一个信号量类型的变量为S：

```
struct semaphore S;
```

下面分析信号量S的两个成员的含义及取值。其中S.value为整型值，取值不同所代表的含义也不同。

当S.value>=0时，代表系统中当前可用的资源数目。

当S.value<0时，其绝对值代表因为请求资源而被阻塞的进程个数。

S.value的初始值只能取大于等于0的整数。

S.L代表因为请求资源而被阻塞的进程队列。由于初始状态下，没有任何进程因为请求资源而被阻塞，所以S.L的初始值为空。

对于信号量S之上可以定义三个操作：

(1)将信号量S初始化为非负数，即系统初始状态下信号量S所代表的资源的数目。

(2)wait操作使信号量的value减1。如果值变为负数，则执行wait操作的进程被阻塞，否则进程继续执行。

(3)signal操作使信号量的value加1。如果值小于或等于0，则唤醒一个因请求资源而被阻塞的进程。

除了这三种操作外，没有任何其他方法可以检查或操作信号量。

其中，wait(S)和signal(S)是两个原子操作，因此，它们在执行时是不可中断的。当进程要申请某个资源时，则调用wait(S)，每调用一次，代表申请一个资源；当进程对某资源使用完毕释放时，则调用signal(S)，每调用一次，代表释放一个资源。相应的wait(S)和signal(S)原语的程序描述如下：

```
void wait(semphore S)          void signal(semphore S)
{S.value--;                    {S.value++;
  if(S.value<0)                  if(S.value<=0)
  block(S.L);}                   wakeup(S.L);}
```

每当进程要申请某个资源时，就会调用wait操作，每调用一次wait操作，意味着进程请求一个该类资源，使系统中可供分配的这种资源的数目减少一个，因此S.value的值减1，减1之后，若S.value<0，则表示该类资源已经分配完毕，因此该进程申请资源失败，调用用block原语将自己阻塞，放弃处理机，并插入到信号量队列S.L中。由此可见，该信号量机制遵循了进程同步规则中的“让权等待”。此时的S.value为负数，则其绝对值表示队列S.L中阻塞进程的数目。若S.value>=0，则表示申请资源成功，将得到一个该类资源，继续执行。

每当进程对某个资源使用完毕释放时，就会调用signal操作，每调用一次signal操作，意味着进程释放一个该类资源，使系统中可供分配的这种资源的数目增加一个，因此S.value的值加1，加1之后，若S.value<=0，则表示在该信号量队列中，仍有等待该资源的进程阻塞，因此调用wakeup原语，将S.L队列中的第一个阻塞进程唤醒。若S.value>0，则表示信号量队列为空，系统中没有进程因为等待该资源而被阻塞，所以释放该资源的进程也就无须唤醒。

3.4.4 用信号量机制实现进程互斥

我们知道，当多个并发进程对同一个临界资源进行访问时，要采取互斥访问方式，即互斥地进入各自的临界区。一个访问临界资源的进程包含四个组成部分：进入区、临界区、退出区和剩余区。其中进入区表示申请该临界资源，即检查临界资源的状态是否空闲可用，在具体实现时可以调用wait操作；而退出区则表示对临界资源使用完毕释放时恢复为未访问标志，在具体实现时可以调用signal操作。

因此，用信号量机制来实现进程互斥时，首先设一个互斥信号量mutex，其初始值设为1，这个1是有特殊含义的，即代表资源为临界资源，一次只允许一个进程访问。然后将各进程中访问临界资源的临界区CS置于wait(mutex)和signal(mutex)之间即可。两个并发进程对临界资源互斥访问的程序描述如下：

```
semaphore mutex=1;
void P1()
{while(true)
    {wait(mutex);
    CS1;                         //表示进程P1的临界区
    signal(mutex);
```

```
        RS1;}                    //表示进程 P1 的剩余区
    }
void P2()
{ while(true)
    {wait(mutex);
        CS2;                     //表示进程 P2 的临界区
        signal(mutex);
        RS2;}                    //表示进程 P2 的剩余区
    }
void main()
{ parbegin
    P1();
    P2();
  parend }
```

在上述程序描述中，由于采取了信号量进行互斥操作，那么，假设进程 P1 首先提出申请使用该临界资源，则调用 wait(mutex)检查临界资源状态，而 mutex 的初始值为 1，mutex-1的值为 0，满足>=0，所以表示申请成功，则进入临界区访问临界资源。如果此时系统由于种种原因，突然发生了中断，导致 P1 的执行暂停，注意此时进程 P1 对临界资源还未使用完毕。当系统处理了中断事件之后，假设调度到了进程 P2 执行，这是有可能的，这种调度是随机的，由具体调度算法决定的。P2 也是调用 wait(mutex)，申请临界资源，此时mutex-1的值为-1，即满足<0，代表申请资源失败，进程 P2 阻塞，加入该临界资源的阻塞队列。

在将来的某个时刻，当系统重新调度到了进程 P1 时，则 P1 从断点处继续访问临界资源，访问完毕后调用 signal(mutex)，对 mutex 的值加 1，值变为 0，满足<=0，则唤醒阻塞队列中的进程 P2，使 P2 加入就绪队列。之后的某个时刻当进程 P2 被调度时，将直接进入其临界区，对临界资源访问完后，也调用 signal(mutex)，对 mutex 的值加 1，从而将 mutex 的值恢复到初始值 1。

从以上分析可知，当两个并发进程对同一个临界资源进行访问时，只要利用信号量采取互斥操作，则不会出现进程对临界资源的交叉访问，从而也就不会出现与时间有关的错误。并且，在以上分析过程中，我们还可以发现当两个进程对同一个临界资源进行互斥访问时，互斥信号量 mutex 可以取到三个值 1，0 和-1。当 mutex 取不同值时所代表的含义也是不同的。

(1)当 mutex=1 时，表示没有进程进入临界区；

(2)当 mutex=0 时，表示有一个进程进入临界区；

(3)当 mutex=-1 时，表示一个进程进入临界区，另一个进程等待进入。

由于 mutex 为整型值，因此它的取值范围为[-1，1]。

我们可以在两个进程的基础上进一步推广，如果有 n 个并发进程访问同一个临界资源，那么 mutex 的取值范围应为[1-n，1]；如果 n 个并发进程访问 m 个临界资源，则 mutex 的取值范围为[m-n，m]。

对于 n 个并发进程访问 m 个临界资源的情况，我们举下面的例子加以说明：

自习室中共有 60 个座位，当自习室里没有空余座位时学生只能在自习室外等候，直到有人离开自习室时方可进入。请定义相应的信号量并用 wait 和 signal 操作给出学生进入自习室的程序描述。

分析：自习室中的座位是临界资源，一次只允许一个学生使用。而因为座位数为 60，所以所设的互斥信号量 mutex 的初值为 60，表示自习室刚开放时可用的座位数为 60。在程序运行过程中，若 mutex 的值大于 0 时说明自习室中有座位可用；当 mutex = 0 时表示座位已被分配完；当 mutex 小于 0 时说明有学生在自习室外等候，而此时 mutex 的绝对值就表示等候的学生人数。各学生进程可描述如下：

```
semaphore mutex=60;
voidstudenti()                    //i=1, 2, 3…n, n 为学生人数
{ while(true)
  {wait(mutex);
  进入自习室;
  自习;
  离开自习室;
  signal(mutex);}
}
void main()
{ parbegin
  student1();
  student2();
  …
  studentn();
parend }
```

当有 100 个学生都想要进入自习室时，则 mutex 的取值范围为[-40，60]。当取最大值 60 时，表示没有学生进入自习室，60 个座位全为空；当取最小值-40 时，表示 60 个座位全部占满，自习室外还有 40 个学生等候。

3.5 进程同步

互斥解决了并发进程对临界区的使用问题。这种基于临界区控制的交互作用是比较简单的，只要诸进程对临界区的执行在时间上互斥，就能保证不出现与时间有关的错误。另外还需要解决进程同步的问题。

3.5.1 进程同步的概念

进程之间因为相互合作所导致的直接相互制约关系就是进程的同步。当多个进程之间存在同步关系时，需要在某些确定点上协调它们的工作。一个进程到达这些点后，另一进程已完成了某些操作，否则就不得不停下来等待这些操作的结束。同步意味着两个或多个进程之间根据它们一致同意的协议进行相互作用。同步的实质是使各合作进程的行为保持某种一致性或不变关系。要实现同步，一定存在着必须遵循的同步规则。

在计算机系统中，有时为了完成某一任务，进程之间需要合作。例如，为了把一批原始

数据加工成当前需要的数据，创建了 A，B 两个进程。进程 A 启动输入设备不断地读数据，每读出一个数据就交给进程 B 去加工，直至所有的数据都处理结束。为此系统设置了一个容量为能存放一个数据的缓冲区。进程 A 把读出的数据存入缓冲区，进程 B 从缓冲区中取出数据进行加工，如图 3-15 所示。

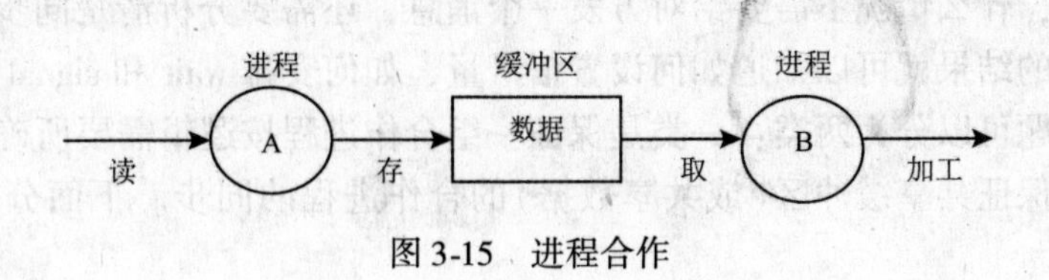

图 3-15　进程合作

进程 A 和进程 B 是两个并发进程，它们共享一个缓冲区，如果这两个进程相互之间不采取制约，就会造成错误。因为进程运行的速度是不可预知的，是随机的，所以这两个进程运行时的速度可能存在以下两种情况：当进程 A 的执行速度比进程 B 的执行速度快时，可能进程 A 把一个数据存入缓冲区后，在进程 B 还没取走该数据之前，进程 A 又把下一个数据存入缓冲区，这样新的数据就将原来的旧数据覆盖了，从而造成数据的丢失。同样，当进程 B 的执行速度比进程 A 的执行速度快时，可能进程 B 从缓冲区中取出一个数据并加工后，进程 A 还没有把下一个数据存入缓冲区，而进程 B 又从缓冲区中去取数据，这样取到的将还是前一个旧的数据，从而造成数据的重复。

不管是数据的丢失还是数据的重复，都是与时间有关的错误，都是应该避免的。之所以会出现这样的错误，是因为这两个合作进程在运行过程中系统并未采取任何同步措施来加以制约。

在这种情况下，显然用进程互斥的办法不能克服上述两种错误。因为进程 A 与进程 B 并不是单纯的对某个临界资源的使用而造成的错误。事实上，虽然这里缓冲区应该看做临界资源，进程 A 和进程 B 共享缓冲区，但它们都是在无进程使用缓冲区时才向缓冲区存数据或从缓冲区取数据。也就是说，它们在互斥使用共享缓冲区的情况下仍然发生错误。引起错误的根本原因是这两个合作进程的执行速度不协调。对此，我们可采用互通消息的办法来控制进程的执行速度，使互相合作的进程正确地协调工作。通过分析可知，进程 A、B 必须遵循以下同步规则：

(1) 进程 A 把一个数据存入缓冲区后，应该向进程 B 发送“缓冲区中有等待处理的数据”的消息。

(2) 进程 B 从缓冲区取出一个数据后，应该向进程 A 发送“缓冲区中的数据已取走”的消息。

(3) 进程 A 只有在得到进程 B 发来的“缓冲区中的数据已取走”的消息后，才能把下一个数据存入缓冲区，否则进程 A 等待，直到消息到达。

(4) 进程 B 只有在得到进程 A 发来的“缓冲区中有等待处理的数据”的消息后，才能从缓冲区中取出数据并加工，否则进程 B 等待，直到消息到达。

由于每个进程都是在得到对方的消息后才去使用共享缓冲区的，所以不会出现数据的丢失和数据的重复处理。

3.5.2 用信号量机制实现进程同步

与进程的互斥一样，进程的同步同样可以通过信号量机制来实现。用信号量的 wait 操作和 signal 操作实现进程同步的关键是要分析清楚同步进程之间的相互关系，即什么时候某个进程需要等待，什么情况下需要给对方发一个消息，还需要分析清楚同步进程各自关心的状态。依据分析的结果就可以知道如何设置信号量，如何安排 wait 和 signal 操作。

一般同步问题可以分为两类：一类是保证一组合作进程按逻辑需要所确定的执行次序来执行；另一类是保证共享缓冲区(或共享数据)的合作进程的同步。下面分别讨论这两类问题的解法。

1. 合作进程的执行次序

若干进程为了完成一个共同任务需要并发执行，然而这些并发进程之间根据逻辑上的需要，有的操作可以没有时间上的先后次序，即无论是谁先执行谁后执行，最后的计算结果都是正确的。但有的操作有一定的先后次序，也就是说它们必须遵循一定的同步规则，只有这样，并发执行的最后结果才是正确的。

为了描述的方便，我们给出下面的前趋图来表示进程执行的先后次序。下面讨论如图 3-16 中所示的进程执行的先后次序。

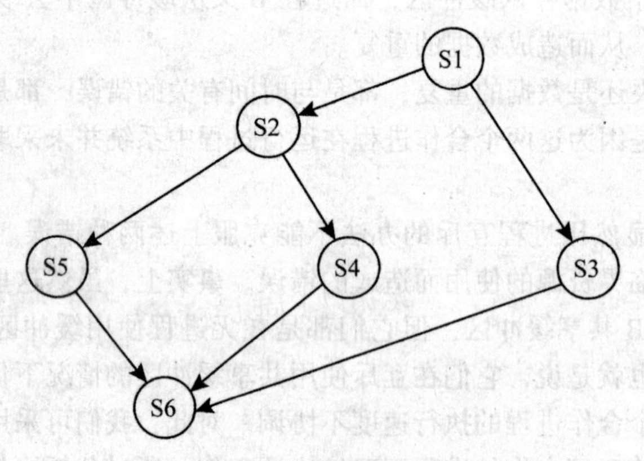

图 3-16　合作进程的执行次序

图 3-16 示出了六个进程的执行次序。为使六个进程按如图所示的执行次序正确执行，应设置若干个初始值为“0”的信号量。如为保证 S1→S2，S1→S3 的先后次序，应分别设置信号量 a 和 b，同样，为了保证 S2→S4，S2→S5，S3→S6，S4→S6 和 S5→S6，应设置信号量 c，d，e，f，g。程序描述如下。

```
semaphore a, b, c, d, e, f, g;
a=0; b=0; c=0; d=0; e=0; f=0; g=0;
voidS1()
{…                                  //表示进程 S1 中的语句，此处省略，以下同
 signal(a);
 signal(b);}
void S2()
{wait(a);
```

```
…
signal(c);
signal(d);}
void S3()
{wait(b);
 …
 signal(e);}
void S4()
{wait(c);
 …
 signal(f);}
void S5()
{wait(d);
 …
 signal(g);}
void S6()
{wait(e);
 wait(f);
 wait(g);
 …}
void main()
{parbegin
    S1(); S2(); S3(); S4(); S5(); S6();
parend}
```

2. 共享缓冲区的合作进程的同步

并发进程的另一类同步问题是共享缓冲区的同步。以上节中图3-15所示的进程A、B的同步关系为例来说明这类问题的同步规则及利用信号量机制的解决方法。

通过上节的分析我们已经得出进程A、B所必须遵循的四条同步规则。这一同步规则可推广为：如果进程A试图存放一个数据到一个满的缓冲区时，它必须等到进程B从该缓冲区中取走上一个数据；而如果进程B试图从一个空的缓冲区中取出一个数据时，它必须等到进程A存放一个数据到缓冲区中。

为了遵循这一同步规则，这两个进程在并发执行时必须通信，即进行同步操作。为此，设置两个信号量s1和s2。它们的含义为：

s1表示是否可以把数据存入缓冲区(或表示缓冲区是否为空)。由于缓冲区中只能放一个数据，所以s1的初值取1，表示允许存入一个数据。

s2表示缓冲区中是否存有数据(或表示缓冲区是否为满)。显然，它的初值应为0，表示缓冲区中尚无数据。

对进程A来说，放入一个数据之前应调用wait(s1)，来测试是否可以把数据放入缓冲区。当缓冲区中无数据，即缓冲区为空时(这时s1=1)，则调用wait(s1)后不会成为阻塞状态，可以继续执行，从而把数据放入缓冲区。调用一次wait(s1)后，便有s1=0。若进程B

尚未取走数据，而进程 A 又欲将下一个数据放入缓冲区，此时调用 wait(s1)将使进程 A 处于阻塞状态，阻止了它把数据再放入缓冲区。当向缓冲区放了一个数据后，应调用 signal(s2)，以告诉进程 B 缓冲区中已放入一个数据。调用 signal(s2)后，s2 的值由 0 变为 1。

对进程 B 来说，取数据前应调用 wait(s2)，以查看缓冲区中是否有数据。当无数据时，由于 s2=0，调用 wait(s2)后进程 B 阻塞，不能取数据；当有数据时，由于 s2=1，调用 wait(s2)后，进程 B 可继续执行去取数据。每取走一个数据后，应调用 signal(s1)，通知进程 A 缓冲区中数据已取走，可以放入下一个数据。调用 signal(s1)后，s1 的值由 0 变为 1。程序描述如下：

```
semaphore s1, s2;
s1=1; s2=0;
voidA()
{ while(true)
  { 产生一个数据;
      wait(s1);
      存入缓冲区中;
      signal(s2);}
}
void B()
{ while(true)
  { wait(s2);
      从缓冲区中取出一个数据;
      signal(s1);
      加工该数据;}
}
void main()
{ parbegin
      A();
      B();
  parend }
```

3. 进程同步与进程互斥的区别与联系

进程的同步与进程的互斥都涉及并发进程访问共享资源的问题。从进程互斥和进程同步的讨论中我们看到，进程的互斥实际上是进程同步的一种特殊情况。实现进程互斥时用 wait 操作测试是否可以使用临界资源，这相当于测试“资源可使用”的消息是否到达；用 signal 操作释放资源时，相当于发送了“资源已空闲”的消息。因此互斥使用资源的进程之间实际上也存在一个进程等待另一个进程发送消息的制约关系。所以，经常把进程的互斥与进程的同步统称为进程的同步，把用来解决进程互斥与进程同步的机制统称为同步机制。

但是，进程的互斥与进程的同步又是有区别的。进程的互斥是进程之间竞争临界资源的使用权。这种竞争没有固定的必然联系。哪个进程竞争到使用权则临界资源就归哪个进程使用，直到使用完毕释放为止。若临界资源没有任何进程使用，目前处于空闲状态，就允许进程去使用它。各个进程对临界资源的使用顺序也没有要求，只要临界资源空闲可用，即使是

一个刚刚使用过该临界资源的进程，再次提出申请使用，仍然是可以使用的。

但是进程的同步就不同了。涉及共享资源的并发进程之间有一种必然的依赖关系。进程同步更多强调的是进程之间的合作，而共享资源只是为了实现合作而使用的一种工具。当进程同步时，即使无进程在使用共享资源，尚未得到同步消息的进程仍然不能去使用这个资源。另外，对同步进程而言，它们之间的运行存在某种顺序关系，通常是一种交叉的执行方式。如一个进程运行到某个时间点，须等待另一个合作进程运行到某个状态，产生一个消息，然后第一个进程再继续运行；第二个进程同样的，运行到某个时刻，会暂停来等待第一个进程的消息，消息到达后再继续执行。

所以，用信号量机制来管理并发进程时，一定要正确区分互斥与同步。最关键的是确切地定义信号量，以及合理地调用各信号量上的 wait 操作和 signal 操作。

3.5.3 经典的进程同步问题

在多道程序环境下，进程同步问题十分重要，也是相当有趣的问题，因而吸引了不少学者对它进行研究，由此而产生了一系列经典的进程同步问题(这里所谈到的进程同步实际上既包含了进程互斥，又包含了进程同步)，其中较有代表性的是“生产者—消费者问题”、“哲学家进餐问题”、“理发师问题”及“读者—写者问题”等。通过对这些问题的研究和学习，可以帮助我们更好地理解进程同步的概念及实现方法。

1. 生产者—消费者问题

回顾上一节我们在讲解共享缓冲区的合作进程的同步问题时，曾以进程 A、B 共享缓冲区为例。事实上，进程 A 的功能是产生一个数据并放入缓冲区中，因此它扮演的是生产者的角色；进程 B 的功能是从缓冲区中取出一个数据并加工，因此扮演的是消费者的角色。所以我们上节所讨论的是一个简单的生产者—消费者问题。

而这里所谈到的经典的生产者—消费者问题(The Producer-consumer Problem)是将生产者、消费者及缓冲区的个数都由 1 个变为多个。例如，有 m 个生产者和 k 个消费者，它们共享可存放 n 件产品的缓冲区。这里的缓冲区是一组缓冲区，也叫有界缓冲区，个数为 n 个，每个缓冲区的容量是只能存放一个数据。如图 3-17 所示。

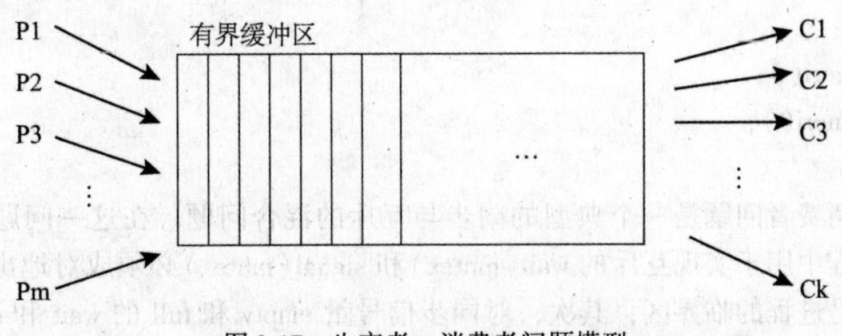

图 3-17 生产者—消费者问题模型

类似于简单的生产者—消费者问题，应设置两个信号量 empty(初值为 n)和 full(初值为 0)，以保证生产者不向已满的缓冲区中放入产品，消费者不从空缓冲区中取产品；另外，为了使其协调工作，有界缓冲区应看做临界资源，还必须设置一个信号量 mutex(初值为 1)，以控制生产者和消费者互斥地对缓冲区进行存取。程序描述如下：

```
item B[n];                      //定义有界缓冲区 B
semaphore empty=n;              //可用的空缓冲区数
semaphore full =0;              //缓冲区内可用的产品数
semaphore mutex=1;              //互斥信号量
int in=0;                       //放入缓冲区指针
int out=0;                      //取出缓冲区指针
  void produceri()              //i=1, 2, 3, …, m
  { while(生产未完成)
    {生产一件产品 nextp;
      wait(empty);              //检测缓冲区中是否有空位
      wait(mutex);              //检测有界缓冲区是否可用
      B[in]=nextp;              //将产品放入缓冲区中
      in=(in+1)%n;              //将缓冲区下标后移
      signal(mutex);            //释放有界缓冲区
      signal(full);}            //释放缓冲区填满一个空位的信号量
  }
void consumerj()                //i=1, 2, 3, …, k
  { while(还需继续消费)
    { wait(full);               //检测缓冲区中是否有产品
      wait(mutex);              //检测有界缓冲区是否可用
      nextc=B[out];             //从缓冲区中取出一件产品
      out=(out+1)%k;            //将缓冲区下标后移
      signal(mutex);            //释放有界缓冲区
      signal(empty);            //释放取空一个缓冲区的信号量
      消费一个产品;}
    }
void main()
{ parbegin
    produceri();
    consumerj();
  parend }
```

生产者—消费者问题是一个典型的同步与互斥的混合问题。在这一问题中应注意：首先，在每个进程中用于实现互斥的 wait(mutex) 和 signal(mutex) 必须成对地出现，夹在两者之间的代码段是进程的临界区；其次，对同步信号量 empty 和 full 的 wait 和 signal 操作，同样需要成对地出现，但它们分别处于不同的进程中，只有这样才能实现进程之间的合作，通过进程之间互相发送信号量来实现；最后，在每个进程中的多个 wait 操作的次序不能随便颠倒，一般来说，用于互斥的 wait 操作总是在后面执行，而 signal 操作的次序则无关紧要。

2. 哲学家进餐问题

哲学家进程问题(The Dinning Philosophers Problem)是 Dijkstra 在 1968 年提出并解决的，是一个典型的进程同步问题。该问题是描述有五位哲学家共用一张圆桌，分别坐在圆桌周围的五张椅子上，在圆桌上有五个碗和五支筷子，哲学家每天的生活方式是交替地进行思考和进餐。平时，一个哲学家进行思考，饥饿时便试图取用其左右最靠近他的筷子，只有在他拿到两支筷子时才能进餐。吃完后，筷子必须放回桌上。如图3-18所示。

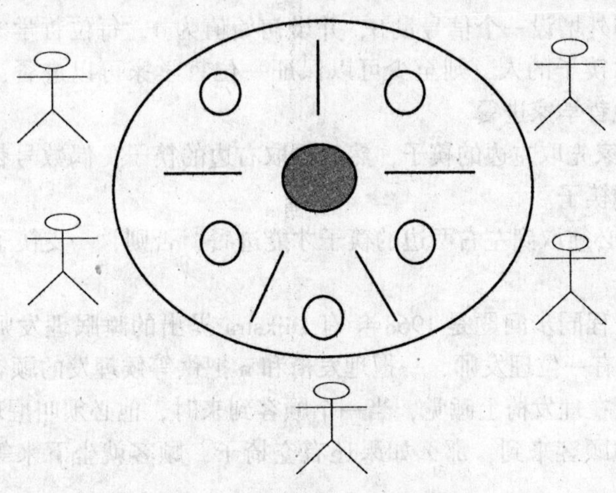

图3-18 哲学家进餐问题模型

初步分析，我们发现，在这个问题中，筷子是临界资源，每支筷子都必须互斥使用，因此，应为每支筷子设置互斥信号量chopstick[i](i=0，1，2，3，4)，其初值均为1，当一位哲学家进餐之前必须执行两个wait操作，获得自己左边和右边的两支筷子；在进餐之后必须执行两个signal操作，放下两支筷子。程序描述如下：

```
semaphore chopstick[5] ;
int i;
for( i=0; i<5; i++)
  chopstick[i]=1;
void philosopheri( )                    //i=0, 1, 2, 3, 4
{ while(true)
    { think;
    hungry;
    wait(chopstick[i]);
    wait(chopstick[(i+1)%5]);
      eat;
      signal(chopstick[i]);
      signal(chopstick[(i+1)%5]);}
    }
void main()
{ parbegin
    philosopher0(); philosopher1(); …; philosopher4();
  parend }
```

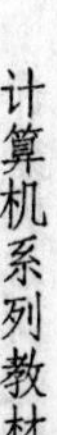

在上述解法中，如果五位哲学家同时拿起左边(或右边)的筷子，则桌上的五支筷子全部分完了，当每位哲学家企图再拿起其右边(或左边)的筷子时，将出现死锁。为了防止死锁的发生，可以采取以下一些措施：

(1)至多允许四位哲学家同时进餐，则桌上五支筷子四个人分，总有一个人能拿到两支筷子。为此，需要另外增设一个信号量S，并设初始值为4，每位哲学家在进餐之前检测自己是不是第五个想拿筷子的人，则至少可以保证一位哲学家可以进餐，进餐完毕后释放筷子，又可以激活其他哲学家进餐。

(2)奇数号哲学家先取左边的筷子，然后再取右边的筷子；偶数号哲学家先取右边的筷子，然后再取左边的筷子。

(3)每位哲学家必须取到左右两边的筷子才能进餐，否则，一支筷子也不取。

3. 理发师问题

另一个经典的进程同步问题是1968年有Dijkstra提出的睡眠理发师问题(Sleepy Barber Problem)。理发店里有一位理发师、一把理发椅和n把供等候理发的顾客休息的椅子；如果没有顾客，理发师便在理发椅上睡觉，当一个顾客到来时，他必须叫醒理发师；如果理发师正在理发时又有新的顾客来到，那么如果还有空椅子，顾客就坐下来等待，否则就离开理发店。

理发师问题实际上也可看做m个生产者和一个消费者的问题。顾客作为生产者，理发师作为消费者，而n把供等待理发的顾客休息的椅子则应看做临界资源，所有的顾客和理发师都应对其采取互斥操作。

下面给出的解法中引入3个信号量和一个控制变量：

信号量customers用来记录等候理发的顾客数，并用于阻塞理发师进程，其初值为0；信号量barbers记录正在等候顾客的理发师数，并用于阻塞顾客进程，其初值为0；

信号量mutex用于互斥，其初值为1；

控制变量waiting记录坐在椅子上等候理发的顾客数，初值为0。程序描述如下。

```
int waiting=0;                              //坐在椅子上等候理发的顾客数
int CHAIRS=N;                               //为顾客准备的椅子数
semaphore customers, barbers, mutex;
custumers=0; barbers=0; mutex=1;
void barber( )
{ while(true)
      {wait(customers);                     //判断是否有顾客，若无，则理发师睡眠
      wait(mutex);                          //若有顾客，进入临界区
      waiting--;                            //等候的顾客数减1
      signal(barbers);                      //理发师准备为顾客理发
      signal(mutex);                        //退出临界区
      cut_ hair;}                           //理发师正在理发
}
void customeri()                            //i=1, 2, 3, …, m
{ wait(mutex);                              //进入临界区
  if(waiting<CHAIRS)                        //判断是否有空椅子
```

```
    {waiting++;                    //等候的顾客数加1(顾客坐在一把椅子上)
    signal(customers);             //唤醒理发师
    signal(mutex);                 //退出临界区
    wait(barbers);                 //理发师忙，顾客坐着等待
    get_ haircut;}                 //否则，顾客可以理发
  else
    signal(mutex);}                //人满了，顾客离开
void main()
{ parbegin
    barber(); customeri();
  parend }
```

4. 读者—写者问题

读者—写者问题是指多个进程对一个共享资源进行读写操作的问题。在读者—写者问题中，一个数据文件或记录可以被多个并发进程所共享，其中有些进程只要求读数据文件的内容，而另一些进程则可能要求修改数据文件的内容，这种情形在文件系统和数据库中很常见。通常我们把只要求读文件的进程称为“Reader 进程”，把要求修改文件内容的进程称为“Writer 进程”，而把此类问题归结为读者—写者问题(Reader-Writer Problem)。

很显然，在读者—写者问题中，如果多个进程都要求去读某个共享文件的内容，则不需要采取互斥，因为读操作不会使得文件内容产生混乱，不会破坏数据的完整性和正确性。但是如果一个进程正在写某个数据文件，则不允许其他进程再去写该文件，同时也不允许其他进程去读该文件。即一个写进程不能与其他进程(不管是写进程还是读进程)同时访问共享文件，它们之间必须互斥，否则将破坏该数据文件的完整性。

例如，在一个银行管理系统中，当一个终端正在向总账目中写入存款数时(写者)，如果此时结账进程(阅读总账目数据的读者)或其他终端的写进程同时并发对此数据操作，就会产生与时间有关的错误，导致数据完整性被破坏，得出错误的账目数据。所以写操作必须互斥地执行。

为实现 Reader 进程与 Writer 进程之间的互斥，应设置一个互斥信号量 wmutex。

先来分析 Writer 进程，因为写操作需要和其他写操作及读操作互斥，因此只要是执行对文件的写操作，都要申请文件的互斥信号量 wmutex，写操作完成后，都要释放 wmutex。

再来分析 Reader 进程，读操作并不是在所有情况下都需要互斥地进行。由上面的分析可知，如果该 Reader 进程请求读操作时，前面已有其他 Reader 进程在读该文件了，则就无须申请互斥信号量 wmutex 了，因为多个读操作不必互斥执行。但是如果该 Reader 进程是第一个请求读操作的进程，则必须申请互斥信号量 wmutex，以检测此时是否有 Writer 进程正在写该文件。

那么，怎样判断是不是第一个提出申请读操作的 Reader 进程呢？这里需要设一个整型变量 readcount，初始值设为0，表示没有任何进程读。当 Reader 进程申请读操作时，首先判断 readcount 的值是否为0，即判断自己是不是第一个 Reader 进程，如果是，则需申请信号量 wmutex，若不是，则无须申请。若 wmutex 申请成功，Reader 进程便去读，相应地，readcount 的值加1。同理，仅当 Reader 进程在执行了 readcount 减1操作后其值为0时，才需执行释放 wmutex 的操作，以便让 Writer 进程去写。又因为 readcount 是一个可被多个 Reader 进

程访问的临界资源，因此，也应该为它设置一个互斥信号量 rmutex。

读者—写者问题可描述如下：

```
int readcount=0;
semaphore rmutex, wmutex;
rmutex=1; wmutex=1;
void Reader()
{ while(true)
   { wait(rmutex);
     if(readcount==0)
     wait(wmutex);            //若是第一个 Reader 进程，则需申请互斥信号量 wmutex
readcount++;
signal(rmutex);
读文件;
wait(rmutex;)
readcount--;
if(readcount==0)
   signal(wmutex);            //若最后一个 Reader 进程读完后，则应释放信号量 wmutex
signal(rmutex);}
}
void Writer()
{ while(true)
      { wait(wmutex);         //检测是否有进程读或其他进程写
     写文件;
     signal(wmutex);}         //释放进程读或写的信号量
}
void main()
  { parbegin
    Reader(); Writer();
    parend }
```

3.6 进程通信

并发进程之间的交互必须满足两个基本要求：同步和通信。进程同步本质上是一种仅传送信号的进程通信，通过修改信号量，进程之间可以建立联系，相互协调运行和协同工作，但它缺乏传递数据的能力。例如我们前面介绍的进程的互斥和同步就是一种进程间的通信方式，由于进程互斥与同步交换的信息量较少且效率较低，因此称这种进程通信方式为低级进程通信。

而在多任务环境中，通常可由多个进程分工协作完成同一任务，于是，它们需要共享一些数据和相互交换信息，在很多场合需要交换大批数据，可以通过通信机制来完成，进程之间互相交换信息的工作称为进程通信。

本节所要介绍的是高级通信机制，是指用户可以直接利用操作系统所提供的一组通信原语高效地传送大量数据的一种通信方式。进程通信的具体实现细节用户不用去了解，操作系统内核中已经提供了，对用户是透明的。这样就大大减少了通信程序编制上的复杂性。

3.6.1 进程通信的类型

随着操作系统的发展，用于进程之间实现通信的机制也在不断发展和完善，并已由早期的低级进程通信机制发展为能传送大量数据的高级通信机制。目前，高级通信机制可归结为以下几类：消息传递通信机制、管道通信机制以及共享内存通信机制。

1. 消息传递通信机制

消息传递(message passing)通信机制是目前应用最为广泛的一种进程之间的通信机制。在该机制中，进程之间的数据交换是以格式化的消息(message)为单位的。操作系统提供了一组实现消息传递的通信命令(原语)，程序员直接调用这些通信原语来实现通信。操作系统隐藏了通信的具体实现细节，大大简化了程序编制通信程序的复杂性，因而获得了广泛的应用。

由于消息传递通信机制的优点使得它也能很好地支持多处理机系统、计算机网络和分布式系统，因此它也成为这些领域最主要的通信工具。我们知道，当今最流行的操作系统结构是微内核结构，在采用这种结构的操作系统中，核外各服务器通过通信的方式来取得内核的服务，它们之间的通信方式采用的便是消息传递通信机制。消息传递通信机制因其实现方式不同可以分为直接通信方式和间接通信方式两种。

2. 管道通信机制

管道(pipe)通信机制是在文件系统基础上形成的，利用共享文件实现进程通信的一种方式。所谓管道，是指用于连接一个读进程和一个写进程以实现它们之间通信的一个共享文件，又称为pipe文件。管道文件是一种特殊文件，可被几个进程以不同的使用方式打开。发送者进程以写方式打开管道文件，以字符流的方式向管道中写入大量数据，而接收者进程则以读方式打开该管道文件，并取得文件中的信息。这样发送者进程和接收者进程就可以利用管道来进行通信，故又称为管道通信。

3. 共享内存通信机制

所谓共享内存通信机制，是指在内存中开辟一块共享存储区域作为进程通信区。发送进程把需要交换的信息写入这一区域，而接收进程则从该区域中读取信息，以此方式来实现进程间的信息交互。

下面分别详细介绍这三种常用的进程通信方式。

3.6.2 消息传递通信机制

消息传递通信机制是实现进程通信的常用方式，这种通信方式既可以实现进程间的信息交换，也可以实现进程间的同步。消息传递通信机制可分为直接通信和间接通信两种类型。

1. 直接通信方式

所谓直接通信方式，是指发送进程利用操作系统所提供的发送原语，直接将消息发送给接收进程，中间不经过任何第三方媒介。通常，系统提供两条通信原语，分别用于发送和接收消息。

send(receiver, message)：表示将消息 message 发送给接收进程 receiver。

receive(sender, message)：表示接收由发送进程 sender 发来的信息 message。

基于消息直接通信方式的一个成功实例是消息缓冲通信。消息缓冲通信技术是在1973年由美国的P. B. Hansan提出的，并在RC4000系统中实现。后来，这种通信方式被广泛地应用于本地进程之间的通信中。

消息缓冲通信的基本思想是：在内存的操作系统区域设置一组缓冲区，用来存放将要发送的消息，故称为消息缓冲区。当一个进程(发送进程)要向另一个进程(接收进程)发送消息时，首先在自己的内存区域中开辟一片空间专门用来存放将要发送的消息，这个区域叫做发送区。其中存放着将要发送的消息的长度，正文及接收该消息的接收进程的标识符。

发送消息需调用发送原语send，首先申请一个空消息缓冲区，将要发送的消息从发送进程的发送区复制到该消息缓冲区，然后将之插入到接收进程的消息队列中，最后发送信号量通知接收进程消息已发送，至此，消息发送就完成了。

在将来的某个时刻，若接收进程需要接收消息时，将调用接收原语receive，首先在本进程的内存空间中设置一个接收区，用于存放接收到的消息。然后从本进程的消息队列中取出队首的那个消息缓冲区，把消息内容复制到接收进程的接收区中，并释放消息缓冲区，至此，消息接收也就完成了。

(1)消息缓冲通信机制中的数据结构

在这种通信方式中，操作系统管理着由若干消息缓冲区构成的通信缓冲池，其中每个缓冲区可放入一个完整的消息，故该缓冲区称为消息缓冲区。消息缓冲区是消息缓冲通信机制中主要利用的数据结构。可描述为：

```
struct message buffer
{   sender;              //消息发送者进程标识符
    size;                //消息长度
    text;                //消息正文
    next;                //指向下一个消息缓冲区的指针
}
```

在操作系统中采用了消息缓冲通信机制时，除了需要为进程设置消息缓冲队列外，还应在进程的PCB中增加消息队列队首指针，用于对消息队列进行操作。另外，消息缓冲队列应看做临界资源，要采取互斥操作，所以还应设置互斥信号量mutex；发送进程与接收进程之间在进行通信时，还需设置同步信号量sm。因此，在PCB中应增加以下与进程通信有关的数据项：

```
struct process control block
{   mq;                           //消息队列队首指针
    mutex;                        //消息队列互斥信号量
    sm;                           //消息队列资源信号量
}
```

(2)发送原语

根据消息缓冲通信的基本思想，每当要发送一条消息时，就由发送进程调用发送原语send(receiver，a)，申请一个消息缓冲区，把以a为首址的发送区中的消息复制到该消息缓冲区，并将其插入到接收进程的消息缓冲队列中。

发送原语的程序描述如下：

```
void send(receiver, a)
```

```
{   getbuf(a.size, i);              //根据消息长度 a.size 申请一个消息缓冲区 i
    i.sender=a.sender;              //将发送区 a 中的消息复制到消息缓冲区 i 中
    i.size=a.size;
    i.text=a.text;
    i.next=0;                       //设置消息缓冲区指针域为空
    getid(PCB set, receiver.j);     //获得接收进程内部标识符 j
    wait(j.mutex);                  //消息队列是临界资源，必须互斥访问
    insert(j.mq, i);                //将消息缓冲区 i 插入消息队列的队尾
    signal(j.mutex);                //释放消息队列的互斥信号量
    signal(j.sm);                   //释放发送一条消息的资源信号量
}
```

(3)接收原语

接收进程调用接收原语 receive(b)，从消息队列中取出第一个消息缓冲区 i，并将其中的消息复制到消息接收区 b 中。

接收原语的程序描述如下：

```
void receive(b)
{   j=internal name;                //获得接收进程的内部标识符
    wait(j.sm);                     //申请一条消息
    wait(j.mutex);                  //对消息队列采取互斥访问
    remove(j.mq, i);                //将消息 i 从消息队列中移出
    signal(j.mutex);                //释放消息队列的互斥信号量
    b.sender=i.sender;              //将消息缓冲区 i 中的消息复制到接收区 b 中
    b.size=i.size;
    b.text=i.text;
}
```

消息缓冲通信机制中消息的发送和接收过程如图 3-19 所示。

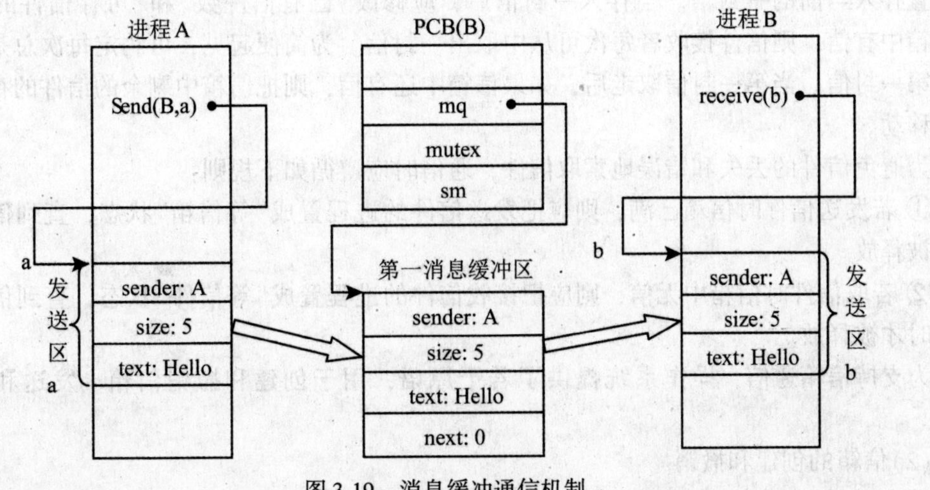

图 3-19　消息缓冲通信机制

2. 间接通信方式

为了实现异步通信，必须采用间接的通信方式。进程之间发送或接收消息通过一个共享的数据结构——信箱(mailbox)进行。消息可被理解成信件，每个信箱都有唯一的标识符。当两个以上进程的拥有共享信箱时，它们就能进行通信。

间接通信方式解除了发送进程和接收进程之间的直接联系，在消息的使用上更加灵活。一个进程可以分别与多个进程共享信箱，从而可以让一个进程同时与多个进程进行通信。一对一的通信方式允许在两个进程之间建立不受干扰的专用通信链接；多对一的通信方式则在客户—服务器的交互方面非常有用。

(1)信箱

信箱是存放信件的存储区域，每个信箱可分为信箱头和信箱体，信箱头指出信箱容量、信件格式、存放信件的位置的指针等；信箱体用来存放信件，信箱体又分为若干个区，每个区可容纳一条消息。信箱结构如图 3-20 所示。

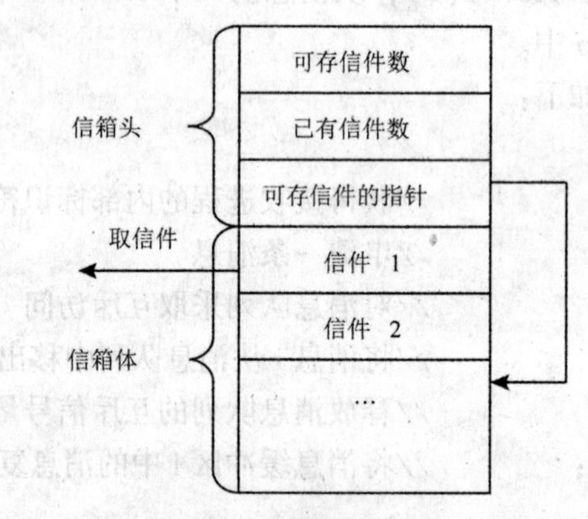

图 3-20　信箱结构示意

“可存信件数”是在设立信箱时根据信箱的容量预先确定的。根据“可存信件数”和“已有信件数”能判别信箱是否满和信箱中是否有信件。若信箱不满，则按“可存信件的指针”指示的位置存入当前的一封信。当存入一封信后，应修改“已有信件数”和“可存信件的指针”。若信箱中有信，则信件接收者每次可从中取出一封信。为简便起见，可约定每次总是取信箱中的第一封信。当第一封信取走后，如果信箱中还有信，则把信箱中剩余的信件的存放位置向上移动。

为避免信件的丢失和错误地索取信件，通信时应遵循如下规则：

① 若发送信件时信箱已满，则应把发送信件的进程置成“等信箱”状态，直到信箱有空时才被释放。

② 若取信件时信箱中无信，则应把接收信件的进程置成“等信件”状态，直到信箱中有信件时才被释放。

为支持信箱通信，操作系统提供了若干原语，用于创建和撤销信箱、发送和接收消息等。

(2)信箱的创建和撤销

进程可利用信箱创建原语来创建一个新信箱，创建者进程是信箱的拥有者，它应该给出

所创建的信箱名以及信箱属性。一个被创建的信箱描述如下：

```
struct mailbox
{ int size;                          //信箱大小，即信箱体中可容纳的信件数
  int count;                         //信箱中现有的信件数
  semaphore s1, s2;                  //s1为等待信箱信号量，s2为等待信件信号量
  semaphore mutex;                   //信箱互斥访问的信号量
  mail letter [size];                //信箱体
}
```

当进程不再需要读信箱时，信箱拥有者可调用信箱撤销原语将之撤销，但撤销前应通知该信箱的共享者。

(3)消息的发送和接收

在间接通信方式中，发送原语和接收原语的形式如下：

```
send(mailbox, message);              //将一条消息发送到指定信箱
receive(mailbox, message);           //从指定信箱中接收一条消息
```

send原语的程序描述如下：

```
void send(B, M)                      //B为信箱，M为要发送的消息
{ int i;
  wait(B.s1);                        //申请信箱中的一个空信件区
  wait(B.mutex);                     //申请信箱的互斥信号量
  i=B.count+1;                       //信箱中的信件数加1
  B.letter[i]=M;                     //将信件放入第i个信件区
  B.count=i;                         //设置新的信件数
  signal(B.s2);                      //释放信箱中又存入了一封信的信号量
  signal(B.mutex);                   //释放信箱的互斥信号量
}
```

receive原语的程序描述如下：

```
void receive(B, X)                   //B为信箱，X为要接收的消息
{ int i;
  wait(B.s2);                        //申请收信件
  wait(B.mutex);                     //申请信箱的互斥信号量
  B.count =B.count-1;                //信箱中的信件数减1
  X=B.letter[1];                     //取信箱中的第一封信
  if(B.count! =0)
     for(i=1; i<=B.count; i++)
        B.letter[i]=B.letter[i+1];   //信箱中的所有信件前移
  signal(B.s1);                      //释放信箱中又取走了一封信的信号量
  signal(B.mutex);                   //释放信箱的互斥信号量
}
```

利用信箱通信，发送消息时不必写出接收者，从而可向不知名的进程发送消息，由系统选择接收者。因此，这一通信方式也广泛用于多机系统及计算机网络系统中。它的另外一个

优点是，消息可以完好地保存在信箱中，只允许核准的目标用户读取。因此，利用信箱通信方式，既可以实现实时通信，也可以实现非实时通信。

3.6.3 管道通信机制

管道通信机制是UNIX操作系统的传统进程通信方式，也是UNIX发展最有意义的贡献之一。管道是用于连接读写进程的一个特殊文件。允许按照FCFS方式传送数据，也能使进程同步执行。管道的传输是单向的，发送进程把管道看做输出文件，以字符流的形式将大量待发送的数据写入管道；接收进程则把管道看做输入文件，从管道中接收数据，所以也称为管道通信。由于管道通信机制方便有效，能够在进程间进行大量数据的通信，故目前已被引入到许多操作系统中。管道通信如图3-21所示：

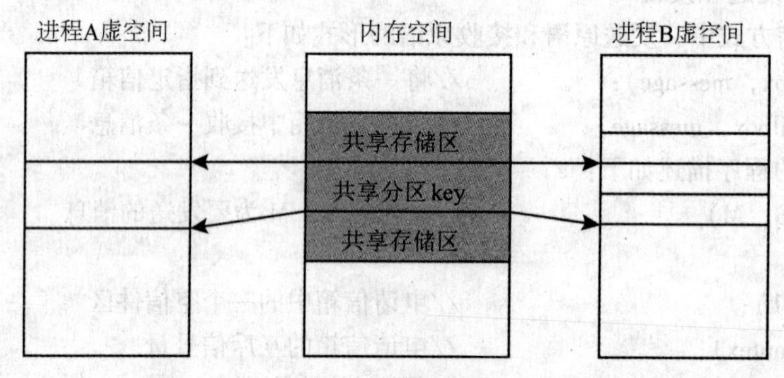

图3-21　管道通信

由于管道的实质是一个共享文件，因此，管道通信基本上可借助于文件系统的机制来实现，包括管道文件的创建、打开、关闭和读/写操作等。而读/写进程之间的协调关系必须通过通信协调机制来解决。

读/写进程在管道通信中必须遵循以下几个准则：

(1)管道应看做临界资源，读进程与写进程都必须互斥地使用管道。即当写进程正在使用管道写入数据时，读进程则必须等待；而当读进程正在使用管道读出数据时，则写进程也必须等待。

(2)读进程与写进程必须保持如下同步关系：当写进程把一定数量的数据(长度必须小于管道的长度)写入管道后，写进程便去睡眠等待，直到读进程把管道中的数据取走，写进程就被唤醒，继续写入数据；而当读进程读空管道时，也应睡眠等待，直到写进程将数据写入管道后，才将之唤醒。

(3)读进程与写进程必须以一定的方式知道对方是否存在，只有确认了对方存在时，才能进行通信；否则，如果对方已不存在，就没有必要再进行信息的传送。

由于管道是以文件形式存在的，管道通信是利用辅存来进行数据通信的，因此，能够有效地进行大量信息的传输，且信息的保存期长。但是在通信过程中磁盘I/O操作的次数较多，因此导致通信速度较慢，而且读/写进程之间需要相互协调，实现较为复杂。

3.6.4 共享内存通信机制

为了传输大量数据，在内存中划出了一块共享存储区，发送进程和接收进程可以通过对

共享存储区中的数据的读或写来实现通信。

进程在通信前，先向系统申请获得共享存储区中的一个分区，并指定该分区的关键字；若系统已给其他进程分配了这样的分区，则将该分区的描述符返回给申请者，然后，由申请者把获得的共享存储分区连接到本进程上；此后，便可像读、写普通存储器一样地读、写该公用存储分区。基于共享存储区进行通信的过程如图 3-22 所示。

这种通信方式需要解决两个问题：一个问题是如何确定共享存储区在内存中的位置；另一个问题是进程怎样发送和接收数据。

为了解决以上两个问题，可以使用创建、附接、读写和断接系统调用。

(1)创建共享存储区

进程通信之前，向系统申请共享存储区中的一个名为 key 的分区。系统通过执行创建共享分区的系统调用，首先在共享存储区中查找关键字 key 的分区，若该分区已存在，表示已由其他进程创建，则返回该分区描述符；否则，在共享存储区中创建一个名为 key 的分区，并返回该分区描述符。

(2)附接共享存储区

进程可使用共享存储区附接的系统调用，将一个共享存储分区附接到自己的虚地址空间，如图 3-22 所示，进程 A 将共享存储分区附接到自己的 A 区域；进程 B 将其附接到自己的 B 区域。利用这一方式，一个共享存储分区可以附接到多个进程的虚地址空间，而同一进程也可以附接多个共享存储分区。

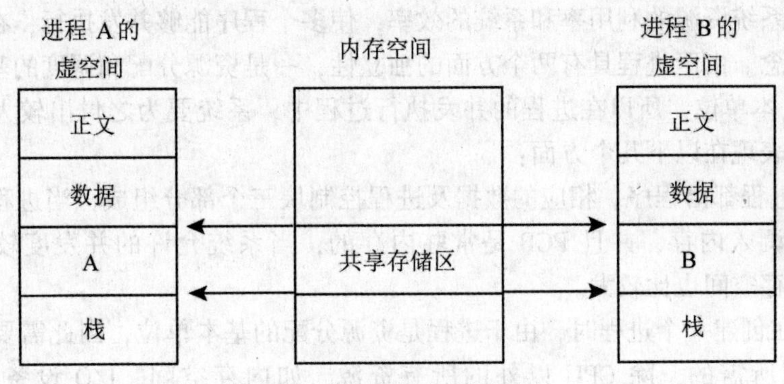

图 3-22 共享内存通信机制

(3)读写共享存储区

共享分区一旦附接到进程的虚地址空间，即成为该进程虚地址空间的一部分。进程读写这部分空间，并由内存管理的地址变换机构将这一虚地址映射到指定的共享存储分区中，从而实现进程间的通信。共享存储区附接到进程的虚地址空间之后，信息的发送与接收就像读/写普通内存一样。

(4)断接共享存储区

当进程已完成通信任务，不再需要共享存储分区时，可利用断接共享存储区的系统调用，把该分区从进程的虚地址空间中分离出来。与共享存储分区的连接一旦断开，该分区便不再对进程有效，不能再作为进程通信的载体。

3.7 线程

前面已经介绍了进程这样一个非常重要的概念，而且我们知道，进程具有以下两个方面的独立性：

(1)资源分配的单位。在系统中，是以进程为单位来分配资源的。一个进程包括一个存放进程映像的虚拟地址空间，这里所说的进程映像有些教材也把它叫做进程实体，其实就是进程的三个组成部分：程序、数据和进程控制块。一个进程总是拥有对资源的控制或所有权，这些资源包括内存、I/O 通道、I/O 设备和文件等。操作系统执行保护功能，以防止进程之间发生不必要的与资源相关的冲突。

(2)调度/执行的单位。在系统中，是以进程为单位来分配 CPU 执行的。一个进程沿着通过一个或多个程序的一条执行路径(轨迹)执行。其执行过程可能与其他进程的执行过程是交替进行。因此，一个进程具有一个执行状态和一个分配的优先级，并且是一个可被操作系统调度和分派的实体。

上述进程的这两个方面的特点是相互独立的，彼此无关的。那么操作系统应该能够独立地处理它们，即将这两个方面的独立性分开。为了区分这两个特点，将资源分配的单位仍然规定为进程，而将调度/执行的单位规定为线程(Threads)。

3.7.1 线程的引入

为了提高系统资源的利用率和系统的效率，使多个程序能够并发执行，在操作系统中引入了进程的概念。由于进程具有两个方面的独立性，一是资源分配和调度的基本单位；二是占用 CPU 的基本单位，所以在进程的并发执行过程中，系统要为之付出较大的时间和空间的开销，主要表现在以下几个方面：

(1)每个进程都由程序、相应的数据及进程控制块三个部分组成，当进程运行时，这些组成部分需要调入内存，并且 PCB 是常驻内存的，当系统允许的并发度较大时，进程的 PCB 所占的内存空间也比较大。

(2)系统在创建一个进程时，由于进程是资源分配的基本单位，因此需要花费大量的时间来为其分配所需的，除 CPU 以外的所有资源，如内存空间、I/O 设备以及建立相应的 PCB。

(3)当系统在撤销一个进程时，同样也需要将进程所拥有的所有资源进行回收，并撤销相应的 PCB。如果该进程还拥有子进程，还必须先将子进程撤销，以防止其成为不可控的进程。

(4)由于每个进程都拥有独立的堆栈、寄存器、数据区和程序代码，因此在进程切换时，需要花费大量的时间和空间来保存当前进程的运行环境和设置新进程的运行环境。

从以上四个方面的分析我们发现，由于进程是一个资源的拥有者，所以在创建、撤销及切换进程时，系统都必须为之付出较大的时空开销。因此，系统中设置的进程并发度不宜过大，进程切换的频率也不宜过高，这也就限制了系统并发程度的进一步提高。

如何能既提高系统的并发能力又减少系统的时空开销已成为近年来设计操作系统时所追求的重要目标。解决问题的基本思路是：把进程的两项功能“独立分配资源”和“被调度分派执行”分离开来，前一项任务仍然由进程来承担，作为系统资源分配和保护的独立单位，无

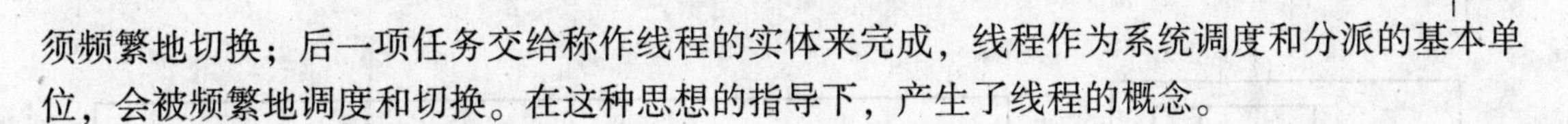

须频繁地切换；后一项任务交给称作线程的实体来完成，线程作为系统调度和分派的基本单位，会被频繁地调度和切换。在这种思想的指导下，产生了线程的概念。

3.7.2 线程的基本概念

20世纪80年代中期，在操作系统中引入了线程的概念。引入线程后，进程仍作为拥有资源的独立单位，但不再是独立调度和分派的基本单位，不需要进行频繁的切换；而线程作为系统调度和分派的基本单位，而不是资源分配的基本单位，所以线程可以轻装运行，并进行频繁的调度和切换，使系统获得更好的并发度。

目前，很多著名的操作系统都支持线程机制，如Windows NT、Linux、Solaris、Mach、OS/2等。

1. 线程的定义

线程是进程中能够并发执行的实体，是进程的组成部分，也是CPU调度和分派的基本单位。允许一个进程中包含一个或多个并发执行的线程，同一个进程中的所有线程共享其所属进程所拥有的全部资源，可以为完成某一项任务而协同工作。线程本身基本上不拥有系统资源，但为了能正常运行，必须拥有一些运行所必需的资源，因此，线程的组成部分有：

(1)线程存在的唯一标志即线程控制块TCB及线程状态信息；

(2)未运行时所保存的线程上下文，从某种意义上说，线程可以被看做进程内的一个被独立地操作的程序计数器；

(3)核心栈，在核心态工作时保存参数，在函数调用时的返回地址，等等；

(4)用于存放线程局部变量和用户栈的私有存储区。

一个线程可以创建和终止另一个线程；同一个进程中的多个线程之间可以并发执行，不同进程中的线程也能并发执行。

2. 线程与进程的比较

线程具有许多传统进程所具有的特征，所以又称为轻型进程(Light-Weight Process)，相应地把传统进程称为重型进程(Heavy-Weight Process)，传统进程相当于只有一个线程的任务。在引入了线程的操作系统中，通常一个进程都拥有若干个线程，至少也有一个线程。下面从结构性、调度性、并发性、系统开销和拥有资源等方面对线程和进程进行比较。

(1)结构性

在传统的操作系统中，每个进程都有自己的PCB、用户堆栈、系统堆栈、寄存器和用户地址空间，如图3-23所示。这种结构性使得每个进程都相对独立，关系比较疏远，在进程切换时，需要保存和设置整个CPU环境，因此付出的时空开销比较大。而在同一个进程中所包含的多个线程，它们虽然也有自己的寄存器、用户栈和指针，但它们共享其所属进程的用户地址空间，因而线程间的关系比较紧密，如图3-23所示。所以，这些线程在切换时，不需要交换地址空间，只需保存少量的寄存器和堆栈的内容，因而切换的代价较小。

(2)调度性

在传统的操作系统中，资源分配、调度和分派的基本单位都是进程；而在引入线程的操作系统中，则把资源分配和调度分派的基本单位分开处理，资源分配以进程为基本单位，而调度分派的基本单位是线程。这样做的好处是使线程不拥有资源，这样线程便可以轻装上阵，从而可显著提高系统的并发程度。在同一个进程中，线程的切换不会引起进程切换；但由一个进程内的一个线程切换到另一个进程内的线程时，将会引起进程切换。

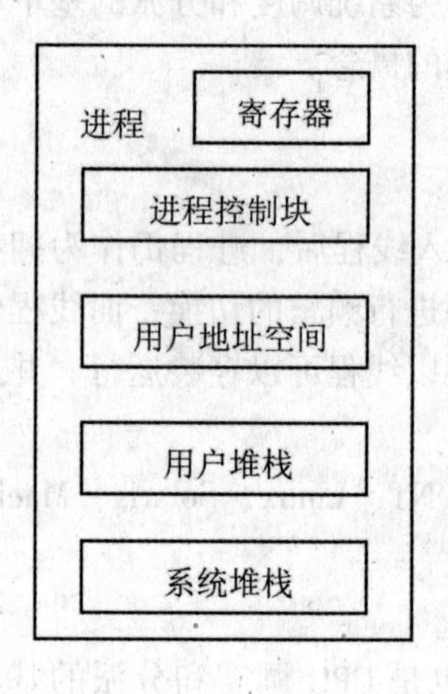

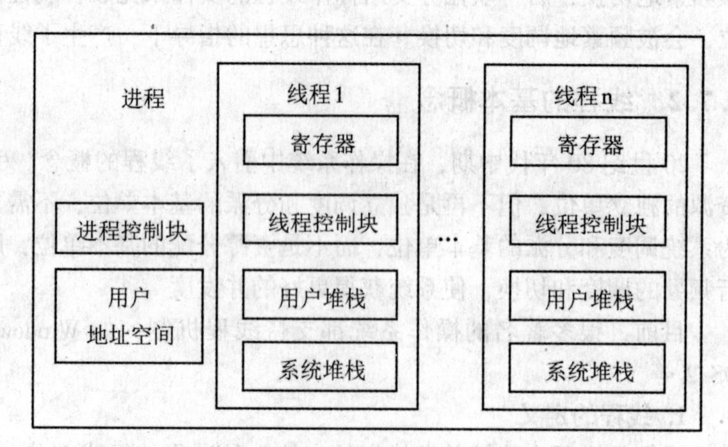

图 3-23　线程的结构

(3) 并发性

在引入线程的操作系统中，不仅进程之间可以并发执行，同一个进程内的多个线程也可以并发执行，而且在不同进程中的线程也可以并发执行，使得操作系统具有更好的并发性，从而能更加有效地提高系统资源的利用率和系统吞吐量。

(4) 系统开销

进程的系统开销要远远大于线程的系统开销。在创建或撤销进程时，系统都要为之创建和回收进程控制块，分配和回收进程所需的资源，如内存空间、I/O 设备等，而线程不需要；在进行切换时，需要保存 CPU 现场信息及设置新进程的 CPU 运行环境，而线程切换时仅需要保存和设置少量寄存器及堆栈的内容。此外，由于一个进程中的多个线程具有相同的地址空间，在同步和通信的实现方面线程也比进程容易。

(5) 拥有资源

无论是在传统的操作系统中，还是在引入了线程的操作系统中，进程都是拥有资源的基本单位，线程则不拥有资源(除了一点运行所必需的资源)。线程在运行时如果需要资源，则可以去访问其隶属进程的资源，即进程的代码段、数据段及所拥有的系统资源，如已打开的文件、I/O 设备等。

3. 引入线程的好处

相对于传统进程来说，引入线程有如下好处：

(1) 并发程度高

系统一般对并发执行的进程的数目都加以限制，如早期 UNIX 系统的并发度为 50，而对线程则基本上不限制并发度，系统可允许几千个线程并发执行，这大大提高了系统的并发程度。

(2) 切换速度快

线程由于不拥有资源，所以在切换时，需要保存和设置的内容比进程少得多，因而线程的切换非常迅速且开销小。

(3) 管理开销小

由于线程基本上不拥有系统资源，所以在创建或撤销线程时，不需要花费很多 CPU 时间来分配和回收资源，因此系统对线程的管理开销比较小。

(4)节省内存空间

同一个进程中的多个线程共享该进程的内存空间，每个线程都不需要额外的内存空间。

(5)通信效率高

由于同一个进程内的多个线程共享其所属进程的地址空间，所以线程通信无须设置通信机制，直接借助于共享内存区就能实现线程之间的通信，因此线程通信实现简单，效率更高。

(6)响应能力强

多线程处理一个交互应用程序的时候，当线程的一部分被阻塞的时候，该应用程序还能继续执行，因此对用户增强了响应能力。

(7)适合多处理机系统

线程作为调度和分派的基本单位，可以有效地改善多处理机系统的性能。

3.7.3 线程的属性与状态

在传统的操作系统中，进程拥有很多属性和状态；在引入线程的操作系统在中，线程同样拥有其属性和状态。

1. 线程的属性

在多线程操作系统中，通常一个进程中包含多个线程，占用 CPU 运行时是以线程为单位的，而分配资源是以进程为单位的。总的来说，线程具有如下属性。

(1)轻型实体。线程基本上不拥有系统资源，除了拥有一些运行所必需的资源，比如，在每个线程中都应具有一个用于控制线程运行的线程控制块 TCB，用于指示被执行指令序列的程序计数器，保留局部变量、少数状态参数和返回地址等的一组寄存器和堆栈。这样使得线程比较轻，因而也称之为轻型实体。

(2)独立调度和分派的基本单位。在多线程操作系统中，线程是能独立运行的基本单位，即独立调度和分派的基本单位。由于线程基本上不拥有系统资源，是轻型实体，故线程的切换非常迅速且开销小。

(3)可并发执行。在一个进程中的多个线程之间可以并发执行，甚至允许在一个进程中的所有线程都能并发执行，而且在不同进程中的线程也能并发执行。

(4)共享进程资源。在同一进程中的各个线程都可以共享该进程所拥有的资源，这首先表现在所有线程都具有相同的地址空间(进程的地址空间)。这意味着线程可以访问该地址空间中的每一个虚地址；此外，还可以访问进程所拥有的已打开文件、定时器、信号量机构等。

2. 线程的状态

与进程类似，线程也有生命周期，因而也存在各种状态。线程的状态有执行、就绪和阻塞，线程的状态转换也与进程类似，由于线程不是资源的拥有单位，挂起状态对于线程是没有意义的。如果进程在挂起后被对换出主存，它的所有线程因共享地址空间，也必须全部对换出去。可见由挂起操作所引起的状态是进程级状态，不是线程级状态。类似地，进程的终止将导致进程中所有线程的终止。

以下是六种常见的线程状态。

(1)就绪态。除了 CPU 之外，其他运行条件都具备，随时可以被调度执行。处理机调度程序跟踪所有就绪线程，并按优先级顺序进行调度。

(2)备用态。备用线程已经被选择下一次在一个特定的处理机上执行。该线程在这个状态等待，直到那个特定的处理机可用为止。如果备用线程的优先级足够高，则正在那个特定处理机上运行的线程可能被这个备用线程抢占。否则，该备用线程要等到正在运行的线程被阻塞或时间片结束才能在特定处理机上运行。

(3)执行态。一旦处理机调度程序执行了线程切换，备用线程将进入执行状态并开始执行。执行过程一直持续到该线程被抢占、时间片用完、被阻塞或终止。在前两种情况下，它将转换到就绪态。

(4)阻塞态。当线程因为某种原因而不能执行时，其状态就转换为阻塞态。当等待的条件满足时，如果它的所有资源都可用，则该线程转为就绪态。

(5)过渡态。一个线程在阻塞后，如果准备好执行但资源不可用时，则进入过渡态。例如，一个线程的栈被换出内存。当带资源可用时，线程进入就绪态。

(6)终止态。一个线程可以被自己或被另一个线程终止，或者随着它所属进程的终止而终止。一旦完成了清理工作，该线程就从系统中移出，或者被保留供以后重新初始化。

3.7.4 线程间的同步与通信

在引入线程的操作系统中，多个线程可以并发执行，从而提高系统的并发能力和系统效率。那么，如何保证系统中的多个线程能够有条不紊地并发执行，而不出现与时间有关的错误呢？与进程一样，线程之间也存在着互斥与同步的关系，线程之间为了合作完成一个任务，也需要进行通信。在多线程操作系统中，提供了多种同步机制以确保并发线程的正确执行。比较常用的有互斥锁和信号量机制。

互斥锁是一种比较简单的、用于实现线程间对临界资源进行互斥访问的机制。由于操作互斥锁的时间和空间开销都很低，因而较适合于高频度使用的关键共享数据和程序段。互斥锁可分为开锁(unlock)和关锁(lock)两种状态，对多线程所共享的临界资源设置一个变量mutex，以代表临界资源的状态。系统提供两个相应的函数对互斥锁进行操作。其中的关锁操作lock用于将mutex关上，开锁操作unlock则用于打开mutex。

当一个线程试图访问某个临界资源(如共享数据段)时，首先调用lock操作对mutex实行关锁操作。Lock操作先检测共享数据段的状态，如果它已处于关锁状态，表明正有其他线程在对它进行访问，则调用lock操作的线程阻塞；如果mutex处于开锁状态，表明目前没有任何线程在对该共享数据段进行访问，则调用lock操作的线程可以去访问该共享数据段，同时将mutex上锁。当该线程对共享数据段访问结束后，必须调用unlock操作将mutex解锁，同时还必须唤醒该互斥锁上的一个线程。

前面介绍的用于进程互斥与同步的信号量机制同样也可用于多线程操作系统中，实现多个线程或进程之间的同步。因为同一个进程中的多个线程之间可以并发执行，不同进程中的多个线程之间也可以并发执行，所以，为了提高效率，可以针对这两种情况分别设置私用信号量和公用信号量。

当同一个进程内的多个线程之间同步时，可以调用创建信号量的命令来创建一个私用信号量。私用信号量用于解决同一个进程内的多线程之间的同步问题，其数据结构存放在进程的地址空间中。操作系统并不知道私用信号量的存在，因此一旦发生异常，系统将无法解决，但私用信号量执行效率高。

为了解决不同进程中的多个线程的同步问题，可以采用公用信号量。由于它有一个公开

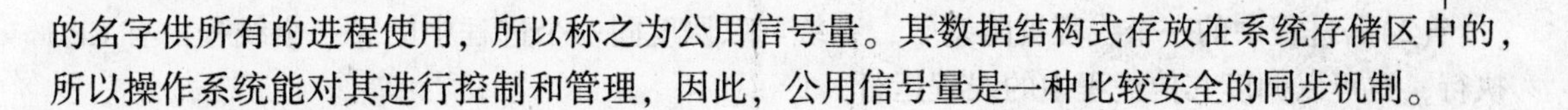

的名字供所有的进程使用，所以称之为公用信号量。其数据结构式存放在系统存储区中的，所以操作系统能对其进行控制和管理，因此，公用信号量是一种比较安全的同步机制。

3.7.5 线程的实现

线程已在许多操作系统中实现，但各系统的实现方式并不完全相同。根据线程的实现是否依赖于内核，可把线程的实现分为三类：内核级线程(Kernel Level Thread，KLT)、用户级线程(User Level Thread，ULT)以及混合方式，即同时支持 KLT 和 ULT 两种线程，如 Sloaris 操作系统。

1. 内核级线程

内核级线程是在内核空间实现的。对于内核级线程，无论是用户进程中的线程还是系统进程中的线程，它们的创建、撤销和切换都是利用系统调用，依靠内核来实现的，如图 3-24 所示。

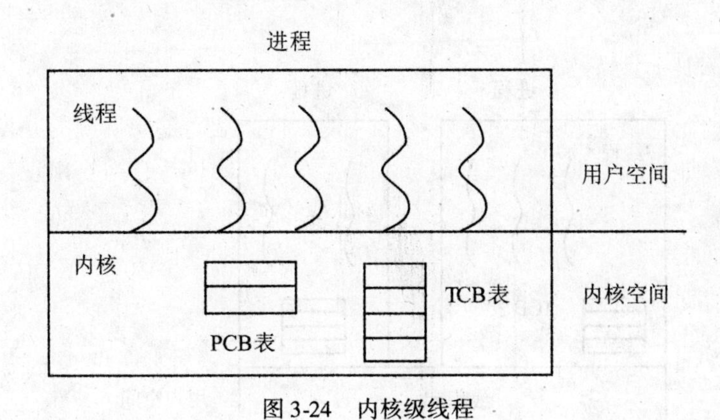

图 3-24　内核级线程

在设置了内核级线程的操作系统中，当系统在创建一个进程时，由于考虑到以后在该进程内可能会包含多个线程，因此为进程分配一个任务数据区，其中包含若干个线程控制块 TCB 空间，以便于将来创建 TCB 所用。由于是内核级线程，这个任务数据区位于内核空间中。

当这个进程要创建一个线程时，便为新线程分配一个 TCB，并将之初始化，为线程分配其运行所需的一点资源。新创建的线程在运行过程中，同样可以根据需要调用线程创建原语来创建其他线程。当需要撤销一个线程时，要调用线程撤销原语，回收该线程的所有资源和 TCB。可见，内核级线程的创建与撤销与进程相似。

与进程一样，内核级线程有它存在的唯一标志，即 TCB。操作系统正是通过 TCB 来感知和了解线程的状态，从而对线程进行有效的控制和管理。因此，内核级线程的调度和切换与进程也十分相似，那些适用于进程的调度方式和调度算法同样也适用于线程。如调度方式也可分为抢占式调度和非抢占式调度两种。在调度算法上，也可分为优先级调度和时间片轮转调度算法等，只是调度的单位不再是进程而是线程，且调度和切换所花的系统开销要比进程小得多。

这种内核级线程实现方式主要有以下几个优点：

(1)在多 CPU 系统中，内核能够同时调度同一个进程中的多个线程并行执行。

(2)若进程中的一个线程被阻塞了，系统可以调度同一个进程中的另一个线程占有 CPU 执行，也可以调度其他进程中的线程运行。

(3)由于内核级线程所用到的数据结构和堆栈比较少，所以切换速度快，且切换开销小。

(4)内核本身也可采用多线程技术来实现，从而提高系统的执行效率。

内核级线程的主要缺点是：用户进程中的线程运行在用户态，而线程的调度和管理又是在内核实现的，系统开销较大。例如，当用户进程中的线程需要切换时，在同一个进程中，CPU 控制权从一个线程传送到另一个线程，其 CPU 状态将从用户态转换到核心态再转换到用户态，经过多次切换，系统开销大。

2. 用户级线程

用户级线程仅存在于用户空间中。对于这种线程的创建、撤销、切换和通信，都无需利用系统调用来实现，可以通过驻留在用户空间的线程库来完成对线程管理的全部工作。如图 3-25 所示。

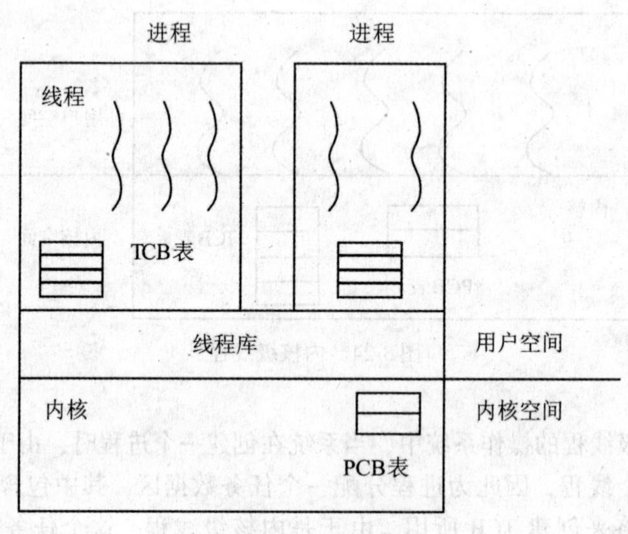

图 3-25　用户级线程

我们可以为一个应用程序建立多个用户级线程。在一个系统中的用户级线程的数量可以达到数百个甚至数千个。由于这些用户级线程的线程控制块存在于用户空间中，而线程所执行的操作也无需内核的帮助，所以内核完全不知道这些用户级线程的存在。

用户级线程由用户空间中的线程库来完成，应用程序通过线程库进行设计，再与线程库连接、运行以实现多线程。线程库是由用户级线程管理的软件包，在这种情况下，线程库是线程运行的支撑环境。

当系统创建一个进程时，线程库就要为该进程创建一个线程。在该线程运行时，它又可以根据需要调用线程创建函数来创建新线程，并为之在用户空间申请一个 TCB。而当线程需要切换时，也可以调用线程库中的线程切换函数来实现线程之间的切换，保存当前线程的寄存器、堆栈和程序计数器等 CPU 状态信息，并按调度到的新进程来设置新的 CPU 状态信息。以上这些活动均发生在用户空间，内核并不知道。

这种用户级线程实现方式主要有以下几个优点：

(1)由于同一个进程中的多个线程的管理工作都在用户空间进行，与内核无关，所以这些线程在进行切换时，无需经过多次模式转换，而是始终运行在用户态，从而减少系统开销，也节省了内核的宝贵资源。

(2)调度算法可以是进程专用的。由于用户级线程的调度算法来自于线程库中所提供的函数，而与操作系统的低级调度算法无关。进程可以根据自己的需要来选择不同的调度算法。

(3)用户级线程的实现与具体的操作系统平台无关。即使在不支持多线程机制的操作系统中也可以实现，只要有一个线程库即可，无须对内核作任何改变。

用户级线程的主要缺点是：由于用户级线程是存在于用于空间中的，内核并不知道内核级线程的存在，这就导致了当一个线程执行一个系统调用时，不仅该线程被阻塞，而且进程内的所有其他线程都将被阻塞；用户级线程不能利用多处理机进行多重处理的优点，进程由内核分配到 CPU 上，每次仅有一个用户级线程可以执行，因此，不可能充分发挥多线程的并发执行。

3. 混合式线程

有些操作系统把内核级线程和用户级线程两种方式进行组合，提供了混合式线程。线程的实现分两个层次：用户层和核心层。用户级线程通过线程库来实现；核心级线程则在操作系统内核中实现。在混合式线程系统中，内核必须支持内核级线程的建立、调度和切换，同时也允许应用程序对用户级线程进行建立、调度和管理。

在混合式线程中，一个应用程序中的多个用户级线程能对应一个或多个内核级线程，程序员可按应用需要和机器配置对内核级线程数目进行调整，以达到较好的效果。在混合方式中，同一个进程内的多个线程可以同时在多个处理机上并行执行，而且在阻塞一个用户级线程时，其他线程可以执行，使得宏观上和微观上都具有良好的并行性。例如，窗口系统就是典型的逻辑并行性较高的应用。用一组用户级线程来表达多个窗口，用一个内核级线程来支持这一组用户级线程。屏幕上可以出现多个窗口(对应于多个用户级线程)，窗口之间可以频繁切换，但某一时刻，只有一个窗口(对应于内核级线程)处于活跃状态。采用这种混合式线程的实现方式，使得系统开销小，窗口系统执行效率高。

本章小结

进程是贯穿操作系统这门课程始终的一个重要概念。在操作系统世界里，所有运行的单位都是进程(线程)，而不再是我们习惯上所说的程序。进程能正确描述操作系统的最基本的特性——并发。

进程与程序这两个概念既有联系又有着本质的区别。概括地说，进程是与运行中的程序。程序是静态的，进程是动态的。进程是具有独立功能的程序关于某个数据集合的一次执行过程，是系统资源分配和调度的基本单位。进程具有结构性、并发性、动态性、独立性和异步性五大特征。

进程具有就绪、执行和阻塞三种基本状态。进程在其生命周期内，并非固定处于某一种基本状态，而是会随着自身的推进和外界条件的变化而发生状态的改变。通常，进程会不停地在就绪、执行和阻塞这三个基本状态之间转换，直至最终结束为止。如图 3-6 所示为进程的三种基本状态转换。

进程控制块(PCB)是进程存在的唯一标志。PCB 一般常驻内存，位于内存的系统区中。PCB 中主要包含四大类信息：标识信息、处理机状态信息、进程调度信息和进程控制信息。进程控制块的组织方式分为线性表方式、链表方式及索引表的方式。

在操作系统内核中用于进程管理的原语主要有进程创建原语、进程撤销原语、进程阻塞原语、进程唤醒原语、进程挂起原语和进程激活原语等。

在多道程序环境中，活动的大量的并发进程有着相互制约关系。这种相互制约关系分为两种情况：一种是由于竞争系统资源而引起的间接相互制约关系；另一种是由于进程之间的相互合作而引起的直接相互制约关系。

进程之间因为竞争资源所导致的间接相互制约关系就是进程的互斥。当多个进程之间存在互斥关系时，这些进程之间本身没有逻辑关系，而是因为都使用同一个资源而引起的。对于引起进程互斥的资源而言，又是一类比较特殊的资源，即临界资源。所谓临界资源是指在一段时间内只允许一个进程访问的资源。进程对临界资源的访问必须采取互斥方式，否则就会产生与时间有关的错误。

在进程中访问临界资源的那一段代码叫做临界区。为了实现进程互斥地进入自己的临界区，必须对共享同一个临界资源的临界区的访问加以限制，具体应遵循以下 4 个原则：空闲让进、忙则等待、有限等待及让权等待。

解决进程互斥问题最有效的实现方法是信号量机制。

进程之间因为相互合作所导致的直接相互制约关系就是进程的同步。同样可以利用信号量机制来解决进程之间的同步问题。

进程的同步与进程的互斥都涉及并发进程访问共享资源的问题。进程的互斥实际上是进程同步的一种特殊情况。

进程通信是指用户可以直接利用操作系统所提供的一组通信原语高效地传送大量数据的一种通信方式。目前，高级通信机制可归结为消息传递通信机制、管道通信机制以及共享内存通信机制三大类。

20 世纪 80 年代中期，在操作系统中引入了线程的概念。引入线程后，进程仍作为拥有资源的独立单位，但不再是独立调度和分派的基本单位，不需要进行频繁的切换；而线程作为系统调度和分派的基本单位，而不是资源分配的基本单位，所以线程可以轻装运行，并进行频繁的调度和切换，使系统获得更好的并发度。

线程具有以下几个属性：轻型实体、独立调度和分派的基本单位、可并发执行及共享进程资源等。线程具有六种常见的状态：就绪态、备用态、执行态、阻塞态、过渡态及终止态。

与进程一样，线程之间也存在着互斥与同步的关系，线程之间为了合作完成一个任务，也需要进行通信。在多线程操作系统中，提供了多种同步机制以确保并发线程的正确执行。比较常用的有互斥锁和信号量机制。

根据线程的实现是否依赖于内核，可把线程的实现分为三类：内核级线程、用户级线程及混合式线程。

本章最后介绍了 Windows 系统和 Linux 系统中的进程管理。

习题 3

1. 选择题

(1) 以下关于处理机及进程执行的描述中错误的是( )。

A. 目前计算机系统是冯·诺依曼式结构，具有处理机顺序执行指令的特点

B. 进程是并发执行的，因此并不具有顺序性

C. 程序在处理机上顺序执行时，具有封闭性特性

D. 程序在处理机上顺序执行时，具有可再现性特性

(2) 进程在处理机上执行时，以下说法正确的是( )。

A. 进程之间是无关的，具有封闭特性

B. 进程之间是有关的，相互依赖、相互制约，具有并发性

C. 具有并发性，即同时执行的特性

D. 进程之间可能是无关的，但也可能是有关的

(3) 进程的并发执行是指若干个进程( )。

A. 共享系统资源

B. 在执行时间上是重叠的

C. 同时执行

D. 在执行时间上是不可重叠的

(4) 操作系统是通过( )对进程进行管理的。

A. 进程启动程序　　B. 临界区

C. 进程调度程序　　D. 进程控制块

(5) 在下列进程的状态转换中，( )是不可能发生的。

A. 执行→阻塞　　B. 执行→就绪

C. 阻塞→执行　　D. 就绪→执行

(6) 对于两个并发进程，设互斥信号量为 mutex，若某一时刻 mutex 的值为 0，则( )。

A. 表示没有进程进入临界区

B. 表示有一个进程进入临界区

C. 表示有一个进程进入临界区，另一个进程等待进入

D. 表示有两个进程进入临界区

(7) ( )是一种只能进行 wait 操作和 signal 操作的特殊变量。

A. 信号量　　B. 互斥　　C. 同步　　D. 管程

(8) 若有五个进程共享一个临界资源，则信号量的变换范围是( )。

A. [0, 1]　　B. [-1, 1]　　C. [-4, 1]　　D. [-5, 5]

(9) 设有六个进程共享一个临界资源，如果最多允许有三个进程进入临界区，则所采用的互斥信号量的初始值应该设为( )。

A. 3　　B. 6　　C. 1　　D. 0

(10) 设有两个并发执行的进程，则它们之间( )。

A. 必须互斥　　B. 必须同步

C. 彼此无关　　D. 可能需要同步或互斥

(11)若信号量S的初值为2，当前值为-1，则表示有( )个等待进程。

A. 0　　B. 1　　C. 2　　D. 3

(12)在多进程的系统中，为了保证共享变量的完整性，各进程应互斥地进入临界区。所谓临界区是指( )。

A. 一段程序　　B. 一段数据　　C. 同步机制　　D. 一个缓冲区

(13)下列几种关于进程的描述中，最不符合操作系统对进程的理解的是( )。

A. 进程是程序在一个数据集合上运行的过程，它是系统进行资源分配和调度的独立单位

B. 线程是一种特殊的进程

C. 进程可以由程序、数据和进程控制块描述

D. 进程是在多程序并行环境中的完整的程序

(14)建立多进程的主要目的是为了提高( )的利用率。

A. 文件　　B. CPU　　C. 内存　　D. 外设

(15)下列关于进程同步与互斥的说法中错误的是( )。

A. 进程的同步与互斥都涉及并发进程访问共享资源的问题

B. 进程的同步是进程互斥的一种特殊情况

C. 进程的互斥是进程同步的特例，互斥进程是竞争共享资源的使用，而同步进程之间必然存在依赖关系

D. 进程互斥有时也称为进程同步

(16)由于并发进程执行的随机性，一个进程对另一个进程的影响是不可预测的，甚至造成结果的不正确性，造成不正确的因素是( )。

A. 与时间有关　　B. 与进程占用处理机有关

C. 与进程执行速度有关　　D. 与外界的影响有关

(17)在操作系统中，wait和signal操作是一种( )。

A. 机器指令　　B. 系统调用指令

C. 作业控制命令　　D. 低级进程通信原语

(18)下面关于进程通信的有关说法中错误的是( )。

A. 进程通信有两种方式：直接通信和间接通信

B. 直接通信固定在一对进程之间

C. 间接通信是通过第三个进程转发信件的，不必在两个进程间直接相互通信

D. 间接通信方式以信箱为媒介实现通信，信箱由接收信件的进程设置

(19)进程分配到必要的资源并获得处理机时的状态是( )。

A. 就绪状态　　B. 执行状态

C. 阻塞状态　　D. 中断状态

(20)对于进程和线程，以下说法中正确的是( )。

A. 线程是进程中可以独立执行的子任务，一个进程可以包含一个或多个线程，一个线程可以属于一个或多个进程

B. 线程又称为轻型进程，因为线程都比进程小

C. 多线程技术具有明显的优越性，如速度快、通信简便、并发性高等

D. 由于线程不作为资源分配单位，线程之间可以无约束地并行执行

2. 问答题

(1)程序顺序执行时的特征有哪些?

(2)什么是前趋图?为什么要引入前趋图?

(3)试画出下面四条语句的前趋图。

S1:a=x+y;

S2:b=z-1;

S3:c=a+b;

S4:d=c+5;

(4)程序并发执行时为什么会产生与时间有关的错误?

(5)何谓进程?进程有哪些特征?

(6)进程与程序有哪些区别?

(7)请画图说明进程有哪三种基本状态以及各状态之间的转换情况。

(8)在单 CPU 系统中,有 n≥2 个进程,在某一时刻:

① 最多有多少个进程处于执行状态,最少有多少个进程处于执行状态?

② 最多有多少个进程处于就绪状态,最少有多少个进程处于就绪状态?

③ 最多有多少个进程处于阻塞状态,最少有多少个进程处于阻塞状态?

(9)进程控制块中主要包含哪些信息?

(10)进程控制块的组织形式有哪些?

(11)简述引起进程创建的原因及进程创建过程。

(12)简述引起进程撤销的原因及进程撤销过程。

(13)进程在运行时,存在着哪两种形式的制约关系?

(14)什么是临界资源及临界区?

(15)为什么进程在进入临界区之前,应先执行"进入区"代码,在退出临界区后,要执行"退出区"代码?

(16)访问临界区应遵循哪些规则?

(17)进程同步与进程互斥有哪些区别与联系?

(18)何谓进程通信?进程通信分为哪几种类型?

(19)为什么要在操作系统中引入线程?

(20)试说明线程具有哪些属性。

3. 分析题

(1)有两个优先级相同的并发进程 P1,P2 如下。令信号量 S1,S2 的初值为 0,试问 P1,P2 运行结束后 x、y、z 的值分别为多少?

进程 P1	进程 P2
y=1;	x=1;
y=y+4;	x=x+2;
signal(S1);	wait(S1);
z=y+1;	x=x+y;
wait(S2);	signal(S2);
y=z+y;	z=z+x;

(2)A、B 两个火车站之间是单轨连接,现在有许多列车同时到达 A 站,需经 A 站到达

B 站，列车出 B 站后又可分路行驶(见下图)。为保证行驶安全，应如何调度列车？请用 wait、signal 操作作为工具设计一个能实现你的调度方案的自动调度系统。

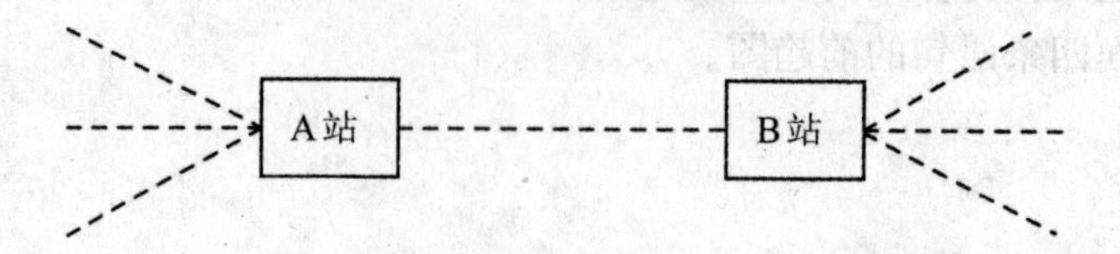

(3)进程 P1 使用缓冲区 buffer 向进程 P2、P3、P4 发送消息，要求每当 P1 向 buffer 中发消息时，只有当 P2、P3、P4 进程都读取这条消息后才可再向 buffer 中发送新的消息。利用 wait、signal 操作描述如下图所示进程的动作序列。

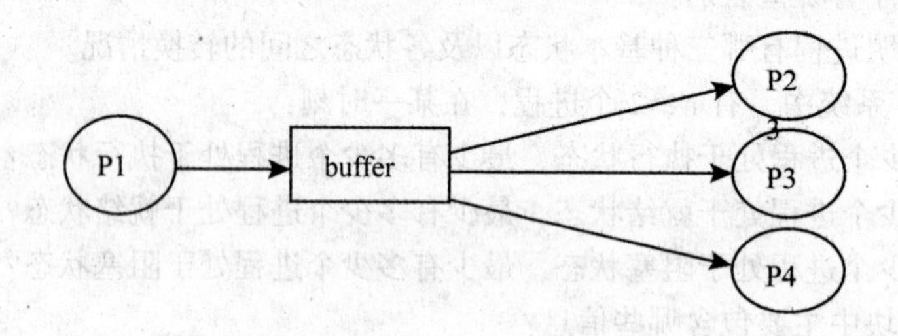

(4)试写出相应的程序描述下图所示的合作进程执行的先后次序。

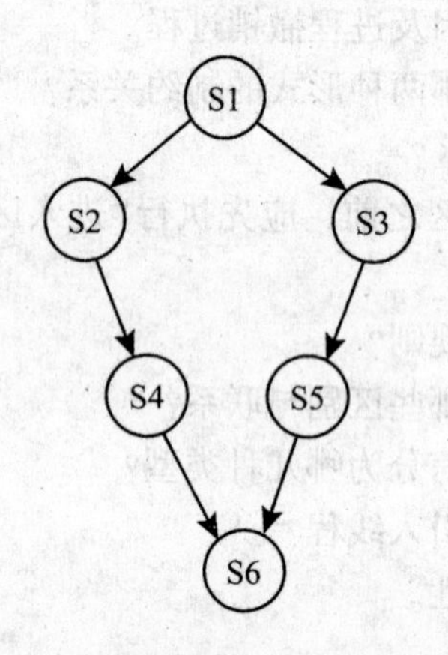

(5)设有进程 P1、P2、P3，分别调用过程 get、copy 和 put 对缓冲区 S 和 T 进行操作。S 和 T 的容量一次只能容纳一个数据。get 负责把数据输入缓冲区 S；copy 负责从缓冲区 S 中提取数据并复制到缓冲区 T 中；put 负责从缓冲区 T 取出数据打印，如下图所示。请用 wait、signal 操作描述 get、copy 和 put 的操作过程。

(6)桌上有一个空盘，允许存放一个水果。爸爸可向盘中放苹果，也可向盘中放橘子。儿子专等着吃盘中的橘子，女儿专等着吃盘中的苹果。规定当盘空时一次放一个水果供吃者取用。请用 wait、signal 操作实现爸爸、儿子和女儿之间的同步。

(7)在一个盒子里，混装了数量相等的围棋白子与黑子。现在要设计一个自动分拣系统把白子与黑子分开。该系统设有两个进程：P1 与 P2，其中 P1 拣白子，P2 拣黑子。规定每个进程每次只拣一子，当一进程正在拣子时，不允许另一进程去拣，当一进程拣了一子时，必须让另一进程去拣。试写出两个并发进程能正确执行的程序。

(8)设公共汽车上，司机和售票员的活动分别为：

司机：启动车辆；正常行车；到站停车。

售票员：关车门；售票；开车门。

在汽车不断的到站、停站、行驶过程中，这两个活动有什么同步关系？

(9)有个寺庙，庙中有小和尚和老和尚若干人，有一只水缸，由小和尚提水入缸给老和尚饮用。水缸可容 10 桶水，水取自同一口水井中。水井径窄，每次仅能容一只水桶取水，水桶总数为 3 个。若每次只能入缸 1 桶水和取缸中 1 桶水，而且还不可以同时进行。试用一种同步工具写出小和尚和老和尚打水、取水的活动过程。

第4章 文件管理

在现代计算机系统中，大量的程序与数据是保存在外存上的。通常，这些程序和数据都是以文件的形式存在的，需要时将它们调入内存。在多用户系统中，当用户和系统需要访问某个文件时，如果让每个用户自己来管理这些文件，并安排它们在外存上存放的具体位置，这就要求用户不仅要非常熟悉外存的特性和各种文件的属性，并且还需要保证数据的安全性和一致性，这显然是不现实的。

因此，作为系统资源的管理者，操作系统必须提供文件管理的功能。为此操作系统中设计了对信息进行管理的功能，称为文件管理或文件系统。文件管理的主要工作是管理用户信息的存储、检索、更新、共享和保护。用户把信息组织成文件，由操作系统统一管理，用户可不必考虑文件存储在哪里、怎样组织输入/输出等工作，操作系统为用户提供"按名存取"的功能。

4.1 文件与文件系统

对于计算机中的文件，用户其实并不陌生。从使用者的角度来看，文件是一个抽象的实体，用户可以将需要保存的信息组织好，并存放在一种存储介质上，如硬盘、光盘等。在需要时，按照文件名对这些实体进行查询、读写、移动或复制。

早期的计算机系统中没有文件管理机构，用户自己管理外存上的信息，按照物理地址安排信息，组织数据的输入/输出，还要记住信息在外存上的分布情况，繁琐复杂、容易出错且可靠性差。

在现代操作系统中，几乎毫无例外地是通过文件系统来组织和管理在计算机中所存储的大量程序和数据的；或者说，文件系统的管理功能，是通过把它所管理的程序和数据组织成一系列文件的方法来实现的。

4.1.1 文件的概念

操作系统对信息的管理方法就是将它们组成一个个的文件。所谓文件是指具有符号名的数据项的集合。符号名是用户可以标识文件的，即文件名。文件名是字母或数字组成的字母数字串，其格式和长度因系统而异。组成文件的信息可以是各式各样的：源程序、数据、编译程序可各自组成一个文件。

要了解文件，需要了解以下相关术语。

(1)字段

字段是数据的基本单位，又可称为数据项。字段可以通过它的长度和数据类型来描述。例如，一个学生的学号就是一个字段。可以规定学号是字符型，长度为8位。字段的长度可以是固定的，也可以是可变的，这取决于文件系统的设计。

(2)记录

记录是一组相关字段的集合，用于描述一个对象在某方面的属性。一个记录应包含哪些字段，取决于需要描述对象的哪个方面。而一个对象，由于他所处的环境不同可以把他作为不同的对象。例如，一个学生，当把他作为班上的一名学生时，对他的描述应使用学号、姓名、年龄及班级、选修课程、成绩等字段；但若把他作为一个医疗对象时，对他描述的字段则应使用病历号、姓名、性别、出生年月、身高、体重、血压及病史等项。

根据设计的不同，记录的长度可以是固定的，也可以是可变的。如果记录中某些字段的长度或字段数是可变的，那么该记录就是可变长度字段。

定长记录是指文件中所有记录的长度是相同的。所有记录中的各数据项都处在相同的位置，具有相同的顺序及相同的长度，文件的长度用记录个数表示。要检索时可以根据记录号及记录长度来确定记录的逻辑地址。定长记录文件的特点是处理方便，开销小，是目前较常用的一种记录格式，被广泛用于数据库处理中。

不定长记录是指文件中各记录的长度不相同，也称变长记录。产生不定长记录的原因，可能是由于一个记录中所包含的字段数目不同，如书的著作者、论文中的关键词等；或者字段本身的长度不固定，如病例记录中的病因、病史等；科技情报中记录的摘要等。由于不定长记录文件中各个记录长度不等，在查找时，必须从第一个记录开始一个接着一个查找，直到找到所需的记录。因此，处理不定长记录文件时相对复杂，开销较大。但不论是哪一种不定长记录情况，在处理前每个记录的长度必须是知道的。

(3)文件

文件是具有符号名的相同记录的集合。文件被用户和应用程序看做是一个实体，并可以通过其名字来访问。

文件是存储设备的一种抽象机制，这一机制中最重要的是文件命名。系统按名管理和控制文件信息，进程创建文件时必须给出文件名，以后此文件将独立于进程存在直到它被删除。当其他进程要使用文件时，必须指出相应的文件名。

各个操作系统的文件命名规则略有不同，文件名的格式和长度因系统而异。一般来说，文件名由文件名称和扩展名两部分组成，前者用于识别文件，后者用于区分文件类型，中间用“·”分隔开来。它们都是字母或数字所组成的字母数字串，操作系统还提供通配符“?”和“*”，便于对一组文件进行分类或操作。

早期操作系统中，文件名称的长度限于1~8个字符，扩展名长度限于0~3个字符，现在文件名最长可达255个字符。Windows的文件名不区分字母大小写。相反地，UNIX/Linux却区分字母大小写。扩展名通常用来表明文件的类型，如文本文件、二进制文件等。例如file1. c表明该文件是一个c源文件；file2. cpp表明该文件是一个C++源文件；file3. exe表明该文件是一个可执行文件。这里需要注意的是，扩展名对文件类别的指示仅仅是指示性的，并不具有强制性。例如，在UNIX操作系统下，扩展名仅仅用于提醒用户，系统并不遵守。即只要一个文件是可执行文件，即使其扩展名不是. exe，该文件也能在UNIX下执行。但有些系统对扩展名进行了强制服从，即扩展名必须和文件类型相同，否则无法使用。例如Windows，如果一个文件的扩展名不是. bat、. exe、. com，则该程序无法执行，即使该文件确确实实是一个可执行文件。

大多数操作系统设置专门的文件属性用于文件的管理控制和安全保护，它们虽非文件的信息内容，但对于系统的管理和控制是十分重要的。这组属性包括：

① 文件基本属性：文件名称和扩展名、文件属主 ID、文件所属组 ID 等。

② 文件类型属性：如普通文件、目录文件、系统文件、隐式文件、设备文件、pipe 文件、socket 文件等。也可按文件信息分为：ASCII 码文件、二进制文件等。

③ 文件保护属性：规定谁能够访问文件，以何种方式访问。常用的文件访问方式有可读、可写、可执行等；有的系统还为文件设置口令，用作保护。

④ 文件管理属性：如文件创建时间、最后访问时间、最后修改时间等。

⑤ 文件控制属性：逻辑记录长度、文件当前长度、文件最大长度，关键字位置、关键字长度、信息位置、文件打开次数等。

4.1.2　文件的类型

为了方便、有效地管理文件，通常将文件分成若干类型。分类角度不同，会产生不同的文件类型。在前面提到的文件扩展名，就是为了区分文件类型而引入的。下面介绍几种常用的文件分类方法。

1. 按文件的性质和用途分类

按照文件的性质和用途划分，文件可分为以下三类。

(1) 系统文件

系统文件是指有关操作系统核心及其他系统程序的信息所组成的文件。这类文件不直接对用户开放，只允许用户通过系统调用来执行它们。

(2) 库文件

库文件是由标准子程序及常用的应用程序所组成的文件。这类文件允许用户调用，对其进行读取和执行，但不允许对其进行修改。

(3) 用户文件

用户文件是用户委托文件系统保存的文件。例如，源程序文件、目标程序文件及由原始数据、计算结果等组成的文件。用户文件只有文件的所有者或所有经文件所有者授权的用户才能使用。

2. 按文件中数据的组织形式分类

按照文件中数据的组织形式划分，文件可分为以下三类。

(1) 源文件

源文件是由源程序和数据构成的文件。通常由终端或输入设备输入的源程序和数据所形成的文件都属于源文件。它通常由 ASCII 码或汉字所组成。例如，用 C 语言编写的源程序。

(2) 目标文件

目标文件是指把源程序经过相应语言的编译程序编译之后，但尚未经过链接程序链接的目标代码所构成的文件。它属于二进制文件。通常，目标文件所使用的后缀名是“. obj”。

(3) 可执行文件

可执行文件是由链接程序链接后所形成的可以直接运行的程序或文件。常见的扩展名为“. exe”的文件就是可执行文件。

3. 按文件的存取控制属性分类

根据系统管理员或用户所规定的存取控制属性，可以将文件分为以下三类。

(1) 只读文件

只读文件允许文件的所有者及授权用户去读，但不允许写。

(2)读写文件

读写文件允许文件的所有者及授权用户读、写，但禁止未经授权的用户读、写。

(3)执行文件

执行文件允许授权用户调用执行，但不允许读或写。

4. 按文件的信息流向分类

按信息流向可以将文件分为以下几类。

(1)输入文件

如键盘输入文件，只能读入，所以它们是输入文件。

(2)输出文件

如打印机上的文件，只能写出，所以它们是输出文件。

(3)输入输出文件

如磁盘、磁带上的文件，既可以读又可以写，所以它们是输入输出文件。

5. 按文件的组织形式和处理方式分类

根据文件的组织形式和系统对其的处理方式，可以将文件分为以下三类。

(1)普通文件：由 ASCII 码或二进制码组成的字符文件。源程序文件、数据文件、目标代码文件及操作系统文件、库文件、实用程序文件都是普通文件，它们通常存储在磁盘上。

(2)目录文件：是由文件目录所构成的用来维护文件系统结构的系统文件。普通文件的查找依赖于目录文件，由于它也是由字符信息所组成的文件，故可进行与普通文件类似的读写等各种目录操作。

(3)特殊文件：指各种外部设备文件，又可分为：块设备文件，如存放在磁盘或光盘等块设备上的文件；字符设备文件，如终端、打印机等设备文件；FIFO 命名管道文件，socket 套接字文件。

4.1.3 文件的操作

用户通过文件系统所提供的系统调用实施对文件的操作。最基本的文件操作有文件的建立、删除、读、写和控制等。但对于一个实际的操作系统而言，为了方便用户使用文件而必须提供更多的对文件的操作，如打开和关闭一个文件及改变文件名等操作。下面分别介绍一下这些常用的文件操作。

1. 针对整体文件的操作

(1)打开文件

打开文件是使用文件的第一步，任何一个文件使用前都必须首先打开该文件。所谓打开文件是指系统把文件的属性及其在外存上的位置从外存复制到内存的打开文件表的相关表目中，并将该表目的编号返回给用户。当以后有用户提出对该文件的访问请求时，系统这时便可直接利用该索引号到打开文件表中去查找，从而避免了对该文件的再次磁盘检索。这样既节省了检索开销，又提高了对文件的操作速度。

(2)关闭文件

有打开文件相应地就有关闭文件。所谓关闭文件是指若文件暂时不用了，则应调用关闭操作将之关闭，即操作系统将会把该文件从打开文件表中的相应表目上删除掉。

文件关闭后若要再次访问，则必须重新调用打开文件操作将之打开。系统根据用户提供的文件名或文件描述符，在该文件的文件控制块上作相应修改。例如，将该文件的共享用户数减1，若此时共享用户数位0，则将该文件控制块设置为“非活跃”标志，若该文件控制块内容被修改过，则要重新写回外存。

(3)建立文件

在创建一个新文件时，系统首先要为新文件分配必要的外存空间，并在相应的文件目录中，为之建立一个目录项。用户提供所要创建文件的文件名及若干参数，系统根据用户提供的参数表及系统控制需要来填写目录项中的有关项。

(4)删除文件

当不再需要某文件时，可以将它从文件系统中删除。在删除一个文件时，系统根据用户提供的文件名或文件描述符，来检查此次删除的合法性，若合法，则系统首先从目录中找到要删除文件的目录项，使之成为空项，然后收回文件所占的文件控制块及外存存储空间。

2. 针对文件中的内容的操作

(1)读文件

打开一个文件后，就可以对文件中的信息进行读取了。在读一个文件时，应在相应的系统调用中给出文件名、读入的内存目标地址及读取的字节数。此时，系统同样需要查找目录，找到相应的目录项，从而获得该文件在外存上的地址。在目录项中，还有一个指针用于对文件的读/写。

(2)写文件

在写一个文件时，应在相应的系统调用中给出文件名、写入数据的内存源地址及写入的字节数。为此，系统同样也要查找目录，找到相应的目录项，从而获得该文件在外存上的位置。利用文件控制块中的读/写指针，把内存中指定单元的数据写入到指定文件中。写入数据时，系统应为其分配物理块，以便把记录信息写到外存上。

(3)设置文件的读/写位置

文件打开以后，可以把文件的读/写指针定位到文件头、文件尾或文件中的任意位置，或执行前移、后退等各种控制操作。当指针定位时，系统用文件描述符检查用户打开文件表，找到相应的入口，然后将用户打开文件表中文件读/写指针位置设为新指针的位置，供后继的读/写命令存取该指针处文件内容。

3. 其他文件操作

除了上述这些文件操作外，系统还提供了以下一些其他的有关文件操作的系统调用。最常用的一类是有关对文件属性进行操作的，即允许用户直接设置和获得文件的属性，如改变已存文件的文件名、改变文件的拥有者、改变对文件的访问权限，以及查询文件的状态(包括文件类型、大小和拥有者以及对文件的访问权限等)；另一类是有关文件目录的相关操作，如创建一个目录，删除一个目录，改变当前工作目录等；此外，还有用于实现文件共享的系统调用和用于对文件系统进行操作的系统调用等。

4.1.4 文件系统的概念和功能

1. 文件系统的概念

文件系统是操作系统中负责存取和管理信息的模块，它用统一的方式管理用户和系统信息的存储、检索、更新、共享和保护，并为用户提供一整套方便有效的文件使用和操作方法。

文件系统由三部分组成，包括与文件管理有关的软件、被管理的文件以及实施文件管理

所需的数据结构。图 4-1 给出了文件系统的层次结构，它包含四层：基本 I/O 控制层、基本文件系统层、基本 I/O 管理程序层及逻辑文件系统层。

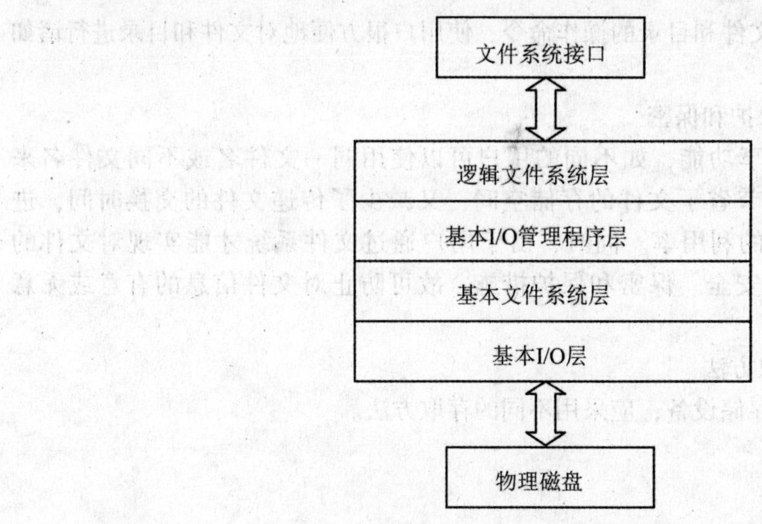

图 4-1 文件系统的层次结构

(1) 基本 I/O 控制层

基本 I/O 控制层又称为设备驱动程序层，该层主要由磁盘驱动程序和磁带驱动程序组成。负责启动设备 I/O 操作及对设备发来的中断信号进行处理。

(2) 基本文件系统层

基本文件系统层又称为物理 I/O 层，该层负责处理内存和磁盘或磁带之间的数据块交换。本层关心的是数据块在外存设备和在内存缓冲区中的位置，而无需了解所传送数据块的内容或文件结构。

(3) 基本 I/O 管理程序层

基本 I/O 管理程序层又称为文件组织模块层，该层完成大量与磁盘 I/O 有关的工作，包括选择文件所在的设备，进行文件逻辑块号到物理块号的转换，对文件空闲存储空间进行管理，指定 I/O 缓冲区。

(4) 逻辑文件系统层

该层处理文件及记录的相关操作。如允许用户利用符号文件名访问文件及其中的记录，实现对文件及记录的保护，实现目录操作等。

2. 文件系统的功能

从系统的角度来看，文件系统主要是对文件的存储空间进行组织、分配，负责文件的存储并对存放的文件进行保护、检索的系统；从用户的角度来看，文件系统主要实现“按名存取”和提供用户和外存的接口功能。具体来说，文件系统的主要功能有以下几个方面。

(1) 对文件进行“按名存取”

操作系统提供文件系统后，方便了用户对文件的存取。用户无需记住文件信息在外存上存放的具体位置，也无需考虑如何将信息存放到存储介质上。只要知道文件名，给出有关操作要求便可存取信息，实现了“按名存取”。

(2) 文件存储空间的分配与回收

当用户新建文件时，文件系统必须为用户分配外存空间；当文件不再使用被删除后，系统应及时回收文件所占用的存储空间。

(3)文件和目录的操作管理

文件系统要提供用户对文件和目录的操作命令，使用户很方便地对文件和目录进行诸如建立、删除、查找等操作。

(4)实现文件的共享、保护和保密

文件系统提供文件的共享功能，如不同的用户可以使用同一文件名或不同文件名来共享同一个文件。这样，既节省了文件的存储空间，又减少了传递文件的交换时间，进一步提高了文件和文件空间的利用率。同时，由于用户通过文件系统才能实现对文件的访问，文件系统能提供各种安全、保密和保护措施，故可防止对文件信息的有意或无意的破坏。

(5)提供合适的文件存取方法

对于不同的文件结构和存储设备，应采用不同的存取方法。

4.2 文件的逻辑结构

文件的组织是指文件的构造方式。用户和文件系统往往从不同的角度来对待同一个文件。用户是从使用的角度来组织文件，用户把能观察到的且可以处理的信息根据使用要求构造成文件，这种构造方式是独立于物理环境的，所以称为文件的逻辑结构。文件系统要从文件的存储和检索的角度来组织文件，文件系统根据存储设备的特性、文件的存取方式来决定以怎样的形式把用户文件存放到存储介质上，在存储介质上的文件构造方式称为文件的存储结构(或文件的物理结构)。

本节介绍文件的逻辑结构，4.3节介绍文件的存储结构，即物理结构。

4.2.1 文件逻辑结构的类型

任何一种文件都有其内在的文件结构。文件的逻辑结构指的就是用户看到的文件的组织形式，是用户可以直接处理的数据及其结构。它独立于文件的物理特性，又被称为文件组织。

文件的逻辑结构通常采用两种形式。一种是无结构的文件——流式文件，另一种是有结构的文件——记录式文件。

1. 流式文件

流式文件是指用户对文件中的信息不再划分可独立的单位，整个文件是由依次的一串信息组成。文件长度即为所含字符数。对流式文件而言，它是按信息的个数或以特殊字符为界进行存取的。流式文件中的每个字节都有一个索引，第一个字节的索引为0，第二个字节的索引为1……以此类推，打开文件的进程使用文件读写位置来访问文件中的特定字节。

对于操作系统所管理的一些程序和数据信息而言，若把它们看成一个无内部结构的简单的字符流形式是有好处的。一是在空间利用上比较节省，因为没有额外的说明(如记录长度)和控制信息等。二是有许多应用不要求文件内再区分记录，如用户作业的源程序就是一个顺序字符流，强制分割源程序文件为若干记录只会带来操作复杂、开销加大等缺点，因

此，采用流式文件也是一种最方便的存储形式。

对于各种慢速字符设备(如打印机等)以及某些终端设备来说，由于它们只能顺序存放，并且是按连续字符流形式传输信息的，所以系统只要把字符流中的字符依次映像为逻辑文件中的元素，就可以非常简单地建立逻辑文件和物理文件之间的联系，从而可以方便用户把需要使用的这些设备也统一看做文件。

UNIX 文件的逻辑结构就是采用字符流式文件。流式文件对操作系统而言管理比较方便；对用户而言，适于进行字符流的正文处理，也可以不受束缚地灵活组织其文件内部的逻辑结构。

2. 记录式文件

记录式文件是指用户对文件中的信息按逻辑上独立的含义再划分信息单位。每个单位称为一个逻辑记录，简称记录。记录在文件中的排列按其出现次序编号，记录 0，记录 1，等等。

从操作系统管理的角度来看，逻辑记录是文件内独立的最小信息单位，每次总是为使用者存储、检索或更新一条逻辑记录，同流式文件一样，通过文件读写位置来指定对文件信息的访问，但是在记录式文件中文件的记录位置取代字节位置。记录式文件中有两种常用的记录组织和使用方法。

(1)记录式顺序文件：这是由一系列记录按某种顺序排列所形成的文件。其中的记录通常是定长记录，因而能用较快的速度查找文件中的记录。

(2)记录式索引顺序文件：有些应用不使用顺序访问方法，例如，自动语音查询系统，每次查询请求只是针对特定的记录，而不是所有记录，应用程序不依赖于文件中记录的位置来访问指定记录。记录式索引顺序文件提供这种能力，同时它还保持着顺序访问记录的功能。这种文件使用索引表，表项包含记录键和索引指针，记录键由应用程序确定，而索引指针便指向相应的记录。

4.2.2　记录的成组与分解

逻辑记录是按信息在逻辑上的独立含义由用户所划分的单位，而块是系统划分的存储介质上连续信息所组成的区域。因此，一条逻辑记录被存放到文件存储器的存储介质上时，可能占用一块或多块，或者一个物理块包含多条逻辑记录。若干逻辑记录合并成一组，写入一块叫做记录成组，这时每块中的逻辑记录的个数称为块因子。成组操作先在系统输出缓冲区内进行，凑满一块后才将缓冲区内的信息写到存储介质上。反之，当存储介质上的一个物理块读进系统输入缓冲区后，把逻辑记录从块中分离出来的操作叫做记录的分解。

1. 记录的成组

有时处理用户作业时，用户要求把产生的中间结果作为文件保存到磁盘上。文件中的逻辑记录是在作业执行过程中陆续形成的。当这些逻辑记录长度较小时，可把它们以成组的方式保存到磁盘上。例如，用户要求把某文件长度分别为 l1，l2，l3 的三个逻辑记录 L1，L2，L3 依次写到磁盘上，而磁盘上的分块长度大于这三个逻辑记录的总长时，则可先在主存缓冲区中把这三个逻辑记录合成一组，然后启动磁盘把三个逻辑记录写到一个磁盘块中。若主存缓冲区的起始地址为 K，长度与磁盘块长度一致，则操作要求如表 4-1 所示。

表 4-1　　记录成组过程示例

用户	操作系统
请求把 L1 写到磁盘上	把 L1 送到缓冲区 K 单元开始的区域，长度为 l1
请求把 L2 写到磁盘上	把 L2 送到缓冲区(K+l1)单元开始的区域，长度为 l2
请求把 L3 写到磁盘上	把 L3 送到缓冲区(K+l1+l2)单元开始的区域，长度为 l3，并启动磁盘把缓冲区中的信息写到磁盘上

具体的操作过程如图 4-2 所示。

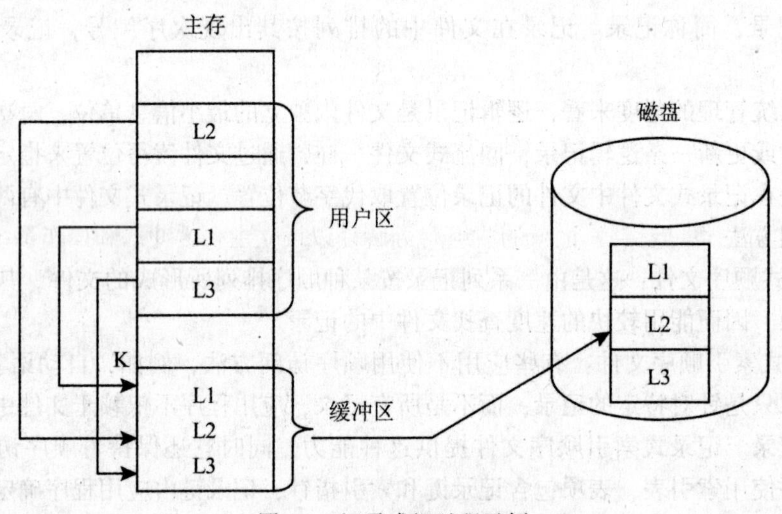

图 4-2　记录成组过程示例

从上述的操作过程可以看到，用户每次都请求系统把逻辑记录写到磁盘上，但操作系统对用户的前两次请求并没有启动磁盘，而是当用户提出第三次请求后，缓冲区中存放了三个逻辑记录，再启动磁盘把三个记录同时写入一个磁盘块中。可见记录的成组不仅提高了存储空间的利用率，而且还减少了启动外设的次数，提高了系统的工作效率。

2. 记录的分解

由于信息交换以块为单位，而用户处理信息要以逻辑记录为单位，所以当逻辑记录成组存储后，用户要处理这些记录时必须执行分解操作。同样，记录的分解操作也要使用主存储器的缓冲区。

例如，在磁带的一个存储块中存放着用户的 10 个逻辑记录，每个逻辑记录长度相等。现在用户要求顺序处理这 10 个逻辑记录，但他的工作区的长度只能存放一个逻辑记录。所以，每次只能把一个逻辑记录传送到工作区。当用户对该逻辑记录处理后，可再次请求系统把下一个逻辑记录传送到工作区，直至 10 个逻辑记录处理结束。

假定每个逻辑记录的长度为 L，则磁带上成组存放这 10 个逻辑记录的存储块的大小为 10×L，因而在主存中也必须设置一个长度为 10×L 的缓冲区。

当用户提出读第 1 个逻辑记录时，系统启动磁带机把含有 10 个逻辑记录的存储块内容读到主存缓冲区中，且把第 1 个逻辑记录从中分解出来，传送到用户工作区。当用户提出读第2，3，…，10个逻辑记录时，系统就直接从缓冲区中把需要的逻辑记录分解出来并传送到用户工作区，如图4-3所示。

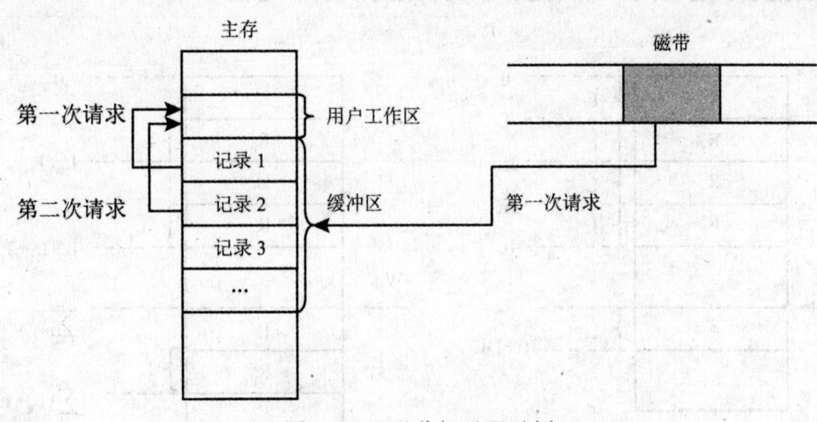

图4-3 记录分解过程示例

从上面的讨论可以看到，记录的成组与分解是以设立主存缓冲区和操作系统增加成组与分解操作的功能为代价，来提高存储介质的利用率和减少启动设备的次数的。

4.2.3 文件的组织和存取

本小节中的“文件组织”指的是记录式文件中记录的逻辑形式，即文件的逻辑结构。而文件的存取是指用户对文件的访问方式。

在设计文件系统时，选择何种逻辑结构(组织形式)都应遵循以下原则：

(1)检索效率高。当用户需要对文件进行操作时，设计的逻辑结构应使文件系统在尽可能短的时间内查找到需要查找的信息。

(2)易于修改。当用户对文件信息进行修改操作时，设计的逻辑结构应能尽量减少对已存储好的文件信息的变动。这样便于在文件中增加、删除和修改其中的数据。

(3)应使文件信息占据最小的存储空间。

(4)便于用户进行操作。

下面主要介绍几种常见的文件组织形式。

1. 顺序文件

最普通的文件结构是顺序文件(Sequential File)。顺序文件中的记录可以是定长的，也可以是变长的。对于定长记录的顺序文件，如果已知当前记录的逻辑地址，便很容易确定下一个记录的逻辑地址。在读一个文件时，可设置一个读指针Rptr，令它指向下一个记录的首地址，每当读完一个记录时，便执行

Rptr=Rptr+L

操作，使读指针指向下一个记录的首地址，其中的L为记录的长度。类似地，在写一个记录时，也应设置一个写指针Wptr，使之指向要写的记录的首地址。同样，在每写完一个记录时，又须执行操作：

Wptr=Wptr+L

对于变长记录的顺序文件，在顺序读写记录时的情况相似，但由于每条记录的长度不相

等，应分别在每条记录之前用一个字节的空间存放该记录的长度，在每次读或写完一个记录后，须将读或写指针加上 L_i，再加上 1。L_i 是刚读或写完的记录的长度，1 为一个字节的空间，用来存放记录长度。图 4-4 为定长和变长记录文件示意图。

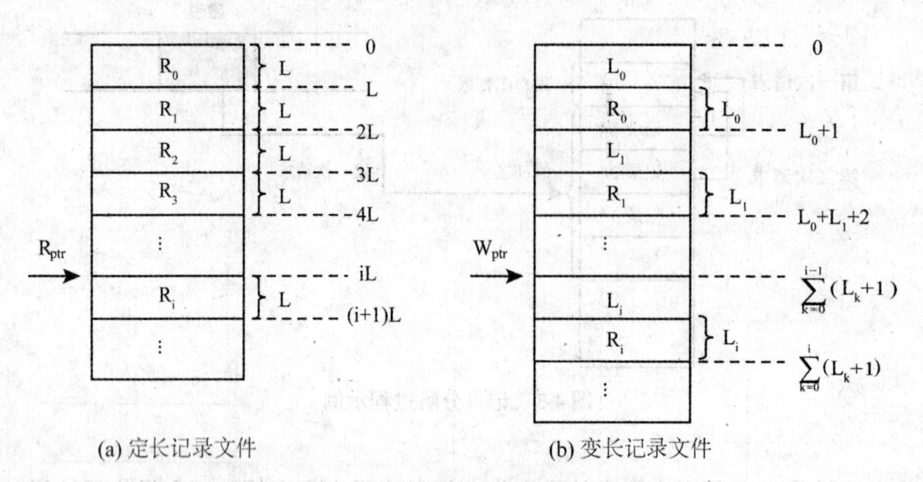

图 4-4 定长和变长记录文件示意图

顺序文件的最佳应用场合是在对大量记录进行批量存取时，即每次要读或写一大批记录时。此时，对顺序文件的存取效率是所有存取方式中最高的；顺序结构最适合于建立在顺序存取设备——磁带机上。

但是在交互应用的场合，如果用户程序要求查找或修改单个记录，系统便要逐个地查找记录。这时，顺序文件所表现出来的性能就可能很差，尤其是当文件较大时，情况更为严重。例如，对于一个含有 1000 条记录的顺序文件，如果对它采用顺序查找法去查找一个指定的记录，则平均需要查找 500 个记录；如果是变长记录的顺序文件，则为查找一个记录所需付出的开销将更大，这就限制了顺序文件的长度。

典型情况下，在一个块中，顺序文件中的记录一般以简单的顺序依次存放。也就是说，文件在磁带和磁盘上的物理组织直接对应于文件的逻辑组织。顺序文件的另一种组织方法是采用链表。在一个物理块中存放一条或多条记录，每一个磁盘块含有指向下一个磁盘块的指针。插入新记录的操作只涉及指针操作，新记录不需要占据一个特定的物理块位置。增加记录的操作也很方便，当然需要额外的处理和空间开销，以管理和存放指针。

2. 索引文件

顺序文件能方便高效地实现对记录的顺序读写。如果要对记录进行随机存取(或直接存取)，对于定长记录文件，如果要查找第 i 个记录，可直接根据下面的式子计算出第 i 个记录相对于第一个记录首址的地址：

$$A_i = i \times L$$

然而，对于变长记录文件，要查找第 i 个记录时，必须首先计算出该记录的首地址。为此，须顺序查找每个记录，从中获得相应记录的长度 L_i，然后才能根据下面的式子计算出第 i 个记录的首地址。

$$Ai = \sum_{i=0}^{i-1} (Li+i)$$

由此可见，对于定长记录文件，既能方便地实现顺序访问，也能较方便地实现随机访问。而对于变长记录文件就较难实现随机访问了。因为用随机存取方法来访问变长记录文件中的某一个记录是十分低效的，其检索时间也是令人难以接受的。

为了解决变长记录的访问效率低的问题，引入了索引文件(Index File)，即为变长记录文件建立一张索引表，对主文件中的每个记录，在索引表中设有一个相应的表项，用于记录该记录的长度L及指向该记录的指针(指向该记录在逻辑地址空间中的首址)。由于索引表是按记录键(关键字)排序的，因此，索引表本身也是一个定长记录的顺序文件，从而也就可以方便地实现随机存取。图4-5为索引文件的组织形式。

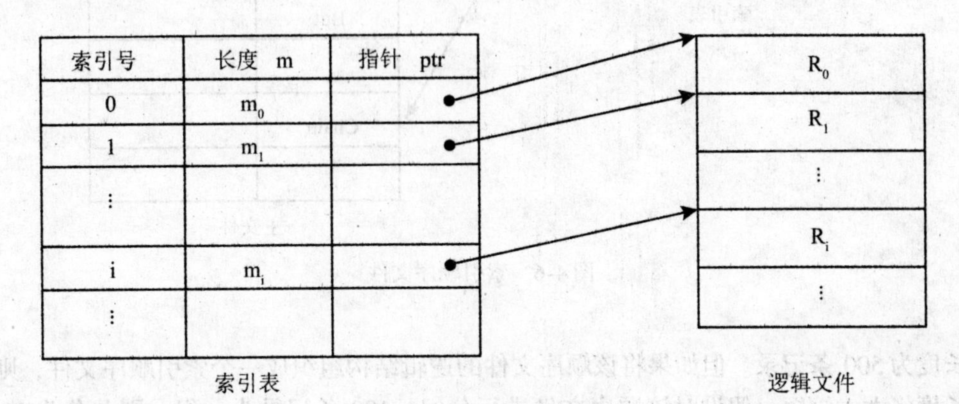

图4-5 索引文件的组织形式

在对索引文件进行检索时，首先根据用户程序提供的关键字(即索引)，去检索索引表，从索引表找到该索引相对应的表项；在该表项中有指向该记录的指针，利用指针去记录的逻辑地址空间中访问到所需的记录。每当要向索引文件中添加一条新记录时，就须对索引表进行修改，在索引表中增加相应的表项；每当要删除一个记录时，除了删除记录本身外，也须在索引表中删除该记录相应的表项。

索引文件大多用于对信息的及时性要求比较严格，并且很少会对所有数据进行处理的应用程序中，如机票预订系统和商品库存控制系统。使用索引文件的主要缺点是提高了存储费用，因为索引文件除了主文件外，还须额外分配存储空间用来存放索引表。

3. 索引顺序文件

索引顺序文件(Index Sequential File)可能是最常见的一种逻辑文件形式。它有效地克服了变长记录文件不便于随机存取的缺点，而且所付出的代价也不算太大。它是顺序文件和索引文件相结合的产物。它将顺序文件中的所有记录分为若干个组(如50个记录为一个组)；为顺序文件建立一张索引表，在索引表中为每组中的第一个记录建立一个索引项，其中包含该记录的关键字和指向该记录的指针。索引顺序文件如图4-6所示。

在对索引顺序文件进行检索时，首先利用关键字以及某种算法检索索引表，找到该记录所在记录组中第一个记录的表项，从中得到该记录组第一个记录在文件中的位置。然后，再利用顺序查找法查找主文件，从中找到所需要的记录。

由此可见，索引顺序文件的检索应分两步走，每一个步骤都是对一个顺序文件进行检索。其检索速度与顺序文件相比大大提高了。

例如，在一个顺序文件中所含有的记录数为10000，则为检索到指定的记录需要的平均

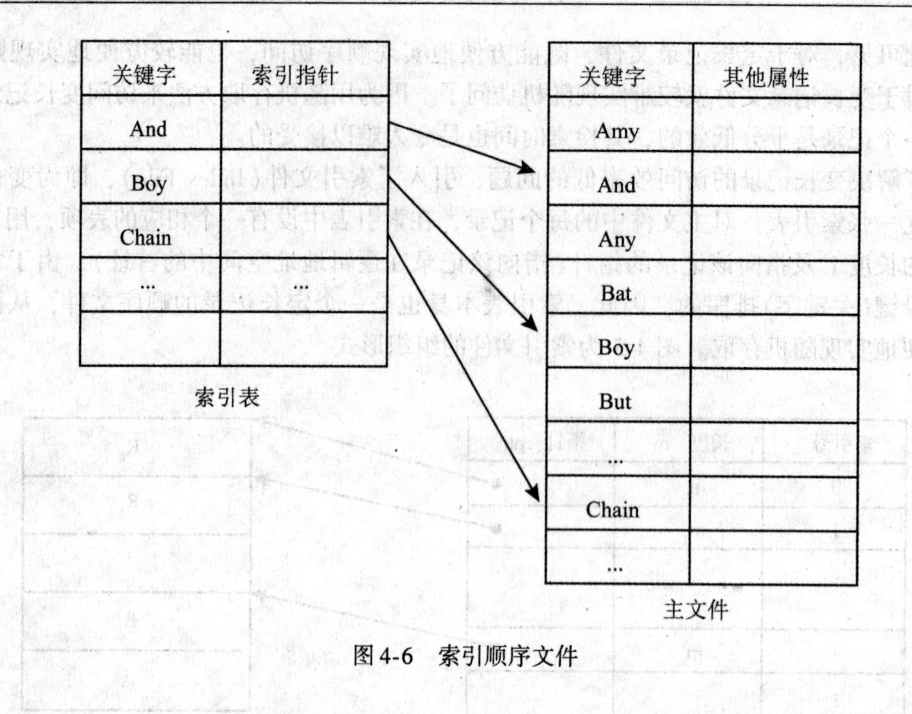

图 4-6　索引顺序文件

查找长度为 500 条记录。但如果将该顺序文件的逻辑结构组织成一个索引顺序文件，则平均查找长度将大大缩短。假设对该顺序文件进行分组，100 条记录为一组，则共分为 100 组，所构成的索引顺序文件中，索引表为 100 个表项，主文件中共 100 组，每组 100 个表项。对于该索引顺序文件，为了查找所需的记录，平均查找长度仅为 100 条记录。可见，索引顺序文件的检索效率是顺序文件的 50 倍。

对于一个非常大的文件，为了找到一个记录而需要查找的记录数目仍然很多。为了进一步提高检索效率，可以为顺序文件建立多级索引，即为索引文件再建立一张索引表，从而形成两级索引表，根据需要，甚至可以建立三级索引表等。

4. 直接文件和哈希文件

(1)直接文件

采用上面介绍的几种文件结构对记录进行存取时，都需要利用给定的关键字，先对线性表或链表进行检索，以找到指定记录的物理地址。然而，对于直接文件，则可根据给定的关键字，就可以直接获得该记录的物理地址。换言之，关键字本身就决定了记录的物理地址。这种由关键字到记录的物理地址的转换被称为键值转换(Key to address transformation)。组织直接文件的关键，在于用什么方法进行从关键字到物理地址的转换。

(2)哈希文件

这是目前使用最为广泛的一种直接文件。它利用 Hash 函数(或称散列函数)，可将记录的关键字值转换为相应记录的地址。

这种存储结构是通过指定记录在存储介质上的位置进行直接存取的，记录无所谓次序。一般来说，由于地址的总数比可能的关键字总数要少得多，所以不会出现一一对应关系。那么就有可能对不同的关键字计算之后，得到的地址相同，这种现象称为地址冲突(collision)。利用这种 Hash 方法建立的文件结构称为 Hash 文件。这种物理结构适用于不宜采用连续结构、记录次序较混乱，又需要快速存取的情况。例如，用在实时处理文件、操作系统目录文

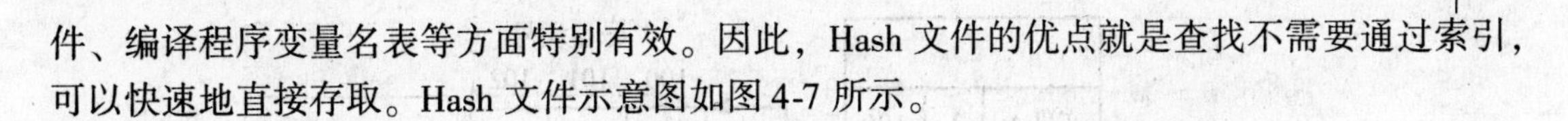

件、编译程序变量名表等方面特别有效。因此，Hash 文件的优点就是查找不需要通过索引，可以快速地直接存取。Hash 文件示意图如图 4-7 所示。

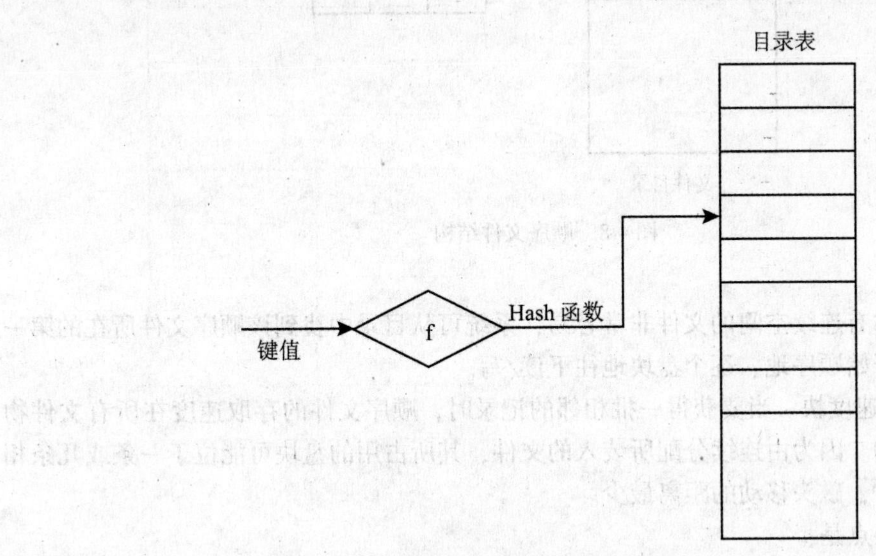

图 4-7 Hash 文件示意图

Hash 文件的缺点是容易发生地址冲突，当发生地址冲突时，需要有解决冲突的方法，这叫做溢出处理技术，也是设计 Hash 文件需要考虑的主要内容。较常用的溢出处理技术有线性探测法、二次探测法、拉链法和独立溢出区法等。

4.3 外存分配方式

文件系统往往根据存储设备类型、存取要求、记录使用频率和存储空间容量等因素提供若干种文件存储结构，把逻辑文件以不同方式保存到物理存储设备的介质上去。所以，文件的物理结构和组织是指逻辑文件在物理存储空间中的存放方法和组织关系，这时的文件被看做物理文件。下面介绍几种常用的文件物理结构和组织方法。

4.3.1 连续分配

将文件中逻辑上连续的信息存放到存储介质的相邻物理块上形成顺序结构，叫做顺序文件，又称连续文件。这是一种逻辑记录顺序和物理块顺序完全一致的文件。记录按照出现的次序通常被顺序读出或修改。顺序文件的第一个逻辑记录所在的磁盘块号记录在该文件的文件目录项中，该目录项还需记录共有多少磁盘块。顺序文件结构如图 4-8 所示。

存于磁带上的所有文件都只能是顺序文件，是最简单的文件组织形式，在数据处理历史上最早使用。存储在磁盘上的文件也可组织成顺序文件。为了改善顺序文件的处理效率，可对顺序文件中的记录按某个或多个数据项的值从小到大(或从大到小)重新排列，经排列处理后，记录有某种确定的顺序，成为有序的顺序文件，能较好地适应批处理等顺序应用。

顺序文件的优点是：

(1)管理简单。一旦知道文件存储的起始块号和文件块数，就可以立即找到所需的文件

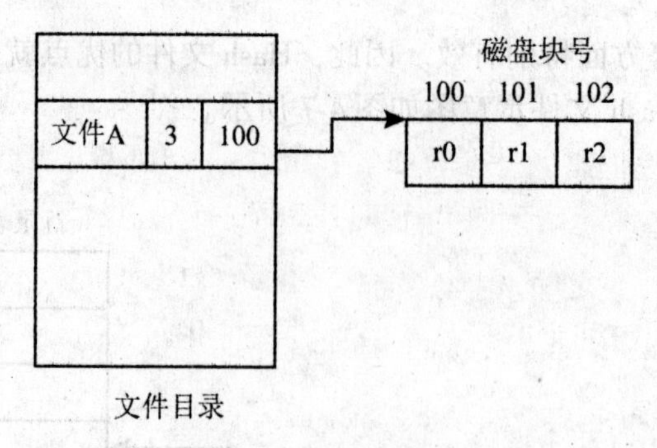

图 4-8 顺序文件结构

信息。访问一个占有连续空间的文件非常容易，系统可从目录中找到该顺序文件所在的第一个盘块号，从此开始顺序地、逐个盘块地往下读/写。

(2)顺序存取速度快。当要获得一批相邻的记录时，顺序文件的存取速度在所有文件物理结构中是最快的。因为由连续分配所装入的文件，其所占用的盘块可能位于一条或几条相邻的磁道上，这时，磁头移动的距离最少。

顺序文件的缺点是：

(1)修改记录困难。如果要修改指定的某条记录，或增加、删除某条记录都相当困难。

(2)要求连续存储空间。要为每一个文件分配一段连续的存储空间，就如同内存的连续分配一样，可能形成许多存储空间的碎片，严重地降低了外存空间的利用率。

(3)事先必须知道文件的长度。要将一个文件装入一个连续的存储空间中，必须事先知道文件的大小，然后根据其大小，在存储空间中找出一块大小足够的空间，将文件装入。在有些情况下，知道文件的大小是件非常容易的事，例如，复制一个已存在的文件。但有时要事先知道一个文件的大小却很困难，所以只能靠估计，但估计通常不准，估计的文件太大，容易造成存储空间的浪费，估计的太小，文件又装不下。

4.3.2 链接分配

把逻辑文件中的各个逻辑记录任意存放到一些磁盘块中，这些磁盘块可以分散在磁盘的任意位置。例如，有三个逻辑记录的某文件，存放在磁盘上需占用三个磁盘块，这三个磁盘块的块号可以是100、150、57。于是，顺序的逻辑记录被存放在不相邻的磁盘块上。再用指针把这些磁盘块按逻辑记录的顺序链接起来，便形成了文件的链接结构。链接结构的文件称为链接文件，又称为串联文件。如图 4-9 所示。

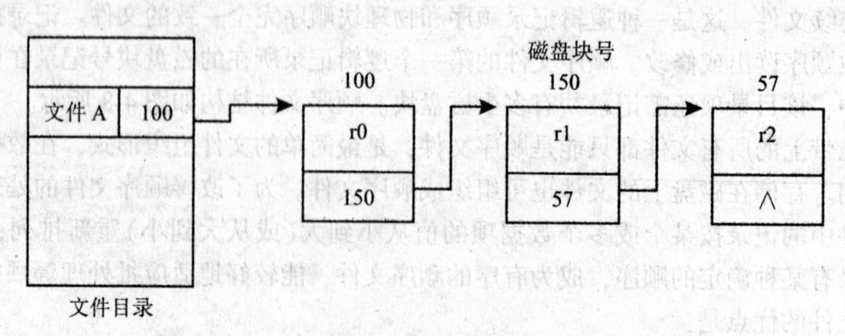

图 4-9 链接文件结构

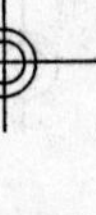

链接文件的优点是：

(1)存储空间利用率高。由于不要求分配连续的物理块，而是采用离散分配方式，因此消除了外部碎片，显著地提高了外存空间的利用率。

(2)不必事先知道文件的最大长度，可以根据文件的当前需求为其分配必需的盘块。因此适用于动态增加记录。

(3)文件中记录的增加和删除非常方便。

链接文件的缺点是：

(1)只适合于顺序存取，不便于直接存取。为了找到某个物理块的信息，必须从头开始逐一地查找每个物理块，直到找到为止。因此降低了查找效率。

(2)在每个物理块中都要设置一个指针，因此破坏了物理信息的完整性。且为了存放指针也需要一定的存储空间。

4.3.3 索引分配

1. 单级索引分配

索引结构是实现非连续存储的另一种方法，适用于数据记录保存在磁盘上的文件。如图4-10所示。系统为每个文件建立索引表(index table)，可以有不同的索引形式，一种形式是它记录组成指定文件的磁盘块号，这种索引表只是盘块号的序列，适用于流式文件；另一种形式是其索引表项包含记录键及其磁盘块号，适用于记录式文件。利用索引表来搜索记录的文件称为索引文件。

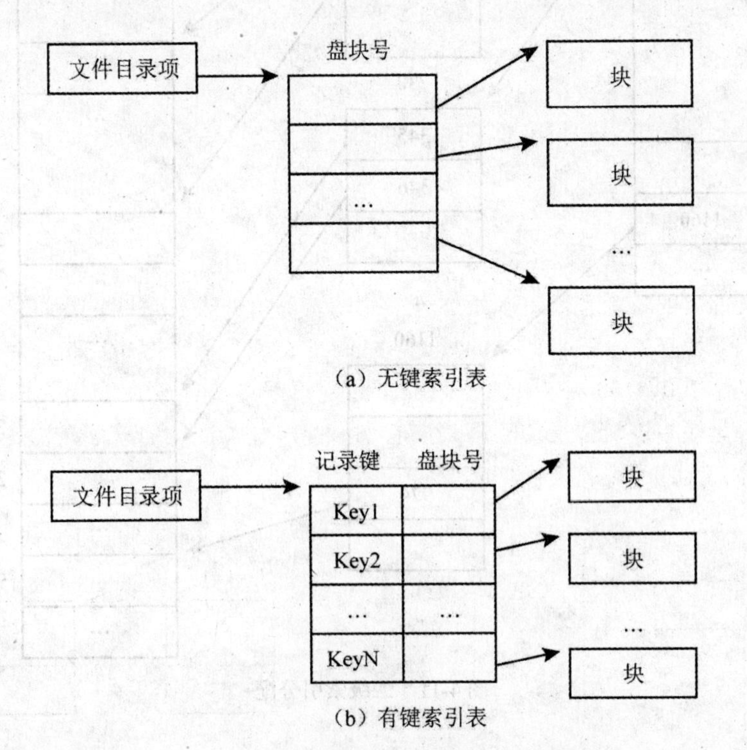

图4-10 两种索引文件的结构示意图

2. 多级索引分配

当记录数很多时，索引表要占用许多物理块，在查找某记录键所对应的索引项时，可能需要依次查找许多物理块。若索引表占用 n 个物理块，则平均查找长度为(n+1)/2 次，才能找到所需记录的物理块。当 n 值很大时，这是很费时的操作。提高查找速度的方法是：为这些索引块再建立一级索引，称为第一级索引，即系统再分配一个索引块，作为第一级索引的索引块，将第一块、第二块……等索引块的盘块号填入到此索引表中，这样便形成了二级索引分配方式。如果文件非常大时，还可用三级、四级索引分配方式。

如图 4-11 所示为二级索引分配。假设每个盘块的大小为 1KB，每个盘块号占 4 个字节，则在一个索引块中可存放 256 个盘块号。这样，在二级索引时，最多可包含的存放文件的盘块的盘块号总数 N＝256×256＝64K 个盘块号。由此可得出结论：采用二级索引时，所允许的文件最大长度为 64MB。倘若盘块大小为 4KB，在采用一级索引时所允许的文件最大长度为 4MB，而在采用二级索引时所允许的文件最大长度可达 4GB。

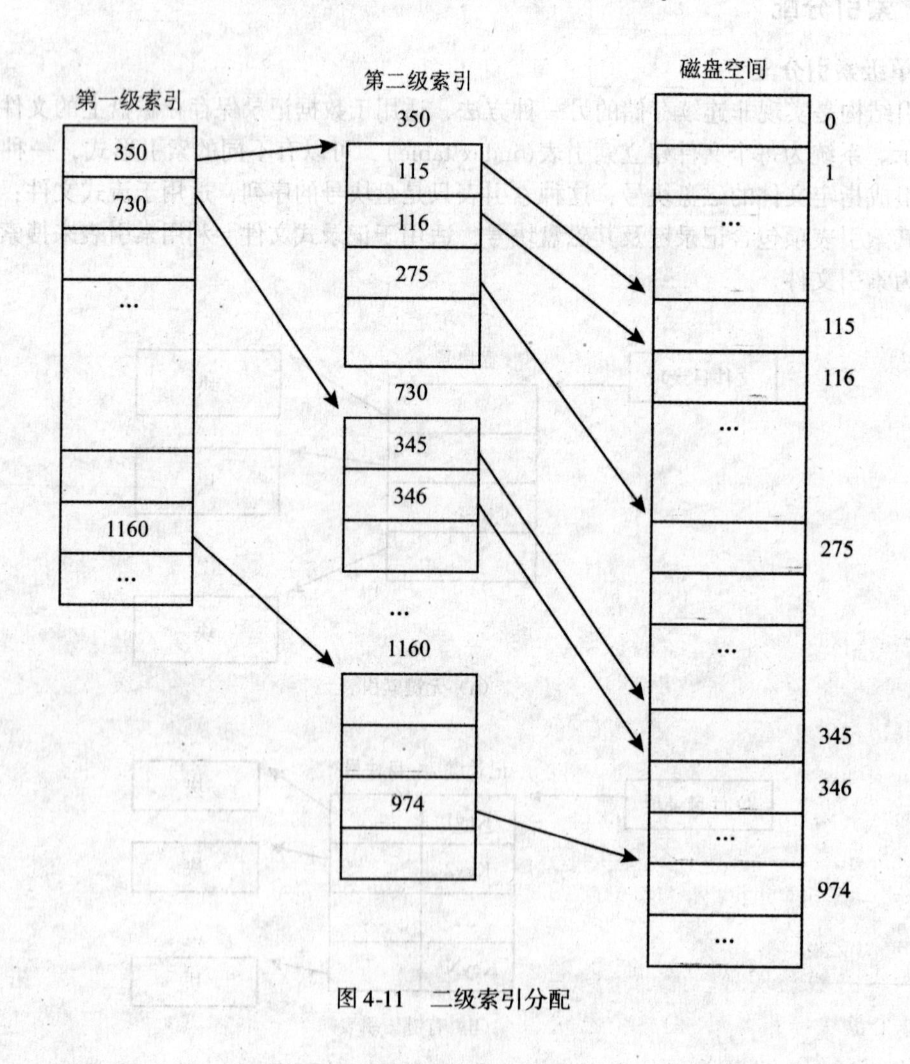

图 4-11　二级索引分配

3. 混合索引分配

在 UNIX 系统中，为了同时解决高速存取小文件和管理大文件的矛盾，将直接寻址、一

级索引、二级索引和三级索引结合起来，形成了混合索引方式。

在大多数情况下，UNIX 中的文件不需要建立多重索引。考虑到文件长度的实际情况，可以把索引表的头几项设计成直接寻址方式，即这几项所指的物理块中存放的是文件内容，而索引表的后几项设计成多重索引方式，即间接块寻址方式，这就是混合索引结构。

在 UNIX 系统中，在索引结点中有 13 个地址项 di_ addr[0] ~ di_ addr[12](即为混合索引表)来存放文件的直接或间接块号。因此，在查找文件时，只需找到该文件的索引结点，便可以用直接或间接的寻址方式获得指定文件存放的磁盘块。UNIX 系统中的混合索引结构如图 4-12 所示。

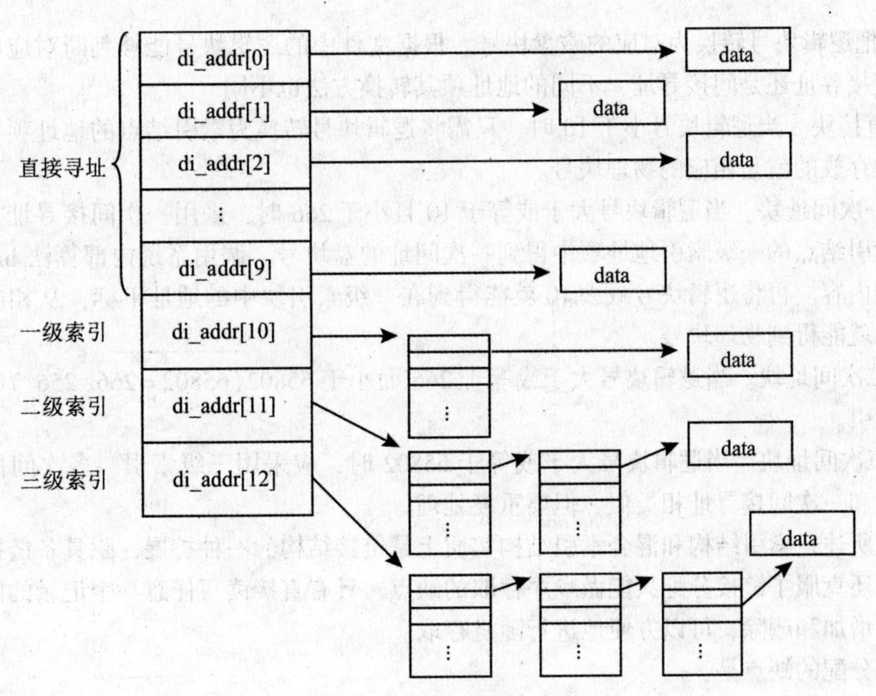

图 4-12　混合索引分配

由于 UNIX 系统中小型作业较多，可利用直接寻址方式找到文件的磁盘块。为提高对文件的存取速度，把索引结点中的 13 个地址项中的前 10 个地址项采用直接块寻址，即每个地址项中直接存放了该文件所在的物理块号。假定一个物理盘块的大小为 1KB，那么当文件长度不超过 10KB 时，可从索引结点中得到该文件所在的全部物理盘块号。直接寻址方式虽然简单，但是它限制了文件的最大长度。

事实上，考虑到还是有少数文件的长度达到了数 GB 或者更多的情况，UNIX 系统提供了若干种间接寻址方式(即多级索引)。在图 4-12 中，索引结点中的地址项 di_ addr[10]用来提供一次间接地址。这种方式的实质就是一级索引分配方式。该地址项中存放的不再是含有文件内容的磁盘块号，而是指向一个含有直接块号的磁盘块。假如每个盘块的大小为 1KB，每个盘块号占 4B，则一个盘块可有 256 个索引表项。因而允许文件的最大长度为 1KB×256=256KB。用一级索引方式可将寻址范围由 10KB 扩大到 266KB。

为表示更大的文件，又引入了二次间址和三次间址(即二级索引和三级索引)。分别由索引结点中的地址项 di_ addr[11]和 di_ addr[12]来提供。与上述方法类似，可以计算出，采用二级索引方式的寻址范围可扩大到$(10+256+256^2)\times 1\text{KB}$；采用三级索引方式的寻址范围可扩大到$(10+256+256^2+256^3)\times 1\text{KB}$。

系统要访问混合索引结构的文件，可按以下步骤进行。

(1)将进程给出的字节偏移量转换为文件的逻辑块号和块内位移量。进程存取文件中的数据时使用了字节偏移量。字节偏移量是从文件第一个字符位置(偏移量为0)开始计算的。被打开的文件在文件表项中有一个读/写指针，用以指示下次要读/写的位置。每次读/写时，都要先把字节偏移量转换为文件中相应的逻辑块号和块内位移量。其转换方法是：将字节偏移量除以磁盘块的大小(以字节为单位)，其商就是文件中的逻辑块号，余数则是块内位移量。

(2)把逻辑块号转换为对应的磁盘块号。根据文件中的逻辑块号能够判断对应的文件地址项是直接寻址还是间接寻址，不同的地址项其转换方法也不同。

① 直接块。当逻辑块号小于10时，只需将逻辑块号转换为索引结点的地址项下标，该地址项中存放的就是相应的物理块号。

② 一次间址块。当逻辑块号大于或等于10且小于266时，采用一次间接寻址方式。此时，从索引结点的一级索引地址项中得到一次间址的盘块号，调用系统内部算法bread读入索引块的内容。再将逻辑块号减去10就能得到在一级索引块中的地址下标，从相应下标的地址项中就能得到物理块号。

③ 二次间址块。当逻辑块号大于或等于266而小于65802($65802=266+256^2$)时，应采用二级索引。

④ 三次间址块。当逻辑块号大于或等于65802时，应采用三级索引。多次间接寻址的转换方法和一次间接寻址相类似，但要重复处理。

综上所述，索引结构和混合索引结构实质上是链接结构的一种扩展，除具备链接分配的优点外，还克服了链接分配只能做顺序存取的缺点，具有直接读写任意一个记录的能力，便于文件的增加和删除，可以方便地进行随机存取。

索引分配的缺点是：

(1)增加了索引表的空间开销和查找时间，索引表的信息量甚至可能远远超过文件记录本身的信息量。

(2)在存取文件时首先查找索引表，这样要增加一次读盘操作，从而降低了文件访问的速度。当然也可以采取补救措施，如在文件存取前，事先把索引表放在内存中，这样以后的文件访问可以直接在内存中查询索引表，以加快访问速度。

4.3.4 文件分配表FAT

所谓FAT就是文件分配表(File Allocation Table)，用来记录分配给文件的分区。在Microsoft公司的MS-DOS操作系统中，早期使用12位的FAT12文件系统，后来发展为16位的FAT16文件系统，在Windows 95和Windows 98操作系统中升级为32位的FAT32，Windows NT、Windows 2000和Windows XP操作系统又进一步发展为新技术文件系统NTFS(New Technology File System)。上述几种文件系统都是采用前面介绍的链接分配方式进行文件分配。

在磁盘空间管理中，FAT文件系统使用了以下几个概念。

(1)扇区(sector)。扇区是磁盘中最小的物理存储单元，也称为物理块或盘块。一个扇区中能存储的数据量字节数总是2的幂，通常一个扇区的大小为512B。

(2)簇(cluster)。一个簇包含一个或多个连续的扇区，这些扇区在同一个磁道上相互邻接。一个簇中扇区的数目也是2的幂。

(3)卷(volume)。也称为分区，指磁盘上的逻辑分区，由一个或多个簇组成，供文件系统分配空间时使用。

在FAT文件系统中，由于引入了卷的概念，可以将一个物理磁盘分成多个逻辑磁盘，每个逻辑磁盘就是一个卷。每个卷都是一个能被单独格式化和使用的逻辑单元，供文件系统分配空间时使用。每个卷都专门划出一个单独区域来存放自己的目录和FAT表等。一般一个物理磁盘最多可以划分为“C:”、“D:”、“E:”、“F:”四个卷(逻辑磁盘)。在现代操作系统中，一个物理磁盘可以划分为多个卷，一个卷也可以由多个物理磁盘组成，如RAID磁盘阵列等。

1. FAT12

早期MS-DOS操作系统使用的是FAT12文件系统，整个系统只有一张文件分配表FAT，在FAT的每个表项中存放一个盘块号，它实际上是用于盘块之间链接的指针，通过它可以将一个文件的所有盘块链接起来，而将文件的第一个盘块号放在自己的FCB中。

FAT表是一个简单的线性表，由若干项组成。FAT表的头两项用来标记磁盘的类型，其余的每个项包含3个十六进制的字符。该十六进制字符若为000，表示该物理块是空闲的；若为FFF，表示该块是一个文件的最后一块；若为其他任何十六进制数，则表示该块是某个文件的下一个块号。

一个文件占用了磁盘上的哪些块，可用FAT表中形成的链表结构来说明。文件的第一块的块号记录在该文件的FCB中。第一个块号所在的项中包含了该文件的下一块的块号。这样，依次指出下一块的块号，直到文件的最后一块，相应项中的内容为FFF。在图4-13中，有一文件的FCB中的一个字段包含了该文件的第一块的块号002，由002可以找到下一块的块号为004，依次找下去，可以发现这个文件在磁盘上共占用了4个块，块号分别为002、004、007、006。

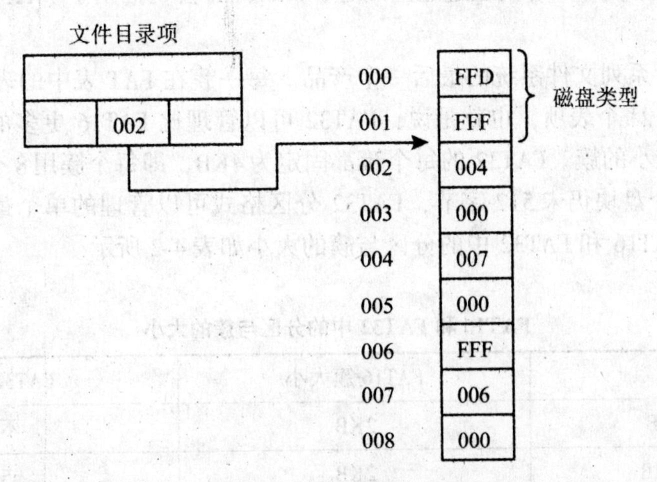

图4-13 文件分配表FAT

现在来计算以盘块为分配单位时，所允许的最大磁盘容量。由于每个FAT表项为12位，因此，在FAT表中最多允许由$2^{12}=4096$个表项，如果采用以盘块为基本分配单位，每个盘块(也称扇区)的大小一般是512个字节，那么，每个磁盘分区的容量为2MB(4096×512B=2MB)。同时，一个物理磁盘支持4个逻辑磁盘分区，所以相应的磁盘最大容量仅为8MB。这对最早时期的硬盘还可以应付，但很快磁盘的容量就超过了8MB，FAT12是否还可以继续使用呢？回答虽然是否定的，但需要引入一个新的分配单位——簇。

簇包括一组连续的扇区，在FAT中作为一个虚拟扇区。簇的大小一般是2n(n为整数)个盘块，在MS-DOS的实际运用中，簇的容量可以仅有一个扇区(512B)、两个扇区(1KB)、四个扇区(2KB)、八个扇区(4KB)等。一个簇应包含扇区的数量与磁盘容量的大小直接相关。例如，当一个簇仅有一个扇区时，磁盘的最大容量为8MB；当一个簇包含两个扇区时，磁盘的最大容量可以达到16MB；当一个簇包含了八个扇区时，磁盘的最大容量便可达到64MB。

由上所述可以看出，以簇作为基本的分配单位所带来的最主要的好处是，能适应磁盘容量不断增大的情况。值得注意的是，随着磁盘容量的增加，必定会引起簇的大小和簇内碎片的增加。也就是与存储器管理中的页内碎片相似，会造成更大的簇内碎片。此外，FAT12只能支持8+3格式的文件名。因此，可以考虑增加FAT表的位数。

2. FAT16

对FAT12所存在的问题进行简单的分析可以发现，其根本原因就在于FAT12表最多仅允许4096个表项，亦即最多只能将一个磁盘分区分为4096个簇。因此，解决办法可以增加FAT表的位数，将FAT表的宽度增至16位，最大表项数将增至$2^{16}=65536$个，此时便能将一个磁盘分区分为65536个簇。我们把具有16位表宽的FAT表称为FAT16。在FAT16的每个簇中可以有的扇区数为4、8、16、32直到64个。由此可以得出FAT16可以管理的最大分区空间为$2^{16}\times64\times512B=2048MB=2GB$。

不难看出，FAT16对FAT12的局限性有所改善，但改善很有限。目前，单个磁盘容量早已超过2GB。当磁盘容量迅速增加时，如果再继续使用FAT16，由此所形成的簇内碎片所造成的浪费也越来越大。另外，与FAT12一样，FAT16文件系统也不支持长文件名，给用户的使用带来了不便。为了解决上述这些问题，Microsoft公司推出了FAT32。

3. FAT32

FAT32是FAT系列文件系统的最后一个产品。每一簇在FAT表中的表项占据4B(2^{32})，FAT表中最多允许2^{32}个表项，也就是说，FAT32可以管理比FAT16更多的簇，这样就允许在FAT32中采用较小的簇。FAT32的每个簇都固定为4KB，即每个簇用8个盘块代替FAT16的64个盘块，每个盘块仍未512字节，FAT32分区格式可以管理的单个最大磁盘空间大到$4KB\times2^{32}=2TB$。FAT16和FAT32中的分区与簇的大小如表4-2所示。

表4-2　**FAT16和FAT32中的分区与簇的大小**

分区大小	FAT16簇大小	FAT32簇大小
16MB-32MB	2KB	不支持
32MB-127MB	2KB	512B
128MB-255MB	4KB	512B
256MB-259MB	8KB	512B

续表

分区大小	FAT16 簇大小	FAT32 簇大小
260MB-511MB	8KB	4KB
512MB-1023MB	16KB	4KB
1024MB-2047MB	32KB	4KB
2048MB-8GB	不支持	4KB
8GB -16GB	不支持	8KB
16GB -32GB	不支持	16KB
32GB 以上	不支持	32KB

FAT32 比 FAT16 支持更小的簇和更大的磁盘容量，减少了磁盘空间的浪费，使得 FAT32 分区的空间分配更有效率。FAT32 主要应用于 Windows 98 及后续的 Windows 系统。它可以增强磁盘性能，而且它的文件名长度可以达到 255 个字符，支持长文件名。

但是 FAT32 仍然有着不足之处。首先，由于文件分配表的扩大，造成运行速度比 FAT16 慢；其次，FAT32 有最小管理空间的限制，不支持容量小于 512MB 的分区，因此，对小分区，仍然需要使用 FAT16 或 FAT12；再次，FAT32 的单个文件长度不能超过 4GB；最后，FAT32 最大的限制在于兼容性方面，FAT32 不能保持向下兼容。

因此，Microsoft 公司推出了专为 Windows NT 开发的全新的文件系统 NTFS，也适用于 Windows XP/2003 操作系统。关于 NTFS 的具体介绍详见 4.7 节。

4.3.5 文件的存取方式与存储结构之间的关系

从对文件信息的存取次序考虑，存取方式可以分成两种：顺序存取和直接存取(随机存取)。顺序存取是指对文件中的信息按顺序依次进行读写的存取方式；直接存取是指对文件中的信息不一定要按顺序读写，而是可以按任意的次序随机地读写的存取方式。

采用哪种存取方式，主要取决于两个方面的因素：

1. 与文件的使用方式有关

文件的性质决定了文件的使用，也就决定了存取方式的选择。例如，一个源程序文件，它由一连串的顺序字符组成，编译程序在对源程序进行编译时，必须按字符顺序进行存取。又如，要对一个文件进行编辑时，也总是按照顺序存取的方式进行。但是对于数据库的访问，经常要采取直接存取方式。例如，对于员工的工资文件、学生成绩档案文件等，应允许方便地查找任何一个员工的工资情况和任何一个学生的成绩。于是应选择直接存取方式。

2. 与存储介质的特性有关

目前常用的存储设备是磁带机和磁盘机。

磁带机是一种适合顺序存取的存储设备。它总是从磁头的当前位置开始读写磁带上的信息。当磁头读了第 i 块的信息后，走过其后的间隙就到达了第 i+1 块的位置。当磁带机继续工作时，一定是读写第 i+1 块的信息。所以对存储在磁带上的文件，一般均采用顺序存取方式。如果想随机地读磁带上的某一块信息，则必须让磁头先定位到磁带的始端，然后才能正确定位到指定块的位置。例如，为了读第 100 块的信息，就必须让磁头从头开始走过 99 个间隙，才能读到第100块的信息。这样花费在定位上的时间就非常多，影响系统效率。因此对组织在磁带上的文件很少采用直接存取方式。

磁盘机是一种可按指定的块地址进行信息存取的设备。磁盘机上的每一个块都有确定的位置和一个唯一的地址。磁盘机能根据给定的地址带动读写磁头到达指定的柱面后，让指定的磁头存取指定扇区上的信息。所以磁盘机能随机读写磁盘机上任何一块的信息，具有直接存取功能。于是对存储在磁盘上的文件，既可采取顺序存取方式，又可采用直接存取方式。但是在建立文件时，应定义好存取方式，使用文件时必须与定义好的存取方式一致。

一般来说，对顺序存取的文件，文件系统可把它组织成顺序文件或链接文件；对直接存取的文件，文件系统可把它组织成索引文件。

但从系统的工作效率角度来说，文件的存储结构不仅与文件的存取方式有关，而且必须考虑存储设备的特性。因此，对只适合顺序存取的存储设备，应规定在它的存储介质上的文件只能采用顺序存取方式。

存取方式与存储结构之间的关系如表4-3所示。

表4-3　**存取方式与存储结构之间的关系**

存取方式 / 存储结构 / 介质类型	顺序存取	直接存取
磁盘	顺序文件、链接文件、索引文件	索引文件
磁带	顺序文件	

当文件的存储结构确定后，若用户需要读文件信息，则采用的存取方式应与请求保存文件时的存取方式相一致。

4.4　文件存储空间的管理

在磁盘等大容量辅助存储器空间中，用户作业运行期间经常要建立、扩充和删除文件，文件系统应能自动管理和控制外存文件空间。在创建和扩充文件时，决定分配哪些磁盘块是很重要的，这将会影响今后的磁盘访问次数，删除文件或缩短其长度时，需回收磁盘块并把盘块移入空闲队列。

4.4.1　文件存储空间的分配方法

外存文件空间的有效分配和释放是文件系统所要解决的一个重要问题。最初，整个存储空间可连续分配给文件使用。随着用户文件的不断建立和撤销，存储空间中会出现"碎片"。系统应定时或根据命令要求来集中碎片，在收集过程中往往要对文件重新组织，让其存放到连续存储区中。外存文件空间分配常采用以下两种方法。

1. 连续分配

文件被存放在外存空间的连续存储区(连续的物理块号)中，在建立文件时，用户必须

给出文件大小，然后，查找能满足要求的连续存储块供使用；否则不能建立文件，进程必须等待。连续分配的优点是顺序访问时通常无须移动磁头，查找速度快，管理简单，但为了获得足够大的连续存储块，需要定时进行“碎片”收集。因而，不适用于文件频繁进行动态增长和收缩的情况，用户事先不知道文件长度时也无法进行分配。

2. 非连续分配

非连续分配的一种方法是以块(扇区)为单位，按文件的动态要求向其分配若干扇区，这些扇区不一定连续，属于同一文件的扇区按文件记录的逻辑次序用指针连接或用位示图指示。另一种方法是以簇为单位，簇是若干连续扇区所组成的分配单位，实质上是连续分配和非连续分配的结合。各个簇可用指针、索引表、位示图来管理。非连续分配的优点是：外存空间管理效率高，便于文件动态增长和收缩，访问文件的执行速度快，特别是以簇为单位的分配方法已被广泛使用。

4.4.2 文件存储空间的管理方法

为了实现存储空间的分配，系统首先必须能记住存储空间的使用情况。为此，系统应为分配存储空间而设置相应的数据结构；其次，系统应提供对存储空间进行分配和回收的手段。下面介绍几种常用的文件存储空间的管理方法。

1. 位示图

磁盘空间通常使用固定大小的块，可方便地用位示图管理。位示图是利用二进制的一位来表示磁盘中一个盘块的使用情况。当其值为“0”时，表示对应的盘块空闲；为“1”时，表示已分配。磁盘上的所有盘块都有一个二进制位与之对应，这样，由所有盘块所对应的位构成一个集合，称为位示图。通常可用 m×n 个位数来构成位示图，并使 m×n 等于磁盘的总块数，如表 4-4 所示。

表 4-4

	0	1	2	3	…	15
0	1	1	0	0	…	0
1	0	0	0	1	…	1
2	1	1	1	0	…	0
3						
…						
15						

当有文件要存放到磁盘上时，根据需要的块数查位示图中为“0”的位，表示对应的那些存储块空闲，可供使用。一方面在位示图中查到的位上置占用标志为“1”，另一方面根据查到的位，计算出对应的物理块号。

b=n×i+j+1（b 代表物理块号；i 代表行号；j 代表列号；n 代表每行的位数）

于是，文件信息就可以按照计算出的物理块号存放到相应的磁盘块上。

当要删去某个文件，归还存储空间时，可以根据归还块的物理块号计算出相应的在位示图中的行号和列号，然后将位示图中的这一位的占用标志由“1”改为“0”，表示该块已成了空闲块。

$$i=(b-1)\ \text{DIV}\ n$$
$$j=(b-1)\ \text{MOD}\ n$$

这种方法的主要优点是，从位示图中很容易找到一个或一组相邻接的空闲盘块。例如，我们需要找到6个相邻接的空闲盘块，这只需在位示图中找到6个其值连续为“0”的二进制位即可。此外，由于位示图很小，占用空间少，因而可将它保存在内存中，进而使在每次进行盘块分配时，无须首先将盘块分配表读入内存，从而节省了许多磁盘的启动操作。因此，位示图常用于微型机和小型机中。

2. 空闲表法

系统为每个磁盘建立一张空闲块表，表中每个登记项记录一组连续空闲块的首块号和块数。空闲块数为“0”的登记项为无效登记项，如表4-5所示。

表4-5

序号	第一空闲盘块号	空闲盘块数
1	3	2
2	8	5
3	16	3
4	—	0

采用空闲表法，当有文件要求分配空闲块时，系统依次扫描空闲块表，寻找合适的空闲块并修改登记项；删除文件并释放空闲块时，把空闲块的位置及连续的空闲块数填入空闲块表，出现相邻的空闲块时，还需执行合并操作并修改登记项。空闲块表的分配及回收算法类似于内存的可变分区管理方式中采用的首次适应、最佳适应和最坏适应算法。

空闲表法仅当有少量的空闲区时才有较好的效果。因为，如果存储空间中有着大量的小的空闲区，那么空闲表会变得很大，会使扫描效率大为降低。因此，空闲表法适用于连续分配文件。

3. 空闲链表法

空闲链表法是把所有空闲盘区拉成一条空闲链。根据构成链所用的基本元素的不同，又可把链表分成空闲盘块链和空闲盘区链两种形式。

(1)空闲盘块链

这是将磁盘上的所有空闲空间，以盘块为单位拉成一条链。当用户因创建文件而请求分配存储空间时，系统从链首开始，依次摘下适当数目的空闲盘块分配给用户；当用户因删除文件而释放存储空间时，系统将回收的盘块依次插入空闲盘块链的末尾。这种方法的优点是用于分配和回收一个盘块的过程非常简单，但在为一个文件分配盘块时，可能要重复操作多次。

(2)空闲盘区链

这是将磁盘上的所有空闲盘区(每个盘区可包含若干个盘块)拉成一条链。在每个盘区上除含有用于指示下一个空闲盘区的指针外，还应有能指明本盘区大小(盘块数)的信息。分配盘区的方法与内存的可变分区分配类似，通常采用首次适应算法。在回收盘区时，同样

也要将回收区与相邻接的空闲盘区相合并。

空闲链表法只要在内存中保存一个指针，令它指向第一个空闲块或空闲区即可。其优点是简单、不需专用块存储管理信息。但工作效率低，原因是每当在链上增加或移动空闲块或空闲区时需要做多次 I/O 操作。

4. 成组链接法

空闲表法和空闲链表法都不适用于大型文件系统，因为这会使空闲表或空闲链表太长。成组链接法是一种结合上述两种方法而形成的空闲块管理方法。在 UNIX 系统中通常采用成组链接法。

成组链接法的实现方法是：将若干个空闲块归为一组，将每组中的所有空闲块号放入其前一组的第一个空闲块号指示的磁盘块中，而将第一组中的所有空闲块号放入文件系统的超级块中的空闲块号表中。例如，在图 4-16 所示的空闲块组织结构中，将第四组的空闲块号 412、410、408 等存入第三组的第一个磁盘块号所指示的 322 号物理块中；而将第三组的空闲块号 322、318、315 等放入第二组的第一个磁盘块号所指的 218 物理块中；而第一组的空闲块号 120、113、105、101 等则存入超级块表中的空闲块号表中。

当用户新建文件或为文件增加内容时，系统内核需要为该文件分配空闲磁盘块。在进行分配时，系统首先检查超级块中的空闲块表是否已上锁，即是否正在被其他进程使用，若已上锁则该进程等待，否则将超级块中的空闲块表的空闲块号按从右往左的顺序(如图 4-14 中的第 99 块)进行分配。如果所分配的空闲块号是超级块中最左边的一个块号(如图 4-14 中的第 120 块)，由于在该块中保存了下一组的所有空闲块号，因此，系统不能直接将它分配出去。系统必须在给超级块中的空闲表上锁后，首先将第 120 块中的内容复制到超级块中的空闲块号表，然后才将该块分配出去。最后将空闲块号表解锁，并唤醒所有等待使用超级块中空闲块号表的进程。

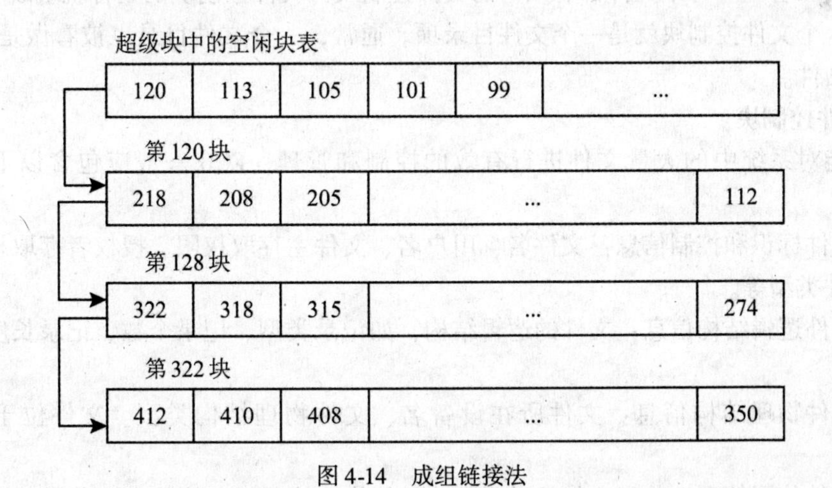

图 4-14 成组链接法

当系统删除一个文件的全部或部分内容时，系统需回收其占用的全部或部分磁盘空间。具体的做法是，如果超级块中的空闲块号表未满，则可直接将回收块的块号按从左到右的顺序添加到空闲块号表中。若超级块中的空闲块号表已满，须先将空闲块号表中的所有块号复制到新回收的磁盘块中，此磁盘块就成为了一个链接块。再将新回收块的块号放入超级块空闲块号表的最左边一栏，此时，此块号就成了空闲块表中唯一的块号。图 4-15 给出了在回收了第 98 块磁盘块前后的超级块中空闲块表的情况。

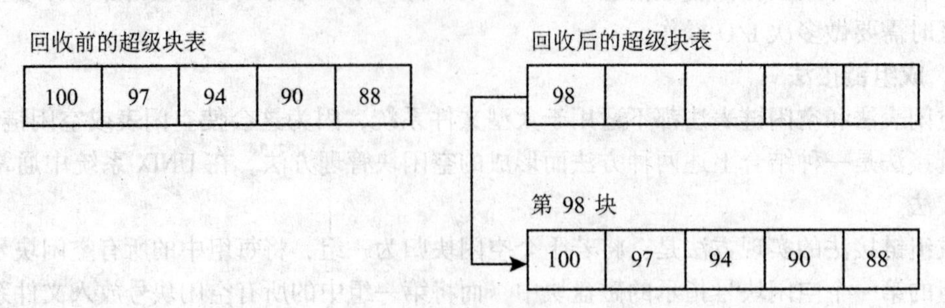

图 4-15　回收了第 98 块磁盘块前后的超级块中空闲块表的情况

4.5　文件目录管理

在现代计算机系统的外存磁盘上通常存储着大量的文件，为了能方便地对这些文件进行读取，就必须对文件进行组织和管理，通常系统是通过文件目录对文件进行组织和管理的。目录管理负责查找文件描述符，进而找到需要访问的文件，并进行访问权限检查等工作。

4.5.1　文件目录的内容

为了能对一个文件进行正确的存取，必须为文件设置用于描述和控制文件的数据结构，称为“文件控制块(File Control Block，FCB)”。文件管理程序通过文件控制块中的信息对文件进行控制和管理。每个文件都有唯一的文件控制块，文件控制块的集合就组成了一个文件目录，即一个文件控制块就是一个文件目录项。通常，一个文件目录也被看做是一个文件，称为目录文件。

1. 文件控制块

为了能对系统中的大量文件进行有效的控制和管理，FCB 一般应包含以下文件属性信息。

(1)文件标识和控制信息：文件名、用户名、文件主存取权限、授权者存取权限、文件口令、文件类型等。

(2)文件逻辑结构信息：文件的逻辑结构，如记录类型、记录个数、记录长度、成组因子数等。

(3)文件物理结构信息：文件所在设备名、文件物理结构类型、文件位于外存的地址等。

(4)文件使用信息：共享文件的进程数、文件修改情况、文件最大长度和当前大小等。

(5)文件管理信息：文件建立日期、最近修改日期、最近访问日期、文件保留期限、记账信息等。

有了 FCB 就可以方便地实现文件的“按名存取”。每当创建一个文件时，系统就要为其建立一个 FCB，作为其目录项放到文件目录中。存取文件时，先找到其目录(即 FCB)，再找到文件信息盘块号就能存取文件信息。

图 4-16 示出了 MS-DOS 中的文件控制块，其中含有文件名、文件所在的第一个盘块号、文件属性、文件建立日期和时间及文件长度等。FCB 的长度为 32 个字节。

文件名	扩展名	属性	备用	时间	日期	第一块号	盘块数

图 4-16 MS-DOS 中的文件控制块

2. 索引结点

文件目录通常存放在磁盘上，当文件很多时，文件目录可能会占用大量的盘块。在查找目录的过程中，先将存放目录文件的第一个盘块中的目录调入内存，然后把用户所给定的文件名与目录项中的文件名逐一比较。若未找到指定文件，便再将下一个盘块中的目录项调入内存，如果文件目录所占的物理盘块很多，那么为查找一个目录项所花费的平均查找时间就会很长。

为此，UNIX/Linux 系统采用巧妙的文件目录建立方法，能够减少检索文件所需访问的磁盘物理块数，即引入索引结点的概念。将 FCB 中的文件名和其他管理信息分开，其他信息单独组成一个数据结构，称为索引结点 inode，此索引结点的位置由 inode 号标识。于是，目录项中仅剩下 14B 的文件名和 2B 的 inode 号，称为基本目录项。这样构成的文件目录所占的盘块数大大减少了，从而大大缩短了目录项的平均查找时间，加快了目录的检索速度，而且也便于实现文件共享。图 4-17 示出了 UNIX 系统中的文件目录项。

文件名	索引结点编号
文件名 1	
文件名 2	
…	…

0　　　13 14　　　15

图 4-17 UNIX 系统中的文件目录项

存放在磁盘上的索引结点叫做磁盘索引结点。每个文件有唯一的一个磁盘索引结点，它主要包括文件标识符、文件类型、存取权限、文件物理地址、文件长度、文件存取时间等描述文件的诸多信息。

相对应地，存放在内存中的索引结点称为内存索引结点。当文件被打开时，要将磁盘索引结点复制到内存的索引结点中，便于以后使用。在内存索引结点中除了磁盘索引结点中已包含的文件信息外，又增加了一些内容用来描述文件，如文件所属的逻辑磁盘号、链接指针等。

4.5.2 文件目录结构

目录结构的组织，关系到文件系统的存取速度，也关系到文件的共享性和安全性。因此，组织好文件的目录，是设计好文件系统的重要环节。目前常用的目录结构形式有单级目录、两级目录和多级目录。

1. 单级目录结构

单级目录是最简单的目录结构。在整个文件系统中只建立一张目录表，每个文件占一个目录项，目录项中包含文件名、文件扩展名、文件长度、文件类型、文件物理地址以及其他文件属性。单级目录如图 4-18 所示。

文件名	物理地址	其他信息
文件名 1		
文件名 2		
…		

图 4-18　单级目录

当要创建一个新文件时，首先应去查看所有的目录项，看新文件名在文件目录中是不是唯一的，若不是，用户应重新命名；若是唯一的，则从目录中找出一个空的目录项，把新文件名、物理地址及其他信息等填入目录项中。

在删除一个文件时，首先，应到目录中找到该文件的目录项，从中找到该文件的起始块号，按照文件长度对它们进行回收。然后，清除该文件所占用的目录项。

单级目录结构的优点是简单，且能实现目录管理的基本功能，即按名存取。但却存在下述缺点。

(1)查找速度慢

对于规模较大的文件系统，其目录项的个数也较多。为找到一个指定的目录项要花费较多的时间。例如，对于一个具有 N 个目录项的单级目录，为检索出一个目录项，平均需要查找 N/2 个目录项。

(2)不允许重名

在一个目录表中的所有文件，都不能重名。然而，重名问题在多道程序环境下，却又是难以避免的；即使在单用户环境下，当文件数较多时，也难以做到不重名。

(3)不便于实现文件共享

通常，每个用户都有自己的名字空间或命名习惯。因此，应当允许不同用户使用不同的文件名来访问同一个文件。然而，单级目录却要求所有用户都用同一个名字来访问同一文件。

2. 两级目录结构

单级目录的主要问题是：当不同的用户定义了相同的文件名时，会引起文件的混淆。解决不同用户间文件重名的一种办法是采用两级目录结构或多级目录结构。

两级目录结构是为每个用户设置一张目录表，称为用户文件目录 UFD(User File Directory)。用户文件目录为本用户的每一个文件设置一个目录项。此外，在系统中再建立一个主文件目录 MFD(Master File Directory)，在主文件目录中，每个用户目录文件都占有一个目录项，其目录项中包括用户名和指向该用户目录文件的指针。如图 4-19 所示，图中的主文件目录中包含了三个用户：Wang、Zhang 和 Li。

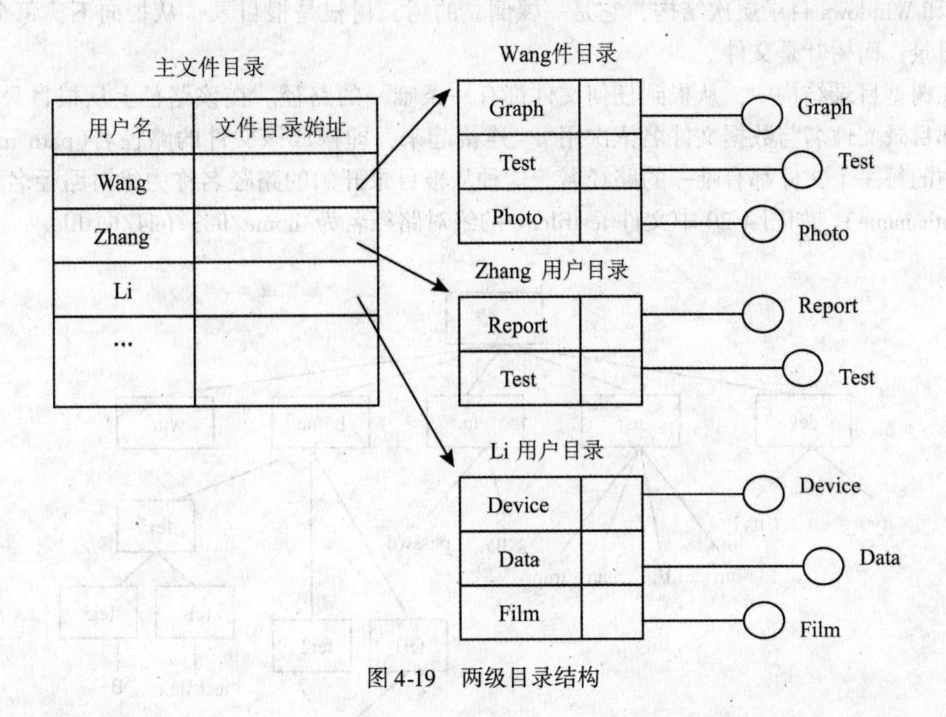

图 4-19　两级目录结构

当用户要存取一个文件时，系统根据用户名，在主目录表中查出该用户的文件目录表，然后再根据文件名，在其用户目录表中找出相应的目录项，这样便找到了该文件的物理地址，从而得到了所需的文件。

当用户要建立一个新文件时，如果是新用户，即主目录表中无此用户的相应登记项，则在主目录表中申请一个空闲项，然后再为其分配存放用户目录表的空间，新建文件的目录项就登记在这个用户目录中。

当用户删除一个文件时，只在用户目录中删除该文件的目录项。如果删除后该用户目录表为空，则表明该用户已脱离了系统，从而可以删除该用户在主目录表中的对应项。

采用两级目录结构后，即使不同的用户在为各自的文件命名时取了相同的名字也不会造成混乱。只要在用户自己的 UFD 中，每一个文件名都是唯一的。例如，在图 4-19 中，用户 Wang 和用户 Zhang 都有一个名为 Test 的文件，但在访问时，由于各自的路径不同，因此不会出现错误。

另外，采用两级目录结构还可使不同用户共享某个文件，只要在各用户的 UFD 中使某个目录项指向共享文件存放的物理位置即可。

采用两级目录结构也存在一些问题。该结构虽然能有效地将多个用户区分开，在各用户之间完全无关时，这种隔离是一个优点，但当多个用户需要相互合作去共同完成一个任务，且一用户又需访问其他用户的文件时，这种隔离便成为一个缺点，因为它不便于用户之间共享文件。

3. 多级目录结构

对于大型文件系统，通常采用三级或三级以上的目录结构，以提高对目录的检索速度和文件系统的性能。实际上，所有文件系统都支持多级层次结构，根目录是唯一的，每一级目录可以是下一级目录的说明，也可以是文件的说明，从而形成树型目录结构。图 4-20 给出

Linux 和 Windows 目录层次结构，它是一棵倒立的树，树根是根目录；从根向下，每个树枝是子目录；而树叶是文件。

在树型目录结构中，从根到任何文件都有一条唯一的路径。在该路径上从根目录开始，把全部目录文件名与数据文件名依次用"/"连接起来，即构成该文件的路径名(path name)。系统中的每一个文件都有唯一的路径名。这种从根目录开始的路径名称为绝对路径名(absolute path name)。如图 4-20 中文件 testfile. c 的绝对路径名为/home/fei3/fei4/testfile. c。

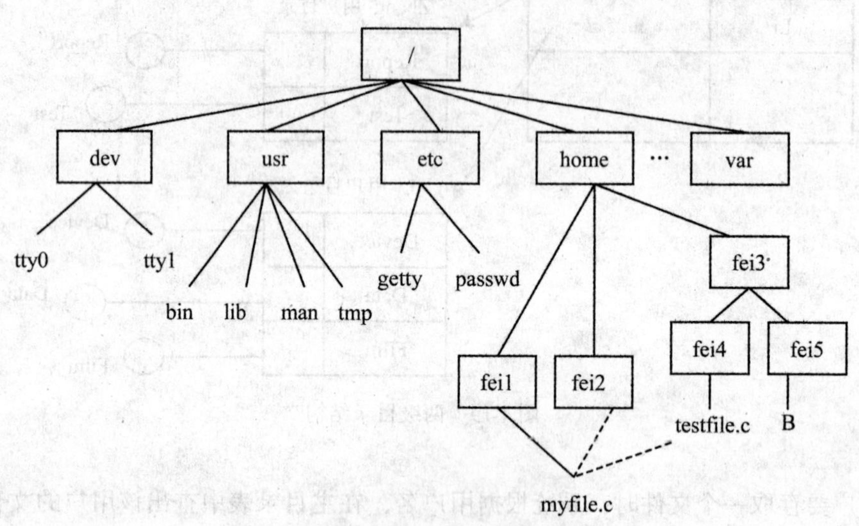

（a）Linux 目录层次结构

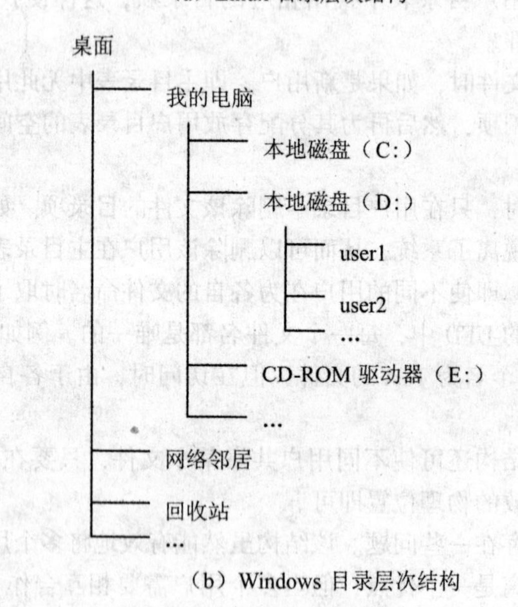

（b）Windows 目录层次结构

图 4-20　多级目录结构

当文件系统的层次很多时，访问一个文件时的绝对路径名会很长，操作起来会很繁琐，同时由于一个进程运行时所访问的文件大多仅局限于某个范围，因而非常不便。基于这一点，可为每个进程设置一个"当前目录"，又称为"工作目录"。进程对各文件的访问都相对于"当前目录"而进行。此时访问一个文件所使用的路径名，只需从当前目录开始，逐级经

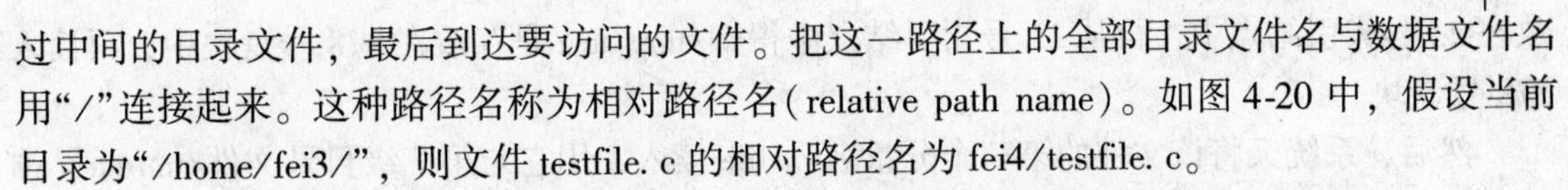

过中间的目录文件，最后到达要访问的文件。把这一路径上的全部目录文件名与数据文件名用“/”连接起来。这种路径名称为相对路径名(relative path name)。如图4-20中，假设当前目录为“/home/fei3/”，则文件testfile. c的相对路径名为fei4/testfile. c。

与单级目录结构、两级目录结构相比，多级目录结构具有以下优点。

(1)层次结构清楚，易于管理和保护。不同性质、不同用户的文件可以构成不同的子树，便于管理；不同层次、不同用户的文件可以被赋予不同的存取权限，有利于文件的保护。

(2)解决了重名问题。文件在系统中的搜索路径是从根目录开始到文件名为止的通路，因此，只要在同一子目录下的文件名不发生重复，就不会因文件重名而引起混乱。

多级目录结构的缺点是，由于是按路径名逐层查找文件，而每个文件都放在外存，因此，查找过程中要多次访问磁盘，从而会影响计算机的处理速度。另外，文件系统的结构也相对比较复杂。

4.5.3 目录查询技术

当用户要访问一个已存在的文件时，系统首先利用用户提供的文件名对目录进行查询，找出该文件的文件控制块或对应的索引结点；然后，根据FCB或索引结点中所记录的文件物理地址(磁盘盘块号)，换算出文件在磁盘上的物理位置；最后，再通过磁盘驱动程序，将所需文件读入内存。目前对目录进行查询的方式有两种：线性检索法和Hash方法。由于Hash方法的主要思想在“文件的物理结构”一节中已介绍过，因此下面重点介绍线性检索法。

线性检索法又称为顺序检索法。在单级目录中，利用用户提供的文件名，用顺序查找法直接从文件目录中找到此文件名的目录项。在树形目录中，用户提供的文件名是绝对路径名或相对路径名，此时需对多级目录进行查找。假定用户给定的文件路径名为/tmp/test/myfile，则查找文件/tmp/test/myfile的过程如图4-21所示。

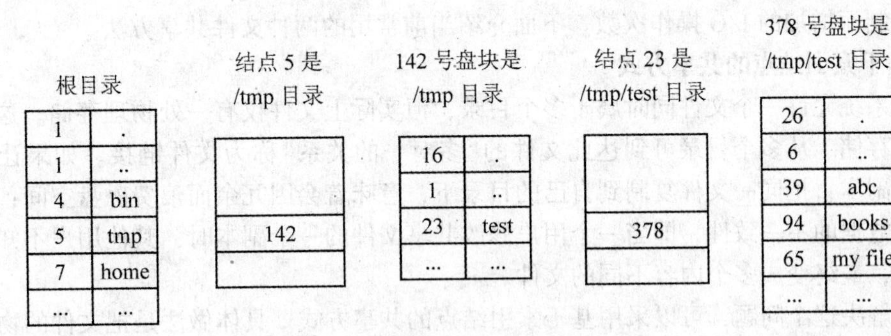

图4-21 查找/tmp/test/myfile的过程

具体查找过程说明如下：

首先，系统应先读入第一个文件分量名tmp，用它与根目录文件(或当前目录文件)中各目录项中的文件名顺序地进行比较，从中找出匹配者，并得到匹配项的索引结点号5，再从5号索引结点中得知tmp目录文件放在142号盘块中，将该盘块内容读入内存。

接着，系统再将路径名中的第二个文件分量名test读入，用它与放在142号盘块中的第二级目录文件中各目录项的文件名顺序进行比较，又找到匹配项，从中得到test的目录文件放在23号索引结点中，再从23号索引结点中得知/tmp/test是存放在378号盘块中，再读入378号盘块。

然后，系统又将该文件的第三个分量名myfile读入，用它与第三级目录文件/tmp/test中各目录项中的文件名进行比较，最后得到/tmp/test/myfile的索引结点号为65，即在65号索引结点中存放了指定文件的物理地址。目录查询操作到此结束。如果在顺序查找过程中发现有一个文件分量名未能找到，则应停止查找，并返回“文件未找到”信息。

4.6 文件共享与保护

在任何操作系统中，大量的文件需要管理，并且当用户进程提出请求时，系统应为之分配。如果每个用户都拥有一个文件的副本，则所需要的存储空间将会超出系统的外存空间。为了减少用户的重复性劳动，免除系统复制文件的工作和节省文件占用的存储空间等，文件系统提供文件共享的功能是十分必要的。

所谓文件共享，是指某一个或某一部分文件可以让事先规定的某些用户共同使用。为实现文件共享，系统还必须提供文件保护的能力，即提供保证文件安全性的措施。

文件的安全性问题是直接从共享的要求中提出来的。在非共享环境中，唯一允许存取文件的用户是文件主本人。因此，只要在主文件目录(MFD)中作一次身份检查就可确保其安全性。对于共享文件，文件主需要指定哪些用户可以存取他的文件，哪些用户不能存取。一旦某文件确定为可被其他用户共享时，还必须确定他们存取该文件的权限。例如，可允许他的同组用户更新他的文件，而其他用户只能执行该文件。这就涉及文件安全性(即保护)的问题。

4.6.1 文件共享

文件共享不仅为不同的进程完成共同任务所必需，而且还节省了大量的外存空间，减少因文件复制而增加的I/O操作次数。下面介绍当前常用的两种文件共享方法。

1. 基于索引结点的共享方式

操作系统允许一个文件同时属于多个目录，但实际上文件仅有一处物理存储。这种在物理上一处存储、从多个目录可到达此文件的“多对一的关系”称为文件链接。如果让各进程采用物理副本，把同一文件复制到自己的目录下，意味着会因冗余而浪费磁盘空间；而且还可能造成数据的不一致性，即当一个用户修改共享文件的一个副本时，其他用户不知道所发生的修改，最终变成多个内容不同的文件。

为了解决这个问题，可以采用基于索引结点的共享方式。具体做法是把文件的物理地址及其他的文件属性等信息，不再放在目录项中，而是放在索引结点中。在文件目录中只设置文件名及指向相应索引结点的指针。如图4-22所示。此时，由任何用户对文件所做的修改，所引起的相应结点内容的改变(例如，增加了新的盘块号和文件长度等)，都是其他用户可见的，从而也就能提供给其他用户来共享。

在这种文件共享方式中，为了反映共享同一文件的用户数，在每个索引结点中应设置一个用于链接计数的项count，用它来反映链接到该文件的用户目录项数。当count=2时，表示有2个用户链接到该文件上，即有2个用户共享这个文件。

当用户A创建一个新文件F后，用户A就是文件F的文件所有者。在F的索引结点中，

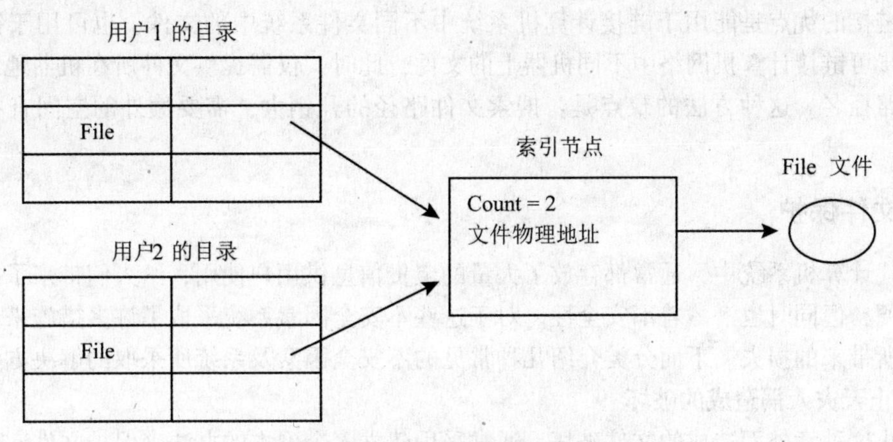

图 4-22 基于索引结点的共享方式

count=1。当用户 B 要共享文件 F 时，在用户 B 的目录中会增加一个目录项，并设置一个指针指向文件 F 的索引结点。此时，A 仍然是文件 F 的所有者，但 count=2。在 F 被共享时，如果用户 A 不再需要 F 时也不能删除，因为如果删除的话，就会删掉文件 F 的索引结点，这会使得用户 B 的指针悬空。此时只能将 count 的值减 1，即 count 的值变为 1，只有用户 B 拥有指向该文件的目录项，而该文件的所有者仍然是用户 A。如果系统进行记账或配额的话，A 将继续为该文件付账直到 B 不再需要它，此时 count 的值为 0，该文件被删除。

这种基于索引结点的共享方式也称为硬链接(hard link)，它通过多个文件名链接到同一个索引结点，可共享同一个文件。硬链接的不足是无法跨越文件系统。

2. 利用符号链接实现文件共享

操作系统可以支持多个物理磁盘或逻辑磁盘(分区)，那么，文件系统是建立一棵目录树还是多棵目录树呢？有两种方法，将盘符或卷标分配给磁盘或分区，并将其名字作为文件路径名的一部分。Windows 操作系统采用这种方法。

UNIX/Linux 系统使用另外的方法，每个分区都有自己的文件目录树，当有多个文件系统时，可通过安装的方法整合成一棵更大的文件目录树。现在存在一个问题，系统中的每个文件对应于一个 inode，其编号是唯一的，但是两个不同的磁盘或分区可能都含有相同 inode 号所对应的文件，也就是说，在整合的目录树中，inode 号并不唯一地标识一个文件，因而，无法做到从不同的文件系统生成指向同一个文件的链接。

将文件名和自身的 inode 链接起来，称为硬链接(即基于索引结点的共享方式)。硬链接只能用于单个文件系统，却不能跨越文件系统，可用于文件共享但不能用于目录共享，其优点是实现简单，访问速度快。另一种是软链接，又称符号链接(symbolic link)，可以克服上述缺点。符号链接是只有文件名、不指向 inode 的链接，通过名称来引用文件。

例如，用户 A 通过文件名 afile 来共享用户 B 的文件 bfile，可由系统生成 bfile 的一个符号链接，把所创建的新链接称为 afile，把此“符号链接”写入用户 A 的用户目录中，形式为 afile→bfile，以实现 A 的目录与 B 的文件的链接。符号链接中只包含被链接文件 bfile 的路径名而非其 inode 号，而文件的拥有者才具有指向 inode 的指针。当用户 A 要访问被符号链接的用户 B 的文件 bfile，且要读“符号链接”类文件时，被操作系统截获，依据符号链接中的路径名去读文件，于是就能实现用户 A 使用文件名 afile 对用户 B 的文件 bfile 的共享。

符号链接的优点是能用于链接计算机系统中不同文件系统中的文件，也可用于链接目录，进一步可链接计算机网络中不同机器上的文件，此时，仅需提供文件所在机器地址和其中文件的路径名。这种方法的缺点是：搜索文件路径的开销大，需要额外的空间查找存储路径。

4.6.2 文件保护

在现代计算机系统中，通常都存放了大量的宝贵信息供用户使用，给人们带来了极大的好处和方便，但同时也潜藏着不安全性。对于这些不安全因素系统采取了许多措施来尽量避免或减少所带来的损失。下面分类介绍几种常见的不安全因素及系统所采取的解决方法。

1. 防止天灾人祸造成的破坏

为防止这种意外而造成的文件破坏，通常采用建立多个副本的办法来保护文件。建立副本时指把同一文件存放到多个存储介质上，当某个存储介质上的文件被破坏时，可用其他存储介质上的备用副本来替换。

多个存储介质上的备用副本最好分别保存在相距较远的若干地方。这样，当遇到不可预测的灾难时不至于丢失所有的副本。

2. 防止系统故障造成的破坏

对于因硬件故障或软件失误而引起的文件被破坏，应经常采用建立副本和定时转储的办法来解决。

(1)建立副本

副本既可建立在同类型的不同存储介质上，也可建立在不同类型的存储介质上。当系统出现故障时，应根据系统故障的具体情况来选取副本。例如，当磁带机发生故障不能读出文件时，可以通过磁盘驱动器把保存到磁盘上的文件副本读出来。

操作系统还可在同一存储介质上对系统文件建立多个副本，万一某个副本上的文件受了侵害，可立即用其他副本中的文件更换，增强系统文件的安全性。

建立副本的方法简单易行，但系统开销增大，当文件更新时必须要改动所有的副本。因此，这种方法适用于容量较小且极为重要的文件。

(2)定时转储

在文件执行过程中，定时地把文件转储到某个存储介质上。当文件发生故障时，就用转储的文件来复原。这样可把有故障的文件恢复到某一时刻的状态，仅丢失了自上次转储以来新修改或新增加的信息，只要从恢复点重新执行就可得到弥补。

3. 防止文件共享时造成的破坏

文件共享是指一个文件可以让多个用户共同使用。文件共享有许多好处。例如，免除系统复制文件的工作，节省文件的存储空间。但是也可能会出现有意或无意地破坏文件的情况。因此对共享文件必须进行有效管理。

在一个文件系统中，通常可采用多种方法来验证用户的存取权限，以便保证文件的安全性。下面介绍几种验证用户存取权限的方法。

(1)访问控制矩阵

控制对文件访问的一种方法是：建立一个二维访问控制矩阵用以列出系统中所有用户和文件。其中，一维列出系统的用户，以 i(i=1，2，…，n)表示，另一维列出计算机系统的

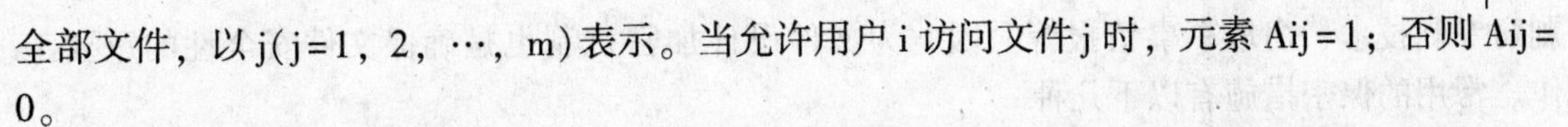

全部文件，以j(j=1，2，…，m)表示。当允许用户i访问文件j时，元素Aij=1；否则Aij=0。

当一个用户向文件系统提出存取请求时，由文件系统中的存取控制验证模块根据这个访问控制矩阵将本次请求和该用户对这个文件的存取权限进行比较，如果不匹配，就拒绝执行。

这种方法的优点是一目了然，缺点是这个矩阵往往过于庞大。如果为了快速存取而将其放到主存中，则要占据大量的主存空间。另外，若要对访问权限进一步细化，还可以分可读(R)、可写(W)、可执行(E)等权限，那么这个矩阵会变得更复杂。

(2)存取控制表

访问控制矩阵的主要缺点是占用空间大。然而，经过分析可以发现，某一文件往往只与特定的少数几个用户有关，而绝大多数用户与此无关。因此，可以简化访问控制矩阵，减少不必要的登记项。

一种要求少量空间的技术是根据不同用户类别控制访问。在许多系统中把与每个文件连接的用户分成三类：文件主、同组用户和其他用户。文件主是文件的建立者；同组用户是指可共享文件主建立的文件，且具有相同存取方式的一组用户。其他用户是指在系统中除文件主及其同组用户外的所有其他用户。对每一类用户规定使用文件的权限。系统规定用户使用文件的权限是读、写和执行三种，且相互间没有隐含关系。因此用三位二进制就能够表示一类用户对某个文件的存取权限。三类用户共需九位二进制数。每一位的值为"1"时表示允许执行相应的操作，而为"0"时表示不允许执行该操作。

当用户提出使用某个文件的要求时，系统先检查该用户是文件主，还是文件主的同组用户，或者是其他用户，根据不同的用户核对不同类的使用权限，核对相符时才允许使用该文件。这种方法实现起来比较简单，但是不能对文件主的不同文件分别规定同组用户。

(3)用户权限表

将一个用户(或用户组)所要存取的文件名集中存放在一张表中，其中每个表目指明相应文件的存取权限，这种表称为用户权限表。

如果系统采用这种方法进行存取保护，则要为每个用户建立一张用户权限表，并放在一个特定的区域内。只有负责存取合法性检查的程序才能存取这个权限表，以达到有效保护的目的。当用户对一个文件提出存取要求时，系统查找相应的权限表，以判断他的存取要求是否合法。

4. 防止计算机病毒的侵害

大多数计算机病毒都是利用某一特定操作系统的不足之处而设计的。病毒程序往往附在合法程序中。当程序执行时，病毒程序也被启动。病毒程序被启动后就去检查系统中的文件，如果发现了未感染的程序，则它就把病毒代码加在尾部，然后把原来程序的第一条指令改成跳转指令，转向执行病毒代码，之后再返回原来的程序执行。这样，每当被感染的程序运行时，它总是去感染更多的程序。

为了减少病毒的侵害，除了针对各种病毒设计相应的杀毒软件外，还可在二进制文件的目录中设置一般用户只能读的权限，以提高病毒入侵的难度，防止病毒感染其他文件，限制病毒渗透系统的能力。

5. 防止他人窃取文件

随着计算机网络的迅速发展，有些人会怀着各种目的去入侵银行系统、窥视商业机密、剽窃专利技术、窃取军事情报等。因此为文件设计加密机制也是确保文件安全性的重要工作。常用的保密措施有以下几种。

(1)隐蔽文件目录

把保密文件的文件目录隐蔽起来，不让它在显示器上显示。非授权的用户不知道这些文件的文件名，因而不能使用这些文件。

在采用这些方法的系统中，都设计了可以隐蔽或解除隐蔽指定文件目录的专用命令。

(2)设置口令

为文件设置口令是实现文件保密的一种可行方法。只有当使用文件者提供的口令与文件目录中的口令一致时，才允许他使用文件，且在使用时必须遵照规定的存取权限。得不到某文件口令的用户是无法使用该文件的。为了防止口令被盗窃，系统应采取隐蔽口令的措施，即在显示文件目录时应把口令隐藏起来。当口令泄密时，应及时更改口令。

(3)使用密码

对极少数极为重要的保密文件，可把文件信息翻译成密码形式保存，使用时再把它解密。密码的编码方式只限文件主及允许使用该文件的同组用户知道，这样其他用户就难以窃取到文件信息。当然这种方法会增加文件重新编码和译码的开销。

本章小结

文件系统的主要功能是实现“按名存取”，即用户只需给出文件名，便可在系统中查找出相应的文件。在现代操作系统中，几乎毫无例外地是通过文件系统来组织和管理在计算机中所存储的大量程序和数据的；或者说，文件系统的管理功能，是通过把它所管理的程序和数据组织成一系列文件的方法来实现的。

文件是具有符号名的相同记录的集合。每个文件都必须有文件名，不同的操作系统对文件名有不同的要求。

为了方便、有效地管理文件，通常将文件分成若干类型。分类角度不同，会产生不同的文件类型。按照文件的性质和用途划分，文件可分为系统文件、库文件和用户文件；按照文件中数据的组织形式划分，文件可分为源文件、目标文件和可执行文件；根据系统管理员或用户所规定的存取控制属性，可以将文件分为只读文件、读写文件和执行文件；按信息流向可以将文件分为输入文件、输出文件和输入输出文件；根据文件的组织形式和系统对其的处理方式，可以将文件分为普通文件、目录文件和特殊文件。

文件系统是操作系统中负责存取和管理信息的模块，它用统一的方式管理用户和系统信息的存储、检索、更新、共享和保护，并为用户提供一整套方便有效的文件使用和操作方法。文件系统由三部分组成，包括与文件管理有关的软件、被管理的文件以及实施文件管理所需的数据结构。

文件的逻辑结构通常采用两种形式。一种是无结构的文件——流式文件，另一种是有结构的文件——记录式文件。其中记录式文件又划分为顺序文件、索引文件、索引顺序文件及直接文件。文件从物理结构上可划分为顺序文件、链接文件及索引文件。

外存文件空间的有效分配和释放是文件系统所要解决的一个重要问题。外存空间的分配方式主要有连续分配和非连续分配。外存文件空间的有效分配和释放是文件系统所要解决的一个重要问题。常用的文件存储空间的管理方法有位示图法、空闲表法、空闲链表法和成组

链接法。

在现代计算机系统的外存磁盘上通常存储着大量的文件，为了能方便地对这些文件进行读取，就必须对文件进行组织和管理，通常系统是通过文件目录对文件进行组织和管理的。目录管理负责查找文件描述符，进而找到需要访问的文件，并进行访问权限检查等工作。目前常用的目录结构形式有单级目录、两级目录和多级目录。

文件共享，是指某一个或某一部分文件可以让事先规定的某些用户共同使用。为实现文件共享，系统还必须提供文件保护的能力，即提供保证文件安全性的措施。当前常用的文件共享方法有基于索引结点的共享方式和利用符号链接实现文件共享。

本章最后介绍了 Windows 系统和 Linux 系统中对文件管理所采取的技术和方法，并详细分析了这两种具有代表性的操作系统中的文件系统的特征和优点。

习题 4

1. 选择题

(1)文件系统最基本的目标是( )。

A. 文件共享　　B. 按名存取

C. 文件保护　　D. 提高对文件的存取速度

(2)在文件系统中可命名的最小数据单位是( )。

A. 数据项　　B. 记录

C. 文件　　D. 文件系统

(3)下面有关文件及文件管理的说法中错误的是( )。

A. 文件管理的主要工作是管理用户信息的存储、检索、更新、共享和保护

B. 文件系统为用户提供按名存取的功能

C. 文件是指逻辑上具有完整意义的信息集合

D. 文件类型是系统识别和区分文件的唯一手段

(4)实现文件保护的措施不包括( )。

A. 防止系统故障造成的文件破坏可以采用建立副本和定时转储的方法

B. 防止错误使用共享文件造成的错误可以为文件建立使用权限实现保护

C. 隐藏文件目录

D. 防止错误使用共享文件造成的错误可以采用树型文件目录、存取控制表等方式

(5)下列文件结构中，不利于文件长度动态增长的是( )。

A. 连续结构　　B. 链接结构

C. 索引结构　　D. Hash 结构

(6)下列叙述中错误的是( )。

A. 一个文件在同一系统中、不同的存储介质上的拷贝，应采用同一种物理结构

B. 文件的物理结构不仅与外存的分配方式相关，还与存储介质的特性相关

C. 采用顺序结构的文件既适合进行顺序访问，也适合进行随机访问

D. 虽然磁盘是随机访问的设备，但其中的文件也可使用顺序结构

(7)在 UNIX 系统中，把输入/输出设备看做是( )。

A. 普通文件　　B. 特殊文件

C. 索引文件　　　　　　　　　　D. 目录文件

(8) UNIX 文件的逻辑结构采用( )。

A. 记录式文件　　　　　　　　　B. 索引文件

C. 流式文件　　　　　　　　　　D. 链接文件

(9) UNIX 文件的物理结构采用( )。

A. Hash 文件　　　　　　　　　B. 链接文件

C. 顺序文件　　　　　　　　　　D. 索引文件

(10) 位示图法是用于( )。

A. 内存空间的管理

B. 文件存储空间的管理

C. 虚存空间的管理

D. 外设的分配和回收

2. 问答题

(1) 文件系统由哪几部分组成?

(2) 文件系统有哪些功能?

(3) 什么叫文件? 什么叫文件目录? 什么叫目录文件? 试说明文件目录的作用, 它一般应包含哪些信息?

(4) 什么是文件的逻辑结构? 什么是文件的物理结构?

(5) 文件系统中为什么要设置"打开文件"和"关闭文件"的操作?

(6) 怎样确定文件的存取方式?

(7) 文件的物理结构有哪几种? 为什么说链接文件结构不适用于随机存取?

(8) 文件的连续分配会导致磁盘碎片, 请问这是内零头还是外零头?

(9) 在文件系统中, 为什么要设立"当前目录"? 操作系统如何改变"当前目录"?

3. 分析题

(1) 假定某个文件由长度为 80 个字符的 100 条逻辑记录组成, 磁盘存储空间被划分成长度为 2048 个字符的块。为有效地利用磁盘空间, 要求采用成组方式把文件存放到磁盘上。请回答下列问题:

① 该文件至少占用多少磁盘存储块?

② 若该文件是以链接结构形式存放在磁盘上的, 现用户要求使用第 28 条逻辑记录, 写出系统为满足用户要求而应做的主要工作。

(2) 假定磁带的记录密度为每英寸 800 个字符, 每个逻辑记录长为 160 个字符, 块与块之间的间隙为 0.6 英寸, 现有 1000 个逻辑记录需要存储到磁带上, 分别回答下列问题:

① 不采用成组操作时磁带空间的利用率。

② 采用以 5 个逻辑记录为一组的成组操作时磁带的利用率。

③ 为了使磁带空间的利用率大于 50%, 采用记录成组时其块因子至少为多少?

(3) 设某文件由 5 个逻辑记录组成。每个逻辑记录的长度均为 510 个字节。该文件采用连接结构存储在磁盘上, 磁盘块的大小为 512 个字节, 用 2 个字节存放连接指针, 存放该文件的磁盘块号依次为第 50、121、75、80、63 块。现要使用含有文件中第 1569 个字节的逻辑记录, 请问应读出哪个磁盘块中的信息?

(4) 有一计算机系统利用下图所示的位示图来管理空闲盘块。盘块的大小为 1KB, 现要

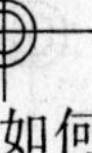

为某文件分配两个盘块，试说明盘块的具体分配过程。若要释放磁盘的第 300 块，应如何处理？

	0	1	2	3	4	5	6	7	8	9	10	11	12	13	14	15
0	1	1	1	1	1	1	1	1	1	1	1	1	1	1	1	1
1	1	1	1	1	1	1	1	1	1	1	1	1	1	1	1	1
2	1	1	0	1	1	1	1	1	1	1	1	1	1	1	1	1
3	1	1	1	1	1	1	0	1	1	1	1	0	1	1	1	1
4	0	0	0	0	0	0	0	0	0	0	0	0	0	0	0	0

(5) 某操作系统的磁盘文件空间共有 500 块，若用字长为 32 位的位示图管理磁盘空间，试问：

① 位示图需多少个字节？

② 第 i 字第 j 位对应的块号是多少？

③ 给出申请/归还一块的工作流程。

(6) 学生甲有两个文件 A、B，学生乙有三个文件 A、C、D。其中，甲的文件 A 与乙的文件 A 不是同一个文件，甲的文件 B 与乙的文件 C 是同一个文件。为了不致混乱，请拟定一个目录组织方案，并画图说明。

(7) 某文件系统采用索引文件结构，设文件索引表的每个表目占 3 个字节，存放一个盘块的块号，磁盘块大小为 512B。试问该文件系统采用直接、二级和三级索引能管理的最大磁盘空间为多少字节？

第5章 存储管理

存储器是一种重要的计算机资源，是计算机系统中的一种宝贵而紧俏的资源。近年来，随着计算机技术的飞速发展和存储器成本的逐渐下降，使得存储器的容量一直在不断扩大，但是仍然不能满足现代软件发展的需要，因此，如何对存储器进行有效的管理，不仅直接影响到存储器的利用率，而且还对系统的性能有重大影响。本章存储管理介绍的主要对象是内存，因为外存主要用来存放大量的文件，因此，关于外存管理的相关内容已经在第4章文件管理中作了介绍。

5.1 存储管理概述

在介绍几种具体的存储管理方式之前，有必要对存储管理中所涉及的一些基本概念作一下详细介绍，如目前计算机系统中的多级存储体系，程序装入内存的方式及链接方式，接着介绍了目前系统中常用的几种内存保护机制，本节最后对后面几节将会详细阐述的几种存储管理方式作了概括性的介绍。

5.1.1 存储体系

1. 存储器的设计目标

计算机存储器的设计目标可以归纳为三个问题：多大的容量？多快的速度？多贵的价格？“多大的容量”的问题从某种意义上来说是无止境的，存储器有多大的容量，就可能开发出多大容量的应用程序来使用它。“多快的速度”的问题相对易于回答，为达到最佳的性能，存储器的速度必须能够跟得上处理机的速度。也就是说，当处理机正在执行指令时，我们不希望它会因为等待指令或操作数而暂停。最后一个问题也必须考虑，对一个实际的计算机系统，存储器的价格与计算机其他部件的价格相比应该是合理的。

应该注意到，存储器的这三个重要特性间存在着一定的折中，即容量、存取时间和价格。在任何时刻，我们不可能同时兼顾到这三个特性。实现存储器系统会用到各种各样的技术，但各种技术之间往往存在着以下关系：

(1)存取时间越快，每一个“位”的价格越高；

(2)容量越大，每一个“位”的价格越低；

(3)容量越大，存取速度越慢。

由此可见，价格是与存取速度成正比的，而不是容量。设计者在设计存储器系统时所面临的困难是很明显的，由于需求是较大的容量和每一个“位”较低的价格，因而设计者通常希望使用能够提供大容量存储的存储器技术；但为了满足性能要求，又需要使用昂贵的、容量相对比较小而具有快速存取时间的存储器。

2. 多级存储体系

解决这个难题的方法是，不依赖于单一的存储组件或技术，而是使用存储器的层次结构，一种典型的存储体系结构如图 5-1 所示。

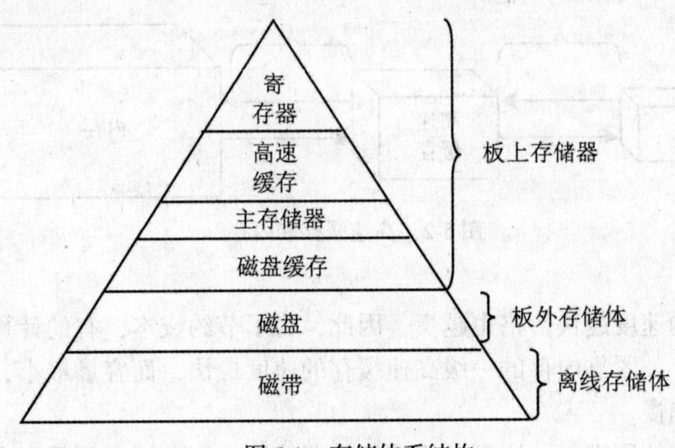

图 5-1 存储体系结构

在图的存储器层次结构中，从上往下看，遵循以下规律：

(1)每一个"位"的价格递减；

(2)容量递增；

(3)存取时间递增；

(4)处理机访问存储器的频率递减。

下面依次介绍图 5-1 的多级存储体系中的存储介质。

由于主存储器(简称内存或主存)是计算机系统中的一个主要部件，所以首先对内存作介绍。内存主要用来保存进程运行时的程序和数据，目前主流的内存容量已经达到了 GB 级，而且容量还在不断增加。CPU 的控制部件只能从内存中取得指令和数据，数据能够从内存读取并将它们装入到寄存器中，或者从寄存器存入到内存中。CPU 与外部设备交换的信息一般也依托于内存地址空间。由于内存的访问速度远低于 CPU 执行指令的速度，为了缓和这一矛盾，在计算机系统中引入了寄存器和高速缓存。

寄存器是多级存储体系中速度最快、容量最小、价格最贵的存储器类型，位于处理机内部。通常，一个处理机包含多个寄存器，某些处理机甚至包含上百个寄存器。寄存器的长度一般以字(word)为单位。由于寄存器的访问速度快，所以完全能与 CPU 协调工作，主要用于加速存储器的访问速度，如用寄存器存放操作数，或用作地址寄存器以加快地址转换速度等。

高速缓存是现代计算机结构中的一个重要部件，其容量大于寄存器而小于内存，访问速度比内存快。高速缓存通常对程序员是不可见的，或者更确切地说，对处理机是不可见的。高速缓存用于在内存和处理机的寄存器之间分段移动数据，以提高数据访问的性能。

高速缓存试图使访问速度接近现有最快的存储器，而同时保持价格便宜的大存储容量。图 5-2 中有一个相对容量大而速度较慢的内存和一个容量较小且速度较快的高速缓存，高速缓存中包含一部分内存数据的副本。当处理机试图读取存储器中的一个字节或字时，要进行一次检查以确定这个字节或字是否在高速缓存中。如果在，该字节或字从高速缓存传递给处理机；如果不在，则由固定数目的字节组成的一块内存数据先被读入高速缓存，然后该字节或字从高速缓存传递给处理机。

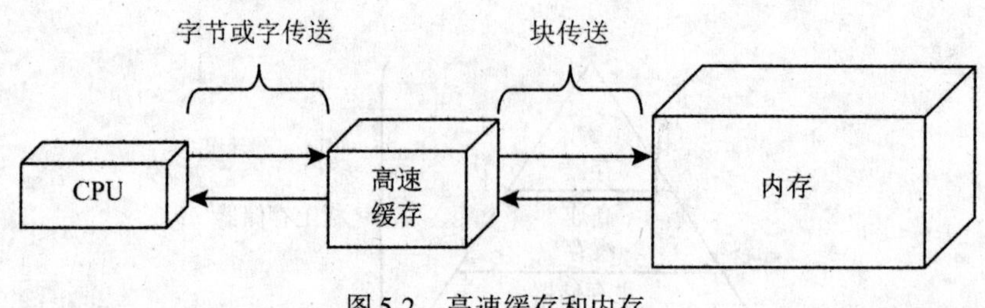

图 5-2　高速缓存和内存

由于高速缓存的速度越快价格也越贵，因此，为了节约成本，有的计算机系统中设置了两级或多级高速缓存。紧靠内存的一级高速缓存的速度最快，而容量最小，二级高速缓存的容量稍大，速度也稍慢。

内存的高速缓存的原理也一样可以用于磁盘存储器。磁盘缓存便是在内存中为磁盘扇区设置的一个缓冲区，它包含有磁盘中某些扇区的副本。主要目的是为了减少访问磁盘的速度。当出现一个请求某一特定扇区的 I/O 请求时，首先进行检测，以确定该扇区是否在磁盘缓存中。如果在，则该请求可以通过这个磁盘缓存来满足；如果不在，则把该请求的扇区从磁盘读到磁盘缓存中。

对于图 5-1 中下层的磁盘磁带等外存储器，由于主要用来存放文件，不属于存储管理的范畴，且已经在第 4 章中作过相应的介绍，因此，这里就不再重复了。

下面举例说明计算机系统中的多级存储体系的应用。通常，一个文件的数据可能出现在存储器层次的不同级别中。例如，一个文件数据通常被存储在外存中，当其需要运行或被访问时，就必须调入内存，也可以暂时存放在内存的磁盘缓存中。大容量的外存通常使用磁盘，磁盘数据经常备份到磁带或可移动的磁盘组上，以防止硬盘故障时丢失数据。

5.1.2　逻辑地址与物理地址

大多数应用程序、操作系统和实用程序都用高级程序设计语言或汇编语言编写，所编写的程序称为源程序，源程序集合所限定的空间称为程序名字空间。

由于源程序是用高级语言写的，而我们知道，计算机只能识别机器语言，所以用户所编写的源程序要让计算机来处理，必须经过编译、链接、装入和运行这样几个步骤。如图 5-3 所示。

计算机系统处理一个程序的第一个步骤为编译，编译的过程就是将用高级语言编写的源程序翻译成机器所能识别的目标程序。编译程序将源程序的每一个模块都编译成相应的目标模块，每一个目标模块中的地址都是从 0 开始编址的，一些相关的目标模块经过链接之后形成一个完整的目标模块，这个完整的目标模块中的地址也是从 0 开始的，这些地址空间叫逻辑地址空间(相对地址空间)，这些地址空间中的地址称为逻辑地址(相对地址)。这种地址并不是程序在内存中的地址，而一个程序要想运行，最终必须装入内存，当程序的多个目标模块经过链接并装入内存后，在内存中会有一个地址空间，称为物理地址空间(绝对地址空间)，这个地址空间中的地址叫物理地址(绝对地址)。

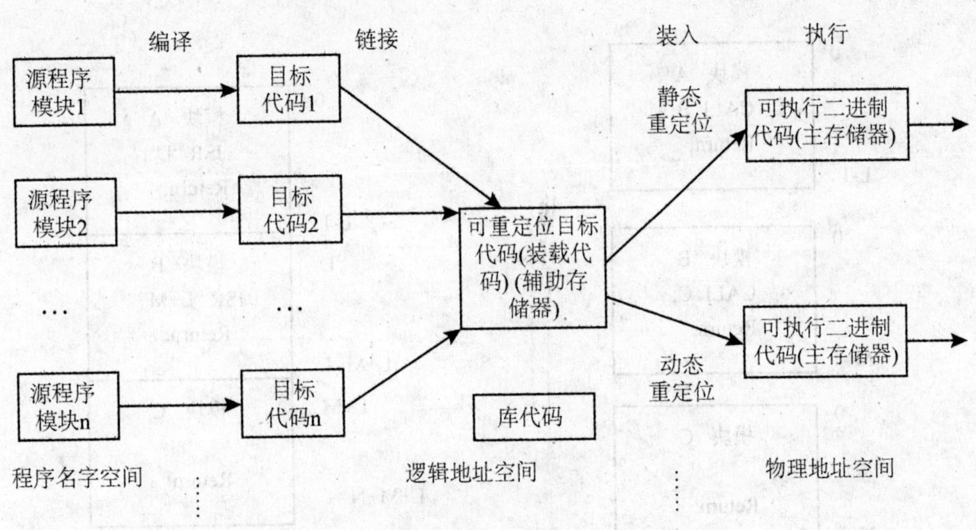

图 5-3 程序的编译、链接、装入和执行

5.1.3 程序的链接

程序处理的第二个步骤是链接。链接的作用是把编译之后生成的多个目标模块链接成一个完整的目标模块。一个程序可以由独立编写且具有不同功能的多个源程序模块组成。比如，在一个 C 语言的源程序中，其主程序 main 中有函数和子程序调用，另外还有对 C 语言库函数的调用。这些模块在编译时都会生成相应的目标模块，但由于这些模块是同属于一个程序的，共同实现这个程序的功能，因此，需要将它们链接在一起形成一个完整的目标模块。

由于程序的链接是将原来分散的多个模块链接成一个模块，因此，要解决以下两个问题：首先，要对相对地址进行修改，因为链接前有多个模块，每个模块都有自己的地址空间及相对地址，链接后成为一个地址空间，因此相对地址应发生更改；其次，原来的模块间存在的调用关系是采用函数调用语句来是实现的，而链接之后只有一个模块了，因此调用语句应改为跳转语句。图 5-4 给出了程序链接过程示意。

根据链接时间的不同，可把链接分成以下三种：

(1)静态链接。在程序运行之前，先将各目标模块及它们所需的库函数等，链接成一个完整的装配模块，以后不再拆开。我们把这种事先进行链接的方式称为静态链接方式。图 5-4 所示的即为静态链接方式。

(2)装入时动态链接。这是指将用户源程序编译后所得到的一组目标模块，在装入内存时，采用边装入边链接的链接方式。

(3)运行时动态链接。这是指对某些目标模块的链接，是在程序执行中需要该模块时，才对它进行的链接。

5.1.4 程序的装入

程序处理的第三个步骤是装入，即将链接后形成的完整的目标模块装入内存。程序的装入也称为加载。

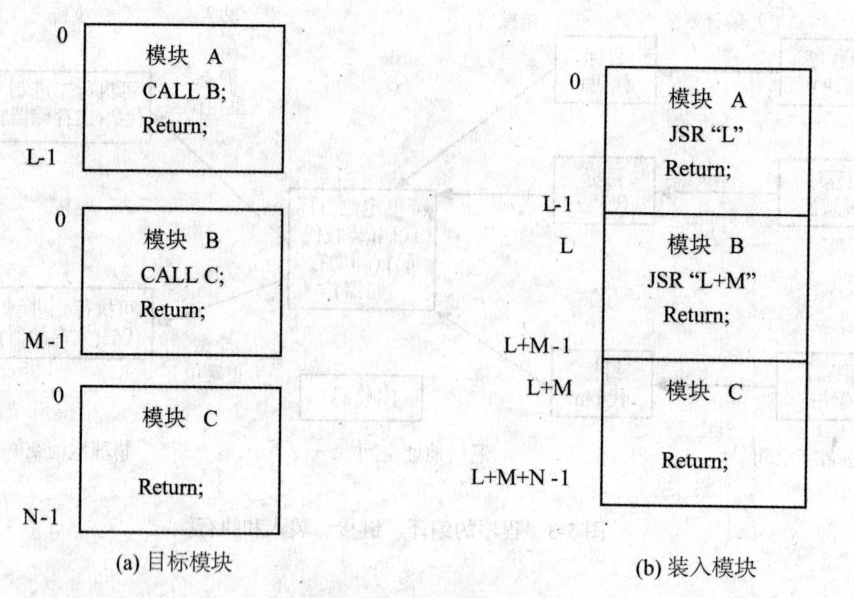

图 5-4 程序链接示意图

在 5.1.2 节中介绍过逻辑地址和物理地址，当程序装入内存时，每道程序不可能都从内存空间的 0 地址开始装入，因此，程序的逻辑地址与分配到的内存的物理地址不一致。为了使得程序都正确运行，必须将程序的逻辑地址空间中的逻辑地址转换为内存空间中的物理地址，这一过程称为地址重定位或地址映射。地址重定位有静态重定位和动态重定位两种方式。

1. 静态重定位

静态重定位是指在程序执行之前进行重定位。根据装配模块将要装入的内存起始地址，直接修改装配模块中的有关地址的指令。这一工作通常是由装配程序完成的。

下面举例说明静态重定位的过程。图 5-5 给出了一个程序装入内存前后的情况。在地址空间 100 号单元处有一条指令 mov r1，[300]，其功能是将 300 号单元处的数据 123 装入到寄存器 r1 中。现在假设该程序被装入到内存中的起始地址为 1000，显然，在该指令中所出现的地址 300 为逻辑地址，而不是 123 在内存中的地址，所以，必须对这个地址进行转换，否则将不能正确读取数据 123。

由图 5-5 可以看出，程序装入内存后的起始地址为 1000，即程序的逻辑地址 0 与内存中的物理地址 1000 相对应。相应的逻辑地址 100 对应于物理地址 1100，逻辑地址 300 对应于物理地址 1300(起始地址 1000+相对地址 300)。所以"mov r1，[300]"指令中的地址应作相应的修改，即改为"mov r1，[1300]"，当程序执行 mov 这条指令时，应该从物理地址 1300 处取出数据并存入寄存器 r1 中。

静态重定位的优点是容易实现，无须硬件支持，它只要求程序本身是可重定位的，即对那些要修改的地址部分具有某种标识。静态重定位由专门设计的程序来完成。但是，它也存在明显的缺点：

(1)程序在地址重定位后就不能在内存中移动了，因而不能重新分配内存，不利于内存的有效利用。

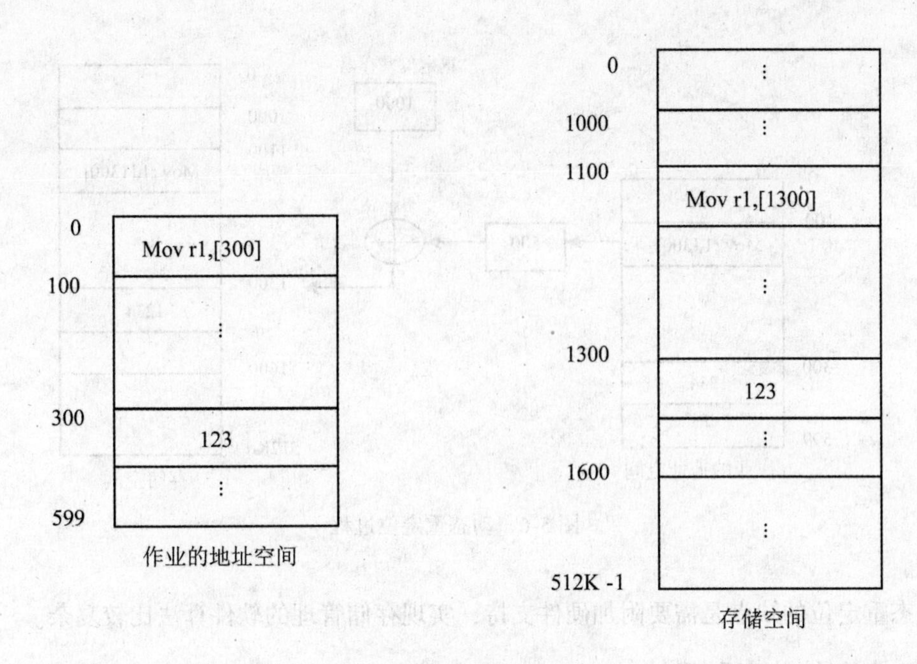

图 5-5 静态重定位过程

(2)要求程序的存储空间必须是连续的，不能分布在内存的不同区域。

(3)不利于内存的共享，若干用户若共享同一程序，则各用户必须使用自己的副本。

2. 动态重定位

为了克服静态重定位的这些缺点，又提出了动态重定位。在动态重定位方式中，动态运行时的装配程序在把装入模块装入内存后，并不立即把装入模块中的逻辑地址转换为物理地址，而是把这种地址转换推迟到程序真正要执行时才进行。因此，装入内存后的所有地址仍然是逻辑地址。

动态重定位的实现要依靠硬件地址变换机构，最简单的实现方法是利用一个重定位寄存器。当某个作业开始执行时，操作系统负责把该作业在内存中的起始地址送入重定位寄存器中，之后，在作业的整个执行过程中，每当访问内存时，系统会自动地将重定位寄存器的内容加到逻辑地址中去，从而得到了该逻辑地址对应的物理地址。动态重定位的过程如图 5-6 所示。

在该例中，作业被装入到内存中 1000 号单元开始的一片存储区中，当该作业执行时，操作系统将重定位寄存器设置为 1000。当程序执行到 1100 号单元中的 mov 指令时，硬件地址变换机构自动地将这条指令中的逻辑地址 300 加上重定位寄存器中的内容，得到物理地址 1300。然后以 1300 作为访问内存的物理地址，将数据 123 送入寄存器 r1 中。

动态重定位的优点是：

(1)在程序的执行过程中，用户程序在内存中可以移动，因而可以重新分配内存，有利于内存的充分利用。

(2)程序不必连续存放在内存中，可以分散在内存的若干个不同区域，这只需增加几对基址—限长寄存器，每对寄存器对应一个区域。

(3)若干用户可以共享同一程序。

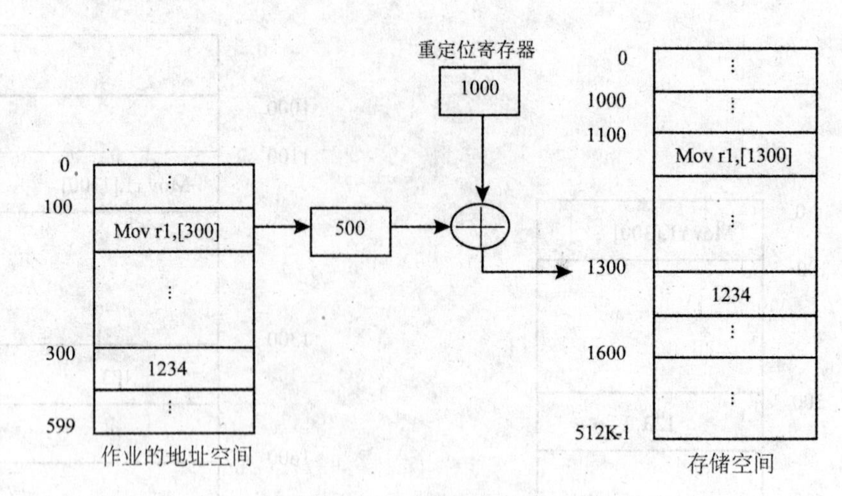

图 5-6　动态重定位过程

动态重定位的缺点是需要附加硬件支持，实现存储管理的软件算法比较复杂。

5.1.5　内存的共享和保护

在多道程序环境下，系统的内存中可以允许同时存放多道程序，而内存空间是有限的，因此就需要提供内存的共享。为了避免同时存在于内存中的多道程序彼此之间产生干扰，又必须提供内存的保护措施。

1. 内存共享

在系统中，通常会有多个用户都要使用同一个文件，如，用户在编译 C 语言的源程序时，系统都会调用到 C 语言的编译程序，如果每个用户在自己的内存区域中都保留一份 C 语言的编译程序，则会占用太多的内存空间，而如果在内存中只保留一个副本，并让它供多个用户使用，则可以节省大量的内存空间，这就是内存共享。

所谓内存共享是指两个或多个进程共享内存中的同一段区域，即它们的内存空间有重叠的部分，这样被共享的程序和数据，只需在内存中保留一个副本。根据共享的内容可以分为程序共享和数据共享，程序共享的目的主要是为了节省内存空间，提供内存利用率；数据共享的目的主要是为了实现进程之间的通信。

在实现程序共享时，要求共享的程序必须是可重入代码。可重入代码(Reentrant Code)又称纯代码(Pure Code)，是一种允许多个进程同时访问的代码。为使各个进程所执行的代码完全相同，绝对不允许可重入代码在执行过程中有任何改变。因此，可重入代码是一种不允许任何进程对它进行修改的代码。但事实上，大多数代码在执行过程中都可能有些改变，例如，用于控制程序执行次数的变量以及指针、信号量及数组等。为此，在每个进程中，都必须配以局部数据区，把在执行中可能改变的部分拷贝到该数据区，这样，程序在执行时，只需对该数据区(属于该进程私有)中的内容进行修改，而不会去改变共享的代码，这时的可共享代码即成为可重入码。

2. 内存保护

在内存中，除了操作系统之外，还存在着一道或多道用户程序。因此，为了防止用户程序越界访问，导致破坏操作系统程序或破坏其他用户程序，必须对内存中的程序和数据进行保护。

内存保护的主要任务是确保内存中的每道用户程序只能在自己的内存空间中运行，即用户程序只能访问自己的内存空间，不允许访问操作系统区，也不允许访问非共享的其他用户程序的内存空间。内存保护通常包括以下几种方法。

(1)防止地址越界

每个进程都拥有自己的内存空间，当有进程试图去访问其他进程的内存空间时，就产生了地址越界。地址越界将会影响到其他进程的正常运行，严重的甚至可能导致整个系统的崩溃。因此，系统必须对进程所要访问的地址进行检查，如果发生越界，则产生地址越界中断，停止该进程的运行。通常可采用基址/限长寄存器、界限寄存器和保护键法等方法来防止地址越界。

(2)防止操作越权

不管是数据共享还是程序共享，都要对共享信息进行保护，规定每个进程对共享信息的访问权限，通常有只读、只执行和读/写三种权限。如果进程对某共享存储区进行越权操作，则将产生中断信号，停止该进程的执行。

内存保护的需求必须由处理机(硬件)来实现，而不是操作系统(软件)实现。这是因为操作系统不能预测程序可能产生的所有内存访问；即使可以预测，提前审查每个进程中可能存在的内存违法访问也是非常费时的。因此，只能在指令访问内存时来判断这个内存访问是否合法(存取数据或跳转)。为实现这一点，处理机硬件必须具有这个能力。

5.1.6 存储管理方式的分类

存储管理方式随着计算机技术的发展而发展。早期的存储管理方式对程序采取一次性装入内存的方式，我们称之为传统的存储管理方式，其中又分为连续存储管理及离散存储管理，而离散存储管理又分为基本分页存储管理、基本分段存储管理及基本段页式存储管理。

但这种一次性装入内存的方式需要大量的内存空间来存放将要运行的程序及数据，导致内存空间不够用，并且对内存的浪费也很严重。因此，又提出了虚拟存储器的概念，在虚拟存储管理方式下，程序无须一次性装入内存，而是分多次装入，虚拟存储管理方式又分请求分页存储管理方式、请求分段存储管理方式及请求段页式存储管理方式。

1. 传统存储管理方式

传统存储管理方式将程序及数据一次性全部调入内存，只有当程序全部调入内存了，才能开始运行。按照程序在内存中的存放方式，又分为连续分配及离散分配。

(1)连续分配方式

连续分配方式是指系统为一个用户程序分配一片连续的内存空间。连续分配方式主要有以下几种。

① 单一连续分配方式。这种存储管理方式将内存划分为系统区和用户区两个分区，整个用户只允许存放一道用户程序。

② 固定分区分配方式。这种方式将用户区划分为多个分区，每个分区的大小和边界一旦划定，便不会再改变，每个分区中只允许存放一道用户程序。

③ 可变分区分配方式。这种方式与固定分区分配相反，分区大小和边界并不固定，而是按需分配，即根据用户程序的大小，动态地分配空间。

(2)离散分配方式

离散分配方式是将一个用户程序离散地分配到内存中多个互不相邻的区域。离散分配方式又分为以下几种。

① 分页存储管理方式。在这种方式中，用户程序被划分成大小相等的若干个区域，称为页；而内存空间也被等分为若干个区域，称为块，并且页与块的大小相等。这样，就可以将用户程序的页离散地分配到内存的块中，从而实现内存的离散分配。

② 分段存储管理方式。在这种方式中，用户程序按逻辑意义被划分成若干个段，每一段的逻辑意义完整，但大小并不相等。进行内存分配时以段为单位，段与段之间可以不相邻，从而实现离散分配。

③ 段页式存储管理方式。这是分页与分段管理方式的结合，即将用户程序分成若干个段，再把每一段等分成若干个页，相应地将内存空间等分成若干个块，页与块的大小相等，将页离散地装入内存物理块中。

2. 虚拟存储管理系统

为了进一步提高内存利用率，实现从逻辑上扩充内存容量，引入了虚拟存储管理系统。虚拟存储管理系统的实现方式有以下几种。

① 请求分页系统，请求分页系统是在基本分页系统的基础上，增加了请求调页功能和页面置换功能所形成的分页式虚拟存储系统。这种方式只将用户程序的部分页面装入内存，就可以开始运行，以后再通过请求调页功能和页面置换功能，陆续地将要运行的页面调入内存，同时把暂时不运行的页面置换到外存上，调入和置换均以页面为单位。

② 请求分段系统。请求分段系统是在基本分段系统的基础上，增加了请求调段功能和分段置换功能所形成的分段式虚拟存储系。这种方式只将用户程序的部分段装入内存，就可以开始运行，以后再通过请求调段功能和段的置换功能将暂时不运行的段调出到外存上，而将需要运行的段调入到内存，调入和置换以段为单位。

③ 请求段页式系统。请求段页式系统是在基本段页式系统的基础上，增加了请求调页功能和页面置换功能所形成的段页式虚拟存储系统。

5.2 连续分配存储管理

连续分配存储管理方式是指系统为一个用户程序分配一个连续的存储空间。这种分配方式曾被广泛地应用于20世纪六七十年代的操作系统中，至今仍占有一席之地。本节主要介绍单一连续分配、固定分区分配及可变分区分配等方式。

5.2.1 单一连续分配

在早期的计算机系统中，没有采用多道程序设计技术，采用的是单用户、单任务的操作系统(如MS-DOS、CP/M等)，因此，使用计算机的用户独占全部系统资源。这时的存储管理方式采用的是单一连续分配方式。

单一连续分配方式将整个内存空间划分为系统区和用户区。其中系统区是仅供操作系统使用的，通常驻留在内存的低地址区；而除了系统区之外的所有区域都为用户区，是提供给用户程序使用的。并且由于系统是单用户单任务的，所以整个用户区只能存放一道用户程序。

由于在单一连续分配方式中，系统始终只有一道程序运行，所以不会出现干扰其他用户

程序运行的情况，但需要防止用户程序破坏操作系统程序。因此，为了实现存储保护，防止操作系统受到有意或无意的破坏，需要设置界限寄存器。如果 CPU 处于用户态工作方式，则对于每一次访问，都需要检查逻辑地址是否大于界限寄存器的值，如果大于则表示越界，产生越界中断，并将控制权转交给操作系统。如果 CPU 处于核心态工作方式，则可以访问操作系统区域。

单一连续分配方式的优点是简单、易于实现，不需要复杂的硬件支持；缺点是只适用于单用户单任务的操作系统，不能使 CPU 和内存等系统资源得到充分利用。

5.2.2 固定分区分配

固定分区分配方式是最早使用的一种能应用于多道程序设计的存储管理方式，其基本思想是在系统生成时就将内存中的用户区按一定规则划分为多个分区，每个分区的大小可以不相等，但事先必须固定，这里的“固定”指的是分区的大小和边界固定，一旦划分好就不能再改变了。在每一个分区中只能装入一个作业，若多个分区中都装入作业，则它们可以并发执行，这是支持多道程序设计的最简单的存储管理技术。

1. 分区划分方法

固定分区分配方式需要将内存的用户区划分成若干个区域，具体的划分方法有以下两种。

(1)分区大小相等。即将内存的用户等分为若干个分区。这种分区方法不够灵活，不适宜于作业大小不相等的情况。当作业太大时，可能找不到能够放得下的分区；当作业很小时，会导致分区内部有空间浪费，这种现象称为内部碎片(internal fragmentation)。

(2)分区大小不等。为了克服分区大小相等分配方法的缺点，可以根据一定的规则，把内存用户区划分成多个大小不等的分区，为小的作业分配小分区；中等作业分配中等分区；大作业分配大分区。

2. 内存分配与回收

在固定分区分配方式下，操作系统的存储分配模块和存储回收模块都需要用到内存分区情况的说明信息及这些分区的使用情况。为此，系统中设置了一张分区说明表，记录内存中划分的分区及其使用情况。

分区说明表中包含分区号、分区始址、分区大小和状态。图 5-7 为固定分区分配的示例。

当有用户作业需要分配内存时，首先在分区说明表中查找一个大小能满足要求，且状态为“未分配”的分区。若能找到，则把第一个满足要求的分区分配给作业，并把该分区的状态置为“已分配”。当一个作业运行结束后，系统应该回收其所占的内存空间，并在分区说明表中将回收的该作业的分区状态置为“未分配”，以便该分区可以再分配给其他作业使用。

3. 优缺点

固定分区分配方式虽然能使多个程序并发执行，改善了单一连续分配方式中内存空间利用率低的问题，但也存在以下缺点。

(1)不能充分利用内存空间。由于一个作业的大小通常不能与分区的大小恰好相等，所以每个已分配的分区中总是存在不可用的空间，即内部碎片，有时内部碎片的问题还相当严重。

(2)由于分区的大小事先已经固定，因此限制了装入程序的大小。

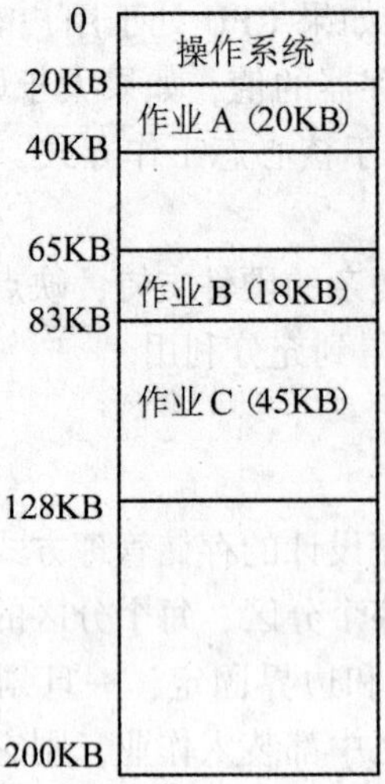

0 操作系统
20KB 作业 A (20KB)
40KB
65KB 作业 B (18KB)
83KB 作业 C (45KB)
128KB
200KB

(a) 存储空间分配图

分区号	分区始址	分区大小	状态
1	20KB	20KB	已分配
2	40KB	25KB	未分配
3	65KB	18KB	已分配
4	83KB	45KB	已分配
5	128KB	72KB	未分配

(b) 分区说明表

图 5-7　固定分区分配示例图

(3)分区数目限制了可并发执行的进程数目。

5.2.3　可变分区分配

因为固定分区分配方式内存利用率不高，使用起来不灵活，所以发展出了可变分区分配方式。

1. 基本思想

可变分区分配又称为动态分区分配，是一种动态划分存储器的分区方法，这种分配方法并不预先设置分区的数目和大小，而是在作业装入内存时，根据作业的大小动态地建立分区，使分区大小正好满足作业的实际需要。因此系统中分区的大小是可变的，分区的数目也是可变的。

系统启动后，整个用户区是一个完整的大空闲区。当要装入一个作业时，系统就从空闲区中按作业大小划分一个分区分配给该作业。内存空间经过多次分配和回收后，原来一块大的空闲区就被分割成了若干个占用区和空闲区。此时，如果要装入一个作业，系统则根据作业的大小和内存空间的使用情况来决定是否分配，若能找到一个满足作业需求的空闲区，则从该空闲区中划分出一块与作业大小相同的区域分配给它，剩下的区域又形成了一个小的空闲区。随着时间的推移，内存中会产生越来越多的这种小的空闲区，内存的利用率也随之下降。这种现象称之为外部碎片(external fragmentation)，指在所有分区外的存储空间变成越来越多的碎片，这与前面所讲的内部碎片正好相反。

图 5-8 显示出了可变分区的分区效果。

2. 分区分配中的数据结构

为了实现可变分区分配，系统中必须配置相应的数据结构，用来描述空闲分区和已分配分区的情况，为分配提供依据。常用的数据结构有以下两种形式。

(1)分别设置两张表格，一个是空闲分区表 FBT，另一个是已使用分区表 UBT，分别用

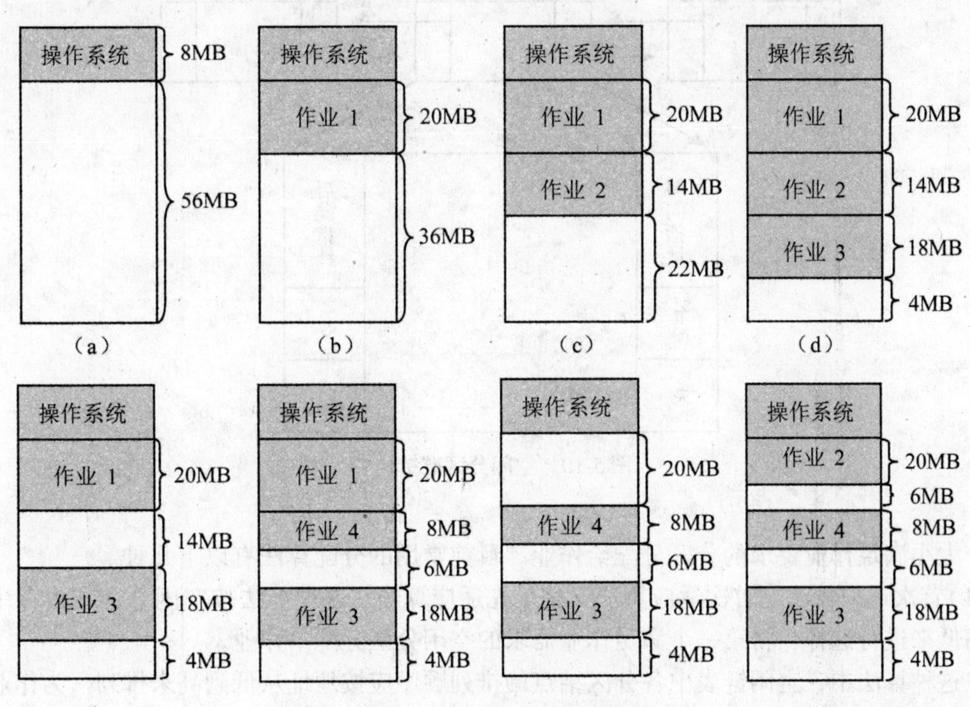

图 5-8 可变分区的分区效果

来登记系统中的空闲分区和已使用分区。这样可以减少存储分配和回收时查找表格的长度，提高查找速度。针对图 5-8(a)中的存储空间分配情况，图 5-9 是这两种表格的示意图。

已使用分区表

分区号	分区始址	分区大小	状态
1	20KB	20KB	已分配
2	65KB	18KB	已分配
3	83KB	45KB	已分配

空闲分区表

分区号	分区始址	分区大小	状态
1	40KB	25KB	未分配
2	128KB	72KB	未分配

图 5-9 可变分区的数据结构

(2)空闲分区链。在对空闲分区的管理中，通常使用链表的形式将所有的空闲分区链接在一起，构成一个空闲分区链。具体做法是：在每一分区的起始部分，设置一些用于控制分区分配的信息，以及用于链接各分区所用的前向指针；在分区的尾部则设置一个后向指针，通过前、后向链接指针，可将所有的空闲分区链接成一个双向链，如图 5-10 所示。为了检索方便，在分区尾部重复设置状态为和分区大小表目。当该分区被分配出去后，把状态位由“0”改为“1”，此时，前、后向指针已无意义。

3. 分区分配算法

为了将一个作业装入内存，应按照一定的分配算法从空闲分区表(或空闲分区链)中选

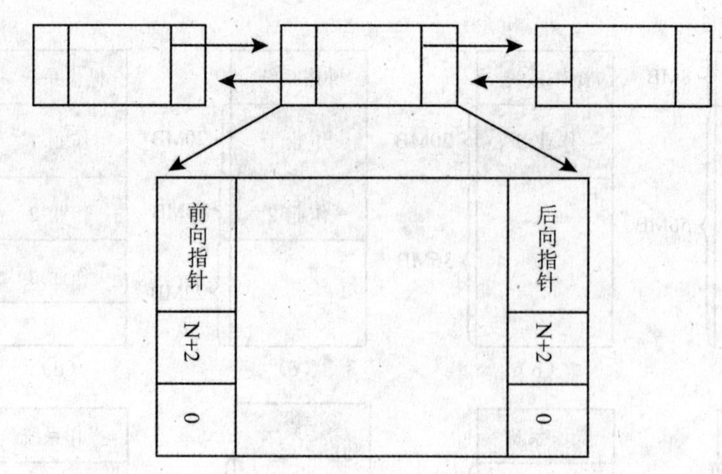

图 5-10　空闲分区链结构

择一个大小满足作业要求的分区分配给作业。目前常用的分配算法有以下几种。

(1)首次适应算法。首次适应算法又称最先适应算法。这种算法按空闲分区在内存中的地址高低来进行选择，将第一个满足作业需求的空闲分区分配给作业。

在这种算法中，空闲链表中各分区结点的排列顺序应按地址从低到高来排列。为作业分配内存空间时，从第一个结点开始查找空闲分区链，当找到的第一个大小大于或等于作业申请的空间时，就将这个结点所代表的分区分配给作业，同时修改空闲分区的大小。如果在空闲分区链中没有找到满足作业要求的分区，则表示分配失败。

该算法的优点是优先利用内存中低址部分的空闲分区，从而保留了高址部分的大空闲分区，如果有大作业要求分配内存空间，则这种算法可以满足需求。缺点是由于低址部分不断被划分，致使低地址端留下许多难以利用的碎片；且每次查找都是从低址部分开始，这无疑增加了查找可用空闲分区的开销。

(2)循环首次适应算法。这种算法是从首次适应算法改进而来的。在为作业分配内存时，不再每次都从空闲分区链(仍然按地址从低到高排序)的链首开始查找，而是从上次找到的空闲分区的下一个空闲分区开始查找，直到找到一个满足要求的空闲分区为止。为作业分配所需空间后，修改空闲分区的大小。

为实现该算法，应设置一个起始查找指针，以指示下一次开始查找的空闲分区，并采用循环查找方式，即如果最后一个空闲分区的大小仍不能满足要求，则返回第一个空闲分区进行查找。

该算法的优点是能使内存中的空闲分区分布得更均匀，减少查找空闲分区的开销，但会使系统中缺乏大的空闲分区，对大作业不利。

(3)最佳适应算法。这种算法从所有空闲分区中挑选出一个大小与作业申请的内存空间最接近的分配给作业，所以所找到的这个空闲分区总是最适合的，最佳的。

在该算法中，空闲链表中各分区结点的排列顺序按大小从小到大来排列。为作业分配内存空间时，从第一个结点开始查找空闲分区链，当找到的第一个大小大于或等于作业申请的空间时，就将这个结点所代表的分区分配给作业，同时修改空闲分区的大小，并按大小从小到大的顺序重新排列空闲链表。如果在空闲分区链中没有找到满足作业要求的分区，则表示

分配失败。

最佳适应算法的优点是：若存在与作业大小一致的空闲分区，则它必然被选中；若不存在于作业大小一致的空闲分区，则只划分比作业稍大的空闲分区，从而保留了大的空闲分区。缺点是空闲分区一般不可能正好与作业申请的内存空闲大小相等，因而将其分割成两部分时，往往使剩下的空闲分区非常小，从而留下许多外部碎片，造成对内存空间的浪费。

(4)最坏适应算法。最坏适应算法与最佳适应算法正好相反，该算法每次找到的总是大小最不适合作业申请空间大小的分区，即每次找到的总是最大的空闲分区。

该算法中的空闲分区链表按大小从大到小来进行排序。在进行内存分配时，首先检查链表中的第一个分区大小，若大小满足作业要求，则将该分区分配给作业，并修改空闲分区的大小，按从大到小的顺序重新排列该链表。如果第一个空闲分区的大小不能满足作业申请的大小，则表示分配失败。

该算法的优点是：总是挑选满足作业要求的最大分区分配给作业，这样使分给作业后剩下的空闲分区也比较大，于是也能装下其他作业。缺点是由于最大的空闲分区总是因首先分配而划分，当有大作业到来时，其存储空间的申请往往得不到满足。

图 5-11 给出了以上四种分配算法的示例。

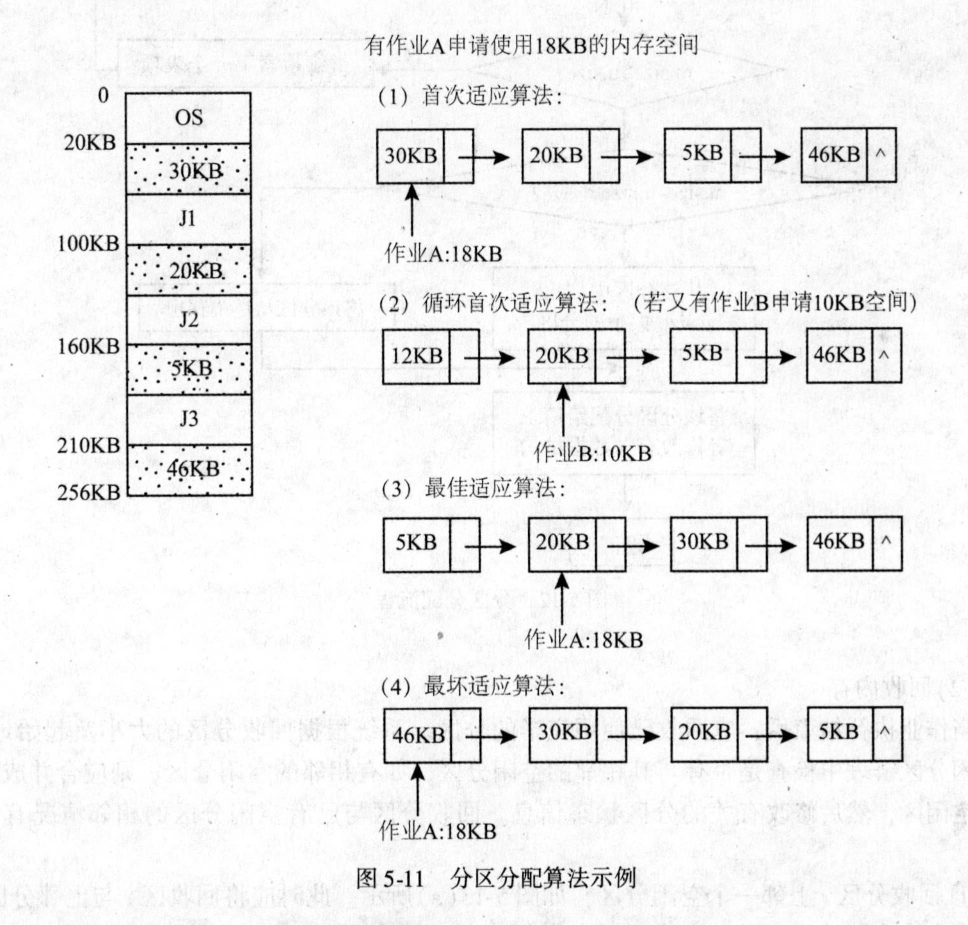

图 5-11 分区分配算法示例

4. 分区分配操作

在可变分区分配方式中，主要的操作是分配内存和回收内存。

(1)分配内存

以上介绍了四种分配算法，即首次适应算法、循环首次适应算法、最佳适应算法及最坏适应算法。当有作业提出申请内存空间时，系统应按某种算法，从空闲分区链中找到所需大小的分区。

设请求的分区大小为 u. size，链表中每个空闲分区的大小可表示为 m. size。若 m. size-u. size≤size(size 是事先规定的不再切割的剩余分区的大小)，说明剩余空间太小，可不再切割，以尽量减少碎片，将整个分区分配给请求者；否则(即剩余空间大小超过 size)，从该分区中按作业请求的大小划分出一块内存空间分配出去，余下的部分仍作为空闲分区保留在空闲分区链中。然后，将分配区的首址返回给调用者进程。图 5-12 示出了分配流程。

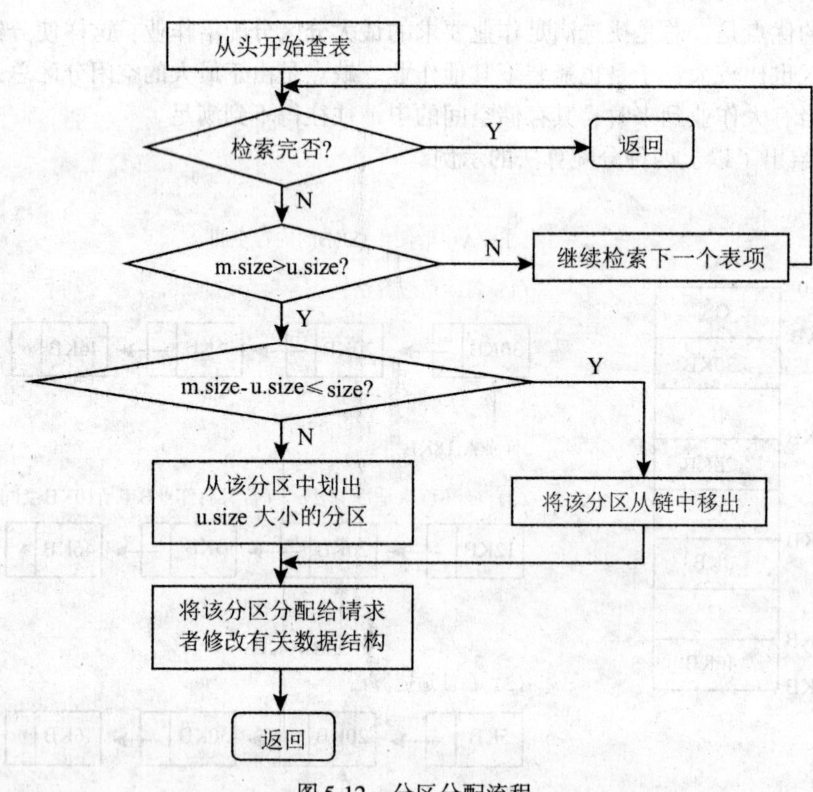

图 5-12　分区分配流程

(2)回收内存

当作业执行结束后，应回收已使用完毕的分区。系统根据回收分区的大小及起始地址，在空闲分区链表中检查是否有与其相邻的空闲分区，如有相邻的空闲分区，则应合并成一个大的空闲区，然后修改有关的分区状态信息。回收分区与已有空闲分区的相邻情况有以下四种。

① 回收分区 r 上邻一个空闲分区，如图 5-13(a)所示。此时应将回收区 r 与上邻分区 F1 合并成一个连续的空闲分区。合并分区的首地址为空闲分区 F1 的首地址，其大小为二者之和。

② 回收分区 r 下邻一个空闲分区，如图 5-13(b)所示。此时应将回收区 r 与下邻分区 F2

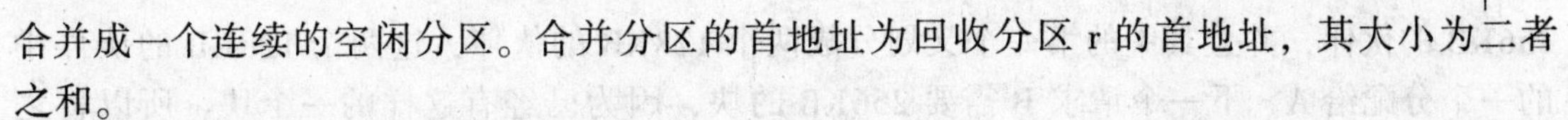

合并成一个连续的空闲分区。合并分区的首地址为回收分区 r 的首地址，其大小为二者之和。

③ 回收分区 r 上下都与空闲分区相邻，如图 5-13(c)所示。此时应将回收区 r 与上邻分区 F1 及下邻分区 F2 合并成一个连续的空闲分区。合并分区的首地址为空闲分区 F1 的首地址，其大小为三者之和，且应将与 r 下邻的空闲分区 F2 从空闲分区链表中删除。

④ 回收分区 r 不与任何空闲分区相邻，如图 5-13(d)所示。这时应为该回收分区 r 申请一个空闲结点，并填写相应的状态信息，将之插入到空闲分区链中的合适位置。

在以上四种情况中，其中第①和第②种情况导致空闲链表中的空闲分区个数不变；第③种情况导致空闲分区个数减 1；而第④种情况则导致空闲分区个数加 1。

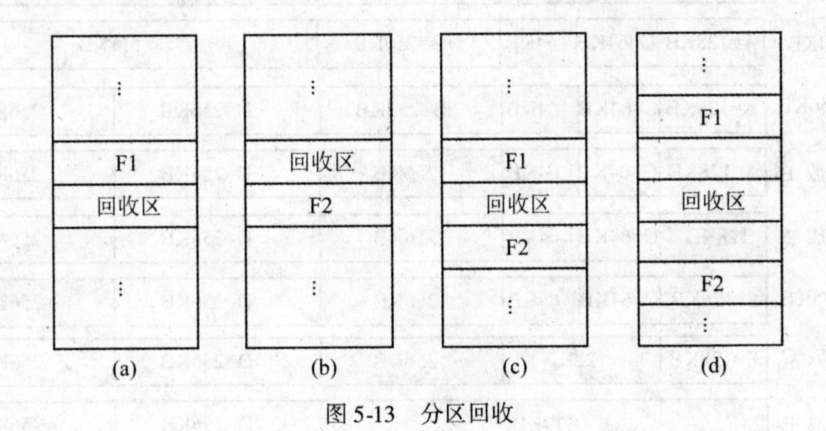

图 5-13 分区回收

5.2.4 伙伴系统

固定分区和可变分区方式都有不足之处。固定分区方式限制了活动进程的数目，当进程大小与空闲分区大小不匹配时，内存空间的利用率很低。可变分区方式算法复杂，回收空闲分区时需要进行分区合并等，系统开销较大。伙伴系统方式是对以上两种内存分配方式的一种折中方案。

在伙伴系统中，可用内存块的大小为 2^k，$l \leqslant k \leqslant m$，其中，

2^l 表示分配的最小块的大小；

2^m 表示分配的最大块的大小，通常 2^m 是可供分配的整个内存的大小。

开始时，可用于分配的整个空间被看做是一个大小为 2^m 的块。如果请求的大小 s 满足 $2^{m-1} < s \leqslant 2^m$，则分配整个空间。否则，该块被分为两个大小相等的伙伴，大小均为 2^{m-1}。如果有 $2^{m-2} < s \leqslant 2^{m-1}$，则给该请求分配两个伙伴中的任何一个；否则，其中的一个伙伴又被分为两半。这个过程一直继续直到产生大于或等于 s 的最小块，并分配给该请求。

在任何时候，伙伴系统中为所有大小为 2^i 的块维护着一个列表。一个块可以通过对半分裂从(i+1)列表中移出，并在 i 列表中产生两个大小为 2^i 的伙伴。当 i 列表中的一对伙伴都变成未分配的块时，它们从该 i 列表中移出，合并成(i+1)列表中的一个块。

图 5-14 给出了一个初始大小为 1MB 的块的例子。第一个请求 A 为 100KB，需要一个大小为 128KB 的块。最初的块被划分成两个 512KB 的伙伴，第一个又被划分成两个

256KB 的伙伴，并且其中的第一个又划分成两个 128KB 的伙伴，这两个 128KB 的伙伴中的一个分配给 A。下一个请求 B 需要 256KB 的块，因为已经有这样的一个块，所以将之分配给 B。在需要时，这个分裂和合并的过程继续进行。注意，当 E 被释放时两个 128KB 的伙伴合并成一个 256KB 的块，这个 256KB 的块又立即与它的伙伴合并成一个 512KB 的块。

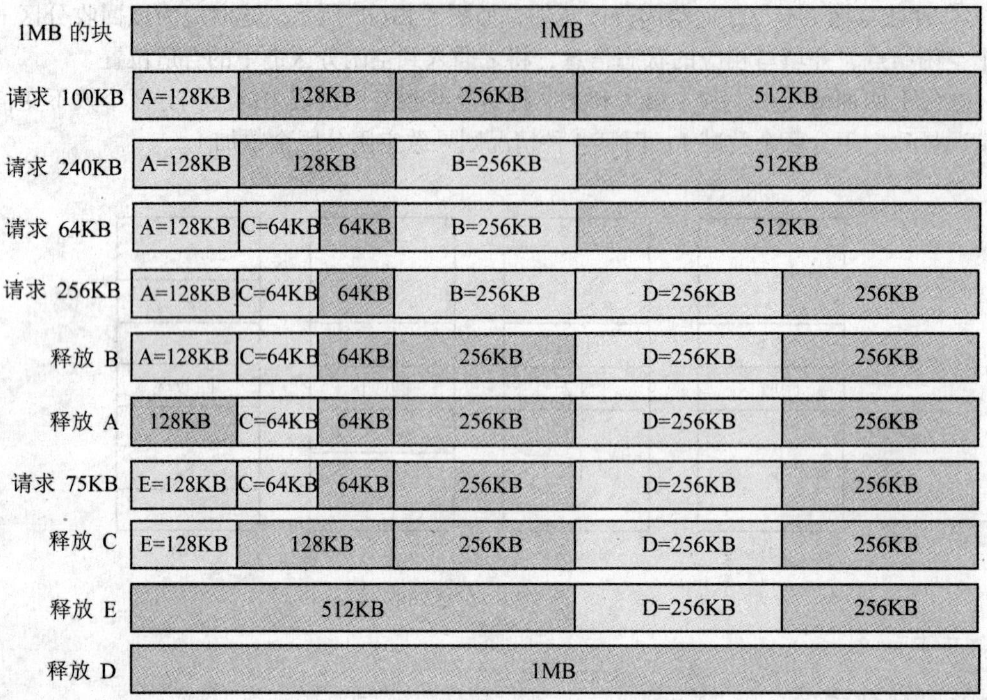

1MB 的块 | 1MB
请求 100KB | A=128KB | 128KB | 256KB | 512KB
请求 240KB | A=128KB | 128KB | B=256KB | 512KB
请求 64KB | A=128KB | C=64KB | 64KB | B=256KB | 512KB
请求 256KB | A=128KB | C=64KB | 64KB | B=256KB | D=256KB | 256KB
释放 B | A=128KB | C=64KB | 64KB | 256KB | D=256KB | 256KB
释放 A | 128KB | C=64KB | 64KB | 256KB | D=256KB | 256KB
请求 75KB | E=128KB | C=64KB | 64KB | 256KB | D=256KB | 256KB
释放 C | E=128KB | 128KB | 256KB | D=256KB | 256KB
释放 E | 512KB | D=256KB | 256KB
释放 D | 1MB

图 5-14　伙伴系统的例子

图 5-15 给出了一个表示当释放 B 的请求后的伙伴系统分配情况的二叉树。叶子结点表示内存中的当前分区，如果两个伙伴都是叶子结点，则至少有一个必须已经被分配出去了，否则它们将合并成一个更大的块。

伙伴系统是一个合理的折中方案，它克服了固定分区和可变分区方案的缺陷。但在当前的操作系统中，基于分页和分段机制的虚拟内存更先进。然而，伙伴系统在并行系统中有很多应用，它是为并行程序分配和释放内存的一种有效方法。

5.2.5　内存不足的存储管理技术

1. 移动技术

在可变分区分配方式中，必须把作业装入一片连续的内存区域，由于作业不断地装入和撤销，导致内存中常常出现一些分数的小空闲区，称之为“碎片”。在可变分区中，由于这种碎片是出现在分区外部的，所以也称之为“外部碎片”。有时这种碎片常常会小到竟然连小作业都容纳不下，这样，不但浪费内存资源，而且还会限制进入内存的进程数目。

当在空闲分区链表中找不到足够大的空闲分区来满足作业需求时，可采用移动技术把内

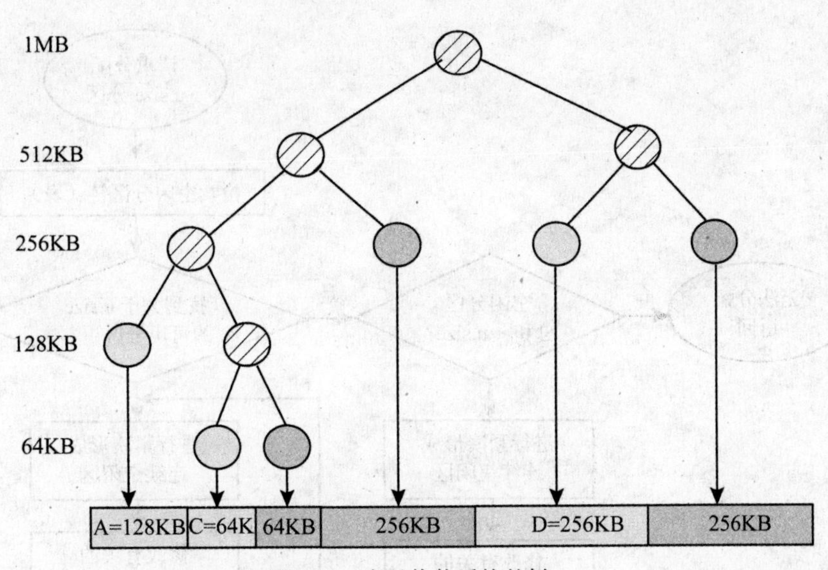

图 5-15 表示伙伴系统的树

存中的作业分区连接到一起，使分散的空闲区合并成一个大的空闲区，这就是移动技术，也叫“紧凑”或“拼接”。如图 5-16 为移动分配的示例。

操作系统
作业 1
空闲区
作业 2
空闲区
作业 3
空闲区

(a) 原主存分配情况

操作系统
作业 1
作业 2
作业 3
空闲区

(b) 移动主存中的作业

操作系统
作业 2
作业 3
作业 3
空闲区

(c) 装入作业4

图 5-16 移动分配示例

由于移动操作使得内存中的某些用户程序的位置发生了变化，此时若不对程序和数据的地址加以修改(变换)，则程序必将无法执行。为此，在每次移动后，都必须对移动了的程序或数据进行重定位。因此要求系统在将作业装入内存时采用动态重定位的装入方式，以确保程序在内存的位置可以发生上下移动，而不会影响到程序的正常运行。

引入移动(或拼接)技术之后的分配方式称为动态重定位分区分配，该分配算法与可变分区分配算法基本相同，差别仅在于：在这种分配算法中，增加了紧凑的功能，通常，在找不到足够大的空闲分区来满足作业需求时进行紧凑。图 5-17 给出了动态重定位分区分配算法。

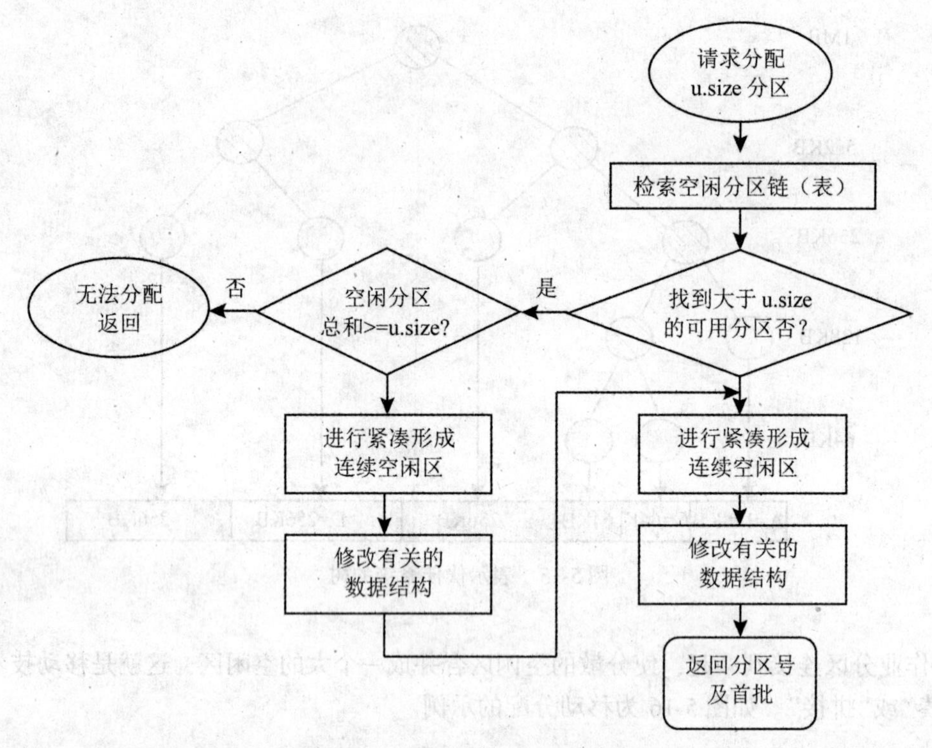

图 5-17　动态分区分配算法流程图

移动技术的具体实现方案有两种。一是在某个分区回收时立即进行拼接，这样内存中无论何时都只有一个连续的空闲区而无碎片，但这种方式拼接的频率太高，系统开销太大；二是当找不到足够大的空闲区，而空闲区的存储容量总和却可以满足作业需要时再进行拼接，这种方式拼接频率较低，但空闲区的管理复杂。

移动技术虽然可以汇集空闲区，但其开销很大，现代操作系统都不再采用。这种技术的缺点主要有以下几点。

(1) 消耗系统资源，为移动已分配区信息需要花费大量的 CPU 时间；

(2) 当系统进行拼接时，它必须停止所有其他工作，对交互作用的用户，可能导致响应时间不规律；对实时系统的紧迫任务而言，由于不能及时响应，可能造成严重后果。

2. 对换技术

在多道程序环境下，一方面，内存中的某些进程可能因为某些原因而被阻塞，暂时不能运行，但它却占了大量的内存空间；另一方面，在外存上可能有许多作业等待进入内存运行，而因为没有足够的内存空间无法调入。显然这对系统资源是一种严重的浪费，且使系统吞吐量下降。为了解决这一问题，系统引入了对换(swapping)技术。所谓“对换”，是指把内存中暂时不能运行的进程或暂时不用的程序和数据调出到外存上，以便腾出足够的内存空间，再把外存上已经具备运行条件的进程或进程所需的程序和数据调入内存。对换是提高内存利用率的有效措施。自从在 20 世纪 60 年代初期出现“对换”技术后，它便引起了人们的重视，现在该技术已被广泛地应用于操作系统中。

(1) 对换的分类

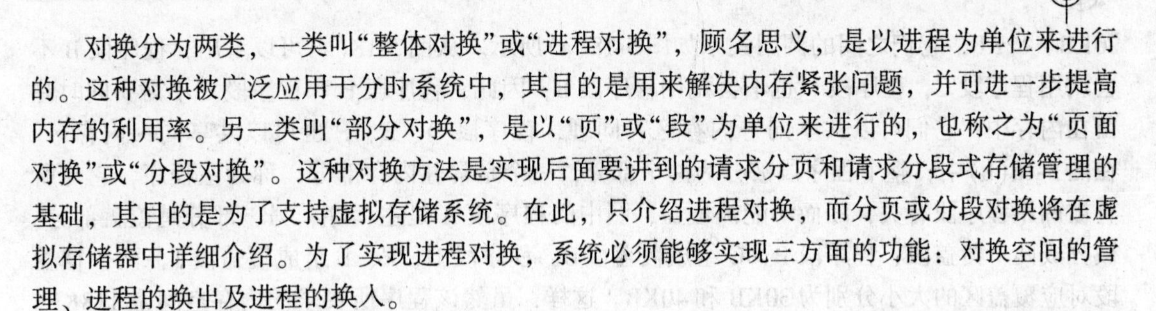

对换分为两类，一类叫“整体对换”或“进程对换”，顾名思义，是以进程为单位来进行的。这种对换被广泛应用于分时系统中，其目的是用来解决内存紧张问题，并可进一步提高内存的利用率。另一类叫“部分对换”，是以“页”或“段”为单位来进行的，也称之为“页面对换”或“分段对换”。这种对换方法是实现后面要讲到的请求分页和请求分段式存储管理的基础，其目的是为了支持虚拟存储系统。在此，只介绍进程对换，而分页或分段对换将在虚拟存储器中详细介绍。为了实现进程对换，系统必须能够实现三方面的功能：对换空间的管理、进程的换出及进程的换入。

(2)对换空间的管理

在具有对换功能的操作系统中，通常把外存分为文件区和对换区。其中文件区主要用来存放文件，采用的是离散分配方式，主要目的是为了节省存储空间，而不要求访问速度；而对换区主要用来存放从内存中换出的进程。由于内外存进程之间的互换发生得非常频繁，因此对对换区应采用连续分配方式，以提高访问速度，而不要求存储空间的利用率。

为了能对对换区中的空闲盘块进行管理，在系统中应配置相应的数据结构，以记录外存的使用情况。其形式与内存在可变分区分配方式中所用的数据结构相似，即同样可以采用空闲分区表和空闲分区链。在空闲分区表中的每个表目应包含两项，即对换区的首址及其大小，分别用盘块号和盘块数来表示。

由于对换分区的分配是采用连续分配方式，因而对换空间的分配与回收，与可变分区方式中的内存分配和内存回收方式相似。其分配算法也可以采用首次适应算法、循环首次适应算法、最佳适应算法和最坏适应算法等。回收时也应考虑到是否有空闲块的邻接情况。

(3)进程的换出与换入

每当一个进程由于创建子进程而需要更多的内存空间，但又无足够的内存空间等情况发生时，系统应将某进程换出。其过程是：系统首先选择处于阻塞状态且优先级最低的进程作为换出进程，然后启动磁盘，将该进程的程序和数据传送到磁盘的对换区中。若传送过程未出现错误，便可回收该进程所占用的内存空间，并对该进程的进程控制块做相应的修改。

系统应定时地查看所有进程的状态，从中找出“就绪”状态但已换出的进程，将其中换出时间最久(换出到磁盘上)的进程作为换入进程，将之换入，直至已无可换入的进程或无可换出的进程为止。

3. 覆盖技术

移动和对换技术解决因其他程序存在而导致内存空间不足的问题，这种内存短缺只是暂时的；如果程序的长度超出物理内存总和，或超出固定分区的大小，则出现内存永久性短缺，大程序无法运行，前述两种方法无能为力，解决方法之一是采用覆盖(overlaying)技术。

所谓覆盖技术是指程序执行过程中，程序的不同模块在内存中相互替代，以达到小内存执行大程序的目的。基本的实现技术是：把用户程序划分成一系列覆盖，每个覆盖是一个相对独立的程序单位(即模块)，把程序执行时不要求同时装入内存的覆盖组成一组，称为覆盖段，将一个覆盖段分配到同一个存储区中，这个存储区称为覆盖区，它与覆盖段一一对应。显然，为了使一个覆盖区能为相应覆盖段中的每个覆盖在不同时刻共享，覆盖区的大小应由覆盖段中最大的覆盖来确定。

覆盖技术要求程序员把一个程序划分成不同的程序段，并规定好它们的执行和覆盖顺序，操作系统根据程序员提供的覆盖结构来完成程序段之间的覆盖。例如，假设某进程由A、B、C、D、E、F共6个程序段构成，它们的大小分别为20KB、20KB、30KB、15KB、

20KB、12KB，它们之间的调用关系如图5-18(a)所示。从图5-18(a)可以看出，程序段B不会调用程序段C，程序段C也不会调用程序段B，因此，程序段B和程序段C不需要同时驻留在内存中，它们可以共享同一内存区；同理，程序段D、E、F也可以共享同一内存区。在图5-18(b)中，整个程序段被分为两个部分，一个是常驻内存部分，称为主程序，它与所有被调用程序段有关，因而不能被覆盖，图中的程序段A是主程序；另一部分是覆盖部分，被分成两个覆盖段，程序段B、C组成覆盖段0，程序段D、E、F组成覆盖段1，两个覆盖段对应覆盖区的大小分别为30KB和40KB。这样，虽然该程序所要求的内存空间是118KB，但由于采用了覆盖技术，只需65KB的内存空间就可以执行。

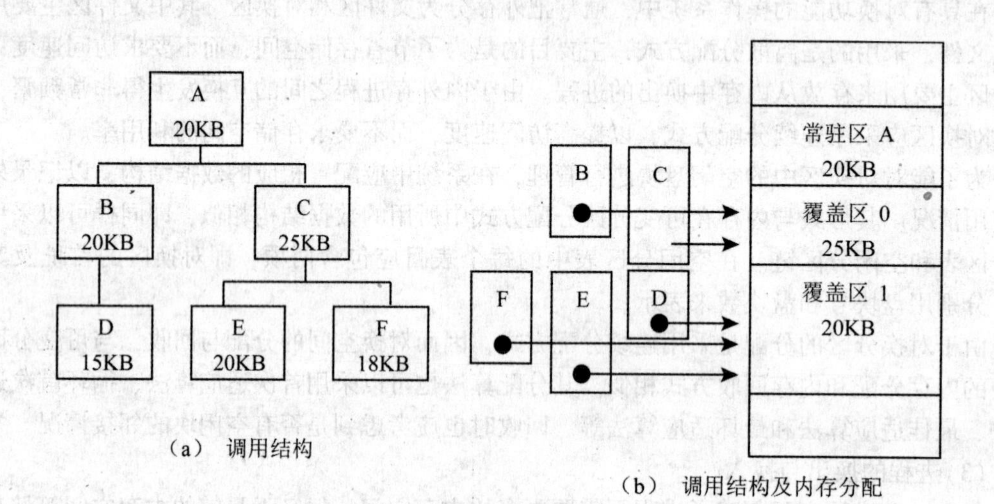

图5-18 覆盖技术示意图

采用覆盖技术时，系统必须提供覆盖控制程序及相应的系统调用，当进程装入运行时，由系统根据用户给出的覆盖结构进行覆盖处理，程序员必须指明同时驻留在内存的是哪些程序段，哪些是被覆盖的程序段，这种声明可从程序调用结构中获得。覆盖技术的不足是把内存管理工作转给程序员，他们必须根据可用物理内存空间来设计和编写程序。此外，同时运行的代码量超出内存容量时仍不能运行，所以现代操作系统极少采用覆盖技术。

5.3 基本分页存储管理

前面介绍的连续分配存储管理方式要求用户作业必须装入到内存中的一片连续的空间中，这会导致内存中形成许多碎片。虽然可以通过移动技术将碎片集中成可用的大空闲区，但要花费大量的CPU时间。为此，应打破连续存储的限制，把作业离散地装入存储器中。根据离散分配时所用基本单位的不同，可把离散分配方式分为三种，即本节和下一节将要介绍的分页存储管理、分段存储管理及段页式存储管理。

在分页存储管理方式中，如果不具备请求调页和页面置换功能，则称为基本分页存储管理，它不具有支持实现虚拟存储器的功能，即它是采用传统的存储管理方式，要求把作业全部装入内存后才能运行。

5.3.1 分页存储管理的基本思想

分页存储管理是将一个进程的逻辑地址空间分成若干个大小相等的片，称为页面或页，并为各页加以编号，从0开始，如第0页、第1页等。另一方面，把整个内存空间也分成大小相等的若干个存储块，称为(物理)块，也给它们加以编号，同样从0开始，依次为第0块、第1块等。在为进程分配内存时，以块为单位将进程中的若干个页分别装入到多个可以不相邻的物理块。这样就实现了离散分配。由于进程的最后一页经常装不满一块，所以在最后一块会形成碎片，称为"页内碎片"。

1. 页面大小

在分页存储管理方式中，页面大小设置应适中。页面不能太大，也不能太小。若页面太大，虽然可以减小页表的长度，但却会导致页面碎片较大，从而对内存空间造成浪费，而且，如果页面大到和要装入的程序相差无几，则这种方法就退化成了固定分区分配方式了。反之，若页面太小，虽然可以减小页内碎片，提高内存利用率，但会使每个进程占用的页面较多，从而导致页表过长，需要较大的内存空间来存放页表。因此，一般系统所采用的页面大小为512B ~ 8KB，且应为2的整数次幂。

2. 地址结构

采用分页存储管理时，逻辑地址是连续的、一维的。所以，用户在编制程序时，只需使用顺序地址，而不必考虑如何去分页。分页由系统自动完成，对用户是透明的。分页时，系统自动将逻辑地址分为页号和页内地址两部分，地址的高位部分为页号，低位部分为页内地址。逻辑地址结构如下：

31　　　　　　　　　　　　12	11　　　　　　　　　　　　0
页号 P	位移量 W

逻辑结构中，前一部分为页号P，后一部分为位移量W(或称页内地址d)。图中的地址长度为32位，其中0 ~ 11位为页内地址，即每页的大小为4KB(2^{12}KB)；12 ~ 31位为页号，即该地址空间最多允许有1M页。

对于某特定机器而言，其地址结构是一定的。若给定一个逻辑地址空间中的地址为A，页面大小为L，则页号P和页内地址d可按下式求得：

$$P = INT\left[\frac{A}{L}\right]$$

$$d = [A]\ MOD\ L$$

其中，INT是向下取整的函数，MOD是取余函数。例如，逻辑地址A是2710B，页面大小L为1024B，根据上式，可得页号P=2，页内地址d=662。

3. 页表

在分页存储管理中，系统将程序的每一页离散地分到内存的某些块中，那么如何得知程序的某一页到底放在内存的哪一块呢？即如何能在内存中找到每一页对应的物理块。为此，系统为每一个进程建立了一个页面映像表，简称页表。

在进程地址空间中的所有页(0 ~ n)，依次在页表中占一个页表项，其中记录了相应页在内存中对应的物理块号，见图5-19的中间部分。在配置了页表后，进程在执行时，通过查找页表，即可找到每一页在内存中的物理块号。由此可见，页表的作用是实现从页号到物理块号的地址映射。

下图所示的页表是最简单的，仅包含页号和块号两个表项。事实上，即使在最简单的分页系统中，为了实现对内存中的内容的共享和保护，还需要在页表的表项中设置一个存取控制字段，该存取控制字段用于规定该物理块中内存的访问权限，如只读、读/写和执行等。如果一个进程试图去写一个只允许读的物理块，则将引起操作系统的一次中断。如果要利用分页系统来实现虚拟存储器，则还需增加一些字段，相关内容将在5.6节作详细介绍。

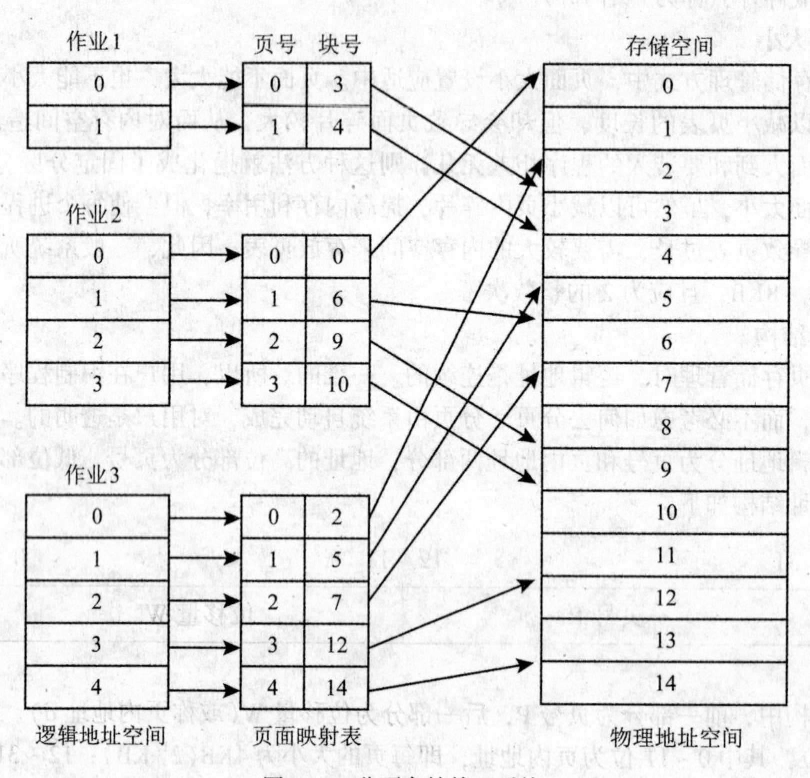

图5-19 分页存储管理系统

5.3.2 地址变换机构

当进程在处理机上运行时，为了能将用户地址空间中的逻辑地址变换为内存中的物理地址，必须在系统中设置地址变换机构。该机构的基本任务是完成逻辑地址到物理地址的转换。由于页面大小与块的大小相等，因此页内地址与块内地址也是一一对应的，所以页内地址无须转换成块内地址。因此，地址转换的任务，只是将逻辑地址中的页号转换为内存中的物理块号。又因为页面映射表的作用就是实现从页号到物理块号的转换，因此，地址变换任务是借助页表来完成的。

1. 基本的地址变换机构

页表的功能可以由一组专门的寄存器来实现。一个页表项用一个寄存器。由于寄存器具有很高的访问速度，有利于提高地址变换的速度。但由于寄存器成本很高，并且在现代大多数计算机系统中的页表通常都比较大，使得总的页表项达到几千甚至几十万个，显然这些页

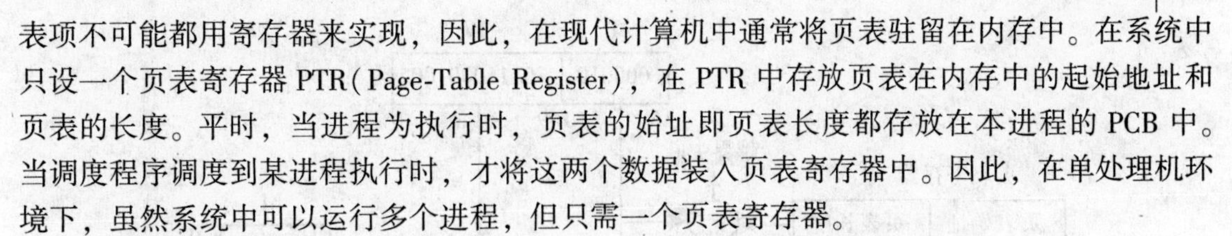

表项不可能都用寄存器来实现，因此，在现代计算机中通常将页表驻留在内存中。在系统中只设一个页表寄存器 PTR(Page-Table Register)，在 PTR 中存放页表在内存中的起始地址和页表的长度。平时，当进程为执行时，页表的始址即页表长度都存放在本进程的 PCB 中。当调度程序调度到某进程执行时，才将这两个数据装入页表寄存器中。因此，在单处理机环境下，虽然系统中可以运行多个进程，但只需一个页表寄存器。

当进程要访问某个逻辑地址中的数据时，地址变换机构会自动地将逻辑地址分为页号和页内地址两个部分，再以页号为索引来检索页表，查找操作由硬件自动进行。但在执行检索操作之前，为了防止访问越界，需要先将页号与页表长度进行比较，如果页号大于或等于页表长度，则表示此次访问的地址已超出进程的地址空间，于是，这一错误将被操作系统发现并产生一次地址越界中断。如果没有出现地址越界，则将页表始址与页号和页表项长度的乘积相加，得到该页在页表中的位置，于是可以从中得到该页所对应的物理块号 b，并将之装入物理地址寄存器中。同时，再将逻辑地址寄存器中的页内地址送入到物理地址寄存器的块内地址字段中。这样就完成了从逻辑地址到物理地址的转换。下面举例说明分页系统的地址变换机构。

已知地址空间有 16 位，程序的页面大小为 1024B，程序的第 0、1、2、3、4 页分别对应内存的第 2、4、7、8、10 块。求逻辑地址 2500 所对应的物理地址。

对于这种已知逻辑地址求物理地址的题目，具体的解法有两种，一种是用十进制，一种是用二进制。当然如果要了解分页系统的地址变换机构的话，必须用二进制，因为机器只能识别二进制。下面首先介绍十进制的解法，再来介绍二进制的解法。

(1)十进制解法

我们知道，物理地址=块号×块长+块内地址

而块号可以由页号查页表得到；块长与页面大小相等；块内地址与页内地址相等。所以首先必须求出页号和页内地址。

P=INT[2500/1024]=2

d=[A] MOD L=2500 MOD 1024=452

由页号为 2 查页表得块号为 7，又因为块长与页面大小相等，为 1024B，页内地址与块内地址相等，所以块内地址为 452，因此得到：

物理地址=7×1024+452=7620

(2)二进制解法

由于计算机只能识别二进制，因此，首先将页号与页内地址分别转换成二进制并填入地址寄存器所对应的页号与页内地址中。然后再将页号与页表寄存器中的页表长度比较大小，判断是否越界，若越界，则由操作系统转入越界中断处理；否则将页表始址与页号和页表项长度的乘积相加，得到该页在页表中的位置，于是可以从页表中得到该页所对应的物理块号。最后将物理块号与块内地址拼在一起形成物理地址的二进制形式。为了便于记录，最终将二进制的物理地址转换成十六进制。地址转换机构图如图 5-20 所示。

在基本的地址变换机构中，由于页表是存放在内存中的，这就使得 CPU 在每存取一个数据时，都要访问内存两次，一次是访问内存中的页表，从中查出页号所对应的物理块号，再将块号与块内地址拼接形成最终的物理地址(内存地址)；第二次访问内存便是访问内存中的这个物理地址，从中读写数据。因此，采用这种方式将使计算机的处理速度降低近 1/2。

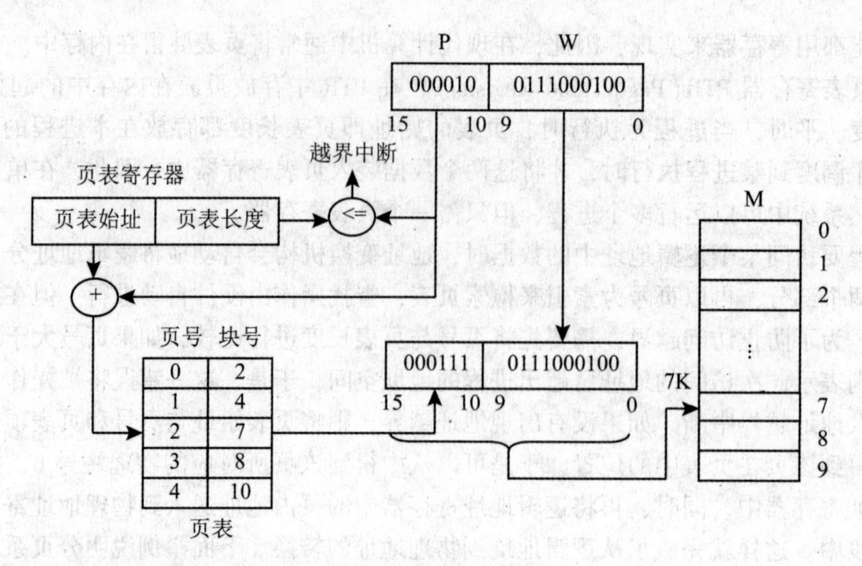

图 5-20　地址转换过程

2. 具有快表的地址变换机构

为了提高地址变换速度，可在地址变换机构中增设一个具有并行查询能力的特殊高速缓冲寄存器，又称为“联想寄存器”(Associative Memory)，或称为“快表”。

在引入快表之后的地址变换机构中，地址变换的过程是：在 CPU 给出逻辑地址后，由地址变换机构自动地将页号 P 送入高速缓冲寄存器，并将此页号与高速缓存中的所有页号进行比较，若其中有与此相匹配的页号，则表示所要访问的页表项在快表中。于是，可以直接从快表中读出该页所对应的物理块号，并送到物理地址寄存器中。如在快表中未找到对应的页表项，则还需向页表中查询，找到后，将之对应的物理块号送入物理地址寄存器；同时，还要将该页表项加入到快表中，以防下次再访问该页号可直接从快表中找到，提高快表的命中率。但如果此时联想寄存器已满，那么操作系统必须找到一个老的且已被认为不再需要的页表项，将它换出。图 5-21 示出了图 5-20 的例子中的具有快表的地址变换机构。

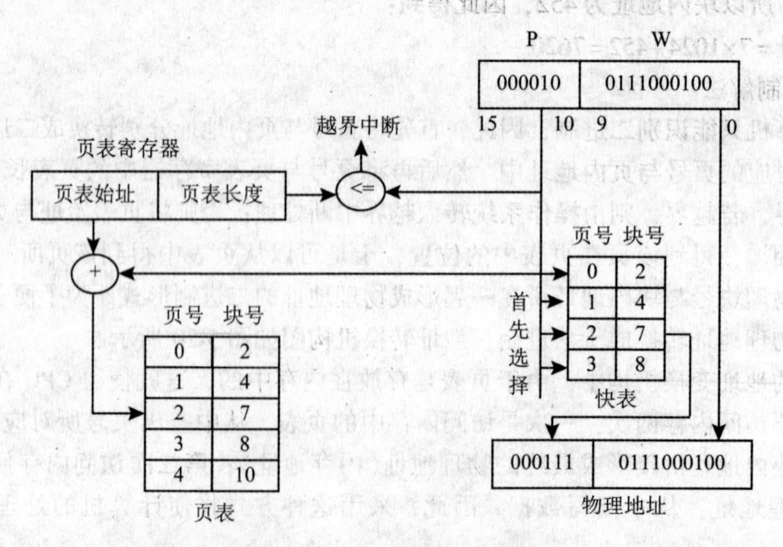

图 5-21　具有快表的地址变换机构

由于成本的关系，快表不可能做得很大，通常只能存放 16～512 个页表项，这对中、小型作业来说，已经有可能将全部页表项都放入其中。但对于大作业来说，则只能存放一部分页表项。由于对程序和数据的访问往往带有局限性，因此，据统计，从快表中能找到所需页表项的几率可达 90% 以上。这样，由于增加了地址变换机构而造成的速度损失，可减少到 10% 以下，达到了可接受的程度。

例如，假设快表的命中率为 90%，访问快表的时间为 20ns，访问内存的时间为 100ns，则处理机存取一个数据的平均时间为：

$$T=(100+20)\times 90\%+(20+100+100)\times(1-90\%)=130\text{ns}$$

如果不引入快表的话，访问时间为 200ns，所以在快表命中率得以保证的前提下，其访问速度得到了大大提高。

5.3.3 两级和多级页表

现代计算机系统普遍支持 $2^{32}\sim 2^{64}$B 容量的逻辑地址空间。在这样的环境下，若采用分页存储管理方式时，页表就非常大，要占用相当大的内存空间。例如，对于一个具有 32 位逻辑地址空间的分页系统，如果页面大小为 4KB，即 2^{12}B，则页面数可多达 2^{20}个，即 1M 个，若每个页表项占 4B，则每个进程仅页表就要占用 4MB 的内存空间，而且页表还要求连续存放在内存中，那么要在内存中找到 4MB 的连续的一块内存空间显然是不现实的。为此，可以将页表像程序一样也来进行分页，这样就构成了两级页表；若分页之后所形成的两级页表仍然太大，可以再进行分页，则构成了多级页表。

1. 两级页表(Two-Level Page Table)

由于难以在内存中找到较大的并且连续的内存空间，用于存放较大的页表，所以可以将页表像程序一样进行分页，并为每一页编上页号，将之离散地存放到内存中各个不相邻的物理块中。同样的，为了在内存中找到这些离散分配的页表，也应该为这些离散分配的页表再建立一张页表，称为外层页表(Outer Page Table)，也就是页表的索引表。在外层页表中的每个页表项中记录了页表页面的物理块号。

下面仍然以 32 位的逻辑地址空间为例来说明。当页面大小为 4KB(12)位时，采用两级页表结构，对页表进行分页，使每页中包含 2^{10}(即 1024)个页表项，最大允许有 2^{10}个页表分页；或者说，外层页表中的外层页内地址 P2 为 10 位，外层页号 P1 也为 10 位。其逻辑地址结构可描述如图 5-22(a)所示：

由图 5-22(b)可以看出，外层页表的每个页表项中，存放的是某页表分页的首址，如第 0 页页表存放在内存的第 1014 物理块中；而在页表的每个页表项中存放的是进程的某页在内存中的物理块号，如第 0 页页表中的第 0 页存放在内存的第 1 物理块中，第 0 页页表中的第 1 页存放在内存的第 3 物理块中。我们可以利用外层页表和页表这两级页表，来实现从进程的逻辑地址到内存中的物理地址的转换。

为了实现地址变换，在地址机构中需要设置一个外层页表寄存器，用于存放外层页表的始址，并使用逻辑地址中的外层页号作为外层页表的索引，从而找到指定页表分页的首址，再利用外层页内地址作为指定分页的索引，找到指定的页表项，从中找到该页在内存中的物理块号，用该块号和页内地址 d 拼在一起即可构成访问内存的物理地址。图 5-23 示出了两级页表时的地址变换机构。

上述对页表进行离散分配的方法，虽然解决了对大页表无需大片存储空间的问题，

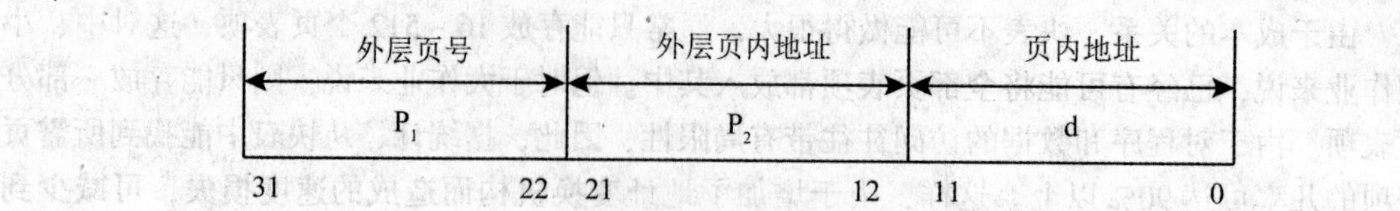

(a) 两级页表的结构示意图

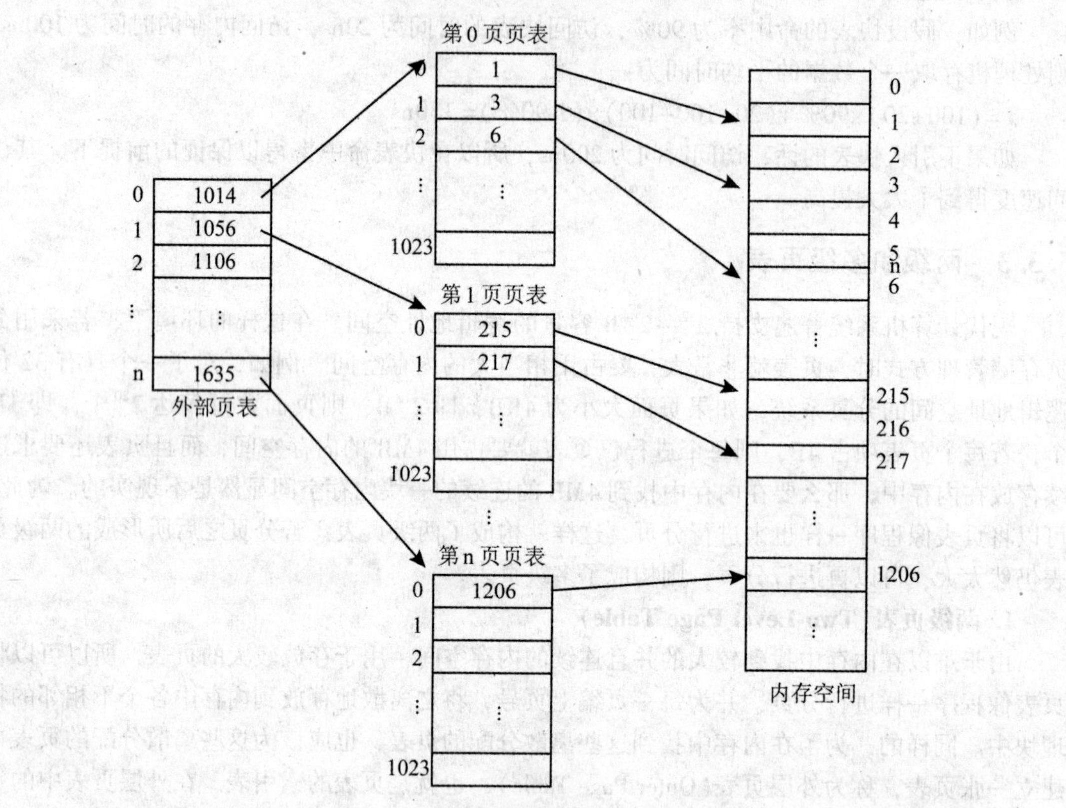

(b) 两级页表的例子

图 5-22　两级页表结构

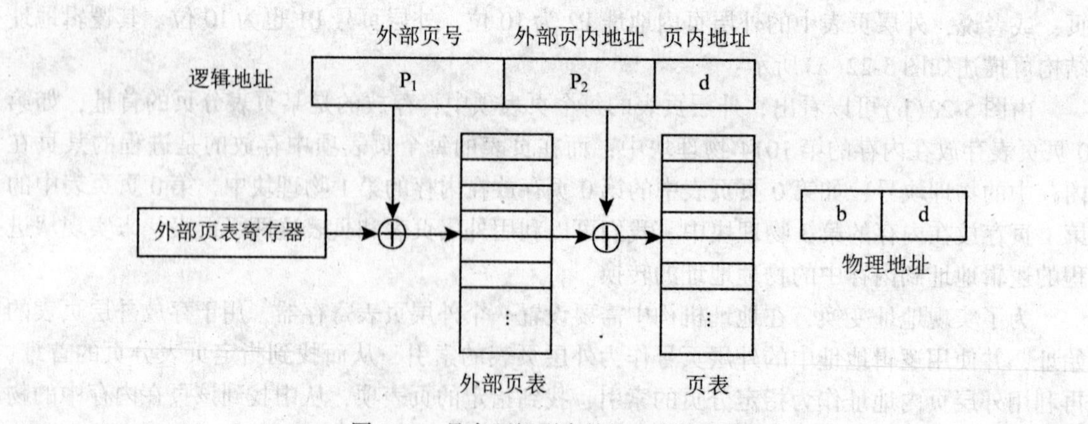

图 5-23　具有两级页表的地址变换机构

但并未解决用较少的内存空间去存放大页表的问题。即只用离散分配空间的办法并未减少页表所占用的内存空间。而真正解决这一问题的方法是将当前需要的一部分页表项调入内存，其他的放在外存上，以后再根据需要陆续调入。在采用两级页表结构的情况下，对于当前正在运行的进程，必须将其外层页表调入内存，而对页表则只需调入一页或几页。为了标识某页的页表是否已经调入内存，还应在外层页表项中增设一个状态位S，其值若为0，表示该页表分页尚未调入内存；否则，说明其分页已在内存中。进程运行时，地址变换机构根据逻辑地址中的P1，去查找外层页表；若所找到的页表项中的状态位为0，则产生一中断信号，请求操作系统将该页表分页调入内存。关于请求调页的详细内容将在虚拟存储器一节中介绍。

2. 多级页表

对于32位的机器，采用两级页表结构是合适的。但对于64位的机器，采用两级页表结构仍然存在着页表占用内存空间过大的问题，原因如下：如果页面大小仍采用4KB，即2^{12}B，那么还剩下52位，假定仍按物理块的大小(2^{12}B)来划分页表，则将余下的40位用于外层页号。这样，外层页表中最多可能有1T(2^{40})个页表项，要占用4TB的连续内存空间，这是不可能接受的；即使按2^{20}B来划分页表，外层页表中仍有4G(2^{32})个页表项，要占用16GB的连续内存空间，这也是不能接受的。因此，在64位机器中，必须采用多级页表，将外层页表再进行分页，然后将各个分页离散地分配到不相邻的物理块中，再利用第二级的外层页表来映射它们之间的关系。

对于64位的计算机，如果要求它能支持2^{64}B(=1844744TB)规模的物理存储空间，则即使是采用三级页表结构也是难以办到的；而在当前的实际应用中也无此必要。故在近两年较流行的64位的操作系统中，把可直接寻址的存储器空间减少到45位长度(即2^{45})左右，这样便可利用三级页表结构来实现分页存储管理。

5.4 基本分段存储管理

促使存储管理方式从固定分区到可变分区，从分区方式向分页方式发展的主要原因是要提高内存空间利用率。那么，分段存储管理的引入主要是满足用户(程序员)编程和使用上的要求，其他存储管理技术难以满足这些要求。在分页存储管理中，经链接编辑处理得到一维地址结构的可装配目标模块，这是从0开始编址的单一连续逻辑地址空间，虽然可以把程序划分成页面，但页面与源程序并不存在逻辑关系，也就难以对源程序以模块为单位进行分配、共享和保护。事实上，程序更多的是采用分段结构，高级语言往往采用模块化程序设计方法。因此，用户希望能够根据逻辑关系来划分源程序。为了满足用户编程和使用上的需求，引入了分段存储管理，也称段式存储管理。

5.4.1 分段存储管理的基本思想

1. 分段

段式管理是以段为单位进行存储管理的，为此首先要把用户程序按一定的逻辑关系划分成若干个段，且每一段具有完整的逻辑意义。例如，一个程序可划分成主程序段Main、若干个子程序段(A、B、…)、数据段D和堆栈段S等，每个段有一个段名，都从0开始编址。每个段的段内地址都是连续的，而段与段之间的地址不一定连续，且各段长度也不一定相等。可见这是二维地址结构，模块化的程序被装入物理地址空间后，仍保持二维地址结构，这种地址结构需要编译程序的支持，但对程序员而言是透明的。如图 5-24 所示。

主程序段 Main
0 ⋮
1 Call A|<X>
2 (调用 A段中的 X)
⋮
Call D|<Y>
(调用 D段中的 Y)
n_0 ⋮

子程序段 A
0
1 ⋮
2 X: ......
⋮
n_1 ⋮

数据段 D
0
1 ⋮
2 Y: ......
⋮
n_2 ⋮

堆栈段 S
0
1 ⋮
2
⋮
n_3

图 5-24　程序的分段

2. 逻辑地址结构

在用户程序中，可通过段名和段内地址（或段内符号名）来确定一个地址。例如，给出（A，X）可确定一个地址。程序经过编译之后，段名用一个段号来代替，段内符号名转换成段内地址。可见，逻辑地址应该由段号和段内地址两部分组成，是一个二维地址结构，可描述如下：

段号	段内地址

假定地址长度为 32 位，其中段号占 16 ~ 31 位，段内地址占 0 ~ 15 位，在该地址结构中，用户程序最多可分为 64K 个段，每个段的最大长度为 64KB。

在分页存储管理中，页的划分，即逻辑地址划分为页号和页内地址，对用户来说是不可见的，是由操作系统来完成的。连续的地址空间将根据页面的大小自动分页；而在分段存储管理中，地址结构对用户而言是可见的，用户知道逻辑地址怎样被划分成段和段内地址。在设计程序时，段的最大长度由地址结构规定，程序中所允许的最多段数会受到具体机器的限制。

分段方式已得到许多编译程序的支持，编译程序能自动地根据源程序的情况而产生若干个段。例如，Pascal 编译程序可以为全局变量、用于存储相应参数及返回地址的过程调用栈、每个过程或函数的代码部分、每个过程或函数的局部变量等，分别建立各自的段。类似地，Fortran 编译程序可以为公共块（Common block）建立单独的段，也可以为数组分配一个单独的段。装入程序将装入所有这些段，并为每个段赋予一个段号。

3. 段表

分段存储管理的实现基于可变分区存储管理的原理。可变分区以整个作业为单位来划分和连续存放，也就是说，作业在分区内是连续存放的，但独立作业之间不一定连续存放。而分段方式是以段为单位来划分和连续存放的，为作业的各段分配一个连续的内存空间，而各段之间不一定连续。在进行存储分配时，应为进入内存的作业建立段表，各段在内存中的情况可由段表来记录，它指出内存中各分段的段号、段起始地址和段长度。在撤销进程时，回收所占用的内存空间，并清除此进程的段表。

在配置了段表之后，执行中的进程可通过查找段表找到每个段所对应的内存区。可见，段表是用于实现从逻辑段到物理内存区的映射。如图 5-25 为段表的示意图。

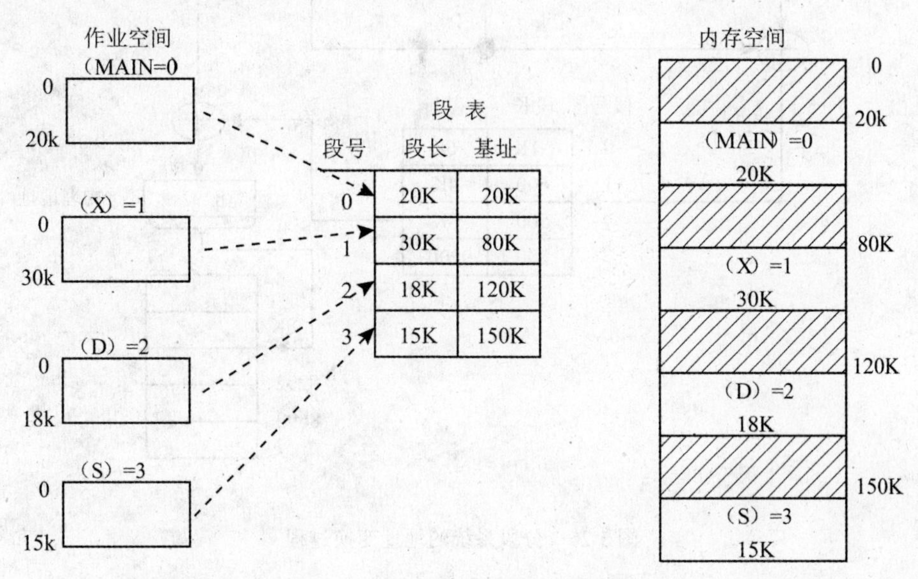

图 5-25　利用段表实现地址映射

4. 地址变换机构

段表表项实际上起到了基址/限长寄存器的作用，进程在运行时通过段表可将逻辑地址转换成物理地址。由于每个作业都有自己的段表，地址转换应按各自的段表进行。为了实现从进程的逻辑地址到物理地址的变换功能，类似于分页存储管理，在系统中也设置了一个硬件——段表寄存器，用来存放当前占用处理机的作业段表的起始地址和段表长度 TL。在进行地址变换时，系统将逻辑地址中的段号与段表长度 TL 进行比较。若 S≥TL，表示段号太大，出现访问越界，于是产生越界中断信号；若未越界，则根据段表的始址和该段的段号，计算出该段对应的段表项的位置，从中读出该段在内存中的起始地址，然后，再检查段内地址 d 是否超过该段的段长 SL。若超过，即 d>SL，同样是地址越界，发出越界中断信号；若未越界，则将该段的起始地址 d 与段内地址相加，即可得到要访问的内存物理地址。

图 5-26 示出了分段系统的地址变换过程。

与分页系统一样，当段表存放在内存中时，每当要访问一个数据时，都需要访问内存两次，第一次是访问内存中的段表，以进行地址转换；第二次才是根据物理地址到内存中去存取数据。所以极大地降低了计算机的速度。解决的方法也和分页系统类似，增设一个联想存储器，用于保存最近经常访问的段表项，从而提高查找段表的速度。由于一般情况是段比页大，因而段表项的数目比页表项的数目少，其所需的联想存储器也相对较小，便可以显著地减少存取数据的时间，比起没有地址变换的常规存储器的存取速度仅慢约 10% ~15%。

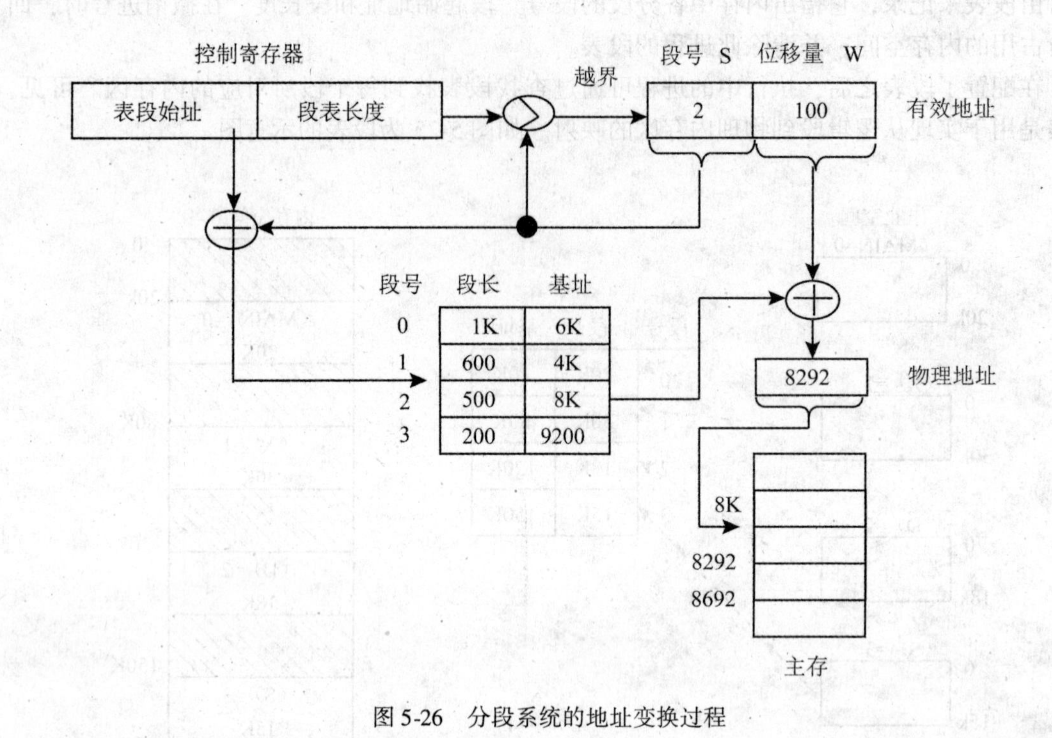

图 5-26　分段系统的地址变换过程

5.4.2　信息共享

分段存储管理方式的提出目的之一就是为了更好地实现信息共享。虽然分页存储管理方式也能实现信息共享，但没有分段系统那么方便。因为分页是物理上的划分，目的只是为了保证每一页的大小相等；但分段是逻辑上的划分，是为了使得每一段都有一个完整的逻辑意义。如果要对程序和数据实现共享，当然也是希望被共享的这些内容在意义上是完整的、独立的，只有这样，实现共享才有意义。

下面通过一个例子来说明在实现信息共享时，分页系统和分段系统各自是怎样实现的，以及哪种方式在实现信息共享时更方便。

有一个多用户系统，可同时接纳 20 个用户，他们都执行一个文本编辑程序(Text Editor)。如果文本编辑程序有 120KB 的代码和另外 20KB 的数据区，则总共需要有 2800KB 的内存空间来支持这 20 个用户。如果其中 120KB 的代码是可重入的(即纯代码)，则无论是在分页系统还是在分段系统中，该代码都能被共享，在内存中只需保留一份文本编辑程序的副本，此时所需的内存空间仅为 520KB(20×20+120)，而不是 2800KB。由此可见，内存空间大大节省了。

在分页系统中，为了实现信息共享，假定每个页面的大小为 4KB，那么，120KB 的代码将占用 30 个页面，数据区占用 5 个页面。为了实现代码的共享，应在每个进程的页表中都建立 30 个页表项，用来存放共享的这段纯代码的页号及物理块号，假设这些页面的物理块号为 21～50。在每个进程的页表中，还必须为自己的数据区建立页表项，它们的物理块号分别为 51～55、56～60、61～65，等等。图 5-27 为分页系统中共享 editor 的示意图。

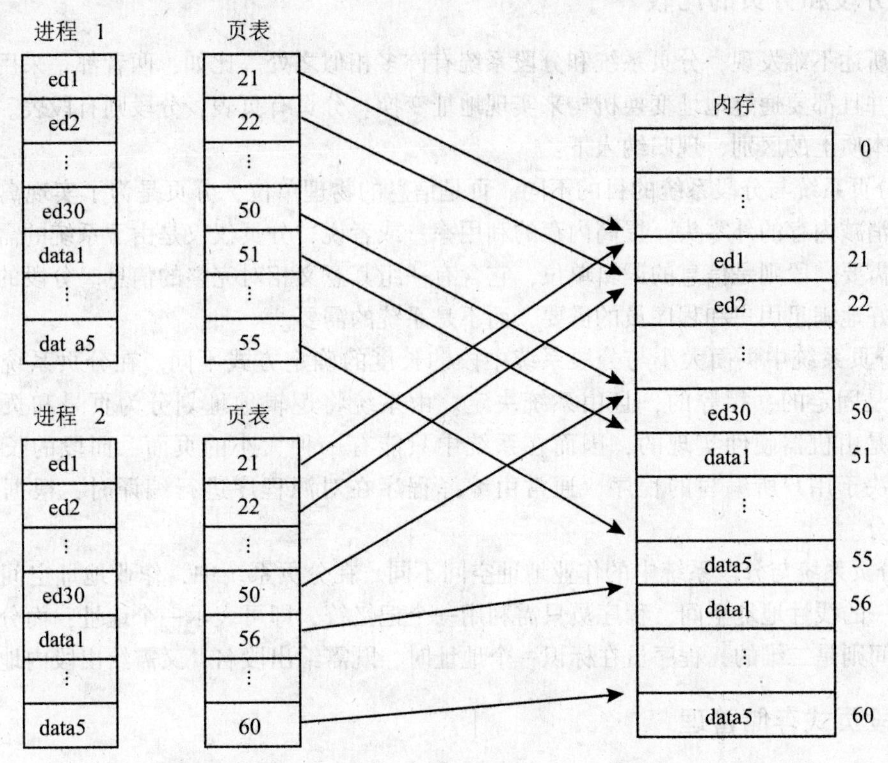

图 5-27 分页系统中共享 editor 的示意图

在分段系统中，实现信息共享则容易得多，事实上，只需将这个文本编辑程序分成两段就行了，一段是可共享的 editor，另一段为用户的数据区，而无需再将其分页。图 5-28 为分段系统中共享 editor 的示意图。

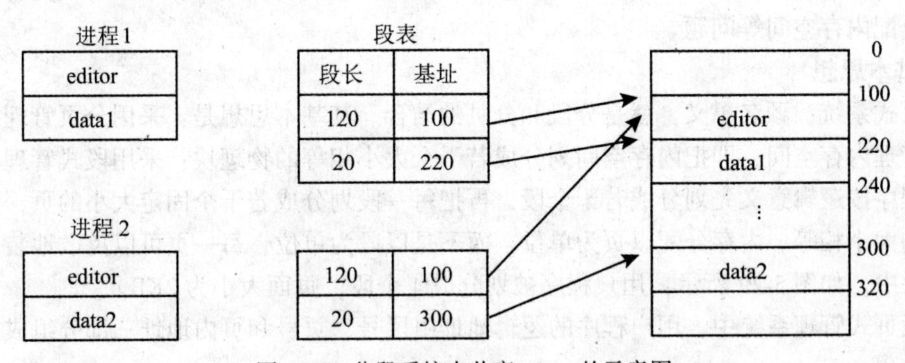

图 5-28 分段系统中共享 editor 的示意图

由以上例子我们发现，在实现信息共享时，采用分段系统要比分页系统更方便、更直观。

5.4.3 分段和分页的比较

由上所述不难发现，分页系统和分段系统有许多相似之处。比如，两者都是采用离散分配方式，并且都要通过地址变换机构来实现地址变换。分页有页表，分段则有段表。但两者也存在着本质上的区别，现归纳入下：

(1)分页系统与分段系统的目的不同。页是信息的物理单位，分页是为了实现离散分配方式，以消减内存的外零头，提高内存的利用率。或者说，分页仅仅是由于系统的需要而不是用户的需要。段则是信息的逻辑单位，它含有一组其意义相对完整的信息。分段的目的是为了能更好地满足用户和程序员的需要，而不是系统的需要。

(2)分页系统中页面大小与分段系统中段的长度的确定方式不同。在分页系统中，页面的大小是固定的、相等的，且由系统决定。由系统将逻辑地址划分为页号和页内地址两部分，是由机器硬件实现的，因而在系统中只能有一种大小的页面；而段的长度却不固定，取决于用户所编写的程序，通常由编译程序在对源程序进行编译时，根据信息的性质来划分。

(3)分页系统与分段系统中的作业地址空间不同。在分页系统中，作业地址空间是一维的，即单一的线性地址空间，程序员只需利用一个记忆符，即可表示一个地址；而分段的作业地址空间则是二维的，程序员在标识一个地址时，既需给出段名，又需给出段内地址。

5.4.4 段页式存储管理

前面所介绍的分页和分段存储管理方式都各有其优缺点。分页系统能有效地减少内存碎片，提高内存空间的利用率，但不利于信息共享和信息保护；而分段系统能很好地满足用户的需要，但对内存空间的利用率较低。那么如果能对这两种存储管理方式各取所长，则可以将两者结合成一种新的存储管理系统，这就是段页式存储管理系统。这种系统既具有分段系统的优点，如便于实现、方便信息共享和信息保护以及可动态链接等一系列好处；又能像分页系统那样很好地解决内存的外部碎片问题，提高内存空间的利用率，以及可以为各个分段离散地分配内存空间等问题。

1. 基本思想

段页式系统，顾名思义，就是分段和分页的结合。其基本思想是：采用分页管理的方法分配和管理内存空间，即把内存空间划分成若干个大小相等的物理块；采用段式管理的方法将用户程序按逻辑意义先划分成若干个段，再把每一段划分成若干个固定大小的页，页的大小与块的大小相等。内存分配以页为单位，而不是以段为单位，每一页可以离散地装入内存的某一块中。如图 5-29 所示，用户程序被划分成 4 个段，页面大小为 2KB。

在段页式管理系统中，用户程序的逻辑地址由段号、页号和页内地址三部分组成，其结构如下：

段号(S)	段内页号(P)	页内地址(W)

对用户来说，逻辑地址空间仍然是二维的，用户在编程时，只需给出段号和段内地址，由系统自动将段内地址分成页号和页内地址两部分。

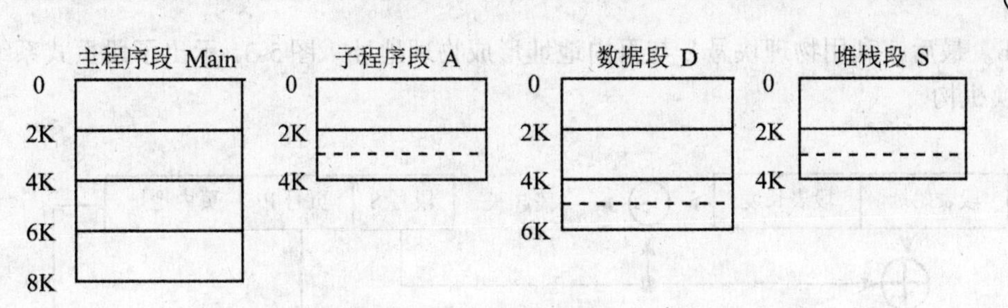

图 5-29 段页式系统中逻辑地址空间的划分

2. 地址转换

在段页式系统中，为了实现地址转换，系统要为每个进程都建立一张段表，为每个段建立一张页表。段表主要包含段号、该段对应页表的大小、起始地址等信息；页表主要包含页号和物理块号，如图 5-30 所示。

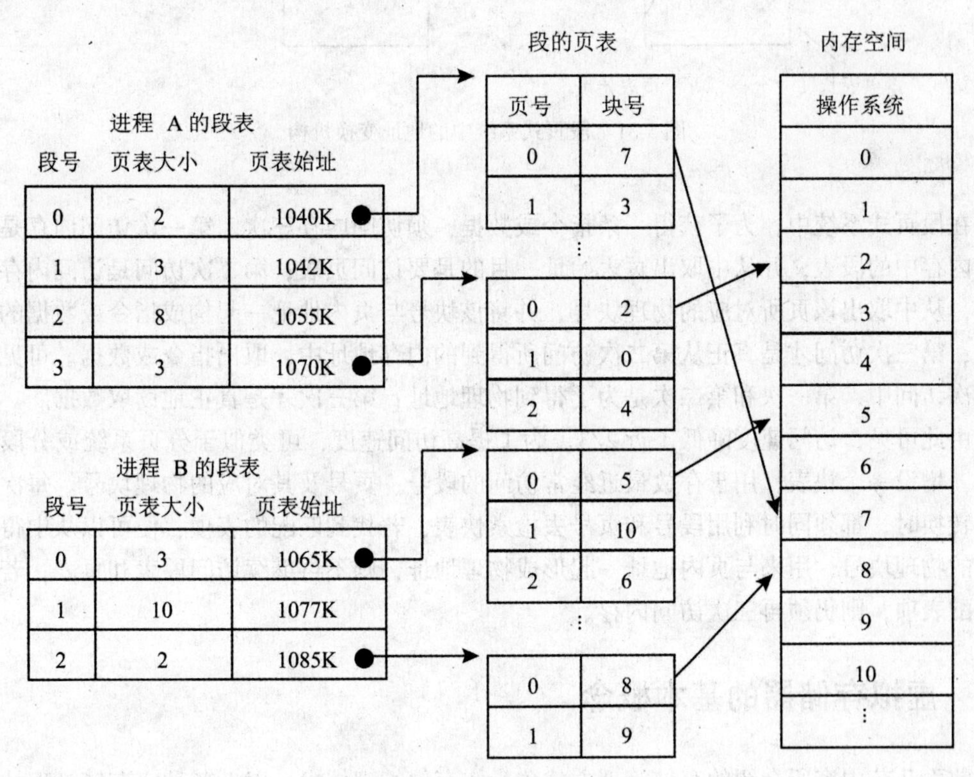

图 5-30 段页式管理系统

段页式存储管理的地址转换也需要设置一个段表寄存器，用于存放进程段表的起始地址和段表长度 TL。当执行某个进程时，把该进程的段表的起始地址和段表长度 TL 从进程的 PCB 中取出并送入段表寄存器中。首先，利用逻辑地址中的段号 S 与段表长度 TL 进行比较，若 S≥TL，则产生地址越界中断；否则，表示未越界，于是利用段表始址和段号来求出该段所对应的段表项在段表中的位置，从中得到该段的页表大小和页表始址，并利用逻辑地址中的页号与页表大小进行比较，若页号超过页表大小，则产生地址越界中断；否则，利用页表始址和逻辑地址中的页号 P 得到该页所对应的页表项，从中获得该页在内存中的物理块号b。最后，利用物理块号b与页内地址形成物理地址。图5-31示出了段页式系统中的地址变换机构。

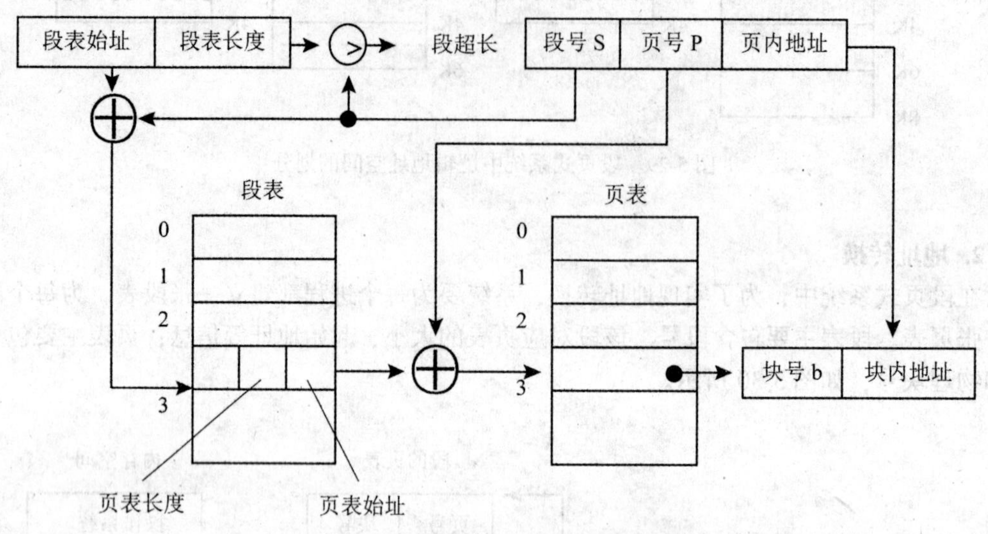

图5-31　段页式系统中的地址变换机构

在段页式系统中，为了获得一条指令或数据，须访问内存三次。第一次访问内存是为了访问内存中的段表，并从中取出页表始址，目的是要访问页表；第二次访问是访问内存中的页表，从中取出该页所对应的物理块号，并将该块号与页内地址一起构成指令或数据的物理地址；第三次访问才是真正从第二次访问所得到的内存地址中，取出指令或数据。可见，在这三次访问中，第一次和第二次是为了得到物理地址；第三次才是真正地读取数据。

由此可见，访问速度降低了近2/3。为了提高访问速度，可类似于分页系统或分段系统管理，增设一个快表，用于存放最近经常访问的段号、页号及其对应的物理块号。每次进行地址转换时，都须同时利用段号和页号去检索快表，若找到匹配的表项，便可以从中得到相应页的物理块号，用来与页内地址一起形成物理地址，则不再继续访问段表和页表；若未找到匹配表项，则仍须再三次访问内存。

5.5　虚拟存储器的基本概念

前面几节内容所介绍的存储管理方式称为实存储管理技术，以上各种实存储管理技术都有一个共同的特点，即它们都要求把进程全部装入内存才能运行。在运行过程中，可能会出现以下两种情况：

(1)要求运行的进程所需的内存空间大于系统的内存空间，只能有部分进程能够装入内存运行，而其他进程只有留在外存中等待。

(2)要求运行的进程所包含的程序和数据本身占用的存储空间很大，超过了内存的总容量，因此不能全部被装入内存，致使该进程无法运行。

出现上述两种情况的原因，都是由于内存空间不够大。解决上述问题的方案可以有两种，一是从物理上增加内存容量。但这往往会受到机器寻址能力的限制，不能无限扩充，而

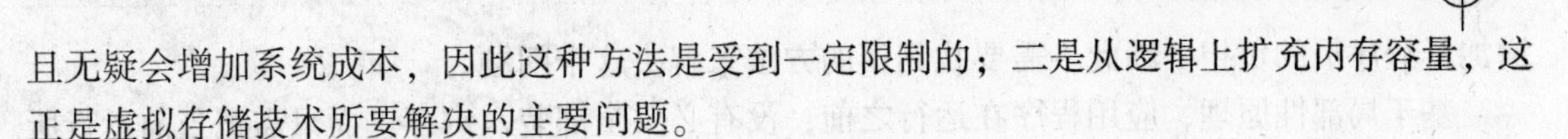

且无疑会增加系统成本，因此这种方法是受到一定限制的；二是从逻辑上扩充内存容量，这正是虚拟存储技术所要解决的主要问题。

5.5.1 虚拟存储器的引入

前面所介绍的实存储管理方式(或称为传统存储管理方式)要求在进程运行前，将进程全部装入内存。而事实上进程在运行时并不需要全部装入内存。一次性地把进程装入内存，其实是对内存的浪费。此外，进程装入内存后，要一直驻留在内存中直至进程运行结束。尽管运行中的进程会因I/O操作而长期等待，或有的部分运行一次后，就不需要再运行了，然而它们却都需要继续占用大量宝贵的内存资源。由于上述原因，将严重降低内存的利用率，从而显著地减少系统吞吐量。现在要研究的问题是：一次性和驻留性在进程运行时是不是必需的；是否可以在进程运行之前将进程的一部分装入内存，而将另一部分装入外存，在运行过程中由操作系统进行动态调度。

1. 局部性原理

早在1968年，计算机科学家P. Denning就曾指出，程序在执行时将呈现局部性规律，即在一段时间内，程序的执行仅限于某个部分。相应地，它所访问的存储空间也局限于某个区域。那么程序执行时为什么会呈现这种局部性规律呢？原因归纳起来有以下几点：

(1)程序在运行时，除了少部分的转移和过程调用指令外，在大多数情况下仍是顺序执行的。后来许多学者在对高级程序设计语言规律的研究中证实了该论点。

(2)过程调用将会使程序的执行轨迹由一部分区域转至另一部分区域。但在大多数情况下，过程调用的深度都不超过5。这就是说，程序将会在一段时间内都局限在这些过程的范围内运行。

(3)程序中含有大量的循环体，这些循环结构虽然只由少量的语句组成，但是它们将被多次执行。

(4)程序中还包含许多对数据结构的访问，如对连续的数据结构——数组进行访问，往往也局限在很小的范围内。

局部性原理主要表现在以下两个方面：

(1)时间局限性。如果某条指令被执行，则在不久的将来，该指令可能被再次执行；如果某个数据结构被访问，则在不久的将来，该数据结构可能再次被访问。产生时间局限性的主要原因是程序中存在着大量的循环操作。

(2)空间局限性。一旦程序访问了某个存储单元，则在不久的将来，其附近的存储单元也可能被访问，即程序在一段时间内所访问的地址，可能集中在一定的范围内。产生空间局限性的主要原因是程序的顺序执行。

局部性原理是实现虚拟存储管理的理论基础。

2. 虚拟存储器的定义

在5.2节我们介绍过几种解决内存空间不足的存储管理技术，如移动技术、对换技术和覆盖技术。早期计算机系统中，如果遇到程序太大，内存容纳不下的情况，通常采用覆盖技术，即把程序分割成许多称为覆盖块的片段，覆盖块0首先运行，当该块运行结束时，操作系统将调用另一个覆盖块。一些覆盖块在内存中，而另一些覆盖块则存放在外存磁盘上，在需要时再由操作系统动态地换进换出。

虽然覆盖块的换进换出由操作系统来完成，但是覆盖块的划分却必须由程序员来完成，增加了程序员的负担。因此，需要找到新的方法来解决这个问题。

基于局部性原理，应用程序在运行之前，没有必要全部装入内存，而只需把当前运行所需要的少数页面或段预先装入内存便可启动运行，而其余部分则存放在外存磁盘上。程序在运行过程中，如果所要访问的页面或段已经在内存中，便可以继续运行下去。如果所需的页面或段不在内存，则发生了缺页(缺段)中断，此时应利用操作系统所提供的页面或段的请求调入功能，将所缺的页面或段调入内存，以使程序能够继续运行下去。在将所需页面或段调入内存时，如果内存中有空间，则可直接调入；若内存中已满，不能装入新的页或段，则需要利用系统的置换功能，把内存中暂时不用的页面或段调出至磁盘上，腾出足够的内存空间，再将所要装入的页面或段调入内存，使程序能够继续运行下去。这样，便可使一个大的用户程序能在较小的内存空间中运行；也可在内存中同时装入更多的进程使它们并发执行。从用户角度来看，该系统所具有的内存容量，将比实际的内存容量大得多；从系统的角度来看，有了更大的内存空间，可以同时为更多的用户服务。但须说明的是，用户所看到的大容量只是一种感觉，是虚的，故人们把这样的存储器称为虚拟存储器。

由以上分析，可以对虚拟存储器定义如下：所谓虚拟存储器，是指仅把进程的一部分装入内存便可运行的存储器系统，是具有请求调入功能和置换功能，能从逻辑上对内存容量加以扩充的一种存储器系统。虚拟存储器的逻辑容量由系统的寻址能力和外存容量之和所决定，其运行速度接近于内存速度，而每位的成本却又接近于外存。可见，虚拟存储技术是一种性能非常优越的存储器管理技术，故被广泛地应用于大、中、小型机器和微型机中。

5.5.2 虚拟存储器的实现方法

在虚拟存储器中，允许将一个作业分多次调入内存。如果采用连续分配方式时，应将作业装入一个连续的内存空间中。为此，必须事先为它一次性地申请足够的内存空间，以便将整个作业分多次装入内存。这不仅会使相当一部分内存空间都处于暂时或永久的空闲状态，造成内存的严重浪费，而且也无法从逻辑上扩充内存容量。因此，虚拟存储器的实现，都毫无例外地建立在离散分配的存储管理方式的基础上。虚拟存储器的实现方法主要有以下几种。

1. 分页请求系统

这是在基本分页系统的基础上，增加请求调页功能和页面置换功能所形成的页式虚拟存储系统。它允许进程在运行之前，预先装入一部分页面，便启动运行。另一部分页面仍然在外存上。在进程运行过程中，如果所访问的页面在内存，则与无虚拟的基本分页系统处理方式相同；如果所访问的页面不在内存，则通过调页功能及页面置换功能，陆续地把即将要运行的页面调入内存，同时把暂不运行的页面换出到外存上。置换时以页面为单位。为了能实现请求调页和置换功能，系统必须提供必要的硬件支持和相应的软件。

(1)硬件支持

主要的硬件支持包括：

① 分页请求的页表机制，它是在基本分页系统的页表机制基础上增加了若干项而形成的。作为请求分页的数据结构；

② 缺页中断机构，即每当用户程序要访问的页面不在内存时，便发生了缺页中断，一旦发生缺页中断，则必须要求操作系统为之调入所需要的页面；

③ 地址变换机构，为了实现从逻辑地址到物理地址的转变，分页请求系统中也必须配置地址变换机构，它也是在基本分页系统的地址变换机构的基础上发展形成的。

(2)实现请求分页的软件

硬件机构只能为请求分页的实现提供一些机制，而具体的实现策略还需相应软件的支持。这里主要包括用于实现请求调页的软件和实现页面置换的软件。它们在硬件的支持下，将程序在运行时所需的页面调入内存，同时将内存中暂不需要的页面淘汰至外存。

2. 分段请求系统

这是在基本分段系统的基础上，增加请求调段功能和段的置换功能所形成的段式虚拟存储系统。它允许进程在运行之前，预先装入一部分段，便启动运行。另一部分段仍然在外存上。在进程运行过程中，如果所访问的段在内存，则与无虚拟的基本分段系统处理方式相同；若所访问的段不在内存，则通过调段功能和段的置换功能，陆续地把即将要运行的段调入内存，同时把暂不运行的段换出到外存上。置换时以段为单位。为了能实现请求调段和置换功能，系统必须提供必要的硬件支持和相应的软件。

(1)硬件支持

与分页请求系统类似，主要的硬件支持包括：

① 分段请求的段表机制，它是在基本分段系统的段表机制基础上增加了若干项而形成的。作为请求分段的数据结构。

② 缺段中断机构，即每当用户程序要访问的段不在内存时，便发生了缺段中断，一旦发生缺段中断，则必须要求操作系统为之调入所需要的段。

③ 地址变换机构，为了实现从逻辑地址到物理地址的转变，分段请求系统中也必须配置地址变换机构，它也是在基本分段系统的地址变换机构的基础上发展形成的。

(2)实现请求分段的软件

与分页请求系统一样，在分段请求系统中，也需要相应的软件来配合硬件机制实现请求调段和段的置换功能。

除了分页请求系统和分段请求系统两种虚拟存储系统之外，目前，有不少虚拟存储器是建立在段页式系统的基础之上的。通过增加请求调页和页面置换功能而形成了段页式虚拟存储系统，而且把实现虚拟存储器所需支持的硬件集成在处理器芯片上。例如，Intel 80386 以上的处理器芯片都支持段页式虚拟存储器。

5.5.3 虚拟存储器的特征

虚拟存储器最基本的特征是离散性，在此基础上又形成了多次性和对换性的特征，其表现出来的特征是虚拟性。

离散性指的是在内存分配时，采用非连续的分配方式；我们前面介绍的分配方式中，分页和分段包括段页式技术就属于非连续分配方式。正因为如此，虚拟存储技术的实现方式可以是分页请求系统、分段请求系统及段页式请求系统这几种。

多次性是指一个作业被分成多次调入内存运行，亦即在作业运行时没有必要将其全部调入，只需将当前要运行的那部分程序和数据装入内存即可；以后每当要运行到尚未调入的那部分程序时，再将它调入。

对换性是指允许在作业的运行过程中进行换进、换出，亦即，在进程运行期间，允许将那些暂不使用的程序和数据，从内存调至外存的对换区(换出)，待以后需要时再将它们从外存调入内存(换进)；甚至还允许将暂时不运行的进程调至外存，待它们重新具备运行条件时再调入内存。换进和换出能有效地提高内存利用率。

虚拟性是指能够从逻辑上扩充内存容量，使用户所看到的内存容量远大于实际内存容量。这是虚拟存储器所表现出来的最重要的特征，也是实现虚拟存储器的最重要的目标。

5.6 请求分页存储管理

请求分页存储管理方式是建立在基本分页存储管理方式的基础之上的。为了能实现虚拟存储器的功能，请求分页系统在基本分页系统的基础上引入了请求调页功能和页面置换功能。相应地，在请求分页系统中，每次调出或换出的单位都是页面，故实现起来比请求分段系统简单，因此，请求分页系统便成为目前最常用的一种实现虚拟存储器的方式。

5.6.1 请求分页存储管理的硬件支持

为了实现请求分页，系统必须提供一定的硬件支持。因为在使用请求分页系统时，需要解决以下几个问题：一个问题是怎样发现所访问的页面在不在内存；另一个问题是当发现所访问的页面不在内存时如何处理。第一个问题可以采用扩充页表的方法来解决；第二个问题可以通过产生缺页中断来处理。另外，为了实现逻辑地址向物理地址的转换，还必须提供地址变换机构。

1. 扩充的页表机制

在前面介绍的基本分页存储管理方式中，页表只包含页号和物理块号两项。因为在基本分页系统中，程序的所有页面必须在程序运行前一次性全部调入内存，因此所有的页号都必须有相应的物理块号，因此页表中只需页号和物理块号就一定能根据页号查找到该页所对应的内存中的块号。

而在请求分页系统中，由于程序的所有页面并未在程序运行前一次性装入内存，而是预先装入一部分页面，其余的仍然在外存中，需要时再请求调入，因此页表中就必须增加一些字段，供程序(或数据)在换进换出时参考。在请求分页系统中的每个页表项如下所示：

页号	物理块号	状态位 P	访问字段 A	修改位 M	外存地址

页表项中各字段的作用如下：

(1)页号和物理块号：这两个字段的定义与基本分页管理方式相同，即已调入内存的页面的页号及所对应的内存物理块号。这两个信息是进行地址变换所必需的。

(2)状态位 P：用于表示页面是否在内存中。每当进行内存访问时，根据该位判断要访问的页面是否在内存，若不在内存中，则产生缺页中断。

(3)访问字段 A：用于记录页面在一段时间内被访问的次数，或记录页面最近已有多长时间未被访问。该字段用于置换算法选择淘汰页面时参考。

(4)修改位 M：用于表示页面在内存期间是否发生过修改。当处理机以写方式访问页面时，系统将设置该页面的修改位。由于内存中的页面在外存上都保留有副本，因此，若页面未修改，则在该页面换出时不需要将该页重新写回外存，因为内外存页面内容一致；若页面在内存期间发生过修改，则该页被换出时应将之重新写回外存，以保证内外存的页面内容一致。简言之，M 位供置换页面时参考。

(5) 外存地址：用于指出页面在外存中的存放地址，通常是物理块号。该字段供调入页面及将页面写回外存时使用。

2. 缺页中断机构

在请求分页系统中，可以通过查询页表中的状态位来确定所要访问的页面是否在内存中。每当所要访问的页面不在内存时，便产生一次缺页中断，此时操作系统会根据页表中的外存地址在外存中找到所缺的这一页，再将之从外存调入内存。

缺页中断本身也是一种中断，故与一般的中断一样，也需要经过以下4个处理步骤：

(1) 保护 CPU 现场；

(2) 分析中断原因；

(3) 转入缺页中断处理程序进行处理；

(4) 恢复 CPU 现场，继续执行。

但是缺页中断是由于所要访问的页面不在内存时，由硬件所产生的一种特殊的中断。因此，它与一般的中断相比，又存在着以下区别：

(1) 在指令执行期间产生和处理缺页中断信号。一般的中断只能在两条指令之间得到响应，也就是说，CPU 只有执行完一条指令后，才会去检查是否有中断到达，若有，便响应中断；否则，继续执行下一条指令。然而，缺页中断是在指令执行期间，发现所要访问的指令或数据不在内存时所产生和处理的。

(2) 一条指令在执行期间，可能产生多次缺页中断。因为在一条指令中可能涉及多个页面。例如，如图5-32所示，在执行指令 copy A to B 时，由于这条指令本身跨了两个页面，指令处理的数据 A 和 B 也都分别跨了两个页面。因此，在执行这条指令的过程中可能会发生6次缺页中断。基于这些特征，系统中的硬件机构应能保存多次中断时的状态，并保证最后能返回到中断前产生缺页中断的指令处继续执行。

(3) 缺页中断返回时，执行产生中断的那一条指令，而一般中断返回时，执行下一条指令。

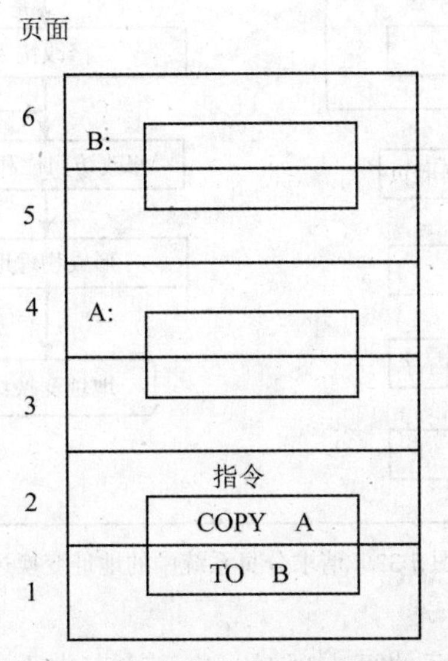

图5-32　涉及6次缺页中断的指令

3. 地址变换机构

请求分页系统中的地址变换机构，是在基本分页系统地址变换机构的基础上，再为实现虚拟存储器而增加了某些功能而形成的。

在请求分页存储管理系统中，当所访问的页面在内存时，其地址变换过程与基本分页存储管理相同；当所访问的页面不在内存时，则应产生和处理缺页中断，以及从内存中换出一页等。

如图 5-33 所示为请求分页系统中的地址变换过程。在进行地址变换时，为了提高地址变换的速度，首先去检索快表，试图从中找出所要访问的页面。若在快表中找到，则修改页表项中的访问位，若访问位记录的是该页最近被访问的次数，则加 1；若记录的是该页最近有多久未被访问，则清 0。如果这次对页面的操作为写操作，则应将修改位置为 1，以便下次淘汰该页时应重新写回外存。然后利用页表项中页号所对应的物理块号及页内地址形成物理地址。整个地址变换过程就结束了。

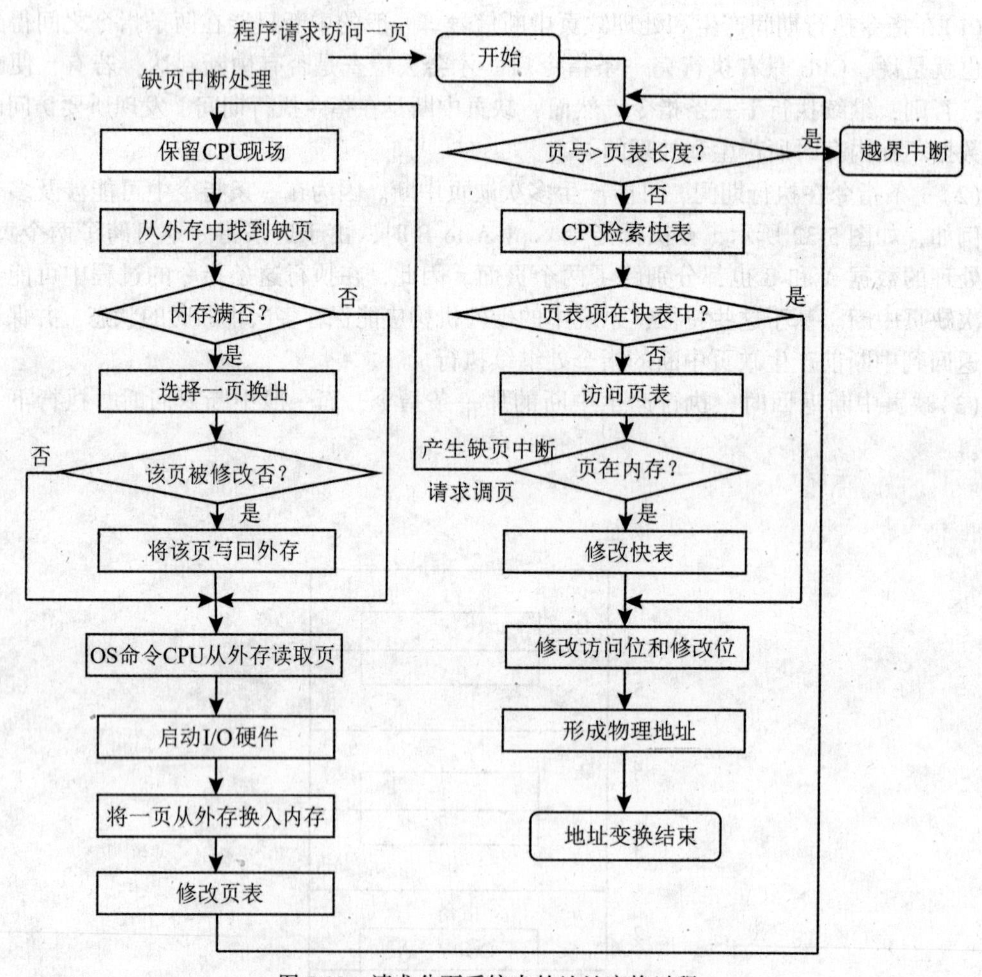

图 5-33　请求分页系统中的地址变换过程

若在快表中没有找到该页的页表项时，应到内存中去查找页表，在页表中查看状态位判断该页是否调入内存，若已调入内存，此时应将该页的页表项加入到快表中，以便提高下次访问快表时的命中率。在加入快表中时，若快表中有空间则直接加入该页表项；若快表中无空间，则淘汰快表中的最近最久未访问的页表项，以将该新的页表项写入。然后再进行根据页号所对应的物理块号及页内地址进行地址变换。若该页未调入内存，这时应产生缺页中断，请求操作系统从外存中把该页调入内存。调入后再修改页表，进行地址变换。

5.6.2 页面分配策略

在请求分页系统中，给进程分配内存空间可以采用固定分配和可变分配两种策略。

1. 固定分配

在创建进程时，根据进程类型或程序员的要求，系统为每个进程在内存中分配一定数目的物理块，分配给进程的物理块数至少要能保证进程能正常运行，且在进程运行期间不再改变。采用这种分配策略，当产生缺页中断时，只能淘汰该进程自己已在内存中的页面，即使内存中还有空闲的物理块，也不能分配给该进程。可见，这种分配策略缺乏灵活性。

在采用固定分配策略时，可采用以下三种算法把可供分配的物理块分配给进程。

(1)平均分配算法

这种算法将内存中可供分配的物理块平均分配给各个进程。例如，假设内存中物理块数为1003块，进程为50，则每个进程可分得20个物理块，还剩余3个物理块。

这是最简单的分配方式，但这种算法看起来公平，实际上不公平，因为它没有考虑到进程的大小等因素。例如，若一个进程的长度为15个页面，则会浪费5个物理块；而若一个进程的长度为100个页面，则又会产生较高的缺页中断率。

(2)按进程长度比例分配算法

这种算法是对平均分配算法的改进，系统根据进程的大小按比例分配物理块。该算法能使得大进程获得较多的物理块，而小进程获得较少的物理块。

例如，假设系统中共有n个进程，每个进程的页面数为S_i，则系统中各进程页面数的总和为：

$$S=\sum_{i=1}^{n}S_i$$

又假定系统中可用的物理块总数为m，则每个进程所能分到的物理块数为b_i，则有：

$$b_i=\frac{S_i}{S}\times m$$

b_i应该取整，它必须大于最小物理块数。

(3)按进程优先级比例分配

上述两种算法均未考虑到进程的优先级，将高优先级的进程与低优先级的进程同等对待。而在实际应用中，为了照顾重要的、任务紧急的进程，使其能够尽快完成，可以为其分配较多的内存物理块。在有的系统，如一些重要的实时系统中，多采用这种方法分配内存物理块。

(4)按进程长度和优先级比例分配

这是方法(2)和方法(3)的结合。通常的做法是把内存中可供分配的物理块分成两部分，一部分按进程长度比例来分配；另一部分按进程优先级比例来分配。这样做的好处是不仅考虑到进程的长短也考虑到了进程的优先级。

2. 可变分配

由于固定分配方式一旦确定为进程分配多少个物理块，就不能再改变，即使内存中还有空闲的物理块，也不能分给该进程，只能通过淘汰进程自己的页面来调入新的页面，因此不够灵活。而可变分配方式是先为每个进程分配一定数目的物理块，在进程运行过程中，当发现缺页时，可在内存中再找一个空闲块分配给该进程，即进程所分得的物理块数可以动态变化。这种分配策略性能较好，已用于许多操作系统中。

5.6.3 页面置换策略

在请求分页系统中，若进程在运行过程中所要访问的页面不在内存中，则发生缺页中断，此时操作系统将从外存中找到所缺的页面将之调入内存，若内存中此时已没有空闲物理块，则将进行页面置换，即将已在内存中的页面换出到外存上，从而将所缺的页面调入内存中。

在进行页面置换时，可以采用全局置换和局部置换两种策略。

(1) 全局置换

全局置换是指当进程在运行过程中发现缺页，且此时内存空间已满时，由操作系统从内存中按照某种页面置换算法选择一页调出内存，以腾出内存物理块存放所缺的页面。调出内存的那一页可以是内存中任一进程的页面。

(2) 局部置换

局部置换是指当进程运行中产生缺页时，只能从该进程的已在内存的物理块中选择一页换出，而不能淘汰其他进程的页面，始终保持分配给该进程的物理块数不变。

页面置换策略通常要和页面分配策略配合使用，一般有以下三种组合。

(1) 固定分配局部置换

系统分给进程的物理块数固定，当该进程缺页，从外存调入页面时，若内存已满，则为了确保分给进程的物理块数不变，只能淘汰自己的页面，即采用局部置换。

实现这种策略的难点在于：系统应给每个进程分配多少个内存物理块比较合适？若分配给每个进程的物理块数太少，则同时处于内存中的进程数目就多，进程处于就绪状态的可能性就越大，但是进程在执行过程中的缺页中断率就会很高，而缺页中断的处理要付出相当大的代价，因此会降低系统效率，若分配给进程的物理块数少到一定程度，可能会导致进程无法启动运行；反之，若分给每个进程的物理块数很多，虽然能够减少进程的缺页中断次数，但会降低系统的并发性，而且分配给一个进程的物理块数超过一定限度后，再增加物理块，也不会明显降低进程的缺页中断率。

(2) 可变分配全局置换

在采用这种策略时，先为进程分配一定数目的内存物理块，同时在内存中保留若干个空闲物理块。当某个进程产生缺页中断时，由系统从空闲物理块中选择一个分配给该进程，把进程需调入的页面装入到该物理块中，这样产生缺页中断的进程所占用的物理块数会逐渐增多，有助于减少该进程的缺页中断次数。当内存中的空闲物理块用完时，系统应该从内存中选择一页换出，该页可以是内存中任一进程的页，这样又会使那个进程的物理块数减少，增加缺页中断次数。

(3) 可变分配局部置换

根据进程类型和程序员的要求，为每个进程分配一定数目的物理块。当某个进程发生缺页中断时，只能选择该进程自己的已在内存中的某一页换出。系统根据进程缺页中断率的情况，不时地增加或减少分配给进程的物理块数，以改善系统性能。

5.6.4　页面调入策略

页面调入策略分为何时调入页面及从何处调入页面两个方面。

1. 何时调入页面

页面调入策略中决定何时将页面调入内存，有两种策略可供选择：预先调入策略和请求调入策略。

预先调入策略装入内存的页面并非缺页中断所请求的页面，而是由操作系统根据某种算法，动态预测进程最可能要访问的那些页面。在使用页面前预先调入内存，尽量做到进程要访问的页面已经调入内存，且每次调入若干页面，而不是仅调入一页。由于进程的页面大多数连续存放在外存磁盘中，一次调入多个连续存放的页面能够减少磁盘I/O启动次数，节省寻道和搜索的时间。但是，如果所调入的页面大多未被使用，则效率就很低，可见，预先调入策略要建立在可靠预测的基础之上。因此，这种策略主要用于进程的首次调入时，由程序员指出应该先调入哪些页。

请求调入策略是仅当需要访问的程序和数据时，通过缺页中断并由缺页中断处理程序分配物理块，把所需的页面装入内存。进程运行时缺页中断很频繁，随着越来越多的页面被装入内存，根据局部性原理，大多数将要访问的程序和数据页面都在最近被装入内存，于是，缺页中断率就会下降。这一策略的优点是确保只有被访问的页面才会调入内存，节省内存空间；其缺点是处理缺页中断的次数多，调页的系统开销大，由于每次仅调用一页，磁盘I/O操作次数猛增。

2. 从何处调入页面

在请求分页系统中的外存分为两个部分：用于存放文件的文件区和用于存放对换页面的对换区。为了提高访问速度，对换区通常采用连续分配方式；而为了节省存储空间，文件区通常采用离散分配方式。故对换区的磁盘I/O速度比文件区的高。这样，每当发生缺页中断时，系统应从何处调入页面，可分为以下三种情况。

(1)若系统拥有足够的对换区空间，这时为了提高访问速度，可以全部从对换区调入所需页面。采用这种方式时，必须在进程运行前，就预先将与该进程相关的程序及数据从外存的文件区拷贝到对换区中。

(2)若系统缺少足够的对换区空间，这时凡是在内存运行期间不会被修改的文件就直接从文件区调入，而由于它们在内存期间内容不会发生改变，因此，当要淘汰它们时则不必重新写回外存，以后再调入时，仍然从文件区直接调入。但对于那些在内存期间内容会发生修改的页面，初次调入时，从文件区调；当将它们换出时，须换出到对换区，以后需要时，再从对换区调入。

(3)UNIX系统方式。由于与进程有关的文件都存放在文件区，故凡是未运行过的页面，都应从文件区调入。而对于曾经运行过但又被换出的页面，由于是被放在对换区，因此在下次调入时，应从对换区调入。由于UNIX系统允许页面共享，因此，某进程所请求的页面有可能已被其他进程调入内存，此时也就无须再从对换区调入了。

5.6.5 页面置换算法

在进程运行过程中，如果发生缺页中断，而此时内存中又无空闲的物理块时，为了能把所缺的页面装入内存，系统必须从内存中选择一页调出到磁盘的对换区。但此时应该把哪个页面换出，则需根据一定的页面置换算法(Page Replacement Algorithm)来确定。

1. 颠簸

请求调页中的页面淘汰的选择很难给出一个通用的算法。这个问题既与整个存储分配有关，又与当前各并发进程的状态和特点有关。然而，置换算法又是相当重要的。如果选择的置换算法不好，将会使进程执行过程中请求调页的频率大大增加，甚至可能会出现这样的现象：刚被淘汰出去的页，不久又要访问它，因而又要把它调入，而调入后不久又再次淘汰，再访问，再调入，如此反复，使得整个系统的页面置换非常频繁，以致大部分的机器时间都花费在来回进行页面的调度上，只有一小部分时间用于程序的实际运行，从而直接影响整个系统的效率。因为程序执行某条指令时所需要的页面信息可能已在上一次页面请求中被置换算法选中而从内存中换出，所以，当索取页面的速度超过了系统所能提供的速度(即索取页面的速度超过了内存和外存之间的页面传输速度)时，系统必须等待后援存储器的工作。这时，后援存储器一直保持忙的状态，而处理机的有效执行速度将很慢，大多数情况下处于等待状态。这会导致整个计算机系统的总崩溃，通常把这种情况叫做颠簸(thrashing)，有时又称为抖动。

简单地说，导致系统效率急剧下降的内存和外存之间的频繁页面置换现象称为颠簸。如果一个进程在换页上用的时间要多于执行时间，那么这个进程就在颠簸。颠簸现象花费了系统大量的开销，但收效甚微。因此，各种置换算法应考虑尽量减少和排除颠簸现象的出现。

2. 几种常用的页面置换算法

从理论上讲，好的置换算法应将那些以后不再被访问的页面，或在较长时间内不会被访问的页面置换出内存。而实际的置换算法，都力图更接近于理论上的目标。

页面置换算法不仅可以用于页面的调度，也可用于快表以及段的调度。下面以内存页面的置换为例讲述几种常用的页面置换算法。

(1)最佳置换算法(Optimal, OPT)

最佳置换算法的基本思想是：置换以后不再被访问，或者在将来最迟才会被访问的页面。显然，这种算法的缺页中断率最低。但是该算法需要依据以后各页的使用情况，而当一个进程还未运行完时，很难估计哪一个页面是以后不再使用或在最长时间以后才会用到的页面，所以，这种算法是不能实现的。尽管如此，该算法仍然是有意义的，可以将它作为衡量其他算法优劣的一个标准。

例如，采用固定分配局部置换的策略，假定系统为某进程在内存中分配了3个物理块，页面访问顺序为：2、3、2、1、5、2、4、5、3、2、5、2。假定系统未采用预调页策略，即未事先调入任何页面。进程运行时，依次将2、3、1三个页面调入内存，发生三次缺页中断。当第一次访问页面5时，产生第四次缺页中断，根据OPT算法，淘汰页面1，因为它以后不会再使用了；第五次产生缺页中断时，淘汰页面2，因为它在5、3、2三个页面中，是在将来最迟才会被访问的页面；第六次缺页中断时，淘汰页面3和4都可以，因为这两个页面以后都不会再使用了。页面置换过程如表5-1所示。

表 5-1　　　　最佳置换算法示例

P:	2	3	2	1	5	2	4	5	3	2	5	2
	2	2	2	2	2	5	5	3	5	5	2	2
M=3		3	3	3	5	3	3	5	4	2	5	5
				1	3	2	4	4	3	4	4	4
F:	√	√		√	√		√			√		

由上例可知，采用最佳置换算法时，只发生 6 次缺页中断，缺页中断率为 6/12×100% =50%。

(2)先进先出置换算法(First In First Out，FIFO)

先进先出页面置换算法的基本思想是：置换最先调入内存的页面，即置换在内存中驻留时间最久的页面。该算法简单，容易实现，只要把内存中的页面，按进入内存的先后次序排成一个队列，新进入的页面排在队尾，淘汰页面时，总是从队首进行。但该算法会淘汰经常访问的页面，不适应进程实际运行的规律，目前已很少使用这种算法。

例如，仍以 OPT 算法中的例子为例，但采用 FIFO 算法。前四次的页面调入情况与 OPT 算法相同；当访问页面 5 时，发生缺页，此时淘汰页面 2，因为它是最先进入内存的；接着访问页面 2 时，淘汰页面 3；然后访问页面 4 时，淘汰页面 1……依次类推，页面置换过程如表 5-2 所示。

表 5-2　　　　先进先出置换算法示例

P:	2	3	2	1	5	2	4	5	3	2	5	2
	2	3	3	1	5	2	4	4	3	3	5	2
M=3		2	2	3	1	5	2	2	4	4	3	5
				2	3	1	5	5	2	2	4	3
F:	√	√		√	√	√	√		√		√	√

由上例可知，采用先进先出置换算法时，发生了 9 次缺页中断，缺页中断率为 9/12×100% =75%。

一般而言，分配给进程的物理块越多，运行时的缺页次数应该越少。但是 Belady 在 1969 年发现了一个反例，使用 FIFO 算法时，分配给进程 4 个物理块时的缺页次数比 3 个物理块时的缺页次数多，导致缺页中断不但没有降低，反而还升高了。这种反常的现象称为 Belady 现象。

例如，假定一个进程的页面访问顺序为 0、2、1、3、0、2、4、0、2、1、3、4，当分配给进程的物理块数分别为 3 块和 4 块时，采用 FIFO 置换算法的过程分别如表 5-3 和表 5-4 所示。

表 5-3　　**Belady 异常现象(3 个物理块的 FIFO 现象)**

P:	0	2	1	3	0	2	4	0	2	1	3	4
	0	2	1	3	0	2	4	4	4	1	3	3
M=3		0	2	1	3	0	2	2	2	4	1	1
			0	2	1	3	0	0	0	2	4	4
F:	√	√	√	√	√	√	√			√	√	

表 5-4　　**Belady 异常现象(4 个物理块的 FIFO 现象)**

P:	0	2	1	3	0	2	4	0	2	1	3	4
	0	2	1	3	3	3	4	0	2	1	3	4
M=4		0	2	1	1	1	3	4	0	2	1	3
			0	2	2	2	1	3	4	0	2	1
				0	0	0	2	1	3	4	0	2
F:	√	√	√	√			√	√	√	√	√	√

由以上例子可见，3 个物理块时缺页中断次数为 9 次，缺页中断率为 9/12×100% = 75%；而 4 个物理块时的缺页中断次数为 10 次，缺页中断率为 10/12×100% ≈83.3%。产生这种现象的原因是 FIFO 置换算法未考虑到程序运行时的动态特征。

(3)最近最久未使用置换算法(Least Recently Used，LRU)

最近最久未使用页面置换算法的基本思想是：置换最近一段时间以来最长时间未访问过的页面。这种算法是根据程序局部性原理来考虑的，即刚被访问过的页面，可能马上又要被访问；而在较长时间内没有被访问过的页面，可能最近不会被访问。

例如，对 OPT 算法中的例子采用 LRU 算法，前四次的页面调入情况与 OPT 算法及 FIFO 算法相同；当访问页面 5 时，发生缺页，此时淘汰页面 3，因为它是最近最久未被访问的；当访问页面 4 时，发生缺页，淘汰页面 1……依次类推，页面置换过程如表 5-5 所示。

表 5-5　　**最近最久未使用置换算法示例**

P:	2	3	2	1	5	2	4	5	3	2	5	2
	2	3	2	1	5	2	4	5	3	2	5	2
M=3		2	3	2	1	5	2	4	5	3	2	5
				3	2	1	5	2	4	5	3	3
F:	√	√		√	√		√		√	√		

由上例可知，采用最近最久未使用置换算法时，发生了 7 次缺页中断，缺页中断率为 7/12×100% ≈58.3%。

LRU 算法作为页面置换算法是比较好的，普遍地适用于各种类型的程序。但是，系统要时时对各页的访问历史情况加以记录和更新，如果修改、更新工作全部由软件来完成，则系统的“非生产性”开销太大，从而导致系统速度大大降低。所以，LRU 算法必须要有硬件的支持。

LRU 算法的实现可以采用以下几种方法。

① 计时法。系统为内存中的每个页面设置一个计时器，用来记录该页面自上次访问以来所经历的时间。当访问某个页面时，该页面的计时器从 0 开始计时；淘汰页面时，选择计时器中值最大的页面淘汰。

② 寄存器法。系统为内存中的每个页面设置一个移位寄存器，初值设为 0。当进程访问某页时，将该页对应寄存器的最高位置为 1，每隔一段时间(如 100ms)将寄存器右移一位。具有最小数值的寄存器所对应的页面，就是最近最久未访问的页面，当发生缺页中断时，将淘汰该页面。

③ 堆栈法。系统使用一个特殊的堆栈来存放内存中每个页面的页号。每当访问一页时就调整一次，即把被访问页面的页号从栈中移出再压入栈顶。因此，栈顶始终是最新被访问页面的页号，栈底是最近最久未被访问的页号。当发生缺页中断时，总是淘汰栈底页号所对应的页面。

(4)其他页面置换算法

除了以上介绍的几种页面置换算法外，还有许多其他进行页面置换的算法。例如，二次机会置换算法、Clock 置换算法、最少使用置换算法及页面缓冲置换算法等。下面依次对这几种算法作介绍。

① 二次机会置换算法(Second Chance Replacement，SCR)

FIFO 算法可能会把经常使用的页面淘汰掉，为了避免这一点，可对 FIFO 算法进行改进，把 FIFO 算法与页表中的“访问位”结合起来使用，算法实现思想如下：首先检查 FIFO 页面队列中的队首，这是最早进入内存的页面，如果其访问位为 0，那么表示这个页面既时间长又没有用，选择该页淘汰；如果访问位为 1，说明虽然该页进入内存的时间较早，但最近刚刚访问过，于是将其访问位清 0，并把这个页面移植队列的队尾，把它看做一个新调入内存的页，再给它一次驻留内存的机会。这一算法称为二次机会页面置换算法，其含义是最先进入内存的页面如果最近还在被使用(其访问位总保持为 1)，仍然有机会像新调入的页面一样留在内存中。如果内存中的页面都被访问过，即它们的访问位都为 1，那么，第一遍检查把所有页面的访问位清 0，第二遍又找出队首页面并将之淘汰掉，此时，该算法便退化为 FIFO 算法。

② 简单的 Clock 置换算法

如果利用标准队列机制构造 FIFO 队列，二次机会置换算法将可能产生频繁的出队和入队，实现代价较高。因此，往往采用循环队列机制构造页面队列，这样就形成了一个类似于钟表面的环形表，队列指针相当于钟表面上的表针，指向可能要淘汰的页面，这就是 Clock 置换算法的得名。Clock 置换算法与二次机会算法本质上没有什么区别，仅仅是实现方法有所改进，仍然要使用页表中的访问位，把进程已调入内存的页面链接成循环队列，用指针指向循环队列中下一个将被替换的页面。

简单的 Clock 置换算法也称为最近未使用算法(NRU)，它是 LRU 和 FIFO 算法的折中。该算法的实现要点是：当一个页面首次装入内存时，其访问位置为 0；内存中的任何一个页面被访问时，其访问位置1；淘汰页面时，存储管理从指针当前指向的页面开始扫描循环队列，把所遇到的访问位是1的页面的访问位清0，并跳过这个页面；把所遇到的访问位是0的页面淘汰，指针推进一步；扫描循环队列时，如果遇到所有页面的访问位均为1，指针就会环绕整个循环队列一圈，把碰到的所有页面的访问位清0；指针停在起始位置，并淘汰这一页，然后指针推进一步。

图5-34给出了简单Clock算法的一个例子。当发生缺页中断时，将装入内存的页面是Page72，指针所指向的是Page45，Clock算法的执行过程如下：Page45的访问位为1，它不能被淘汰，仅将其访问位清0，指针推进；同样的道理，Page18也不能被淘汰，访问位清0，指针继续前进；下一页Page56的访问位为0，于是Page56给Page72置换，并把Page72的访问位置为1，指针前进到下一页Page13，算法执行结束。

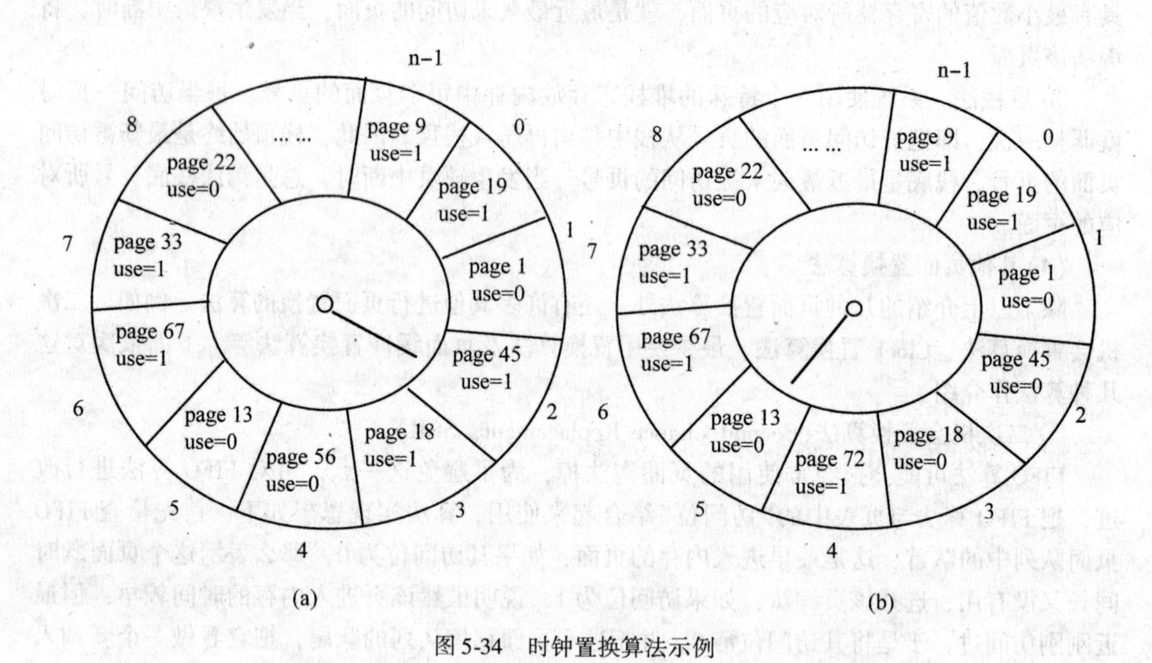

图5-34　时钟置换算法示例

③ 改进型的Clock算法

在将一个页面换出时，如果该页已经被修改过，应该将其重新写回外存磁盘；但如果该页未被修改过，则不必将它重新写回。在改进型的Clock算法中，除须考虑页面的使用情况外，还须增加一个因素，即置换代价，这样，选择页面换出时，既要是未使用过的页面，又要是未被修改过的页面。把同时满足这两个条件的页面作为最佳淘汰页面。由访问位A和修改位M可以组合成下面四种类型的页面。

1类(A=0，M=0)：表示该页最近既未被访问又未被修改，是最佳淘汰页。

2类(A=0，M=1)：表示该页最近未被访问，但被修改过，并不是很好的淘汰页。

3类(A=1，M=0)：表示该页最近被访问过，但未被修改，该页可能再次被访问。

4类(A=1，M=1)：表示该页最近被访问过，且被修改过，该页可能再次被访问。

在内存中只可能存在这四类页面，在进行页面置换时，可采用与简单Clock算法类似的算法，其差别在于该算法必须同时检查访问位与修改位，以判断该页属于四类页面中的哪一类。其执行过程可分为以下几个步骤。

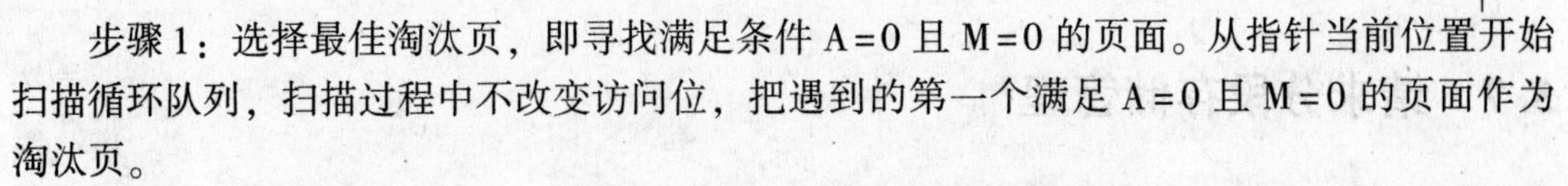

步骤1：选择最佳淘汰页，即寻找满足条件 A=0 且 M=0 的页面。从指针当前位置开始扫描循环队列，扫描过程中不改变访问位，把遇到的第一个满足 A=0 且 M=0 的页面作为淘汰页。

步骤2：如果步骤1失败，再次从原位置开始，查找满足条件 A=0 且 M=1 的页面，把遇到的第一个这样的页面作为淘汰页，而在扫描过程中把指针所经过的页面的访问位都置为0。

步骤3：如果步骤2失败，指针再次回到起始位置，由于此时所有页面的访问位均为0，再转向步骤1或步骤2操作，这次一定能挑出一个可淘汰的页面。

改进的 Clock 算法就是扫描循环队列中的所有页面，寻找既未被修改且最近又未被引用的页面作为首选页面淘汰，因为未曾被修改过，淘汰时不用把它写回磁盘；如果步骤1失败，算法再次扫描循环队列，欲寻找一个被修改过但最近未被访问的页面，虽然这种页面需要写回磁盘，但依据程序局部性原理，这类页面不会立刻被再次使用；如果步骤2也失败，则所有页面已被标记成最近未访问，可进入第三次扫描，也称为“第三次机会时钟置换算法”，因为一个被修改过的页面直到指针已经完成对队列的两次完全扫描之前，将不会被移出，与未被修改的页面相比，它在被选中置换之前还有额外一次机会驻留在内存中。

④ 最少使用置换算法(Least Frequently Used，LFU)

最少使用置换算法选择到当前时间为止访问次数最少的页淘汰。该算法要求为内存中的每一个页面设置一个移位寄存器，用来记录该页面被访问的频率。由于存储器具有较高的访问速度，例如100ns，在1ms时间内可能对某页面连续访问成千上万次。因此，通常不能直接利用计数器来记录某页被访问的次数，而是采用移位寄存器的方式。每次访问某页时，便将该移位寄存器的最高位置1，再每隔一定时间(如100ms)右移一次。这样，在最近一段时间使用最少的页面将是$\sum R_i$最小的页。

LFU 置换算法的页面访问图与 LRU 置换算法的页面访问图完全相同；或者说，利用这样一套硬件既可实现 LRU 算法，又可实现 LFU 算法。应该指出，LFU 算法并不能真正反映出页面的使用情况，因为在每一时间间隔内，只是用寄存器的一位来记录页面的使用情况，因此，在一段时间内，页面被访问1次和被访问10000次是等效的。

⑤ 页面缓冲置换算法(Page Buffering Algorithm，PBA)

虽然 LRU 和 Clock 置换算法都比 FIFO 算法好，但它们都需要一定的硬件支持，并需要付出较多的开销，而且，置换一个已修改的页面比置换一个未修改的页面的开销要大。而页面缓冲算法则既可以改善分页系统的性能，又可采用一种较简单的置换策略。

页面缓冲置换算法是对 FIFO 算法的发展，通过建立置换页面的缓冲，就有机会找回刚被置换的页面，从而减少系统 I/O 的开销。页面缓冲算法用 FIFO 算法选择被置换页，选择出的页面不是立即换出，而是放入两个链表之一。如果页面未被修改，就将其归入到空闲页面链表的末尾；否则就将其归入到已修改页面链表的末尾。这些空闲页面和已修改页面会在内存中停留一段时间。如果这些页面被再次访问，只需将其从相应的链表中移出，就可以返回给进程，从而减少了一次磁盘 I/O。需要调入新的页面时，将新页面读入到空闲页面链表的第一个页面中，然后将其从该链表中移出。当已修改页面达到一定数目后，再将它们一起写入磁盘，然后将它们归入空闲页面链表。这样能大大减少 I/O 操作的次数。

5.7 请求分段存储管理

请求分段存储管理系统是在基本分段存储管理系统的基础上实现的虚拟存储器，在基本分段系统的基础上增加了请求调段和段的置换功能。该系统以段为单位进行换入和换出。在进程运行前不必调入所有的段，而只调入一部分段，便可启动运行。在运行过程中，当要访问的段不在内存时，便发生缺段中断，此时请求操作系统为之调入。为了实现请求分段存储管理，与请求分页系统类似，需要硬件的支持和相应的软件。

5.7.1 请求分段存储管理的硬件支持

与请求分页系统类似，为了实现请求分段，系统必须提供一定的硬件支持。请求分段系统所需要的硬件机构主要有扩充的段表机制、缺段中断机构以及地址变换机构。

1. 扩充的段表机制

在前面介绍的基本分段存储管理方式中，段表只包含段号、段长和段的基址。因为在基本分段系统中，程序的所有段必须在程序运行前一次性全部调入内存，因此所有的段号都必须有相应的内存基址，因此段表中只需段号和段的基址就一定能查找到该段所对应的内存中的位置。

而在请求分段系统中，由于程序的所有段并未在程序运行前一次性装入内存，而是预先装入一部分段，其余的仍然在外存中，需要时再请求调入，因此段表中就必须增加一些字段，供程序(或数据)在换进换出时参考。在请求分段系统中的每个段表项如下所示：

段名	段长	段的基址	存取方式	访问字段 A	修改位 M	存在位 P	增补位	外存始址

在段表中，除了段名、段长、段的基址等项之外，还增加了以下这几项。

(1)存取方式：用于标识本段的存取属性，存取属性包括只执行、只读，还是读/写。

(2)访问字段 A：用于记录该段在一段时间内被访问的次数，或该段最近已有多长时间未被访问，供置换算法选择淘汰段时参考。

(3)修改位 M：表示该段在调入内存后是否被修改过。由于内存中的每一段都在外存上保留了一个副本，因此，若未被修改，在置换该段时就不需要将该段写回到外存磁盘上，以减少系统的开销和启动磁盘的次数；若被修改过，则必须将该段重新写回外存磁盘上，以保证磁盘上所保留的始终是最新的副本。

(4)存在位 P：用于指示本段是否已调入内存，供程序访问时参考。

(5)增补位：这是请求分段存储管理中段表所特有的字段，用于表示该段在运行过程中是否做过动态增长。

(6)外存始址：用于指出该段在外存上的起始地址，通常是起始物理块号，供调入该段时使用。

2. 缺段中断机构

在请求分段系统中，当进程运行时，要访问某段，首先查找段表中的存在位来判断该段是否在内存中。若该段不在内存，则产生一个缺段中断，由操作系统中的缺段中断处理程序将所需的段从外存调入内存。此时，如果在内存中找不到一块足够大的空闲区，但空闲区的总和能满足该段的需求，则采用移动技术，把在内存中的所有的进程都移动到内存的一端，将所有小空闲区拼接成一个大的空闲区后，再装入该段。若空闲区的总和不能满足该段的要求，则需要从内存中淘汰一个或几个段，再装入该段。缺段中断的处理过程如图 5-35 所示。

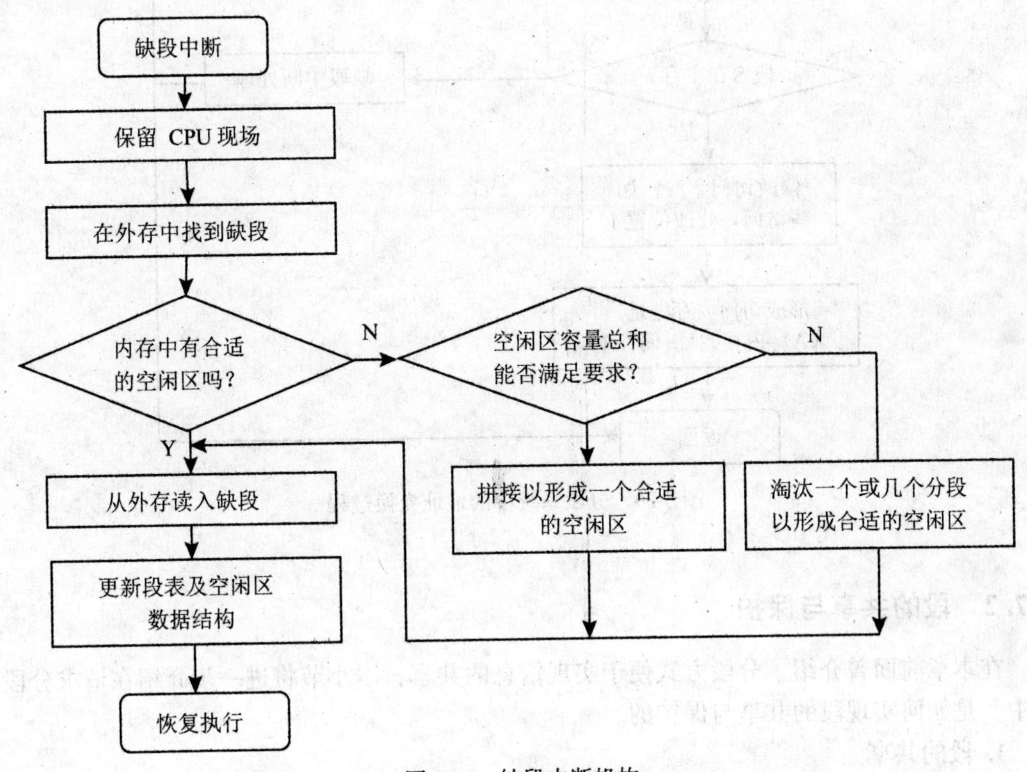

图 5-35 缺段中断机构

缺段中断机构与缺页中断机构类似，它同样需要在一条指令的执行期间，产生和处理中断，以及在一条指令执行期间，可能产生多次缺段中断。但由于分段是信息的逻辑单位，因而不可能出现一条指令分割在两个分段中和一组信息被分割在两个分段中的情况。由于段不是定长的，这使对缺段中断的处理要比对缺页中断的处理复杂。

3. 地址变换机构

请求分段系统中的地址变换机构是在基本分段系统的地址变换机构的基础上形成的。由于被访问的段并非全在内存，所以在地址变换时，若发现所要访问的段不在内存时，必须先将所缺的段调入内存，在修改了段表之后，才能利用段表进行地址变换。图 5-36 给出了请求分段系统中的地址变换流程图。

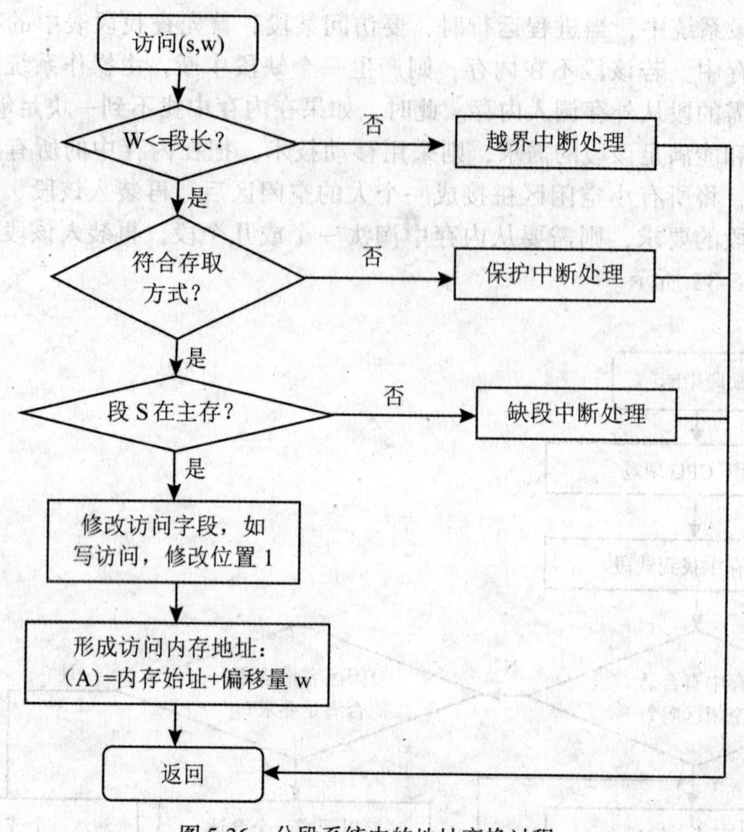

图5-36　分段系统中的地址变换过程

5.7.2　段的共享与保护

在本章前面曾介绍了分段方式便于实现信息的共享，本小节将进一步介绍在请求分段系统中，是如何实现段的共享与保护的。

1. 段的共享

为了实现分段的共享，除了原有的进程段表外，还要在系统中建立一张段共享表，每个共享分段占一个表项，每个表项包含两部分内容：第一部分含有共享段名、段长、内存起始地址、状态位(表示该段是否在内存中)、外存地址、共享进程个数计数器；第二部分含有共享此段的所有进程名、状态、段号、存取控制位(通常为只读)。

由于共享段是供多个进程公用的，对它的内存分配要如下进行。当出现第一个要使用某个共享段的进程请求时，由系统为此共享段分配内存空间，将该共享段调入。同时将共享段内存区始址填入共享段表中对应项的内存始址处，共享进程个数计数器加1，修改状态位为1(表示该段已在内存中)，填写使用该共享段的进程的有关信息(进程名、使用共享段的段号、存取控制等)。而进程段表中共享段的表项指向内存共享段表地址。

此后，若又有进程使用已调入内存的同名共享段时，仅需直接填写共享段表和进程段表，以及把共享进程个数计数器加1就行了。

当进程不再需要使用共享段时，应释放该共享段，除了在共享段表中删去进程占用项

外，还要把共享进程个数计数器减1。当计数器的值为0时，说明已没有进程使用该共享段了，系统需要回收该共享段的物理内存，并把占用表项也取消。

这种分段共享方式有许多优点：不同进程可以用不同的段号使用同一个共享段；由于进程段表中共享段的表项指向内存共享段表地址，所以，每当共享段被移动、调出或再装入时，只要修改共享段表的项目，不必修改共享段的每个进程的段表。

2. 段的保护

在多道程序环境下，必须注意共享段中信息的保护问题。当一个作业正从共享段中读取数据时，必须防止另一个作业修改此共享段中的数据。否则就会导致数据不一致。在当今大多数实现信息共享的系统中，程序被分成代码区和数据区，不能修改的代码称为纯代码或可重入码，这样的代码和不能修改的数据是可以被共享的，而可修改的代码和数据则不能共享。

因此，为了实现段的共享以及程序的顺利执行，必须对段实施保护。由于每个段在逻辑上都是独立的，因此比较容易实现存储保护。常用的分段保护方法有越界检查和存取控制检查等。

(1)越界检查。在进行存取访问时，首先将逻辑地址空间的段号与段表长度进行比较，如果段号等于或大于段表长度，将发出地址越界中断信号；其次，还要检查段内地址是否等于或大于段长，若是，将产生地址越界中断信号，从而保证了每个进程只能在自己的地址空间中运行。

(2)存取控制检查。在段表的每个表项中，都设置了一个存取控制字段，用于规定该段的访问方式。通常有只读、只执行和读/写三种。

本章小结

存储器是计算机系统中的一种重要的系统资源，如何对存储器进行有效的管理，不仅直接影响到存储器的利用率，而且还对系统的性能有重大影响。

在计算机系统中，采用的是层次式的存储器体系结构。多级存储体系结构从上到下依次是：寄存器、高速缓存、内存、磁盘缓存、磁盘及磁带。

计算机处理一个程序的步骤分为编译、链接、装入和执行。程序被编译之后的目标模块地址从0开始编址，这种目标模块所形成的地址空间叫做逻辑地址空间(相对地址空间)，这些地址空间中的地址称为逻辑地址(相对地址)。当程序的多个目标模块经过链接并装入内存后，在内存中会有一个地址空间，称为物理地址空间(绝对地址空间)，这个地址空间中的地址叫物理地址(绝对地址)。

程序的链接方式分为静态链接、装入时动态链接及运行时动态链接。程序在装入内存时需要将地址从逻辑地址转换为物理地址，其转换方式分为两种，即静态重定位和动态重定位。

存储管理方式分为传统的存储管理方式和虚拟存储管理方式两大类。其中传统的存储管理方式又分为连续分配方式和离散分配方式，连续分配方式包含单一连续分配方式、固定分区分配方式和可变分区分配方式；离散分配方式包含分页存储管理方式、分段存储管理方式和段页式存储管理方式。虚拟存储管理方式分为请求分页系统、请求分段系统和请求段页式系统。

单一连续分配方式将整个内存空间划分为系统区和用户区，整个用户区只能存放一道用户程序。单一连续分配方式的优点是简单、易于实现，不需要复杂的硬件支持；缺点是只适用于单用户单任务的操作系统，不能使 CPU 和内存等系统资源得到充分利用。

固定分区分配方式将内存的用户区划分成若干个区域，这些区域的边界和大小固定不变，称为分区，每个分区只能存放一道程序。固定分区分配方式虽然能使多个程序并发执行，改善了单一连续分配方式中内存空间利用率低的问题，但缺点是不能充分利用内存空间；由于分区的大小事先已经固定，因此限制了装入程序的大小；分区数目限制了可并发执行的进程数目。

可变分区分配又称为动态分区分配，是一种动态划分存储器的分区方法，这种分配方法并不预先设置分区的数目和大小，而是在作业装入内存时，根据作业的大小动态地建立分区，使分区大小正好满足作业的实际需要。因此系统中分区的大小是可变的，分区的数目也是可变的。在可变分区分配方式中通常采用的分区分配算法有首次适应算法、循环首次适应算法、最佳适应算法和最坏适应算法。

为了解决内存不足而采取的存储管理技术有移动技术、对换技术和覆盖技术。

分页系统的基本思想是内存等分为若干个物理块，程序等分为若干个页面，内存块的大小与程序页面的大小相等。程序在装入时将其页面装入到内存中的物理块中，且可以是不相邻的物理块，从而实现了离散的存储方式。分段系统则是将程序按逻辑意义划分成若干个段，程序在装入内存时是以段为单位装入的。段页式系统是将程序先分段，再分页，装入内存是以页面为单位。

为了实现虚拟存储管理，可以分为请求分页、请求分段和请求段页式三种方式。这三种方式分别在基本分页、基本分段及基本段页式系统的基础上增加了虚拟存储功能。

本章最后对 Windows 系统和 Linux 系统中的存储管理方式的基本思想及特点做了较详细的阐述。

习题 5

1. 选择题

(1)计算机系统的二级存储包括( )。

A. 内存储器和外存储器　　B. ROM 和 RAM

C. 高速缓冲和内存储器　　D. CPU 寄存器和内存缓冲区

(2)在下列存储管理方案中，不适用于多道程序设计的是( )。

A. 分页存储管理　　B. 可变分区分配

C. 固定分区分配　　D. 单一连续分配

(3)下列关于存储器管理功能的描述中正确的是( )。

A. 即使在多道程序设计的环境下，用户也能设计用物理地址直接访问内存的程序

B. 为了提高内存保护的灵活性，内存保护通常由软件实现

C. 地址映射是指将程序空间中的逻辑地址变为内存空间的物理地址

D. 虚拟存储器是物理上扩充内存容量

(4)动态重定位是在程序( )时进行的。

A. 编译　　B. 执行　　C. 装入　　D. 修改

(5)静态链接是在( )进行的。

A. 编译某程序时　　B. 装入某程序时

C. 装入程序之前　　D. 调用某段程序之前

(6)以下关于内存空间的说法中正确的是( )。

A. 存储管理是对内存空间的各部分如系统区和用户区进行管理的

B. 操作系统与硬件的接口信息、操作系统的管理信息和程序等存放在内存的系统区中

C. 内存空间分为系统区、用户区和缓冲区三部分

D. 所有的程序都存放在内存的用户区中

(7)在最佳适应算法中，要求空闲分区按( )的顺序形成空闲分区链。

A. 空闲区大小递增

B. 空闲区大小递减

C. 空闲区起始地址递增

D. 空闲区起始地址递减

(8)段式地址与页式地址在形式上的区别是页式地址的结构是一维的，段式地址结构是( )的。

A. 一维　　B. 二维　　C. 三维　　D. 四维

(9)虚拟存储器是从( )上扩充内存容量。

A. 理论　　B. 实际　　C. 物理　　D. 逻辑

(10)在可变分区分配方式中，某一作业完成后，系统收回其内存空间并与相邻空闲区合并，为此需要修改空闲区表，造成空闲区个数减1的情况是( )。

A. 无上邻空闲区也无下邻空闲区　　B. 有上邻空闲区但无下邻空闲区

C. 有下邻空闲区但无上邻空闲区　　D. 有上邻空闲区也有下邻空闲区

(11)采用分段存储管理的系统中，若地址用24位表示，其中8位表示段号，则允许每段的最大长度是( )。

A. 2^{24}　　B. 2^{16}　　C. 2^{8}　　D. 2^{32}

(12)虚拟存储管理系统的基础是程序的( )理论。

A. 局部性　　B. 全局性　　C. 动态性　　D. 虚拟性

(13)一个计算机系统的虚拟存储器的最大容量是由( )确定的。

A. 计算机字长　　B. 内存容量

C. 计算机的地址结构　　D. 内存和硬盘容量之和

(14)在请求分页系统中，若所访问的页面不在内存中，则会产生( )。

A. 时钟中断　　B. 输入/输出中断

C. 越界中断　　D. 缺页中断

(15)在( )中，不可能产生系统抖动现象。

A. 请求分页存储管理　　B. 请求分段存储管理

C. 固定分区分配方式　　D. 请求段页式存储管理

2. 问答题

(1)简述多级存储体系。

(2)什么叫逻辑地址？什么叫物理地址？

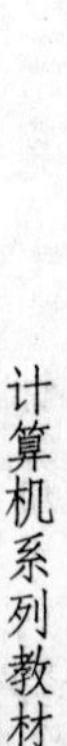

(3)什么叫地址重定位？地址重定位分为哪几种方式？

(4)简述首次适应算法、最佳适应算法和最坏适应算法的基本思想。

(5)为解决内存不足问题通常采用哪几种技术？这几种技术分别适用于什么场合？

(6)分页存储管理的基本思想是什么？

(7)分段存储管理的基本思想是什么？

(8)分页系统和分段系统有哪些区别？

(9)什么叫虚拟存储器？为什么要引入虚拟存储器？

(10)虚拟存储器有哪些特征？其最基本的特征是什么？

(11)实现虚拟存储管理需要哪些硬件支持？

(12)什么叫系统颠簸？为什么会产生系统颠簸？

3. 分析题

(1)某分页系统的逻辑地址结构采用16位，其中高6位用于页号，低10位用于页内地址。试问：这样的地址结构下一页有多少字节？逻辑地址可有多少页？一个作业最大空间是多少？有一个程序，访问的逻辑地址分别为2058，3072和1023，请问它们的页号是多少？页内地址是多少？

(2)一个由3个页面(页号为0、1、2)、每页有2048个字节组成的程序，现将它装入一个由8个物理块(块号为0、1、2、3、4、5、6、7)组成的存储器中，装入情况如下表所示：

页号	块号
0	4
1	7
2	1

对于以下逻辑地址，请根据上述页表计算出对应的物理地址。

① 100　　② 2617　　③ 5196

(3)某系统采用可变分区分配方式，某时刻在内存中有三个空闲区，其首地址和大小分别为：空闲区F1(100KB，10KB)，空闲区F2(200KB，20KB)，空闲区F3(300KB，15KB)。现有如下作业序列：作业J1要求15KB，作业J2要求16KB，作业J3要求10KB。

① 画出该时刻的内存分布图；

② 用首次适应算法和最佳适应算法，将该作业序列装入内存，试给出简要的分配过程。

(4)考虑一个进程的访问地址序列为10，11，104，170，73，309，185，245，246，434，458，364。

① 若页面大小为100，给出页面走向。

② 若该进程的内存空间大小为300，采用FIFO和LRU页面淘汰算法的缺页中断次数和缺页中断率各是多少？

(5)请求分页系统中一个进程访问页面的次序为0，2，1，3，0，2，4，0，2，1，3，4。利用FIFO算法，当进程使用3个物理块时缺页多少次？使用4个物理块时缺页多少次？

(6)某系统采用页式虚拟存储管理，内存每块为128个字节，现在要把一个128*128的二维数组置初值为“0”。在分页时把数组中的元素每一行放在一页中，假定系统只分给用户一个内存物理块用来存放数组信息，内存块的初始状态为第一行的内容。

① 对如下程序段，执行完要产生多少次缺页中断？

```
int a[128][128];
int I, j;
for(j=1; j<=128; j++)
  for(i=1; i<=128; i++)
    a[i][j]=0;
```

② 为减少缺页中断的次数，请改写上面的程序，使之仍能完成所要求的功能。

第6章 处理机调度

在单 CPU 多道程序环境下，由于 CPU 只有一个，而同时存在于内存中的进程则有多个，那么这些进程如何去占用一个 CPU，最终能够顺利地完成各自的任务，这就要求系统能够按照某种算法，动态地将处理机分配给某个进程，使之执行。系统中的处理机调度程序负责分配处理机，由于处理机是系统中非常重要的资源，因此处理机调度性能的好坏至关重要，它将直接影响到处理机的利用率，系统效率及系统性能。所以处理机调度便成为了现代操作系统设计所要考虑的重要问题之一。本章将重点介绍处理机调度的分类、策略及各种算法。

6.1 处理机的多级调度

在计算机系统中，可能有很多批处理作业同时存放在磁盘的后备作业队列中，或者有很多终端与主机相连，交互型作业不断地进入系统，这样内存和处理机等系统资源便供不应求。对于外存磁盘上排队等候的这些用户作业，按照何种原则挑选哪些作业进入内存。当作业进入内存后，为之创建相应的进程，对这些进程又将按照何种原则挑选哪些进程占用 CPU 运行，一个进程每次能占用 CPU 运行多长时间。对于在内存中的这些进程数目如何确定，当内存资源紧缺时，应考虑到将暂时不能运行的进程调出到外存上，以腾出内存空间。

以上种种情况都是操作系统在进行资源管理时所面临的问题，处理机调度程序负责完成涉及处理机的分派和调度以及资源分配的工作。

6.1.1 调度的层次

处理机调度的目标是以满足系统目标(如响应时间、吞吐率及处理机效率)的方式，把进程分配到一个或多个处理机中运行。因为我们讨论的是单 CPU 环境，所以只考虑在一个处理机上的调度问题。在许多系统中，处理机的调度活动分为三个独立的功能：长程调度、中程调度和短程调度。顾名思义，它们的名字中的长、中、短则表明了在执行这些功能时的相对时间比例。因此，对应于处理机调度活动的这三个功能，习惯上处理机调度按照层次可以分为三级：高级调度、中级调度和低级调度。用户作业从进入系统开始，直到运行结束退出系统为止，均需要经历不同级别的调度。

1. 高级调度

高级调度(high level scheduling)又称长程调度、作业调度。习惯上称之为作业调度。在批处理系统中，用户将准备好的一批作业提交给系统，此时是位于系统的外存磁盘上的。对于外存上的这一批作业，系统会按照某种预定的调度策略挑选若干个进入内存，并为其分配

运行所需的各种资源，创建作业相应的进程。此时，启动阶段的高级调度任务(即作业调度)就已经完成了，已经为进程做好了运行前的准备工作，等待进程调度挑选进程运行，作业调度还需在作业完成后做结束该作业的善后工作。

由于在多道程序设计环境下，一次进入内存的作业数较多，那么每个作业所获得的CPU时间将会随着作业的增多而减少，因此为了向用户提供满意的服务，高级调度将需要控制进入内存的作业数。每当有作业执行完毕并撤离系统时，作业调度就会选择一个或多个满足要求的作业补充进入内存。如果CPU的空闲时间超过一定的阈值，系统也会引出作业调度来选择外存上符合要求的作业调入内存，以提高CPU的利用率。

2. 中级调度

中级调度(medium level scheduling)又称中程调度、交换或对换。引入中级调度的主要目的是为了提高内存利用率和系统吞吐量。中级调度根据内存资源决定内存中所能容纳的进程数目，并根据进程的当前状态来决定外存和内存中的进程的对换。

当内存空间紧缺时，系统会把暂时不运行的进程调出到外存上以便腾出内存空间，将此时外存上急需运行的进程调入内存运行，此时被交换到外存上的进程处于挂起状态，不参与进程调度。当这些被换出到外存的进程重新具备运行条件且内存资源有空闲时，再由中级调度来选择那些优先级高的且处于静止就绪状态的进程优先调入内存，并修改其状态为活动就绪，将之挂到就绪队列上等待进程调度。中级调度起到短期均衡系统负载的作用，充分提高内存的利用率和系统吞吐量。

3. 低级调度

低级调度(low level scheduling)又称短程调度、进程调度，习惯上称为进程调度。低级调度的主要功能是：按照某种进程调度算法，从就绪队列中选择一个满足要求的进程，将处理机分配给它，让它占用处理机运行。低级调度或进程调度简单来讲，就是我们在第3章介绍进程的基本状态转换中的进程从就绪态转换到执行态的一个过程。

低级调度是操作系统中最为核心的部分，执行十分频繁，其调度策略的优劣将直接影响到整个系统的性能，因此，这部分代码要求精心设计，并使之常驻内存。

6.1.2 调度模型

在处理机的三级调度中，低级调度是各类操作系统所必备的功能，因为它实现的是系统中最基本的也是最频繁的进程调度。而在某些纯粹的分时操作系统和实时操作系统中，因为系统设计的侧重点在于交互性、实时性及响应时间的要求，没有设计到批处理作业的调度要求，因此在这些系统中，通常不需要高级调度(作业调度)。一般的操作系统都配置了高级调度和低级调度。而功能完善的操作系统为了提高内存的利用率和系统吞吐量，引入了中级调度(对换)。所以，针对处理机调度的层次，调度模型也分为一级调度模型、两级调度模型和三级调度模型。

1. 一级调度模型

在分时操作系统中，通常仅设置了低级调度，即一级调度模型。在这种系统中，仅提供低级调度，但系统应具备以下功能：决定是否接纳终端用户的连接，决定交互式作业能否被接纳并为之创建进程，系统通常会接纳所有的授权用户，直至系统饱和为止。用户通过终端输入命令与系统进行交互，用户输入的命令和数据都直接送入内存，对于命令，系统会为之创建进程，并将之加入到就绪队列参与调度。系统会设置就绪队列和一个或多个阻塞队列。常用的调度策略是时间片轮转法。

系统中的每个进程在执行时都可能出现以下三种情况：

(1)此进程在给定的时间片内已经完成，则该进程释放处理机。

(2)此进程在给定的时间片内未完成，操作系统便将其再放入就绪队列的末尾，等待下一轮的调度。

(3)此进程在执行期间因为某事件而被阻塞，操作系统则将该进程加入到阻塞队列。

图 6-1 示出了仅有进程调度的一级调度模型。

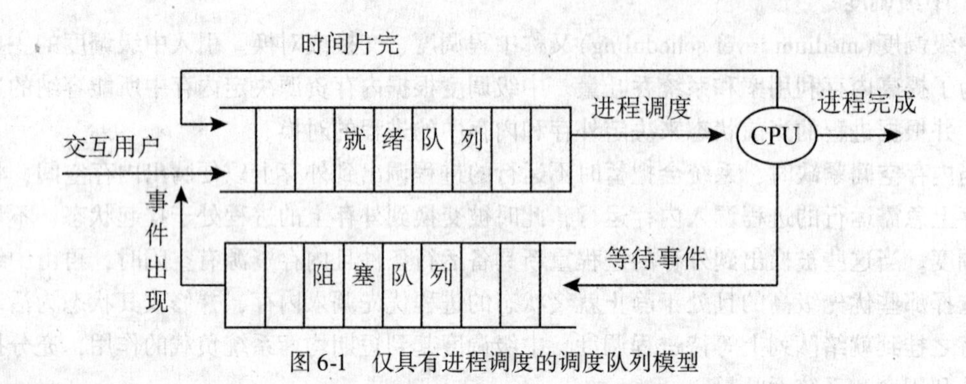

图 6-1　仅具有进程调度的调度队列模型

2. 两级调度模型

在批处理系统中，由于用户提交给系统一批作业，所以该系统不仅需要进程调度，还需要作业调度。即具有低级调度和高级调度的两级调度模型。进入计算机系统的作业经过两级调度之后才能占用处理机。

第一级是高级调度(作业调度)，首先经过这一级调度，将位于外存上的作业按照某种调度策略挑选一些符合要求的将之调入内存，而这些作业要想完成任务，必须为之创建相应的进程，通过进程的执行去实现其功能，并将创建好的进程加入进程的就绪队列，使其参与进程调度。这时，第一个阶段的调度便完成了。

第二级是低级调度(进程调度)，按照系统规定的进程调度算法，从就绪队列中挑选满足算法要求的进程，为之分配处理机，让其占用处理机运行。图 6-2 示出了具有高级调度和低级调度的两级调度模型。

在图 6-2 调度模型中的阻塞队列根据阻塞的原因不同画出了多个阻塞队列。阻塞队列到底应设置一个还是多个，是根据具体系统的特点来决定的。如在一些小型系统中，由于进程个数不是很多，只需设置一个阻塞队列即可，这样既不会影响到系统效率，对阻塞队列的管理开销也比较小。但在一些大型系统中，由于进程个数很多，同一时间处于阻塞状态的进程个数也很多，因此，为了提高对阻塞队列的操作效率，通常需要根据阻塞原因不同而划分为多个阻塞队列。

在调度模型中还有一点需要说明的是关于就绪队列的组织形式。就绪队列按照组织形式，可分为无序队列和有序队列两种。

所谓无序队列是指就绪队列中的进程是简单地按照到达的先后次序排列的，并未按调度

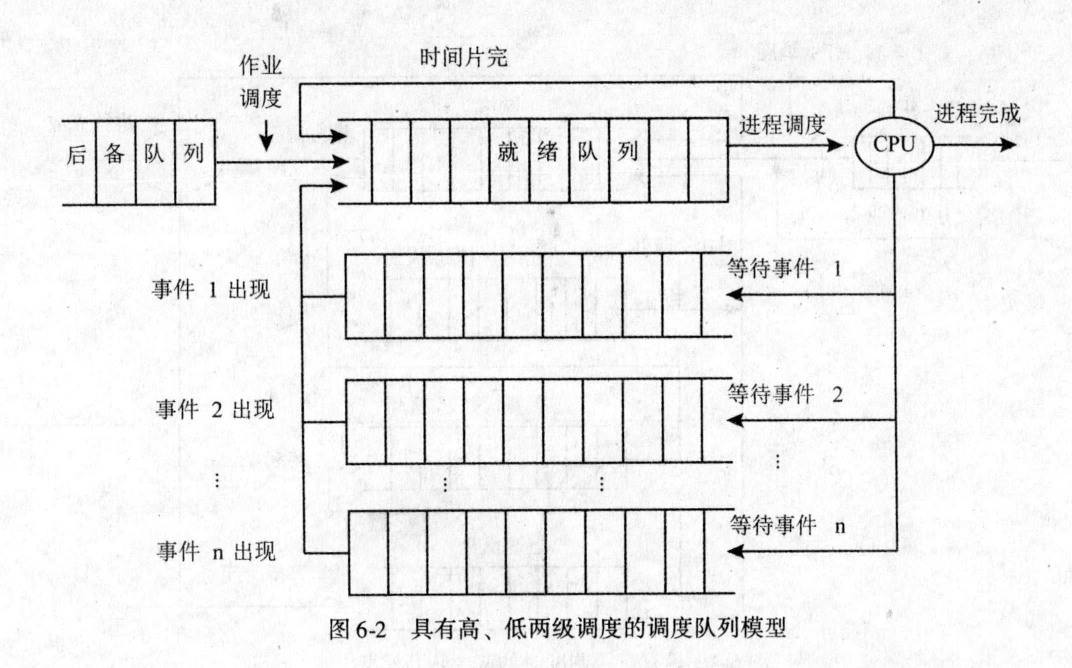

图 6-2 具有高、低两级调度的调度队列模型

策略所规定的次序排列。如，假设系统采用的是按优先级的高低来进行进程调度，由于就绪队列是无序的，那么每次进行进程调度时，就必须要对就绪队列中的所有进程的优先级进行比较，找出优先级最高的那个进程，并将 CPU 分配给它；但是每当有进程要加入就绪队列时，则只需简单地将之插入到就绪队列的队尾就可以了。

所谓有序队列则是指就绪队列中的进程是按照调度策略所规定的次序排列的。如，仍然假设系统采用优先级高低来进行进程调度，由于就绪队列本身就是按照进程优先级的高低进行排列的，所以每当进行进程调度时，只需将队首的那个进程取出，并为之分配 CPU，使之运行就可以了；但是每当有进程要加入就绪队列时，则需要将该进程与就绪对列中的进程进行优先级的比较，找出该进程应该插入的位置，将之插入就绪队列。

显然，这两种就绪队列形式相比，有序队列的调度效率较高。

3. 三级调度模型

在某些性能较完善的操作系统中，由于引入了中级调度，能够根据系统的负载情况及进程的状态来进行内外存进程之间的互换，从而实现了对系统短期内的负载均衡。

由于引入了中级调度，系统就需要区分内存和外存中的进程。因此可把进程的就绪状态分为内存就绪（表示进程在内存中就绪，也叫活动就绪）和外存就绪（表示进程在外存中就绪，也叫静止就绪）。类似地，也可把阻塞状态的进程进一步分为内存阻塞和外存阻塞两种状态。每当内存资源紧缺时，通过中级调度优先选择内存中优先级较低的且处于阻塞状态的进程，将之换出到外存上，使之变为外存阻塞状态，释放所占有的内存资源。反之，在适当的时刻，由中级调度把处于外存上的优先级较高的就绪进程调入内存，使之转变为内存就绪状态，参与进程调度。图 6-3 示出了具有三级调度的调度队列模型。

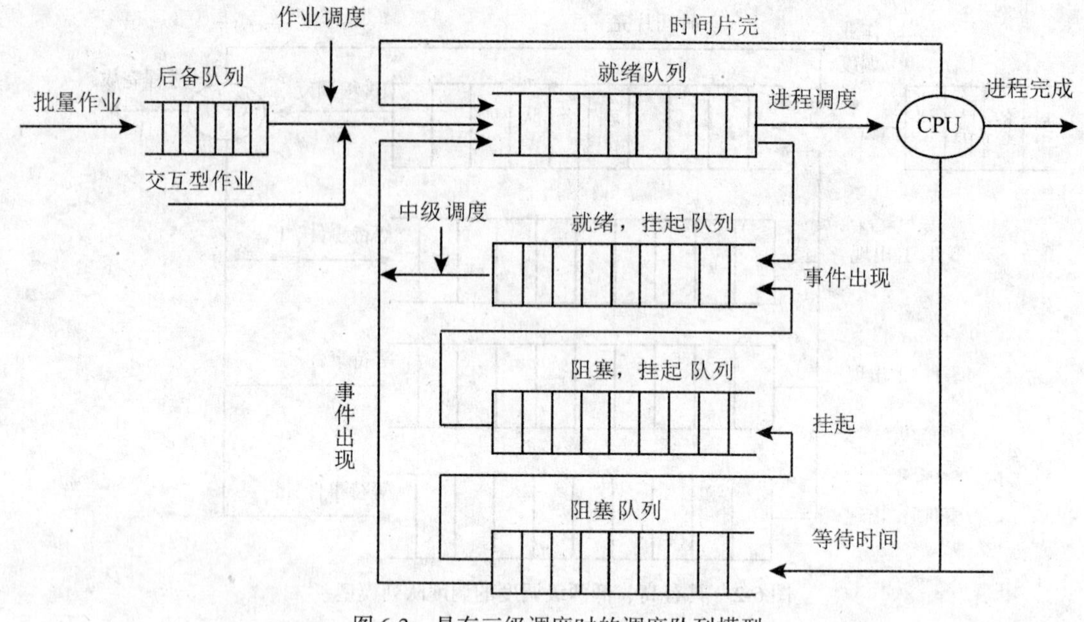

图 6-3　具有三级调度时的调度队列模型

6.2　作业调度

由于内存空间有限，在系统中等待的作业不能全部同时被装入内存中，那么应该选择哪些作业让它们先执行呢？操作系统根据允许并发执行的作业道数和一定的算法，从外存上等待的作业中选取若干个装入内存，使它们可以获得处理机运行。作业调度(即高级调度)便负责完成这项工作。

6.2.1　作业的状态及其转换

作业(job)是用户提交给操作系统计算的一个独立任务。每个作业必须经过若干相对独立且相互关联的顺序加工步骤才能得到结果，其中，每个加工步骤称为一个作业步(job step)。一个作业通常可分为编译、链接、装入和执行四个作业步。上一个作业步的输出是下一个作业步的输入。作业由用户组织，作业步由用户指定。

作业从提交系统开始直到完成为止，要经历几个不同的阶段，每个阶段对应着一个状态，归纳起来，作业的状态有以下几种。

(1)提交状态。用户把作业提交给系统时，作业所处的状态。

(2)后备状态。当作业提交给系统后，将位于系统的外存上，操作系统对作业进行登记，为每个作业建立一个作业控制块(JCB)，并把作业控制块放入作业后备队列中，为作业调度做准备，此时作业所处的状态叫做后备状态。

(3)执行状态。作业调度程序按照某种作业调度算法选中后备队列中的某个作业，将之调入内存，一直到作业完成为止，这一段时间内作业所处的状态都叫执行状态。作业的执行状态是从宏观角度上来说的，即只要作业进入了内存，我们就称作业处于执行状态。实际上，内存中的作业要完成相应的任务，系统必须首先为之创建相应的进程，并为进程分配资源，而系统也从作业管理阶段转变为进程管理阶段了。从微观上来看，作业的执行状态可能是就绪、执行或阻塞三种状态中的一种。

(4)完成状态。作业正常运行完成或因故障或错误而终止时，就进入完成状态。此时，作业调度程序负责将该作业从现行作业队列中删除，并回收作业所占的资源。也就是说，从作业完成开始，到善后处理完毕退出系统为止，称作业处于完成状态。

作业的这几种状态的转换关系如图 6-4 所示。

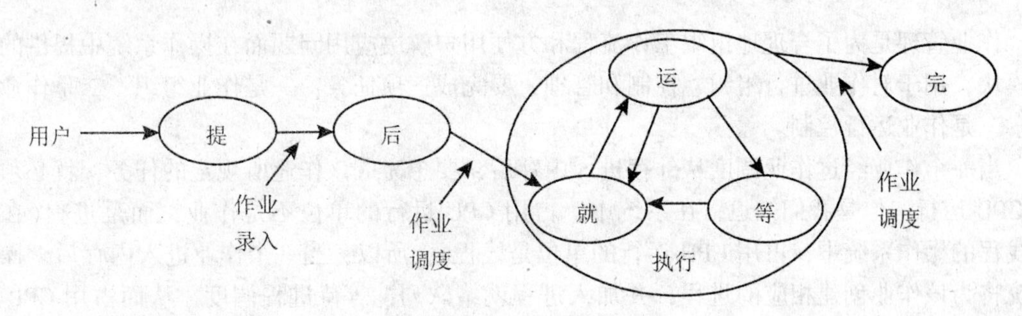

图 6-4　作业的状态及转换

6.2.2　作业控制块

当建立一个作业时，操作系统必须为该作业建立一个作业控制块(JCB)。JCB 中包含了该作业的基本描述信息和控制信息，与 PCB 之于进程的重要性一样，JCB 是作业存在的唯一标志。当作业完成后，系统会通过撤销 JCB 来撤销该作业，同时释放作业占用的资源。JCB 中所包含的信息因系统而异，但主要内容是一样的。JCB 中通常包含以下内容：

(1)作业的描述信息。包括作业名、作业的状态、作业的类型及作业的优先级等。

(2)资源要求。包括作业的估计执行时间、最迟完成时间、要求的内存量、要求外设的类型及台数、要求的文件量和输出量等。

(3)资源使用情况。包括作业进入系统的时间、开始执行的时间、已执行的时间、内存地址和外设台号等。

下面对以上这些信息分别加以说明。

在作业的描述信息中，作业名一般由用户提供，记录在 JCB 中。作业的状态是指作业当前所处的状态，是作业的四种基本状态提交、后备、执行和完成中的某一种。作业的类型是指根据作业运行特性所规定的类别，例如可以将作业分成三类：占 CPU 时间偏多的作业，I/O 量偏大的作业以及使用 CPU 和 I/O 比较均衡的作业。作业的优先级反映了这个作业运行的紧急程度，它可以由用户自己指定，也可以由系统根据作业类型、所需的资源、要求的运行时间与系统当前的状况动态地确定。

在资源要求信息中，作业的估计执行时间是指作业完成计算所需的时间，是由用户根据经验估计的。最迟完成时间是用户要求完成该作业的截止时间。要求的内存量、外设类型及台数是作业执行时所需的内存和外设的使用量。要求的文件量是指作业将存储在外存空间的文件信息总量。输出量是指作业将输出数据的总量。这些资源要求均由用户向系统提出。

在资源使用情况中，作业进入系统的时间是指该作业的全部信息进入外存空间，其状态由提交状态转变为后备状态的时间。开始执行时间是指作业进入内存，其状态由后备状态转变为执行状态的时间。已执行时间是指作业到目前为止已经执行了多久。内存地址是指分配给作业的内存区域的起始地址。外设台号是指分配给作业的外设实际台号。在许多情况下内存地址和外设台号是记录在内存管理程序和外设管理程序所管理的表格中，而不是记录在作业的 JCB 中。

6.2.3 作业与进程的关系

作业管理是为了合理地组织工作流程和方便用户解决应用问题而在操作系统中提供的管理模块，用于对作业进行组织、控制和管理，要完成三项任务：一是作业组织；二是作业调度；三是作业运行控制。

当一个作业经过作业调度从外存进入内存后，要想完成该作业所规定的任务，就必须占用 CPU 运行，但是我们知道，在系统中，占用 CPU 运行的单位不是作业，而是进程(在引入线程的操作系统中，占用 CPU 运行的单位是线程)。所以，当一个作业进入内存后，操作系统将为该作业创建相应的进程，并加入进程就绪队列，等待进程调度，从而占用 CPU 完成其计算任务。

在批处理系统中，若干个作业进入系统放置在外存磁盘上，这些作业在系统的控制下逐个取出执行便形成作业流。而在分时系统中，交互型作业则通过命令管理提交并进入系统。

进程是那些已提交完毕并被选中运行的作业(程序)的执行实体，即进程负责实现作业所规定的任务，也是为完成作业任务向系统申请和分配资源的基本单位。在进程的生命周期中，它处于就绪、执行和阻塞多个状态的变化中，在 CPU 上推进，最终完成作业任务。

进程在执行过程中根据需要可以生成子进程，子进程又可以创建子进程。这些进程并发执行，相互协调共同完成作业的任务。在多道程序设计环境下，多个作业可以同时调入内存中，各自所对应的进程及子进程可以并发执行。因此，某一时刻，在系统中的并发进程相当多，操作系统要负责协调和管理这些并发进程。在引入线程的系统中，在一个进程中还可以创建多个线程，由线程并发执行，从而更高效地完成作业任务。

综上所述，可以看出作业和进程之间的主要关系：作业是任务实体，是宏观的、用户层面的概念，而进程是完成任务的实体，是微观的、系统层面的概念；没有作业任务，进程便无事可做，而没有进程，作业任务就无法完成。所以这两个概念是相互依存、相辅相成的。作业的概念更多地用于批处理系统中，而进程的概念则多用于多道程序设计系统中。

6.2.4 作业调度的功能

在批处理系统中，采用脱机控制方式，用户将需要系统完成的任务以作业的形式提交给系统。作业由程序、数据和作业说明书组成，当然，为了使得系统能对作业进行控制和管理，每个作业还应包含一个作业控制块(JCB)。当一批作业提交给系统之后，就放置在系统的外存磁盘上，并组织成一个队列的形式，叫后备队列，然后等待作业调度进入内存。

作业调度的主要任务就是完成作业从后备状态到执行状态和从执行状态到完成状态的转变。为了完成这一任务，作业调度程序应包含以下功能。

(1)确定数据结构

这里的数据结构指作业控制块JCB，JCB是作业存在的唯一标志，记载了每个作业在各个阶段的情况。对于JCB中所包含的具体信息上节已有详细说明，作业调度程序根据作业控制块JCB中的信息对作业进程调度和管理。

(2)确定调度算法

由系统确定作业调度算法，按照算法从外存后备队列中挑选出一个或多个作业进入内存。这些进入内存的作业由后备状态转变为执行状态，这一工作由作业调度程序完成。作业调度程序所依据的调度原则通常与系统的设计目标有关，并由多个因素决定。所以在设计作业调度程序时，必须综合平衡各种因素，确定合理的作业调度算法。

(3)分配资源

对于那些被调入内存的作业，系统将按照JCB中所记录的信息为之分配资源，如分配内存和外设等。

(4)创建进程

进入内存的作业要完成其工作任务，系统必须为之创建相应的进程，通过进程的方式在CPU上运行，从而实现其功能。所以，进入计算机系统的批处理作业至少要经过两级调度才能占用处理机。第一级是作业调度，根据作业调度算法选择满足要求的作业进入内存，同时为作业创建相应的进程；第二级是进程调度，对就绪队列中的进程，根据进程调度算法选择满足要求的进程，使之占用CPU运行。所以，作业调度需要与进程调度相互配合，从而实现多道作业的同时执行。

(5)作业控制

在批处理系统中，每个作业都有用JCL语言书写的作业说明书。系统按照作业说明书中的步骤，控制作业的执行。

(6)后续处理

作业正常结束或出错终止时，作业调度程序要做好作业撤离和善后工作。包括输出一些必要的作业信息，如作业执行时间、作业执行情况等，然后回收该作业所占用的各种资源，撤销与其有关的全部进程和作业控制块等。同时，启动作业调度程序选择新的作业进入内存运行。

必须指出，关于作业所占用的内存空间和外部设备的分配和回收工作实际上是由存储管理程序和设备管理程序完成的。作业调度程序只是起到控制的作用，即把一个作业的内存空间、外部设备要求转给相应的管理程序，由它们完成分配和回收的具体工作。

6.2.5　作业调度的目标与性能衡量

在计算机系统中，如何确定调度策略和算法要受到很多因素的影响，因而对调度性能的衡量很复杂，但一般是抓主要侧重点而兼顾其他。

1. 作业调度的目标

调度算法的好坏直接影响到系统的效率。影响调度算法的因素有很多，而且这些因素之间常常互相矛盾，所以实际采用的调度算法往往主要依赖于系统的设计目标。系统设计目标的要求如下。

(1)系统资源利用率高。使系统中的资源，如处理机、内存及各种外部设备等尽可能地达到充分利用。

(2)系统的处理能力强。使系统尽可能多地处理用户作业，及系统拥有很高的系统吞吐量。

(3)算法对所有的作业公平合理。在批处理系统中，通常有多个用户的作业都需要系统来处理，因此所选择的作业调度算法应使所有用户都感到满意。

可是，在实际设计一个操作系统时，以上这些目标通常是互相矛盾的，无法同时兼顾。所以任何一个调度算法要同时满足以上目标也是不可能的。例如，要想执行尽可能多的作业，调度算法就应选择那些执行时间短的作业，这样必然会对那些执行时间长的作业不利，无法达到对所有的作业公平合理。由此看出，要设计一个理想的调度算法是一件很困难的事情。所以，实际采用的调度算法往往根据不同类型的操作系统的侧重点不同，而偏向于某一种系统要求，同时尽可能地兼顾其他目标。

2. 确定调度算法时应考虑的因素

确定调度算法时应考虑如下因素：

(1)系统设计目标。不同类型的操作系统的设计目标是不同的。系统所选择的调度算法应与系统的总体设计目标一致。如批处理系统中的调度算法应能尽量提高系统吞吐量及作业的平均周转时间；分时系统中的调度算法应保证用户能在较短的时间内得到系统的响应；而实时系统中的调度则应保证那些紧急任务能够得到优先及时的处理。

(2)资源使用的均衡性。注意系统资源的均衡使用，使输入/输出繁忙型的作业与CPU繁忙型的作业相互搭配，从而使系统中的各类资源得到充分利用。

(3)平衡系统和用户的要求。由于系统和用户的要求通常都会有冲突，确定算法时要尽量缓和双方的矛盾，做到折中处理。例如，用户都希望自己的作业一进入系统就会被执行，从而很快能得到计算结果，然后系统却要考虑到系统中的所有用户，往往不能满足每一个用户的这种需求。因此，对用户来说，应保证进入系统的作业在规定的截止时间内完成，而系统则应设法缩短作业的平均周转时间。

应当指出的是，对于一个特定的操作系统而言，如果在确定调度算法时，考虑的因素过多，势必会使得算法变得非常复杂，从而增加系统开销，对提高系统的资源利用率反而不利，得不偿失。因此，大多数操作系统往往采用比较简单易行的调度算法。

3. 调度性能的衡量准则

不同的调度算法有不同的特性。在不同类型的操作系统中，选择调度算法时应根据每种调度算法的特性，结合本系统的设计目标，来选择相应的算法。为了衡量不同调度算法的性能，人们提出了很多评价标准，下面介绍几种主要的衡量准则。这些准则从大的方面分为两大类，即面向用户的准则和面向系统的准则。

(1)面向用户的准则

这是为了满足用户的需求所应遵循的一些准则。其中，比较重要的有以下几点：

① 周转时间短。通常把周转时间的长短作为批处理系统中选择和衡量调度算法性能的一个重要准则。所谓周转时间，是指作业从提交系统开始，直到作业完成为止的时间间隔。作业的周转时间细分起来包括：作业在外存后备队列中等待的时间、作业调入内存后创建的相应进程在就绪队列中的等待时间、进程在CPU上执行的时间和进程等待某些操作完成的时间。其中的后三项时间在一个作业的整个处理过程中可能会发生多次。

对每个用户而言，总是希望自己的作业的周转时间尽可能地短。但是，系统没办法做到使每个用户都满意。因此，作为计算机系统的管理者，总是希望系统中作业的平均周转时间

最短，这样能大大提高系统效率和资源利用率，也能使大多数用户感到满意。

设作业 i 的周转时间为 T_i，则平均周转时间 T 为：

$$T = \frac{1}{n}\left[\sum_{i=1}^{n} T_i\right]$$

带权周转时间是指作业周转时间与作业实际运行时间的比。

设作业 i 的带权周转时间为 Ts_i，则平均带权周转时间 W 为：

$$W = \frac{1}{n}\left[\sum_{i=1}^{n} \frac{T_i}{T_{S_i}}\right]$$

② 响应时间快。通常把响应时间的长短作为分时系统中选择和衡量调度算法性能的一个重要准则。所谓响应时间，是指从用户通过键盘提交一个请求开始，直到系统首次产生响应为止的时间间隔。响应时间细分起来包括：从键盘输入的请求信息传送到处理机的时间、处理机对请求信息进行处理的时间以及处理所形成的响应回送到终端显示器的时间。

③ 截止时间的保证。这是衡量实时系统中调度算法性能的重要准则。截止时间又分开始截止时间和完成截止时间。所谓开始截止时间，是指某任务必须开始执行的最迟时间；所谓完成截止时间则是指某任务必须完成的最迟时间。对于要求比较严格的实时系统，所选择的调度算法必须能做到这一点，否则将会带来严重后果。

④ 优先权准则。在批处理系统、分时系统和实时系统中，衡量调度算法的性能都可以参照优先权准则，即优先执行那些非常紧急的作业。

(2) 面向系统的准则

这是为了满足系统要求而应遵循的一些准则。其中，较为重要的有以下几点。

① 系统吞吐量高。这是在系统角度用来衡量批处理系统中调度算法性能的准则。所谓系统吞吐量，是指系统在单位时间内所能完成的总的工作量。因此，它与批处理系统中作业的长短有关。对于一些短作业，由于所需的执行时间较短，所以吞吐量就高；而对于一些大型作业，执行时间较长，所以吞吐量较低。但是作业调度算法的好坏对吞吐量也会产生较大的影响。事实上，对于同一批作业，若采用了较好的调度算法，则可显著提高系统的吞吐量。

② 处理机利用率好。对于一些大、中型多用户系统，由于 CPU 价格十分昂贵，所以 CPU 的利用率成为衡量系统性能的十分重要的指标；而调度方式和算法对处理机的利用率起着十分重要的作用。而在单用户微机或某些实时系统，则此准则就不那么重要了。

③ 各类资源的平衡利用。在大、中型系统中，除了 CPU 之外的其他系统资源同样非常宝贵，因此，不仅要努力提高 CPU 的利用率，还应有效地利用其他各类资源，如内存、I/O 设备等。选择恰当的调度算法可以使得系统中的各类资源得到平衡利用，使之都处于忙碌状态。但对于微型机和实时系统而言，这一准则同样也不那么重要。

6.3 进程调度

进程调度又称低级调度。在多道程序设计系统中，进程数目往往多余处理机数目，这就要求系统能合理地把处理机分配给各个进程使用。进程调度程序按照一定的调度算法，从就绪队列中挑选一个满足要求的进程，将 CPU 分配给它，使之执行。由于 CPU 是计算机系统中最重要的资源，所以，进程调度算法的好坏直接影响到 CPU 的利用率及整个系统的性能。

6.3.1 进程调度的功能

操作系统的调度程序担负两项任务：调度和分派。调度的任务是实现调度策略。确定就绪进程竞争使用处理机的次序的裁决原则，即进程应何时放弃 CPU 及选择哪个进程来执行；分派的任务是实现调度机制，确定如何分配 CPU，处理进程切换细节，完成 CPU 的分配及释放的具体工作。

总的来讲，进程调度的具体功能如下：

(1)记录和保持系统中所有进程的有关情况及状态特征。

为了实现进程调度，系统需要时刻掌握进程的动态信息，因此，应在每个进程的进程控制块 PCB 中记录各个进程的执行情况和状态特征等信息，同时还应根据各个进程的状态特征和资源需求等信息将进程的 PCB 组织成相应的队列。在进程的活动期间其状态是可以改变的，进程会在执行、就绪和阻塞三种状态之间转换，因此，进程的 PCB 也将随着进程状态的改变而在运行指针、各种阻塞队列及就绪队列之间转换。进程进入就绪队列的排序原则体现了调度思想。

(2)确定分配策略

按照一定的策略选择一个处于就绪状态的进程，使其获得处理机执行。根据不同的操作系统设计目标，产生了各种各样的分配策略。例如先来先服务调度算法、优先级调度算法等。通常，不同的调度算法决定了进程的就绪队列的排列次序。例如，若按先来先服务调度算法，则进程的就绪队列按到达就绪状态的时间先后次序排序；若按优先级调度算法，则进程就绪队列按优先级高低排序。当处理机空闲时，分派程序只要选择就绪队列队首进程就一定满足确定的调度原则。

(3)实施处理机的分配和回收

当正在执行的进程由于某种原因要放弃处理机时，进程调度程序应保护当前执行进程的 CPU 现场信息，将其状态由执行转变为就绪或阻塞状态，并将其 PCB 插入到相应队列中去；同时由于 CPU 空闲下来了，则调度程序就应根据一定原则从就绪队列中挑选出一个进程，将该进程从就绪队列中移出，恢复其 CPU 现场，并将其状态由就绪改为执行。

6.3.2 进程调度的时机

那么，系统在什么情况下会进行进程调度呢？这便是进程调度的时机问题。归纳起来，进程调度时机可能有以下几种：

(1)进程完成其任务时。这里是指进程完成任务，正常结束。当进程正常结束时，处理机就被释放了，此时，调度程序要根据调度算法选择一个满足要求的就绪进程占用 CPU 运行。

(2)在一次管理程序调用之后，该调用使现行程序暂时不能继续运行时，这种情况通常是在进程提出系统调用时，系统转去执行该系统调用，当该系统调用结束后，系统要重新调度一个新的就绪进程执行。

(3)在一次出错陷入之后，该陷入使现行进程在出错处理时被挂起，当进程在执行过程中由于出错而暂停，不能继续占用 CPU，此时，系统要重新选择一个新的就绪进程运行。

(4)在分时系统中，当进程使用完规定的时间片，时钟中断使该进程让出处理机时，此时，系统采用的是时间片轮转调度算法，一个进程的时间片完，则必须剥夺其 CPU，重新

调度一个新的进程占用 CPU 运行。

(5)在采用可剥夺调度方式的系统中，当具有更高优先级的进程要求处理机时。这种情况通常发生在实时系统中，因为在实时系统中，实时任务通常都比较紧急，其紧急程度通常决定了其优先级的高低，当有更高优先级的进程到达时，意味着其紧急程度更高，此时正在运行的进程便被强制剥夺其 CPU，而让新的优先级更高的进程占用 CPU 运行。

6.3.3 进程调度的方式

进程调度方式是指当某一个进程正在处理机上执行时，若有某个更为重要或紧迫的进程需要处理，即有优先级更高的进程进入就绪队列，此时应如何分配处理机、通常有两种进程调度方式。

(1)非抢占方式

当采用这种调度方式时，一旦把处理机分配给某个进程后，不管它要运行多长时间，都一直让它运行下去，决不会因为时钟中断等原因而抢占正在运行进程的处理机，也不允许其他进程抢占已经分配给它的处理机。直至该进程运行完毕，自愿释放处理机，或发生某事件而被阻塞时，才再把处理机分配给其他进程。

这种调度方式的优点是实现简单，系统开销小，适用于大多数的批处理系统环境。但它难以满足紧急任务的要求——立即执行，因而可能造成难以预料的后果。显然，在要求比较严格的实时系统中，不宜采用这种调度方式。

(2)抢占方式

当采用这种调度方式时，系统允许根据某种调度原则去暂停某个正在执行的进程，将已分配给该进程的处理机重新分配给另一进程。抢占方式的优点是，可以防止一个长进程长时间占用处理机运行，从而能为大多数进程提供更公平的服务，特别是能满足对响应时间有着严格要求的实时任务的需求。但抢占方式的实现代价通常比非抢占方式要高。

根据不同的调度策略，抢占方式的抢占原则也是不一样的。例如，在采用优先权原则调度时，抢占的依据是优先级高的进程可以抢占优先级低的进程的处理机；在采用短作业(进程)优先原则调度时，抢占的依据则是执行时间短的作业(进程)可以抢占执行时间长的进程的处理机；而如果是在采用时间片原则调度的系统中，各进程按时间片轮流运行，当一个时间片用完后，便停止该进程的执行而重新进行进程调度。

6.4 常用的调度算法

通常操作系统的设计目标不同，所采用的调度算法也不相同。在操作系统中存在多种调度算法，其中有的调度算法适用于作业调度，有的调度算法适用于进程调度，但大多数调度算法对两者都适用。下面介绍几种常用的调度算法。

6.4.1 先来先服务调度算法

先来先服务调度算法(First Come First Served，FCFS)是一种最简单的调度算法，该调度算法既可以用于作业调度，也可以用于进程调度。

在作业调度中，先来先服务调度算法按照作业进入系统后备作业队列的先后次序来挑选作业，先进入系统的作业将优先被挑选进入内存，创建用户进程，分配所需资源，然后加入就绪队列。

在进程调度中，先来先服务调度算法每次从就绪队列中选择最先进入该队列的进程，将处理机分配给它，使之投入运行，该进程一直运行下去，直到正常结束或因某种原因而阻塞时才释放处理机。

下面通过一个例子来说明先来先服务调度算法的性能。假设系统中有4个作业，它们的到达时间分别为8、8.5、9、9.5，服务时间分别为2、0.5、0.1、0.2，系统采用先来先服务调度算法，这组作业的平均周转时间和平均带权周转时间计算如表6-1所示。

表6-1　先来先服务调度算法示例

作业名	到达时间	服务时间	开始时间	完成时间	周转时间	带权周转时间
1	8	2	8	10	2	1
2	8.5	0.5	10	10.5	2	4
3	9	0.1	10.5	10.6	1.6	16
4	9.5	0.2	10.6	10.8	1.3	6.5
平均周转时间：t=1/4(2+2+1.6+1.3)=1.725						
平均带权周转时间：w=1/4(1+4+16+6.5)=6.875						

先来先服务调度算法是一种非抢占式调度算法，易于实现，但效率不高，性能也不好，有利于长作业而不利于短作业，即有利于CPU繁忙型作业而不利于I/O繁忙型作业。

这种算法只考虑到作业到达系统的先后顺序，即作业的等待时间(等待时间越久代表到达系统越早)，而未考虑到作业的服务时间的长短。若一个长作业先到达系统，就会使许多短作业等待很长时间，从而引起许多短作业用户的不满。今天，先来先服务调度算法已很少用做主要的调度策略，尤其是不能作为分时系统和实时系统的主要调度策略，但它常被结合在其他调度策略中使用。例如，在使用优先级作为调度策略的系统中，往往对多个具有相同优先级的进程按先来先服务原则处理。该算法优先考虑在系统中等待时间最长的作业，而不考虑作业运行时间的长短。

6.4.2　短作业(进程)优先调度算法

短作业优先调度算法(Short Job First，SJF)用于进程调度时称为短进程优先调度算法(Short Process First，SPF)，该算法既可以用于作业调度，也可以用于进程调度。

在作业调度中，短作业优先调度算法每次从后备作业队列中挑选估计服务时间最短的一个或几个作业，将它们调入内存，分配必要的资源，创建进程并放入就绪队列。

在进程调度中，短进程优先调度算法每次从就绪队列中挑选估计服务时间最短的进程，将处理机分配给它，使之投入运行，该进程一直运行下去，直到正常结束或因某种原因而阻塞时才释放处理机。

例如，考虑表6-1中给出的一组作业，若系统采用短作业优先调度算法，其平均周转时间和平均带权周转时间如表6-2所示。

表 6-2 短作业优先调度算法示例

作业名	到达时间	服务时间	开始时间	完成时间	周转时间	带权周转时间
1	8	2	8	10	2	1
2	8.5	0.5	10.3	10.8	2.3	4.6
3	9	0.1	10	10.1	1.1	11
4	9.5	0.2	10.1	10.3	0.8	4

平均周转时间：t=1/4(2+2.3+1.1+0.8)=1.55
平均带权周转时间：w=1/4(1+4.6+11+4)=5.15

从表 6-2 可以看出，与先来先服务调度算法比较起来，短作业优先调度算法的性能更好。因为平均周转时间和平均带权周转时间比先来先服务调度算法短，在批处理系统中，这是衡量调度算法性能的一个重要指标。

短作业优先调度算法也是一种非抢占式调度算法，该算法优先照顾短作业，具有很好的性能，能有效地降低作业的平均等待时间，提高系统吞吐量。

但是，短作业优先调度算法也存在不容忽视的缺点：

(1)该算法对长作业不利。既然是短作业优先，自然长作业就会被延迟执行了。考虑这样一种极端的情况：如果系统中在接下来的一段时间内，总是不停地有短作业提交，那么按照短作业优先调度算法的原则，就会一直优先调度那些短作业，从而导致先到达系统的长作业一直等待下去，而得不到运行，出现饥饿现象。

(2)该算法完全未考虑作业的紧迫程度，因而不能保证紧迫作业会被及时处理，不能用于实时系统。

(3)由于作业的长短只是根据用户所提供的估计执行时间而定的，而用户又可能会有意或无意地缩短其作业的估计运行时间，致使该算法不一定能真正做到短作业优先调度。

6.4.3 最短剩余时间优先调度算法

系统在调度作业或进程时，可以采取两种调度方式：非抢占式调度和抢占式调度。非抢占式调度方式是指，一旦系统调度到了某个作业或进程，则处理机将会一直由其占用，直到正常完成或因某种原因阻塞才释放。抢占式调度方式是指，某作业或进程占用处理机运行过程中，按照调度策略，若有更符合调度条件的新作业或新进程到达时，将会抢占当前作业或进程的处理机。

抢占式调度方式总是优先满足那些更符合调度条件的进程，因而调度性能更好，效率更高，系统吞吐量更大。

上节介绍的短作业优先调度算法如果用于抢占式调度系统中，则对应的算法称为最短剩余时间优先调度算法。该算法首先按作业的服务时间挑选最短的作业运行，在该作业运行期间，一旦有新作业到达系统，则将新作业的服务时间与当前运行作业的剩余服务时间比较大小，若新作业的服务时间更短，则发生抢占；否则，当前作业继续运行。最短剩余时间优先调度算法确保了一旦新的短作业或短进程进入系统就能很快地得到处理。

在表 6-2 的例子中，将算法改为最短剩余时间优先调度算法，将会得到如表 6-3 所示的平均周转时间和平均带权周转时间。

表 6-3　　最短剩余时间优先调度算法示例

作业名	到达时间	服务时间	开始时间	完成时间	周转时间	带权周转时间
1	8	2	8	10.8	2.8	1.4
2	8.5	0.5	8.5	9	0.5	1
3	9	0.1	9	9.1	0.1	1
4	9.5	0.2	9.5	9.7	0.2	1

平均周转时间：t=1/4(2.8+0.5+0.1+0.2)=0.9
平均带权周转时间：w=1/4(1.4+1+1+1)=1.1

从表 6-3 可以看出，与短作业优先调度算法比较起来，最短剩余时间优先调度算法的平均周转时间和平均带权周转时间更短，性能更好。由于作业 2、3、4 的服务时间都很短，因此这三个作业一到达马上发生抢占，开始执行，没有产生任何等待；而对于较长的作业 1，由于它是第一个达到系统的，所以第一个运行，但在运行过程中，由于总有更短的作业到达，所以被多次抢占处理机，使得它的运行过程被分为了三段，有一定的等待，周转时间较长，但是由于它的服务时间也较长，所以最终的带权周转时间与 1 很接近，算法并未对它产生很大的不利。

但是该算法同样也存在短作业优先算法的那些缺点，除此之外，由于是抢占的方式，所以进程之间会发生较频繁的切换，这种切换将会付出很大的系统开销，所以该算法的实现代价较高。一般这种抢占式的调度方式在实时系统中用得较多。

6.4.4　高响应比优先调度算法

先来先服务调度算法和短作业优先调度算法都是比较片面的调度算法，前者只考虑作业的等待时间(即先后次序)而未考虑到作业执行时间的长短，而后者恰好与之相反，只考虑作业执行时间的长短而忽略了作业的等待时间。这两种算法都有其不足之处，为此引入了高响应比优先调度算法。

高响应比优先调度算法(Highest Response Ratio First，HRRF)是一种非抢占式调度算法，主要用于作业调度。算法的实现思想是每次进行作业调度时，先计算后备作业队列中每个作业的响应比，然后挑选响应比最高的那个作业投入系统运行。响应比的定义如下：

$$响应比=\frac{响应时间}{服务时间}$$

由于响应时间为作业进入系统后的等待时间加上服务时间，因此

$$响应比=\frac{等待时间}{服务时间}+1$$

从上述响应比的计算公式可以看出：

(1)如果作业的等待时间相同，即分式中的分子相同，则响应比的值取决于服务时间的长短。对于短作业而言，由于服务时间短，所以响应比就高，就会被优先执行。因此该算法优待短作业。

(2)当服务时间相同时，则响应比的值取决于等待时间的长短。对于先到达系统的作业而言，等待时间较长，因此响应比较高，会被优先执行。所以该算法也实现了先来先服务。

(3)对于长作业，最开始响应比较低，但随着等待时间的增长，响应比又会慢慢升高，从而一定会在某个时刻获得处理机。因此该算法不会使得长作业长期等待而不能运行，从而导致饥饿。

从上面的分析我们发现，该算法是介于先来先服务和短作业优先两种算法之间的一种折中算法，既照顾了短作业，又考虑了作业到达的先后次序，不会使长作业长期得不到服务。但是，该算法的不足之处在于，每次进行调度前，都需要计算每个作业的响应比，这会增加系统开销。

高响应比优先调度算法示例如表 6-4 所示。

表 6-4　**高响应比优先调度算法示例**

作业名	到达时间	服务时间	开始时间	完成时间	周转时间	带权周转时间
1	8	2	8	10	2	1
2	8.5	0.5	10.1	10.6	2.1	4.2
3	9	0.1	10	10.1	1.1	11
4	9.5	0.2	10.6	10.8	1.3	6.5

平均周转时间：t=1/4(2+2.1+1.1+1.3)=1.625

平均带权周转时间：w=1/4(1+4.2+11+6.5)=5.675

6.4.5　优先级调度算法

优先级调度算法也可以称为优先权调度算法，该算法既可以用于作业调度，也可用于进程调度，该算法中的优先级用于描述作业运行的紧迫程度。

在作业调度中，优先级调度算法每次从作业后备队列中挑选出优先级最高的一个或几个作业，将它们调入内存，为它们分配所需的资源，并创建相应的进程加入进程就绪队列。

在进程调度中，优先级调度算法每次从进程就绪队列中挑选出优先级最高的进程，将处理机分配给它，使之投入运行。

1. 优先级调度算法的类型

当优先级调度算法用于进程调度时，可进一步把该算法分成以下两种：

(1)非抢占式优先级调度算法

在这种调度方式下，系统一旦把处理机分配给就绪队列中优先级最高的那个进程之后，该进程就一直占用处理机，直到它顺利完成或因为某种原因而放弃处理机，此时，系统方可将处理机再分配给就绪队列中优先级最高的进程。这种调度算法主要用于批处理系统中，也可用于某些实时性要求不严格的实时系统中。

(2)抢占式优先级调度算法

在这种调度方式下，一开始，系统同样也是将处理机分配给就绪队列中优先级最高的那个进程，使之运行。当该进程在执行过程中，又有优先级更高的进程加入就绪队列，则进程调度程序会立即停止当前进程的执行，剥夺其处理机，将之分配给新到的优先级更高的进程。因此，在采用这种调度算法时，每当系统中有新的进程到达就绪队列时，都需要将其优先级与当前正在运行的进程的优先级进行比较，如果新进程的优先级更高，则发生抢占，否则，原进程继续执行，新进程按优先级加入就绪队列中合适的位置。显然，这种抢占式优先级调度算法能更好地满足紧迫作业的要求，故常用于要求比较严格的实时系统中，以及对性能要求很高的批处理及分时系统中。

2. 优先级的类型

进程的优先级用于表示进程的重要性及运行的优先性。一般用优先数来衡量优先级。优先数是在某个确定范围内的一个整数，在有些系统中，优先数越大代表优先级越高；而在另一些系统中，优先数越小则代表优先级越高。根据进程创建后其优先级是否可以改变，可以将进程的优先级分为两种：静态优先级和动态优先级。

(1)静态优先级

静态优先级是在创建进程时确定的，且在进程的整个运行期间保持不变。确定静态优先级的主要依据有以下三个方面：

① 进程类型。系统中的进程分为两大类，即系统进程和用户进程。通常系统进程承担了系统中的一些重要工作，如管理和控制各种系统资源，协调各用户进程的执行。所以系统进程的优先级应高于用户进程。在批处理和分时结合的系统中，为了保证分时用户的响应时间，前台作业的进程优先级应高于后台作业的进程。

② 进程对资源的要求。根据作业要求系统提供的资源来确定作业的优先级，如作业所要求的处理机时间、内存大小、I/O 设备的类型及数量等。由于作业的运行时间事先无法预知，所以只能根据用户提供的估计时间来确定。进程所申请的资源越多，估计的运行时间越长，则进程的优先级越低。

③ 用户要求。这是由用户进程的紧迫程度及用户所付费用的多少来确定其优先级的。

(2)动态优先级

动态优先级是指在创建进程时，根据进程的特点及相关情况确定一个优先级，随着进程的推进或随其等待时间的增加而动态调整其优先级，以便获得更好的调度性能。确定动态优先级的主要依据有以下几种：

① 进程占用 CPU 时间的长短。在分时系统中，进程通常按时间片来占用 CPU 运行，为了公平起见，规定一个进程所占用的 CPU 时间越长，则优先级越低，再次获得调度的可能性就越小；反之，一个进程占用的 CPU 时间越短，则优先级越高，再次获得调度的可能性就越大。

② 就绪进程等待 CPU 时间的长短。一个就绪进程在就绪队列中等待的时间越长，则优先级就越高，获得调度的可能性就越大；反之，一个进程在就绪队列中等待的时间越短，则优先级越低，获得调度的可能性就越小。

6.4.6 时间片轮转调度算法

时间片轮转调度算法主要用于分时系统中的进程调度。这种调度算法的基本思想是：系统将 CPU 的处理时间划分为若干个时间片(记为 q)，并且将所有就绪进程按照其到达就绪队列的先后次序进行排列，每次调度的时候，进程调度程序总是选择队首的那一个进程，使之占用 CPU 运行，但是每次只能运行一个时间片，当进程执行完一个时间片时，由一个计时器发出时钟中断请求，强迫该进程让出 CPU，然后将该进程插入到就绪队列末尾，等待下一轮的调度。然后，进程调度程序再将 CPU 分配给就绪队列中新的队首进程，同样也只让它执行一个时间片。这样就能保证就绪队列中的所有进程在一个给定的时间内均能获得一个时间片的处理机执行时间。换句话说，即系统能在给定的时间内响应所有用户的请求，从而达到了分时系统的要求。

时间片轮转调度算法的性能主要取决于时间片的大小。如果时间片设置得太大，则所有进程都能在一个时间片内完成，该算法便退化为先来先服务调度算法，未能体现轮转的特点；如果时间片太小，将会导致大多数进程不可能在一个时间片内运行完毕，就会发生进程间的频繁切换，系统开销显著增加。因此时间片的大小应选择适当。

时间片的长短通常由以下因素确定：

(1) 系统的响应时间。分时系统必须满足系统对响应时间的要求，系统响应时间与时间片的关系可以表示为：$T=Nq$，其中，T 代表系统响应时间，q 为时间片大小，N 为就绪队列中的进程数目。在系统中的进程数目一定的情况下，时间片的大小与系统的响应时间成正比。

(2) 就绪队列中的进程数目。根据公式 $T=Nq$ 可知，在系统响应时间固定的情况下，时间片的大小与就绪队列中的进程数目成反比。

(3) 系统的处理能力。系统的处理能力越强，其计算速度越快，因此能确保进程在很短的时间内完成，相应地，时间片可以设置得较短。

例如，假设有 A、B、C、D、E 五个进程，其到达系统的时间分别为 0、1、2、3、4，要求运行时间依次为 3、6、4、5、2，采用时间片轮转调度算法，当时间片大小分别为 1 和 4 时，试计算其平均周转时间和平均带权周转时间。

此例的最关键的问题是确定就绪队列中的进程的次序，以下分别分析当时间片为 1 和 4 时，在某些特殊时刻，就绪队列中的进程次序及正在占用 CPU 的进程。

(1) 当时间片为 1 时：

0：A 运行；
1：B 运行，A 等待；
2：A 运行，CB 等待；
3：C 运行，BDA 等待；
4：B 运行，DAEC 等待；
5：D 运行，AECB 等待；
6：A 运行，ECBD 等待；
7：E 运行，CBD 等待；
8：C 运行，BDE 等待；
9：B 运行，DEC 等待；
10：D 运行，ECB 等待；
11：E 运行，CBD 等待；
12：C 运行，BD 等待；
13：B 运行，DC 等待；
14：D 运行，CB 等待；
15：C 运行，BD 等待；
16：B 运行，D 等待；
17：D 运行，B 等待；
18：B 运行，D 等待；
19：D 运行；
20：D 结束。

其平均周转时间和平均带权周转时间如表 6-5 所示。

表6-5　　时间片轮转调度算法示例(q=1)

进程名	到达时间	服务时间	开始时间	完成时间	周转时间	带权周转时间
A	0	3	0	7	7	2.33
B	1	6	1	19	18	3
C	2	4	3	16	14	3.5
D	3	5	5	20	17	3.4
E	4	2	7	12	8	4

平均周转时间：t=1/5(7+18+14+17+8)=12.8

平均带权周转时间：w=1/5(2.33+3+3.5+3.4+4)=3.246

(2)当时间片为4时：

0：A运行，BCD依次到达；

3：B运行，CD等待，后E到达；

7：C运行，DEB等待；

11：D运行，EB等待；

15：E运行，BD等待；

17：B运行，D等待；

19：D运行；

20：D结束。

其平均周转时间和平均带权周转时间如表6-6所示。

表6-6　　时间片轮转调度算法示例(q=4)

进程名	到达时间	服务时间	开始时间	完成时间	周转时间	带权周转时间
A	0	3	0	3	3	1
B	1	6	3	19	18	3
C	2	4	7	11	9	2.25
D	3	5	11	20	17	3.4
E	4	2	15	17	13	6.5

平均周转时间：t=1/5(3+18+9+17+13)=12

平均带权周转时间：w=1/5(1+3+2.25+3.4+6.5)=3.23

这种算法简单有效，常用于分时系统，但不利于I/O频繁的进程，由于这种进程用不完一个时间片，就因等待I/O操作而被阻塞，当I/O操作结束后，只能插入到就绪队列的末尾，等待下一轮的调度。

6.4.7　多级反馈队列调度算法

多级反馈队列调度算法是综合了先来先服务调度算法、抢占式优先级调度算法和时间片

轮转调度算法的一种调度算法。因此该算法兼顾了以上各种算法的优点，可以满足各种类型的进程的需要，而且不必事先知道各种进程所需的执行时间，因此它是目前公认的一种较好的进程调度算法。

多级反馈队列调度算法的工作原理如图 6-5 所示。其调度算法的实现过程如下。

(1)系统中应设置多个就绪队列，并为每个就绪队列设置一个不同的优先级。其中第一个队列的优先级最高，第二个队列的优先级次之，其余各队列的优先级依次降低。

(2)系统为每个就绪队列设置不同的时间片，为了公平起见，对优先级高的就绪队列中的进程设置的时间片较短，而对优先级低的就绪队列中的进程设置的时间片较长。按此规定，则第一个就绪队列的时间片最短，第二个就绪队列的时间片要比第一个就绪队列的时间片长一倍……第 i+1 个就绪队列的时间片要比第 i 个就绪队列的时间片长一倍。

(3)当一个新进程进入内存后，首先将它放入第一个队列的末尾，按先来先服务的原则排队等待调度。当调度到该进程运行时，若该进程能在一个时间片内完成，便可准备撤离系统；若在一个时间片结束时尚未完成，调度程序便将该进程转入第二个队列的末尾，再同样地按照先来先服务的原则等待调度；若它在第二个队列中运行一个时间片后仍未完成，再依次将它放入第三队列……如此下去，直到它进入最后一个队列，在最后一个队列中使用时间片轮转调度算法。

(4)仅当第一个队列为空时，调度程序才调度第二个队列中的进程运行；仅当第一个队列至第(i-1)个队列为空时，调度程序才会调度第 i 个队列中的进程运行。如果处理机正在执行第 i 个队列中的某进程时，又有新进程进入优先级更高的队列(第 1～(i-1)中的任何一个队列)，则此时新进程将抢占正在运行进程的处理机，即由调度程序把正在执行的进程放回第 i 个队列的末尾，重新将处理机分配给优先级更高的新进程。

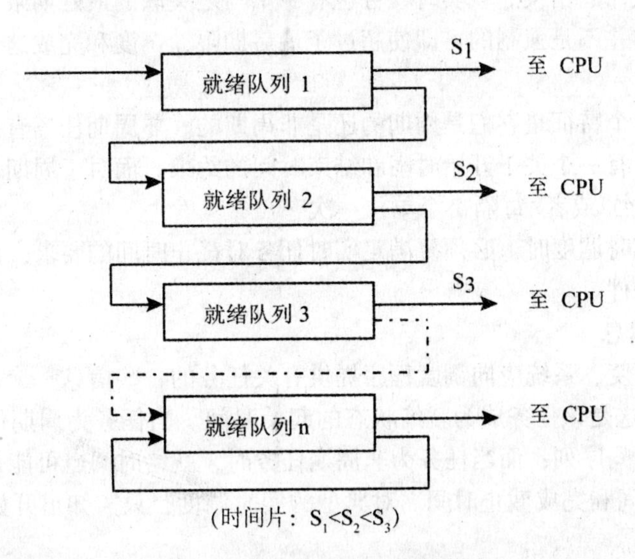

图 6-5　多级反馈队列调度算法

多级反馈队列调度算法是一种性能较好的调度算法，能够满足各类用户的需要。对于分时交互型短作业，系统通常能在第一个队列(最高优先级队列)所规定的时间片内完成，使终端型用户感到满意；对于短的批处理作业，通常，只需在第一或第一、第二队列(中优先级队列)中各执行一个时间片就能完成工作，周转时间仍然很短；对于那些长的批处理作业，它将依次在第一、第二……各个队列中获得时间片并运行，用户不必担心其作业长期得不到处理。

6.5 实时调度

实时计算正在成为越来越重要的原则。操作系统，特别是调度器，可能是实时系统中最重要的组件。目前实时系统应用的例子包括实验控制、过程控制设备、机器人、空中交通管制、电信、军事指挥与控制系统，下一代系统还将包括自动驾驶汽车、具有弹性关节的机器人控制器、智能化生产中的系统查找、空间站和海底勘探等。

实时计算可以定义为这样的一类计算，即系统的正确性不仅取决于计算的逻辑结果，而且还依赖于产生结果的时间。一般来说，在实时系统中都存在着若干个实时进程或实时任务，它们具有一定的紧急程度。因而对实时系统中的调度提出了某些特殊要求。前面所介绍的多种调度算法并不能很好地满足实时系统对调度的要求，为此，需要引入一种新的调度，即实时调度。

6.5.1 实现实时调度的基本条件

在实时系统中的任务试图控制外部世界发生的事件，或者对这些事件作出反应。由于这些事件是“实时”发生的，因而实时任务必须能够跟得上它所关注的事件。因此，通常给一个特定的任务制定一个最好期限，最好期限指定开始时间或结束时间。这类任务可以分成硬实时任务和软实时任务两类。硬实时任务指必须满足最好期限的限制，否则会给系统带来不可接受的破坏或者致命的错误。软实时任务也有一个与之关联的最好期限，并希望能满足这个期限的要求，但这并不是强制的，即使超过了最后期限，调度和完成这个任务仍然是有意义的。

实时任务的另一个特征是它们是周期的还是非周期的。非周期任务有一个必须结束或开始的最后期限，或者有一个关于开始时间和结束时间的约束。而对于周期任务，这个要求描述成“每隔周期 T 一次”或者“每隔 T 个单位一次”。

因此，在进行实时调度时，必须要满足实时任务对截止时间的要求，为此，实现实时调度应具备以下几个条件。

1. 提供必要的信息

为了实现实时调度，系统应向调度程序提供有关任务的一些信息。

(1)就绪时间。这是该任务成为就绪状态的起始时间。当任务为周期任务时，就绪时间是事先预知的一串时间序列；而当任务为非周期任务时，就绪时间也可能是事先预知的。

(2)开始截止时间和完成截止时间。对典型的实时调度，只需知道开始截止时间，或只需知道完成截止时间。

(3)处理时间。这是指一个任务从开始执行直至完成所需要的时间。

(4)资源要求。这是指任务执行时所需的一组资源。

(5)优先级。在某些重要任务的开始截止时间已经错过的情况下，系统可以根据该任务的优先级来判断是否中断一个正在执行的任务来将处理机调度给该重要任务。

2. 系统处理能力强

在实时系统中，通常都有多个实时任务。若处理机的处理能力不够强，则有可能因为处理机忙不过来而使某些实时任务不能得到及时处理，从而导致发生难以预料的后果。

例如，有 m 个周期性任务，任务 i 的周期时间为 P_i，处理所需要的 CPU 时间为 C_i，则给出条件：

$$\sum_{i=1}^{m} \frac{C_i}{P_i} \leqslant 1$$

满足这一条件的实时系统称为任务可调度的。举例来说，一个实时系统要处理 3 个周期性任务，其周期时间分别为 100ms、200ms 和 500ms，如果任务的处理时间分别为 50ms、30ms 和 100ms，则这个系统是任务可调度的，因为

$$0.5+0.15+0.2 \leqslant 1$$

如果加入周期时间为 1s 的第 4 个任务，只要其处理时间不超过 150ms，此实时系统仍将是任务可调度的。

如果实时系统对于一些实时任务不可调度，则解决办法是提高系统的处理能力，其途径有两种：其一仍是采用单处理机系统，但必须增强其处理能力，以显著减少系统对每一个任务的处理时间；其二是采用多处理机系统。假定系统中的处理机数为 N，则应将上述的限制条件改为：

$$\sum_{i=1}^{m} \frac{C_i}{P_i} \leqslant N$$

需要说明的是，上述的限制条件并未考虑到任务的切换时间，包括执行调度算法和进行任务切换，以及消息的传递时间等开销，因此，当利用上述限制条件来确定系统是否可调度时，还应适当地留有余地。

3. 采用抢占式调度机制

实时系统中的任务根据其紧迫程度又分为硬实时任务和软实时任务。在含有硬实时任务的实时系统中，广泛采用抢占机制。当一个优先级更高的任务到达时，由于其优先级更高，则必然任务更紧急，此时将会发生抢占，剥夺当前任务的处理机，而让更高优先级的任务马上投入运行，这样便可以满足该硬实时任务对截止时间的要求。但这种调度机制比较复杂。

对于一些小型实时系统，如果能预知任务的开始截止时间，则对实时任务的调度可采用非抢占式调度机制，以简化调度程序和对任务调度时所花费的系统开销。

4. 具有快速切换机制

为了保证要求较高的硬实时任务能及时运行，在实时系统中还应具有快速切换机制，以保证能在任务间进行快速的切换。该机制应具有如下两方面的能力：

(1) 对外部中断的快速响应能力。为了使在紧迫的外部事件请求中断时系统能及时响应，要求系统具有快速硬件中断机构，还应使禁止中断的时间间隔尽量短，以免耽误时机（其他紧急任务）。

(2) 快速的任务分派能力。在完成任务调度后，便应进行任务切换。为了提高分派程序进行任务切换的速度，应使系统中的每个运行功能单位适当地小，以减少任务切换的时间开销。

6.5.2　实时调度算法的分类

实时调度算法的种类有很多，可以按不同的分类方式对实时调度算法进行分类。如

根据实时任务性质的不同可以分为硬实时调度算法和软实时调度算法；而按调度方式的不同，可以分为非抢占式调度算法和抢占式调度算法；还可以根据调度程序调度时间的不同而分为静态调度算法和动态调度算法，前者在提供截止期限等信息的前提下，在系统开始运行之前完成调度策略，后者在运行时做出调度决定；在多处理机环境下，还可将调度算法分为集中式调度和分布式调度两种算法。这里，仅按调度方式不同对调度算法进行分类。

1. 非抢占式调度算法

由于非抢占式调度算法实现起来很简单，故在一些小型实时系统或要求不太严格的实时系统中经常采用。非抢占式调度算法又可分为以下两种：

(1)非抢占式轮转调度算法

该算法常用于工业生产的群控系统中，由一台计算机控制若干个相同的(或类似的)对象，为每一个被控制对象建立一个实时任务，并将它们排成一个轮转队列。调度程序每次选择队列中的第一个任务投入运行。当该任务完成后，便把它挂在轮转队列的末尾，等待下次调度运行，这时调度程序再选择下一个任务运行。这种调度算法可获得数秒到数十秒的响应时间，可用于要求不太严格的实时控制系统中。

(2)非抢占式优先调度算法

如果在实时系统中存在着要求较为严格(响应时间为数百毫秒)的任务，则可采用非抢占式优先调度算法，为这些任务赋予较高的优先级。当这些实时任务到达时，将它们排列在就绪队列的队首，等待当前任务自我终止或运行完成后，才能被调度执行。这种调度算法在做了精心的处理后，有可能获得仅为数秒到数百毫秒级的响应时间，因而可以用于有一定要求的实时控制系统。

2. 抢占式调度算法

在要求较为严格(响应时间为数十毫秒以下)的实时系统中，应采用抢占式优先级调度算法，以确保紧急任务被优先执行。可根据抢占发生时间的不同而进一步分成以下两种调度算法：

(1)基于时钟中断的抢占式优先级调度算法

这种抢占是有前提条件的，即时钟中断信号。在某实时任务到达后，如果该任务的优先级高于当前正在运行的任务的优先级，这时并不立即抢占处理机，而是等到时钟中断到来时，调度程序才停止当前任务的执行，而将处理机分配给新到的高优先级任务。这种算法能获得较好的响应效果，其调度延迟时间可降为几十毫秒到几毫秒。因此，该算法可用于大多数的实时系统中。

(2)立即抢占的优先级调度算法

这是一种无条件的抢占算法，即只要有更高优先级的任务到达，立即发生抢占。在这种调度策略中，要求操作系统具有快速响应外部事件中断的能力。一旦出现外部中断，只要当前任务未处于临界区，便能立即剥夺当前任务的执行，把处理机分配给请求中断的紧迫任务。这种算法能获得非常快的响应，可把调度延迟降低到几毫秒至100毫秒，甚至更低。

图6-6分别示出了采用非抢占式轮转调度算法、非抢占式优先级调度算法、基于时钟中断的抢占式优先级调度算法和立即抢占的优先级调度算法四种情况的调度时间。

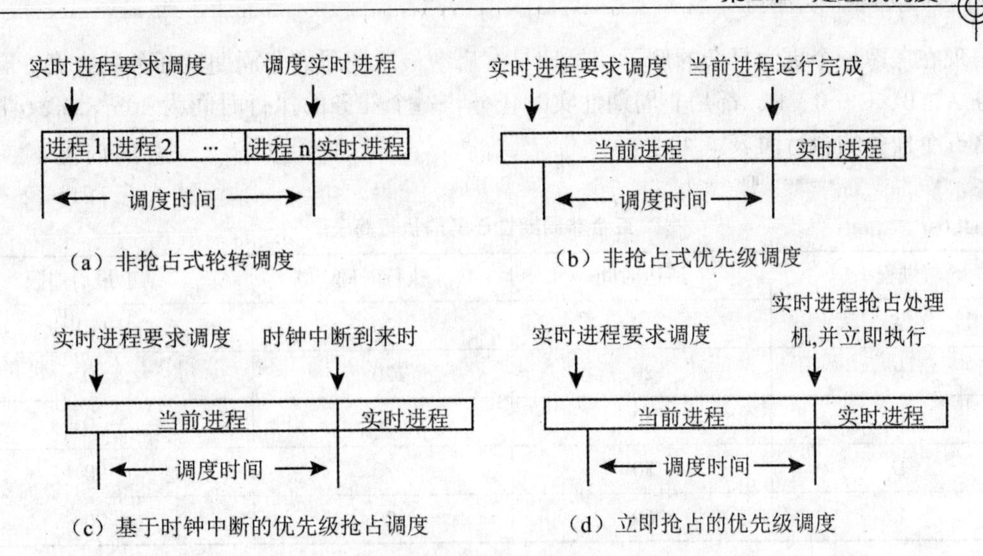

图6-6 抢占式调度算法

6.5.3 常见的几种实时调度算法

目前已有许多用于实时系统的调度算法，其中有的算法仅适用于抢占式或非抢占式调度，而有的算法则既适用于抢占式调度，又适用于非抢占式调度方式。在常用的几种实时调度算法中，都是基于任务的优先级，并根据确定优先级的方法的不同而形成了以下几种算法。

1. 最早截止时间优先算法(Earliest Deadline First，EDF)

该算法是根据任务的开始截止时间来确定优先级的。开始截止时间越早，其任务的优先级就越高。该算法要求在系统中保持一个实时任务的就绪队列，该队列按各任务截止时间的早晚排序，具有最早截止时间的任务排在队列的最前面。调度程序在选择任务时，总是选择队列中的第一个任务，并为之分配处理机，使之投入运行。

该算法既可用于抢占式调度方式，也可用于非抢占式调度方式中。

(1)非抢占式调度方式用于非周期实时任务

图6-7示出了该算法用于非抢占式调度方式中。在该例中，有四个非周期性实时任务，它们先后到达系统。并且按照开始截止时间的早晚，它们的优先级顺序为1、3、4、2。

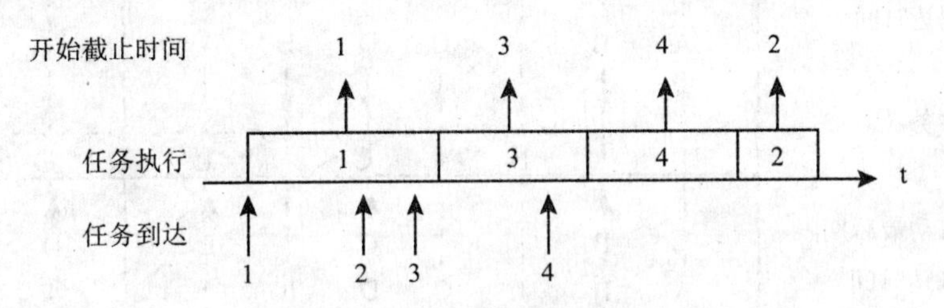

图6-7 EDF算法用于非抢占式调度的调度方式

在该例中，由于任务1首先到达，因此系统首先调度任务1，在任务1执行期间，任务2和任务3依次到达，由于任务3的开始截止时间早于任务2，所以当任务1结束后，系统调度到任务3执行。而在任务3执行期间，任务4到达，由于任务4的开始截止时间早于任务2，所以任务3结束后，系统调度任务4执行，当任务4结束后才调度到任务2执行。

现在考虑一个更为复杂的例子，处理具有启动最后期限的非周期性任务的方案。有五个任务 A、B、C、D、E，都是非周期性实时任务，每个任务的执行时间为 20ms，表 6-7 给出了这五个任务的执行简表。

表 6-7　　五个非周期性任务的执行简表

进程	到达时间	执行时间	结束最后期限
A	10	20	110
B	20	20	20
C	40	20	50
D	50	20	90
E	60	20	70

图 6-8 使用表 6-7 的执行简表比较了三种调度算法。这三种调度算法分别是最早最后期限调度算法、有自愿空闲时间的最早最后期限调度算法及先来先服务调度算法。

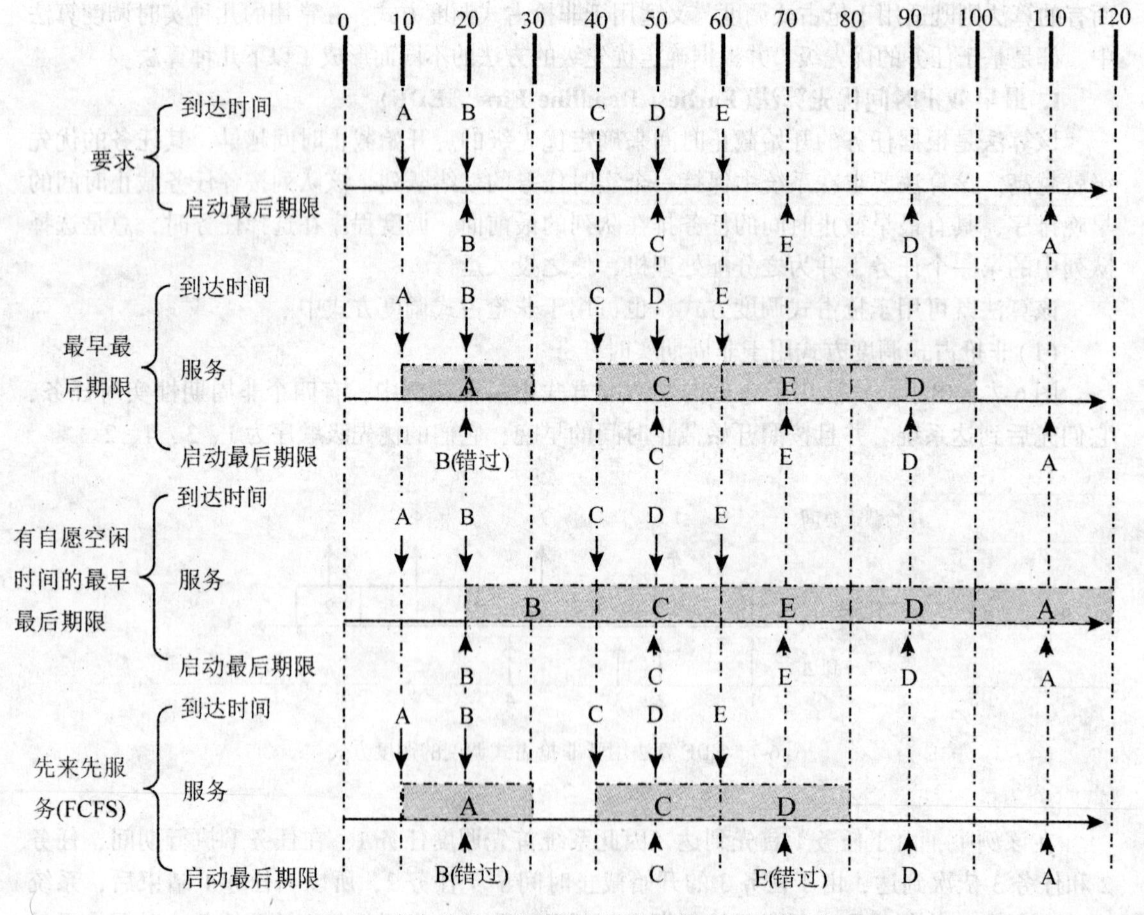

图 6-8　有启动最后期限的非周期性实时任务的调度

由于采用的是非抢占式调度方式，因此一个最直接的方案是永远调度具有最早最后期限的就绪任务，并让该任务一直运行直到完成为止。当该方法用于图 6-8 中的例子时，可以看到尽管任务 B 的启动最后期限到来时，B 急需运行，但由于不可抢占，所以服务被拒绝，导致任务 B 错过。这在处理非周期性任务，特别是有启动最后期限的非周期性任务时是很危险的。

如果在任务就绪前就事先知道每个任务的启动最后期限，则可以对该策略进行改进以提高性能。这种策略称作有自愿空闲时间的最早最后期限调度。具体操作如下：总是调度最后期限最早的合格任务，并让该任务运行直到完成。一个合格任务可以是还没有就绪的任务，这就可能导致即使当前有已就绪的任务，处理器仍然保持空闲。这对于已就绪的任务来说是自愿空闲的。在上面的例子中，尽管任务 A 是唯一的就绪任务，但系统仍然不会去调度它，其结果是，尽管处理机的利用率并不是最高的，但是可以满足所有的调度要求。在图 6-5 的最后一行还给出了先来先服务的调度策略，显然，在这种情况下，任务 B 和任务 E 的最后期限都不能得到满足，从而导致任务 B 和任务 E 错过，调度失败。

(2)抢占式调度方式用于周期性实时任务

图 6-9 示出了将最早截止时间优先算法用于抢占调度方式的例子。考虑一个系统，从两个传感器 A 和 B 中收集并处理数据。传感器 A 每 20ms 收集一次数据，B 每 50ms 收集一次。处理每个来自 A 的数据样本需要 10ms，处理每个来自 B 的数据样本需要 25ms(包括操作系统的开销)。表 6-8 概括了这两个任务的执行简表。

表 6-8　　　　两个周期性任务的执行简表

进程	到达时间	执行时间	结束最后期限
A1	0	10	20
A2	20	10	40
A3	40	10	60
A4	60	10	80
A5	80	10	100
…	…	…	…
B1	0	25	50
B2	50	25	100
…	…	…	…

图 6-9 使用表 6-8 的执行简表比较了三种调度算法。图 6-9 的第一行重复了表 6-8 的信息；剩下的三行举例说明了这三种调度技术。

为了说明通常的优先级调度算法不适用于实时系统，上图中分别用三种调度算法显示出调度效果。

第二行中假定任务 A 具有较高的优先级，所以在 t=0ms 时，首先调度任务 A 的第一个周期性任务 A1 执行，在 t=10ms 时，A1 完成，此时由于 B1 已经到达，而 A2 尚未到达，所以调

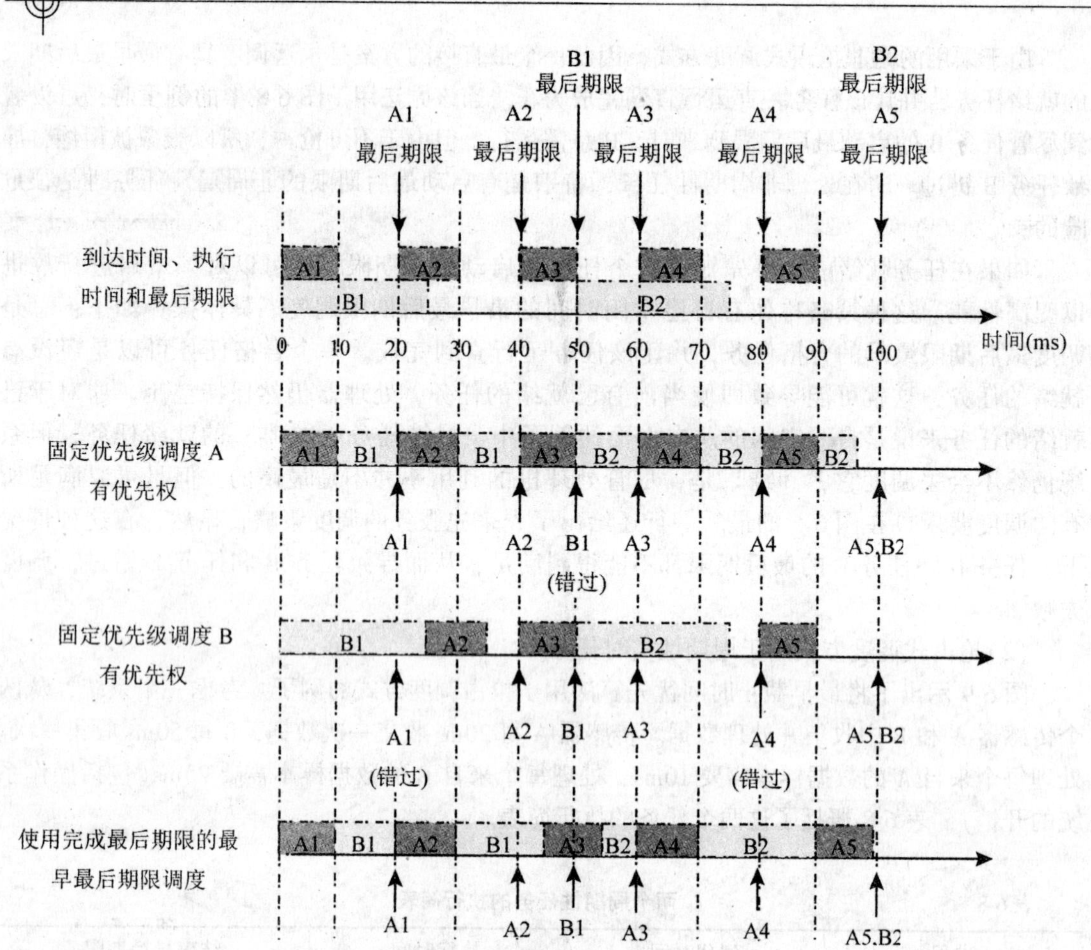

图 6-9　将最早截止时间优先算法用于抢占调度方式

度任务 B1 执行；在 t=20ms 时，虽然 B1 还未执行完，但是 A2 已经到达，且 A2 的优先级比 B1 高，所以调度 A2 执行；在 t=30ms 时，A2 完成，此时由于 A3 尚未到达，故再次调度 B1 执行；在 t=40ms 时，A3 到达，调度 A3 执行；在 t=50ms 时，A3 完成，但此时已到 B1 的最后期限，B1 已错过了它的最后期限，这说明了利用通常的优先级调度算法已经失败。

第三行中假定任务 B 具有较高的优先级，所以在 t=0ms 时，首先调度 B1 执行，因为 B1 的执行时间为 20ms，所以在 t=20ms 时，B1 执行完成，但 A1 的最后期限是 20ms，所以此时 A1 已错过了它的最后期限，说明该调度算法调度失败。

第四行是采用最早截止时间优先的算法时间图。根据最后期限的早晚来排列各任务的优先级。所以优先级的次序是：A1、A2、B1、A3、A4、A5(B2)，由于 A5 与 B2 的最后期限都是 100ms，所以 A5 与 B2 的优先级相同。当 t=0ms 时，调度 A1 执行；当 t=10ms 时，A1 执行完，此时系统中只有 B1，所以调度 B1 执行；当 t=20ms 时，A2 到达，由于 A2 的优先级高于 B1，所以调度 A2 执行；当 t=30ms 时，A2 执行完，此时系统中又只有 B1，所以 B1 继续执行；当 t=45ms 时，B1 执行完，调度 A3 执行；当 t=55ms 时，A3 执行完，调度 B2 执行那个；当 t=60ms 时，A4 到达，因为 A4 的优先级高于 B1，所以调度 A4 执行；当 t=70ms 时，A4 执行完，继续调度 B2 执行；当 t=90ms 时，调度 A5 执行；当 t=100ms 时，A5 执行完。由此可见，采用最早截止时间优先算法能正确调度这两个周期性实时任务。

2. 最低松弛度优先算法(Least Laxity First，LLF)

该算法是根据任务紧急(或松弛)程度来确定任务的优先级。任务的紧急程度越高，为该任务赋予的优先级就越高，以使之优先执行。例如，一个任务在200ms时必须完成，而运行该任务需要100ms的时间，因此，调度程序必须在100ms之前调度执行，该任务的紧急程度(松弛程度)为100ms。又如，另一任务在500ms时必须完成，它本身需要运行250ms，则其松弛度为250ms。在实现该算法时，要求系统中有一个按松弛度排序的实时任务就绪队列，松弛度最低的任务排在队列最前面，调度程序总是选择就绪队列中的队首任务执行。

该算法主要用于抢占式调度方式中。假如在一个实时系统中，有两个周期性实时任务A和B，任务A要求每20ms执行一次，每次执行时间为10ms；任务B要求每50ms执行一次，每次执行时间为25ms。由此可得知任务A和B每次必须完成时间分别为A1、A2、A3……和B1、B2、B3……如图6-10所示。为了保证不遗漏任何一次截止时间，应采用最低松弛度优先的抢占式调度策略。

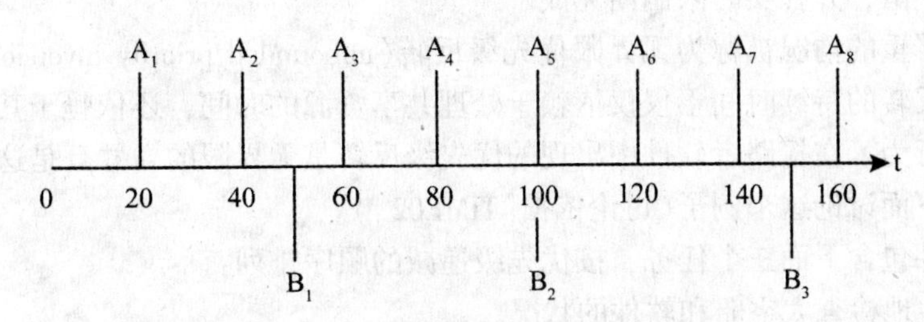

图6-10 A和B任务每次必须完成时间

当$t_1=0$ms时，A_1必须在20ms前完成，而它本身运行又需要10ms，可以算出A_1的松弛度为10ms；B_1必须在50ms前完成，而它本身运行需要25ms，可以算出B_1的松弛度为25ms，所以A_1的松弛度低于B_1，首先调度A_1执行。当$t_2=10$ms时，任务A尚未进入第二周期，所欲系统调度B_1执行。当$t_3=20$ms时，任务A_2的松弛度可以按下式计算：

A_2的松弛度=必须完成时间-其本身运行时间-当前时间

=40-10-20=10ms

同样的，可以算出B_1的松弛度为50-15-20=15ms，则系统调度A_2执行。当$t_4=30$ms时，A_2执行完毕，而A_3尚未开始，则系统接着调度B_1执行。当$t_5=40$ms时，A_3的松弛度为60-10-40=10ms，而B_1的松弛度为50-5-40=5ms，则系统继续执行B_1，直到$t_6=45$ms时，B_1执行完毕，系统开始调度A_3执行，以此类推。如图6-11所示为具有两个周期性实时任务的调度情况。

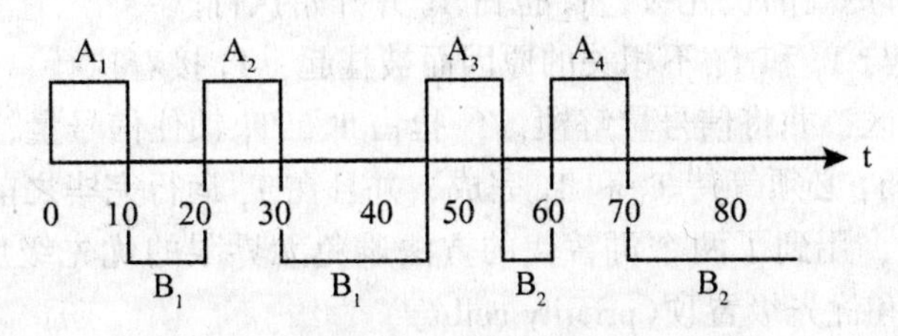

图6-11 利用LLF算法进行调度的情况

3. 优先级反转

优先级反转(priority inversion)是在任何基于优先级的可抢占的调度方案中都可能发生的一种现象，它与实时调度的上下文有很大关联。

最有名的优先级反转的例子是火星探路者任务。漫游者机器人在1997年7月4日登陆火星，然后开始收集并向地球传回大量的数据。但是，任务进行了几天之后，着陆舱的软件开始产生了整个系统的重启，导致了数据的丢失。在火星探路者的制造者——喷气推进实验室的不懈努力下，终于发现问题出在优先级反转上。

在任何优先级调度方案中，系统总是会优先执行最高优先级的任务。但是当系统内的环境迫使一个高优先级的任务去等待一个低优先级的任务时，优先级反转现象便产生了。举一个简单的例子，当一个低优先级的任务被某个资源(如设备或信号量)阻塞，并且一个高优先级的任务也要被同一个资源阻塞的时候，优先级反转就会发生。高优先级的任务将会进入阻塞状态，直到资源被释放。如果低优先级任务使用完资源并且释放掉，那么高优先级任务可能会很快被唤醒，并在实时限制内完成。

一种更为严重的情况被称为无界限优先级反转(unbounded priority inversion)，在这种情况下，优先级反转的持续时间不仅仅依赖于处理共享资源的时间，还依赖于其他不相关任务的不可预测的行为。在探路者软件中出现的优先级反转是无界限的，并且是这种现象的一个很好的例子。下面讨论这个例子(讨论依据[TIME02])。

探路者软件包含下面三个任务，按优先级递减的顺序排列：

T_1：周期性地检查太空船和软件的状况。

T_2：处理图片数据。

T_3：随机检测设备的状态。

当T_1执行完后，系统将计时器重新初始化为最大值。如果计时器计时完毕，那么就认为整个着陆舱的软件被不明原因所终止，处理机将会终止，所有设备将会重启，软件全部重新装载，太空船系统被检测，整个系统重新开始。整个恢复过程需要一天的时间。T_1和T_3共享了一个通用的数据结构，这个数据结构被一个二元信号量s保护。图6-12(a)显示了导致优先级反转的顺序。

对图6-12(a)中所显示的导致优先级反转的顺序的分析过程如下：

t_1：T_3开始执行。

t_2：T_3锁住了信号量s并且进入了临界区。

t_3：T_1比T_3具有更高优先级，所以T_1抢占T_3并开始执行。

t_4：T_1准备进入临界区但是被阻塞，因为信号量被T_3锁住；T_3重新在自己的临界区中执行。

t_5：T_2比T_3具有更高的优先级，T_2抢占T_3并开始执行。

t_6：T_2由于某种与T_1和T_3不相关的原因而被挂起，T_3接着执行。

t_7：T_3退出临界区，并将信号量解锁，T_1抢占T_3，T_1锁住信号量，进入自己的临界区。

在上述过程中，T_1必须等待T_3和T_2完成，并且在T_1运行完毕之前不能重置计时器。

在实际的系统中，用到了两个可替代的方法避免无界限的优先级反转，即优先级继承(priority inheritance)和优先级置顶(priority ceiling)。

优先级继承的基本思想是优先级较低的任务继承任何与它共享同一个资源的优先级较高的任务的优先级。当高优先级任务在资源上阻塞时，优先级立即更改。当资源被优先级较低

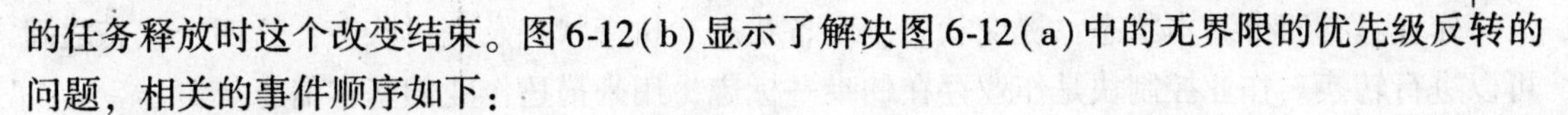

的任务释放时这个改变结束。图6-12(b)显示了解决图6-12(a)中的无界限的优先级反转的问题，相关的事件顺序如下：

t_1：T_3 开始执行。

t_2：T_3 锁住了信号量 s 并且进入了临界区。

t_3：T_1 比 T_3 具有更高优先级，所以 T_1 抢占 T_3 并开始执行。

t_4：T_1 准备进入临界区但是被阻塞，因为信号量被 T_3 锁住；T_3 立即被临时赋予与 T_1 相同的优先级，T_3 重新在自己的临界区中执行。

t_5：T_2 准备执行，但由于 T_3 比 T_2 具有更高的优先级，T_2 不能抢占 T_3。

t_6：T_3 离开了临界区并释放信号量，它的优先级降回到之前的默认值。然后 T_1 抢占 T_3，获得信号量，进入临界区。

t_7：T_1 由于某种与 T_2 不相关的原因而被挂起，T_2 开始执行。

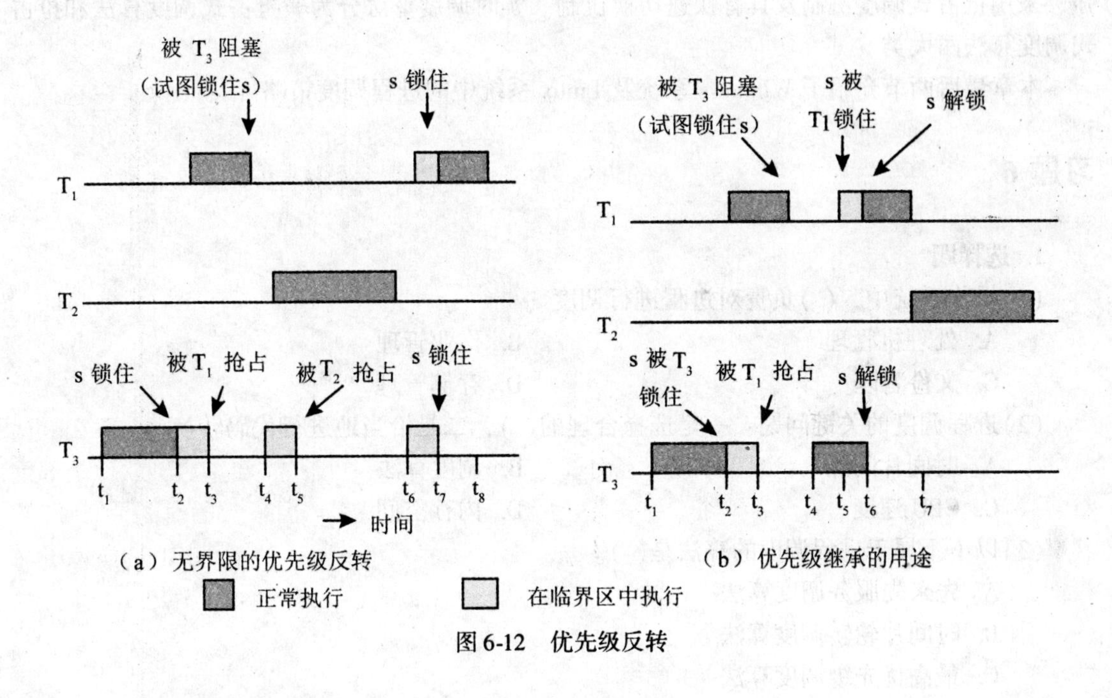

图6-12　优先级反转

这就是探路者问题的解决方法。

在优先级置顶方案中，优先级与每个资源相关联，资源的优先级被设定为比使用该资源的具有最高优先级的用户的优先级要高一级。调度器动态地将这个优先级分配给任何访问该资源的任务。一旦任务使用完资源，优先级返回到之前的值。

本章小结

处理机调度按调度层次分可以分为高级调度、中级调度和低级调度。高级调度又称为作业调度，是指将一批作业提交给系统，放置在系统的外存磁盘上。中级调度又称为交换或对换，是指内外存进程之间的互换，是为了解决内存空间不足以运行一些紧急进程的情况。低级调度又称为进程调度，是指为进程分配处理机，使之运行。

对应于处理机的三级调度，又将调度模型划分为一级、二级和三级模型。

作业具有四个基本状态：提交状态、后备状态、执行状态及完成状态，这四个状态之间可以进行转换。作业控制块是作业存在的唯一标志，用来描述作业的基本信息。

衡量调度算法性能的准则分为两个大的方面：面向系统的准则和面向用户的准则。其中面向用户的准则又包含周转时间短、响应时间快、截止时间的保证及优先权准则；面向系统的准则又包含系统吞吐量高、处理机利用率好及各类资源的平衡利用。

常用的调度算法有先来先服务调度算法、短作业(进程)优先调度算法、最短剩余时间优先调度算法、高响应比优先调度算法、优先级调度算法、时间片轮转调度算法及多级反馈队列调度算法等。

由于实时系统中的任务的特殊性，因此对实时系统中的调度提出了某些特殊要求。前面所介绍的多种调度算法并不能很好地满足实时系统对调度的要求，为此，需要引入一种新的调度，即实时调度。实现实时调度必须具备几个基本条件：提供必要的信息、系统处理能力强、采用抢占式调度机制及具有快速切换机制。实时调度算法分为非抢占式调度算法和抢占式调度算法两大类。

本章最后两节介绍了 Windows 系统及 Linux 系统中的进程调度策略。

习题 6

1. 选择题

(1)操作系统中，( )负责对进程进行调度。

A. 处理机管理　　B. 作业管理

C. 文件管理　　D. 存储管理

(2)进程调度的关键问题：一是选择合理的( )，二是恰当地进行代码转换。

A. 时间片间隔　　B. 调度算法

C. CPU 速度　　D. 内存空间

(3)以下不属于进程调度的算法是( )。

A. 先来先服务调度算法

B. 时间片轮转调度算法

C. 最高优先级调度算法

D. 高响应比优先调度算法

(4)分时系统中，在时间片一定的情况下，( )，响应时间越长。

A. 内存越多　　B. 内存越少

C. 用户数越多　　D. 用户数越少

(5)最高优先级调度算法中，对于相同优先级的进程往往采用( )调度算法。

A. 可抢占式优先数　　B. 时间片轮转

C. 先来先服务　　D. 短进程优先

(6)如果要照顾所有进程，让它们都有执行的机会，最好采用( )调度算法。

A. 先来先服务　　B. 最高优先级

C. 可抢占式调度　　D. 时间片轮转

(7)采用轮转法调度是为了( )。

A. 多个终端都能得到系统的及时响应

B. 先来先服务

C. 优先级高的进程得到及时调度

D. 需 CPU 最短的进程先做

(8)作业调度程序是从处于( )状态的队列中按某种原则选取适当的作业投入运行。

A. 提交　　B. 后备　　C. 执行　　D. 完成

(9)若所有作业同时到达，在各种作业调度算法中，平均等待时间最短的是( )。

A. 先来先服务　　B. 短作业优先

C. 时间片轮转法　　D. 高响应比优先

(10)在作业调度算法中，既考虑作业等待时间，又考虑作业执行时间的调度算法是( )。

A. 先来先服务　　B. 短作业优先

C. 时间片轮转法　　D. 高响应比优先

(11)从作业提交给系统到作业完成的时间间隔称为作业的( )。

A. 中断时间　　B. 等待时间

C. 周转时间　　D. 响应时间

2. 问答题

(1)何谓高级调度、中级调度和低级调度?

(2)什么情况下会引起“进程调度”程序工作?

(3)进程调度的职责是什么?

(4)非抢占式进程调度和抢占式进程调度有什么区别?

(5)在选择调度方式和调度算法时，应遵循的原则是什么?

(6)在批处理系统、分时系统和实时系统中，各采用哪几种进程(作业)调度算法?

(7)为什么在实时系统中，要求系统(尤其是 CPU)具有较强的处理能力?

3. 分析题

(1)有 5 个进程 P1、P2、P3、P4、P5，它们依次进入就绪队列，它们的优先数和需要的处理机时间如下表所示：(优先数越小，代表优先级越高)

进程	处理机时间	优先数
P1	10	3
P2	1	1
P3	2	3
P4	1	4
P5	5	2

忽略进行调度等待所花费的时间，请回答下列问题：

① 写出分别采用“先来先服务”和“非抢占式的优先数”调度算法选中进程执行的次序。

② 分别计算出上述两种算法使各进程在就绪队列中的等待时间以及两种算法下的平均等待时间。

(2)假定要在一台处理机上执行下列作业：

作业号	到达时间	执行时间
1	10.0	2.0
2	10.2	1.0
3	10.4	0.5
4	10.5	0.3

试采用 FCFS 和 SJF 两种算法对作业进行调度，并计算作业的平均周转时间和平均带权周转时间。

(3)设有 4 道作业，其提交时间和计算时间如下所示：

作业号	提交时间	计算时间
1	10:00	2 小时
2	10:30	1 小时
3	10:50	1.5 小时
4	11:00	0.5 小时

假设 11:00 开始调度，请计算这个时候各作业的响应比。

第7章　死锁

操作系统的基本特征是并发与共享。在系统内存中同时存在多个进程，这些进程之间可以并发执行，并且共享系统资源。为了最大限度地提高资源的利用率，操作系统通常采用动态资源分配的策略。所谓动态资源分配是指进程在需要该资源时再临时进行分配，但是采用这种分配策略时，若分配不当，则很可能会出现进程之间相互等待资源而都不能向前推进的情况，即造成进程之间相互死等的僵持局面。

事实上，不同进程对资源的申请可能按某种先后次序得到部分满足，这就可能造成其中的两个或几个进程彼此间相互封锁的情况，即每个进程拥有了一些为其他进程所等待的资源，并且保持不释放，其结果是谁也得不到它所申请的全部资源，这些进程都无法继续运行。

7.1　死锁的基本概念

死锁主要是由两个或多个进程对资源需求的冲突引起的。Dijkstra 在 1968 年提出了这种情况：两个或多个进程都占有其他进程请求的资源，就像两个过独木桥的人，同时站在桥的中央，两个人都等着对方让路，但是谁也不肯退回去让别人先走，最终导致谁也到不了对岸，这两个人就像系统中的两个并发进程，同时在等待对方让出占有的“桥”这一资源，两个进程都不能执行，处于永远等待的状态。

7.1.1　死锁的定义

死锁是因竞争资源而引起的一种具有普遍性的现象。所谓死锁(Deadlock)，是指多个进程在运行过程中因争夺资源而造成的一种僵局(Deadly Embrace)，当进程处于这种僵持状态时，若无外力作用，它们都将无法再向前推进。

由以上死锁的定义可知，当一组进程中的每个进程都在等待某个事件(典型的情况是等待所请求资源的释放)，而只有在这组进程中的其他被阻塞的进程才可以触发该事件，这时就称这组进程发生死锁。因为没有事件能够被触发，故死锁是永久性的。与并发进程管理中的其他问题不同，死锁问题并没有一种有效的通用的解决方案。

所有死锁都涉及两个或多个进程之间对资源需求的冲突。一个常见的例子是交通死锁。图 7-1(a)显示了四辆车几乎同时到达一个十字路口，并相互交叉地停了下来。交叉点上的四个象限是需要被控制的资源。特别地，如果这四辆车都想笔直地驶过十字路口，那么对资源的要求如下。

(1)向北行驶的车 1 需要象限 a 和 b。

(2)向西行驶的车 2 需要象限 b 和 c。

(3)向南行驶的车 3 需要象限 c 和 d。

(4)向东行驶的车 4 需要象限 d 和 a。

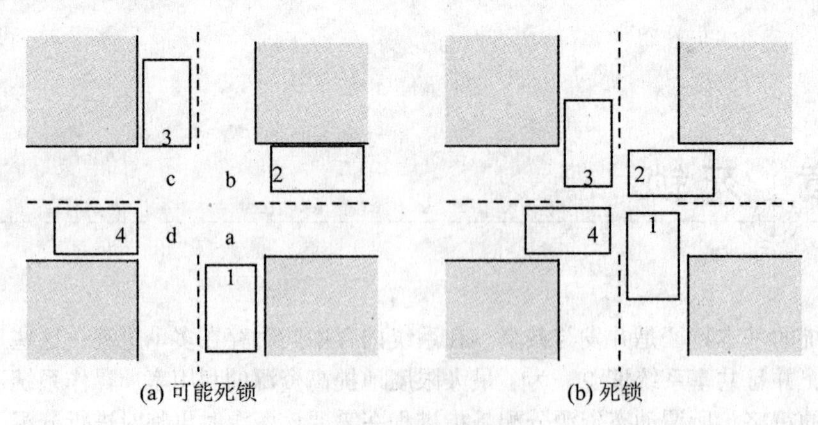

(a) 可能死锁　　　　(b) 死锁

图 7-1　死锁的图示

道路交通的一般规则是，停在十字路口的车应该给在它右边的车让路。如果在十字路口只有两辆或三辆车时，这个规则是可行的。例如，如果只有北行和西行的车到达十字路口，北行的车将等待而西行的车继续行驶。但是，如果四辆车几乎同时到达，则每辆车都应避免进入十字路口，这将造成了一种潜在的死锁。因为对任何一辆车而言，继续前进所需的资源暂时还都能满足，所以死锁只是潜在的，还没有实际发生。最终只要有一辆车能前进，就不会发生死锁。

但是如果这四辆车都忽视这个规则，而继续同时前进到十字路口，则每辆车都占据一个资源(一个象限)，由于所需要的第二个资源被另一辆车占据，所以它们都不能前进，这才发生了真正的死锁。如图 7-1(b)所示。

7.1.2　产生死锁的原因

系统中的并发进程共享系统资源，在竞争资源时可能会产生称为死锁的后果。产生死锁的根本原因是系统能够提供的资源个数比要求该资源的进程数要少。当系统中两个或多个进程因申请资源得不到满足而等待时，若各进程都没有能力进一步执行时，系统就发生死锁。

资源竞争现象是具有活力的、必需的，虽然它存在着发生死锁的危险性，但是，竞争并不等于死锁。在并发进程的活动中，存在着一种合理的联合推进路线，这种推进路线可使每个进程都运行完毕。若进程在运行过程中未按照这种联合推进路线进行，即推进顺序非法，则也可能导致死锁。

因此，归纳起来，产生死锁的原因有如下两点：

(1)竞争资源。

(2)进程间推进顺序非法。

下面详细分析产生死锁的以上两种原因。

1. 竞争资源引起进程死锁

死锁的产生与资源的使用相关，在研究死锁产生的原因之前，我们首先来了解一下资源的类型，资源的不同使用性质是引起系统死锁的原因。

(1)资源分类

操作系统是一个资源管理程序，它负责分配不同类型的资源给进程使用。现代操作系统所管理的资源类型十分丰富，并且可以从不同的角度出发对其进行分类。

如果按资源的使用性质来分，可以将系统中的资源分为可剥夺性资源和不可剥夺性资源。可剥夺性资源是指虽然占有该资源的进程仍然需要使用该资源，但另一个进程可以强行把该资源从占有进程处剥夺过来自己使用。而不可剥夺性资源则相反，是指除占有该资源的进程不再需要使用该资源而主动释放外，其他进程不得在占有进程使用该资源过程中强行剥夺。

一个资源是否属于可剥夺性资源，完全取决于资源本身的使用性质，如果资源被剥夺后不会产生任何不良影响，则属于可剥夺性资源；如果资源被剥夺后会引起相关工作的失效则该资源属于不可剥夺性资源。例如，打印机属于不可剥夺性资源，如果一个进程在打印过程中，打印机被另一个进程强行剥夺，则会导致打印结果混在一起无法辨认；而 CPU 则属于可剥夺性资源，多个进程可以分时轮流地使用一个 CPU，不会产生任何不良影响，单 CPU 环境下多道进程的并发执行正是这样实现的。

如果按资源的使用期限来分，则可以将资源分为可再次使用的永久性资源和消耗性的临时性资源。一般来说，系统中的所有硬件资源都属于可再次使用的永久性资源，它们可以被进程反复使用若干次。而在进程同步和通信中出现的消息、信号和数据等也可以看做资源，但它们只是临时有效，属于临时性资源，在通信过程结束后就被撤销了，不再存在了。对永久性资源和临时性资源的竞争都有可能产生死锁。

资源的上述两种分类方式存在交叉，例如，永久性资源又包含可剥夺性资源和不可剥夺性资源。因此，下面只针对不可剥夺性资源和临时性资源导致死锁的情况来进行分析。

(2)竞争不可剥夺性资源

在系统中配置的不可剥夺性资源，由于它们的数量不能满足多个进程运行的需要，会使进程在运行过程中，因争夺这些资源而陷入僵局。例如，考虑这样的场景，系统中只有一台打印机 R1 和一台磁带机 R2，由以上分析，显然 R1 和 R2 属于不可剥夺性资源。系统中有两个进程 P1 和 P2，它们都要请求打印机和磁带机。假定进程 P1 已经占用了打印机 R1，P2 已经占用了磁带机 R2。此时，若 P1 继续请求磁带机，则 P1 阻塞；若 P2 继续请求打印机，则 P2 也阻塞。于是，P1 与 P2 之间便形成了一种僵持局面，两个进程各自占用了一种资源，又同时去请求对方所拥有的资源，但它们又都不愿意释放自己已经占有的资源，那么导致两者都不能向前推进，从而进入了死锁状态。

为了便于说明，我们用图 7-2 显示出这种死锁状态。图中的方块代表资源，圆圈代表进程，当箭头从进程指向资源时，表示进程请求资源；当箭头从资源指向进程时，代表该资源已被进程所拥有。从图中可以看出，此时在进程 P1、P2 和资源 R1、R2 之间形成了一个环路，说明已进入了死锁状态。

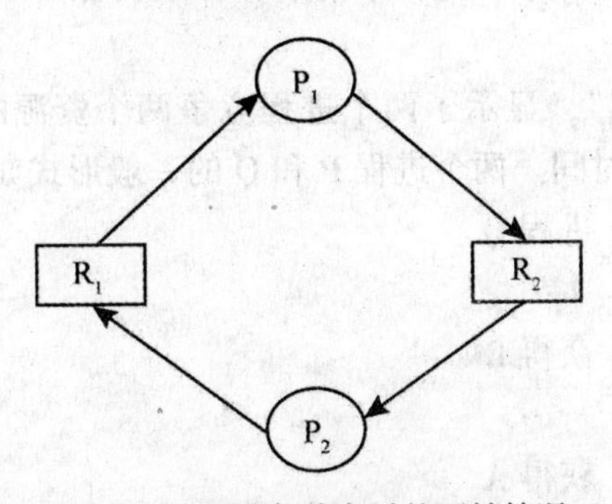

图 7-2　I/O 设备共享时的死锁情况

(3)竞争临时性资源

前面已经介绍过，所谓临时性资源是指由一个进程临时性产生，被另一个进程使用一短暂的时间后便无用的资源。对这种临时性资源的竞争有可能会引起死锁。

考虑在进程通信过程中的这样一种场景，三个进程 P1、P2 和 P3 进行通信，如图 7-3 所示，图中 S1、S2 和 S3 是通信过程中彼此需要传递的消息，属于临时性资源。

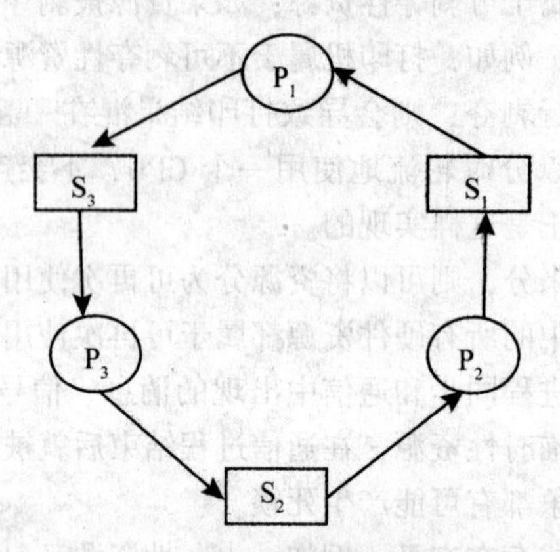

图 7-3　进程之间通信时的死锁

第一种情况是，每个进程都先向其他进程发送一条消息，然后接收其他进程发送过来的消息，即按如下的顺序进行通信：

P1：…Release(S1)；Request(S3)；…

P2：…Release(S2)；Request(S1)；…

P3：…Release(S3)；Request(S2)；…

在这种情况下，很容易分析得出，不会发生死锁。但若按以下顺序进行通信：

P1：…Request(S3)；Release(S1)；…

P2：…Request(S1)；Release(S2)；…

P3：…Request(S2)；Release(S3)；…

则可能发生死锁。

2. 进程推进顺序不当引起死锁

死锁产生的另一个原因是进程的推进顺序不当。竞争资源虽然可能导致死锁，但是资源竞争并不等于死锁，只有在进程运行过程中请求和释放资源的顺序不当时(即进程的推进顺序不当时)，才会导致死锁。

图 7-4 称作“联合进程图”，显示了两个进程竞争两个资源的进展情况，每个进程都需要独占使用这两个资源一段时间。两个进程 P 和 Q 的一般形式如下。

进程 P	进程 Q
…	…
获得 A	获得 B
…	…
获得 B	获得 A
…	…

释放 A　　　　释放 B
　…　　　　　　…
释放 B　　　　释放 A
　…　　　　　　…

在图7-4中，X轴表示P的执行进展，Y轴表示Q的执行进展。对于单处理机系统而言，一次只有一个进程可以执行，所以图中的执行路径由交替的水平段和垂直段组成。水平段表示P执行而Q等待的时期；垂直段表示Q执行而P等待的时期。图中显示了P和Q都请求资源A(斜线区域)的区域、P和Q都请求资源B(反斜线区域)的区域以及P和Q请求资源A和B的区域。因为假定每个进程需要对资源进行互斥访问控制，因此图中给出了6种不同的执行路径，可总结如下。

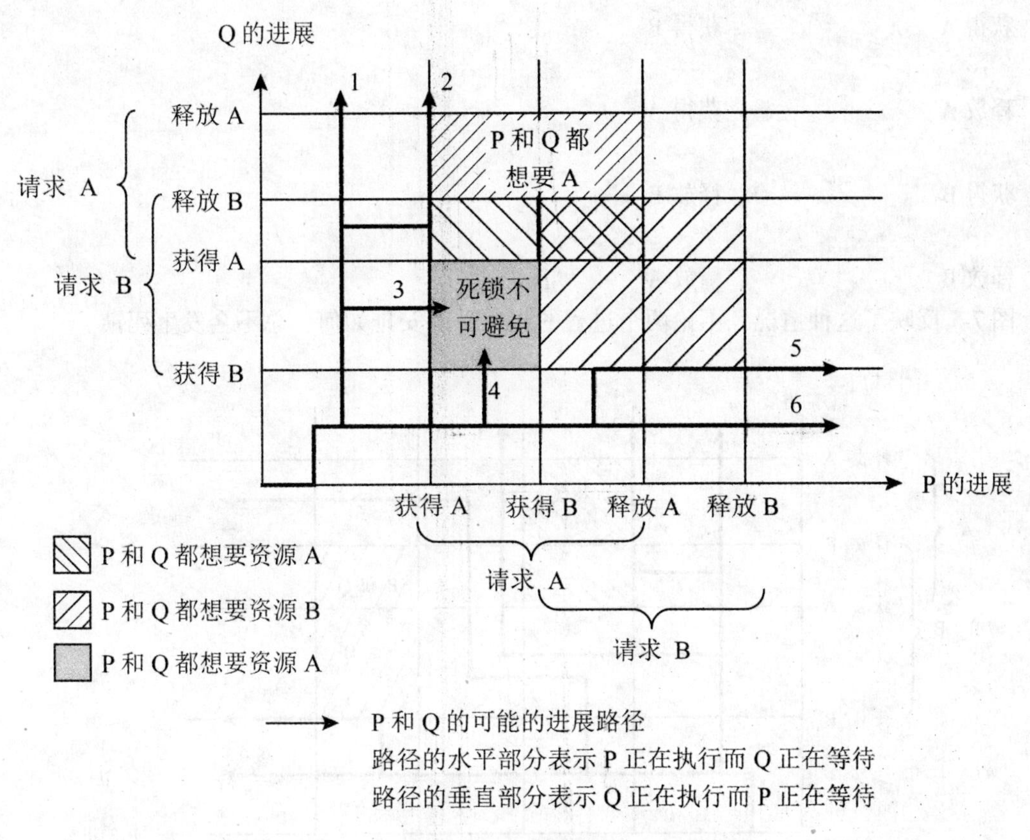

图7-4　死锁的例子

(1)Q获得B，然后获得A；然后释放B和A。当P恢复执行时，它可以获得全部资源。

(2)Q获得B，然后获得A；P执行并阻塞在对A的请求上；Q释放B和A。当P恢复执行时，它可以获得全部资源。

(3)Q获得B，然后P获得A；由于在继续执行时，Q阻塞在A上而P阻塞在B上，因而死锁是不可避免的。

(4)P获得A，然后Q获得B；由于在继续执行时，Q阻塞在A上而P阻塞在B上，因而死锁是不可避免的。

(5)P 获得 A，然后获得 B；Q 执行并阻塞在对 B 的请求上；P 释放 A 和 B。当 Q 恢复执行时，它可以获得全部资源。

(6)P 获得 A，然后获得 B；然后释放 A 和 B。当 Q 恢复执行时，它可以获得全部资源。

图 7-4 的灰色阴影区域，也称为敏感区域，也就是路径 3 和 4 的注释部分。如果执行路径进入了这个敏感区域，那么死锁就不可避免了。注意敏感区域的存在依赖于两个进程的逻辑关系。然而，如果两个进程的交互过程创建了能够进入敏感区的执行路径，那么死锁就必然发生。

是否会发生死锁取决于动态执行和应用程序细节。例如，假设进程 P 或进程 Q 不同时需要两个资源，则两个进程有下面的形式。

进程 P	进程 Q
…	…
获得 A	获得 B
…	…
释放 A	获得 A
…	…
获得 B	释放 B
…	…
释放 B	释放 A

图 7-5 反映了这种情况，不论两个进程的相对时间安排如何，总不会发生死锁。

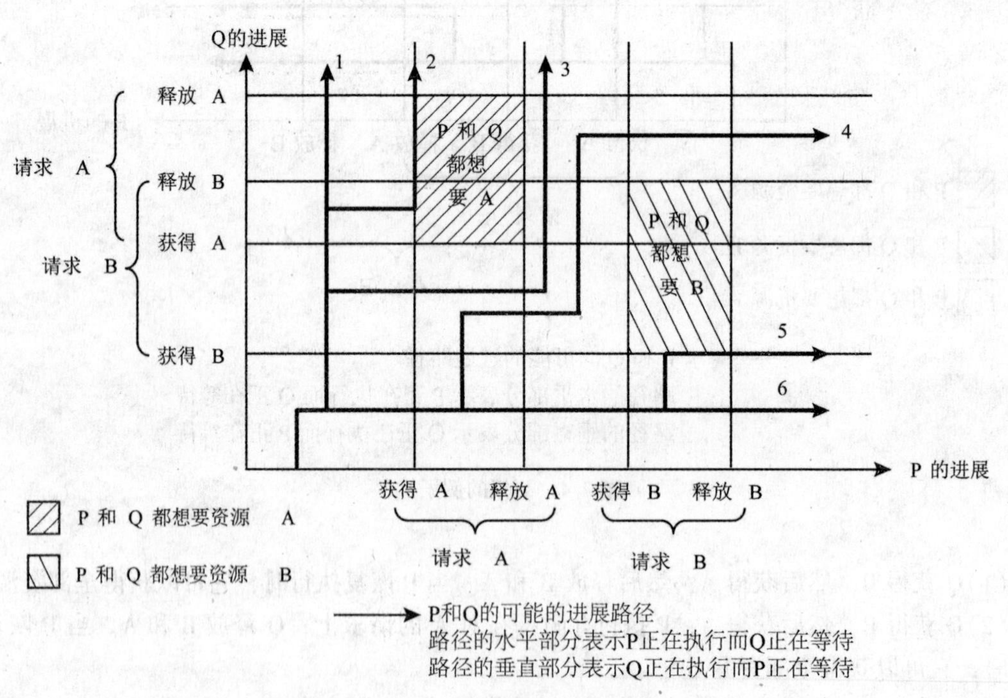

图 7-5 无死锁的例子

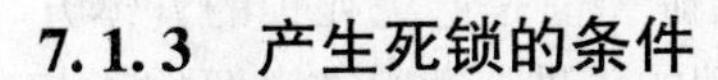

7.1.3 产生死锁的条件

虽然进程在运行过程中可能发生死锁，但死锁的发生也必须具备一定的条件。综上所述不难看出，死锁的发生必须具备下列几个必要条件：

(1)互斥条件。指进程对所分配到的资源进行排他性使用，即在一段时间内某资源只由一个进程占用。如果此时还有其他进程请求该资源，则请求者必须等待，直至占有该资源的进程用完释放。

(2)请求和保持条件。指进程已经保持了至少一个资源，但又提出新的资源请求，而新资源又被其他进程所占有，此时请求进程阻塞，但又对自己已经获得的资源保持不放。

(3)不剥夺条件。指进程已经获得的资源，在未用完之前，不能被剥夺，只能在使用完毕后由进程自己释放。

(4)环路等待条件。指在发生死锁时，必然存在一个进程——资源的环形链，即进程集合{P0，P1，P2，…，Pn}中的P0正在等待一个P1占用的资源；P1正在等待P2占用的资源……Pn正在等待已被P0占用的资源。

第四个条件实际上是前三个条件的潜在结果，即假设前三个条件存在，可能发生的一系列事件会导致不可解的环路等待。这个不可解的环路等待实际上就是发生了死锁。条件4中列出的环路等待之所以是不可解的，是因为前三个条件的存在。因此，这四个条件连在一起构成了死锁的充分必要条件。

在图7-4中，定义了一个敏感区域，当进程运行至该区域后，就一定会发生死锁。只有当上面列出的前三个条件都满足时，这种敏感区域才存在。如果一个或多个条件不能满足，就不存在所谓的敏感区域，死锁也不会发生。因此，上述前三个条件是死锁的必要条件。不仅进入敏感区域会发生死锁，而且导致进入敏感区域的资源请求的顺序也会发生死锁。如果出现上述环路等待条件，那么进程实际上已经进入了敏感区域。因此，上述四个条件是死锁的充分条件。

这四个条件与死锁的关系可总结如下：

死锁的可能性	死锁的存在性
(1)互斥	(1) 互斥
(2)请求和保持	(2) 请求和保持
(3)不剥夺	(3) 不剥夺
	(4)环路等待

7.1.4 处理死锁的基本方法

为了保证系统中的并发进程的正常运行，应事先采取必要的措施，来预防发生死锁。在系统中已经出现死锁后，则应及时检测到死锁的发生，并采取适当的措施来解除死锁。所以，归纳起来，目前处理死锁的方法主要有三种：

(1)预防死锁。这是一种比较简单和直观的措施，即在死锁发生前防患于未然，采取事先预防的方法。该方法具体来讲是通过设置某些限制条件，去消除死锁的四个条件中的一个或几个条件，来预防发生死锁。预防死锁是一种较易实现的方法，已被广泛使用。但由于所增加的限制条件往往太严格，因而可能会导致系统资源利用率和系统吞吐量降低。

（2）避免死锁。预防死锁和避免死锁虽然都是事先采取的措施，但是避免死锁的具体方法与预防死锁不同，它并不是事先采取各种限制措施去破坏死锁的条件，而是在资源的动态分配过程中，用某种方法去防止系统进入不安全状态，从而避免发生死锁。这种方法只需事先施加较弱的限制条件，便可以获得较高的资源利用率和系统吞吐量，但在实现上有一定的难度。目前在较完善的系统中常用此方法来避免发生死锁。

（3）检测并解除死锁。这种方法并不需要事先采取任何限制性措施，也不必检查系统是否已经进入不安全区，而是允许系统在运行过程中发生死锁。但可通过系统所设置的检测机构，及时地检测出死锁的发生，并精确地确定与死锁有关的进程和资源；然后，采取适当的措施，从系统中将已发生的死锁清除掉。死锁的检测与解除措施有可能使系统获得较好的资源利用率和吞吐量，但在实现上难度也最大。

下面几节内容将依次讨论以上三种方法。

7.2 死锁的预防

简单来讲，死锁的预防策略是试图设计一种系统来排除发生死锁的可能性。可以把死锁的预防方法分成两类，一类是间接的死锁预防方法，即防止前面列出的三个必要条件中任何一个或几个的发生；一类是直接的死锁预防方法，即防止循环等待的发生。下面具体分析与产生死锁的四个条件相关的预防死锁的方法。

7.2.1 互斥

在产生死锁的四个条件中，第一个条件即互斥条件不仅不能破坏，反而还必须加以保证。因为互斥是由资源的固有属性所决定的。如果资源的特性要求对资源进行互斥访问，那么操作系统必须支持互斥。某些资源，如文件，可能允许多个读访问，但只允许互斥的写访问，即使在这种情况下，如果有多个进程要求写权限，也可能发生死锁。

所以预防死锁只能通过破坏产生死锁的其他三个条件。

7.2.2 请求和保持

要破坏请求和保持条件，即不允许进程已经获得了一些资源，又去请求其他资源，而当其他资源不能获得时，所拥有的资源又不释放。可以对资源的分配采取静态分配法，即进程在运行之前，就分配给它所需的全部资源。

在采用静态资源分配法分配资源时，由于在进程运行前一次性地将所需的全部资源都分配给它，所以在进程运行过程中不存在缺乏资源而去申请的情况，从而破坏了请求条件。另外在分配资源时，采用原子分配的策略，即要么所有资源都满足，则一次性分配所需的所有资源；要么只要有一个所需资源不能满足，则其他满足的资源也不分配，从而也破坏了保持资源的条件。因此采用静态法分配资源可以避免发生死锁。

这种预防死锁的方法的优点是简单、易于实现且很安全。但其缺点也很明显。首先，采用静态法分配资源，对资源造成了很大的浪费。因为一个进程是在运行前一次性获得了整个运行过程中所需的所有资源的，并独占这些资源，但事实上，这些资源可能有很多很少使用，甚至在整个运行期间都未使用，这将严重浪费系统资源。其次是一个进程可能会为了等待满足其所有的资源请求而被阻塞很长时间，但实际上，只要有一部分资源，进程就可以继

续执行。还可能会导致发生一种更极端的情况，即进程因为总是得不到其所需的资源，而长期得不到运行。考虑下面这个例子。

假设系统中有打印机和磁带机各1台，有三个进程P1、P2和P3各自对资源的请求情况如下：

进程 P1	进程 P2	进程 P3
…	…	…
使用打印机	使用磁带机	使用磁带机
…	使用打印机	…
	…	

假设系统按照静态资源分配法来进行资源的分配，进程P1在运行前分到了打印机，则P1可以开始运行；因打印机已被P1占用，故P2因缺乏打印机而不能运行，且磁带机也不会分配给进程P2；而此时进程P3可以获得磁带机，也可以开始运行。假设在接下来的一段时间内，进程P1和P3总是不断地交替运行，那么进程P2则总是因为缺乏资源而长期不能运行。

除了以上两个缺点外，这种方法还存在一个问题，即一个进程可能事先并不会知道它所需要的所有资源。这也是应用程序在使用模块化程序设计或多线程结构时产生的实际问题。为了同时请求所需资源，应用程序需要知道它以后将在所有级别或所有模块中请求的所有资源，这将是非常困难的。

7.2.3 不剥夺

要破坏这种对资源的不剥夺条件，也就是允许剥夺资源，具体采用的方法是系统规定，进程逐个地提出对资源的请求。当一个已经保持了某些资源的进程，再提出新的资源请求时，若所请求的资源不能立即得到满足，则要求它必须释放其已占有的资源，等以后需要该资源时再重新申请。这意味着某个进程已经拥有的资源，可能会在运行过程中随着需要而暂时被迫释放掉，相当于被剥夺了，从而达到了破坏不剥夺条件。

这种预防死锁的方法实现起来比较复杂且要付出很大的代价。因为一个资源在使用一段时间后，若被迫释放则可能会造成前段工作的失效，即使是采取了某些防范措施，也还是会使进程前后两次运行的信息不连续。例如，进程在运行过程中已用打印机输出信息，但中途又因申请另一资源未获得而被迫让出打印机，后来系统又将打印机分配给其他进程使用。当进程再次恢复运行并再次获得打印机继续打印时，导致前后两次打印输出的数据并不连续，即打印输出的信息其中间有一段是另一进程的。此外，这种策略还可能因为反复地申请和释放资源，致使进程的执行被无限地推迟，这不仅延长了进程的周转时间，而且也增加了系统开销，降低了系统吞吐量。

7.2.4 环路等待

破坏环路等待条件的方法是采用有序资源分配法。所谓有序资源分配法是指将系统中的资源按顺序编号，规定进程请求所需资源的顺序必须按照资源的编号依次进行。例如，若系统中共有n个进程，共有m个资源，用ri表示第i个资源，于是m个资源的顺序是r1、r2、…、rm，规定进程不得在占用资源ri(1≤i≤m)后再申请资源rj(j<i)，就可以防止系统发生死锁，因为采用有序使用资源的方法能够有效地破坏环路等待条件。事实上，在采用这

种策略时，总有一个进程占据了较高序号的资源，此后它再继续申请的资源必然是空闲的，因而进程可以一直向前推进。

例如，再来考虑第三章中的哲学家进餐问题，可以将桌上的五支筷子依次编号为0~4，规定哲学家必须先拿小序号的筷子，再拿大序号的筷子。若小号的筷子正被占用，他就进入阻塞，直到小号的筷子被释放。这样，即使这五位哲学家同时准备去取自己左边的筷子，第五位哲学家应先拿第0号筷子，但第0号筷子已被第一位哲学家取走，所以，第五位哲学家因为拿不到0号筷子而无法申请4号筷子，因而被阻塞。这样，拿第3号筷子的哲学家同时可以拿到第4号筷子，那么他就可以进餐。当他进餐完毕后，释放其占据的筷子，又可以唤醒其他哲学家进程。依次类推，最终大家都能顺利地进餐。

这种预防死锁的策略与前两种比较起来，其资源利用率和系统吞吐量都有较明显的改善。但也存在以下问题。

首先是为系统中各类资源所分配(确定)的序号必须相对稳定，这就限制了新类型设备的增加。

其次，尽管在为资源的类型分配序号时，已经考虑到大多数作业在实际使用这些资源时的顺序，但也经常会出现这种情况：即作业(进程)使用各类资源的顺序与系统规定的顺序不同，造成对资源的浪费。例如，某进程先用磁带机，后用打印机，但系统规定的打印机的序号比磁带机的序号小，所以进程应先申请打印机，后申请磁带机，那么打印机将会被长时间搁置。

再次，为方便用户，系统对用户在编程时所施加的限制条件应尽量少。然而这种按规定次序申请的方法，必然会限制用户简单、自主地编程。

7.3 死锁的避免

死锁的预防策略是以破坏死锁产生的条件为目的，对资源的申请加以限制的。虽然这对死锁的预防有一定的效果，但是这几种方法都降低了系统的效率和资源的利用率。死锁的避免策略有所不同，它用动态的方法判断资源的使用情况和系统的状态，每当有进程提出资源申请时，在分配资源之前，系统将判断如果将进程所请求的资源分配给它是否会发生死锁，如果会，则系统就不予分配资源，否则才为进程分配，从而达到避免死锁的目的。

7.3.1 安全状态与不安全状态

系统的状态分为安全状态和不安全状态。所谓安全状态，是指当多个进程动态地提出资源请求时，系统将按照某种顺序逐次地为每个进程分配所需的资源，使每个进程都可以在最终得到最大需求量后，依次顺利地完成。我们把这样的进程序列称之为安全序列，把此时的系统状态称之为安全状态。反之，如果系统找不到任何一个能顺利完成的进程序列，就把此时的系统状态称为不安全状态。当系统处于安全状态时，所能找到的安全序列可能不止一个，但只要能找到一个就称为系统是处于安全状态的。

不安全状态不一定发生死锁，但死锁一定属于不安全状态。处于安全状态下的系统是不会发生死锁的。安全状态、不安全状态以及死锁的关系如图7-6所示。所以，避免死锁的关键就是，让系统在动态分配资源的过程中，不要进入不安全状态。

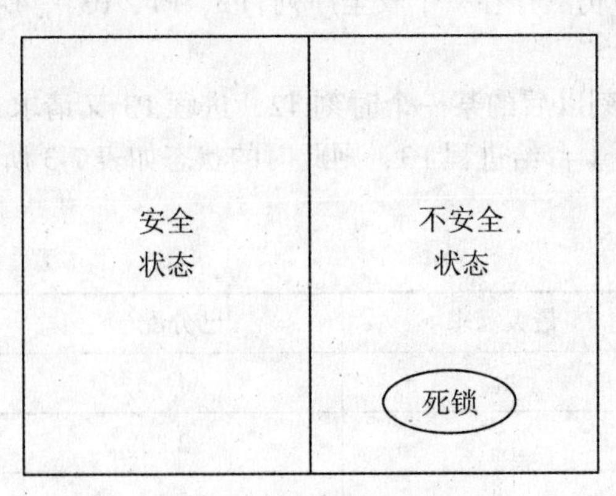

图 7-6 系统的状态关系

通过下面的例子来说明系统的安全状态。假定系统中有三个进程 P1、P2 和 P3，共有 10 台打印机。进程 P1 总共要求 8 台打印机，P2 和 P3 分别要求 3 台和 9 台打印机。假设在 T0 时刻，进程 P1、P2 和 P3 已经分别获得了 4 台、2 台和 2 台打印机，尚有 2 台打印机空闲未分配，如表 7-1 所示：

表 7-1

进程	最大需求	已分配	还可用
P1	8	4	2
P2	3	2	
P3	9	2	

分析上表所示的系统状态，可以发现在 T0 时刻，系统是安全的。因为可以找到这样一个安全序列{P2，P1，P3}，只要系统按照 P2、P1、P3 的顺序为这三个进程分配所需资源，它们就能获得所有资源，从而顺序运行完毕，不会发生死锁，所以系统在 T0 时刻处于安全状态。

但是系统在 T0 时刻的状态是安全的，并不能保证以后的某一个时刻还是安全的。如果不按照安全序列分配资源，则系统可能就会由安全状态进入不安全状态。例如，假设在 T0 时刻以后的某一个时刻 T1，进程 P1 又请求 1 台打印机，若此时系统将剩余的 2 台打印机分了 1 台给进程 P1，则此时的状态如表 7-2 所示：

表 7-2

进程	最大需求	已分配	还可用
P1	8	5	1
P2	3	2	
P3	9	2	

此时，经分析发现，仍然存在一个安全序列{P2，P1，P3}，所以在T1时刻，系统仍然是安全的。

又如，假设在T0时刻以后的某一个时刻T2，进程P3又请求1台打印机，若此时系统将剩余的2台打印机分了1台给进程P3，则此时的状态如表7-3所示：

表7-3

进程	最大需求	已分配	还可用
P1	8	4	1
P2	3	2	
P3	9	3	

通过分析上表所示的T2时刻的状态，我们发现，此时已无法找到任何一个安全序列了，即无论系统按何种顺序来为P1、P2和P3这三个进程分配资源，都无法满足它们的需求，因此，在T2时刻系统已转入了不安全状态。由此可见，当P3提出资源请求时，虽然系统中尚有可用的打印机，但却不能分配给它，必须让P3一直等到P1和P2完成，释放出资源后再将足够的资源分配给P3，它才能顺利完成。

7.3.2 利用银行家算法避免死锁

具有代表性的死锁避免的算法是银行家算法，该算法由Dijkstra于1965年提出。由于该算法能用于银行系统现金贷款的发放而得名。算法描述如下，假定小城镇银行家拥有资金，数量为Σ，被N个客户共享，银行家对客户提出下列约束条件：

(1)每个客户必须预先说明所要的最大资金量；

(2)每个客户每次提出部分资金量的申请并获得分配；

(3)如果银行满足客户对资金的最大需求量，那么客户在资金运作后，应在有限的时间内全部归还银行。

只要客户遵守上述约束条件，银行家将保证做到：若一个客户所要的最大资金量不超过Σ，银行一定会接纳此客户，并满足其资金需求；银行在收到一个客户的资金申请时，可能会因为资金不足而让客户等待，但保证在有限的时间内让客户获得资金。在银行家算法中，客户可看做进程，资金可看做资源，银行家可看做操作系统。

1. 银行家算法中的数据结构

为实现银行家算法，系统中必须设置若干数据结构。假定系统中有n个进程(P1，P2，…,Pn)，m类资源(R1，R2，…，Rm)，银行家算法中使用的数据结构如下：

(1)可利用资源向量Available。这是一个含有m个元素的数组，其中的每一个元素代表一类资源的空闲资源数目，其初始值是系统中所配置的该类资源的数目，其数值随该类资源的分配和回收而动态地改变。如果Available[j]=K，表示系统中现有空闲的Rj类资源数目为K个。

(2)最大需求矩阵Max。这是一个n×m的矩阵，它定义了系统中每一个进程对各类资源的最大需求数目。如果Max[i，j]=K，表示进程Pi需要Rj类资源的最大数目为K个。

(3)分配矩阵Allocation。这是一个n×m的矩阵，它定义了系统中当前已分配给每一个

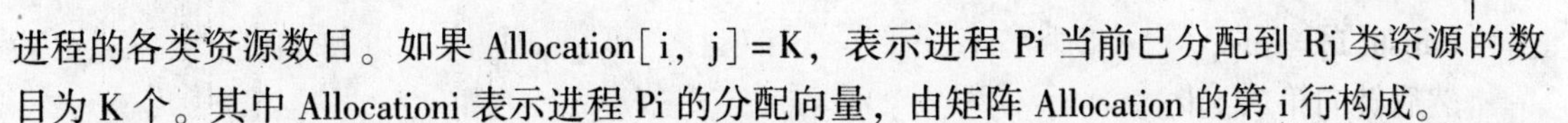

进程的各类资源数目。如果 Allocation[i, j]=K，表示进程 Pi 当前已分配到 Rj 类资源的数目为 K 个。其中 Allocationi 表示进程 Pi 的分配向量，由矩阵 Allocation 的第 i 行构成。

(4)需求矩阵 Need。这是一个 n×m 的矩阵，它定义了系统中每一个进程还需要的各类资源数目。如果 Need[i, j]=K，表示进程 Pi 还需要 Rj 类资源 K 个，才能完成其任务。Needi 表示进程 Pi 的需求向量，由矩阵 Need 的第 i 行构成。

上述三个矩阵之间存在下述关系：

Need[i, j]=Max[i, j]-Allocation[i, j]

2. 银行家算法

银行家算法的实现思想如下：

设 Requesti 是进程 Pi 的请求向量，Requesti[j]=K 表示进程 Pi 请求系统为之分配 Rj 类资源 K 个。当进程 Pi 发出资源请求后，系统按以下步骤进行检查：

(1)如果 Requesti≤Needi，则转向步骤(2)；否则出错，因为进程所需要的资源数目已超过它所宣布的最大值。该资源请求非法。

(2)如果 Requesti≤Available，则转向步骤(3)，否则，表示系统中尚无足够的资源满足进程 Pi 的申请，Pi 必须等待。

(3)系统试探着把进程 Pi 所请求的资源分配给 Pi，并修改下面数据结构中的数值：

Available=Available-Requesti；

Allocationi=Allocationi+Requesti；

Needi=Needi-Requesti。

(4)系统执行安全性算法，检查此次资源分配后，系统是否处于安全状态，即寻找安全序列。若能找到一个安全序列，则说明系统是安全的，此时才正式将资源分配给进程 Pi，以完成本次分配；否则，若找不到任何一个安全序列，则说明若分配资源给进程 Pi 后，系统会进入不安全状态，因此将此次试探分配作废，恢复原来的资源分配状态，让进程 Pi 等待。

3. 安全性算法

在银行家算法中嵌套了一个安全性算法，即上述步骤中的第(4)步。安全性算法的主要功能是寻找安全序列，以判断系统是否处于安全状态。

系统所执行的安全性算法描述如下：

(1)设置两个向量：

① Work：表示系统可提供给进程继续运行所需的各类资源数目，它含有 m 个元素，在执行安全性算法开始时，Work=Availabie。

② Finish：表示系统是否有足够的资源分配给进程，使之运行完毕。开始时，Finish[i]=false；当有足够的资源分配给进程时，再令 Finish[i]=true。

(2)从进程集合中找到一个能满足下述条件的进程：

Finish[i]=false；

Needi≤Work

若找到满足条件的进程，则执行步骤(3)；否则，执行步骤(4)。

(3)当进程 Pi 获得资源后，可顺利执行直到完成，并释放分配给它的所有资源，故应执行：

Work=Work+Allocationi；

Finish[i]=true;

然后转向第(2)步。

(4)如果所有进程的 Finish[i]都为 true，则表示系统处于安全状态；否则，表示系统处于不安全状态。

4. 银行家算法示例

设系统中有五个进程{P1，P2，P3，P4，P5}和三类资源{A，B，C}，A 资源的数量为 17，B 资源的数量为 5，C 资源的数量为 20。在 T0 时刻系统状态如表 7-4 所示。

表 7-4　**T0 时刻的资源分配情况**

资源 进程	Max			Allocation			Need			Available		
	A	B	C	A	B	C	A	B	C	A	B	C
P1	5	5	9	2	1	2	3	4	7	2	3	3
P2	5	3	6	4	0	2	1	3	4			
P3	4	0	11	4	0	5	0	0	6			
P4	4	2	5	2	0	4	2	2	1			
P5	4	2	4	3	1	4	1	1	0			

(1)T0 时刻的安全性。

利用安全性算法对 T0 时刻的资源分配情况进行分析，可得如表 7-5 所示的 T0 时刻的安全性分析，从表中得知，T0 时刻存在着一个安全序列{P4，P5，P1，P2，P3}，故系统在 T0 时刻是安全的。

表 7-5　**T0 时刻的安全性检查**

资源 进程	Work			Need			Allocation			Work+Allocation			Finish
	A	B	C	A	B	C	A	B	C	A	B	C	
P4	2	3	3	2	2	1	2	0	4	4	3	7	true
P5	4	3	7	1	1	0	3	1	4	7	4	11	true
P1	7	4	11	3	4	7	2	1	2	9	5	13	true
P2	9	5	13	1	3	4	4	0	2	13	5	15	true
P3	13	5	15	0	0	6	4	0	5	17	5	20	true

(2)P2 请求资源。

在 T0 时刻的基础上，P2 发出资源请求向量 Request2(1，1，0)，系统按银行家算法进行检查：

① Request2(1，1，0)≤Need2(1，3，4)

② Request2(1，1，0)≤Available(2，3，3)

③ 系统假定可以为 P2 分配资源，并修改 Allocation2、Need2 和 Available 三个向量，由

此形成的资源变化情况如表 7-6 所示。

④ 再利用安全性算法检查此时系统是否安全，可得到表 7-7 所示的安全性分析。

由所进行的安全性检查得知，可以找到一个安全序列{P5，P2，P3，P4，P1}，因此，系统是安全的，可以立即将 P2 所请求的资源分配给它。

表 7-6 **假定 P2 分配资源后的资源分配情况**

资源／进程	Max			Allocation			Need			Available		
	A	B	C	A	B	C	A	B	C	A	B	C
P1	5	5	9	2	1	2	3	4	7	1	2	3
P2	5	3	6	5	1	2	0	2	4			
P3	4	0	11	4	0	5	0	0	6			
P4	4	2	5	2	0	4	2	2	1			
P5	4	2	4	3	1	4	1	1	0			

表 7-7 **假定 P2 分配资源后的安全性检查**

资源／进程	Work			Need			Allocation			Work+Allocation			Finish
	A	B	C	A	B	C	A	B	C	A	B	C	
P5	1	2	3	1	1	0	3	1	4	4	3	7	true
P2	4	3	7	0	2	4	5	1	2	9	4	9	true
P3	9	4	9	0	0	6	4	0	5	13	4	14	true
P4	13	4	14	2	2	1	2	0	4	15	4	18	true
P1	15	4	18	3	4	7	2	1	2	17	5	20	true

(3)P1 请求资源。

在 T0 时刻的基础上，P1 发出资源请求向量 Request1(3，2，2)，系统按银行家算法进行检查：

① Request1(3，2，2)≤Need1(3，4，7)

② Request1(3，2，2)>Available(2，3，3)，让 P1 等待。

(4)P4 请求资源。

在 T0 时刻的基础上，P4 发出资源请求向量 Request4(2，2，0)，系统按银行家算法进行检查：

① Request4(2，2，0)≤Need4(2，2，1)

② Request4(2，2，0)≤Available(2，3，3)

③ 系统假定可以为 P4 分配资源，并修改 Allocation4、Need4 和 Available 三个向量，由此形成的资源变化情况如表 7-8 所示。

表 7-8　　　　假定 P4 分配资源后的资源分配情况

进程＼资源	Max			Allocation			Need			Available		
	A	B	C	A	B	C	A	B	C	A	B	C
P1	5	5	9	2	1	2	3	4	7	0	1	3
P2	5	3	6	4	0	2	1	3	4			
P3	4	0	11	4	0	5	0	0	6			
P4	4	2	5	4	2	4	0	0	1			
P5	4	2	4	3	1	4	1	1	0			

④ 再利用安全性算法检查此时系统是否安全，从表 7-8 可以看出，可用资源 Available(0，1，3)已不能满足任何进程的需要，故系统进入不安全状态，此时系统不为 P4 分配其所请求的资源。

(5)如果将第(4)步中 P4 所发出的请求向量改为 Request4(1，2，0)，系统是否能将资源分配给它，请读者考虑。

死锁避免的优点是它不需要死锁预防中的抢占和回滚进程，并且比死锁预防的限制少。但是，它在使用中也有许多限制，如必须事先声明每个进程请求的最大资源；考虑的进程必须是无关的，也就是说，它们执行的顺序必须没有任何同步要求的限制；分配的资源数目必须是固定的；在占有资源时，进程不能退出等。

7.4　死锁的检测与解除

死锁的预防和避免策略都是非常保守的，它们通过限制访问资源和在进程上强加约束来解决死锁问题。死锁检测策略则完全相反，它不限制资源访问或约束进程行为，而是允许死锁发生，当死锁发生后，再采取一定的策略来检测并解除死锁。

7.4.1　死锁的检测

检测死锁的基本思想是在操作系统中保存资源的请求和分配信息，利用某种算法对这些信息加以检查，以判断是否存在死锁。这种方法需要系统定时地运行“死锁检测”程序，判断系统内是否已经出现死锁，如果检测到系统已死锁，再采取措施解除它。这种方法的难点在于：要确定何时运行死锁检测程序，如果这一程序执行得很频繁，将会浪费处理机时间；但如果这一程序执行得太稀疏，则死锁进程和系统资源又将会一直被锁定。

为此，我们将进程和资源间的申请和分配关系描述成一个有向图——资源分配图。

1. 资源分配图(Resource Allocation Graph)

刻画进程的资源分配的有效工具是资源分配图。资源分配图是有向图，它阐述了系统资源和进程的状态，每个资源和进程用结点表示。图中从进程指向资源的边表示进程请求资源但是还没有获得，如图 7-7(a)所示。资源结点中，圆点表示资源的每一个实例。例如，I/O 设备就是有多个资源实例的资源类型，它由操作系统中的资源管理模块来分配。图中从永久性资源结点中的点到一个进程的边表示请求已经被分配，即进程已拥有了一个这一类型的资源，如图 7-7(b)所示；若从临时性资源结点中的到一个进程的边表示该资源是由进程产生的。

在图7-7中，其中图7-7(c)是一个死锁的例子。资源Ra和Rb都仅拥有一个单位的资源，进程P1拥有资源Rb的同时请求Ra，而进程P2拥有资源Ra的同时请求Rb。图7-7(d)和图7-7(c)有同样的拓扑结构，但是图7-7(d)不会发生死锁，因为每个资源的个数有多个。

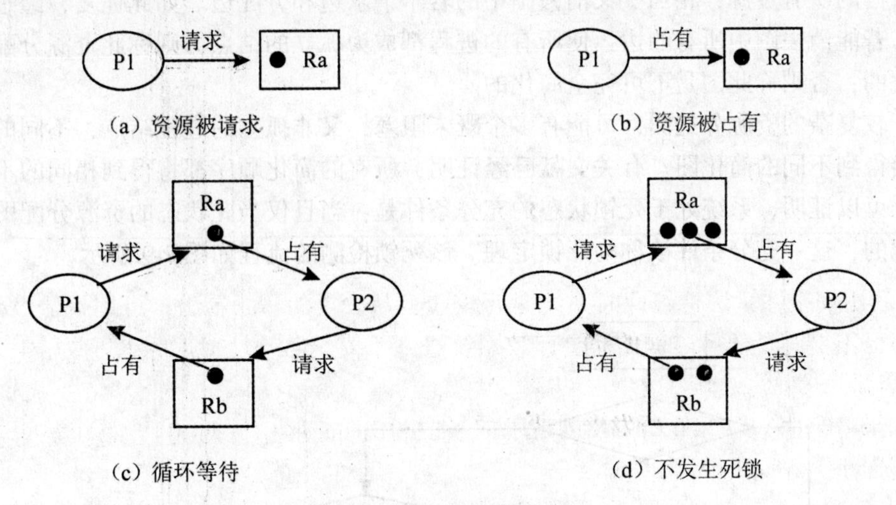

图7-7　资源分配图的例子

下图7-8中的资源分配图的死锁情况与图7-1(b)相似。与图7-7(c)不同，图7-8并不是两个进程彼此拥有对方需要的资源这种简单的情况，而是存在进程和资源的环，从而导致了死锁。

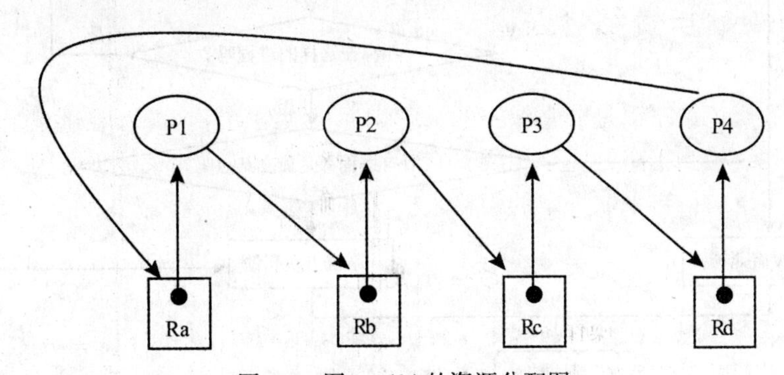

图7-8　图7-1(b)的资源分配图

2. 死锁定理

可以利用下述步骤运行一个"死锁检测"程序，对资源分配图进行分析和简化，以此方法来检测系统是否处于死锁状态。

(1)如果资源分配图中无环路，则此时系统没有发生死锁；

(2)如果资源分配图中有环路，且每个资源类中仅有一个资源，则系统中发生死锁，此时，环路等待是系统发生死锁的充分必要条件，环路中的进程就是卷入死锁的进程；

(3)如果资源分配图中有环路，且所涉及的资源类中有多个资源，则环路的存在只是产生死锁的必要条件而不是充分条件，系统不一定会发生死锁。

如果能在资源分配图中找出一个既不阻塞又与其他进程因请求资源而相关联的进程，它在有限的时间内有可能获得所需要的资源类中的资源而继续执行，直到运行结束，再释放其所占的全部资源。相当于消去资源分配图中此进程的所有请求边和分配边，使之成为孤立的结点。接着可使资源分配图中另一个进程获得前面进程释放的资源而继续执行，直到完成后释放其所占的所有资源，相当于又消去图中的若干请求边和分配边。如此往复，经过一系列简化后，若能消去图中所有的边，使所有的进程都成为孤立的结点，则称此资源分配图是可完全简化的；否则称此图是不可完全简化的。

对于较复杂的资源分配图，可能有多个既未阻塞，又非孤立的进程结点，不同的简化顺序是否会得到不同的简化图？有关文献已经证明，所有的简化顺序都将得到相同的不可简化图。同样可以证明，系统处于死锁状态的充分条件是：当且仅当此状态的资源分配图是不可完全简化的，这一充分条件被称为死锁定理。该死锁检测的流程如图 7-9 所示。

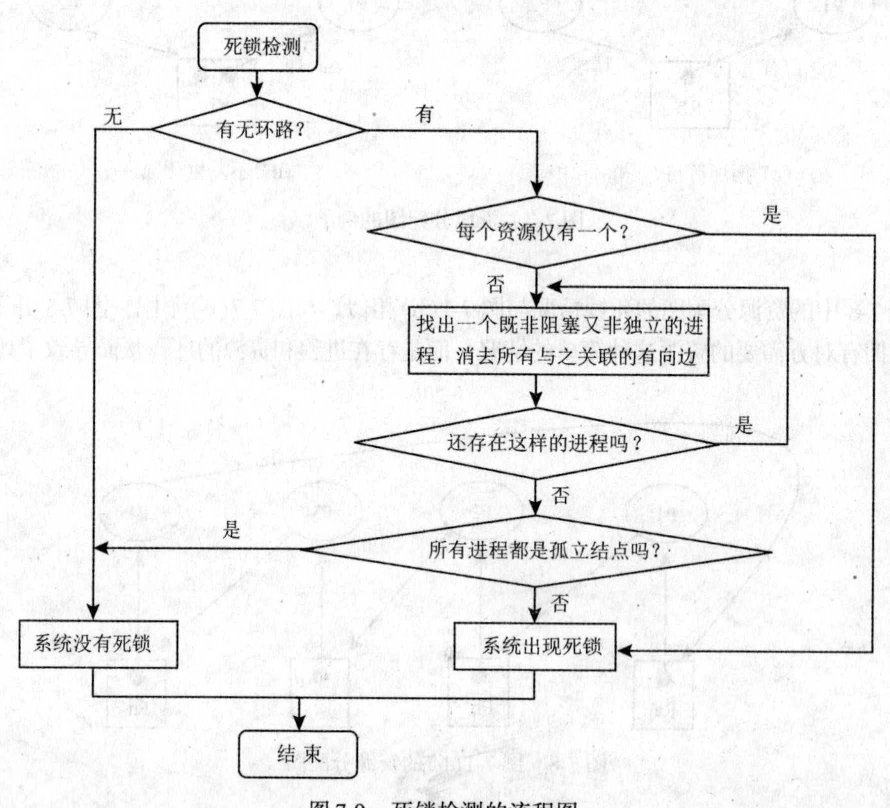

图 7-9　死锁检测的流程图

例如，在图 7-10 中，进程 P1 能获得所需的资源而继续执行，所以，首先可以消去进程结点 P1 的所有请求边和分配边，使之成为孤立的结点；P1 将资源释放后，P2 也能获得所需资源而运行完毕，所以 P2 的所有请求边和分配边也能消去，使之成为孤立的结点。最后形成图(c)所示的情况，即该资源分配图是可以完全简化的，说明系统不会发生死锁。

3. 死锁检测算法

下面介绍一种具体的死锁检测算法，死锁检测中的数据结构类似于银行家算法中的数据结构。

(1)可利用资源向量 Available，它表示了 m 类资源中每一类资源的可用数目。

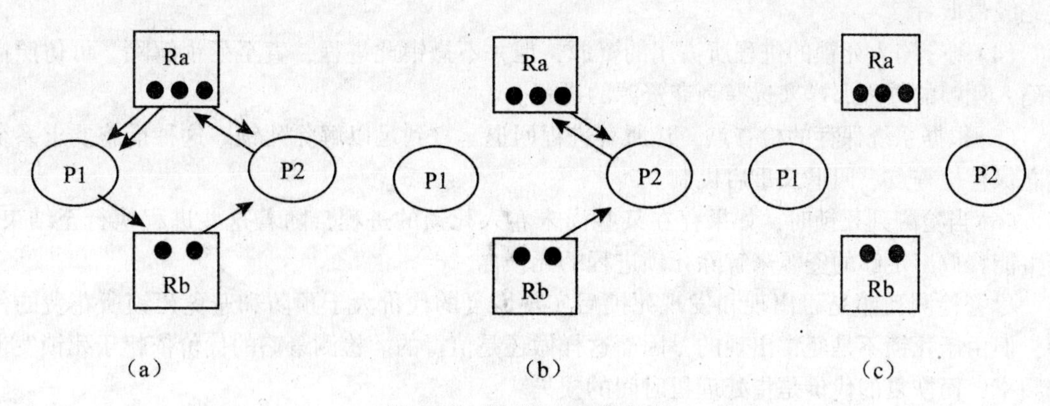

图 7-10 资源分配图的简化

(2)把不占用资源的进程(向量 Allocationi=0)记入 L 表中，即 Li∪L。

(3)从进程集合中找到一个 Requesti≤Work 的进程，作如下处理：

① 将其资源分配图简化，释放出资源，增加工作向量的值 Work=Work+Allocationi；

② 将它记入 L 表中。

(4)若不能把所有进程都记入 L 表中，便表明系统此时状态的资源分配图是不可完全简化的。因此，该系统状态将发生死锁。

部分代码如下：

```
Work=Available;
L={Li| Allocationi=0&&Requesti=0}
while(Li!  ∈L)
{ while(Requesti≤Work)
{ Work=Work+Allocationi;
Li∪L ;
}
}
deadlock=¯(L={P1, P2,…, Pn});
```

7.4.2 死锁的解除

死锁的检测和解除往往配套使用，当死锁被检测到之后，采用各种方法解除系统的死锁，常用的方法有资源剥夺法、进程回退法、进程撤销法和系统重启法。下面分别介绍这几种方法：

(1)结束所有进程的执行，并重新启动操作系统。这种方法很简单，但先前的工作全部作废，损失很大。所以在一些企业服务器中此方法不能使用，因为会导致在线业务的中断，带来非常严重甚至是无法估量的损失。

(2)撤销陷入死锁的所有进程，解除死锁，继续运行。但这种方法比较暴力。

(3)稍温和一点的做法是逐个撤销陷入死锁的进程，回收其资源并重新分配，直至死锁解除为止。但是究竟先撤销哪个死锁进程呢？可选择符合下面条件之一的进程先撤销：CPU 消耗时间最少者、产生的输出最少者、预计剩余执行时间最长者、分得的资源数量最少者或优先级最低者。

(4)剥夺陷入死锁的进程所占用的资源，但并不撤销此进程，直至死锁解除。可仿照撤销陷入死锁的进程那样来选择剥夺资源的进程。

(5)根据系统保存的检查点，让所有进程回退，直到足以解除死锁。这种措施要求系统建立保存检查点、回退及重启机制。

(6)当检测到死锁时，如果存在某些尚未卷入死锁的进程，随着这些进程执行至结束，有可能释放出足够的资源来解除死锁进程的死锁。

尽管检测死锁是否出现和发现死锁后实现恢复的代价大于预防和避免死锁所花费的代价，但由于死锁不是经常出现的，因而这样做还是值得的。检测策略的代价依赖于死锁发生的频率，而恢复的代价是指处理机时间的损失。

7.5 死锁综合处理

从前几节内容我们可以看出，所有的解决死锁的策略都各有其优缺点。与其将操作系统机制设计为只采用其中一种策略，还不如在不同情况下使用不同的策略更有效。

1973 年，Howard 提出了死锁综合处理的建议。其思想是把系统中的全部资源分为几大类，整体上采用资源顺序分配法，在一个资源类中，再根据其资源特点采用不同的处理方法。

例如，可将系统资源分成以下 4 类：

(1)交换空间：在进程交换中所使用的外存中的存储块；

(2)进程资源：可分配的设备，如磁带设备和文件等；

(3)内存资源：可以按页或按段分配给进程；

(4)内部资源：特指系统所用资源，如 PCB 表、页表、I/O 通道等。

分别将这 4 类资源编号为 1、2、3、4，按序号递增的次序申请资源。考虑到一个进程在其生命周期中的步骤顺序，这个次序是最合理的。在每一类资源中，又可采用以下策略：

(1)交换空间：通过要求一次性分配所有请求的资源来预防死锁，就像占有且等待预防策略一样。如果知道最大存储需求(通常情况下都知道)，则这个策略是合理的。死锁避免也是可能的。

(2)进程资源：对这类资源，死锁避免策略常常是很有效的，这是因为进程可以事先声明它们将需要的这类资源。采用资源排序的预防策略也是可能的。

(3)内存资源：对于内存，基于抢占的预防是最适合的策略。当一个进程被抢占后，它仅仅被换到外存，释放空间以解决死锁。

(4)内部资源：可以使用基于资源排序的预防策略。

本章小结

死锁是因竞争资源而引起的一种具有普遍性的现象。所谓死锁(Deadlock)，是指多个进程在运行过程中因争夺资源而造成的一种僵局(Deadly Embrace)，当进程处于这种僵持状态时，若无外力作用，它们都将无法再向前推进。

产生死锁的原因有两点，一是竞争资源；二是进程间推进顺序非法。

如果按资源的使用性质来分，可以将系统中的资源分为可剥夺性资源和不可剥夺性资源；如果按资源的使用期限来分，则可以将资源分为可再次使用的永久性资源和消耗性的临时性资源。竞争不可剥夺性资源及临时性资源时，系统可能会发生死锁。

竞争资源虽然可能导致死锁，但是资源竞争并不等于死锁，只有在进程运行过程中请求和释放资源的顺序不当时(即进程的推进顺序不当时)，才会导致死锁。

产生死锁必须具备四个必要条件：一是互斥条件，二是请求和保持条件，三是不剥夺条件，四是环路等待条件。

处理死锁的基本方法有三种：一是预防死锁，二是避免死锁，三是检测并解除死锁。

死锁的预防策略是试图设计一种系统来排除发生死锁的可能性。可以把死锁的预防方法分成两类，一类是间接的死锁预防方法，即防止前面列出的三个必要条件中任何一个或几个的发生；一种是直接的死锁预防方法，即防止循环等待的发生。

死锁的避免策略用动态的方法判断资源的使用情况和系统的状态，每当有进程提出资源申请时，在分配资源之前，系统将判断如果将进程所请求的资源分配给它是否会发生死锁，如果会，则系统就不予分配资源，否则才为进程分配，从而达到避免死锁的目的。

死锁检测策略不限制资源访问或约束进程行为，而是允许死锁发生，当死锁发生后，再采取一定的策略来检测并解除死锁。

习题 7

1. 选择题

(1)死锁的四个必要条件中，无法破坏的是(　)。

A. 互斥条件　　B. 请求和保持条件
C. 不剥夺条件　　D. 环路等待条件

(2)设有 2 个进程共享 3 个同类资源，为使系统不会发生死锁，每个进程最多可以申请(　)个资源。

A. 0　　B. 1　　C. 2　　D. 3

(3)设有 3 个进程竞争同类资源，如果每个进程需要 2 个该类资源，则至少需要提供(　)个资源，才能保证系统不会发生死锁。

A. 3　　B. 4　　C. 5　　D. 6

(4)在(　)情况下，系统出现死锁。

A. 计算机系统发生重大故障
B. 有多个封锁的进程同时存在
C. 多个进程因竞争资源而无休止地相互等待它方释放已经占有的资源
D. 资源数大大小于进程数或进程同时申请的资源数大大超过资源总数

(5)几个进程争夺同一资源，(　)。

A. 不会死锁　　B. 不一定会死锁
C. 一定会死锁　　D. 以上都不对

(6)以下关于死锁的必要条件的叙述中错误的是(　)。

A. 只要具备了死锁的必要条件，就一定发生死锁现象
B. 解决死锁问题可以从死锁的必要条件出发
C. 一旦出现死锁现象，处于死锁状态的进程一定同时具备死锁的必要条件

D. 死锁的四个必要条件之间不是完全独立的，但也不是等价的

(7)系统运行银行家算法是为了( )。

A. 检测死锁　　B. 避免死锁

C. 解除死锁　　D. 预防死锁

(8)通过终止进程或抢夺资源可以解除死锁，下面描述中错误的是( )。

A. 终止进程可以终止涉及死锁的所有进程或一次终止一个进程

B. 抢夺资源时从执行时间短的进程中抢夺可以避免进程死锁现象

C. 检测死锁适用于不经常发生死锁的系统中，不适用于经常发生死锁的系统中

D. 一次终止一个进程比终止所有涉及死锁进程的耗费大

(9)下面关于系统的安全状态的描述中正确的是( )。

A. 系统处于不安全状态一定会发生死锁

B. 系统处于不安全状态可能会发生死锁

C. 系统处于安全状态时不会发生死锁

D. 不安全状态是死锁状态的一个特例

(10)用银行家算法避免死锁时，检测到( )时才分配资源。

A. 进程首次申请资源时对资源的最大需求量超过系统现存的资源量

B. 进程已占用的资源数与本次申请的资源数之和超过对资源的最大需求量

C. 进程已占用的资源数与本次申请的资源数之和不超过对资源的最大需求量，且现存资源能满足尚需的最大资源量

D. 进程已占用的资源数与本次申请的资源数之和不超过对资源的最大需求量，且现存资源能满足本次申请量，但不能满足尚需的最大资源量

2. 问答题

(1)什么叫死锁？什么原因会引起死锁？

(2)解决死锁问题的具体途径有哪些？

(3)什么叫系统处于安全状态？常用什么方法保持系统处于安全状态？

(4)有三个进程 P1、P2 和 P3 并发工作。进程 P1 需要资源 S3 和 S1；进程 P2 需要资源 S1 和 S2；进程 P3 需要资源 S2 和 S3。请问：

① 如果对资源分配不加限制，会发生什么情况？为什么？

② 为保证进程正确工作，应采用怎样的资源分配策略？为什么？

3. 分析题

(1)设系统中有四个进程 P1、P2、P3 和 P4。在某一时刻系统状态如下：

进程	最大需求量	已分配资源数
P1	6	2
P2	7	4
P3	3	2
P4	2	0
剩余资源量	1	

① 系统是否处于安全状态？如是，则给出所有进程的安全序列；

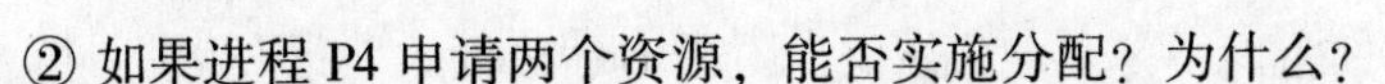

② 如果进程 P4 申请两个资源，能否实施分配？为什么？

(2)设系统中仅有一类资源为 M 的独占型资源，系统中 N 个进程竞争该类资源，其中各进程对该类资源的最大需求量为 W，当 M，N，W 分别取下列各值时，试判断哪些情况会发生死锁，为什么？

① M=2，N=2，W=1

② M=3，N=2，W=2

③ M=3，N=2，W=3

④ M=5，N=3，W=2

⑤ M=6，N=3，W=3

(3)假设某系统有同类资源 12 个，有 3 个进程 P1、P2、P3 来共享，已知 P1、P2、P3 所需资源总数是 8、6、9，它们申请资源的次序如下表：

序号	进程	申请量
1	P1	4
2	P2	4
3	P3	2
4	P1	1
5	P3	2
6	P2	2
…	…	…

系统采用银行家算法为它们分配资源。

① 哪次申请分配会使系统进入不安全状态？

② 执行完序号为 6 的申请后，各进程的状态和各进程已占有的资源数如何？

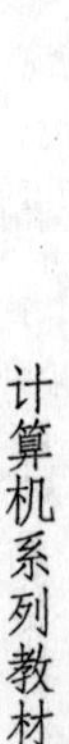

第8章　设备管理

在现代计算机系统中，除了 CPU 和内存之外，还配置了大量外部设备。外部设备种类繁多，特性各异，操作方式的差别也很大，从而使得操作系统的设备管理变得十分复杂。

设备管理是操作系统的主要功能之一，也是操作系统中最庞杂和琐碎的部分。操作系统中普遍使用 I/O 中断、缓冲器管理、通道、SPOOLing 技术及设备驱动调度等多种技术。这些技术较好地克服了由于外部设备和 CPU 速度不匹配所引起的问题，使主机和外设并行工作，提高了使用效率。为了方便用户使用各种外围设备，设备管理要达到提供统一界面、方便使用、发挥系统并行性及提高 I/O 设备使用效率等目标。

本章主要讨论设备管理的基本概念和 I/O 的常用技术要点，以及设备分配和设备驱动等基本原理，重点介绍了设备驱动处理的过程和技术、磁盘驱动调度及设备独立性。

8.1　I/O 系统概述

计算机系统的两个主要任务是计算处理和输入/输出(I/O)处理。I/O 系统是用于实现数据输入、输出及数据存储的系统。在 I/O 系统中，除了需要直接用于 I/O 和存储信息的设备外，还需要有相应的设备控制器和高速总线。在有的大、中型计算机系统中，还配置了 I/O 通道或 I/O 处理机。

8.1.1　I/O 设备

在计算机系统中，设备的概念具有广义性。它既指进行实际 I/O 操作的物理设备，也指控制这些物理设备并进行 I/O 操作的控制部件和支持部件，如设备控制器、DMA 控制器等，还可以指为提高设备利用率，采用某种 I/O 技术形成的逻辑设备和虚拟设备。随着计算机技术的发展，外部设备的发展也逐步走向多样化、复杂化、集成化和智能化。目前，外部设备的种类和数量越来越多，它们与主机的联系及信息交换方式的差异性也越来越大。为了简化对设备的管理，根据不同的需要可从多种角度对设备进行分类。下面列举几种常见的设备分类方法。

1. 按设备的使用特性分类

(1)存储设备

存储设备也称外存或后备存储器。辅助存储器，是计算机系统用以存储信息的主要设备，可分为顺序存取设备和直接存取设备。顺序存取设备只能按信息存放的物理位置顺序进行定位和读/写，如磁带。直接存取设备可以进行直接读/写，如磁盘等。

该类设备存取速度较内存慢，但容量比内存大得多，相对价格也较便宜。

(2)输入/输出设备

输入/输出设备又具体可以分为输入设备、输出设备和交互式设备。输入设备用来接收

外部输入主机的数据，如键盘、鼠标、扫描仪，视频摄像及各类传感器等；输出设备是用于将计算机加工处理后的信息送往外部的设备，如打印机、绘图仪、显示器、数字视频显示设备及音响输出设备等。交互式设备则是集成上述两类设备，利用输入设备接收用户命令信息，并通过输出设备(主要是显示器)同步显示用户命令以及命令执行的结果。

2. 按传输速率分类

(1)低速设备

低速设备是指其传输速率仅为每秒钟几个字节至数百个字节的一类设备。属于低速设备的典型设备有键盘、鼠标、语音的输入和输出等设备。

(2)中速设备

中速设备是指其传输速率在每秒钟数千个字节至数十万个字节的一类设备。典型的中速设备有行式打印机、激光打印机等。

(3)高速设备

高速设备是指其传输速率在每秒钟数百个千字节至千兆字节的一类设备。典型的高速设备有磁带机、磁盘机及光盘机等。

3. 按信息交换的单位分类

(1)字符设备

字符设备用于数据的输入和输出。其基本单位是字符，故称为字符设备。它属于无结构类型。字符设备的种类繁多，如交互式终端、打印机等。字符设备的基本特征是其传输速率较低，通常为几个字节至数千字节；另一特征是不可寻址，即输入/输出时不能指定数据的输入源地址及输出的目标地址；此外，字符设备在输入/输出时，常采用中断驱动方式。

(2)块设备

块设备用于存储信息。由于信息的存取总是以数据块为单位，故而得名。它属于有结构设备。典型的块设备是磁盘，每个盘块的大小为512B～4KB。磁盘设备的基本特征是其传输速率较高，通常每秒钟为几兆位；另一特征是可寻址，即对它可随机地读/写任一块；此外，磁盘设备的I/O常采用DMA方式。

4. 按资源属性分类

(1)独占设备

独占设备是指在一段时间内只允许一个用户(进程)访问的设备，即临界资源。因而，对多个并发进程而言，应互斥地访问这类设备。系统一旦把这类设备分配给了某进程后，便由该进程独占，直至用完释放。应当注意，独占设备的分配有可能引起进程死锁。大多数低速I/O设备，如终端设备、打印机、扫描仪等属于独占设备。

(2)共享设备

共享设备是指在一段时间内允许多个进程同时访问的设备。当然，对于每一时刻而言，该类设备仍然只允许一个进程访问。显然，共享设备必须是可寻址的和可随机访问的设备。典型的共享设备是磁盘。对共享设备不仅可获得良好的设备利用率，而且它也是实现文件系统和数据库系统的物质基础。共享设备一般传输速率较高，且可直接存取，如磁盘等。

(3)虚拟设备

虚拟设备是指通过虚拟技术将一台独占设备转换为若干台可供多个用户(进程)共享的逻辑设备。它是用高速设备模拟低速设备，如SPOOLing技术就是用磁盘模拟I/O设备，来提高设备的利用率。有关虚拟设备和SPOOLing技术的内容，将在8.4.5节中作详细介绍。

5. 按设备的从属关系分类

(1)系统设备

系统设备是指在操作系统生成时就已经登记在系统中的各种标准设备，如键盘、打印机和显示器等。

(2)用户设备

用户设备是指操作系统生成时未登记入系统的非标准设备，而由用户自己安装配置后由操作系统统一管理的设备。例如，鼠标，各种网络适配器，实时系统中的 A/D、D/A 转换器，图像处理系统的图像设备等。

8.1.2 设备控制器

I/O 设备一般由电子部件和机械部件两部分组成，设备的电子部分通常称为设备控制器；而机械部件则是设备本身。在总线型的 I/O 系统结构中，设备控制器处于 CPU 与 I/O 设备之间，它接收从 CPU 发来的命令，去控制 I/O 设备工作，使 CPU 从繁杂的设备控制事务中解脱出来。

设备控制器是一个可编址设备，当它仅控制一个设备时，它只有一个唯一的设备地址；若控制器可连接多个设备时，则应含有多个设备地址，并使每一个设备地址对应一个设备。

1. 设备控制器的功能

若没有设备控制器，很多复杂的操作必须由操作系统设计人自己编写程序来完成。而引入设备控制器后，操作系统只需向设备控制器中的寄存器写入相关命令字就能实现 I/O 设备的初始化及相关操作。具体来说，设备控制器应具有以下功能：

(1)接收和识别来自 CPU 或通道发来的各种命令。CPU 向设备控制器发送的命令有多种，如读、写、格式化及搜索等，设备控制器应能够接收并识别这些命令。为此设备控制器中应设置控制寄存器存放接收的命令及参数，并对所接收的命令进行译码。

(2)实现 CPU 与设备控制器、设备控制器与设备之间的数据交换。为了实现数据交换，应设置数据寄存器存放传输的数据。

(3)标识和报告设备及自身的状态信息，供 CPU 处理使用。应设置状态寄存器记录设备状态，用其中的一位来反映设备的某种状态，如忙状态、闲状态等。

(4)识别控制的每个设备的地址。系统中的每一个设备都有一个设备地址，设备控制器应能够识别它所控制的每个设备地址，以正确地实现信息的传输。

(5)数据缓冲。由于 I/O 设备的速率较低而 CPU 和内存的速率却很高，故在控制器中必须设置一缓冲器。在输出时，用此缓冲器暂存由主机高速传来的数据，然后才以 I/O 设备所具有的速率将缓冲器中的数据传送给 I/O 设备；在输入时，缓冲器则用于暂存从 I/O 设备送来的数据，待接收到一批数据后，再将缓冲器中的数据高速地传送给主机。

(6)设备控制器还兼管对由 I/O 设备传送来的数据进行差错检测。若发现传送中出现了错误，通常是将差错检测码置位，并向 CPU 报告，于是 CPU 将本次传送来的数据作废，并重新进行一次传送。这样便可保证数据输入的正确性。

2. 设备控制器的组成

由于设备控制器位于 CPU 与设备之间，它要分别实现与 CPU 和设备的通信，同时还要按照 CPU 发来的命令去控制设备的工作。因此，现有的大多数设备控制器都是由以下三部分组成的。

(1)设备控制器与 CPU 的接口

设备控制器与 CPU 的接口用于实现 CPU 与设备控制器之间的通信，包含三类信号线：数据线、地址线和控制线。其中，数据线既能与数据寄存器相连接，用于传输从设备送来的数据(输入)或从 CPU 送来的数据(输出)，又能与控制/状态寄存器连接，用于传输从 CPU 送来的控制信息或设备的状态信息。

(2)设备控制器与设备的接口

在一个设备控制器上，可以连接一个或多个设备。因此，在控制器中应有一个或多个设备接口，一个接口连接一台设备。在每个接口中都存在数据、控制和状态三种信号，控制器中的 I/O 逻辑根据 CPU 发来的地址信号，去选择一个相应的设备接口。

(3)I/O 逻辑

设备控制器中的 I/O 逻辑通过一组控制线与 CPU 交互，用于实现对设备的控制。CPU 利用 I/O 逻辑向控制器发送 I/O 命令，而 I/O 逻辑负责对收到的命令进行译码处理。当 CPU 启动某外设工作时，需将启动命令发送给控制器，同时又要把设备的地址信号发送给控制器，由控制器中的 I/O 逻辑对该地址信号进行译码，从而选中相应的设备进行控制。设备控制器的组成如图 8-1 所示。

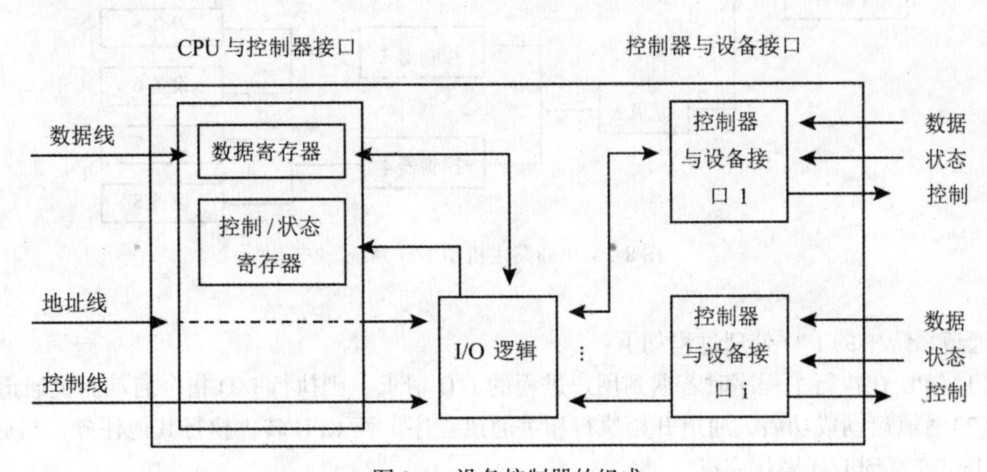

图 8-1 设备控制器的组成

8.1.3 I/O 通道

虽然在 CPU 与 I/O 设备之间增加了设备控制器，已经能大大地减少 CPU 对 I/O 操作的干预，但当主机所配置的外设很多时，CPU 的负担仍然很重。为此，在 CPU 和设备控制器之间又增设了通道。其主要目的是为了建立独立的 I/O 操作，不仅使数据的传送能独立于 CPU，而且希望有关 I/O 操作的组织、管理及结束也尽量独立，以保证 CPU 有更多的时间去进行数据处理；或者说，其目的是使原来由 CPU 处理的 I/O 任务转由通道来承担，从而把 CPU 从繁杂的 I/O 任务中解脱出来。

1. 通道系统的 I/O 处理过程

通道(Channel)又称为 I/O 处理机，专门用于负责输入/输出工作，它是大型计算机系统必备的为 CPU 减负的设备。通道有自己的指令系统，该指令系统比较简单，一般只有数据传输指令、设备控制指令等。通道指令也称为通道命令字(Channel Command Word, CCW),一条通道命令字往往只能实现一种功能。用通道指令编写的程序称为通道程序,通道程序由多条通道命令字组成。每次执行时,通道从内存中依次取出并执行 CCW,从而控制 I/O 设备完成复杂的 I/O 操作。

具有通道装置的计算机,存储器、通道、设备控制器和设备之间采用四级连接,实施三级控制,如图 8-2 所示。一个存储器可以连接若干个通道,一个通道又可以连接若干个设备控制器,一个设备控制器再连接若干个设备。CPU 通过 I/O 指令控制通道,通道通过执行通道指令来控制设备控制器,设备控制器发出动作序列控制相关设备执行相应的 I/O 操作。

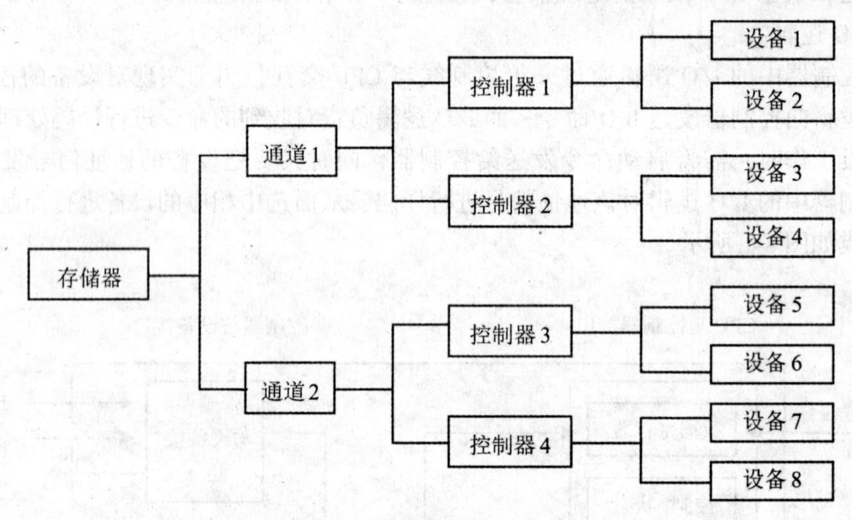

图 8-2　单通路主机型 I/O 系统

通道系统中的 I/O 处理过程如下:

(1)CPU 在执行主程序时若遇到用户进程的 I/O 请求,则执行 I/O 指令启动相关通道。

(2)通道启动成功后,通道开始执行相关通道程序。而 CPU 转去执行其他任务,与通道并行工作,直到 I/O 操作完成。

(3)通道控制结束后向 CPU 发出中断信号,CPU 停止当前工作,转去处理 I/O 操作结束事件。

2. 通道类型

通道是用于控制外部设备的,而外部设备的种类较多,且其传输速率相差很大,因此,通道也具有很多种类型。按照信息交换方式的不同,通道可分为如下三种类型:

(1)字节多路通道(Byte Multiplexer Channel)

字节多路通道是一种按字节交叉方式工作的通道。它主要用来连接大量的低速设备,数据传送是以字节为单位的。该通道通常含有许多非分配型子通道,其数量可从几十到数百个,每一个子通道连接一台 I/O 设备。这些子通道按时间片轮转的方式共享主通道。当一个子通道控制其 I/O 设备完成一个字节的交换后,便立即让出主通道,以便让另一个子通道使用。这样,只要字节多路通道扫描每个子通道的速率足够高,而连接到子通道上的设备的速率不是太高时,便不致丢失信息。

(2)数组选择通道(Block Selector Channel)

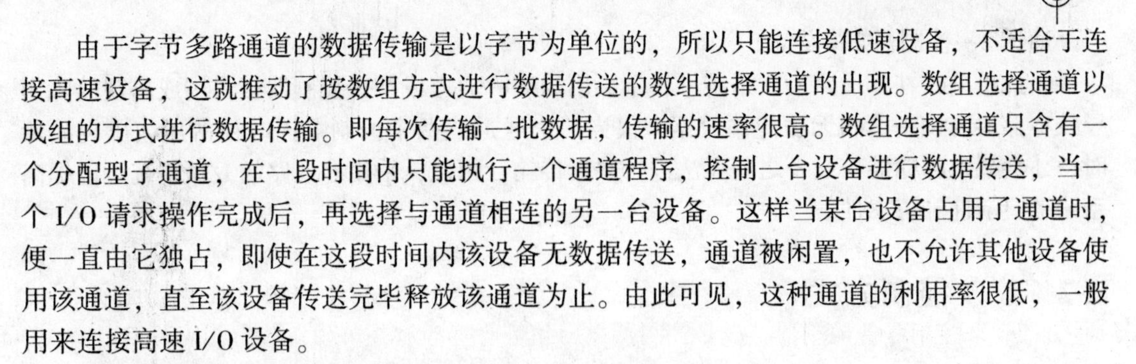

由于字节多路通道的数据传输是以字节为单位的，所以只能连接低速设备，不适合于连接高速设备，这就推动了按数组方式进行数据传送的数组选择通道的出现。数组选择通道以成组的方式进行数据传输。即每次传输一批数据，传输的速率很高。数组选择通道只含有一个分配型子通道，在一段时间内只能执行一个通道程序，控制一台设备进行数据传送，当一个 I/O 请求操作完成后，再选择与通道相连的另一台设备。这样当某台设备占用了通道时，便一直由它独占，即使在这段时间内该设备无数据传送，通道被闲置，也不允许其他设备使用该通道，直至该设备传送完毕释放该通道为止。由此可见，这种通道的利用率很低，一般用来连接高速 I/O 设备。

(3)数组多路通道(Block Multiplexer Channel)

数组选择通道虽然具有较高的传输速率，但它却每次只允许一个设备传输数据。数组多路通道结合了数组选择通道传输速率高和字节多路通道能进行分时并行操作的优点，这使得它既具有较高的数据传输速率，又能获得满意的通道利用率。数组多路通道含有多个非分配型子通道，以分时的方式执行几个通道程序，它在每执行一个通道程序的一条通道指令控制传送一组数据后，就转向另一个通道程序。这种通道广泛用于连接多台中、高速 I/O 设备，其数据传送是按数组方式进行的。

3. "瓶颈"问题

由于通道价格昂贵，致使机器中所设置的通道数量势必较少，这往往又使它成了 I/O 的"瓶颈"，进而造成整个系统吞吐量的下降。例如，在图 8-2 中，设备 1、设备 2、设备 3 和设备 4 都要用到通道 1，假设通道 1 坏了，则这四个设备便都无法使用了。

为了解决瓶颈问题，使设备能够得到充分利用，增加通道显然需要成本，因此不是理想的做法。解决瓶颈问题的最有效的方法，便是增加设备到主机间的通路而不是增加通道。即在通道、控制器和设备的连接上，采用多通路的配置方案，把一个设备连接到多个控制器上，而一个控制器又连接到多个通道上。如图 8-3 所示。

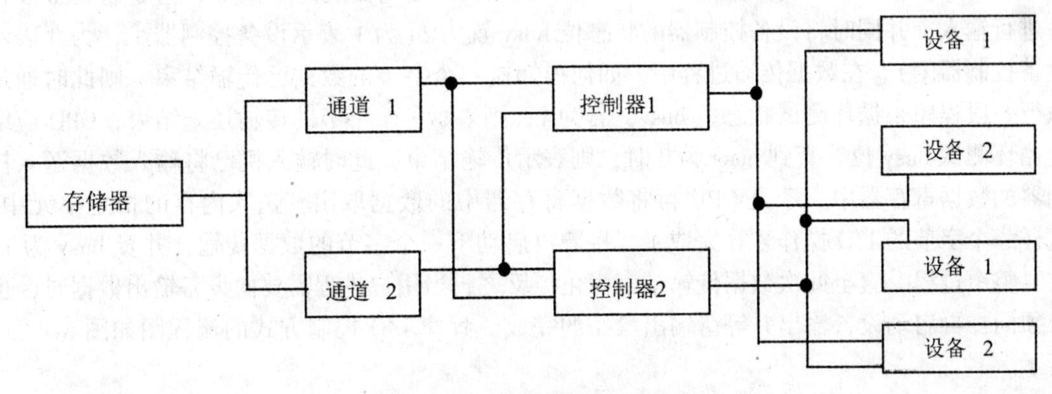

图 8-3 多通路主机型 I/O 系统

在图中，I/O 设备 1、2、3、4 均有四条通路可到达存储器。例如，设备 1 到达存储器的四条通路是：

通道 1—控制器 1—设备 1

通道 1—控制器 2—设备 1

通道 2—控制器 1—设备 1

通道2—控制器2—设备1

由此可见，在多通路I/O系统中，不会因为某一通道或某一控制器被占用或出现故障而导致存储器与设备之间无法传输数据。仅当两个通道或两个控制器同时被占用或出现故障时，才会导致存储器与设备之间无法进行数据传输。因此，采用多通路的I/O系统可以提高系统的灵活性和可靠性。

8.2 I/O控制方式

I/O控制在计算机处理中占据重要的地位，为了有效地实现物理I/O操作，必须通过软硬件技术，对CPU和设备的职能进行合理分工，以平衡系统性能和硬件成本之间的矛盾。

随着计算机技术的发展，I/O控制方式也在不断地发展。在早期的计算机系统中，由于没有中断技术，因此I/O控制方式采取的是程序I/O方式；在20世纪60年代，随着中断技术的出现，I/O控制方式便发展成为中断驱动方式；此后，随着DMA控制器的出现，又将I/O控制方式的传输单位由字节发展为数据块，从而出现了DMA控制方式；而随后通道的引入，又使对I/O操作的组织和数据的传送都能独立地进行而无需CPU干预，即出现了通道方式。应当指出，在I/O控制方式的整个发展过程中，始终贯穿着一条宗旨，即尽量减少主机对I/O控制的干预，把主机从繁杂的I/O控制事务中解脱出来，以便主机有更多的时间去完成数据处理任务。

8.2.1 程序I/O控制方式

在早期的计算机系统中，由于没有中断机制，因此，当设备完成了I/O操作之后，无法主动向主机报告，因此，早期的计算机系统中，采用的是程序I/O控制方式，也称为轮询方式。

当用户进程需要进行数据输入时，由CPU向设备控制器发送一条I/O指令启动I/O设备进行输入，并同时将设备控制器的状态位busy置为1(为1表示设备控制器忙，为0表示设备控制器闲)。在数据传输过程中，如何得知这一个字节的数据已传输结束？则此时通过执行一段程序来循环测试状态位busy，若为1，则表示一个字节的传输还未结束，CPU应继续循环测试busy位，直到busy为0时，则表示传输结束，此时输入机已将输入数据送入控制器的数据寄存器中。于是CPU再将数据寄存器中的数据取出，送入内存的指定单元中，这样一个字节的I/O操作才算完成了。接着再启动下一个字节的数据传输，并置busy为1，重复整个过程，直至此次数据传输结束为止。反之，当用户进程需要向设备输出数据时，也必须同样再启动设备输出并等待输出操作的完成。程序I/O控制方式的流程图如图8-4(a)所示。

在程序I/O控制方式中，由于设备输入数据结束后无法主动向主机报告，而需要CPU去执行一段程序循环测试控制器的状态。由于CPU与I/O设备的速度相差很大，因此导致CPU有大量的时间都处于等待中，这造成了对CPU的极大浪费。在这种控制方式中，之所以需要CPU通过不断循环测试控制器的状态来确定I/O传输是否结束，是由于早期的计算机系统中无中断机构，使I/O设备在完成了一个字节的数据传输工作后无法主动向CPU报告。可见CPU和I/O设备只能串行工作，使主机不能充分发挥功效，设备也不能得到合理利用，整个系统效率很低。

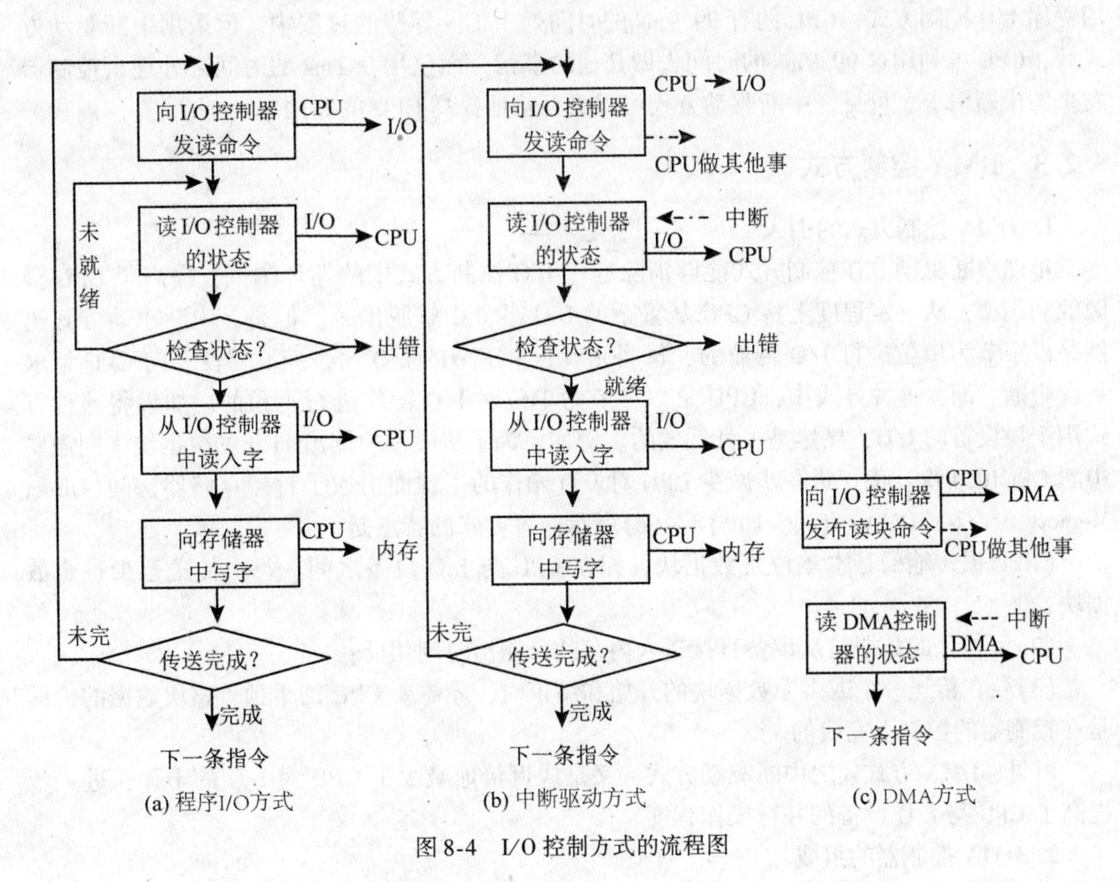

图8-4 I/O控制方式的流程图

8.2.2 中断驱动I/O控制方式

现代计算机系统中，都毫无例外地引入了中断机构，致使对I/O设备的控制，广泛采用了中断驱动方式。中断驱动方式的思想是：当某个用户进程需要启动某个I/O设备进行数据传输时，便由CPU向相应的设备控制器发出一条I/O指令，然后立即返回继续执行当前程序或调度其他进程运行。而设备控制器则按指令要求去控制指定的I/O设备进行数据传输。此时，CPU与I/O设备并行操作。例如，当输入数据时，设备控制器接收到CPU的I/O指令后，便控制相应设备进行输入数据，此时，CPU继续进行数据处理工作。当一个字节的输入工作结束后，即数据进入控制器的数据寄存器后，控制器便向CPU发送一个中断信号，由CPU检测此时数据输入工作是否正常结束，如果出错了，则转入出错处理程序进行处理，否则，便向控制器发送取走数据的信号，将数据写入内存指定单元中。图8-4(b)示出了中断驱动I/O控制方式的流程图。

与程序I/O控制方式比较起来，中断驱动方式大大提高了CPU的利用率。每当I/O设备在进行输入输出工作时，CPU可以进行数据处理等工作，因而使得CPU与I/O设备并行工作。仅当输完一个数据时，才需要CPU来进行干预，但此时也仅需极短的时间去作中断处理。与设备输入输出所花费的时间相比，CPU作中断处理的时间要短得多。这样可使CPU与I/O设备都处于忙碌状态，从而提高了整个系统的资源利用率和系统吞吐量。例如，从终端输入一个字符的时间约为100ms，而将字符送入终端缓冲区的时间小于0.1ms。若采

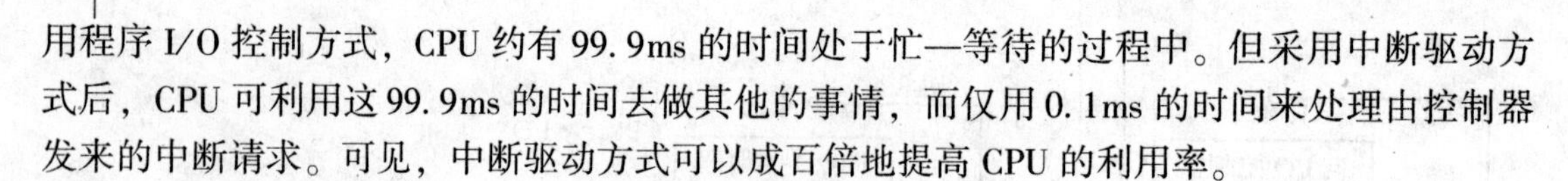

用程序 I/O 控制方式，CPU 约有 99.9ms 的时间处于忙—等待的过程中。但采用中断驱动方式后，CPU 可利用这 99.9ms 的时间去做其他的事情，而仅用 0.1ms 的时间来处理由控制器发来的中断请求。可见，中断驱动方式可以成百倍地提高 CPU 的利用率。

8.2.3 DMA 控制方式

1. DMA 控制方式的引入

虽然中断驱动 I/O 控制方式能够消除程序 I/O 控制方式中的循环测试，提高了 CPU 资源的利用率，从一定程度上将 CPU 从繁杂的 I/O 事务中解脱出来。但是，中断驱动方式仍然是以字节为单位进行 I/O 传输的，每当完成一个字节的 I/O 时，控制器便要向 CPU 请求一次中断。即在这种方式中，CPU 是以字节为单位对 I/O 操作进行干预的。如果将这种方式用于块设备的 I/O，显然是极其低效的。例如，为了从磁盘中读出 1KB 的数据块，则需要中断 CPU1024 次。为了进一步减少 CPU 对 I/O 操作的干预而引入了直接存储器访问(Direct Memory Access，DMA)方式。如图 8-4(c)所示。该方式的特点是：

(1)数据传输的基本单位是数据块，即在 CPU 与 I/O 设备之间，每次传送至少一个数据块；

(2)所传送的数据是从设备直接送入内存的，输出时则相反；

(3)仅在传送一个或多个数据块的开始和结束时，才需要 CPU 的干预，整块数据的传送是在控制器的控制下完成的。

可见，DMA 方式较之中断驱动方式，又是成百倍地减少了 CPU 对 I/O 的干预，进一步提高了 CPU 与 I/O 设备的并行操作程度。

2. DMA 控制器的组成

为了实现直接存储器存取操作，DMA 控制器至少需要以下一些逻辑部件：

(1)命令/状态寄存器(CR)：用于接收从 CPU 发来的 I/O 命令，或有关控制信息，或设备的状态；

(2)内存地址寄存器(MAR)：存放主存中需要交换数据的地址，DMA 传送之前，由程序送入首地址；DMA 传送过程中，每次交换数据都把地址寄存器的内容加 1；

(3)字计数器(DC)：记录传送数据的总字数，每次传送一个字就把字计数器减 1；

(4)数据缓冲寄存器或数据缓冲区(DR)：暂存每次传送的数据；

(5)设备地址寄存器：存放 I/O 信息的地址，如磁盘的柱面号、磁道号和扇区号；

(6)中断机制和控制逻辑：用于向 CPU 提出 I/O 中断请求，及保存 CPU 发来的 I/O 命令，管理 DMA 的传送过程。

3. DMA 工作过程

下面以从磁盘读入数据为例，来说明 DMA 方式的工作流程。当 CPU 要从磁盘读入一个数据块时，便向磁盘控制器发送一条读命令。该命令被送到其中的命令寄存器(CR)中。同时，还须发送本次要将数据读入的内存起始目标地址，该地址被送入内存地址寄存器(MAR)中；本次要读取的数据的字节数则送入字计数器(DC)中，还须将磁盘中的源地址直接送至 DMA 控制器的 I/O 控制逻辑上。然后，启动 DMA 控制器进行数据传送。再然后，CPU 就可以去做其他工作了。此后的整个数据传送过程便在 DMA 控制器的控制下进行。当 DMA 控制器已经从磁盘上读入一个字节的数据并送入到数据寄存器中，则再挪用一个存储器周期，将该字节的内容传送到 MAR 所指示的内存单元中。接着便对 MAR 内容加 1，将

DC 内容减 1。若减 1 后 DC 内容不为 0，表示传送工作未完成，则继续传送下一个字节；否则，传送工作结束，由 DMA 控制器发出中断请求。如图 8-5 所示为 DMA 方式的工作流程。

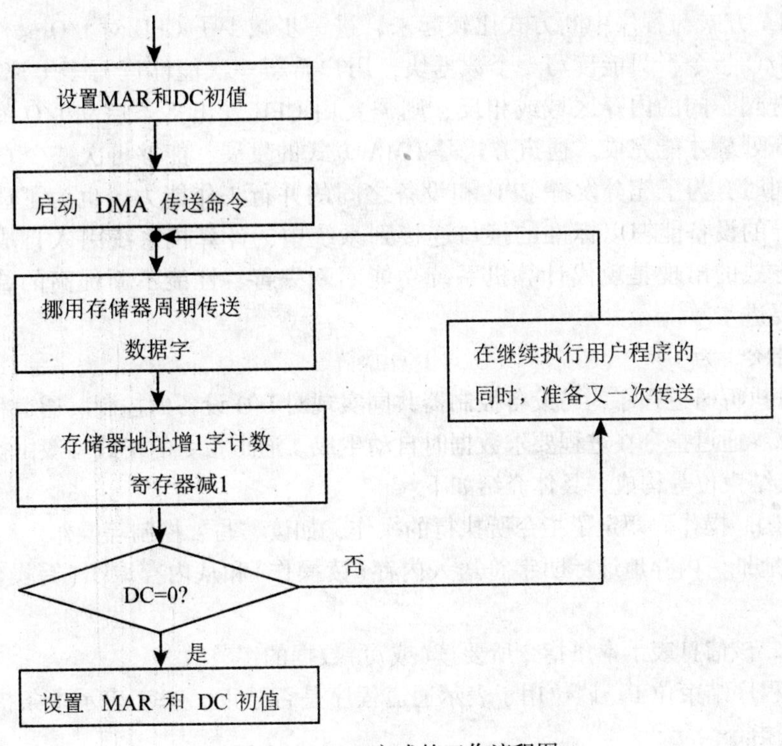

图 8-5 DMA 方式的工作流程图

在 DMA 的工作过程中，可能存在这样的问题：为什么控制器从设备读取数据后不立即将其送入内存，而需要内部缓冲区呢？其原因是，一旦磁盘开始读数据，从磁盘读出比特流的速率是恒定的，无论控制器是否做好接收这些比特流的准备，若此时控制器要将数据直接复制到内存中，必须在每个字传送完毕后获得对系统总线的控制权。如果其他设备也在争用总线，则有可能暂时等待，当上一个字节还未送入内存而下一个字节已经到达时，控制器只能另寻暂存之地，如果总线非常忙，则控制器可能需要对大量的信息暂存。可见，采用内部缓冲区，在 DMA 操作启动前不需要使用总线，这样控制器的设计就比较简单，因为从 DMA 到内存的传输对时间的要求并不十分严格。

DAM 方式不仅设有中断机制，还增加 DMA 传输控制机制，若出现 DMA 与 CPU 同时经总线访问内存的情况，CPU 总是把总线占有权让给 DMA，DMA 的这种占有称为“周期挪用”。挪用时间通常为一个存取周期，让设备和内存之间交换数据，而不再需要 CPU 干预，这样可以减轻 CPU 的负担。每次传输数据时，不必进入中断系统，进一步提高了 CPU 资源的利用率。

由于 DMA 方式的实现线路简单，价格低廉，小型计算机、微型计算机中的快速设备均采用这种方案。但是，DMA 传输需要挪用时钟周期，这会降低 CPU 的处理效率；DMA 的功能不够强，不能满足复杂的 I/O 操作要求，因而在大中型计算机中一般使用通道技术。

8.2.4 I/O 通道控制方式

1. 通道方式的引入

虽然 DMA 方式与程序中断方式比较起来，进一步减少了 CPU 对 I/O 操作的干预，但每发出一次 I/O 指令，只能读写一个数据块，用户希望一次能够读写多个离散的数据块，并把它们传送到不同的内存区域或相反，则需要由 CPU 发出多条启动 I/O 的指令及进行多次 I/O 中断处理才能完成。通道方式是 DMA 方式的发展，能够再次减少 CPU 对 I/O 操作的干预。同时，为了充分发挥 CPU 和设备之间的并行工作能力，也为了让种类繁多且物理特性各异的设备能够以标准的接口连接到系统中，计算机系统引入自成体系的通道结构，通道方式的出现是现代计算机系统功能不断完善、性能不断提高的结果，是计算机技术的重要进步。

2. 通道指令

通道通过执行通道程序，与设备控制器共同实现对 I/O 设备的控制。通道程序由一系列通道指令构成。通道指令在进程要求数据时自动生成。通道指令的格式一般由操作码、内存地址、计数及结束位等构成。具体介绍如下：

(1)操作码。操作码规定了指令所执行的操作，如读、写、控制等操作。

(2)内存地址。内存地址标明字符送入内存(读操作)和从内存取出(写操作)时的内存首址。

(3)计数。该信息表示本条指令所要读(或写)数据的字节数。

(4)通道程序结束位 P。该位用于表示通道程序是否结束。P=1 表示本条指令是通道程序的最后一条指令。

(5)记录结束标志 R。R=0 表示本通道指令与下一条指令所处理的数据是属于同一个记录的；R=1 表示这是处理某记录的最后一条指令。

通道指令的一般格式为：

操作码　P　R　计数　内存地址

下面是一个包含 3 条指令的简单的通道程序：

WRITE	0	0	250	1000
WRITE	0	1	80	4500
WRITE	1	1	100	600

以上三条通道指令所构成的通道程序的功能是将内存中不同地址的数据写成多个记录。其中，前两条指令的功能是将内存地址为 1000 开始的 250 个单元中的字符与内存地址为 4500 开始的 80 个单元中的字符写成一条记录；第三条指令是把内存地址为 600 开始的 100 个单元中的字符单独写成一条记录。

3. 通道方式的处理过程

通道方式的处理过程如下：

(1)当进程要求设备进行数据输入时，CPU 发出启动指令，并指明要进行的 I/O 操作、设备类型及通道类型等；

(2)通道接收到 CPU 发来的指令后，取出存放在内存中的通道程序，并开始执行通道指令；

(3)执行一条通道指令，设置对应的设备控制器中的控制/状态寄存器；

(4)设备控制器控制设备将数据送往内存指定区域。若本指令不是通道程序中的最后一条指令，则取出下一条指令，转步骤(3)处理；否则转步骤(5)执行；

(5)通道处理结束后，向 CPU 发出中断信号，等待 CPU 响应；

(6)CPU 接收到中断信号后进行中断处理，然后返回被中断进程处继续执行。

8.3 缓冲技术

为了缓和 CPU 与 I/O 设备速度不匹配的矛盾，提高 CPU 和 I/O 设备的并行性，协调逻辑记录大小与物理记录大小不一致的问题，减少 I/O 对 CPU 的中断次数和放宽对 CPU 中断响应时间的要求，在现代操作系统中，几乎所有的 I/O 设备在与处理机交换数据时都用了缓冲区。本节就介绍这种技术。

8.3.1 缓冲的引入

缓冲是在两种不同速度的设备之间传输信息时平滑传输过程的常用手段。缓冲区是以硬件的方法来实现缓冲的，它的容量较小，是用来暂时存放数据的一种存储装置。从经济上考虑，除了在关键的地方采用少量必要的硬件缓冲器之外，大多采用软件缓冲。软件缓冲区是指在 I/O 操作期间用来临时存放 I/O 数据的一块存储区域。

在设备管理中，引入缓冲的原因主要可归纳为以下几点：

(1)缓和 CPU 与 I/O 设备间速度不匹配的矛盾。

事实上，凡是在数据的到达率和离去率不同的地方都可以设置缓冲区。众所周知，通常的程序都是时而进行计算，时而产生输出的。当产生大量数据时，因为打印机的打印速度较慢，CPU 只能停下来等待。如果设置了缓冲区，程序输出的数据可以先送到缓冲区暂存，然后由打印机慢慢地打印，而此时 CPU 不必等待，可以继续执行程序，CPU 和打印机可以并行工作了。

(2)减少中断 CPU 的次数，放宽对中断响应时间的限制。

无论是中断、DMA 方式，还是通道方式，虽然都在不同程度上提高了系统的并行性，但每次传输开始和终止都必须中断 CPU 进行一些系统控制操作，这些操作都要花费 CPU 的时间。假设使用中断方式传输 200 个字节，如果在 I/O 控制器中只有一个字节长度的数据寄存器，那么传输过程需要中断 CPU200 次；而如果增加一个 100 个字符的缓冲区，由于中断要等到该字符缓冲区装满之后才产生，则 I/O 控制器对 CPU 的中断次数将降低为 2 次，从而大大减少了 CPU 的中断次数及中断处理时间。即使已经采用了 DMA 方式或通道方式，但不使用缓冲技术，也会因为要求数据的进程所拥有的内存区不够，而造成某个进程长期占有通道或 DMA 控制器及设备，从而产生“瓶颈”问题。

(3)协调逻辑记录大小与物理记录大小不一致的问题，以及设备间不同大小数据的传输问题。

例如，在网络传输过程中，网络节点的处理能力强，能处理的数据块比较大，但在网络上发送的数据包则相对较小。因此，发送端往往会将大数据块切割成小的数据包来发送，而接收端负责把收到的数据包重组为原始的大数据块。在成功接收到所有数据包之前，重组是无法进行的。所以，这些数据包都必须暂时存放在缓冲区中。

8.3.2 单缓冲和双缓冲

1. 单缓冲

单缓冲是最简单的一种缓冲技术，每当应用进程发出 I/O 请求时，操作系统在内存的系统区中开设一个缓冲区。如图 8-6 所示。

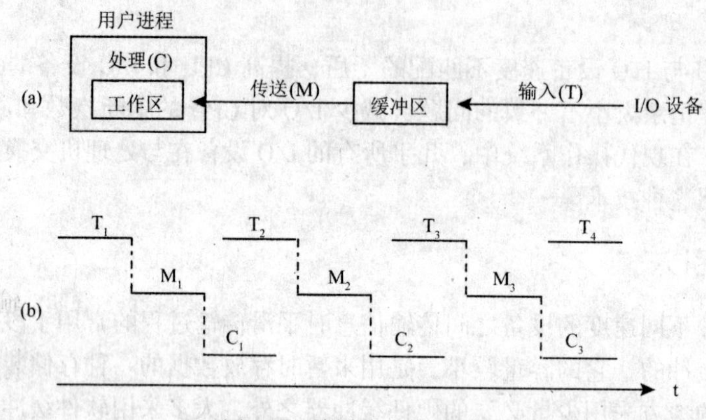

图 8-6 单缓冲工作示意图

对于块设备输入，单缓冲机制的工作过程是：先从磁盘把一块数据读至缓冲区，假设花费时间 T；接着操作系统把缓冲区中的数据送到用户区，设所消耗的时间为 M，由于此时缓冲区已空，系统可预读紧接着的下一数据块，大多数应用将使用邻接块，然后应用进程对这批数据进行计算，共耗时 C。由于 T 和 C 是可以并行的，当 T>C 时，系统对每一块数据的处理时间为 M+T，反之则为 M+C，故可把系统对每一块数据的处理时间表示为 Max（C，T）+M。若不采用缓冲技术，数据直接从磁盘传送到用户区，每批数据处理时间约为 T+C，而通常 M 远远小于 C 或 T，故采用单缓冲技术之后速度会快很多。

对于块设备输出，单缓冲机制的工作方式类似，先把数据从用户区复制到系统缓冲区，应用进程可继续请求输出，直到缓冲区填满，由系统写到磁盘上。

对于字符设备输入，缓冲区用于暂存用户输入的一行数据，在输入时，应用进程挂起，等待一行数据输入完毕；在输出时，应用进程将第一行数据送入缓冲区后继续执行，如果在第一个输出操作未腾空缓冲区之前，又有第二行数据要输出，应用进程则等待。如果希望实现 I/O 的并行工作，如把输入设备中的数据输入并加工，再从输出设备上输出，必须引入双缓冲技术。

2. 双缓冲

为了加快 I/O 操作的执行速度，实现 I/O 的并行工作和提高设备利用率，需要引入双缓冲。在输入数据时，首先从设备读出数据送入第一缓冲区，系统从缓冲区 1 把数据传送到用户区，应用进程便可对数据进行加工和计算；与此同时，从设备读出数据送入第二缓冲区。当缓冲区 1 为空时，再次从设备读出数据到缓冲 1，系统又可以把缓冲区 2 中的数据传送到用户区，应用进程开始加工缓冲区 2 中的数据。两个缓冲区交替使用，使 CPU 和设备、设备和设备之间的并行性进一步提高，仅当两个缓冲区都为空且进程还要提取数据时，它才被迫等待。如图 8-7 所示。

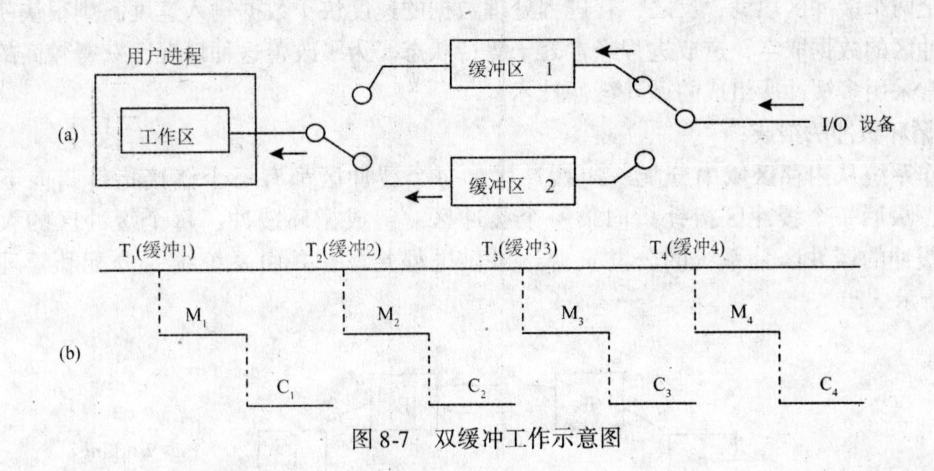

图 8-7　双缓冲工作示意图

在双缓冲时，粗略地估计传输和处理一块数据的时间，如果 $C < T$，输入操作比计算操作速度慢，这时由于 M 远远小于 T，故将磁盘上的一块数据传送到一个缓冲区期间(所花费的时间为 T)，计算机已完成将另一个缓冲区中的数据传送到用户区并对这块数据进行计算的工作；如果 $C > T$，计算操作比输入操作的速度慢，每当上一块数据计算完毕后，需要把一个缓冲区中的数据传送到用户区，所花费时间为 M，再对这块数据进行计算，所花费时间为 C，所以，一块数据的传输和处理时间为 C+M，即 $\max(C, T)+M$，显然，这种情况使得进程不必等待 I/O 操作。双缓冲技术使系统效率提高，但复杂性也随之增加了。

使用双缓冲的另一个好处是可以实现两台机器之间的通信。如果仅设置单缓冲，则两台机器之间在任一时刻都只能实现单方向的数据传输。例如，只允许把数据从 A 机传送到 B 机，或者从 B 机传送到 A 机，而绝不允许双方同时向对方发送数据。为了实现双向数据传输，必须在两台机器中都设置两个缓冲区，一个用作发送缓冲区，另一个用作接收缓冲区。如图 8-8 所示。

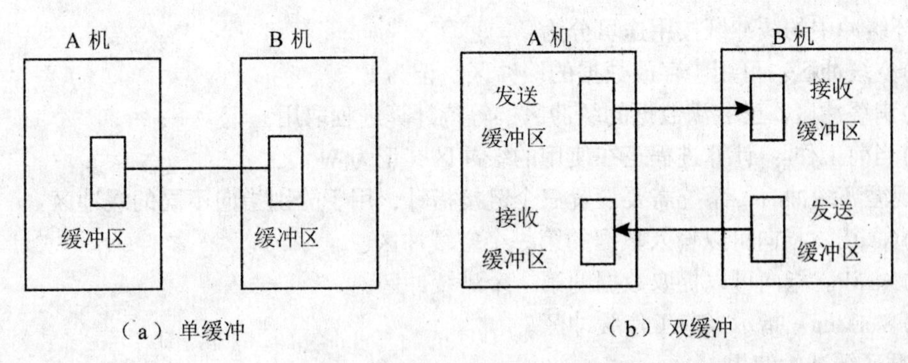

图 8-8　双机通信时缓冲区的设置

8.3.3　循环缓冲

采用双缓冲技术虽然能提高设备的并行工作程度，但在设备和处理进程速度不匹配的情况下仍不十分理想。举例来说，若输入设备的速度快于进程处理数据的速度，则输入设备很快就会把两个缓冲区填满；反之，若进程处理数据的速度快于数据输入速度，则很快就会把两个缓冲区的数据取空，造成进程经常处于等待状态。为了改善这种情况，获得较高的并行度，常常采用多缓冲所组成的循环缓冲技术。

1. 循环缓冲的组成

操作系统从内存区域中分配一组缓冲区，每个缓冲区都有一个链接指针指向下一个缓冲区，最后一个缓冲区指针指向第一个缓冲区，组成循环缓冲，每个缓冲区的大小相同，多缓冲的缓冲区是系统的公共资源，可供进程共享，并由系统统一分配和管理。如图 8-9 所示。

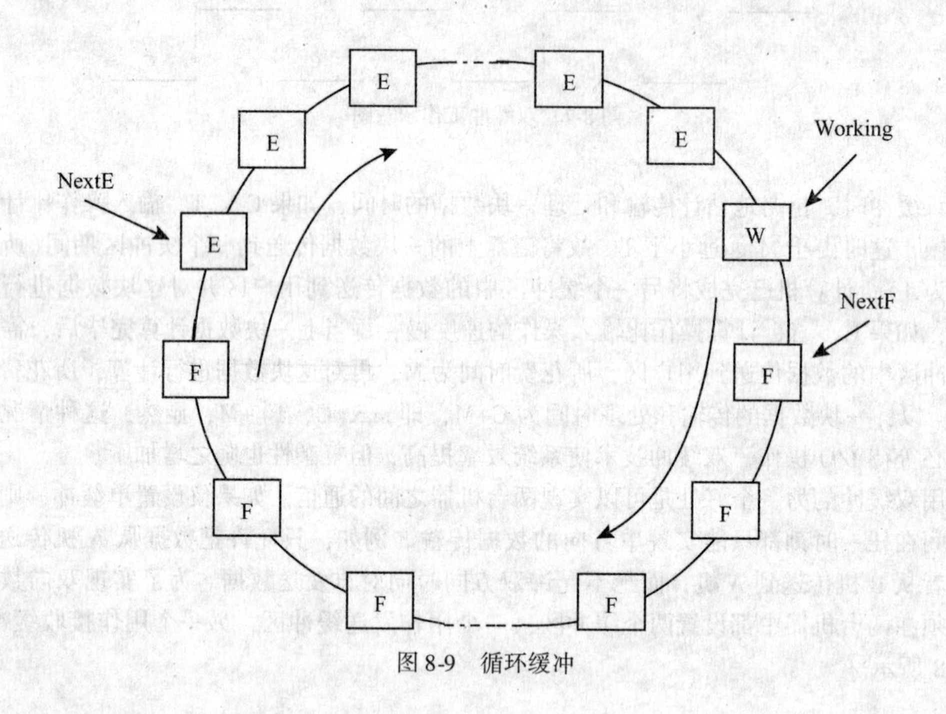

图 8-9 循环缓冲

循环缓冲中的缓冲区按用途可分为：

(1)空缓冲区：可用于存放数据的缓冲区，记为 E；

(2)满缓冲区：已装满数据的缓冲区，等待计算进程取用，记为 F；

(3)当前工作：计算进程正在使用的缓冲区，记为 W。

实现循环缓冲时，系统需要设置三个链接指针，用于分别指向不同的缓冲区：

(1)NextE：指向可以输入数据的第一个空缓冲区；

(2)NextF：指向可以提取数据的第一个满缓冲区；

(3)Working：指示当前工作缓冲区。

2. 循环缓冲的使用

计算进程和输入进程可以通过调用以下两个过程来使用循环缓冲区。

(1)Getbuf 过程。当计算进程要使用缓冲区中的数据时，可调用 Getbuf 过程。该过程将由指针 NextF 所指示的满缓冲区提供给进程使用。相应地，须把它改为当前工作缓冲区，并令 Working 指针指向该缓冲区的第一个单元，同时将 NextF 指针移向下一个 F 缓冲区。类似地，每当输入进程要使用空缓冲区来装入数据时，也调用 Getbuf 过程，由该过

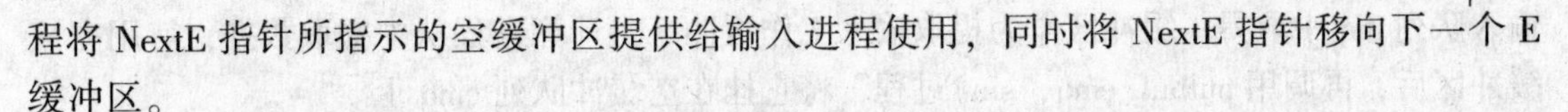

程将 NextE 指针所指示的空缓冲区提供给输入进程使用，同时将 NextE 指针移向下一个 E 缓冲区。

(2) Releasebuf 过程。当计算进程把 W 缓冲区中的数据提取完毕后，便调用 Releasebuf 过程，将缓冲区 W 释放。此时，把该缓冲区由当前工作缓冲区 W 改为空缓冲区 E。类似地，当输入进程把缓冲区装满时，也应调用 Releasebuf 过程，将该缓冲区释放，并改为 F 缓冲区。

3. 进程同步

使用输入循环缓冲，可使输入进程和计算进程并行执行。相应地，指针 NextE 和指针 NextF 将不断地沿着顺时针方向移动，这样就可能出现以下两种情况。

(1) NextE 指针追赶上 NextF 指针。这意味着输入进程输入数据的速度大于计算进程处理数据的速度。此时所有的空缓冲区全部装满，再无空缓冲区可用。因此，输入进程应阻塞，直到计算进程将某一个满缓冲区中的数据取走，使之变为空缓冲区，并调用 Releasebuf 过程将该缓冲区释放时，才将输入进程唤醒。这种情况被称为系统受计算限制。

(2) NextF 指针追赶上 NextE 指针。这意味着输入数据的速度低于计算进程处理数据的速度，使全部装有输入数据的缓冲区都被取空，再无装有数据的缓冲区可供计算进程提取数据了。这时，计算进程应阻塞，直至输入进程又将某一个空缓冲区装满数据，使之成为满缓冲区，并调用 Releasebuf 过程将它释放时，才去唤醒计算进程。这种情况被称为系统受 I/O 限制。

8.3.4 缓冲池

循环缓冲一般适用于特定的 I/O 进程和计算进程，因此属于专用缓冲。当系统中进程很多时，将会有许多这样的缓冲，这不仅要消耗大量的内存空间，而且其利用率也不高。为了提高缓冲区的利用率，目前计算机系统中广泛使用缓冲池，缓冲池中的缓冲区可供多个进程共享。

缓冲池由多个缓冲区组成，其中的缓冲区可供多个进程共享，且既能用于输入又能用于输出。缓冲池中的缓冲区按其使用状况可以形成三个队列：空缓冲队列、装满输入数据的缓冲队列（输入队列）和装满输出数据的缓冲队列（输出队列），分别介绍如下：

(1) 空缓冲队列 emq。这是由空缓冲区所组成的队列，其队首指针 F(em) 和队尾指针 L(em) 分别指向该队列的队首缓冲区和队尾缓冲区。

(2) 输入队列 inq。这是由装满输入数据的缓冲区所组成的队列，其队首指针 F(in) 和队尾指针 L(in) 分别指向该队列的队首缓冲区和队尾缓冲区。

(3) 输出队列 outq。这是由装满输出数据的缓冲区所组成的队列，其队首指针 F(out) 和队尾指针 L(out) 分别指向该队列的队首缓冲区和队尾缓冲区。

除了上述三个缓冲队列之外，系统（或用户进程）可从三种队列中申请和取出缓冲区，并用得到的缓冲区进行存数、取数操作，存数、取数操作结束后，再将缓冲区放入相应的队列，这些缓冲区被称为工作缓冲区。通常根据使用情况设置以下四种工作缓冲区：

(1) 收容输入工作缓冲区 hin。在输入进程调用 getbuf(emq) 过程时，从 emq 队列中获得一空缓冲区作为收容输入工作缓冲区 hin，输入进程把数据送入该缓冲区中，装满后再调用 putbuf(inq, hin) 过程，将它挂在输入队列 inq 上。

(2) 提取输入工作缓冲区 sin。当计算进程需要输入数据时，调用 getbuf(inq) 过程，从输入队列 inq 中取得一缓冲区作为提取输入工作缓冲区，计算进程从中提取数据，待用完该缓冲区后，再调用 putbuf(emq，sin)过程，将它挂在空缓冲队列 emq 上。

(3)收容输出工作缓冲区 hout。当计算进程需要输出时，调用 getbuf(emq)过程，从空缓冲区队列 emq 中取得一空缓冲区，作为收容输出工作缓冲区 hout。当装满输出数据后，又调用 putbuf(outq，hout)过程，将它挂在 outq 队列的末尾。

(4)提取输出工作缓冲区 sout。当需要输出时，由输出进程调用 getbuf(outq)过程，从 outq 中取得一装满输出数据的缓冲区，作为提取输出工作缓冲区 sout，在数据提取完毕后，再调用 put(emq，sout)过程，将它挂在空缓冲队列 emq 的末尾。图 8-10 为缓冲池工作方式的示意图。

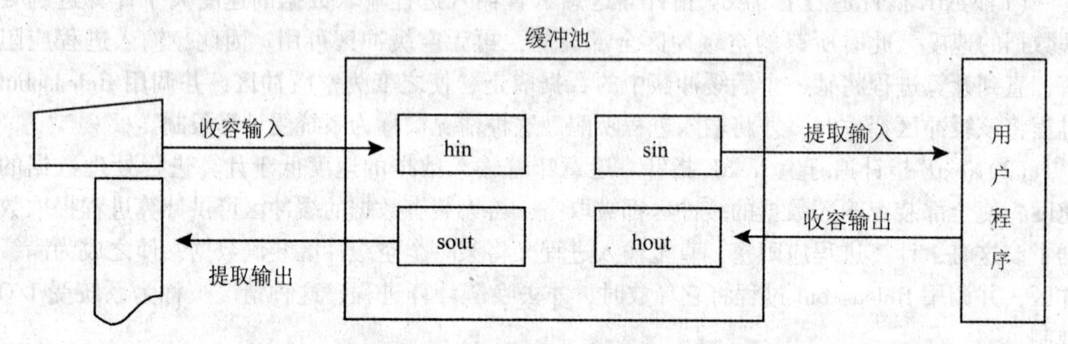

图 8-10　缓冲池工作方式示意图

显然，对于各缓冲队列中缓冲区的排列及每次取出和插入缓冲区队列的顺序都有一定规则。最简单的方法是 FIFO 算法，过程 putbuf 每次将缓冲区插入到相应缓冲队列的队尾；而过程 getbuf 则取出相应缓冲队列的队首缓冲区，且采用 FIFO 算法也省略了对缓冲区队列的搜索时间。

8.4　设备分配

在计算机系统中，设备、控制器和通道等资源是有限的，并不是每个进程随时都可以得到这些资源。在多道环境下，设备分配的任务就是按照规定的策略为申请设备的进程分配合适的设备、控制器及通道。为了提高适应性和均衡性，在设备分配过程中，既要考虑设备的独立性问题，即不能因为物理设备的更换而影响用户进程的正常运行；同时又要考虑到系统的安全性问题，即设备分配不能导致死锁现象的发生。

8.4.1　设备分配的数据结构

设备的分配和管理通常需要借助一些数据结构才能完成。这些数据结构通常是一些表格，在表格中记录了相应设备或控制器的状态及对设备或控制器进行控制所需的信息。在进行设备分配时所需的数据结构有系统设备表(SDT)、设备控制表(DCT)、控制器控制表(COCT)和通道控制表(CHCT)等。下面分别介绍这四种数据结构。

1. 系统设备表(SDT)

系统设备表(System Device Table，SDT)是系统范围的数据结构，在整个系统中只有一

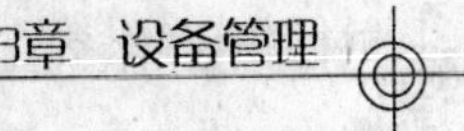

张系统设备表。表中记录了已被连接到系统中的所有物理设备的情况，每个物理设备占一个表项。系统设备表中每个字段的功能如下：

(1)设备类型：反映设备的特性，如是字符设备、块设备还是终端设备。

(2)设备标识符：用来区别设备的编号。

(3)获得设备的进程标识符：记录已获得该设备的进程标识符。

(4)DCT 指针：该指针指向该设备对应的 DCT。

(5)驱动程序入口：指向该设备驱动程序的入口地址。

SDT 表的主要意义在于反映系统中设备资源的状态，即系统中有多少设备，有多少是空闲的，而又有多少已分配给了哪些进程。

2. 设备控制表(DCT)

设备控制表(Device Control Table，DCT)是系统为每个 I/O 设备配置的，它用于记录设备的特性、设备与 I/O 控制器的连接情况。DCT 表在系统生成时或在该设备和系统连接时创建，但表中的内容可以根据系统运行情况而动态变化。通常，DCT 中的内容包含以下几个方面：

(1)设备类型：反映设备的特性，如是字符设备、块设备还是终端设备。

(2)设备标识符：用来区别设备的编号。

(3)设备状态：指设备当前是空闲还是忙。当设备自身正处于使用状态时，应将设备忙标志置"1"，若与该设备相连接的控制器或通道正忙，则应将等待标志置"1"。

(4)指向控制器表的指针：指向该设备所连接的控制器的控制表 COCT。在具有多条通路的情况下，在 DCT 中还应设置多个控制表指针。

(5)重复执行次数或时间：这是由系统规定的，一旦设备在工作中发生错误时，应重复执行的次数。在重复执行后若能正常传输数据，则仍认为数据传输成功。仅当重复次数达到系统规定的次数而仍不能传输成功时，才认为本次数据传输失败。

(6)设备队列的队首指针：即设备等待队列指针。请求本设备而未获得的进程，将其 PCB 按一定的策略排成一个队列，称为设备队列，队首指针指向队首进程的 PCB，等待设备可以满足时依次为该队列中的进程分配设备。

3. 控制器控制表(COCT)

控制器控制表(Controller Control Table，COCT)反映控制器的使用情况和与通道的连接情况，每个控制器都有一张控制器控制表。表中各项含义可按 DCT 表项类推。其中，在 DMA 方式时，没有"与控制器连接的 CHCT 指针"。

4. 通道控制表(CHCT)

在通道控制方式的系统中，为每个通道都设置了一张通道控制表(Channel Control Table，CHCT)。与 DCT 表项类似，CHCT 表中包含了通道标识符、通道忙/闲标识、等待获得该通道的进程等待队列的队列指针等。很明显，一个进程只有在获得了通道、控制器和所需设备三者之后，才具备了进行 I/O 操作的物理条件。

设备分配的数据结构之间的相互关系如图 8-11 所示。

8.4.2　设备分配策略

设备分配的总原则是既要充分发挥设备的使用效率，尽可能地让设备忙，又要避免由于不合理的分配方法造成进程死锁；另外还要做到把用户程序和具体物理设备隔离开来，即用

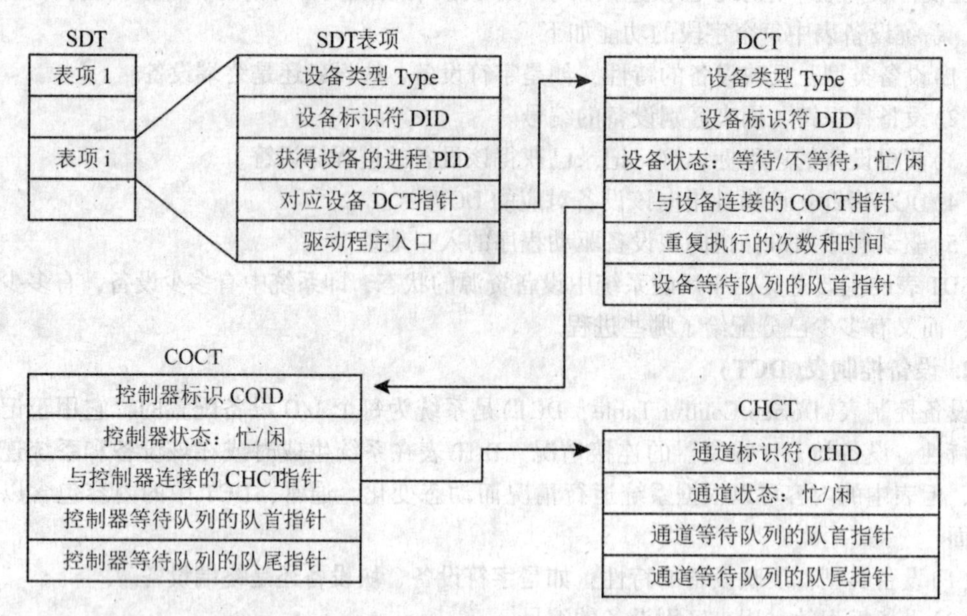

图 8-11　设备分配的数据结构之间的相互关系图

户程序面对的是逻辑设备，而分配程序则在系统中把逻辑设备转换成物理设备之后，再根据要求的物理设备号进行分配。

为了使系统有条不紊地工作，系统在分配设备时，应考虑这样几个因素：即设备的固有属性、设备分配算法、设备分配中的安全性及设备独立性。本小节介绍前三个问题，下一小节专门介绍设备独立性问题。

1. 设备的固有属性

在进行设备分配时，首先应考虑与设备分配有关的设备属性。设备的固有属性可分成三类，即独占设备、共享设备和虚拟设备。独占设备是指在一段时间内只允许一个用户(进程)访问的设备，即“临界资源”；共享设备是指在一段时间内允许多个进程同时访问的设备；虚拟设备本身是独占设备，但可以通过某种虚拟技术将一台独占设备转换为若干台可供多个用户(进程)共享的逻辑设备。对上述的独占、共享和虚拟三种设备应采取不同的分配方式。

(1)独占设备的分配

对于独占设备应采用独占分配策略，即在将一个设备分配给某进程之后，该设备就一直由该进程所占有，其他进程不得剥夺，直到该进程用完设备后释放为止，系统才能将该设备分配给其他进程使用。这是一种互斥的使用方式。这种分配策略的缺点是，设备得不到充分利用，而且还可能引起死锁。独占设备的分配过程详见 8.4.4 节。

(2)共享设备的分配

对于共享设备应采用共享分配策略。如磁盘是一种共享设备，因此可以将它分配给多个进程使用。但此时应注意对这些进程访问该设备的先后次序进行合理的调度。

(3)虚拟设备的分配

由于虚拟设备实际上是将独占设备模拟成的共享设备，因此也可将它分配给多个进程使

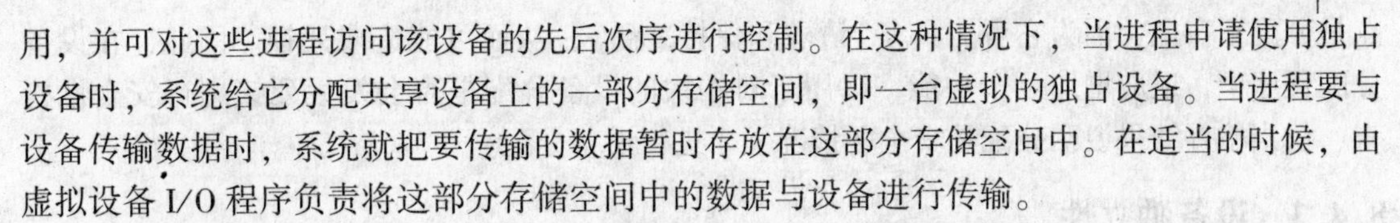

用，并可对这些进程访问该设备的先后次序进行控制。在这种情况下，当进程申请使用独占设备时，系统给它分配共享设备上的一部分存储空间，即一台虚拟的独占设备。当进程要与设备传输数据时，系统就把要传输的数据暂时存放在这部分存储空间中。在适当的时候，由虚拟设备 I/O 程序负责将这部分存储空间中的数据与设备进行传输。

2. 设备分配算法

I/O 设备的分配除了考虑 I/O 设备的固有属性以外，还与设备的分配算法有关。设备的分配算法与进程的调度算法有些相似之处，但前者相对简单，通常只采用以下两种分配算法：

(1) 先来先服务算法。当有多个进程对同一设备提出 I/O 请求时，该算法根据进程对某设备提出请求的先后次序，将这些请求进程排成一个队列，称为设备队列。设备分配程序总是把设备分配给设备队列的队首进程。

(2) 优先级高者优先算法。在进程调度中的这种策略，是优先级高的进程优先获得处理机运行。如果对于这种高优先级的进程所提出的 I/O 请求，也赋予高优先级，则显然有助于这种进程尽快地完成。在利用该算法形成设备队列时，将优先级高的进程排列在设备请求队列的前面，而对于优先级相同的进程的 I/O 请求，则按先来先服务原则排队。

3. 设备分配中的安全性

所谓设备分配中的安全性是指在设备分配中应保证不发生进程的死锁。

在进行设备分配时，可以采用静态分配方式和动态分配方式。

(1) 静态分配

静态分配是在用户作业开始执行之前，系统把该作业所要求的全部设备、控制器和通道一次性全部分配给它。一旦分配之后，这些设备、控制器和通道就一直为该作业所占用，其他作业不能再使用，直到该作业被撤销为止。静态分配方式破坏了死锁的“请求和保持”条件，因此不会出现死锁，但设备的利用率太低；而且，CPU 和 I/O 设备是串行工作的，进程进展缓慢。

(2) 动态分配

动态分配是在进程执行过程中根据执行需要进行设备分配。当进程需要设备时，通过系统调用命令向系统提出设备请求，由系统按照事先规定的策略给进程分配所需要的设备、控制器和通道。一旦用完之后便立即释放。动态分配方式有利于提高设备的利用率，但如果分配不当，则有可能造成进程死锁。

在设备的动态分配方式中，也分为安全分配和不安全分配两种情况：

① 安全分配方式

在安全分配方式中，每当进程发出 I/O 请求后，便立即进入阻塞状态，直到所提出的 I/O 请求完成才唤醒进程并释放设备。当采用这种分配策略时，一旦进程获得某种设备后便阻塞，则该进程不可能再请求其他设备，而在它运行时又不保持任何资源。因此，这种分配方式已经摒弃了造成死锁的必要条件之一的“请求和保持”条件，从而使设备分配是安全的。其缺点是进程进展缓慢，CPU 与 I/O 设备是串行工作的。

② 不安全分配方式

在不安全分配方式中，进程在发出 I/O 请求后仍然继续运行，需要时又发出第二个 I/O 请求。第三个 I/O 请求等。仅当进程所请求的设备已被另一进程占用时，请求进程才进入阻塞状态。这种分配方式的优点是，一个进程可以同时操作多个设备，使进程推进迅速。其缺点是分配不安全，因为它可能具备“请求和保持”条件，从而可能造成死锁。因此，在设备分配程序中，还应增加一个功能，以用于对本次的设备分配是否会发生死锁进行安全性检查，仅当检查结果说明分配是安全的情况下才进行设备分配。

8.4.3 设备独立性

1. 设备独立性的引入

计算机系统通常配置多种类型的外部设备，而同类设备又有多台。如果用户请求时指定某个具体设备，虽然分配工作可能会比较简单，但若指定的设备出现故障或正在被其他进程使用时，就无法满足用户请求，用户的作业就不能执行。例如，系统配置 Printer1、Printer2 两台打印机，作业 Job1 申请一台打印机，假设 Job1 指定要使用 Printer1。如果此时 Printer1 已准备好，则 Job1 可以申请成功；但若 Printer1 坏了，或正在被其他进程使用，虽然 Printer2 已准备好，但此时 Job1 仍然不能申请成功，还是不能运行，这样做显然很不合理。

为了解决这样的问题，操作系统中引入了与存储管理中的逻辑地址和物理地址很相似的两个概念：逻辑设备和物理设备。用户在应用程序中使用逻辑设备名来请求设备，而系统在实际分配时使用的是物理设备名，从而实现了应用程序和物理设备之间的独立。系统再采用某种方法建立逻辑设备和物理设备之间的关系，把逻辑设备名转换成物理设备名，这就是“设备独立性”，或称设备无关性。

在实现了设备独立性的功能后，可带来以下两个方面的好处：

(1)设备分配时的灵活性

当应用程序(进程)以物理设备名称来请求使用指定的某台设备时，如果该设备已经分配给其他进程或正在检修，而此时尽管还有几台其他的相同设备正处于空闲状态，该进程却仍然阻塞。但若进程能以逻辑设备名称来请求某类设备时，系统可立即将该类设备中的任一台空闲可用的设备分配给该进程，仅当所有此类设备均已分配完毕时，进程才会阻塞。

(2)易于实现 I/O 重定向

所谓 I/O 重定向，是指用于 I/O 操作的设备可以更换(即重定向)，而不必改变应用程序。例如，我们在调试一个应用程序时，通常希望将输出结果显示在屏幕上，以供参考其运行结果是否正确；而在程序调试完毕后，如需正式将程序的运行结果打印出来，此时便将 I/O 重定向的数据结构——逻辑设备表中的显示终端改为打印机，而不必修改应用程序。I/O重定向功能具有很大的实用价值，现已被广泛地引入到各类操作系统中。

2. 设备独立性的实现

设备独立性的实现主要体现在逻辑设备与物理设备之间的转换上。为了实现这种转换，系统必须设置一张逻辑设备表(Logical Unit Table，LUT)。在该表的每个表目中包含了三项内容：逻辑设备名、物理设备名和设备驱动程序的入口地址。如图 8-12(a)所示。当进程用逻辑设备名请求分配 I/O 设备时，系统为它分配相应的物理设备，并在 LUT 表中建立一个表目，填入应用程序中所使用的逻辑设备名和系统分配的物理设备名，以及该设备驱动程序的入口地址。当以后进程再利用该逻辑设备名请求 I/O 操作时，系统通过查找 LUT，便可找到物理设备和驱动程序。

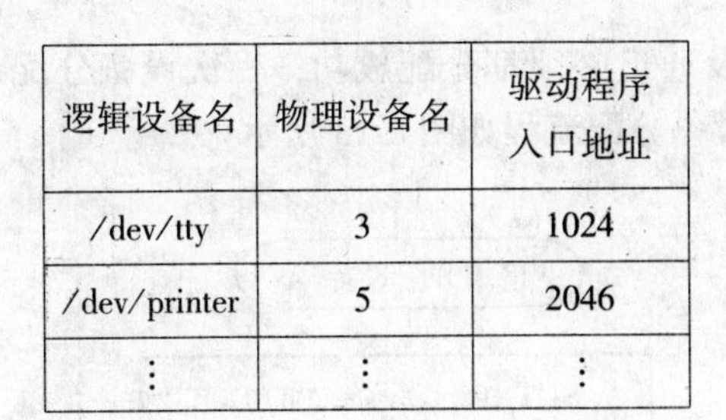

逻辑设备名	物理设备名	驱动程序入口地址
/dev/tty	3	1024
/dev/printer	5	2046
⋮	⋮	⋮

(a)

逻辑设备名	系统设备表指针
/dev/tty	3
/dev/printer	5
⋮	

(b)

图 8-12　逻辑设备表

LUT 的设置可采用两种方式：第一种方式是在整个系统中只设置一张 LUT。由于系统中所有进程的设备分配情况都记录在同一张 LUT 中，因而不允许在 LUT 中出现相同的逻辑设备名，这就要求所有用户都不使用相同的逻辑设备名。在多用户环境下这通常是难以做到的，因此这种方式主要用于单用户系统中。第二种方式是为每个用户设置一张 LUT。每当用户登录系统时，便为该用户建立一个进程，同时也为之建立一张 LUT，并将该表放入进程的 PCB 中。由于通常在多用户系统中，都配置了系统设备表，故此时的逻辑设备表可以采用图 8-12(b)中的格式。

8.4.4　独占设备的分配过程

独占设备的分配过程具有一定的典型性，其分配过程还与设备的安全性有关。当系统中已经设置了 8.4.1 节中所述的数据结构，且确定了一定的分配原则后，如果某进程提出了 I/O 请求，就可以为之分配设备了。根据 I/O 系统的特点不同，下面介绍两种分配过程：

1. 单通路 I/O 系统的设备分配

所谓“单通路的 I/O 系统”是指在系统中，每个 I/O 设备只连接一个控制器，而一个控制器也只与一个通道相连接。在这种情况下，一个 I/O 设备只有一条通路与存储器连接。未考虑到瓶颈问题。

当某一进程提出 I/O 请求后，系统的设备分配程序可按以下步骤进行设备分配：

(1)分配设备

根据进程提出的逻辑设备名，找到对应的物理设备名称。接着查找系统设备表，从中找到该设备的设备控制表。然后，查看设备控制表中的设备状态字段，若该设备处于忙状态，则将进程插入设备等待队列；若该设备空闲可用，便按照一定的算法来计算本次设备分配的安全性。如果本次分配不会引起死锁，便将该设备分配给请求进程；反之，仍将该进程的 PCB 插入到设备等待队列中。

(2)分配设备控制器

在系统把设备分配给请求 I/O 的进程后，再到设备控制表中找到与该设备相连的设备控制器的控制表，从该表的设备状态字段中可知该设备控制器是否忙碌。若设备控制器忙，则将进程插入到该设备控制器的等待队列；否则将该设备控制器分配给进程。

(3)分配通道

从设备控制器控制表中找到与该设备控制器连接的通道控制表，从该表的通道状态字段中可知该通道是否忙碌。若通道处于忙状态，则将进程插入到该通道的等待队列；否则，将该通道分配给进程。

在设备分配过程中，设备、设备控制器及通道必须都分配成功，一次设备分配才算完成，此时便可启动 I/O 设备进行数据传输。设备分配流程如图 8-13 所示。

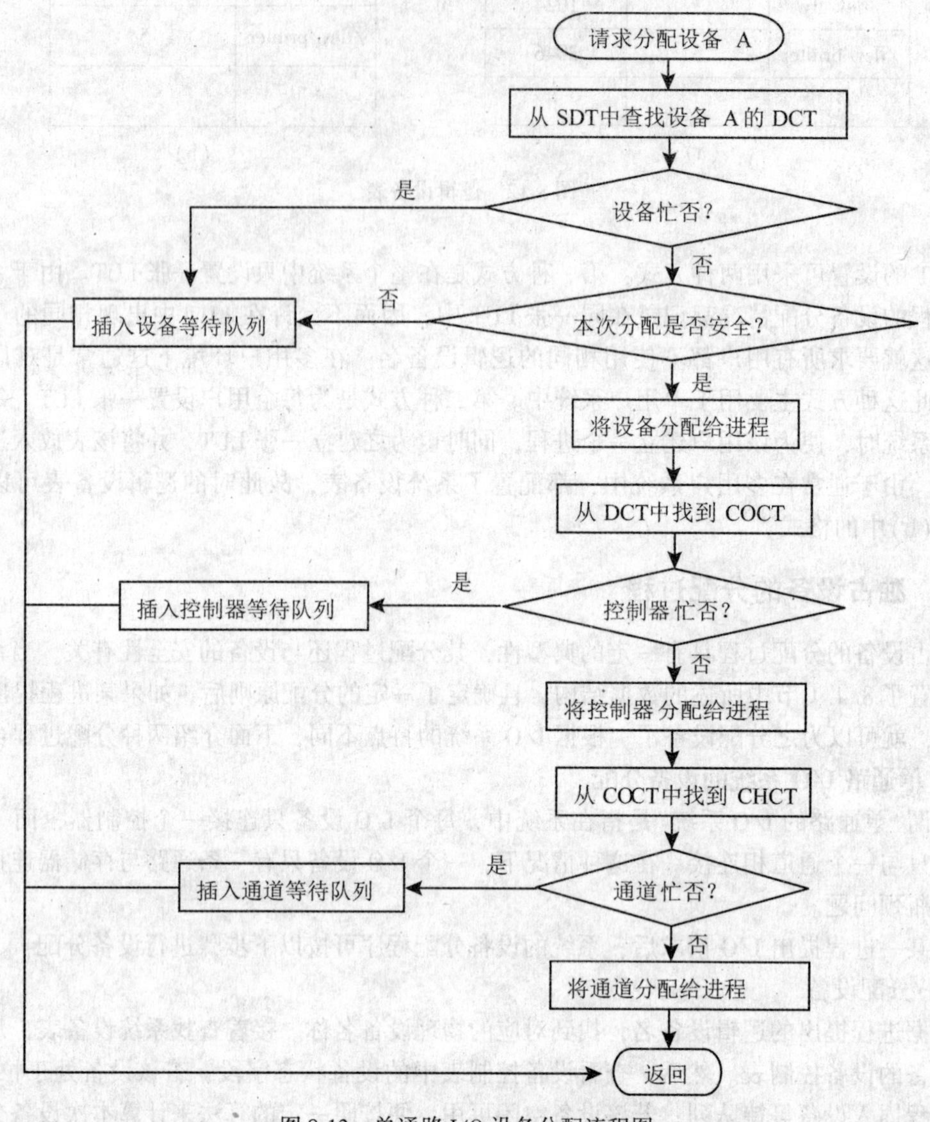

图 8-13　单通路 I/O 设备分配流程图

2. 多通路 I/O 系统的设备分配

为了提高系统的灵活性和可靠性，通常采用多通路的 I/O 系统结构。在这种系统结构中，一个设备可以与多个设备控制器相连，而一个设备控制器又可以与多个通道相连，这使得设备分配的过程较单通路的情况要复杂些。若某进程向系统提出了 I/O 请求，要求为它分配一台 I/O 设备，则系统可以选择该类设备中的任何一台设备分配给该进程，从而实现了设备独立性。其设备分配的步骤如下：

(1)根据进程所提供的设备类型，检索系统设备表，找到第一个该类设备的设备控制表，由其中的设备状态字段可知该设备是否处于忙碌状态。若设备忙，则检查第二个该类设

备的设备控制表，仅当所有该类设备都处于忙碌状态时，才把进程插入到该类设备的等待队列中。只要有一个该类设备空闲，系统便可对其计算分配该设备的安全性。若分配不会引起死锁则进行分配；否则，仍将该进程插入到该类设备的等待队列中。

(2)当系统把设备分配给进程后，便可以检查与此设备相连的第一个设备控制器的控制表，从中了解该设备控制器的状态是否忙碌。若设备控制器忙，则再检查与此设备相连的第二个设备控制器的控制表，若与此设备相连的所有设备控制器都忙，则表明无设备控制器可以分配给该设备。只要该设备不是该类设备中的最后一个，便可以退回到第一步，试图再找下一个空闲设备；否则，仍将该进程插入设备控制器的等待队列中。

(3)若给进程分配了设备控制器，便可以进一步检查与此设备控制器相连的第一个通道是否忙碌。若通道忙，再查看与此设备控制器相连的第二个通道，若与此设备控制器相连的所有通道都忙，表明无通道可以分配给该设备控制器。只要该设备控制器不是与设备相连的最后一个设备控制器，便可以退回到第二步，试图再找出一个空闲的设备控制器，只有与该设备相连的所有设备控制器都忙时，才将该进程插入到通道的等待队列。若有空闲通道可用，则此次设备分配成功，在将相应的设备、设备控制器和通道分配给进程后，接着便可启动I/O设备，开始数据传输。

8.4.5 SPOOLing技术

前面已经讨论过操作系统的特性，其中虚拟性是操作系统的四大特性之一。如果说可以通过多道程序设计技术将一台物理CPU虚拟为多台逻辑CPU，从而允许多个用户共享一台主机，那么，通过SPOOLing技术便可将一台物理I/O设备虚拟为多台逻辑I/O设备，同样允许多个用户共享一台物理I/O设备。

1. 什么是SPOOLing

为了缓和CPU的高速性与I/O设备的低速性之间的矛盾而引入了脱机输入输出技术。该技术是利用专门的外围控制机来承担I/O工作，将低速I/O设备上的数据传送到高速磁盘上；输出时则相反。但是，这种外围机的引入需要硬件成本，并且难以维护。事实上，当系统中引入了多道程序技术后，完全可以利用其中的一道程序，来模拟脱机输入时外围机的功能，把低速输入设备上的数据传送到高速磁盘上；再用另一道程序来模拟脱机输出时外围机的功能，把数据从磁盘传送到低速输出设备上。这样，便可在主机的直接控制下，实现脱机输入输出功能。此时的外围操作与CPU对数据的处理同时进行，我们把这种在联机情况下实现的同时外围操作称为SPOOLing(Simultaneaus Peripehernal Operating On Line)，或称为假脱机操作。

2. SPOOLing系统的组成

SPOOLing系统是对脱机输入输出工作的模拟。系统必须具备一定的条件，如必须建立在具有多道程序功能的操作系统上，而且还必须有高速随机外存的支持，通常利用磁盘存储技术。SPOOLing系统主要由以下三部分组成：

(1)输入井和输出井

这是在磁盘上开辟的两个存储区域。输入井模拟脱机输入时的磁盘，用于暂存I/O设备输入时的数据；输出井模拟脱机输出时的磁盘，用于暂存用户程序的输出数据。

(2)输入缓冲区和输出缓冲区

为了缓和CPU和I/O设备之间速度不匹配的矛盾，在内存中要开辟两个缓冲区：输入缓冲区和输出缓冲区。输入缓冲区用于暂存由输入设备送来的数据，以后再传送到输入井；输出缓冲区用于暂存从输出井送来的数据，以后再传送给输出设备。

(3)输入进程 SP_i 和输出进程 SP_o

这里利用两个进程来模拟脱机输入输出时的外围机的功能。其中，进程 SP_i 模拟脱机输入时的外围机，将用户要求输入的数据从输入机通过输入缓冲区再送到输入井。当 CPU 需要输入数据时，直接从输入井读入内存。SP_o 进程模拟脱机输出时的外围机，把用户要求输出的数据先从内存送到输出井，待输出设备空闲时，再将输出井中的数据经过输出缓冲区送到输出设备上。

图 8-14 示出了 SPOOLing 系统的组成。

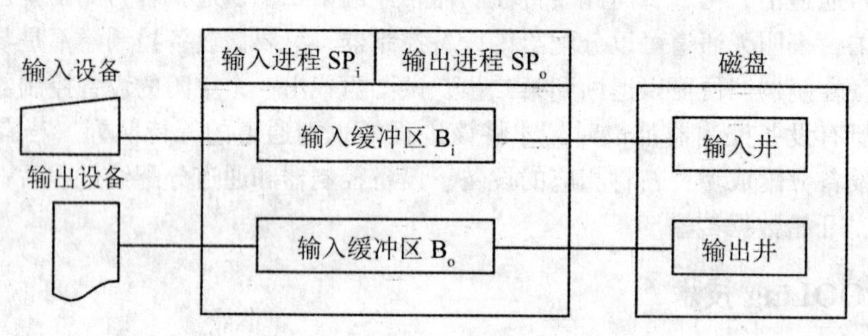

图 8-14　SPOOLing 系统的组成

3. SPOOLing 系统的工作过程

操作系统初启后激活 SPOOLing 输入程序使它处于捕获输入请求的状态。一旦有输入请求消息，SPOOLing 输入程序立即得到执行，把装在输入设备上的作业输入到硬盘的输入井中。输入井是一组硬盘扇区。SPOOLing 输出程序模块的工作原理与输入程序模块一样，它把硬盘上输出井的数据送到慢速的输出设备上。这就是说，作业调度程序不是从输入设备上装入作业，而是直接从输入井中把选中的作业调入内存，使主机等待作业输入的时间大为缩短。

同样对作业的输出而言，写到输出井要比写到输出设备快得多。即使作业的 JCB 已经注销，SPOOLing 输出活动仍可以从容地把输出井中没有输出完的数据继续输出到输出设备上。由此可见，引入 SPOOLing 技术，把一个共享的硬盘改造成若干台输入设备(对作业调度程序而言)和若干台输出设备(对各作业而言)。这样的设备称为虚拟设备，它们的物理实体是输入(出)井。这样改造后，保持了物理输入(出)设备繁忙地与主机并行工作，提高了整个系统的效率。

4. 共享打印机

打印机是经常用到的输出设备，属于独占设备。但通过利用 SPOOLing 技术，可将它改造成为一台可供多个用户共享的设备，从而提高设备的利用率，也方便了用户。共享打印机技术已被广泛地应用于多用户系统和局域网中。当用户进程请求输出打印时，SPOOLing 系统同意为它打印输出，但并不真正把打印机分配给该用户进程，而只是做两件事：

(1)由输出进程在输出井中为之申请一个空闲磁盘块区，并将要打印的数据送入其中；

(2)输出进程再为用户进程申请一张空白的用户打印请求表，并将用户的打印要求填入表中，再将该表挂到请求打印队列中。

如果还有进程要求打印输出，系统仍可接受该请求，也同样为该进程做上述两件事。

如果打印机空闲，输出进程将从请求打印队列的队首取出一张请求打印表，根据表中的要求将要打印的数据从输出井传送到内存缓冲区，再由打印机进行打印。打印完后，输出进程查看请求打印队列中是否还有等待打印的请求表，若有，再取出第一张表，并根据其中的打印要求进行打印，如此下去，直至请求打印队列为空，输出进程才将自己阻塞起来。仅当下次再有打印请求时，输出进程才被唤醒。

5. SPOOLing 系统的特点

SPOOLing 系统具有如下主要特点：

(1)提高了 I/O 的速度。对数据进行的 I/O 操作，已从对低速 I/O 设备进行的 I/O 操作演变成为对输入井或输出井中数据的存取。如同脱机输入输出一样，提高了 I/O 速度，缓和了 CPU 与低速 I/O 设备之间速度不匹配的矛盾。

(2)将独占设备改造为共享设备。因为在 SPOOLing 系统中，实际上并没有为任何进程分配设备，而只是在输入井或输出井中为进程分配一个存储区和建立一张 I/O 请求表。这样，就把独占设备改造为共享设备。

(3)实现了虚拟设备功能。宏观上，虽然多个进程在同时使用一台独占设备，但对每个进程而言，它们都认为自己在独占一个设备，而该设备只是逻辑上的设备。可见，SPOOLing 系统实现了将独占设备变换为若干台对应的逻辑设备的功能。

8.5　I/O 软件

I/O 软件的总体设计目标是高效率和通用性。在改善设备效率的过程中，应确保 I/O 设备与 CPU 的并发性，从而提高资源的利用率；通用性意味着尽可能地提供简单、清晰而统一的接口，采用统一标准的方法来管理所有设备以及所需的 I/O 操作。为了达到这些目标，通常将 I/O 软件组织成一种层次式结构，低层软件用来提供与硬件设备相关的操作，并屏蔽硬件细节，高层软件则向用户提供简洁、友好和规范的接口。各层的具体功能与接口随系统的不同而异。

8.5.1　I/O 软件的设计目标和原则

计算机系统中包含了众多的 I/O 设备，其种类繁多，硬件构造复杂，物理特性各异。通常 I/O 设备的速度较慢，与 CPU 的速度不匹配，并涉及大量专用 CPU 及数字逻辑运算等细节，如寄存器、中断、控制字符和设备字符集等，上述种种原因造成了对设备的操作和管理非常复杂和琐碎。因此，从系统的观点出发，采用多种技术和措施，解决由于外部设备与 CPU 速度不匹配所引起的问题，提高主机和外设的并行工作能力，提高系统效率，成为操作系统的一个重要目标。另一方面，对设备的操作和管理的复杂性，也给用户的使用带来了极大的困难。用户必须掌握 I/O 系统的原理，对接口和控制器及设备的物理特性有深入的了解，这就使计算机的推广应用受到很大限制。所以，设法消除或屏蔽设备硬件内部的低级处理过程，为用户提供一个简洁、方便、友好的逻辑设备接口，保证用户安全、方便地使用各类设备，也是 I/O 软件设计的一个重要原则。

具体来讲，I/O 软件应达到以下几个方面的目标：

(1)设备无关性：对于 I/O 系统中种类繁多的设备，作为程序员，只需要知道如何使用这些资源来完成所需要的操作，而无需了解设备的有关具体实现细节，即程序员编写访问文件数据的程序时，与具体的物理设备无关；

(2)出错处理：数据传输过程中所产生的错误应该在尽可能靠近硬件的地方处理，低层软件能够解决的错误不让高层软件感知；

(3)同步/异步传输：CPU 在启动 I/O 操作后既可继续执行其他工作，直至中断到达，称此为异步传输；又可采用阻塞方式，让启动 I/O 操作的进程挂起等待，直至数据传输完成，称此为同步传输，I/O 软件应支持这两种工作方式；

(4)缓冲技术：建立数据缓冲区，让数据的到达率与离去率相匹配，以提高系统吞吐率。

综上所述，I/O 软件涉及的面非常宽，往下与硬件有着非常密切的联系，往上又与用户直接交互。它与进程管理、存储管理及文件管理等都存在着一定的联系，即它们都需要 I/O 软件来实现 I/O 操作。为使十分复杂的 I/O 软件能具有更加清晰的结构，更好的可移植性和可适应性，目前在 I/O 软件中已普遍采用了层次式结构，将系统中的设备操作和管理软件分为若干个层次，每一层次都利用其下层提供的服务，完成输入、输出功能中的某些子功能，并屏蔽这些功能实现的细节，向高层提供服务。

在层次式结构的 I/O 软件中，仅最底层才会涉及硬件的具体特性，同时只要保证层次间的接口不变，对每个层次中的软件进行的修改都不会引起其下层或高层代码的改变。通常将 I/O 软件组织成四个层次，如图 8-15 所示(图中箭头表示 I/O 的控制流)。各层次及其功能如下所述：

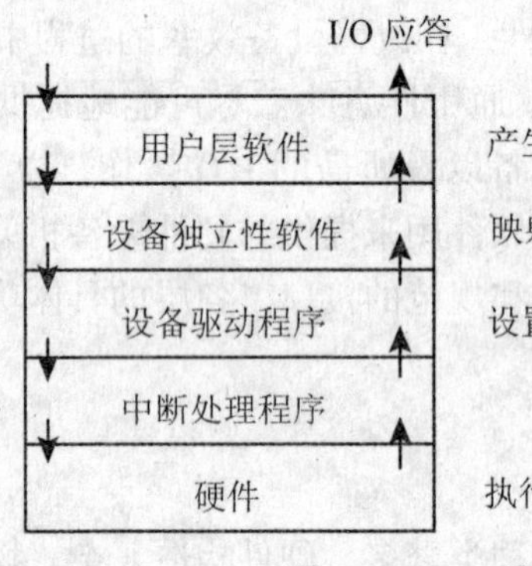

图 8-15　I/O 系统的层次及功能

(1)中断处理程序：这一层直接与硬件打交道。当系统发生中断时，用于保存被中断进程的 CPU 现场信息，转入相应的中断处理程序进行处理，处理完后再恢复被中断进程的现场后返回到被中断进程。

(2)设备驱动程序：该层与硬件直接相关，负责具体实现系统对设备发出的操作指令，驱动 I/O 设备工作的驱动程序。

(3)设备独立性软件：负责实现与设备驱动器的统一接口、设备命名、设备的保护以及设备的分配与回收等，同时为设备管理和数据传送提供必要的存储空间。

(4)用户层软件：实现与用户交互的接口，用户可直接调用在用户层提供的、与 I/O 操作有关的库函数，对设备进行操作。

例如，当某个用户进程有个 I/O 请求，要从文件中读出一个数据块，则需要通过操作系

统来完成此操作。首先设备独立性软件接收到该请求后，在高速缓存中查找相应的页面，如果没有，则调用设备驱动程序向硬件发送相应的请求，此时用户进程将阻塞，由驱动程序负责从磁盘中读取目标数据块。

当磁盘操作完成后，由硬件产生一个中断，并转入中断处理程序，检查中断原因，提取设备状态，转入相应的设备驱动程序，唤醒用户进程以及结束此次 I/O 请求，继续用户进程的运行。

实际上，在不同的操作系统中，I/O 软件的层次划分并不是固定的，主要是随着系统具体情况的不同，而在层次的划分以及各层的功能和接口上有一定的差异。下面将从低到高地对 I/O 软件的每个层次加以详细讨论。

8.5.2　中断处理程序

中断处理程序在设备管理软件中是一个相当重要的部分。本节重点分析中断处理程序的内在工作方式，然后讨论中断在设备管理中的作用。

1. 中断的基本概念

计算机系统中存在着同时进行的各种活动，如有为实现各种系统功能的系统进程和为完成各种运算任务的用户进程。为完成各自的任务，它们需要获得中央处理机的控制权。它们会在 CPU 上轮流运行。于是，系统必须提供能使这些任务在 CPU 上快速转接的能力，并且还应具备自动地处理计算机系统中发生的各种事故的能力。另外，还需解决外设和中央处理机之间的通信问题。总之，为了实现并发活动，为了实现计算机系统的自动化工作，系统必须具备处理中断的能力。

例如，当外部设备传输操作完毕时，可以发信号通知主机，使主机暂停对现行工作的处理，而立即转去处理这个信号所指示的工作。又如当电源故障、地址错等事故发生时，中断机构可以引出处理该事故的程序来处理。另外，当操作员请求主机完成某项工作时，也可通过发中断信号的方式通知主机，使它按照信号及相应参数的要求完成这一工作等。

所谓中断是指某个事件(例如电源掉电、定点加法溢出或 I/O 传输结束等)发生时，系统中止现行程序的运行、引出处理该事件程序进行处理，处理完毕后返回断点，继续执行。中断概念如图 8-16 所示。

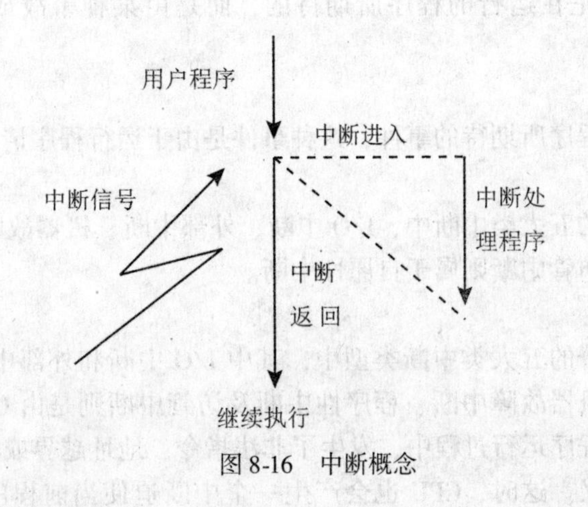

图 8-16　中断概念

2. 中断类型

引起中断的事件有很多，不同机器的中断源也不尽相同。一般，中断可以按中断功能、中断方式及中断来源三种方式进行分类。

(1)按中断功能分类

按中断功能不同可以将中断分为以下五类：

① 输入/输出(I/O)中断

这类中断是指当外部设备或通道操作正常结束或发生某种错误时所产生的中断。例如，I/O 传输结束、I/O 传输出错等。

② 外部中断

对某台中央处理机而言，它的外部非通道式装置所引起的中断称为外部中断。例如，时钟中断、操作员控制台中断、多机系统中其他机器之间的通信要求中断等。

③ 机器故障中断

当机器发生故障时所产生的中断称为机器故障中断。例如，电源故障、内存奇偶校验错、机器电路检验错等。

④ 程序性中断

在现行程序执行过程中，发现了程序性质的错误或出现了某些程序的特定状态而产生的中断称为程序性中断。这种程序性错误有定点溢出、十进制溢出、十进制数错、地址错、用户态下用核态指令、越界、非法操作等。程序的特定状态包括逐条指令跟踪、指令地址符合跟踪、转态跟踪、监视等。

⑤ 访管中断

对操作系统提出某种需求(如请求 I/O 传输、建立进程等)时所发出的中断称为访管中断。

(2)按中断方式分类

在以上这些中断类型中，有些中断类型是随机发生的，并不是正在执行的程序所希望发生的事；而有些中断类型是正在执行的程序所希望发生的事。从这一角度来区分中断，可以将中断分为强迫性中断和自愿性中断两类。

① 强迫性中断

这类中断事件不是正在运行的程序所期待的，而是由某种事故或外部请求信号所引起的。

② 自愿性中断

自愿性中断是运行程序所期待的事件，这种事件是由于运行程序请求操作系统服务而引起的。

按中断功能所划分的五大类中断中，I/O 中断、外部中断、机器故障中断及程序性中断都属于强迫性中断，而访管中断则属于自愿性中断。

(3)按中断来源分类

在按中断功能所划分的五大类中断类型中，其中 I/O 中断和外部中断与发生在 CPU 以外的某种事件有关，而机器故障中断、程序性中断及访管中断则是由 CPU 内部出现的一些事件引起的。例如，在程序运行过程中，发生了非法指令、地址越界或电源故障等事件，程序再运行下去已没有意义。这时，CPU 也会产生一个中断迫使当前程序中止执行，而转去处理这一事件。这类事件往往与运行程序本身有关。所以，中断类型还可以根据发生中断的来源不同进行分类，按这种方式可以分为中断和俘获两类。有的书中称为外中断和内中断。

① 中断

由处理机外部事件引起的中断称为外中断，又称为中断。包括 I/O 中断、外中断。

② 俘获

由处理机内部事件引起的中断称为俘获。包括访管中断、程序性中断及机器故障中断。

若系统中同时发生中断和俘获请求时，俘获总是优先得到响应和处理，所以它也称为高优先级中断。

3. 中断处理过程

对于为每一类设备设置一个 I/O 进程的设备处理方式，其中断处理程序的处理过程可分成以下几个步骤：

(1)唤醒被阻塞的驱动(程序)进程

当中断处理程序开始执行时，首先去唤醒处理阻塞状态的驱动(程序)进程。如果是采用了信号量机制，则可通过执行 signal 操作，将处于阻塞状态的驱动(程序)进程唤醒；在采用信号机制时，则将发送一信号给阻塞进程。

(2)保护被中断进程的 CPU 环境

为了确保中断处理完毕后，被中断进程能够返回到断点继续执行，通常在中断发生时，由硬件自动将处理机状态字 PSW 和程序计数器 PC 中的内容，保存在中断保留区(栈)中，然后把被中断进程的 CPU 现场信息(即包括所有的 CPU 寄存器，如通用寄存器、段寄存器等内容)都压入中断栈中，因为在中断处理时可能会用到这些寄存器。图 8-17 所示为一个简单的保护中断现场的示意图。该程序是指令在 N 位置时被中断的，程序计数器的值为 N+1，所有寄存器的内容都被保留在栈中。

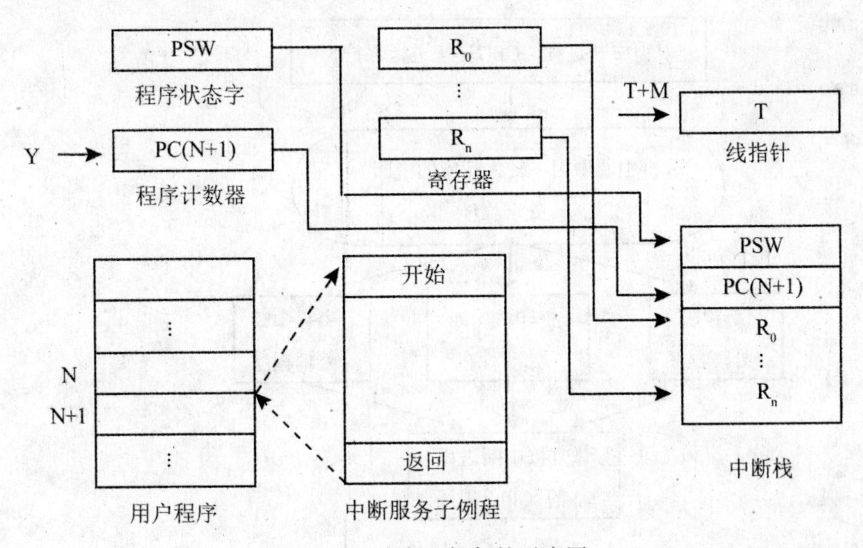

图 8-17　中断现场保护示意图

(3)转入相应的设备处理程序

由处理机对各个中断源进行测试，以确定引起本次中断的 I/O 设备，并发送一应答信号给发出中断请求的进程，使之消除该中断请求信号，然后将相应的设备中断处理程序的入口地址装入到程序计数器中，使处理机转向中断处理程序。

(4)中断处理

对于不同的设备，有不同的中断处理程序。该程序首先从设备控制器中读出设备状态，以判别本次中断是正常完成中断，还是异常结束中断。若是正常完成，则中断程序进行结束处理；若还有命令，可再向控制器发送新的命令，进行新一轮的数据传送。若是异常结束中断，则根据发生异常的原因做相应的处理。

(5)恢复被中断进程的现场

当中断处理完成以后，便可将保存在中断栈中的被中断进程的 CPU 现场信息取出，并装入到相应的寄存器中，其中包括该程序下一次要执行的指令的地址 N+1、处理机状态字 PSW，以及各通用寄存器和段寄存器的内容。这样，当处理机再执行该程序时，便从 N+1 处开始，最终返回到被中断的程序。

I/O 操作完成后，驱动程序必须坚持本次 I/O 操作中是否发生了错误，并向上层软件报告，最终向调用者报告本次 I/O 的执行情况。除了上述第 4 步之外，其他各步骤对所有 I/O 设备都是相同的，因而对于某种操作系统，例如 UNIX 系统，是把这些共同的部分集中起来，形成中断总控程序。每当要进行中断处理时，都要首先进入中断总控程序。而对于第 4 步，则对不同设备需采用不同的设备中断处理程序继续执行。图 8-18 示出了中断处理流程。

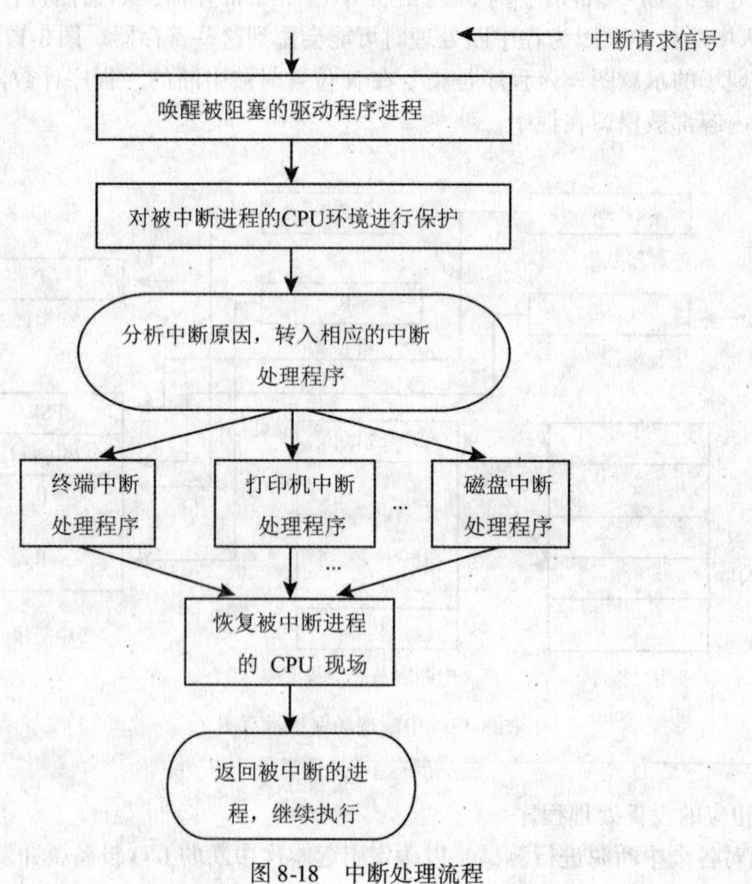

图 8-18　中断处理流程

8.5.3 设备驱动程序

所有与设备相关的代码放在设备驱动程序中，设备驱动程序通常又称为设备处理程序，它是I/O进程与设备控制器之间的通信程序，又由于它经常以进程的形式存在，所以也可以简称为设备驱动进程。

由于设备驱动程序与设备密切相关，故应为每一类设备配置一个驱动程序，或为一类密切相关的设备配置一个驱动程序。例如，系统支持若干不同品牌的终端，这些终端之间只有很细微的差别，较好的方式是为所有这些终端设计一个终端驱动程序。若系统支持的终端性能差别很大，则必须为它们分别设计不同的终端驱动程序。

设备驱动程序的主要任务是接收来自上层的与设备无关软件的抽象请求，将这些请求转换成设备控制器可以接收的具体命令，再将这些命令发送给设备控制器，并监督这些命令是否正确执行。如果请求到来时设备驱动程序是空闲的，它立即开始执行这个请求；若设备驱动程序正在执行一个请求，则它将新到来的请求插入到等待队列中。设备驱动程序是操作系统中唯一知道设备控制器中设置了多少个寄存器、这些寄存器有何用途的程序。

1. 设备驱动程序的功能

为了实现I/O进程与设备控制器之间的通信，设备驱动程序应具有以下功能：

(1)向有关的输入/输出设备的各种控制器发出控制命令，并且监督它们正确执行，当I/O操作出现错误时，进行必要的错误处理。

(2)对等待各种设备、控制器和通道的进程进行排队，对进程阻塞(或挂起)、唤醒等操作进行处理。

(3)执行确定的缓冲区策略。

(4)进行比寄存器接口级别层次更高的一些特殊处理，如代码转换、ESC处理等。它们均是依赖于设备的，所以不适合放在高层次的软件中处理。

2. 设备驱动程序的特性

设备驱动程序属于低级的系统程序，与硬件结构紧密相关，它与一般的应用程序及系统程序有明显差异。

驱动程序主要是在请求I/O操作的进程与设备控制器之间实现通信和转换的程序。它将进程的I/O请求经过转换后，传送给控制器，又把控制器中所积累的设备状态I/O操作的完成情况及时地反馈给请求I/O的进程。

驱动程序与设备控制器和I/O设备的硬件特性紧密相关，因而对不同类型的设备应配置不同的设备驱动程序。若系统所支持的各种不同品牌的终端差别很小，则较好的办法是为这些终端提供一个终端驱动程序。但是，对于同种类型的设备，物理性能差别较大时，必须使用不同的驱动程序。例如，一个是机械式的硬拷贝终端，另一个是带鼠标的智能化图形终端，则此时必须使用不同的驱动程序。

驱动程序与I/O设备所采用的I/O控制方式紧密相关。常用的I/O控制方式是中断驱动和DMA方式，这两种方式的驱动程序明显不同，因为后者应按数组方式启动设备及进行中断处理。

由于驱动程序与硬件紧密相关，故驱动程序中的一部分必须使用汇编语言书写。目前有很多驱动程序的基本部分，已经固化在ROM中。

驱动程序应该允许可重入，即允许多次被调用，且不会修改源代码。一个正在运行的驱动程序常会在一次调用完成前被再次调用。例如，网络驱动程序正在处理一个到来的数据包时，另一个数据包可能到达。

驱动程序不允许系统调用。但是为了满足其与内核其他部分的交互，可以允许对某些内核过程的调用，如通过调用内核过程来分配和释放内存页面作为缓冲区，以及调用其他过程来管理 MMU 定时器、DMA 控制器及中断控制器等。

3. 设备驱动程序的处理过程

不同类型的设备应该具有不同的设备驱动程序，但大体上它们都可以分为两部分，其中，除了要有能够驱动 I/O 设备工作的驱动程序外，还需要有设备中断处理程序，以处理 I/O 完成后的工作。

设备驱动程序的主要工作是启动 I/O 设备。但在启动之前，还必须完成必要的准备工作，如检测 I/O 指令是否合法、检测设备状态等。在完成所有的准备工作之后，才向设备控制器发送一条启动命令。

设备驱动程序的处理过程如下：

(1)将抽象命令转换为具体命令

在设备控制器中通常包含有若干个寄存器，用于暂存命令、数据和参数等。对于用户以及 I/O 的上层软件来说，对设备控制器的情况毫无了解，因此只能向它发出抽象的命令，但这些命令无法传送给设备控制器。中间必须经过一个转换，将抽象命令转换为具体要求。例如，通常在读取磁盘文件的抽象命令中会给出盘块号，因此先要将盘块号转换为磁盘的柱面号、磁道号和扇区号。这一转换工作只能由驱动程序来完成，因为在操作系统中只有驱动程序才同时了解抽象要求和设备控制器中的寄存器情况；也只有它才知道命令、数据和参数应分别送往哪个寄存器。

(2)检查 I/O 请求的合法性

对于任何输入设备，都是只能完成一组特定的功能，若该设备不支持这次的 I/O 请求，则认为这次 I/O 请求非法。例如，用户试图请求从输入设备打印数据，显然系统应予以拒绝。此外，还有些设备如磁盘和终端，它们虽然都是既可读又可写的，但具体还要根据命令的要求，若要求写，则用户的读操作将会被拒绝。

(3)读出和检查设备的状态

在启动某个设备进行 I/O 操作时，其前提条件应是该设备正处于空闲可用的状态。因此在启动设备之前，要从设备控制器的状态寄存器中，读出设备的状态。例如，为了使用某台打印机打印数据，首先应检查该打印机是否处于打印就绪状态，仅当它处于打印就绪状态时，才能启动其设备控制器，否则只能等待。

(4)传送必要的参数

对于许多设备，特别是块设备，除了必须向其控制器发出启动命令外，还需要传送必要的参数。例如在启动磁盘进行读/写之前，应先将本次将要读写的字节数及数据应到达的内存始址等参数送入控制器的相应寄存器中。

(5)工作方式的设置

有些设备可具有多种工作方式。在启动设备接口之前，应先按照通信规程设定参数以确定工作方式：如设置波特率、奇偶校验方式、停止位数目及数据字节长度等。

(6)启动 I/O 设备

在完成了上述一系列准备工作之后，就可以正式启动 I/O 设备了。

此时，驱动程序可以向控制器中的命令寄存器传送相应的控制命令。对于字符设备，若发出的是写命令，驱动程序将把一个数据传送给控制器；若发出的是读命令，则驱动程序等待接收数据，并通过从控制器中的状态寄存器读入状态字的方法，来确定数据是否到达。

驱动程序发出 I/O 命令后，基本的 I/O 操作是在设备控制器的控制下进行的。通常，I/O操作所要完成的工作较多，需要一定的时间，如读/写一个盘块中的数据，此时驱动进程把自己阻塞起来，直到中断到来时才将它唤醒。

8.5.4 与设备无关的系统软件

虽然 I/O 软件中的一部分(如设备驱动程序)与设备相关，但大部分软件是与设备无关的。至于设备驱动程序与设备无关软件之间的界限，则随操作系统的不同而不同。具体划分原则取决于系统的设计者怎样权衡系统与设备的独立性、设备驱动程序的运行效率等诸多因素。对于一些按照设备独立方式实现的功能，出于效率和其他方面的考虑，也可以由设备驱动程序来实现。

与设备无关软件的基本任务是实现一般设备都需要的 I/O 功能，并向用户层软件提供一个统一的、标准的接口。与设备无关的软件通常应实现的功能包括：设备命名、设备保护、提供与设备无关的逻辑块、缓冲、存储设备的块分配、独占设备的分配和回收、出错处理。

1. 设备命名

如何给文件和设备命名是操作系统中的一个主要问题。操作系统的 I/O 软件中，对输入/输出设备采用了统一命名。那么，谁来区分这些命名同文件一样的输入/输出设备呢？就是与设备无关的软件，它负责把设备的符号名映射到相应的设备驱动程序上。例如，在 UNIX 系统中，像/dev/tty00 这样的设备名。唯一确定了一个特殊文件的 i 节点，这个 i 节点包含了主设备号和次设备号。主设备号用于寻找对应的设备驱动程序，而次设备号提供了设备驱动程序的有关参数，用来确定要读写的具体设备。

2. 设备保护

设备保护与设备命名机制密切相关。对设备进行必要的保护、防止未授权的应用或用户非法使用设备是设备保护的主要任务。在操作系统中如何防止对设备的未授权访问呢？多数个人计算机系统根本就不提供任何保护，所有进程都可以为所欲为。比如在 MS-DOS 系统中，操作系统根本没有对设备设置任何的保护机制。在大多数大型计算机系统中，用户进程对 I/O 设备的直接访问是完全禁止的；而 UNIX 系统则采用一种更为灵活的保护方式，对于系统中的 I/O 设备设置 rwx 权限进行保护。因此，系统管理员可以根据需要为每一台设备设置合理的访问权限。

3. 提供与设备无关的逻辑块

在各种输入/输出设备中，有着不同的存储设备，其空间大小、读取速度和传输速率等各不相同。与设备无关的系统软件的一个重要任务就是向较高层软件屏蔽这一事实并给上层软件提供大小统一的块尺寸。例如，可以将若干个扇区合并成一个逻辑块。这样用户层软件就只和逻辑块大小都相同的抽象设备交互，而不管物理扇区的大小。类似地，有些字符设备(如 MODEM)一次传输一个字符的数据，而其他字符设备(如网卡)则使用比字节大一些的单元，这类差别也必须在这一层进行屏蔽。

4. 缓冲

对于常见的块设备和字符设备，一般都使用缓冲区。对于块设备，硬件一般一次读写一个完整的块，而用户进程是按任意单位读写数据的。如果用户进程只写了半块数据，则操作系统通常将数据保存在内部缓冲区中，等到用户进程写完整块数据才将缓冲区中的数据写到磁盘上。对于字符设备，当用户进程把数据写入系统的速度快于系统输出数据的速度时，也必须要使用缓冲。

5. 存储设备的块分配

在创建一个文件并向其中写入数据时，通常要为该文件分配新的存储块。为完成这一分配工作，操作系统需要为每个磁盘设置一张空闲磁盘块表或位示图，这种查找空闲块的算法是与设备无关的，因此可以放在设备驱动程序上面与设备无关的软件层中处理。

6. 独占设备的分配与回收

有一些设备，如打印机，在任何时刻只能被单个进程使用，这就要求操作系统对设备使用请求进行检查，并根据申请设备的可用状况决定是否接受该请求。一个简单的处理这些请求的方法是，要求进程直接通过 OPEN 打开设备的特殊文件来提出请求。若设备不能用，则 OPEN 失败，关闭这种独占设备的同时释放该设备。

7. 出错处理

一般来说，出错处理是由设备驱动程序来完成的。大多数错误是与设备密切相关的，因此，只有设备驱动程序知道如何处理(比如重试、忽略或放弃)。但还有一些典型的错误不是输入/输出设备的错误造成的，如由于磁盘块受损而不能再读，设备驱动程序将尝试重读一定次数，若仍有错误，则放弃重读并通知与设备无关的软件，这样，如何处理这个错误就与设备无关了。如果在读一个用户文件时出现错误，操作系统会将错误信息报告给调用者；若在读一些关键的系统数据结构时出现错误，如磁盘的空闲块表或位示图，操作系统则需要打印错误信息，并向系统管理员报告相应的错误。

8.5.5 用户层的 I/O 软件

一般来说，大部分 I/O 软件都包含在操作系统中，但是用户程序仍有一小部分是与库函数连接在一起的，甚至还有在内核之外运行的程序。通常的系统调用，包括 I/O 系统调用，是由库函数实现的。如一个用 C 语言编写的程序可含有如下的系统调用：

```
count=write(fd, buffer, nbytes)
```

在该程序运行期间，该程序将与库函数 write 连接在一起，并包含在运行时的二进制程序代码中。显然，所有这些库函数是 I/O 设备管理系统的组成部分。通常这些库函数的主要工作是把系统调用时所用的参数放在合适的位置，由其他 I/O 过程去实现真正的操作。在这里，输入/输出的格式是由库函数完成的。标准的 I/O 库包含了许多涉及 I/O 的过程，它们都是作为用户程序的一部分运行的。

但是，并非所有的用户层 I/O 软件都是由库函数组成的。SPOOLing 系统是另一种重要的处理方法。该系统是多道程序设计系统中处理独占 I/O 设备的一种方法。以打印机为例，打印机是一种独占设备，若一个进程打开它，然后很长时间不使用，就会导致其他进程都无法使用这台打印机。避免这种情况的方法是创建一个特殊的守护(daemon)进程以及一个特殊目录，称为 SPOOLing 目录。当一个进程要打印一个文件时，首先生成完整的待打印文件并将其存放在 SPOOLing 目录下，然后由守护进程完成该目录下文件的打印工作，该进程是唯一一个拥有使用打印机特殊文件权限的进程。通过保护特殊文件以防止用户直接使用，可以解决进程空占打印机的问题。

需要指出的是，SPOOLing 技术并非只适用于打印机这类输出设备，还可应用到其他情况中。例如，在网络上传输文件常使用网络守护进程，发送文件前用户先将文件放在一个特定目录下，然后由网络守护进程将其取出发送。这种文件传送方式的用途之一是 Internet 的电子邮件系统。Internet 通过网络将大量的计算机连在一起，当需要发送电子邮件时，用户使用发送程序(如 send)，该程序接收要发送的信件并将其送入一个 SPOOLing 目录，待以后发送。整个电子邮件系统在操作系统之外运行。

8.6 磁盘存储器的管理

在现代计算机系统中都配置了磁盘，并以它为主来存放文件，因此，对文件的操作，都将涉及对磁盘的访问。磁盘不仅存储容量大，而且可以实现随机存取，也是实现虚拟存储器的必备硬件之一。磁盘 I/O 速度的快慢，将直接影响系统的性能，因此，如何提高磁盘 I/O 的性能，已成为现代操作系统的重要任务之一。

8.6.1 磁盘性能概述

磁盘是由表面涂有磁性物质的金属或塑料构成的圆形盘片，是典型的直接存取设备，这种设备允许文件系统直接存取磁盘上的任意物理块。

1. 磁盘的结构

磁盘的出现为计算机提供了海量的外存空间。磁盘其实可以看成一个很大的一维阵列，由许许多多的最小逻辑单元组成。磁盘的最小传输单元称之为逻辑块。逻辑块的大小一般为 512 字节。也可以通过低格划分不同大小的逻辑块，如 1024 字节。

磁盘的结构如图 8-19 所示。每个磁盘可以划分若干个柱面。对应每一个柱面，将磁盘表面划分为若干个同心圆，每个同心圆称之为一个磁道。信息就线性地记录在每条磁道上。按照由内到外的顺序，依次标记磁道为磁道 0、磁道 1，等等。每条磁道的大小约为若干 KB。如果以磁道作为最小寻址和存取单位则显得太大，于是，需要对磁道再进行细分。许多系统将磁道进一步划分为若干个扇区。扇区可以是定长的，也可以是变长的，主要由硬件决定。

一个物理记录存储在一个扇区上，磁盘上存储的物理记录数目是由扇区数、磁道数以及磁盘面数所决定的。例如，一个 10GB 容量的磁盘，有 8 个双面可存储盘片，共 16 个存储面(盘面)，每面有 16383 个磁道(或称柱面)，63 个扇区。

为了提高磁盘的存储容量，充分利用磁盘外面磁道的存储能力，现代磁盘不再把内外磁道划分为相同数目的扇区，而是利用外层磁道容量较内层磁道大的特点，将盘面划分成若干条环带，使得同一环带内的所有磁道具有相同的扇区数。显然，外层环带的磁道拥有较内层环带的磁道更多的扇区。为了减少这种磁道和扇区在盘面分布的几何形式变化对驱动程序的影响，大多数现代磁盘都隐藏了这些细节，向操作系统提供虚拟几何的磁盘规格，而不是实际的物理几何规格。

2. 磁盘类型

对磁盘可以从不同的角度进行分类，最常见的是将磁盘分成硬盘和软盘、单片盘和多片盘、固定头磁盘和移动头磁盘等。下面仅对固定头磁盘和移动头磁盘作一介绍：

(1)固定头磁盘

这种磁盘在每条磁道上都有一个读/写磁头，所有磁头都被装在一刚性磁臂中，磁臂可以伸展，通过这些磁头可访问所有的磁道，并进行并行读/写，有效地提高了磁盘的 I/O 速度。这种结构主要用于大容量磁盘上。

(2)移动头磁盘

这种磁盘在每一个盘面上仅配有一个磁头，也被装入磁臂中。由于磁头必须能够定位在任何一个磁道上，磁臂为这个目的可以伸展或缩回。

对于大多数磁盘，盘片的两面都有磁涂层，称为双面(double sided)磁盘。某些磁盘驱动器允许多个盘片垂直堆叠起来，同时提供多个磁头臂，如图 8-19 所示。

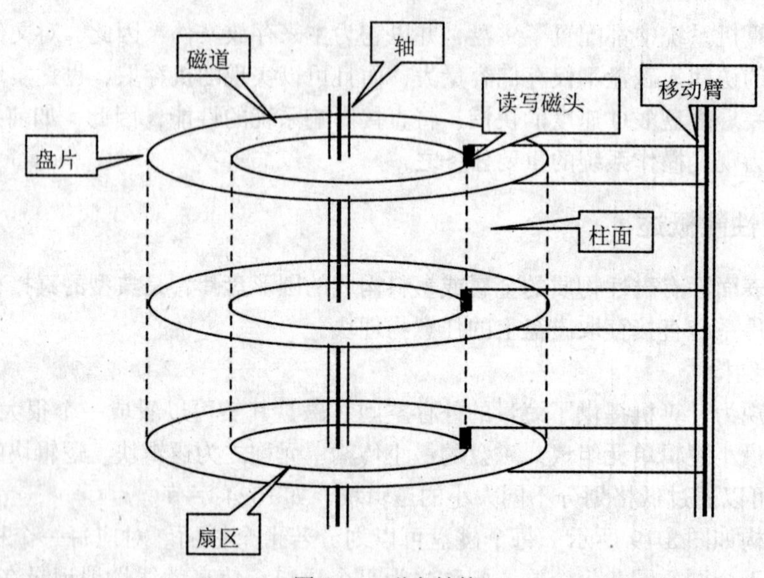

图 8-19　磁盘结构

3. 磁盘访问时间

文件中的数据通常不是存储在同一盘面的各个磁道上，而是存储在同一柱面的不同磁道上，这样做可以使移动臂的移动次数减少，从而缩短存取数据的时间。为了访问磁盘上的一个物理记录，必须给出 3 个参数：柱面号、磁头号和扇区号。因此，对于采用移动磁头的磁盘要访问某特定的磁盘块时，所用时间通常包括以下三部分时间：

(1)寻道时间 T_s

寻道时间是把磁臂(磁头)从当前位置移动到指定磁道上所经历的时间。该时间由两个重要部分组成，一个是启动磁盘的时间 s，另一个是磁头移动 n 条磁道所花费的时间，即寻道时间 T_s 为：

$$T_s = m \times n + s$$

其中，m 是一常数，与磁盘驱动器的速度有关，对一般磁盘而言，m = 0.3；对于高速磁盘而言，m≤0.1。磁臂启动时间大约为 3ms。这样，对一般的温盘(温彻斯特盘)，其寻道时间将随着寻道距离的增加而增大。

(2)旋转延迟时间 T_r

旋转延迟时间是指固定扇区转动到磁头下面所经历的时间。对于硬盘，典型的旋转速度

为 5400 ~ 7200rpm，每转需要时间约为 11.1 ~ 8.3ms，平均旋转延迟时间 T_r 为5.55 ~4.15ms。

（3）传输时间 Tt

传输时间是指把数据从磁盘读出或向磁盘写入数据所经历的时间。T_t 的大小与每次所读/写的字节数 b 和旋转速度有关：

$$T_t=\frac{b}{rN}$$

其中，r 为磁盘旋转速度，单位是转/秒，N 为一条磁道上的字节数，当一次读/写的字节数相当于半条磁道上的字节数时，T_t 与 T_r 相同。因此，可将访问时间 T_a 表示为

$$T_a=T_s+\frac{1}{2r}+\frac{b}{rN}$$

磁盘访问时间的组成如图 8-20 所示。

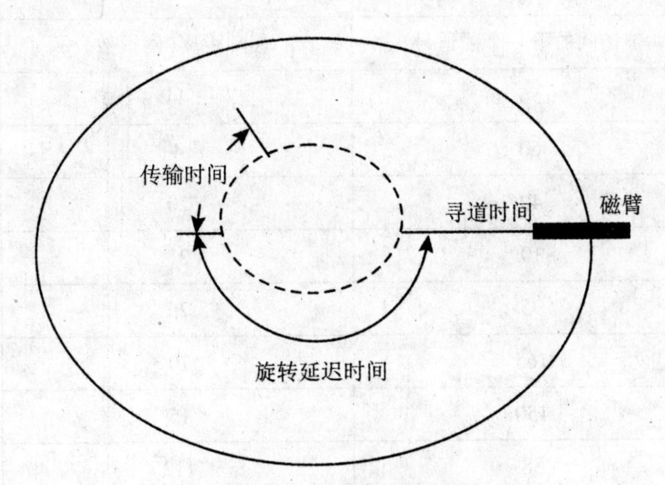

图 8-20　磁盘访问时间的组成

8.6.2　磁盘调度

磁盘是一种可共享使用的设备。在多道程序设计系统中，同时会有若干个进程要求访问磁盘，但每一时刻仍只允许一个访问者启动它，进行输入/输出操作，其余的访问者必须等待，直到一次输入/输出操作结束后才能释放等待访问者中的一个，让它去启动磁盘。现在的问题是应先释放哪一个？显然应根据移动臂的当前位置使寻找时间和延迟时间尽可能小的那个访问者优先得到服务。这样可以降低若干个访问者执行输入/输出操作的总时间，增加单位时间内输入/输出操作的次数，有利于提高系统效率。

系统往往采用一定的调度策略来决定各等待访问者的执行次序，我们把这项决定等待访问者执行次序的工作称为驱动调度，采用的调度策略称为驱动调度算法。对磁盘来说，驱动调度包括“移臂调度”和“旋转调度”两部分。一般总是先进行移臂调度，再进行旋转调度。移臂调度的目标是尽可能地减少寻找磁道的时间。旋转调度的目标是尽可能地减少延迟时间。

1. 移臂调度

根据等待访问者指定的柱面位置来决定次序的调度称为移臂调度。移臂调度的目的是尽

可能地减少输入/输出操作中的寻找磁道的时间。常用的移臂调度算法有先来先服务调度算法、最短寻道时间优先调度算法、扫描算法和循环扫描算法等。

(1)先来先服务(First Come First Served, FCFS)调度算法

FCFS 调度算法是一种最简单的磁盘移臂调度算法。这种算法实际上不考虑访问者要求访问的物理位置，而只是考虑访问者提出访问请求的先后次序。例如，假设读写磁头当前位置在 100 号磁道，进程(请求者)按其发出请求的先后次序申请访问数据的磁道号分别为 56、60、40、19、95、165、150、38、185。那么，当第 100 号磁道上的操作结束后，移动臂将按请求的先后次序，先移动到 56 号磁道为请求访问者服务，然后再依次移动到 60、40、……号磁道，最后到达 185 号磁道。这样，平均寻道长度为 56.6 条磁道，如图 8-21 所示。

(从 100 号磁道开始)	
被访问的下一个磁道号	移动距离(磁道数)
56	44
60	4
40	20
19	21
95	76
165	70
150	15
38	112
185	147
平均寻道长度：56.6	

图 8-21　FCFS 调度算法

FCFS 算法的优点是公平、简单，且每个进程的请求都能依次得到处理，不会出现某一进程的请求长期得不到满足的情况。但此算法由于未对寻道进行优化，致使平均寻道时间较长，与后面要讲的几种高速算法相比，其平均寻道长度最大。故 FCFS 算法仅适用于请求磁盘 I/O 的进程数目较少的场合。

(2)最短寻道时间优先(Shortest Seek Time First, SSTF)调度算法

最短寻道时间优先调度算法总是从等待访问者中挑选寻道时间最短的那个请求进程优先执行，而不管访问者到来的先后次序。但这种算法不能保证平均寻道时间最短。图 8-22 给出了按 SSTF 算法进行调度时，各进程被调度的次序、每次磁头的移动距离以及磁头的平均移动距离。比较图 8-21 和图 8-22 可以看出，SSTF 算法磁头移动的平均距离明显低于 FCFS 算法中的磁头平均移动距离，故 SSTF 较之 FCFS 有更好的寻道性能，过去曾一度被广泛采用。

(从 100 号磁道开始)	
被访问的下一个磁道号	移动距离(磁道数)
95	5
60	35
56	4
40	16
38	2
19	19
150	131
165	15
185	20
平均寻道长度：27.4	

图 8-22　SSTF 调度算法

(3)扫描(SCAN)算法

SSTF 算法虽然能获得较好的寻道性能，但它可能导致某些进程发生“饥饿”现象。因为只要不断有新进程的请求到达，且其所要访问的磁道与磁头当前所在磁道的距离较近，这种新进程的 I/O 请求必被优先满足。对 SSTF 算法略加修改后形成的 SCAN 算法，可防止原有进程的饥饿现象的出现。

SCAN 算法不仅考虑到欲访问磁道与当前磁道间的距离，更优先考虑的是磁头的当前移动方向。例如，当磁头正在自里向外移动时，SCAN 算法所选择的下一个访问对象应是其欲访问的磁道，既在当前磁道之外，又是距离最近的。这样自里向外地访问，直至再无更外的磁道需要访问时，才将磁臂换向，自外向里移动。同样也是每次选择要访问的磁道在当前位置内，且距离最近的进程来调度，这样，磁头又是逐步地从外向里移动，直至再无更里面的磁道要被访问为止，从而避免了饥饿现象的出现。由于这种算法中磁头的移动规律颇似电梯的运行，故又常称为电梯调度算法。如图 8-23 所示为按 SCAN 算法对 9 个访问请求进行调度及磁头移动的情况。

(从 100 号磁道开始，向磁道号增加方向访问)	
被访问的下一个磁道号	移动距离(磁道数)
150	50
165	15
185	20
95	90
60	35
56	4
40	16
38	2
19	19
平均寻道长度：27.9	

图 8-23　SCAN 调度算法

(4)循环扫描(CSCAN)算法

SCAN 算法既能获得较好的寻道性能，又能防止进程饥饿，故被广泛应用于大、中、小型机和网络中的磁盘调度。但 SCAN 算法也存在这样的问题：当磁头刚从里向外移动过某一磁道时，恰有一进程请求访问该磁道，这时该进程必须等待，待磁头从里向外，然后再从外向里扫描完所有要访问的磁道后，才处理该进程的请求，致使该进程的请求被严重地推迟。为了减少这种延迟，CSCAN 算法规定磁头单向移动，例如只自里向外移动，当磁头移到最外的欲访问磁道时，立即返回到最里的欲访问磁道上。即将最小磁道号紧接着最大磁道号构成循环，进行循环扫描。对于 SCAN 算法，如果从最里面的磁道扫描的期望时间为 t，则这个外设上的扇区的期望服务时间间隔为 2t。采用循环扫描后，上述请求进程的请求延迟时间将从原来的 2t 减为 $t+S_{max}$，其中 S_{max} 是将磁头从最外面被访问的磁道直接移到最里面欲访问磁道的寻道时间(或相反)。如图 8-24 所示为 CSCAN 算法对 9 个访问请求调度的次序及每次磁头移动的距离。

(从 100 号磁道开始，向磁道号增加方向访问)	
被访问的下一个磁道号	移动距离(磁道数)
150	50
165	15
185	20
19	166
38	19
40	2
56	16
60	4
95	35
平均寻道长度：36. 3	

图 8-24 CSCAN 调度算法

(5)N 步 SCAN(N-Step-SCAN)算法

在 SSTF、SCAN、CSCAN 几种调度算法中，都可能出现磁臂停留在某处不动的情况。例如，有一个或几个进程对某一磁道有着较高的访问频率，即它们反复请求对某一磁道的 I/O,从而垄断了整个磁盘设备，我们把这一现象称为“磁臂粘着”(Armstickiness)，在高密度盘上更容易出现此类情况。N 步 SCAN 算法是将磁盘请求队列分成若干个长度为 N 的子队列，磁盘调度将按 FCFS 算法依次处理这些子队列，而每处理一个队列时又是按 SCAN 算法，当一个队列处理完后再处理其他队列。如果在处理某子队列时出现新的磁盘 I/O 请求，便将新请求进程放入其他队列，这样就可避免出现粘着现象。当 N 的值很大时，会使 N 步扫描算法的性能接近于 SCAN 算法；当 N=1 时，N 步 SCAN 算法便退化为 FCFS 算法。

(6)FSCAN 算法

FSCAN 算法实质上是 N 步 SCAN 算法的简化，它只将磁盘请求访问队列分成两个子队

列，一是当前所有请求磁盘I/O的进程所形成的队列，由磁盘调度按SCAN算法进行处理，在扫描期间，将新出现的所有请求磁盘I/O的进程，排入另一个等待处理的请求队列。这样，对新请求的服务都将被延迟到处理完所有的原有请求之后。

综上所述，最短寻道时间优先调度算法和扫描算法，在单位时间内处理的输入/输出请求较多，即吞吐量较大，但是请求的等待时间较长，扫描算法的等待时间更长一些。循环扫描算法仅适用于有不断大批量柱面均匀分布的I/O请求，且磁道上存放记录数量较大的情况。N步扫描算法使得各个输入/输出请求等待时间之间的差距最小，而吞吐量适中。

2. 旋转调度

当移动臂定位后，可能会有多个访问者访问该柱面。怎样来决定这些等待访问者的执行次序呢？从效率上考虑，显然应优先选择延迟时间最短的访问者去执行。这种根据延迟时间来决定执行次序的调度称为旋转调度。图8-25所示为旋转调度示例。图中数字表示依次传送各扇区中的磁道上信息的次序，而不是访问者的排队等待次序。

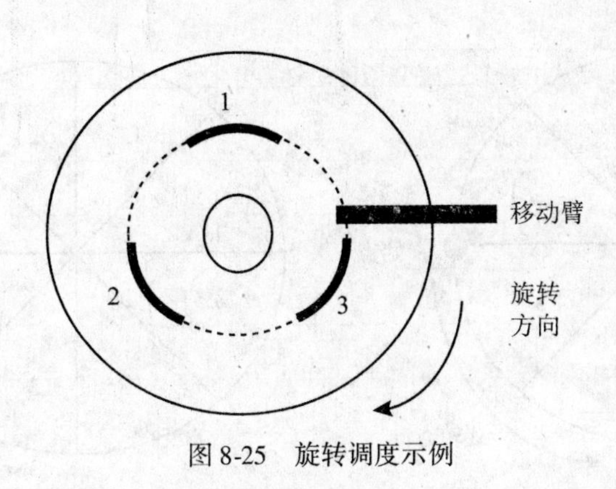

图8-25 旋转调度示例

在进行旋转调度时应区分如下几种情况：

(1)若干请求者要访问同一磁头下的不同扇区；

(2)若干请求者要访问不同磁头下的不同编号的扇区；

(3)若干请求者要访问不同磁头下具有相同编号的扇区。

对于前两种情况，旋转调度总是对先到达读写磁头位置下的扇区进行信息传送。对于第3种情况，这些请求指定的扇区会同时到达磁头位置下，这时根据磁头号可从中任意选择一个磁头进行读/写操作，其余的请求者必须等磁盘再次把扇区旋转到磁头位置时才有可能被选中。

例如，有四个访问5号柱面的访问者，它们的访问要求如表8-1所示。

表8-1 旋转调度示例

请求次序	柱面号	磁头号	扇区号
(1)	5	4	1
(2)	5	1	5
(3)	5	4	5
(4)	5	2	8

进行旋转调度后使得它们的执行次序是：(1)，(2)，(4)，(3)；或(1)，(3)，(4)，(2)。其中第(2)，(3)两个请求都是访问第5个扇区，当第5个扇区旋转到磁头位置下时，只有其中一个请求可执行传送操作，而另一个请求必须等磁盘再一次把第5个扇区旋转到磁头位置下时才能执行。

由此可见，当一次移臂调度把移动臂定位到某一柱面后，还可能进行多次旋转调度，以减少若干个信息传输操作所需的总时间。

3. 信息的优化分布

信息在磁道上的排列方式也会影响旋转调度的时间。例如，某系统对磁盘初始化时把每个盘面划分为8个扇区，今有8条逻辑记录被存放在同一个磁道上供处理程序使用，处理程序要求顺序处理这8条记录，每次请求从磁盘上读一条记录，然后对读出的记录花5ms的时间进行处理，以后再读下一条记录进行处理，直至8条记录全部处理完毕。假定磁盘转速为每周20ms，现把这8条逻辑记录(L1～L8)依次存放在磁道上，如图8-26(a)所示。

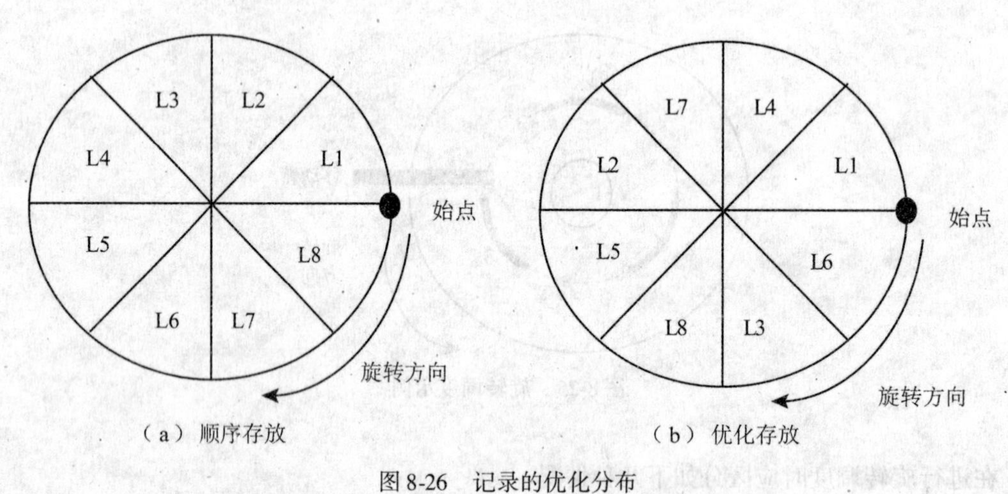

图8-26　记录的优化分布

显然，读一条记录要花2.5ms的时间。当花了2.5ms的时间读出第1条记录并花5ms的时间进行处理后，读写磁头已经在第4条记录的位置，为了顺序处理第2条记录，必须等待磁盘把第2条记录旋转到读写磁头位置下面，即要有15ms的延迟时间。这样，处理这8条记录所要花费的时间为：

$$8\times(2.5+5)+7\times15=165(\text{ms})$$

我们可以把这8条逻辑记录在磁道上的位置重新安排一下，将这8条逻辑记录安排成最优分布，即当读出一条记录并处理后，读写磁头正好处于顺序的下一条记录的位置，因而就不必花费等待延迟时间，而可立即读出该记录，如图8-26(b)所示。这样，处理这8条逻辑记录所要花费的时间为：

$$8\times(2.5+5)=60(\text{ms})$$

可见，记录的优化分布有利于减少延迟时间，从而缩短了输入/输出操作的时间。所以，对于一些能预知处理要求的信息采用优化分布可以提高系统的效率。

8.6.3 提高磁盘 I/O 速度的方法

目前，磁盘的 I/O 速度远低于对内存的访问速度，通常要低 4～6 个数量级。因此，磁盘的 I/O 已经成为计算机系统的瓶颈。于是，人们便千方百计地去提高磁盘 I/O 的速度，其中最主要的技术是采用磁盘高速缓存(Disk Cache)。

1. 磁盘高速缓存

我们在第五章存储管理中介绍了高速缓冲存储器(Cache Memory)，高速缓冲存储器通常是指一个比内存小且比内存快的存储器，这个存储器位于内存和处理机之间。这种高速缓冲存储器通过利用程序的局部性原理，可以减少平均存储器存取时间。

同样的原理可以用于磁盘存储器。特别地，一个磁盘高速缓存是内存中为磁盘扇区设置的一个缓冲区，它包含有磁盘中某些扇区的副本。当出现一个请求某一特定扇区的 I/O 请求时，首先进行检测，以确定该扇区是否在磁盘高速缓存中。如果在，则该请求可以通过这个高速缓存来满足；如果不在，则把被请求的扇区从磁盘读到磁盘高速缓存中。由于访问的局部性现象的存在，当一块数据被读入到高速缓存以满足一个 I/O 请求时，很有可能将来还会访问到这一块数据。

(1)磁盘高速缓存的形式

磁盘高速缓存在内存中可分成两种形式。第一种是在内存中开辟一个单独的存储空间来作为磁盘高速缓存，其大小是固定的，不会受到应用程序多少的影响；第二种是把所有未利用的内存空间变为一个缓冲池，供请求分页系统和磁盘 I/O 时(作为磁盘高速缓存)共享。此时，高速缓存的大小显然不再是固定的。当磁盘 I/O 的频繁程度较高时，该缓冲池可能包含更多的内存空间；而在应用程序运行得较多时，该缓冲池可能只剩下较少的内存空间。

(2)数据交付方式

数据交付(Data Delivery)是指将磁盘高速缓存中的数据传送给请求者进程。当有一进程请求访问某个盘块中的数据时，由内核首先查看磁盘高速缓存中是否有进程所请求访问的数据，若有，则直接从磁盘高速缓存中提取数据并交付给请求者进程，这样可以避免访问磁盘的操作，从而提高访问速度；否则，应先从磁盘中将所要访问的数据读入并交付给请求者进程，同时将数据送入磁盘高速缓存。当以后又需要访问该盘块的数据时，便可直接从高速缓存中提取。

系统可以采取两种方式将数据交付给请求进程：

① 数据交付。这是直接将高速缓存中的数据传送到请求者进程的内存工作区中；

② 指针交付。这是只将指向高速缓存中某区域的指针交付给请求者进程。

采用指针交付方式由于所传送的数据量较少，因而节省了数据从磁盘高速缓存到进程的内存工作区的时间。

(3)置换算法

如同请求调页(段)一样，在将磁盘中的盘块数据读入高速缓存时，同样会出现因高速缓存中已装满盘块数据而需要将该数据先换出的问题。相应地，也必然存在着采用哪种置换算法的问题。较常用的置换算法仍然是最近最久未使用算法 LRU、最近未使用算法 NRU 及最少使用算法 LFU 等。

由于请求调页中的联想存储器与高速缓存(磁盘 I/O 中)的工作情况不同，因而使得在置换算法中所应考虑的问题也有所差异。因此，现在不少系统在设计其高速缓存的置换算法时，除了考虑到最近最久未使用这一原则外，还应考虑以下几点：

① 访问频率

通常，每执行一条指令时，便可能访问一次联想存储器，亦即联想存储器的访问频率基本上与指令执行的频率相当。而对高速缓存的访问频率，则与磁盘 I/O 的频率相当。因此，对联想存储器的访问频率远远高于对高速缓存的访问频率。

② 可预见性

在高速缓存中的各盘块数据，有哪些数据可能在较长时间内不会再次被访问，又有哪些数据可能很快就再被访问，会有相当一部分是可预知的。例如，对二次地址及目录块等，在它被访问后，可能会很久都不再被访问。又如，正在写入数据的未满盘块，可能会很快又被访问。

③ 数据的一致性

由于高速缓存是做在内存中的，而内存一般又是一种易失性的存储器，一旦系统发生故障，存放在高速缓存中的数据将会丢失；而其中有些盘块(如索引结点盘块)中的数据已被修改，但尚未拷回磁盘，因此，当系统发生故障后，可能会造成数据的不一致性。

基于上述考虑，在有的系统中便将高速缓存中的所有盘块数据拉成一条 LRU 链。对于那些会严重影响到数据一致性的盘块数据和很久都可能不再使用的盘块数据，都放在 LRU 链的头部，使它们能被优先写回磁盘，以减少发生数据不一致性的概率，或者可以尽早地腾出高速缓存的空间。对于那些可能在不久之后便要再使用的盘块数据，应挂在 LRU 链的尾部，以便在不久以后需要时，只要该数据块尚未从链中移至链首而被写回磁盘，便可直接到高速缓存中(即 LRU 链中)去找到它们。

(4)周期性地写回磁盘

在采用 LRU 算法时，对于那些经常要被访问的盘块数据，可能会一直保留在高速缓存中，长期不会被写回磁盘。因为在 LRU 算法中，LRU 链意味着链中任一元素在被访问之后，总是又被挂到链尾而不被写回磁盘；只有那些一直未被访问的元素，才有可能移到链首，而被写回磁盘。这种情况就好比是我们一上班就开始编写一篇文档，边写边修改，正在编辑的部分就一直保存在高速缓存的 LRU 链中。如果在快下班时，系统突然发生故障，这样，存放在高速缓存中的已写的那部分文档将随之消失，致使我们白白浪费了一天的劳动。

为了解决这一问题，在 UNIX 系统中专门增设了一个修改(update)程序，使之在后台运行，该程序周期性地调用一个系统调用 SYNC。该调用的功能是强制性地将所有在高速缓存中已修改的盘块数据写回磁盘。一般是把两次调用 SYNC 的时间间隔定为 30s。这样，因系统故障所造成的工作损失不会超过 30s 的劳动量。而在 MS-DOS 中所采用的方法是：只要高速缓存中的某盘块数据被修改，便立即将它写回磁盘，并将这种高速缓存称为“写穿透高速缓存”(write-through cache)。很显然，这种写回方式几乎不会造成数据的丢失，但必须频繁地启动磁盘。

2. 提高磁盘 I/O 速度的其他方法

在系统中设置了磁盘高速缓存后，能显著地减少等待磁盘 I/O 的时间。除此之外，系统中还设置了其他几种能有效地提高磁盘 I/O 速度的方法，这些方法已被许多系统所采用。

(1)提前读(Read-ahead)

对于采用顺序方式所访问的文件数据，在读当前盘块时已经知道下次要读出的盘块地址，因此，可在读当前盘块的同时，提前把下一盘块的数据也读入磁盘缓冲区。这样一来，

当下次要读盘块中的那些数据时，由于已经提前把它们读入缓冲区，便可直接使用，从而缩短读数据的时间，相当于提高磁盘 I/O 速度。“提前读”功能已被许多操作系统如 UNIX、OS/2、Windows 所采用。

(2)延迟写

在执行写操作时，磁盘缓冲区中的数据本应立即写回磁盘，但考虑到此缓冲区中的数据不久之后会再次被进程访问，因此，并不立即将缓冲区中的数据写盘，而是把它挂在空闲缓冲区队列的末尾。随着空闲缓冲区的使用，存有输出数据的缓冲区不停地向队列头移动，直至移动到空闲缓冲区队列之首，当再由进程申请缓冲区且分配到此缓冲区时，才把其中的数据写到磁盘上，于是这个缓冲区可作为空闲缓冲区分配。只要存有输出数据的缓冲区还在队列中，任何对此数据的访问均可直接从中找回，不必再去访问磁盘，这样做可以减少磁盘 I/O 的次数。同样，在 UNIX、OS/2 和 Windows 系统中也都采用这一技术。

UNIX/Linux 提供两种读盘方式和三种写盘方式。“正常读”是指把磁盘块信息读入内存缓冲区；“提前读”是指在读磁盘当前块时，把下一磁盘块也读入内存缓冲区；“正常写”是指把内存缓冲区中的信息写至磁盘块，且写进程应等待写操作完成；“异步写”是指写进程无须等待写盘结束就可返回工作；“延迟写”是指仅在缓冲区首部设置“延迟写”标志，然后，释放此缓冲区并将其链入空闲缓冲区链表的尾部，当其他进程申请到此缓冲区时，才真正把缓冲区信息写回磁盘块。

(3)优化物理块的分布

另一种提高磁盘 I/O 速度的重要措施是优化文件物理块的分布，使磁头的移动距离最小。虽然链接分配和索引分配方式都允许将一个文件的物理块分散在磁盘的任意位置，但如果将一个文件的多个物理块安排得过于分散，会增加磁头的移动距离。例如，将文件的第一个盘块安排在最里的一条磁道上。而把第二个盘块安排在最外的一条磁道上，这样，在读完第一个盘块后转去读第二个盘块时，磁头要从最里的磁道移动到最外的磁道上。如果我们将这两个数据块安排在属于同一条磁道的两个盘块上，显然会由于消除了磁头在磁道间的移动，而大大提高对这两个盘块的访问速度。

对文件盘块位置的优化，应在为文件分配盘块时进行。如果系统中的空白存储空间是采用位示图方式表示的，则要将同属于一个文件的盘块安排在同一条磁道上或相邻的磁道上是十分容易的事。这时，只要从位示图中找到一片相邻接的多个空闲盘块即可。但当系统采用线性表(链)法来组织空闲存储空间时，要为一文件分配多个相邻接的盘块，就要困难一些。此时，我们可以将在同一条磁道上的若干个盘块组成一簇，例如，一簇包括 4 个盘块，在分配存储空间时，以簇为单位进行分配。这样就可以保证在访问几个盘块时，不必移动磁头或者仅移动一条磁道的距离，从而减少了磁头的平均移动距离。

(4)虚拟盘

虚拟盘是指用内存空间去仿真磁盘，又叫做 RAM 盘。虚拟盘的设备驱动程序可接收所有标准的磁盘操作，但这些操作的执行不是在磁盘上而是在内存中，操作过程对用户而言是透明的，并不会发现这与真正的磁盘操作有何不同，而仅仅是更快一些。虚拟盘是易失性存储器，一旦系统或电源发生故障，保存在虚拟盘中的数据会全部丢失，因此，虚拟盘常用于存放临时文件，如编译程序所产生的目标程序等。虚拟盘与数据缓冲区高速缓存之间的主要区别在于：虚拟盘中的内容完全由用户控制，而高速磁盘缓存中的内容是由操作系统控制的。例如，RAM 盘在开始时是空的，仅当用户(程序)在 RAM 盘中创建了文件后，RAM 盘中才有内容。

8.6.4 廉价磁盘冗余阵列(RAID)

廉价磁盘冗余阵列(Redundant Array of Inexpensive Disk，RAID)是1987年由美国加利福尼亚大学伯克利分校提出的，现在已经开始广泛地应用于大、中型计算机系统和计算机网络中。

1. RAID的工作原理

RAID的原理是利用数组方式来做磁盘组，配合数据分散排列的设计，提升数据的安全性。磁盘阵列是由很多价格较便宜的磁盘，组合成一个容量巨大的磁盘组，利用个别磁盘提供数据所产生加成效果提升整个磁盘系统效能。利用这项技术，将数据切割成许多区段，分别存放在各个硬盘上。磁盘阵列还能利用同位检查(Parity Check)的观念，在数组中任一个硬盘故障时，仍可读出数据，在数据重构时，将数据计算后重新置入新硬盘中。

RAID作为独立系统在主机外直连或通过网络与主机相连。磁盘阵列有多个端口可以被不同主机或不同端口连接。一个主机连接阵列的不同端口可提升传输速度。

和当时PC用单磁盘内部集成缓存一样，在磁盘阵列内部为加快与主机交互速度，都带有一定量的缓冲存储器。主机与磁盘阵列的缓存交互，缓存与具体的磁盘交互数据。

在应用中，有部分常用的数据是需要经常读取的，RAID根据内部的算法，查找出这些经常读取的数据，存储在缓存中，加快主机读取这些数据的速度，而对于其他缓存中没有的数据，主机要读取，则由阵列从磁盘上直接读取传输给主机。对于主机写入的数据，只写在缓存中，主机可以立即完成操作，然后由缓存再慢慢写入磁盘。

2. RAID的分类

磁盘阵列其样式有三种：一是外接式磁盘阵列柜；二是内接式磁盘阵列卡；三是利用软件来仿真。

外接式磁盘阵列柜最常被使用于大型服务器上，具有可热插拔(Hot Swap)的特性，不过这类产品的价格都很贵。

内接式磁盘阵列卡因为价格便宜，但需要较高的安装技术，适合技术人员使用操作。

利用软件仿真的方式，由于会拖累机器的速度，不适合大数据流量的服务器。

3. RAID的解决方案

RAID方案有两种：一种是硬件RAID解决方案，另一种是软RAID解决方案。这里主要介绍硬RAID。

(1)RAID 0

RAID 0是最早出现的RAID模式，即Data Stripping数据条带化技术。RAID 0是组建磁盘阵列中最简单的一种形式，只需要2块以上的硬盘即可，成本低，可以提高整个磁盘的性能和吞吐量。RAID 0没有提供冗余或容错能力，但实现成本是最低的。

RAID 0最简单的实现方式就是把N块同样的硬盘用硬件的形式通过智能磁盘控制器或用操作系统中的磁盘驱动程序以软件的方式串联在一起创建一个大的卷集。在使用中，数据依次写入到各块硬盘中，它的最大优点就是可以整倍地提高硬盘的容量。如使用了三块80GB的硬盘组建成RAID 0模式，那么磁盘容量就会是240GB。其速度方面，各单独一块硬盘的速度完全相同。最大的缺点在于任何一块硬盘出现故障，整个系统将会受到破坏，可靠性仅为单独一块硬盘的1/N。

为了解决这一问题，便推出了 RAID 0 的另一种模式。即在 N 块硬盘上选择合理的带区来创建带区集。其原理就是将原先顺序写入的数据分散到所有的四块硬盘中同时进行读写。四块硬盘的并行操作使同一时间内磁盘读写的速度提升了 4 倍。

在创建带区集时，合理地选择带区的大小非常重要。如果带区过大，可能一块磁盘上的带区空间就可以满足大部分的 I/O 操作，使数据的读写仍然只局限在少数的一、两块硬盘上，不能充分地发挥出并行操作的优势。另一方面，如果带区过小，任何 I/O 指令都可能引发大量的读写操作，占用过多的控制器总线带宽。因此，在创建带区集时，我们应当根据实际应用的需要，慎重地选择带区的大小。

带区集虽然可以把数据均匀地分配到所有的磁盘上进行读写，但如果我们把所有的硬盘都连接到一个控制器上，可能会带来潜在的危害。这是因为当我们频繁进行读写操作时，很容易使控制器或总线的负荷超载。为了避免出现上述问题，建议用户可以使用多个磁盘控制器。最好的解决方法还是为每一块硬盘都配备一个专门的磁盘控制器。

虽然 RAID 0 可以提供更多的空间和更好的性能，但是整个系统是非常不可靠的。如果出现故障，无法进行任何补救。所以，RAID 0 一般只是在那些对数据安全性要求不高的情况下才被人们使用。

(2) RAID 1

RAID 1 称为磁盘镜像，原理是把一个磁盘的数据镜像到另一个磁盘上，也就是说数据在写入一块磁盘的同时，会在另一块闲置的磁盘上生成镜像文件，在不影响性能的情况下最大限度地保证系统的可靠性和可修复性上，只要系统中任何一对镜像盘中至少有一块磁盘可以使用，甚至可以在一半数量的硬盘出现问题时系统都可以正常运行，当一块硬盘失效时，系统会忽略该硬盘，转而使用剩余的镜像盘读写数据，具备很好的磁盘冗余能力。虽然这样对数据来讲绝对安全，但是成本也会明显增加，磁盘利用率为 50%，以四块 80GB 容量的硬盘来讲，可利用的磁盘空间仅为 160GB。另外，出现硬盘故障的 RAID 系统不再可靠，应当及时地更换损坏的硬盘，否则剩余的镜像盘也出现问题，那么整个系统就会崩溃。更换新盘后原有数据会需要很长时间同步镜像，外界对数据的访问不会受到影响，只是这时整个系统的性能有所下降。因此，RAID 1 多用在保存关键性的重要数据的场合。

RAID 1 主要是通过二次读写实现磁盘镜像，所以磁盘控制器的负载也相当大，尤其是在需要频繁写入数据的环境中。为了避免出现性能瓶颈，使用多个磁盘控制器就显得很有必要。

(3) RAID 5

RAID 5 是一种存储性能、数据安全和存储成本兼顾的存储解决方案。RAID 5 不对存储的数据进行备份，而是把数据和相对应的奇偶校验信息存储到组成 RAID 5 的各个磁盘上，并且奇偶校验信息和相对应的数据分别存储于不同的磁盘上。当 RAID 5 的一个磁盘数据发生损坏后，可利用剩下的数据和相应的奇偶校验信息去恢复被损坏的数据。

RAID 5 可以理解为是 RAID 0 和 RAID 1 的折中方案。RAID 5 可以为系统提供数据安全保障，但保障程度要比镜像低而磁盘空间利用率要比镜像高。RAID 5 具有和 RAID 0 相近似的数据读取速度，只是多了一个奇偶校验信息，写入数据的速度比对单个磁盘进行写入操作稍慢。同时由于多个数据对应一个奇偶校验信息，RAID 5 的磁盘空间利用率要比 RAID 1 高，存储成本相对较低。

(4) RAID 6

RAID 6 与 RAID 5 相比，增加了第二个独立的奇偶校验信息块。两个独立的奇偶系统使用不同的算法，数据的可靠性非常高。即使两块磁盘同时失效，也不会影响数据的使用。但需要分配给奇偶校验信息更大的磁盘空间，相对于 RAID 5 有更大的“写损失”。RAID 6 的写性能非常差，较差的性能和复杂的实施使得 RAID 6 很少使用。

(5) RAID 10

从 RAID 10 的名称上我们便可以看出是 RAID 1 与 RAID 0 的结合体。在我们单独使用 RAID 1 时也会出现类似单独使用 RAID 0 时那样的问题，即在同一时间内只能向一块磁盘写入数据，不能充分利用所有的资源。为了解决这一问题，我们可以在磁盘镜像中建立带区集。因为这种配置方式综合了带区集和镜像的优势，所以被称为 RAID 10。把 RAID 0 和 RAID 1 技术结合起来，数据除分布在多个磁盘上外，每个磁盘都有其物理镜像，提供冗余能力，允许一个以下磁盘故障，而不影响数据可用性，并且具有快速读写能力。RAID 10 要在磁盘镜像中建立带区集至少需要 4 个硬盘。

RAID 10 价格高，可扩充性不好。主要用于数据容量不大，但要求速度和差错控制的数据库中。

4. RAID 的优点

RAID 自 1988 年问世以来，便引起了人们的普遍关注，并很快地流行起来。这主要是因为 RAID 具有下述一系列明显的优点。

(1) 可靠性高。RAID 最大的特点就是它的高可靠性。除了 RAID 0 外，其余各级都采用了容错技术。当阵列中某一磁盘损坏时，并不会造成数据的丢失，因为它既可实现磁盘镜像，又可实现磁盘双工，还可实现其他的冗余方式。所以此时可根据其他未损坏磁盘中的信息，来恢复已损坏的磁盘中的信息。它与单台磁盘机相比，其可靠性高出了一个数量级。

(2) 磁盘 I/O 速度快。由于磁盘阵列可采取并行交叉存取方式，故可将磁盘 I/O 速度提高 N-1 倍(N 为磁盘数目)。或者说，磁盘阵列可将磁盘 I/O 速度提高数倍至数十倍。

(3) 性价比高。利用 RAID 技术来实现大容量高速存储器时，其体积与具有相同容量和速度的大型磁盘系统相比，只是后者的 1/3，价格也只是后者的 1/3，且可靠性高。换言之，它仅以牺牲 1/N 的容量为代价，换取了高可靠性；而不像磁盘镜像及磁盘双工那样，需付出 50% 容量的代价。

本章小结

设备按使用特性可分为存储设备和输入/输出设备；按传输速率可分为低速设备、中速设备和高速设备；按信息交换的单位分为字符设备和块设备；按资源属性分为独占设备、共享设备和虚拟设备；按设备的从属关系分为系统设备和用户设备。

通道(Channel)又称为 I/O 处理机，专门用于负责输入/输出工作，它是大型计算机系统必备的为 CPU 减负的设备。按照信息交换方式的不同，通道可分为如下三种类型：字节多路通道、数组选择通道及数组多路通道。

I/O 控制方式分为程序 I/O 控制方式、中断驱动 I/O 控制方式、DMA 控制方式及 I/O 通道控制方式。在 I/O 控制方式的整个发展过程中，始终贯穿着一条宗旨，即尽量减少主机对 I/O 控制的干预，把主机从繁杂的 I/O 控制事务中解脱出来，以便主机有更多的时间去完成数据处理任务。

在设备管理中，引入缓冲的原因主要可归纳为以下几点：缓和 CPU 与 I/O 设备间速度不匹配的矛盾；减少中断 CPU 的次数，放宽对中断响应时间的限制；协调逻辑记录大小与物理记录大小不一致的问题，以及设备间不同大小数据的传输问题。目前常用的缓冲技术包括单缓冲、双缓冲、循环缓冲和缓冲池。

常用的设备分配算法包含先来先服务算法和优先级高者优先算法。

设备独立性是指用户在应用程序中使用逻辑设备名来请求设备，而系统在实际分配时使用的是物理设备名，从而实现了应用程序和物理设备之间的独立。系统再采用某种方法建立逻辑设备和物理设备之间的关系，把逻辑设备名转换成物理设备名。

SPOOLing 系统主要由三部分组成：输入井和输出井、输入缓冲区和输出缓冲区以及输入进程 SPi 和输出进程 SPo。SPOOLing 系统的特点是提高了 I/O 的速度、将独占设备改造为共享设备以及实现了虚拟设备功能。

I/O 软件从下到上包含四个层次：中断处理程序、设备驱动程序、设备独立性软件及用户层软件。

磁盘调度包括“移臂调度”和“旋转调度”两部分。一般总是先进行移臂调度，再进行旋转调度。移臂调度的目标是尽可能地减少寻找磁道的时间。旋转调度的目标是尽可能地减少延迟时间。常用的移臂调度算法有先来先服务调度算法、最短寻道时间优先调度算法、扫描算法和循环扫描算法等。记录的优化分布有利于减少延迟时间，从而缩短了输入/输出操作的时间。所以，对于一些能预知处理要求的信息采用优化分布可以提高系统的效率。

提高磁盘 I/O 速度的方法包括磁盘高速缓存、提前读、延迟写、优化物理块的分布以及虚拟盘等。

廉价磁盘冗余阵列(RAID，Redundant Array of Inexpensive Disk)包含两种解决方案，即硬 RAID 和软 RAID。其中硬 RAID 分为 RAID0、RAID1、RAID5、RAID6、RAID10 等。RAID 具有可靠性高、磁盘 I/O 速度快及性价比高等优点。

本章最后两节介绍了 Windows 系统及 Linux 系统中的设备管理。

习题 8

1. 选择题

(1)共享设备是指那些( )的设备。

A. 任意时刻都可以同时为多个用户服务

B. 可以为多个用户服务

C. 只能为一个用户服务

D. 一个作业还没有撤离就可以为另一个作业同时服务，但每个时刻只为一个用户服务

(2)( )是直接存取设备。

A. 磁盘　　B. 磁带　　C. 打印机　　D. 键盘

(3)下面关于通道和通道程序的说法正确的是( )。

A. 通道是计算机系统中中央处理机与外围设备之间的一条连通道路

B. 一组通道命令组成一个通道程序存放在内存中，由通道地址字指示通道程序的首地址，由通道状态字指示其执行状态

C. 通道地址字是存放通道程序地址的一种寄存器

D. 通道控制中央处理机的输入/输出处理

(4)以下关于磁盘驱动调度的说法正确的是( )。

A. 磁盘是一种可共享设备，因此，同一时刻可以允许多个访问者请求磁盘执行输入/输出操作

B. 磁盘驱动调度包括移臂调度和旋转调度两部分

C. 对同一套磁盘系统来说，影响输入/输出操作所花费的时间包括寻道时间、延迟时间和等待时间三部分，要缩短操作时间就应从这三方面出发

D. 驱动调度的目标是增大磁盘操作的并行性

(5)磁头在移动臂带动下移动到指定柱面所需的时间称为( )。

A. 传送时间　　B. 延迟时间

C. 等待时间　　D. 寻道时间

(6)通过磁头把磁盘上的数据读到内存中所花费的时间是( )。

A. 传送时间　　B. 延迟时间

C. 等待时间　　D. 寻道时间

(7)对磁盘进行旋转调度的目的是缩短( )。

A. 传送时间　　B. 延迟时间

C. 启动时间　　D. 寻道时间

(8)当两个进程访问同一柱面、同一扇区、不同磁道的时候，( )。

A. 任意选择一个先访问，另一个等下次扇区转到磁头下时再访问

B. 两个同时读出来

C. 一定要先读磁头号小的

D. 一定要先读磁头号大的

(9)缓解处理机与外围设备工作速度不匹配的矛盾而采用的技术称为( )。

A. 中断技术　　B. SPOOLing

C. 缓冲技术　　D. 虚拟技术

(10)SPOOLing 系统中，负责将数据从输入井读到正在执行的作业中的是( )。

A. 预输入程序　　B. 缓输出程序

C. 输入井写程序　　D. 输入井读程序

2. 问答题

(1)I/O 设备怎样分类？有哪几类 I/O 设备？

(2)解释“设备独立性”。

(3)为什么具有设备独立性的计算机系统，在分配设备时适应性好、灵活性强？

(4)启动磁盘执行一次输入/输出操作花费的时间由哪几部分组成？

(5)SPOOLing 系统由哪几部分组成？其特点是什么？

(6)什么是缓冲技术？采用缓冲技术有哪些优点？

3. 分析题

(1)假定某磁盘组共有 200 个柱面，编号是 0~199，如果在为访问 143 号柱面的请求者服务后，当前正在为 125 号柱面的请求者进行服务，同时有若干请求者早就等待服务，它们依次要访问的柱面号是 86、147、91、177、94、150、102、175、130。

请回答下列问题：

① 分别用先来先服务、最短寻道时间优先、电梯调度和循环扫描调度算法来确定实际的服务满足次序。

② 按实际服务次序分别计算上述算法下移动臂需移动的距离。

(2)假定某磁盘的旋转速度是每圈 20 毫秒，格式化时每个盘面被分成 10 个扇区，现有 10 条逻辑记录存放在同一磁道上，安排如下表所示：

扇区号	逻辑记录
1	A
2	B
3	C
4	D
5	E
6	F
7	G
8	H
9	I
10	J

处理程序要顺序处理这些记录，每读出一条记录后处理程序要花费 4 毫秒的时间进行处理，然后再顺序读出下一条记录并进行处理，直到处理完这些记录，请问：

① 顺序处理完这 10 条记录总共花费了多少时间？

② 请给出一种记录优化分布的方案，使处理程序能在最短时间内处理完这 10 条记录，并计算优化分布后需要花费的时间。

(3)若现在磁盘的移动臂处于第 15 号柱面，现有六个请求者等待访问磁盘，如何响应这些访问才最省时间？

序号	柱面号	磁头号	扇区号
①	12	2	6
②	5	3	2
③	16	8	7
④	6	4	1
⑤	16	7	3
⑥	12	5	6

第9章 操作系统的安全性

随着计算机技术与信息技术的不断发展，人们在工作和生活中对计算机系统的依赖性越来越强，同时也带来了计算机系统的安全问题。通常，政府机关和企事业单位都将大量的重要信息高度集中地存储在计算机系统中，个人的重要信息(如网上银行等)也越来越多地存储在计算机系统中。因此，如何确保在计算机系统中存储和传输数据的保密性、完整性以及系统的可用性，便成为信息系统急待解决的重要问题，保障系统安全性也责无旁贷地落到了现代操作系统的身上。

在计算机系统中，操作系统有着举足轻重的地位，它既是计算机系统资源的管理者，同时又是用户使用计算机的接口，从计算机系统的安全性来看，操作系统的安全显得尤为重要。如果没有操作系统的安全机制，就不可能保障计算机系统的安全。在处于信息化时代的今天，不安全的信息失去了存在的任何价值。因此，没有操作系统的安全，就不可能真正解决网络、数据库和其他应用中的信息安全问题。本章概要地介绍实现操作系统安全性的主要机制。

9.1 系统安全性概述

计算机系统的安全性和可靠性是两个不同的概念。可靠性是指系统正常持续运行的程度，其目标是反故障；安全性是指不因人为疏漏或蓄谋作案而导致信息资源的泄露、篡改和破坏，其目标是反泄密。可靠性是基础，安全性则更为复杂。鉴于计算机系统自身的脆弱性和安全模式的先天不足以及计算机犯罪现象的普遍存在，构造安全计算机信息系统绝非易事。一般来说，信息系统的安全模型涉及管理和实体安全性、网络通信安全性、软件系统安全性和数据库系统安全性。软件系统中最重要的是操作系统，由于它所处的特殊地位，计算机安全问题大多由操作系统来保证，所以，操作系统安全性是计算机系统安全性的基础。

9.1.1 系统安全性的基本概念

1. 系统安全性的定义和目标

美国国家标准与技术研究院(National institute of Standards and Technology，NIST)《计算机安全手册》对计算机系统安全这个术语的定义如下：

计算机系统安全：为了实现信息系统资源(包括硬件、软件、固件、信息/数据和通信)的完整性、可用性和机密性这些目标，而在一个自动化的信息系统上实施防护。

这个定义包含计算机系统安全核心的三个目标：

(1)数据机密性(Data Secrecy)：指将机密的数据置于保密状态，仅允许被授权的用户访问计算机系统中的信息。

(2)数据完整性(Data Integrity)：指未经授权的用户不能擅自修改系统中所保存的信息，

且能保持系统中数据的一致性。这里的修改包括建立和删除文件以及在文件中增加新内容和改变原有内容等。

(3)系统可用性(System Availability)：指被授权用户的正常请求能及时、正确、安全地得到服务或响应。或者说，计算机中的资源可供被授权用户随时进行访问，系统不会拒绝服务。但是系统拒绝服务的情况在互联网中却很容易出现，因为连续不断地向某个服务器发送请求可能会使该服务器瘫痪，以致系统无法提供服务，表现为拒绝服务。

2. 系统安全性的内容

由于计算机系统中的资源主要包括硬件、软件、数据以及通信线路与网络等几种。因此，系统安全性的内容也主要包括对这几种资源的保护。

(1)硬件安全性

对计算机系统硬件(包括中央处理机、存储器、磁带、打印机及磁盘等)的威胁主要表现在可用性方面。硬件最容易受到攻击，也最不容易得到自动控制。威胁包括对设备的有意或无意的破坏及偷窃。个人计算机和工作站的急剧增加以及局域网的日益广泛应用增加了这方面的潜在损失，需要物理上的和行政管理上的安全措施来处理这些威胁。

(2)软件安全性

软件(操作系统、实用程序、应用程序等)所面临的一个主要威胁是对可用性的威胁。软件，尤其是应用软件，非常容易被删除。软件也可能被修改或破坏，从而失效。较好的软件配置管理(如最新版本备份)可以获得高可用性。另一个更难处理的问题是对软件的修改导致程序仍能运行但其行为却发生了变化。计算机病毒和相关的威胁就属于这一类。最后一个问题是软件的保密性，尽管采取了许多保密措施，但对于对软件进行非法复制问题仍然未获解决。

(3)数据安全性

硬件与软件的安全性一般与计算机中心的专业人员有关，个别的与个人计算机用户有关。一个更普遍的问题是数据的安全性，它包括个人、小组以及企业所控制的文件和其他形式的数据。与数据有关的安全性涉及面广，包括可用性、机密性和完整性。对于可用性，主要是对数据文件有意或无意地窃取和破坏。机密性方面最受关注的是对数据文件或数据库的未授权访问，这一领域已成为计算机安全性研究的一个重要课题。另一个安全威胁涉及数据分析，在提供摘要和合计信息的统计数据库的使用中出现。合计信息的存在可能不会威胁所涉及的个人信息的私密性，然而，随着对统计数据库的使用增加，个人信息被暴露的可能性就随之增加。

(4)通信线路和网络安全性

通信系统是用来传送数据的，与数据相关的可用性、机密性、完整性和真实性对网络安全同样重要，这里的威胁被分为被动的和主动的。数据的请求和获得要先通过代理服务器，所以，恶意侵害很难伤害内部网络系统，安全性高于过滤性产品；监测性防火墙能够对各层数据进行主动和实时监测，在对数据进行分析的基础上，有效地判断出各层的非法侵入，同时它还带有分布式探测器，不仅检测来自网络外部的攻击，也能防范来自内部的恶意破坏，具有安全性好及功能强的特点。

开放TCP/IP协议族在规划之初未能对安全性给予足够的重视，网络的脆弱性、网络的配置及操作错误再加上主机系统的漏洞给无孔不入的攻击者以更多的可乘之机，造成网络病毒猖獗，黑客事件层出不穷。严峻的现实让人们认识到，计算机、网络和操作系统的发展离不开信息安全技术的有力保障，要不遗余力地提高计算机信息系统的安全性。

3. 系统安全性的特性

系统安全问题涉及面较广，它不仅与系统中所采用的硬件及软件设备的安全性能有关，而且也与构造系统时所采用的方法有关，这就导致了系统安全问题的性质更为复杂，主要表现在以下几个方面：

(1)多面性

在较大规模的系统中，通常都存在着多个风险点，在这些风险点处又包括物理安全、逻辑安全以及安全管理三方面的内容，其中任何一个方面出问题，都可能引起安全事故。

(2)动态性

由于信息技术的不断发展和攻击者的攻击手段层出不穷，使得系统的安全问题呈现出动态性。例如，在今天还是十分紧要的信息，到明天可能就失去了作用，而同时可能又产生了新的紧要信息。这种系统安全的动态性，导致人们无法找到一种能将安全问题一劳永逸地解决的方案。

(3)层次性

系统安全问题是一个涉及诸多方面且相当复杂的问题，因此需要采用系统工程的方法来解决。如同大型软件工程一样，解决系统安全问题通常也采用层次化方法，将系统安全的功能按层次化方式加以组织，即首先将系统安全问题划分为若干个安全主题(功能)作为最高层；然后将其中一个安全主题划分成若干个子功能作为次高层；最低一层是一组最小可选择的安全功能，不可再分解。这样，利用多个层次的安全功能来覆盖系统安全的各个方面。

(4)适度性

当前几乎所有的企、事业单位在实现系统安全工程时，都遵循了适度安全的准则，即根据实际需要，提供适度的安全目标加以实现。这是因为：一方面，由于系统安全的多面性和动态性，使得对安全问题的全面覆盖难以实现；另一方面，即使是存在着实现的可能，其所需的资源和成本之高，也是难以令人接受的。这就是系统安全的适度性。

9.1.2 系统安全威胁的类型

为了防范攻击者的攻击，必须了解攻击者威胁系统安全的方式。攻击者可能采用的攻击方式层出不穷，而且还会随着科学技术的发展，不断形成许多新的威胁系统安全的攻击方式。下面仅列出当前几种主要的威胁类型。

(1)假冒(Masquerading)用户身份

这种类型的系统安全威胁也称为身份攻击。指用户身份被非法窃取，亦即，攻击者伪装成一个合法用户，利用安全机制所允许的操作去破坏系统安全。在网络环境下，假冒者又可分为发方假冒和收方假冒两种。为防止假冒，用户在进行通信或交易之前，必须对发方和收方的身份进行验证。

(2)数据截取(Data Interception)

未经核准的人可能通过非正当途径截获网络中的文件和数据，由此造成网络信息的泄露。截取方式可以是直接从电话线上窃听，也可以是利用计算机和相应的软件来截取信息。

(3)拒绝服务(Denial of Server)

这是指未经主管部门的许可，而拒绝接受一些用户对网络中的资源的访问。比如，攻击者可能通过删除在某一网络连接上传送的所有数据包的方式，使网络表现为拒绝接收某用户

的数据；还可能是攻击者通过修改合法用户的名字，使之成为非法用户，从而使网络拒绝向该用户提供服务。

(4)修改(Modification)信息

未经核准的用户不仅可能从系统中截获信息，而且还可以修改数据包中的信息，比如，可以修改数据包中的协议控制信息，使该数据包被传送到非指定的目标；也可修改数据包中的数据部分，以改变传送到目标的消息内容；还可能修改协议控制信息中数据包的序号，以搅乱信息内容。

(5)伪造(Fabrication)信息

未经核准的人可将一些经过精心编造的虚假信息送入计算机，或者在某些文件中增加一些虚假的记录，这同样会威胁到系统中数据的完整性。

(6)否认(Repudiation)操作

这种类型又称为抵赖，是指某人不承认自己曾经做过的事情。如某人在向某目标发出一条消息后却又矢口否认；类似地，也指某人在收到某条消息或某笔汇款后不予承认的做法。

(7)中断(Interruption)传输

这是指系统中因某资源被破坏而造成信息传输的中断。这将威胁到系统的可用性。中断可能由硬件故障引起，如磁盘故障、电源掉电和通信线路断开等；也可能由软件故障引起。

(8)通信量分析(Traffic Analysis)

攻击者通过窃听手段窃取在线路中传输的信息，再考察数据包中的协议控制信息，可以了解到通信者的身份、地址；通过研究数据包的长度和通信频度，攻击者可以了解到所交换数据的性质。

9.1.3　系统安全评测及标准

没有发现一个操作系统的安全漏洞并不代表该操作系统是安全的，需要采用系统性的安全操作系统评测技术来对操作系统的安全性进行评价和测试。我们说一个操作系统是安全的，是指它满足某一给定的安全策略。一个操作系统的安全性是与设计密切相关的，只有有效保证从设计者到用户都相信设计准确地表达了模型，而代码准确地表达了设计时，该操作系统才可以说是安全的，这也是安全操作系统评测的主要内容。

1. 安全评测方法

评测操作系统安全性的方法主要有三种：形式化验证、非形式化确认及入侵分析。这些方法可以各自独立使用，也可以将它们综合起来评估操作系统的安全性。

(1)形式化验证

分析操作系统安全性最精确的方法是形式化验证。在形式化验证中，安全操作系统被简化为一个要证明的“定理”。定理断言该安全操作系统是正确的，即它提供了所应提供的安全特性。但是证明整个安全操作系统正确性的工作量是巨大的。另外，形式化验证也是一个复杂的过程，对于某些大的实用系统，试图描述及验证它都是十分困难的，特别是那些在设计时并未考虑形式化验证的系统更是如此。

(2)非形式化确认

确认包括验证，也包括其他一些不太严格的让人们相信程序正确性的方法。完成一个安全操作系统的确认有如下几种不同的方法：安全需求检查、设计及代码检查、模块及系统测试。

(3)入侵分析

在入侵分析方法中，“老虎”小组成员试图“摧毁”正在测试中的安全操作系统。“老虎”小组成员应当掌握操作系统典型的安全漏洞，并试图发现并利用系统中的这些安全缺陷。操作系统在某一次入侵测试中失效，则说明它内部有错。相反地，操作系统在某一次入侵测试中未失效，并不能保证系统中没有任何错误。入侵测试在确定错误存在方面是非常有用的。

通常，对安全操作系统评测是从安全功能及其设计的角度出发，由权威的第三方实施。

2. 安全评测标准

一般来说，评价一个计算机系统安全性能的高低，应从如下两个方面进行：系统具有哪些安全功能，安全功能在系统中得以实现的可被信任的程度。通常通过文档规范、系统测试、形式化验证等安全保证来说明。

为了对现有计算机系统的安全性进行统一的评价，为计算机系统制造商提供一个有权威的系统安全性标准，需要有一个计算机系统安全评测准则。

美国国防部于1983年推出了历史上第一个计算机安全评价标准《可信计算机系统评测准则》，(Trusted Computer System Evaluation Criteria，TCSEC)又称橘皮书。TCSEC带动了国际上计算机安全评测的研究，德国、英国、加拿大、西欧四国等纷纷制定了各自的计算机系统评价标准。近年来，我国也制定了相应的强制性国家标准GB 17859—1999《计算机信息系统安全保护等级划分准则》和推荐标准GB/T 18336—2001《信息技术 安全技术 信息技术安全性评估准则》。

计算机安全评测的基础是需求说明。通常安全系统规定安全特性，控制对信息的存取，使得只有授权的用户或代表他们工作的进程才拥有读、写、建立或删除信息的存取权。基于这个基本的目标，美国国防部给出了可信任计算机信息系统的六项基本需求，其中四项涉及信息的存取控制，两项涉及安全保障。

根据这六项基本需求，TCSEC在用户登录、授权管理、访问控制、审计跟踪、隐蔽通道分析、可信通路建立、安全检测、生命周期保障、文档写作等各方面，均提出了规范性要求，并根据所采用的安全策略、系统所具备的安全功能将系统分为四类七个安全级别：

D级：最低安全性；

C1级：自主存取控制；

C2级：较完善的自主存取控制(DAC)、审计；

B1级：强制存取控制(MAC)；

B2级：良好的结构化设计、形式化安全模型；

B3级：全面的访问控制、可信恢复；

A1级：形式化认证。

通常称B1级以上的操作系统为安全操作系统。

我国国标GB 17859—1999基本上是参照美国TCSEC制定的，但将计算机信息系统安全保护能力划分为五个等级。

第一级用户自主保护级。本级的计算机信息系统可信计算基通过隔离用户与数据，使用户具备自主安全保护的能力。它具有多种形式的控制能力，对用户实施访问控制，即为用户提供可行的手段，保护用户和用户组信息，避免其他用户对数据的非法读写与破坏。

第二级系统审计保护级。与用户自主保护级相比，本级的计算机信息系统可信计算基实施了粒度更细的自主访问控制，它通过登录规程、审计安全性相关事件和隔离资源，使用户

对自己的行为负责。

第三级安全标记保护级。本级的计算机信息系统可信计算基具有系统审计保护级的所有功能。此外，还提供有关安全策略模型、数据标记以及主体对客体强制访问控制的非形式化描述，具有准确地标记输出信息的能力，消除通过测试发现的任何错误。

第四级结构化保护级。本级的计算机信息系统可信计算基建立在一个明确定义的形式化安全策略模型之上，它要求将第三级系统中的自主和强制访问控制扩展到所有主体与客体。此外，还要考虑隐蔽通道。本级的计算机信息系统可信计算基必须结构化为关键保护元素和非关键保护元素。计算机信息系统可信计算基的接口也必须明确定义，使其设计与实现能经受更充分的测试和更完整的复审。加强了鉴别机制，支持系统管理员和操作员的职能，提供可信设施管理，增强了配置管理控制。系统具有相当的抗渗透能力。

第五级访问验证保护级。本级的计算机信息系统可信计算基满足访问监控器要求。访问监控器仲裁主体对客体的全部访问。访问监控器本身是抗篡改的，它必须足够小，能够分析和测试。为了满足访问监控器需求，计算机信息系统可信计算基在其构造时，排除那些对实施安全策略来说并非必要的代码；在设计和实现时，从系统工程角度将其复杂性降低到最低程度。支持安全管理员职能；扩充审计机制，当发生与安全相关的事件时发出信号；提供系统恢复机制。系统具有很高的抗渗透能力。

其中第五级是最高安全等级。一般认为我国 GB 17859—1999 的第四级对应于 TCSEC B2 级，第五级对应于 TCSEC B3 级。计算机信息系统安全保护能力随着安全保护等级的增高，逐渐增强。国标 GB/T 20271—2006《信息安全技术操作系统安全技术要求》以国标 GB 17859—1999 划分的五个安全保护等级为基础，对操作系统的每个安全保护等级的安全功能技术要求和安全保证技术要求做了详细描述。

美国联合荷、法、德、英、加等国，于 1991 年 1 月宣布了制定通用安全评价准则(common criteria for IT security evaluation，CC)的计划。1996 年 1 月发布了 CC 的 1.0 版。它的基础是欧洲的 ITSEC、美国的 TCSEC、加拿大的 CTCPEC，以及国际标准化组织 ISO SC27 WG3 的安全评价标准。1999 年 7 月，国际标准化组织 ISO 将 CC 2.0 作为国际标准——ISO/IEC 15408 公布。CC 标准提出了“保护轮廓”，将评估过程分为“功能”和“保证”两部分，是目前最全面的信息技术安全评估标准。CC 标准在内容上包括三部分：第一部分是简介和一般模型，定义了 IT 安全评估的通用概念和原理，提出了评估的通用模型；第二部分是安全功能要求，建立一套功能组件，作为表示评估对象功能要求的标准方法；第三部分是安全保证要求，建立一套保证组件，作为表示评估对象保证要求的标准方法。此外，还定义了保护轮廓和安全目标的评估准则，提出了评估保证级别。

CC 开发的目的是使各种安全评估结果具有可比性，在安全性评估过程中为信息系统及其产品的安全功能和保证措施提供一组通用要求，并确定一个可信级别。应用 CC 的结果是，可使用户确定信息系统及安全产品对他们的应用来说是否足够安全，使用中的安全风险是否可以容忍。

要评估的信息系统和产品被称为评估对象(TOE)，如操作系统、分布式系统、网络及其应用等。CC 涉及信息的保护，以避免未授权的信息泄露、修改和不可用。CC 重点考虑人为的安全威胁，但 CC 也可用于非人为因素造成的威胁，CC 还可用于其他的 IT 领域。CC 不包括与信息技术安全措施无直接关系的行政性管理安全措施的评估；不包括物理安全方面的评估；不包括评估方法学，不涉及评估机构的管理模式和法律框架；也不包括密码算法强度等方面的评估。

9.2 实现系统安全的策略

操作系统的安全机制只提供了不同操作系统应付人为安全因素的通用手段，它并没有涉及具体实施这些基本手段的策略(Policy)。在操作系统安全机制下，计算机系统可采用一套行之有效的安全策略来应对安全性问题。下面介绍几种常用的基本策略。

9.2.1 数据加密技术

虽然已经有很多种技术可以用来保障计算机系统和网络的安全性，但近年来，国内外在安全性方面的研究，还主要集中在两个方面，一是以密码学为基础的各种加密措施；另一方面是以计算机网络特别是以 Internet 和 Intranet 为对象的通信安全研究。在保障网络通信安全方面所依赖的主要技术，仍然是数据加密技术。

数据加密是对系统中所有存储和传输的数据进行加密，使之成为密文，这样，攻击者在截获到数据后，便无法了解到数据的内容，而只有被授权者才能接收和对该数据进行解密复原，以了解其内容，从而有效地保护了系统信息资源的安全性。

1. 数据加密技术的发展

密码学是一门既古老又年轻的学科。古代欧洲的一位将军 Caesar 就提出过将英文 26 个字母作为移位的替代加密方法，其基本原理就是将英文 26 个字母(小写)a，b，c，…依次排列，z 后面再接排 a，b，c，…，取移位间隔为 k，将每个字母(明文符)由与它间隔为 k 的字母来替代(密文符)，由此构成了一张明文符和密文符的对照表，称为密码表。

到了 1949 年，信息论的创始人 C. E. Shannon 论证了由传统的加密方法所获得的密文，几乎都是可攻破的，这使得传统的密码学研究面临着严重的危机。

直至进入了 20 世纪 60 年代，由于电子技术和计算机技术的迅速发展，以及结构代数、可计算性理论学科研究成果的出现，才使密码学的研究走出了困境而进入一个新的发展时期。其中由 IBM 公司提出的后来成为美国的数据加密标准的 DES 技术，以及由美国 MIT 三位年轻教授提出的双钥加密技术，为密码学的广泛应用奠定了坚实的基础。

密码学 20 多年来发展迅猛，踏入 20 世纪 90 年代，成熟的安全产品纷纷涌现，技术的标准不断规范化，理论的基础逐步走向成熟，密钥的种类更是五彩缤纷，丰富了人们对通信安全的想象力。通信安全的各种可编程的加密算法展现了当代科学家与工程师精英们的杰作，严密又隐含着神秘，精致又折射出科学艺术的光芒。一系列的可编程算法可与办公室的钥匙相类比，十分方便而且有条理。用于通信中的仲裁协议严谨、公正，符合生活中的哲理，保护着通信双方的安全与利益，识别并阻击了非法入侵者的破坏。通信安全体制的建立如同世界范围内交通运输的中继枢纽、运输协议、物流站、边检站的建立一样，中继服务器、票务中心、认证中心、密钥管理与分配中心、通信协议等将用户的信息完整地安全地有序地快速地从一个终端用户流向另一个终端用户。

2. 数据加密模型

一个数据加密模型如图 9-1 所示。它由四部分组成：

(1)明文(plain text)。被加密的文本，称为明文 P。

(2)密文(cipher text)。加密后的文本，称为密文 Y。

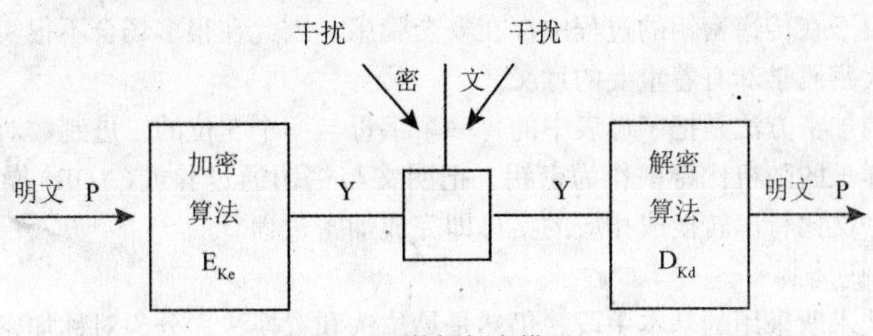

图 9-1 数据加密模型

(3)加密算法 E 和解密算法 D。加密算法用于实现从明文到密文转换的公式、规则或程序；而解密算法刚好相反，它是用于从密文恢复到明文的转换公式、规则或程序。

(4)密钥 K。密钥是加密和解密算法中的关键参数。

加密过程可以描述为：在发送端利用加密算法 E 和加密密钥 Ke 对明文 P 加密，得到密文 $Y=E_{ke}(P)$。密文 Y 被发送到接收端后应进行解密。解密过程可描述为：接收端利用解密算法 D 和解密密钥 Kd 对密文 Y 进行解密，将密文恢复为明文 $P=D_{kd}(Y)$。

在密码学中，把设计密码的技术成为密码编码，把破译密码的技术称为密码分析。密码编码和密码分析合起来称为密码学。在加密系统中，算法是相对固定的。为了加密数据的安全性，应经常改变密钥，例如，在每加密一个新信息时改变密钥，或每天、甚至每个小时改变一次密钥。

3. 密码系统的功能

密码系统应具有如下功能：

(1)秘密性(Secrecy or Privacy)：防止非法的接收者发现明文。

(2)鉴别性(Authenticity)：确定信息来源的合法性，亦即此信息是由发送方所发送，而非别人伪造。

(3)完整性(Integrity)：确定信息没有被有意或无意地更改，或被部分取代、加入或删除等。

(4)不可否认性(Nonrepudiation)：发送方在事后不可否认其发送过的信息。

4. 加密算法

下面简要介绍古典加密算法和现代加密算法的基本概念。

(1)古典加密体制

① 简单代替密码：简单代替密码算法的典型代表是恺撒(Caesar)密码，即将明文的字符替换为密文中的另一种字符，接收者只要对密文做反向替换就可以恢复出明文。最为简单的方法是将当前字母后移 n 位进行加密而产生。简单密码算法的另一个实例是维吉尼亚(Vigenere)密码。维吉尼亚密码由字母表和密钥表组成，密钥表中是字母表中对应位置的移位数字。加密时，把明文表中的字母按密钥表中对应的移位数字后移形成密文；解密时把密文表中的字母按密钥表中对应的移位数字前移形成明文。

② 双重置换密码：双重置换密码的原理是先将明文写成规定大小的矩阵形式，然后根据设置好的规则进行行和列的置换，从而形成密文。对密文矩阵按密钥规则进行逆置换，便可对密文进行解密。

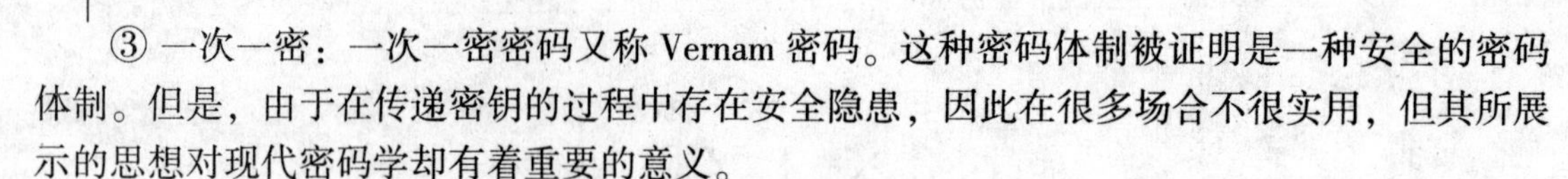

③ 一次一密：一次一密密码又称 Vernam 密码。这种密码体制被证明是一种安全的密码体制。但是，由于在传递密钥的过程中存在安全隐患，因此在很多场合不很实用，但其所展示的思想对现代密码学却有着重要的意义。

一次一密的加密方法是把字母表中的每一个字母与一个 5 位的二进制数对应。然后给出一个和明文一样长的随机比特串作为密钥，把明文与密钥通过异或(XOR)操作得到密文比特串，最后将密文比特串转换成相应的字母即完成加密过程。

(2)现代密码体制

现代加密技术所采用的基本手段，仍然是易位法和置换法，分为对称加密算法和非对称加密算法两类。

① 对称加密算法

对称加密算法采用美国的数据加密标准 DES(Data Eneryption Standard)。

DES 是在 20 世纪 70 年代中期由美国 IBM 发展出来的，后被美国国家标准局公布为一种分组加密法。直到今日，尽管 DES 已历经了 30 多个年头，但在已知的公开文献中，还是无法完全、彻底地把 DES 破解掉。换句话说，DES 算法至今仍被认为是安全的。

DES 属于分组加密法，而分组加密法就是对一定大小的明文或密文进行加密或解密。在 DES 中，每次加密或解密的分组大小为 64 位。加/解密时，将明文/密文中每 64 位切割成一个分组，再对每一个分组进行加密/解密即可。但对明文/密文做分组切割时，可能最后一个分组不足 64 位，此时要在分组之后附加 0，直到此分组的大小达到 64 位为止。

DES 所用的加密/解密密钥也是 64 位，但因其中有 8 位是用来做奇偶校验的，所以真正起密钥作用的只有 56 位。

DES 加密算法属于对称加密算法。加密和解密使用同一把密钥。DES 的保密性主要取决于对密钥的保密程度。如果通过计算机网络传输密钥，则必须先对密钥本身进行加密后再传送。

② 非对称加密算法

在对称加密算法中，一个主要的问题是密钥。由于加/解密使用同一把密钥，每个有权访问明文的人都必须具有该密钥。密钥的发布成了这些算法的一个弱点。因为如果有一个用户泄露了密钥，就等于泄露了所有的密文。

为了解决这个问题，Diffie 和 Hellmann 于 1976 年提出了非对称加密算法。这种加密算法有两个不同的密钥：一个用来加密，另一个用来解密。加密密钥可以是公开的，称为公钥，公钥不能用来解密。而解密密钥是保密的，称为私钥，私钥用来解密。非对称加密算法也称为公钥加密算法。

最常见的非对称加密算法之一是 RSA(以其发明者 Rivest、Shamir 和 Adleman 命名)，RSA 已被 ISO 推荐为公钥数据加密标准。它是基于指数概念的。指数加密就是使用乘法来生成密钥，其过程是首先将明文字符转换成数字，即将明文字符的 ASCII 码的数值除以该整数值的 e 次幂，再对该值取模，即可计算出密文。

5. 数字签名和数字证书

(1)数字签名

数字签名技术即进行身份认证的技术。在数字化文档上的数字签名类似于纸张上的手写签名，是不可伪造的。接收者能够验证文件确实来自签名者，并且签名后文档没有被修改过，从而保证信息的真实性和完整性。

数字签名的作用必须满足下述四个条件：

- 接收者能够核实发送者对报文的签名。
- 发送者事后不能抵赖对报文的签名。
- 接收者无法伪造对报文的签名。
- 如果当事人双方对于签名的真伪发生争执，能够在公正的仲裁者面前通过验证签名来确认其真伪。

实现数字签名的方法有多种，下面介绍常用的两种。

① 简单数字签名

在这种数字签名方式中，发送者有一对密钥——私钥和公钥。发送者使用私钥对报文进行加密，形成密文，然后传送给接收者。接收者可使用发送者的公钥进行解密，形成明文。

对这种数字签名方式进行分析后得知：

- 接收者可以用发送者的公钥进行解密，因此证实了发送者对报文的签名。
- 只有发送者才能发送出用发送者私钥加密的密文，故不容发送者抵赖。
- 由于接收者没有发送者的私钥，故接收者无法伪造对报文的签名。

这种数字签名方式可以实现对报文的签名，但由于接收者使用公钥进行解密，因此，不能达到保密的目的。

② 保密数字签名

在这种数字签名方式中，发送者和接收者都拥有一对公钥和私钥，加/解密过程描述如下：

- 发送者先用自己的私钥对明文进行加密，得到密文1。
- 发送者再用接收者的公钥对密文1再次加密，得到密文2，并把密文2传送给接收者。
- 接收者收到后，先用自己的私钥对密文2进行解密，得到密文3。
- 接收者再用发送者的公钥对密文3进行解密，得到明文。

由上述过程可以看到，保密数字签名不仅满足了数字签名四个条件的前三条，而且具有保密性。

数字签名四个条件中的第四条，有赖于数字证书来实现。

(2)数字证书

假如当事人双方对于签名的真伪发生争执，如果没有一个公正的仲裁机构，上述数字签名是不具备法律效力的。因此，必须有一个大家都信得过的认证机构CA(Certification Authority)，由该机构为公开密钥发放一份公开密钥证明书，称为数字证书。

数字证书是能提供在Internet上进行身份验证的一种权威性电子文档，人们可以用它在互联网交往中来证明自己的身份和识别对方的身份。在国际电信联盟标准ITU(International Telecommunication Union)制定的X.509标准中，规定了数字证书的内容应包括用户名称、发证机构名称、公开密钥、公开密钥的有效日期、证书的编号、发证者的签名等。

下面介绍数字证书的申请、发放和使用过程。

① 用户A在使用数字证书之前，应先向认证机构CA申请数字证书，用户A应提供身份证明和希望使用的公开密钥Kea。

② CA在收到用户A发来的申请报告后，便发给A一份数字证书，在证书中包括公开密钥Kea和CA发证者的签名等信息，并对所有这些信息利用CA的私用密钥进行加密(即

CA 进行数字签名)。

③ 用户 A 在向用户 B 发送报文信息时，由 A 用私钥对报文进行加密(数字签名)，并且把已加密的数字证书一起发送给 B。

④ 为了能对所收到的 A 的数字证书进行解密，用户 B 需向 CA 机构申请获得 CA 的公开密钥 Keb，CA 收到 B 的申请后，可将公开密钥 Keb 发送给用户 B。

⑤ 用户 B 利用 CA 的公开密钥 Keb 对数字证书进行解密，从数字证书中获得公开密钥 Kea，并且确认该公开密钥确系用户 A 的密钥。

⑥ 用户 B 用公开密钥 Kea 对用户 A 发来的加密报文进行解密，得到用户 A 发来的报文的明文。

9.2.2 认证技术

安全认证技术是计算机和网络安全技术的重要组成部分之一。认证(Authentication)是指证实被认证对象是否属实和有效的一个过程。其基本思想是通过验证被认证对象的属性来达到确认被认证对象是否真实有效的目的。被认证对象的属性可以是口令、磁卡、IC 卡、数字签名或者像指纹、声音、视网膜这样的生理特征。认证常常被用于通信双方相互确认身份，以保证通信的安全。

1. 口令认证技术

当一个用户要登录某台计算机时，操作系统通常都要认证用户的身份。而利用口令来确认用户的身份是当前最常用的认证技术。

通常，每当用户要上机时，系统中的登录程序都首先要求用户输入用户名，登录程序利用用户输入的名字去查找一张用户注册表或口令文件。在该表中，每个已注册用户都有一个表目，其中记录有用户名和口令等。登录程序从中找到匹配的用户名后，再要求用户输入口令，如果用户输入的口令也与注册表中用户所设置的口令一致，系统便认为该用户是合法用户，于是允许该用户进入系统；否则将拒绝该用户登录。

口令是由字母或数字、或字母和数字混合组成的，它可由系统产生，也可由用户自己选定。系统所产生的口令不便于用户记忆，而用户自己规定的口令则通常是很容易记忆的字母、数字，例如生日、住址、电话号码以及某人或宠物的名字等。这种口令便于记忆，但也很容易被攻击者猜中。

基于用户标识符和口令的用户认证技术，其最主要的优点是简单易行，因此，在几乎所有需要对数据加以保密的系统中，都引入了基于口令的机制。但这种机制也很容易受到别有用心者的攻击，攻击者可能通过多种方式来获取用户登录名和口令，或者猜出用户所使用的口令。为了防止攻击者猜出口令，这种机制通常应满足如下要求。

(1)口令长度适中

口令通常由一个数目不等的字符串组成。如果口令太短或太过于简单，则很容易被攻击者猜中。例如，一个由四位十进制所组成的口令，其搜索空间仅为 10^4，在利用一个专门的程序来破解时，平均只需 5000 次即可猜中口令。假如每猜一次口令需花费 0.1ms 的时间，则平均每猜中一个仅需要 0.5s。而如果采用较长的口令，假如口令由 ASCII 码组成，则可以显著地增加猜中一个口令的时间。例如，口令由 7 位 ASCII 码组成，其搜索空间变为 95^7(95 是可打印的 ASCII 码)，大约是 7×10^{13}，此时要猜中口令平均需要几十年。因此建议口令长度不少于 7 个字符，而且在口令中应包含大写和小写字母及数字，最好还能引入特殊符号。

(2)隐蔽回送显示

在用户输入口令时，登录程序不应将该口令回送到屏幕上显示，以防止被就近的人发现。在Windows系统中，将每一个输入字符显示为星号；从保密的角度来看，这样做并不可取，攻击者可以从回显了解到口令的长度；而在UNIX和Linux系统中，在输入口令时不会有任何显示，因此攻击者不会得到任何信息。还有一种情况值得注意，在有的系统中，只要看到非法登录名就禁止登录，这样攻击者就知道登录名是错误的。而有的系统，即使看到非法登录名后也不作任何表示，仍要求其输入口令，等输完口令后才显示禁止登录信息。这样攻击者就只是知道登录名和口令的组合是错误的。

(3)自动断开连接

为了给攻击者猜中口令增加难度，在口令机制中还应引入自动断开连接的功能，即只允许用户输入有限次数的不正确口令，通常规定为3～5次。如果用户输入不正确口令的次数超过了规定的次数，系统便自动断开该用户所在终端的连接。当然，此时用户还可能重新拨号请求登录，但若在重新输入指定次数的不正确口令后仍未猜中，系统会再次断开连接。这种自动断开连接的功能，无疑又会给攻击者增加猜中口令的难度，从而会增加猜中口令所需的时间。

(4)记录和报告

该功能用于记录所有用户登录进入系统和退出系统的时间；也用来记录和报告攻击者非法猜测口令的企图，以及所发生的与安全性有关的其他不轨行为，这样便能及时发现有人在对系统的安全性进行攻击。

在口令的选择上，用户要特别注意，首先不能选择太短或易猜的口令，因为这种口令很容易被攻击者破解。另一种极端的情况，如果用户随意选择8个字符作为口令，这样使口令攻击很难实现，但用户很难记住口令。如果选择那些好记的字符串，口令的范围扩大了，并且攻击也不容易进行。于是目标就是在用户选择口令时将易猜的删去，可用以下四种方法。

(1)教育用户。

(2)计算机生成口令。

(3)口令生效后检查。

(4)口令生效前检查。

应告诉用户选择难猜口令的重要性，并指导用户如何选择好口令。用户教育方法在许多情况中并不很有效，特别是在用户很多，流量很大时，许多用户可能忽视了这些建议，另外有些人不知道什么才是好口令，例如，许多用户认为将一个词倒过来或者将最后一个字符大写使口令难猜，事实并非如此。

计算机生成口令也存在问题。如果口令没什么特点，用户很难记住，于是用户总是将口令写下来。一般，计算机生成口令很少被用户所接受。

口令生效后检查就是系统自身定期进行口令攻击，找出易猜口令，系统将猜到的口令取消并通知用户。这种方法有许多缺点。首先，使资源紧张；其次，任何现有口令都保留其弱点直到被检查出。

保护口令安全性的最有效方法就是口令生效前检查。在这种方法中，用户选择口令，系统检查该口令看是否允许。如果不允许，则拒绝该口令。其理论基础是：在系统充分引导下用户可以在一个较大的难猜口令空间中选择一个好记的口令。

口令生效前检查就是在用户接受性及口令强度间均衡。如果系统拒绝太多的口令，则用户会抱怨口令难选。如果系统用一个简单算法来定义如何才能接受口令，那么就降低了猜口令的难度。

下面就介绍口令生效前检查的可能方法。

第一种方法就是一个增加了规则的简单系统，例如，可增加如下规则：

(1)所有口令最少为8个字符。

(2)在前8个字符中，必须包含有大写、小写、数字和标点符号。

将这些规则与对用户的建议结合起来。这种方法不能有效地防止攻击，它告诉攻击者不用试哪些口令。

另外一种可能方法就是构造一个“坏”口令字典。用户选择口令时，系统进行检查以确保该口令不在“坏”口令字典中，这种方法的缺点在于空间和时间的耗费。

除了以上方法能够保护口令的安全性以外，为了把由于口令泄露所造成的损失降到最低，用户应当经常改变口令。例如，一个月改变一次，或者一个星期改变一次。一种极端的做法是采用一次性口令机制，即口令被使用一次后，就换另一个口令。在采取该机制时，用户必须提供记录有一系列口令的一张表，并将该表保存在系统中。系统为该表设置一指针用于指示下次用户登录时所指示的口令相比较，若相同，便允许用户进入系统，并将指针指向表中的下一个口令。在采用一次性口令的机制时，即使攻击者获得了本次用户上机时所使用的口令，他也无法进入系统。必须注意，用户所使用的口令表要妥善保存好。

为了保护口令，还可以配置一份口令文件，用于保存合法用户的口令和与口令相联系的特权。该文件的安全性非常重要，一旦攻击者成功地访问到了该文件，攻击者就可以随心所欲地访问他感兴趣的所有资源，这对整个计算机系统的资源和网络将无安全性可言。显然，如何保证口令文件的安全性，已成为系统安全性的头等重要问题。

保证口令文件安全性的最有效的方法是，利用加密技术，其中一个行之有效的方法是选择一个函数来对口令进行加密，该函数f(x)具有这样的特性：在给定了x的值之后，很容易得出f(x)的值；但是反过来，若给定了f(x)的值，却不能算出x的值。利用f(x)函数去加密所有的口令，再将加密后的口令存入口令文件中。当某用户输入一个口令时，系统利用函数f(x)对该口令进行编码，然后将编码后的口令与存储在口令文件中的已编码的口令进行比较，如果两者相匹配，便认为是合法用户。而且，即使攻击者能获取到口令文件中的已编码口令，他也无法对它们进行译码，因而不会影响到系统的安全性。图9-2给出了一种对加密口令进行验证的方法。

虽然对口令加密是一种很好的保护口令的方法，但是它也不是绝对安全可靠。其主要威胁来自于两个方面：

(1)若攻击者已经获取了口令的解密密钥时，就可用它来破译口令。

(2)利用加密程序来破译口令，如果运行加密程序的计算机速度足够快，则通常只要几个小时便可破译口令。

因此，用户还是必须妥善保管好已加密的口令文件，防止攻击者轻易地获取该文件。

2. 磁卡认证技术

磁卡是一种卡片状的磁性记录介质，与各种读卡器配合使用，利用磁性载体记录了一些信息，用来标识身份或其他用途。它由高强度、耐高温的塑料或纸质涂覆塑料制成，能防潮、耐磨且有一定的柔韧性，携带方便、使用较为稳定可靠。通常，磁卡的一面印刷有说明提示性信息，如插卡方向；另一面则有磁层或磁条，具有2-3个磁道以记录有关信息数据。

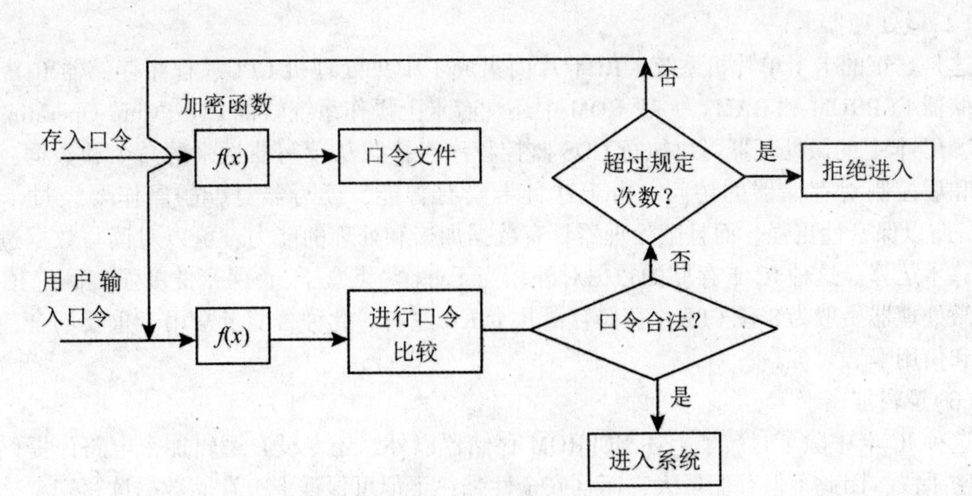

图 9-2 加密口令的验证

磁卡使用方便，造价便宜，用途极为广泛。可用于制作信用卡、银行卡、地铁卡、公交卡、门票卡、电话卡、电子游戏卡、车票、机票以及各种交通收费卡等。今天在许多场合我们都会使用到磁卡，如在食堂就餐，在商场购物，乘公共汽车，打电话，进入管制区域等。

由于在磁卡上所存储的是有关用户的信息，因此该卡便可作为识别用户身份的物理标志。在磁卡上所存储的用户信息可以通过读卡器读出，并传送到相应的计算机中。用户识别程序便利用读出的信息去查找一张用户信息表(该表中包含有若干个表目，每个用户占有一个表目，表目中记录了有关该用户的信息)。若找到匹配的表目，便认为该用户是合法的；否则便认为是非法用户。为了保证持卡人是该卡的主人，通常在基于磁卡认证技术的基础上，又增设了口令机制，每当进行用户身份认证时，都要求用户输入口令。

3. IC 卡认证技术

IC 卡的全称为集成电路卡(Integrated Circuit Card，IC)，也称智能卡(Smart Card)、智慧卡(Intelligent Card)、微电路卡(Microcircuit Card)或微芯片卡等。它是将一个微电子芯片嵌入符合 ISO 7816 标准的卡基中，做成卡片形式。IC 卡与磁卡是有区别的，IC 卡是通过卡里的集成电路存储信息，而磁卡是通过卡内的磁力来记录信息。IC 卡的成本一般比磁卡要高，但保密性更高，且便于携带，因此应用非常广泛。例如在身份认证、银行、电信、公共交通、车场管理等领域正得到越来越多的应用。例如二代身份证、银行的电子钱包、电信的手机 SIM 卡、公共交通的公交卡、地铁卡、用于收取停车费的停车卡等。

根据在磁卡中所装入芯片的不同可把 IC 卡分为以下三种类型：

(1)存储器卡

这种 IC 卡内封装的集成电路一般为电可擦除的可编程只读存储器 EEPROM。这种器件的特点是存储数据量大(容量为几 KB 到几十 KB)、信息可以长期保存，也可以在读写器中擦除或改写、读写速度快、操作简单，卡上数据的保护主要依赖于读写器中的软件口令以及向卡上加密写入信息，软件读出时破译，因此这种 IC 卡安全性稍差，但这种 IC 卡结构简单、使用方便、成本低，与磁卡相比又有存储容量大、信息在卡上存储不需要读写器联网的特点，因此也得到广泛的应用。主要用于安全性要求不高的场合，如电话卡、水电费卡、医疗卡等。

(2)微处理器卡

这是真正的卡上单片机系统，IC 卡片内集成了中央处理机 CPU、程序存储器 ROM、数据存储器 EEPROM 和 RAM。一般 ROM 中还配有卡上操作系统软件 COS(Chip Operating System)，IC 卡上的微处理器可以执行 COS 监控程序，接收从读写器送来的命令和数据，分析命令和后控制对存储器的访问。由于这种卡具有智能，读写器对卡的操作要经过卡上的 COS，所以保密性更强。而且微处理器具有数据加工和处理的能力，可以对读写数据进行逻辑和算术运算。这种 IC 卡存储的数据对外相当于一个“黑盒子”，保密性极强。目前 IC 卡上用的微处理器一般为 8 位 CPU，存储容量几十 KB 左右。此种智能卡常用于重要场合，作为证件和信用卡。

(3)逻辑加密卡

这种 IC 卡中除了封装了上述 EEPROM 存储器以外，还专设有逻辑加密电路，提供了硬件加密手段，因此不但存储量大，而且安全性强；不但可保证卡上存储数据读写安全，而且能进行用户身份的认证。由于密码不是在读写器软件中而是存储于 IC 卡上，所以几乎没有破密的可能性。例如，美国 ATMEL1604 逻辑加密卡。卡上设有 3 级保密功能，总密码用于身份的认证，非法用户 3 次密码核对错误即可使卡报废。4 个数据存储区可分别存储不同的信息，又有各自独立的读写密码，可以做到一卡多用。在不同读写器件中核实相应密码进行某一业务操作时，不会影响其他存储区。卡上信息不能随意改写，改写前需先擦除，而擦除需要核对擦除密码。这样即使是持卡人自己也不能随意更改卡上的数据，因此这种逻辑加密卡保密性极强，能自动识别读写器、持卡人和控制操作类型，常用于安全性要求高的场合。

将 IC 卡用于身份识别的方法明显地优于磁卡。这一方面是因为，磁卡比较易于用一般设备将其中的数据读出、修改和进行破坏；而 IC 卡则是将数据保存在存储器中，使用一般设备难以读出，这使 IC 卡具有更好的安全性。另一方面，在 IC 卡中含有微处理器和存储器，可进行较复杂的加密处理，因此，IC 卡具有非常好的防伪性和保密性；此外，还因为 IC 卡所具有的存储容量比磁卡的大得多，通常可大到 100 倍以上，因而可在 IC 卡中存储更多的信息，从而做到“一卡多用”。

4. 生物特征识别认证技术

生物特征识别认证系统试图基于唯一的物理特性验证一个个体，这些包括静态特性，例如指纹、手形、面部特性、视网膜和虹膜模式；还包括动态特性，例如声纹和签字。从本质上说，生物特征识别技术基于模式识别。与密码和物理特征相比较，生物特征识别认证具有技术复杂性和花费昂贵性。当它被用于一些特殊应用时，生物特征识别技术尚未完全成熟到像一个成熟的工具一样，成为用户验证的计算机系统。

一些不同类型的物理特性都在被使用或处于用户验证的研究中，它们最常见的共同点如下：

(1)面部特征

面部特征是最常见的人类识别手段，因此，很自然地考虑到通过计算机来验证。最常见的方法就是基于关键面部特征的相对位置和外形来定义特征。例如，眼睛、眉毛、鼻子、嘴唇和下巴的形状。另一种方法是使用红外线相机来产生一个面部温度记录图，并将其与人类的面部血管体系相关联。

(2)指纹

指纹有着“物证之首”的美誉，作为一种验证身份的手段已经有数百年的历史了，整个

过程以法律执行为目的，已经系统化和自动化了。指纹是指手指上的脊和沟形成的样式，在所有的人类中，每个人的指纹被认为是唯一的。而且它的形状不会随时间而改变，因而利用指纹来进行身份验证是万无一失的。又因为它不会像其他一些物理标志那样出现用户忘记携带或丢失等问题，而且使用起来也特别方便，因此，指纹验证很早就用于契约签证和侦察破案，既准确又可靠。

人的手指的纹路可分为两大类，一类是环状，另一类是涡状，每一类又可进一步分为50～200种不同的图样。以前是依靠专家进行指纹鉴别，随着计算机技术的发展，人们已经成功地开发出指纹自动识别系统。利用指纹来进行身份识别是有广阔前景的一种识别技术，世界上已有越来越多的国家开展了对指纹识别技术的研究和应用。

(3)视网膜组织

视网膜组织通常又简称为眼纹。它与指纹一样，世界上也绝对不可能找到两个人有完全相同的视网膜组织，因而利用视网膜组织来进行身份认证同样是非常可靠的。用户的视网膜组织所含的信息量远比指纹要复杂，其信息需要用256个字节来编码。利用视网膜组织进行身份验证的效果非常好，如果注册人数不超过200万，其出错率为0，所需时间也仅为秒级，现在已在军事部门和银行系统中采用，目前成本还比较高。

但是这种身份验证方式也还存在着抗欺骗能力问题。在早期的系统中，用户的视网膜组织是由一米外的照相机对人眼进行拍摄来认证的，如果有人戴上墨镜，在墨镜上贴上别人的视网膜，这样便可以蒙混过关。但如果改用摄像机，它可以拍下视网膜的震动影像，就不易被假冒了。

(4)声音

声音模式能够更加贴近说话者的身体特征。每个人在说话时都会发出不同的声音，人对语音非常敏感，即使在强干扰的环境下，也能很好地分辨出每个人的语音。事实上，人们主要依据听对方的声音来确定对方的身份。现在又广泛地采用与计算机技术相结合的办法来实现身份验证，其基本方法是，对一个人说话的录音进行分析，将其全部特征存储起来，通常把所存储的语音特征称为语声纹。然后，再利用这些声纹制作成语音口令系统。但是，由于同一个人在不同的时间说话的样本也会不同，从而使得生物识别任务变得更加复杂。

(5)手形

手形识别系统识别手的特征，包括形状以及手指的长度和宽度等。

例如，可以通过手指长度来进行身份验证。由于每个人的五个手指的长度并不是完全相同的，因此可以基于它来识别每一个用户。可通过把手插入一个手指长度测量设备，测出五个手指的长度，与数据库中所保存的相应样本进行核对。这种方式比较容易遭受欺骗，例如可利用手指石膏模型或其他仿制品来进行欺骗。

(6)签名

每个人都有唯一的笔迹，尤其是在签字的时候更加明显，它具有一个典型的频繁的书写次序。但是许多签名的抽样都是不一样的，这使得开发能够匹配将来样式的签名的计算机显示的任务变得更加复杂了。

5. 公开密钥认证技术

随着Internet和Intranet技术在全球的发展和普及，一个崭新的电子商务时代已开始展现在我们面前。但是，要利用Internet来开展电子商务，特别是金额较大的电子购物，网络安全是非常重要的问题。这不仅要求对网络上传输的信息进行加密，而且还应能对交易双方的身份进行确认。近几年已经开发出了多种用于进行身份认证的协议，如Kerberos身份认证协议、安全套接字层(Secure Socket Layer，SSL)协议，以及安全电子交易(SET)等协议。SSL协议是由Netscape公司提出的一种Internet通信安全标准，用于提供在Internet上的信息保密、身份认证服务。目前，SSL已成为利用公开密钥进行身份认证的工业标准。

利用SSL协议进行身份认证的过程分为三个阶段。

(1)申请数字证书

由于SSL所提供的安全服务时基于公开密钥证明书(数字证书)的身份认证，因此，凡是要利用SSL协议的用户和服务器，都必须首先向认证机构(CA)申请公开密钥证明书。

当服务器在申请数字证书时，首先由服务管理器生成一密钥对和申请书。服务器一方面将密钥和申请书的备份保存在安全之处；另一方面则向CA提交包括密钥对和签名证明书申请(即CSR)的加密文件，通常以电子邮件的方式发送。CA接收并检查该申请的合法性后，将会把数字证书以电子邮件的方式寄给服务器。

当客户端在申请数字证书时，首先由浏览器生成一密钥对，私有密钥被保存在客户的私有密钥数据库中，将公开密钥连同客户提供的其他信息一起发给CA。如果该客户符合CA要求的条件，CA将会把数字证书以电子邮件的方式寄给客户。

(2)SSL握手协议

客户和服务器在进行通信之前，必须先运行SSL握手协议，以完成身份认证、协商密码算法和加密密钥。

SSL协议要求通信的双方都利用自己的私钥对所要交换的数据进行数字签名，并连同数字证书一起发送给对方，以便双方进行相互检验。因为通过数字签名和数字证书的验证可以认证对方的身份是否真实。

为了增加加密系统的灵活性，SSL协议允许采用多种加密算法。客户和服务器在通信前，应首先协商好所使用的加密算法。通常先由客户提供自己能实现的所有加密算法清单，然后由服务器从中选择出一种最有效的加密算法，并通知客户，此后，双方便可利用该算法对所传送的信息进行加密。

最后还需协商加密密钥。先由客户机随机地产生一组密钥，再利用服务器的公开密钥对这组密钥进行加密后，送往服务器，由服务器从中选择四个密钥，并通知客户机，将之用于对所传输的信息进行加密。

(3)数据加密和检查数据的完整性

在客户机和服务器之间所传送的所有信息，都应利用协商后所确定的加密算法和密钥进行加密，以防止被攻击。

为了保证经过长途传输后所收到的数据是可信任的，SSL协议还利用某种算法对所传输的数据进行计算，以产生能保证数据完整性的数据识别码(MAC)，再把MAC和业务数据一起传送给对方，而接收方则利用MAC来检查所接收到的数据是否完整。

9.2.3 访问控制技术

访问是使信息在主体和对象间流动的一种交互方式。访问控制是对信息系统资源进行保护的重要措施，适当的访问控制能够阻止未经允许的用户有意或无意地获取数据。

访问控制的手段包括用户识别代码、口令、登录控制、资源授权(例如用户配置文件、资源配置文件和控制列表)、授权核查、日志和审计。

访问控制的类型包括六种：防御型、探测型、矫正型、管理型、技术型和操作型。防御型控制用于阻止不良事件的发生；侦测型控制用于探测已经发生的不良事件；矫正型控制用于矫正已经发生的不良事件；管理型控制用于管理系统的开发、维护和使用，包括针对系统的策略、规程、行为规范、个人的角色和义务、个人职能和人事安全决策；技术型控制是用于为信息技术系统和应用提供自动保护的硬件和软件控制手段，技术型控制应用于技术系统和应用中；操作型控制是用于保护操作系统和应用的日常规程和机制。它们主要涉及在人们使用和操作中使用的安全方法。操作型控制会影响系统和应用的环境。

1. 访问控制的概念及要素

访问控制(Access Control)指系统对用户身份及其所属的预先定义的策略组限制其使用数据资源能力的手段。通常用于系统管理员控制用户对服务器、目录、文件等网络资源的访问。访问控制是系统保密性、完整性、可用性和合法使用性的重要基础，是网络安全防范和资源保护的关键策略之一，也是主体依据某些控制策略或权限对客体本身或其资源进行的不同授权访问。

访问控制的主要目的是限制访问主体对客体的访问，从而保障数据资源在合法范围内得以有效地使用和管理。为了达到上述目的，访问控制需要完成两个任务：识别和确认访问系统的用户、决定该用户可以对某一系统资源进行何种类型的访问。

访问控制包括三个要素：主体、客体和控制策略。

(1)主体 S(Subject)。是一个主动的实体，提出访问资源的具体要求。是某一操作动作的发起者，但不一定是动作的执行者，可能是某一用户，也可以是用户启动的进程、服务和设备等。

(2)客体 O(Object)。是指一个包含或接收信息的被动实体，所有可以被操作的信息、资源、对象都可以是客体。客体可以是信息、文件、记录等集合体，也可以是网络上硬件设施、无线通信中的终端，甚至可以包含另外一个客体。

(3)控制策略 A(Attribution)。是主体对客体的相关访问规则集合，即属性集合。访问策略体现了一种授权行为，也是客体对主体某些操作行为的默认。例如，授权访问有读写、执行，读写客体是直接进行的，而执行是搜索文件、执行文件。对用户的授权访问是由系统的安全策略所决定的。

2. 访问控制的功能及原理

访问控制的主要功能包括：保证合法用户访问授权保护的网络资源，防止非法的主体进入受保护的网络资源，或防止合法用户对受保护的网络资源进行非授权的访问。访问控制首先需要对用户身份的合法性进行验证，同时利用控制策略进行选用和管理工作。当用户身份和访问权限验证之后，还需要对越权操作进行监控。因此，访问控制的内容包括认证、控制策略实现和安全审计。分别介绍如下。

(1)认证。包括主体对客体的识别及客体对主体的检验确认。

(2)控制策略。通过合理地设定控制规则集合，确保用户对信息资源在授权范围内的合法使用。既要确保授权用户的合理使用，又要防止非法用户侵权进入系统，使重要信息资源泄露。同时对合法用户，也不能越权行使权限以外的功能及访问范围。

(3)安全审计。系统可以自动根据用户的访问权限，对计算机网络环境下的有关活动或行为进行系统的、独立的检查验证，并做出相应评价与审计。

3. 访问控制的类型及机制

访问控制可以分为两个层次：物理访问控制和逻辑访问控制。物理访问控制如符合标准规定的用户、设备、门、锁和安全环境等方面的要求；而逻辑访问控制则是在数据、应用、系统、网络和权限等层面进行实现的。对银行、证券等重要金融机构的网络，信息安全重点关注的是二者兼顾，物理访问控制则主要由其他类型的安全部门负责。

访问控制主要分为三种类型：自主访问控制(DAC)、强制访问控制(MAC)和基于角色访问控制(RBAC)。

(1)自主访问控制

自主访问控制(Discretionary Access Control，DAC)是一种接入控制服务，通过执行基于系统实体身份及其到系统资源的接入授权。包括在文件，文件夹和共享资源中设置许可。用户有权对自身所创建的文件、数据表等访问对象进行访问，并可将其访问权授予其他用户或收回其访问权限。允许访问对象的属主制定针对该对象访问的控制策略。通常，可通过访问控制列表来限定针对客体可执行的操作。

① 每个客体有一个所有者，可按照各自意愿将客体访问控制权限授予其他主体。

② 各客体都拥有一个限定主体对其访问权限的访问控制列表(ACL)。

③ 每次访问时都以基于访问控制列表检查用户标志，实现对其访问权限控制。

④ DAC 的有效性依赖于资源的所有者对安全政策的正确理解和有效落实。

DAC 提供了适合多种系统环境的灵活方便的数据访问方式，是应用最广泛的访问控制策略。然而，它所提供的安全性可被非法用户绕过，授权用户在获得访问某资源的权限后，可能传送给其他用户。主要是在自由访问策略中，用户获得文件访问后，若不限制对该文件信息的操作，即没有设置数据信息的分发。所以 DAC 提供的安全性相对较低，无法对系统资源提供严格保护。

(2)强制访问控制

强制访问控制(Mandatory Access Control，MAC)是系统强制主体服从访问控制策略。是由系统对用户所创建的对象，按照规定的规则控制用户权限及操作对象的访问。主要特征是对所有主体及其所控制的进程、文件、段、设备等客体实施强制访问控制。在 MAC 中，每个用户及文件都被赋予一定的安全级别，只有系统管理员才可确定用户和组的访问权限，用户不能改变自身或任何客体的安全级别。系统通过比较用户和访问文件的安全级别，决定用户是否可以访问该文件。此外，MAC 不允许通过进程生成共享文件，以通过共享文件将信息在进程中传递。MAC 可通过使用敏感标签对所有用户和资源强制执行安全策略，一般采用三种方法：限制访问控制、过程控制和系统限制。MAC 常用于多级安全军事系统，对专用或简单系统较有效，但对通用或大型系统并不太有效。

MAC 的安全级别有多种定义方式，常用的分为四级：绝密级(Top Secret)、秘密级(Secret)、机密级(Confidential)和无级别级(Unclassified)，其中 T>S>C>U。所有系统中的主体(用户，进程)和客体(文件，数据)都分配安全标签，以标识安全等级。

通常 MAC 与 DAC 结合使用，并实施一些附加的、更强的访问限制。一个主体只有通过自主与强制性访问限制检查后，才能访问其客体。用户可利用 DAC 来防范其他用户对自己客体的攻击，由于用户不能直接改变强制访问控制属性，所以强制访问控制提供了一个不可逾越的、更强的安全保护层，以防范偶然或故意地滥用 DAC。

(3)基于角色的访问控制

角色(Role)是一定数量的权限的集合。指完成一项任务必须访问的资源及相应操作权限的集合。角色作为一个用户与权限的代理层，表示为权限和用户的关系，所有的授权应该给予角色而不是直接给用户或用户组。

基于角色的访问控制(Role-Based Access Control，RBAC)是通过对角色的访问进行的控制。是权限与角色相关联，用户通过成为适当角色的成员而得到其角色的权限。可极大地简化权限管理。为了完成某项工作创建角色，用户可依据其责任和资格分派相应的角色，角色可依据新需求和系统合并赋予新权限，而权限也可根据需要从某角色中收回。减小了授权管理的复杂性，降低了管理开销，提供了企业安全策略的灵活性。

RBAC 模型的授权管理方法主要有以下三种：

① 根据任务需要定义具体不同的角色。

② 为不同角色分配资源和操作权限。

③ 给一个用户组(Group，权限分配的单位与载体)指定一个角色。

RBAC 支持三个著名的安全原则：最小权限原则、责任分离原则和数据抽象原则。前者可将其角色配置成完成任务所需要的最小权限集。第二个原则可通过调用相互独立互斥的角色共同完成特殊任务，如核对账目等。后者可通过权限的抽象控制一些操作，如财务操作可用借款、存款等抽象限制，而不用操作系统提供的典型的读、写和执行权限。这些原则需要通过 RBAC 各部件的具体配置才可实现。

4. 访问控制机制

访问控制机制是为检测和防止系统中的未经授权访问，对资源予以保护所采取的软硬件措施和一系列管理措施等。访问控制一般是在操作系统的控制下，按照事先确定的规则决定是否允许主体访问客体，它贯穿于系统工作的全过程，是在文件系统中广泛应用的安全防护方法。

访问控制矩阵(Access Control Matrix)是最初实现访问控制机制的概念模型，它利用二维矩阵规定了任意主体和任意客体间的访问权限。矩阵中的行代表主体的访问权限属性，矩阵中的列代表客体的访问权限属性，矩阵中的每一格表示所在行的主体对所在列的客体的访问授权，如表 9-1 所示。

表 9-1 访问控制矩阵

	file1	file2	file3
User1	r w		r w
User2	R	r w x	x
User3	X	r	

访问控制的任务就是确保系统的操作按照访问控制矩阵授权的访问来执行，它是通过引用监控器协调客体对主体的每次访问而实现，这种方法清晰地实现了认证与访问控制的相互分离。

在较大的系统中，访问控制矩阵将变得非常巨大，而且矩阵中的许多格可能都为空，造成很大的存储空间浪费，因此在实际应用中，访问控制很少利用矩阵方式实现。实际上，访问矩阵通常是稀疏的，可以按行或按列分解之。

(1)访问控制表

访问控制表(Access Control Lists)是由访问控制矩阵按列分解所生成的，如图 9-3 所示。访问控制表是以文件为中心建立访问权限表。表中登记了该文件的访问用户名及访问权隶属关系。利用访问控制表，能够很容易地判断出对于特定客体的授权访问，哪些主体可以访问并有哪些访问权限。同样很容易撤销特定客体的授权访问，只要把该客体的访问控制表置为空。

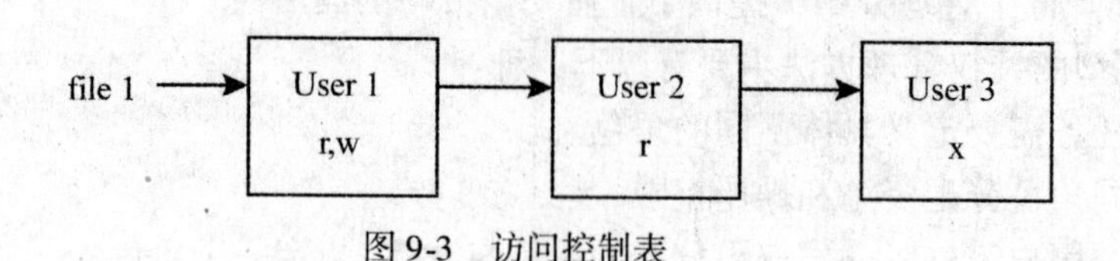

图 9-3　访问控制表

由于访问控制表简单、实用，虽然在查询特定主体能够访问的客体时，需要遍历查询所有客体的访问控制表，但它仍然是一种成熟且有效的访问控制实现方法，许多通用的操作系统仍然使用访问控制表来提供访问控制服务。例如 UNIX 和 VMS 系统利用访问控制表的简略方式，允许以少量工作组的形式实现访问控制表，而不允许单个的个体出现，这样访问控制表很小，能够用几位就可以和文件存储在一起。另一种复杂的访问控制表应用是利用一些访问控制包，通过它制定复杂的访问规则限制何时和如何进行访问，而且这些规则根据用户名和其他用户属性的定义进行单个用户的匹配应用。

(2)权能表

权能表(Capabilities Lists)与访问控制表相反，是访问控制矩阵按行分解，以用户为中心建立权能表，见图 9-4 所示。表中规定了该用户可访问的文件名及访问能力。利用权能表可以很方便地查询一个主体的所有授权访问。相反，检索具有授权访问特定客体的所有主体，则需要遍历所有主体的权能表。权能表有时又被称为访问能力表或用户权限表。

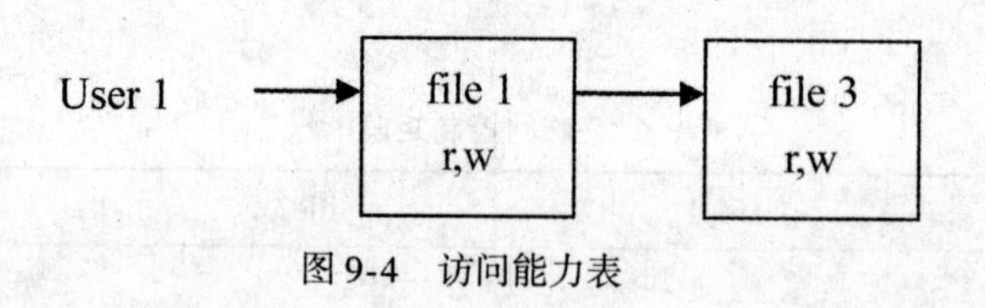

图 9-4　访问能力表

由于受限于计算机体系结构，早期的操作系统性能偏低，基于访问能力的操作系统受到冷落。而且当时计算机网络尚未大规模应用，安全问题显得不是非常突出，因此基于访问控制表的操作系统首先得到发展。随着计算机软硬件技术的发展以及对操作系统安全性需求的提高，基于访问能力的操作系统日益受到重视。这是因为基于访问能力的系统具有基于访问控制表的系统所不具有的如下安全特性。

① 最小特权。在访问控制表系统中，进程根据用户身份获得权限，同一用户发起的所有进程都有相同的权限，因此最小特权无法在访问控制表系统上真正实现。

② 选择性授权访问。访问控制表系统中，父进程创建子进程后，不能有选择的指定子

进程拥有哪些权限。

③ 责任分离。访问控制表不能解决责任分离问题，会导致责任混淆。

④ 自验证性。访问控制表系统无法控制权限和信息的流动，因而其自身无法验证所有的安全策略是否得到了遵守和执行。

⑤ 有利于分布式环境。由于分布式系统中很难确定特定客体的潜在主体集，因此访问控制表一般用于集中式系统，而分布式系统采用访问能力表。

(3)前缀表

前缀表(Profiles)是对每个主体都赋予的。包括受保护客体名和主体对它的访问权限。当主体要访问某客体时，自主存取控制机制将检查主体的前缀是否具有它所请求的访问权。

前缀表实现起来方便，效率高。但是，在频繁更迭对客体的访问权限的环境下，这种方法就不太适宜。此外，还要求所有受保护的客体名必须唯一，不允许出现重名，这在资源众多的系统中应用起来十分困难。

(4)保护位(Protection Bits)

保护位(Protection Bits)这种方法对所有主体、主体组以及客体的拥有者指明一个访问模式集合。保护位机制不能完备地表达访问控制矩阵，一般很少使用。

9.2.4 计算机病毒

早在1983年就已经发现了计算机病毒，但并未引起人们的重视，后来病毒越来越多，编程手段越来越高明，危害性也越来越大，这才逐渐受到全世界的广泛重视。随着互联网的普及，病毒的传播也有了更为通畅的渠道，促使病毒进一步泛滥成灾，以致造成许多计算机用户谈“毒”色变。

1. 计算机病毒的定义

《中华人民共和国计算机信息系统安全保护条例》明确定义，计算机病毒(Computer Virus)是指“编制的或者在计算机程序中插入的破坏计算机功能或者破坏数据，影响计算机使用并且能够自我复制的一组计算机指令或者程序代码”。计算机病毒是一段特殊的计算机程序，可以在瞬间损坏系统文件，使系统陷入瘫痪，导致数据丢失。病毒程序的目标任务就是破坏计算机信息系统程序、毁坏数据、强占系统资源、影响计算机的正常运行。在通常情况下，病毒程序并不是独立存储于计算机中的，而是依附(寄生)于其他的计算机程序或文件中，通过激活的方式运行病毒程序，对计算机系统产生破坏作用。

计算机病毒是一个程序，一段可执行代码，对计算机的正常使用进行破坏，使得计算机无法正常使用甚至整个操作系统或者硬盘损坏。就像生物病毒一样，计算机病毒有独特的复制能力。计算机病毒可以很快地蔓延，又常常难以根除。它们能把自身附着在各种类型的文件上。当文件被复制或从一个用户传送到另一个用户时，它们就随同文件一起蔓延开来。这种程序不是独立存在的，它隐蔽在其他可执行的程序之中，既有破坏性，又有传染性和潜伏性。轻则影响机器运行速度，使机器不能正常运行；重则使机器处于瘫痪状态，给用户带来不可估量的损失。通常就把这种具有破坏作用的程序称为计算机病毒。

除复制能力外，某些计算机病毒还有其他一些共同特性：一个被污染的程序能够传送病毒载体。当用户看到病毒载体似乎仅仅表现在文字和图像上时，它们可能也已毁坏了文件，再格式化了用户的硬盘驱动或引发了其他类型的灾害。若是病毒并不寄生于一个污染程序，它仍然能通过占据存储空间给用户带来麻烦，并降低计算机的全部性能。

2. 计算机病毒的本质

病毒可做其他程序能做的任何事，唯一区别在于它将自身加到其他程序中，每次宿主程序运行时它就秘密执行。一个病毒可以首先找到程序的第一条指令，将其跳到内存的某一处，然后将病毒代码的一个拷贝加到这里，接着就让病毒模拟那条被替换的指令，跳回主程序的第二条指令，继续执行主程序。

每次主程序运行时，病毒就感染其他程序，然后执行主程序。除了有较短的延迟外，用户不会注意到其存在。

一个典型病毒的生存期可分为四个阶段：

(1)沉睡阶段。在这期间病毒是空闲的。病毒可被一个事件激活。该事件可以是一个特定日期，其他程序和文件的出现，或磁盘容量超过某限制。并不是所有病毒都经历这个阶段。

(2)传播阶段。在这期间病毒将自身拷贝到其他程序中或磁盘上特定系统所在的区域中。这样每个被感染程序都有一个病毒的拷贝，它也同样进行传播。

(3)触发阶段。在这期间病毒被激活并执行它要执行的功能。与沉睡阶段一样，触发阶段也可由大量系统事件引起，如计算机病毒拷贝的次数等。

(4)执行阶段。这时病毒已执行。有些病毒可能无害，如在屏幕上显示一条信息；也可能是破坏性的，如破坏程序和数据文件。

大多数病毒都是以一种针对某一特定操作系统的方式运行。因此病毒是针对特定系统的不足之处而设计的。

3. 计算机病毒的特征

计算机病毒与一般程序有着明显的区别，它具有以下特征：

(1)寄生性。计算机病毒不是一段独立的程序，而是寄生在其他文件中或磁盘的系统区中。寄生在文件中的病毒称为文件型病毒，为侵入磁盘系统区的病毒称为系统型病毒。

(2)传染性。传染性是病毒的基本特征。计算机病毒会通过各种渠道从已被感染的计算机扩散到未被感染的计算机。病毒程序代码一旦进入计算机并得以执行，就会搜寻其他符合传染条件的程序或存储介质，把自身代码插入其中，达到自我繁殖的目的。

(3)潜伏性。一个编制精巧的计算机病毒程序，进入系统之后一般不会马上发作，可以在几周或者几个月甚至几年内隐藏在合法文件中，对其他系统进行传染，而不被人发现。潜伏性越好，其在系统中的存在时间就会越长，病毒的传染范围就会越大。

(4)隐蔽性。为了逃避反病毒软件的检测，计算机病毒的设计者通过伪装、隐藏、变态等手段，将病毒隐藏起来，使病毒能在系统中长期存在。

(5)触发性。因某个事件或数值的出现，诱使病毒实施感染或进行攻击的特性称为触发性。病毒的发作通常是在一定的条件下实现的，这些条件可能是时间、日期、文件类型或某些特定数据等。一旦满足这些条件，病毒就会发作，被感染的文件或系统将被破坏。

(6)破坏性。计算机病毒的破坏性可表现在四个方面，即占用系统时间、占用处理机时间、破坏文件、使机器运行产生异常等。

4. 计算机病毒的危害

计算机受到病毒感染后，会表现出不同的症状，下面列出一些经常碰到的中毒现象。

(1)机器不能正常启动。计算机病毒可使机器加电后根本不能启动，或者可以启动，但所需要的时间比原来的启动时间变长了。有时在计算机运行过程中可使屏幕出现异常情况，

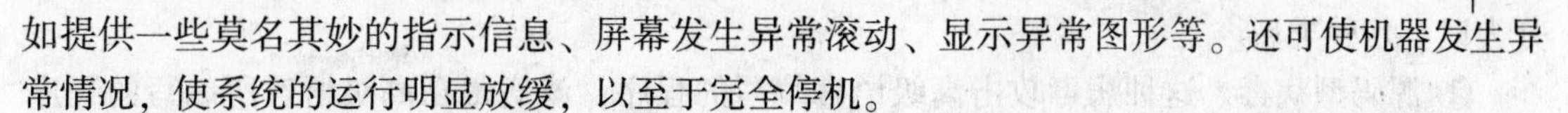

如提供一些莫名其妙的指示信息、屏幕发生异常滚动、显示异常图形等。还可使机器发生异常情况，使系统的运行明显放缓，以至于完全停机。

(2)运行速度降低。如果发现在运行某个程序时，读取数据的时间比原来长，存文件或调文件的时间都增加了，那就可能是由于病毒造成的。

(3)抢占系统资源。既然病毒是一种程序，又可以大量地自我复制，必然要占用一定的磁盘空间；病毒大部分又是常驻内存的，也会占用一定的内存空间。

(4)占用处理机时间。病毒在执行过程中会占用处理机时间，随着病毒的增加，将会占用更多的处理机时间，这会使系统运行的速度变得异常缓慢，还可能进一步完全独占处理机时间，而使计算机系统无法再向用户提供服务。

(5)对文件造成破坏。计算机病毒可以使文件的长度增加或减少，使文件的内容发生改变，甚至被删除，使文件丢失。它还可以通过对磁盘的格式化使整个系统中的文件全部消失。

(6)经常出现“死机”现象。正常的操作是不会造成死机现象的，即使是初学者，命令输入不对也不会死机。如果机器经常死机，那可能是由于系统被病毒感染了。

(7)外部设备工作异常。因为外部设备受系统的控制，如果机器中有病毒，外部设备在工作时可能会出现一些异常情况，出现一些用理论或经验说不清道不明的现象。

5. 计算机病毒的分类

根据计算机病毒的特点及特性，对计算机病毒进行分类的方法有很多种。因此，同一种病毒可能有多种不同的分类方法。

(1)按病毒的破坏情况分类

根据计算机病毒的破坏情况，可把计算机病毒分为两类。

① 良性病毒。是指其不包含有立即对计算机系统产生直接破坏作用的代码。这类病毒为了表现其存在，只是不停地进行扩散，从一台计算机传染到另一台，并不破坏计算机内的数据，但会大量地占据磁盘空间。

② 恶性病毒。是指在其代码中包含有损失和破坏计算机系统的操作，在其传染或发作时会对系统产生直接的破坏作用。这类病毒是最多的。

(2)按计算机病毒攻击的系统分类

① 攻击 DOS 系统的病毒。这类病毒出现最早。

② 攻击 Windows 系统的病毒。由于 Windows 的图形用户界面(GUI)和多任务操作系统深受用户的欢迎，因此是病毒最多的一种。

③ 攻击 UNIX 系统的病毒。当前，UNIX 系统应用非常广泛，并且许多大型的系统均采用 UNIX 作为其主要的操作系统，所以 UNIX 病毒的出现，对人类的信息处理也是一个严重的威胁。

④ 攻击 OS/2 系统的病毒。

(3)按病毒的攻击机型分类

① 攻击微型计算机的病毒。这是世界上传染最为广泛的一种病毒。

② 攻击小型机的计算机病毒。

③ 攻击工作站的计算机病毒。

(4)按计算机病毒的链接方式分类

由于计算机病毒必须有一个具体的攻击对象以实施攻击，按照病毒感染方式的不同，可分为以下几种类型。

① 源码型病毒。这种病毒攻击高级语言编写的程序，该病毒在高级语言所编写的程序编译前插入到源程序中，经编译成为合法程序的一部分。

② 嵌入型病毒。这种病毒是将自身嵌入到现有程序中，把计算机病毒的主体程序与其攻击的对象以插入的方式链接。这种计算机病毒是难以编写的，一旦侵入程序后也较难以消除。如果同时采用多态性病毒技术，超级病毒技术和隐蔽性病毒技术，将给当前的反病毒技术带来严峻的挑战。

③ 外壳型病毒。外壳型病毒将其自身包围在主程序的四周，对原来的程序不做修改。这种病毒最为常见，易于编写，也易于发现，只要测试文件的大小即可发现。

④ 操作系统型病毒。这种病毒用它自己的程序加入或取代操作系统的部分模块进行工作。它们在运行时，用自己的处理逻辑取代操作系统的部分源程序模块，当被取代的操作系统模块被调用时，病毒程序得以运行。操作系统型病毒具有很强的破坏力，可以导致整个系统的瘫痪。圆点病毒和大麻病毒就是典型的操作系统型病毒。

(5)按计算机病毒的寄生部位或传染对象分类

根据计算机病毒的寄生方式，可把计算机病毒分为以下几类。

① 磁盘引导扇区传染的病毒。磁盘引导扇区传染的病毒主要是用病毒的全部或部分逻辑取代正常的引导记录，而将正常的引导记录隐藏在磁盘的其他地方。由于引导扇区是磁盘能正常使用的先决条件，因此，这种病毒在运行的一开始(如系统启动)就能获得控制权，其传染性较大。每当启动系统时，病毒便借助于引导过程进入系统。

② 操作系统传染的病毒。操作系统是一个计算机系统得以运行的支持环境，它包括.com、.exe等许多可执行程序及程序模块。操作系统传染的计算机病毒就是利用操作系统中所提供的一些程序及程序模块寄生并传染的。通常，这类病毒作为操作系统的一部分，只要计算机开始工作，病毒就处在随时被触发的状态。而操作系统的开放性和不绝对完善性给这类病毒出现的可能性与传染性提供了方便。操作系统传染的病毒目前广泛存在，“黑色星期五”即为此类病毒。

③ 可执行程序传染的病毒。可执行程序传染的病毒通常寄生在可执行程序中，一旦程序被执行，病毒也就被激活，病毒程序首先被执行，并将自身驻留内存，然后设置触发条件，进行传染。

④ 文件型病毒。病毒程序把自己附着于正常程序之中，病毒发作时，原来程序仍能正常运行，以致用户不能及时发现，病毒就有可能长期潜伏下来。这种病毒有两种传播方式，一是当病毒程序执行时，会主动搜索磁盘上可以感染的文件，如果文件没有被感染，就去感染它，使其携带病毒，称为主动攻击型感染；二是一个未被感染的病毒所期待的文件执行时，该程序就会被感染病毒，称为执行时感染。

⑤ 宏病毒。许多软件(如Word、Excel)都提供了宏命令，宏病毒利用软件所提供的宏功能将病毒插入到宏中，当宏病毒发作时，便会对计算机系统造成破坏。

⑥ 电子邮件病毒。病毒被嵌入到电子邮件中，通过电子邮件传播。只要用户打开带有病毒的电子邮件，病毒就会被激活。由于这种病毒是通过Internet进行传播的，所以传播速度快，可以在短时间内造成大规模破坏。

(6)按计算机病毒的传播媒介分类

按计算机病毒的传播媒介来分类，可以分为单机病毒和网络病毒。

① 单机病毒。单机病毒的载体是磁盘，常见的是病毒从 U 盘传入硬盘，感染系统，然后再传染其他 U 盘，再传染其他系统。

② 网络病毒。网络病毒的传播媒介不再是移动式载体，而是网络通道，这种病毒的传染能力更强，破坏力更大。

6. 计算机病毒的防治原则

“常在河边走，哪能不湿鞋”，在计算机的使用过程中，交换文件，上网冲浪，收发邮件都有可能感染病毒。遵循以下原则，防患于未然。

(1)建立正确的防毒观念，学习有关病毒与反病毒知识。

(2)不要随便下载网上的软件。尤其是不要下载那些来自无名网站的免费软件，因为这些软件无法保证没有被病毒感染。

(3)不要使用盗版软件。

(4)不要随便使用别人的 U 盘或光盘等，尽量做到专机专盘专用。

(5)使用新设备和新软件之前要检查。

(6)使用反病毒软件。及时升级反病毒软件的病毒库，开启病毒实时监控。

(7)有规律地制作备份，要养成备份重要文件的习惯。

(8)制作一张无毒的系统盘。将其写保护，妥善保管，以便应急。

(9)按照反病毒软件的要求制作应急盘/急救盘/恢复盘，以便恢复系统急用。在应急盘/急救盘/恢复盘上存储有关系统的重要信息数据，如硬盘主引导区信息、引导区信息、CMOS 的设备信息等以及 DOS 系统的 COMMAND. COM 和两个隐含文件。

(10)一般不要用 U 盘启动。如果计算机能从硬盘启动，就不要用 U 盘启动，因为这是造成硬盘引导区感染病毒的主要原因。

(11)注意计算机有没有异常症状。

(12)发现可疑情况及时通报以获取帮助。

(13)重建硬盘分区，减少损失。若硬盘资料已经遭到破坏，不必急着格式化，因病毒不可能在短时间内将全部硬盘资料破坏，故可利用“灾后重建”程序加以分析和重建。

7. 计算机病毒的防治技术

(1)病毒防治策略

要采取预防为主，管理为主，清杀为辅的防治策略。

① 不使用来历不明的移动存储设备(如 U 盘、光盘等)，不浏览一些不熟悉的网站、不阅读来历不明的邮件。

② 要经常进行系统备份，防止万一被病毒侵害后导致系统崩溃。

③ 安装防病毒软件。

④ 经常查毒、杀毒。

(2)杀毒软件

目前市面上的杀毒软件有很多种。如国外的有 Norton 系列等，国内的有瑞星、金山毒霸等，其技术在不断更新，版本也在不断升级。

杀毒软件一般由查毒、杀毒及病毒防火墙三部分组成。

① 查毒过程。反病毒软件对计算机中的所有存储介质进行扫描，若发现某文件中某一部分代码与查毒软件中的某个病毒特征值相同时，就向用户报告发现了某病毒。

由于新的病毒还在不断出现，为保证反病毒程序能不断认识这些新的病毒程序，反病毒软件供应商会及时收集世界上出现的各种病毒，并建立新的病毒特征库向用户发布，用户下载这种病毒特征库才有可能抵御网络上层出不穷的病毒的侵袭。

② 杀毒过程。在设计杀毒软件时，按病毒感染文件的相反顺序写一个程序，以清除感染病毒，恢复文件原样。

③ 病毒防火墙。当外部进程企图访问防火墙所防护的计算机时，或者直接阻止这样的操作，或者询问用户并等待用户命令。

杀毒软件具有被动性，一般需要先有病毒及其样品才能研制查杀该病毒的程序，不能查杀未知病毒，有些软件声称可以查杀新的病毒，其实也只能查杀一些已知病毒的变种，而不能查杀一种全新的病毒。迄今为止还没有哪种反病毒软件能查杀现存的所有病毒，更无须说新的病毒。

(3)常用的反病毒技术

从具体实现技术的角度来看，常用的反病毒技术有以下几个方面：

① 病毒代码扫描法。该方法是将新发现的病毒加以分析后根据其特征编成病毒代码，加入病毒特征库中。每当执行杀毒程序时，就立刻扫描程序文件，并与病毒代码比对，便能检测到是否有病毒。病毒代码扫描法速度快、效率高。大多数防毒软件均采用这种方式，但是无法检测到未知的新病毒以及变种病毒。

② 加总比对法(Check-sum)。该方法是根据每个程序的文件名称、大小、时间、日期及内容，加总为一个检查码，然后将检查码附在程序后面，或是将所有检查码放在同一个资料库中，再利用 Check-sum 系统，追踪并记录每个程序的检查码是否遭到更改，以判断是否中毒。这种技术可检测到各种病毒，但最大的缺点就是误判率高，且无法确认感染的是哪种病毒。

③ 人工智能陷阱(Rule-based)。该方法是一种监测电脑行为的常驻式扫描技术。它将所有病毒所产生的行为归纳起来，一旦发现内存的程序有任何不当的行为，系统就会有所警觉，并告知用户。其优点是执行速度快、手续简便，且可以检测到各式病毒；其缺点是程序设计难，且不容易考虑周全。

④ 空中抓毒(Catch Virus on the flyTM)。该方法是在资料传输过程中经过的一个节点即一台电脑上设计一套防毒软件，对网络中所有可能带有病毒的信息进行扫描，接收从网络中送来的资料。把用户要扫描的资料暂时存储在这台电脑中，然后扫描存储的资料，并根据管理员的设定处理中毒的文件，最后把检查过或处理过的资料传送到它原来要传送的电脑上。

⑤ 主动内核技术(ActiveK)。该方法是将已经开发的各种网络防病毒技术从源程序级嵌入到操作系统或网络系统的内核中，实现网络防病毒产品与操作系统的无缝链接。这种技术可以保证网络防病毒模块从系统的底层内核与各种操作系统和应用环境密切协调，确保防毒操作不会伤及到操作系统内核，同时确保消除病毒的功效。

(4)网络病毒的防治

① 基于工作站的防治技术。工作站就像是计算机网络的大门，只有把好这道大门，才能有效地防止病毒的侵入。工作站防治病毒的方法有三种：一是软件防治，即定期不定期地用反病毒软件检测工作站的病毒感染情况。软件防治可以不断提高防治能力。二是在工作站上插防病毒卡。防病毒卡可以达到实时检测的目的。三是在网络接口卡上安装防病毒芯片。它将工作站存取控制与病毒防护合二为一，可以更加实时有效地保护工作站及通向服务器的桥梁。实际应用中应根据网络的规模、数据传输负荷等具体情况确定使用哪一种方法。

② 基于服务器的防治技术。网络服务器是计算机网络的中心，是网络的支柱。网络瘫痪的一个重要标志就是网络服务器瘫痪。目前基于服务器的防治病毒的方法大多采用防病毒可装载模块，以提供实时扫描病毒的能力。有时也结合在服务器上安装防毒卡的技术，目的在于保护服务器不受病毒的攻击，从而切断病毒进一步传播的途径。

③ 加强计算机网络的管理。计算机网络病毒的防治，单纯依靠技术手段是不可能十分有效地杜绝和防止其蔓延的，只有把技术手段和管理机制紧密结合起来，提高人们的防范意识，才有可能从根本上保护网络系统的安全运行。首先应从硬件设备及软件系统的使用、维护、管理、服务等各个环节制定出严格的规章制度，对网络系统的管理员及用户加强法制教育和职业道德教育，规范工作程序和操作规程，严惩从事非法活动的集体和个人。其次，应有专人负责具体事务，及时检查系统中出现病毒的症状，在网络工作站上经常做好病毒检测的工作。

网络病毒防治最重要的是：应制定严格的管理制度和网络使用制度，提高自身的防毒意识；应跟踪网络病毒防治技术的发展，尽可能采用行之有效的新技术、新手段，建立"防杀结合、以防为主、以杀为辅、软硬互补、标本兼治"的最佳网络病毒安全模式。

8. 未来计算机病毒的发展趋势

随着互联网的日益发展，计算机病毒的传播途径、传播手段等都发生了变化，从而呈现出新的发展趋势。

(1)利用网络进行传播的病毒成为最主要的病毒类型

互联网改变了人们的生活方式，也改变了病毒的传播途径。随着网络覆盖面的不断延伸，利用网络进行传播已成为病毒制造者发布病毒的首选途径。通过网络进行传播的病毒在短时间内就能遍布整个网络，从而造成巨大的损害。如电子邮件病毒、网络蠕虫、木马等都是网络病毒。

(2)木马病毒日益突显

与普通病毒的破坏性不同，木马病毒并不直接感染易染主机，而是像间谍一样潜伏在主机中，并通过远程控制，由另外一台计算机来对受控主机进行破坏，盗取有用的机密信息。木马病毒自身不会复制，也不会直接造成破坏，它只充当一个桥梁的作用，为远程的黑客主机提供方便。

(3)病毒技术不断发展

病毒制造者善于利用一些先进的计算机技术。当一种新的计算机技术出现时，病毒制造者就会迅速学习该技术并将其融入到病毒程序的编写中，使得病毒程序具有更大的破坏力且不易被反病毒程序检测到。如主动防御技术、Rootkit 技术、映像劫持技术、磁盘过滤驱动技术、穿透还原卡及还原软件技术等。

(4)混合型病毒危害较大

混合型病毒是指那些集蠕虫、木马等多种病毒技术于一身的病毒。如熊猫烧香、磁碟机、机器狗等。此类病毒功能强大，不仅可以感染一些特殊格式的文件，并且能对抗杀毒软件，甚至还可以感染网页文件。

(5)病毒由被动防御转变为主动进攻

当前，许多病毒已不再以躲避反病毒软件的检测为目的，而是由被动防御转变为主动进攻，主动争夺系统的控制权限。一旦病毒程序取得了系统的控制权，就可以为所欲为，甚至可以屏蔽掉杀毒软件的功能。例如，AV 终结者，能够禁用杀毒软件等安全软件的监控功能，禁止用户进入安全模式，并且能够强行关闭用户打开的部分网页，从而阻断了用户通过网络寻求帮助的途径。

本章小结

计算机系统安全是指为了实现信息系统资源(包括硬件、软件、固件、信息/数据和通信)的完整性、可用性和机密性这些目标，而在一个自动化的信息系统上实施防护。这个定义包含计算机系统安全核心的三个目标，即数据机密性、数据完整性以及系统可用性。

系统安全威胁的类型包含假冒用户身份、数据截取、拒绝服务、修改信息、伪造信息、否认操作、中断传输及通讯录分析。在操作系统安全机制下，计算机系统可采用一套行之有效的安全策略来应对安全性问题，其中常用的基本策略包含数据加密技术、认证技术、访问控制技术及计算机病毒防治技术等。

数据加密是对系统中所有存储和传输的数据进行加密，使之成为密文，这样，攻击者在截获到数据后，便无法了解到数据的内容，而只有被授权者才能接收和对该数据进行解密复原，以了解其内容，从而有效地保护了系统信息资源的安全性。

认证技术是指证实被认证对象是否属实和有效的一个过程。其基本思想是通过验证被认证对象的属性来达到确认被认证对象是否真实有效的目的。被认证对象的属性可以是口令、磁卡、IC 卡、数字签名或者像指纹、声音、视网膜这样的生理特征。认证常常被用于通信双方相互确认身份，以保证通信的安全。

访问控制是对信息系统资源进行保护的重要措施，适当的访问控制能够阻止未经允许的用户有意或无意地获取数据。访问控制的手段包括用户识别代码、口令、登录控制、资源授权(例如用户配置文件、资源配置文件和控制列表)、授权核查、日志和审计。

计算机病毒是一个程序，一段可执行代码，对计算机的正常使用进行破坏，使得计算机无法正常使用甚至整个操作系统或者硬盘损坏。计算机病毒具有寄生性、传染性、潜伏性、隐蔽性、触发性和破坏性等特征。对于计算机病毒的防治通常采用预防为主，管理为主，清杀为辅的防治策略。

习题 9

1. 选择题

(1)对计算机系统硬件的主要威胁在( )方面。

A. 保密性　　B. 完整性

C. 可用性　　D. 有效性

(2)DES 算法是一种( )。

A. 公开密钥加密算法　　B. 序列加密算法

C. 非对称加密算法　　D. 对称加密算法

(3)DES 算法的密钥长度为( )位。

A. 64　B. 56　C. 48　D. 16

(4)下列关于对称和非对称加密算法的描述中错误的是( )。

A. 对称加密算法的实现速度快，因此适合大批量的数据的加密

B. 对称加密算法的安全性将依赖于密钥的秘密性，而不是算法的秘密性

C. 从密钥的分配角度看，非对称加密算法比对称加密算法的密钥需求量大

D. 非对称加密算法比对称加密算法更适合用于数字签名

(5) 下列关于数字签名的描述中正确的是( )。

A. 简单的数字签名可通过下列方式进行：发送者利用接收者的公开密钥对明文进行加密，接收者利用自己的私有密钥对接收到的密文进行解密

B. 简单的数字签名可通过下列方式进行：发送者利用自己的私有密钥对明文进行加密，接收者利用自己的私有密钥对接收到的密文进行解密

C. 数字签名和数字证书可用来对签名者的身份进行确认，但无法让接收者验证接收到的信息在传输过程中是否被他人修改过

D. 数字签名和数字证书可用来对签名者的身份进行确认，并且可以让接收者验证接收到的信息在传输过程中是否被他人修改过

2. 问答题

(1) 对系统安全性的威胁有哪几种类型？

(2) 何谓对称加密和非对称加密？

(3) 简述数字签名及数字证书。

(4) 简述数字证书的申请、发放和使用过程。

(5) 什么是访问控制表？什么是权能表？

第10章 网络操作系统

10.1 计算机网络概述

计算机网络是指将若干台计算机用通信线路按照一定规范连接起来，以实现资源共享和信息交换为目的的系统。计算机网络从诞生到目前为止，其发展历史可以划分为四个阶段：

第一代网络：面向终端的远程联机系统。其特点是整个系统里只有一台主机，远程终端没有独立的处理能力，它通过通信线路点到点的直接方式或通过专用通信处理机或集中器的间接方式和主机相连从而构成网络。在前一种连接方式下主机和终端通信的任务由主机来完成：而在后一种方式下该任务则由通信处理机和集中器承担。这种网络主要用于数据处理远程终端，负责数据采集，主机则对采集到的数据进行加工处理，常用于航空自动售票系统、商场的销售管理系统等。由于终端不具有独立的处理能力，因此这种系统并不是严格意义上的网络。

第二代网络：以通信子网为中心的计算机通信网。其特点是系统中有多台主机(可以带有各自的终端)，这些主机之间通过通信线路相互连接。通信子网是网络中纯粹通信的部分，其功能是负责把消息从一台主机传到另一台主机，消息传递采用分组交换技术。这种网络出现在20世纪60年代后期，1969年由美国国防部高级研究计划局建立的阿帕网(ARPA-NET)就是其典型代表。

第三代网络：遵循国际标准化网络体系结构的计算机网络。其特点是按照分层的方法设一计算机网络系统。1974年美国IBM公司研制的系统网络体系结构SNA就是其早期代表。网络体系结构的出现方便了具有相同体系结构的网络用户之间的互联，但同时其局限性也是显然的。20世纪70年代后期，为了解决不同网络体系结构用户之间难以相互连接的问题，国际标准化组织(1SO)提出了一个试图使各种计算机都能够互联的标准框架，即开放系统互联基本参考模型(OSl)。20世纪80年代建立的计算机网络多属第三代计算机网络。

第四代网络：宽带综合业务数字网。其特点是传输数据的多样化和高的传输速度。宽带网络不但能够用于传统数据的传输，而且还可以胜任声音、图像、动画等多媒体数据的传输，数据传输速率可以达到几十到几百Mbiffs，甚至达到几十Gbiffs。第四代网络将可以提供视频点播、电视现场直播、全动画多媒体电子邮件、CD级音乐等网上服务。现在世界各国都竞相研究和制定建设本国信息高速公路的计划以适应世界经济和信息产业的飞速发展。

10.1.1 计算机网络的拓扑结构

把网络中的计算机和通信设备抽象为一个点，把传输介质抽象为一条线，由点和线组成的几何图形就是计算机网络的拓扑结构。网络的拓扑结构反映出网中各实体的结构关系，是建设计算机网络的第一步，是实现各种网络协议的基础。它对网络的性能，系统的可靠性与通信费用都有重大影响。目前最常见的网络拓扑结构有星形、树形、总线形、环形和网状形五种。

1. 星形网络拓扑结构

星形拓扑结构的每一个结点都有一条点到点链路与中心结点(中心交换设备即集线器)相连，连网络的拓扑结构呈现放射状的星形，如图 10-1(a)所示。其所有各个远程结点之间因无连接而不能直接通信，信息的传输是通过中心结点的存储转发技术实现的。

星形拓扑结构具有以下特点：

(1)结构简单，便于管理和维护，易于扩展。星形拓扑与网络上的每台计算机使用一个单独的电缆连接，因此很容易在网络中添加新机器(在这台计算机与集线器之间增加一根线即可)，而不会影响对网络中的其他计算机所提供的服务。

(2)访问控制和诊断方便。由于每个工作站都与中心结点是点对点连接，故访问控制简单，网络出现故障时也很容易检测和隔离故障站点。

(3)过分依赖中心结点。中心结点是关键性结点设备，一旦中心结点发生故障，将导致整个网络的瘫痪，使得网络具有潜在的不可靠性。由于过分依赖中心结点，随着远程结点的增多和频繁的访问，易成为信息传输的瓶颈。

(4)费用较大。每个站点与中心结点都有一条连线，费用较高。另外，创建一个基于星形拓扑的网络需要购买一个或多个集线器，这也增加了额外的费用。

(5)扩充性较差。由于星形网络的性能受到中心结点硬件接口及软件功能的限制，最明显的使网络的扩充性较差；

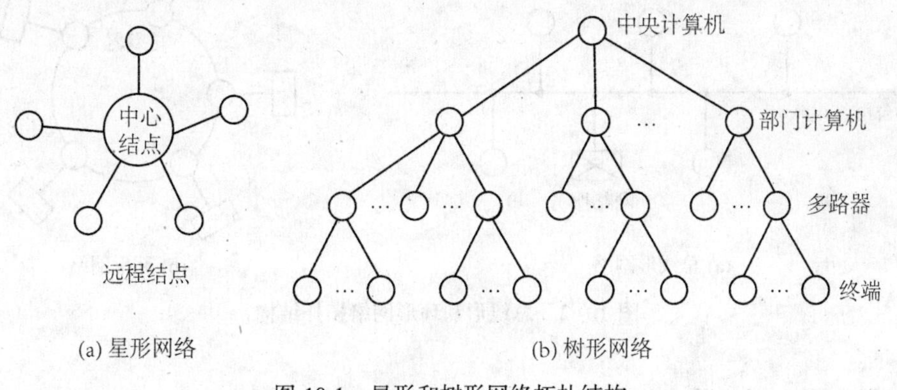

图 10-1 星形和树形网络拓扑结构

2. 树形网络拓扑结构

鉴于单级星形网络的诸多不利条件，不适合用于构建大型网络，于是产生了多级星形网络拓扑结构。如果将多级星形重新按层次方式排列，则形成了树形网络，如图 10-1(b)所示。树形网络拓扑结构是对星形网络的一种改进。由于在中间层各结点上的处理机，都具有控制和处理能力，因而使整个系统具有一定的分布控制和处理能力，即使中央处理机瘫痪，其他结点处理机仍可维持网络的局部运行。

树形网络拓扑结构优点：连接简单，维护方便，适用于汇集信息的应用要求。

树形网络拓扑结构缺点：资源共享能力较低，可靠性不高，任何一个工作站或链路的故障都会影响整个网络的运行。

3. 总线形拓扑结构

总线形拓扑结构是用一条高速公用主干电缆(即总线，bus)作为公共传输通道连接若干结点所形成的网络结构，如图10-2(a)所示。通常在总线形网络上都连接有几个至十几个网络工作站和一两个用于提供服务的网络服务器。

总线形拓扑结构具有以下特点：

(1)总线形网络拓扑结构由多个结点共享一条传输总线，使网络的物理结构简单、信道利用率高，而且是广播通信方式，亦即由总线上任一结点所发出的信息，能被总线上的所有其他结点接收。

(2)总线形结构没有关键结点，单一的工作站故障并不影响网络上其他工作站的正常工作，可靠性较高。但是一旦总线出现故障将会造成整个网络的瘫痪。

(3)总线作为公共传输介质被各个结点共享，就有可能出现同一时刻有两个或两个以上结点同时通过总线发送数据的情况，因此会出现"冲突"，造成传输失败。

因此在"共享"方式的总线形网络拓扑结构中，必须解决各个结点访问总线的介质访问控制(MAC, Medium Access Control)问题。

(4)各工作站平等，都有权占用总线，不受某个站点的仲裁。

(5)所有结点都通过网卡直接连接到公共总线上。连接简单，易于安装，增加撤销网络设备灵活方便，但网络效率与带宽利用率低。

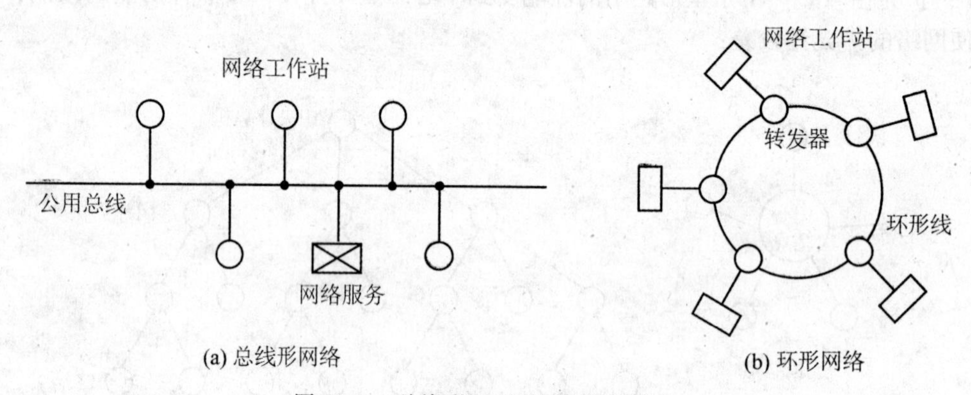

图 10-2　总线形和环形网络拓扑结构

4. 环形网络拓扑结构

环形拓扑指各个网络结点通过环接口连在一条首尾相连接的闭合环形通信线路中。如图10-2(b)所示这是通过点一点的连接方式，将所有的转发器连接成一个环形，其中的每个转发器可用于连接一个网络工作站，站上的信息通过转发器传送到环路上，信息在环路上只作单方向流动。

环形结构具有以下特点：

(1)由多个结点共享一条传输总线，使网络的物理结构简单，信道利用率高，结构简单，各工作站间无主从关系。

(2) 传输速率高，距离远，传输信息长度不受限制，适合传输数据量大的场合。

(3) 中继器的增加使得费用加大，增加或去除计算机将打断网络的运行，即必须先断开原有环路。

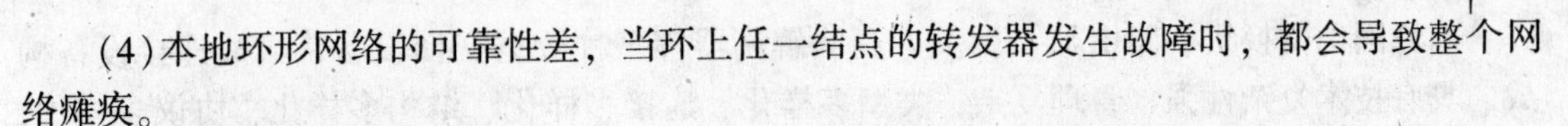

(4)本地环形网络的可靠性差，当环上任一结点的转发器发生故障时，都会导致整个网络瘫痪。

5. 网状形网络拓扑结构

在广域网中最广泛采用的是网状形网络拓扑结构。网状拓扑结构中网络结点与通信线路的互联呈不规则形状，每个结点至少与其他两个结点相连。如图10-3所示，这是通过点一点的连接方式，将分布在不同地点的、用于实现数据通信的设备PSE(Packet Switch Equipment)连接在一起，形成一个不规则的网状形网络。

该网络专门用于实现数据通信，因而称为通信子网，凡要入网的主机(HOST)都应连接到该网络的一个PSE上，任何两主机之间的通信都必须通过该通信子网。所有这些主机都作为网络的信源和信宿，且其中有相当数量的主机都对信息具有强大的处理能力，驻留了大量的可供网络用户共享的文件和资料。由通信子网之外的所有主机构成了数据处理子网，也称为资源子网。可见，网状形网络在逻辑上可分为通信子网和资源子网两部分。这种网络形成的最大好处是便于将各种类型的计算机连接成异构信网络。

网状形拓扑结构具有以下特点：

(1)系统的可靠性高。任意两个结点之间都存在两条或两条以上的通信线路，因而当某一路径出现故障时，可选择另一条线路传输信息。

(2)可扩充性和灵活性好。这种网络可方便地增加新功能或增加新的联网计算机，扩充为更新或更大的网络。另外，这种网络可组建成各种形状，采用多种通信方式，很灵活。

(3)结构复杂，成本高。必须采用路由选择算法和质量控制方法，不易管理和维护，线路成本高。

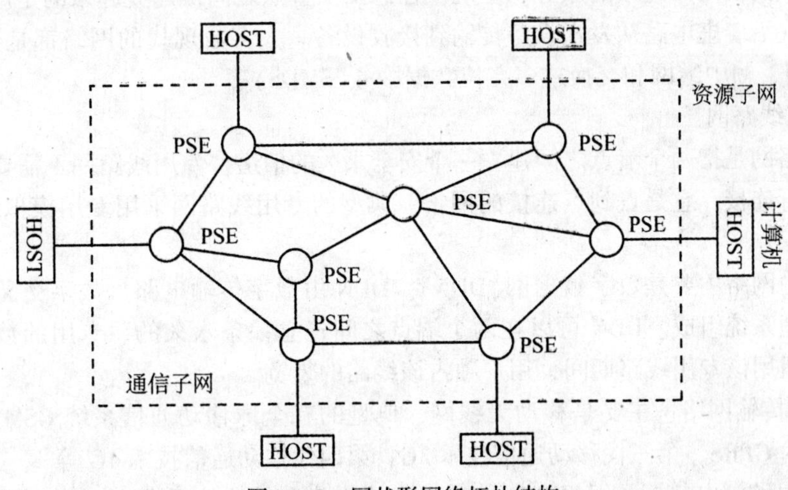

图10-3　网状形网络拓扑结构

10.1.2　计算机广域网络

根据计算机网络所覆盖地理范围的大小，可把计算机网络分为广域网和局域网两类。广域网(Wide Area Network，WAN)也称远程网。广域网是用公用或专用的高速数字通信线路和分组交换机把相距遥远的许多局域网和主机相互连接而形成的网路，通常跨接很大的物理范围。

广域网由交换机、路由器、网关、调制解调器等多种数据交换设备、数据连接设备构成。具有技术复杂性强、管理复杂、类型多样化、连接多样化、结构多样化、协议多样化、应用多样化的特点。广域网有以提供公共服务为主的公用数据网，有用于处理专门事务的专用网，如军事网，公安网，税务网，金融网，政府网等。

近年来，广域网(WAN)得到了很大的发展。广域网不仅在地理范围上超越城市、省界、国界、洲界形成国际性的远程网络，而且在各种远程通信手段上有许多大的变化，如除了原有的电话网外，已有分组数据交换网、数字数据网、帧中继网以及集话音、图像、数据等为一体的 ISDN 网、数字卫星网 VSAT(very Small Aperture Terminal)和无线分组数据通信网等；同时 WAN 在技术上也有许多突破，如互联设备的快速发展，多路复用技术和交换技术的发展，特别是 ATM 交换技术的日臻成熟，为广域网解决传输带宽这个瓶颈问题展现了美好的前景。

广域网能够连接距离较远的节点。建立广域网的方法有很多种，如果以此对广域网来进行分类，广域网可以被划分为：电路交换网、分组交换网和专用线路网，无线传输网络等。

(1)电路交换网

电路交换网是面向连接的网络，在数据需要发送的时候，发送设备和接收设备之间必须建立并保持一个连接，等到用户发送完数据后中断连接。电路交换网只有在每个通话过程中建立一个专用信道。它有模拟和数字的电路交换服务。典型的电路交换网是公共交换电话网(PSTN)和综合业务数字网(ISDN)，ISDN 是一种由数字交换机和数字信道组成、传输数字信号的综合业务网。ISDN 能提供话音、数据、图像等各种业务。

(2)分组交换网

分组交换网使用无连接的服务，系统中任意两个节点之间被建立起来的是虚电路。信息以分组的形式沿着虚电路从发送设备传输到接收设备。大多数现代的网络都是分组交换网，例如 X.25 网、帧中继网和交换式多兆位数据服务(SMDS)等。

(3)专用线路网

专用线路网是指两个节点之间建立一个安全永久的信道。专用线路网不需要经过任何建立或拨号进行连接，它是点到点连接的网络。典型的专用线路网采用专用模拟线路、E1 线路等。

专用传输网络主要是数字数据网(DDN)。DDN 由数字传输电路、数字交叉连接复用设备和网络管理系统组成。DDN 可以在两个端点之间建立一条永久的、专用的数字通道。它的特点是在租用该专用线路期间，用户独占该线路的带宽。

(4)无线传输网络：主要是移动无线网，典型的有全球移动通信系统 GSM 和通用分组无线服务技术 GPRS，第三代移动通信技术 3G，第四代移动通信技术 4G 等

GSM 是由欧洲电信标准组织 ETSI 制定的一个数字移动通信标准 。GSM 属于 2 代蜂窝移动通信技术。2 代的说法是相对于应用于上世纪 80 年代的模拟蜂窝移动通信技术以及后来进入商用的宽带 CDMA 技术。

GPRS (General Packet Radio Service)是一种基于 GSM 系统的无线分组交换技术，提供端到端的、广域的无线 IP 连接。GPRS 经常被描述成"2.5G"，也就是说这项技术位于第二代(2G)和第三代(3G)移动通信技术之间。GPRS 突破了 GSM 网只能提供电路交换的思维方式，只通过增加相应的功能实体和对现有的基站系统进行部分改造来实现分组交换，这种改造的投入相对来说并不大，但得到的用户数据速率却相当可观。具有"实时在线"、"按量计

费”、“快捷登录”、“高速传输”、“自如切换”的优点。

3G(3rd-generation)是指支持高速数据传输的蜂窝移动通信技术。3G的四大标准有WCD-MA(欧洲版)、CDMA2000(美国版)和TD-SCDMA(中国版)、WiMAX。3G技术的主要优点是能极大地增加系统容量、提高通信质量和数据传输速率。此外利用在不同网络间的无缝漫游技术，可将无线通信系统和Internet连接起来，从而可对移动终端用户提供更多更高级的服务。它能够方便、快捷的处理图像、音乐、视频流等多种媒体形式，提供包括网页浏览、电话会议、电子商务等多种信息服务，为手机融入多媒体元素提供强大的支持。但为了提供这种服务，无线网络必须能够支持不同的数据传输速度，也就是说在任何环境中能够分别支持至少2Mbps(兆字节/每秒)、384kbps(千 字节/每秒)以及144kbps的传输速度。

4G(4rd-generation)是指移动电话系统的第四代，也是3G之后的延伸的一个无线通信系统。是一种宽带接入和分布式的全IP架构网络，是集成多功能的宽带移动通信系统。从技术标准的角度看，按照国际电信联盟(ITU)的定义，静态传输速率达到1Gbps，高速移动状态下可以达到100Mbps。

广域网的通信子网可以利用公用电话网，公用分组交换网、数字数据网等类型的通信网，将分布在不同地区的局域网或计算机系统互连起来，达到资源共享的目的。

(1)公用电话网。公用电话网是以电路交换技术为基础的用于传输模拟话音的通信网络。其用电话网传输数据，用户终端从连接到切断，要占用一条线路，所以又称电路交换方式，其收费按照用户占用线路的时间而决定。在数据网普及以前，电路交换方式是最主要的数据传输手段。

(2)公用分组交换数据网。分组交换也称包交换，它是将用户传送的数据划分成一定的长度，每个部分叫做一个分组。分组交换数据网将信息分“组”后，按规定路径由发送者将分组的信息传送给接收者，数据分组的工作可在发送终端进行，也可在交换机进行。每一组信息都含有信息目的的“地址”，即在每个分组的前面加上一个分组头，用以指明该分组发往何地址，然后由交换机根据每个分组的地址标志，将它们转发至目的地，这一过程称为分组交换。分组交换网可对信息的不同部分采取不同的路径传输，以便最有效地使用通信网络。在接收点上，必须对各类数据组进行分类、监测以及重新组装。

(3)数字数据网。它是利用光纤(或数字微波和卫星)数字电路和数字交叉连接设备组成的数字数据业务网，主要为用户提供永久、半永久型出租业务。数字数据网可根据需要定时租用或定时专用，一条专线既可通话与发传真、也可以传送数据，且传输质量高。

10.1.3　计算机局域网络

计算机局域网(LAN)，是将有限范围内的各种数据通信设备互连在一起的通信网络。覆盖的地理范围小，通常在几米到几千米之间，凡是在家庭、办公室、办公楼、楼群、学校、工厂、企业等组建网络的都可以认为是局域网。由于这类系统中的所有场点彼此比较接近，因此与远程网相比，其中的通信线路速度较快，通常为1Mb/s~10Gb/s。而且出错率较低，一般为10-8~10-12。最常用通信线路是双绞线，宽带同轴电缆，光纤等，最常用的的结构是星形、环形和总线形等。典型的LAN可由若干不同的微机，各种共享的外围设备(如激光打印机和磁盘)、工作站，一个或多个网关(它们是用于访问其他网络的一些特定处理机)组成。

10.1.4 网络互联

网络互联，是指将分布在不同地理位置、使用不同数据链路层协议的单个网络，通过网络互联设备进行连接，使之成为一个更大规模的互联网络系统。网络互联的目的是使处于不同网络上的用户间能够相互通信和相互交流，以实现更大范围的数据通信和资源共享。

1. 网络互联的优点

(1)扩大资源共享的范围

将多个计算机网络互联起来，就构成一个更大的网络——互联网。在互联网上的用户只要遵循相同的协议，就能相互通信，并且互联网上的资源也可以被更多的用户所共享。

(2)提高网络的性能

总线形网络随着用户数的增多，冲突的概率和数据发送延迟会显著增大，网络性能也会随之降低。但如果采用子网自治以及子网互联的方法就可以缩小冲突域，有效提高网络性能。

(3)降低连网的成本

当同一地区的多台主机希望接入另一地区的某个网络时，一般都采用主机先行联网(构成局域网)，再通过网络互联技术和其他网络连接的方法，这样可以大大降低联网成本。

(4)提高网络的安全性

将具有相同权限的用户主机组成一个网络，在网络互联设备上严格控制其他用户对该网的访问，从而可以实现提高网络的安全机制。

(5)提高网络的可靠性

设备的故障可能导致整个网络的瘫痪，而通过子网的划分可以有效地限制设备故障对网络的影响范围。

2. 网络互联的类型

目前，计算机网络可以分为局域网、城域网与广域网三种。因此，网络互联的类型主要有以下几种：

(1)局域网—局域网互联(LAN—LAN)

在实际的网络应用中，局域网—局域网互联是最常见的一种局域网—局域网互联一般又可分为以下两种：

同种局域网互联：同种局域网互联是指符合相同协议的局域网之间的互联。例如：两个以太网之间的互联，或是两个令牌环网之间的互联。

异种局域网互联：异种局域网互联是指不符合相同协议的局域网之间的互联。例如：一个以太网和一个令牌环网之间的互联，或是令牌环网和 ATM 网络之间的互联。

(2) 局域网—广域网互联(LAN—WAN)

局域网—广域网互联也是常见的网络互联方式之一。局域网—广域网互联一般可以通过路由器(Router)或网关(Gateway)来实现

(3) 局域网—广域网—局域网互联(LAN—WAN—LAN)

将两个分布在不同地理位置的局域网通过广域网实现互联，也是常见的网络互联方式。局域网—广域网—局域网互联也可以通过路由器和网关来实现。

(4) 广域网—广域网互联(WAN—WAN)

广域网与广域网之间的互联同样也可以通过路由器和网关来实现。

3. 网络互联的层次

计算机网络的功能可统一用分层结构(hierarchy)来表示，其内核是物理信道，由内向外(或从低到高)各层依次分为物理层(physic layer)、数据链路(data link)层、网络(network)层、传输(transport)层、会话(ssesion)层、表示(representation)层和应用(application)层。各层的功能相对独立，下层的功能是上一层的基础，且一般仅相邻层间有接口关系，以便于网络结点及整个网络的设计和实现(见图 10-4)。

物理信道是传输电信号的媒介或通路。各个网络结点具有上述七个功能层或其中一部分。各结点同等功能层之间的通信规则和约定称为协议(protocol)，相邻层间的通信规则和约定称为接口(interface)。由于存在多个层次，相应地就有多层协议和多层之间的接口。

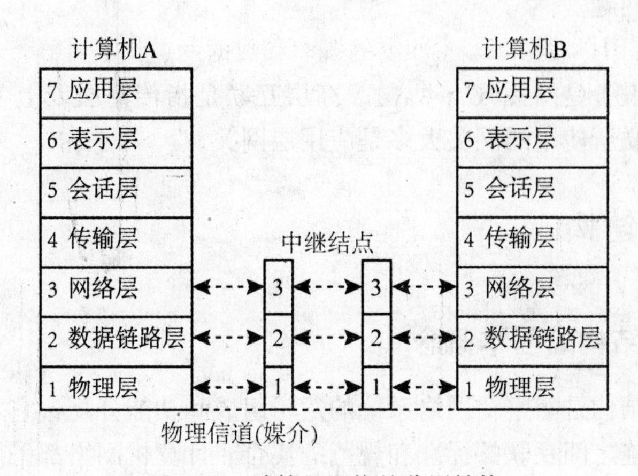

图 10-4 计算机网络的分层结构

国际标准化组织(ISO)制定了用于计算机网络的开放系统互联(Open System Interconnection，OSI)标准七层通信协议结构图。由于网络协议分别属于 OSI 参考模型的不同层次，因此网络互联一定存在着互联层次的问题。从网络协议的角度来看，网络互联的层次可以分成以下四个，如图 10-5 所示。

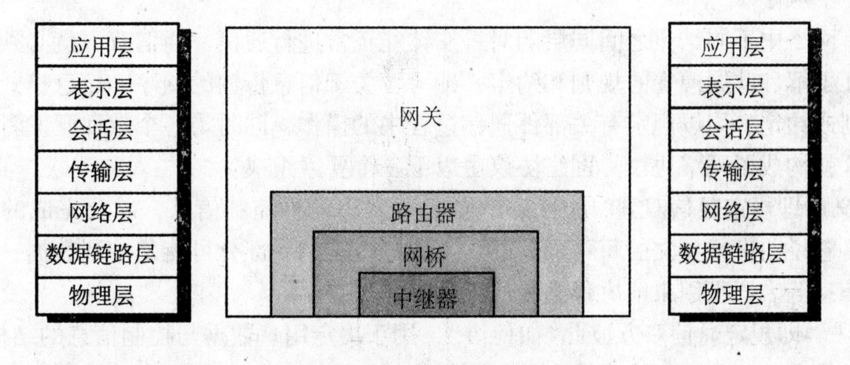

图 10-5 网络互联层次结构示意图

(1)物理层互联

物理层互联的主要设备是中继器(Repeater)。中继器在物理层互联中起到的作用是将一个网段传输的数据信号进行放大和整形，然后发送到另一个网段上，克服信号经过长距离传输后引起的衰减。

(2)数据链路层互联

数据链路层互联的设备是网桥(Bridge)。网桥一般用于互联两个或多个同一类型的局域网，它的作用是对数据进行存储和转发，并且能够根据 MAC 地址对数据进行过滤，以实现多个网络系统之间的数据交换。

(3)网络层互联

网络层互联的设备是路由器(Router)。网络层互联主要是解决路由选择、拥塞控制、差错处理与分段技术等问题。

(4)高层互联

实现高层互联的设备是网关(Gateway)。高层互联是指传输层以上各层协议不同的网络之间的互联，高层互联所使用的网关大多是应用层网关。

10.2 网络体系结构

10.2.1 网络体系结构的基本概念

计算机网络体系结构是指整个网络系统的逻辑组成和功能分配，它定义和描述了一组用于计算机及其通信设施之间互联的标准和规范的集合。计算机网络都采用了层次式结构。在网络体系统中几个重要的基本概念。

(1)层次式结构

计算机网络可分为若干个层次。其中第 n 层是由分布在不同系统中的、处于 n 层的子系统所组成，每个(N)子系统中都含有(N)实体。不同系统中处于同一层次的实体称为对等实体(Peer Entity)，除最高层次外，每一个分布在(N)层中的(N)实体，都向(N+1)实体提供(N)服务。

(2)网络协议

为了使网络中不同结点之间同层的对等实体能正常进行通信，通信双方就必须有一套彼此能够相互了解和共同遵守的规则和约定，即一套关于信息传输的顺序、信息格式和信息内容等的规则或约定，用以规定有关部件通信过程中的操作，同时为各个软件开发者提供统一的标准，这就构成了网络协议。网络协议由以下三个要素组成：

① 语义。即规定通信双方“讲什么”，如需要发出何种控制信息，以及完成的动作与做出的响应。它说明字或报文的每一部分的含义，如报文的一部分可能是控制数据，而另一部分是通信信息等。语义用来解决什么是通信的问题。

② 语法。即规定通信双方彼此“如何讲”，用于决定用户数据与控制信息的结构与格式，关系到字的排列，并与报文的形式有关，例如 ASCII 或 EBCDIC 字符编码等。语法解决如何进行通信的问题。

③规则。即对事件实现顺序的详细说明，例如，同步还是异步传输。规则解决何时进行通信的问题。在层次结构中的每一层，都可能有若干个协议。

协议的功能：

① 分割和重组

错误控制对较小的数据块是比较有效的，而且通信网络通常只接收到一定大小的数据块，由于这些原因，常将较大的数据块划分成较小的数据块，在接收端接收时再重新组合成发送的数据报文。

② 传输服务

一个协议通常将定义一个特定系统的几项传输服务。这些服务可以包括优先权(控制数据将优先于信息数据)以及安全性(对系统及其用户有所限制)。由于不同的系统具有不同的要求，给定环境中使用的传输服务应与系统的需要相符合。

③ 寻址

对于两个相互进行通信的设备来说，它们双方必须能互相识别。例如，在一个交换网络中，网络必须了解目的站的身份，以便适当地选定数据路由或建立联系。在这种情况下，每当要建立连接时，协议就确定一个通信设备的名字和地址。

④ 信息流控制

信息流控制是一种通常由接收设备执行的功能，以限制由发信机发送的数据的数量或速率。这一功能，在以较高数据速率发送数据时，是最需要的。发送的数据通常存储在缓冲存储器中。当收信机跟不上发信机的发送速率时，收信机将向发信机发送信号要它停止发送，直到收信机能跟上发送速率为止。协议将规定在给定环境中采用的信息流控制的方法。

⑤ 多路传输

多路传输是在一条传输线路上传输许多信号的过程。协议将确定在某一给定环境下要采用哪一种类型的多路传输，以便确保多路传输信息包的合适译码和接收。

⑥ 排序与同步

排序是按照适当的顺序来发送和接收报文的方法。同步是使两台设备对各种数据传输单元保持一致的一种方法。

⑦ 错误控制与连接控制

错误控制是用来检测或纠正传输错误的过程。连接控制是指在通信实体之间建立和终止链路的过程。

⑧ 封装(Encapsulation)

封装是在数据包始端或末端加上控制信息。

协议的基本特点：

①层次性

因为网络结构是层次的，所以协议也是层次的。在网络的数据通信中，协议用于对数据链、线路、会话及数据输出控制进行管理。另外，报文或数据的存取以及存储空间的安排，也要通过协议来实现。协议可以分为高低层次，低层次可能是透明的，或者是实在的。一个所谓透明的协议不需要低层描述的特殊限制，就可以通过网络发送数据。对此，用户并不感觉到有协议的存在，也不必对协议有所了解。一个实在的协议将执行指令的序列和其他一些强制性命令。

②可靠性

如果协议要承担诸如连接、流量控制及信息的传送这样一些任务的话，那么它必须是可靠的。

③有效性

协议的选择是否有效，主要是以它的可靠性和所付出的代价为标志的。代价是与用户要求直接相关的。

(3)网络体系结构

网络分层和网络协议的集合称为网络体系结构。在各层网络协议中较低层的协议通常用硬件实现，或由硬件和软件共同实现，而较高层协议则一般用软件实现。所有用于实现各层网络协议的软件均称为网络软件。

10.2.2 OSI 七层模式

为了实现不同厂家生产的计算机系统之间以及不同网络之间的数据通信，国际标准化组织 ISO 对各类计算机网络体系结构进行了研究，并于 1981 年正式公布了一个网络体系结构模型作为国际标准，它定义了网络互联的七层框架，这就是开放系统互联参考模型(OSI/RM)，也称为 ISO/OSI。

各层的功能如下：

(1)物理层(Physical Layer)，通信提供物理链路，实现比特流的透明传输。物理层定义了与传输线及硬件接口的机械、电气功能和过程有关的各种特征，以及建立、维持和拆除物理连接。

(2)数据链路层(Data Link Layer)。用于提供相邻接点间透明的、可靠的信息传输服务。意味着对所传输数据的内容、格式及编码不做任何限制；可靠，表示在该层设置有相应的检错和纠错设施。数据传输的基本单位是帧。

(3)网络层(Network Layer)。在源 DCE 和目标 DCE 之间的信息传输服务。传输的基本单位是分组(packet)。信息在网络中传输时，必须进行路由选择、差错检测、顺序及流量控制。网络层还应向传输层提供数据报或虚电路服务。

(4)传输层(Transport Layer)。本层为不同系统内的会晤实体建立端—端(end-to-end)之间的透明、可见数据传输，执行端—端差错控制及顺序和流量控制，管理多路复用等，数据传输的基本单位是报文(message)。

(5)会话层(Session Layer)。为不同系统内的应用进程之间建立会晤连接，使两进程间能以同步方式交换数据，并能有序地拆除连接，以保证不丢失数据。

(6)表示层(Presentation Layer)。本层向应用进程提信息表示方式，对不同表示方式进行转换管理等，使在采用不同表示方式的系统之间能进行通信，并提供标准的应用接口和公用通信服务，如数据加密、正文压缩等。

(7)应用层。是 OSI/RM 中的最高层，用进程访问 OSI 环境提供了手段，并直接为应用进程服务，各层也都通过应用层向应用进程提供服务。

OSI 参考模型的结构示意图如图 10-6 所示：

不难看出，ISO 的 OSI 七层协议并不能满足资源共享和分布计算的要求，因为七层协议只是些功能协议，即只实现了某几种功能，也不能实现任务的分解、负载的平衡及其他动态调度，因而，需要在网络基础上建立计算机网络操作系统。

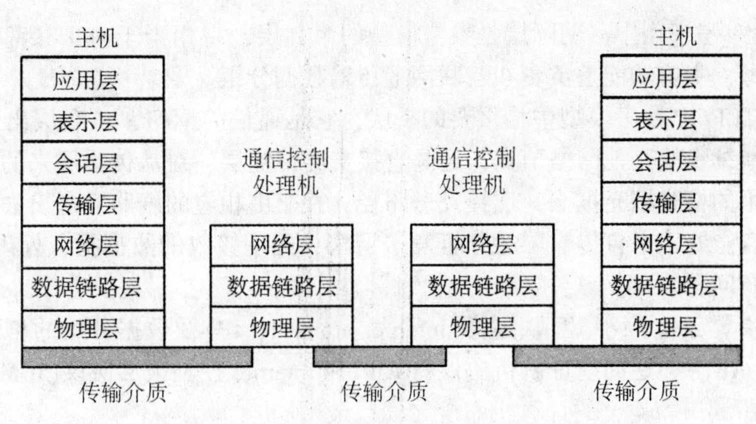

图 10-6 OSI 参考模型的结构示意图

10.2.3 TCP/IP 网络体系结构

OSI 参考模型研究的初衷是希望为网络体系结构与协议的发展提供一种国际标准，但由于 Internet 在全世界的飞速发展，使得 TCP/IP 协议得到了广泛的应用，并形成了 TCP/IP 参考模型。TCP(Transmission Control Protocol)为传输控制协议而 IP(Internet Protocol)称为互联网协议。TCP/IP 是四层的体系结构：应用层、运输层、网际层和网络接口层。TCP/IP 模型图如图 10-7 所示

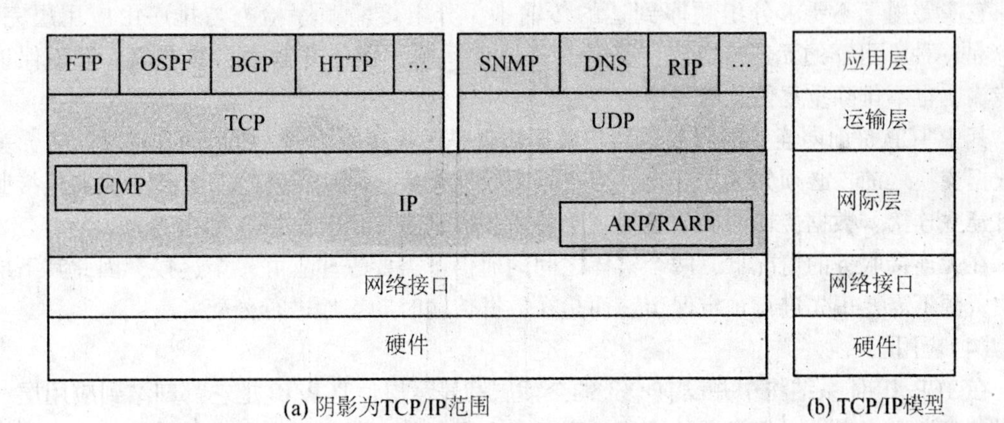

图 10-7 TCP/IP 参考模型

各层的功能如下：

(1)网络接口层

网络接口层也称为主机—网络层与 OSI 参考模型的物理层和数据链路层相对应，是 TCP/IP 参考模型的最底层，它负责通过网络发送和接收 IP 数据报，指出通信主机必须采用某种协议连接到网络上，而且能够传输网络数据分组。

在主机—网络层中包含了多种网络层协议，如以太网协议(Ethernet)令牌环网协议(Token Ring)、分组交换网协议(X.25)等。

(2)网际层

在 TCP/IP 参考模型中，网际层是参考模型的第 2 层，它相当于 OSI 参考模型网络层的无连接网络服务。主要功能是负责在互联网上传输数据分组。

网际层是 TCP/IP 参考模型中最重要的一层，它是通信的枢纽，从底层出来的数据包要由它来选择是继续传给其他网络节点，还是直接交给传输层，对从传输层来的数据报，要负责按照数据分组的格式填充报头，选择发送路径，并交由相应的线路发送出去。其主要功能可以归纳为三点：处理来自传输层的分组发送请求；处理接收的数据报；处理互联的路径、流量控制与拥塞问题。

网际层，主要定义了网络互联协议(Internet protocol，IP)及数据分组的格式，还定义了地址解析协议(ARP)、逆向地址解析协议(RAR)和 Internet 控制报文协议(ICMP)。

(3)传输层

TCP/IP 参考模型中传输层主要负责主机到主机之间的端对端通信。其主要目的是在互联网中源主机与目的主机的对等实体间建立用于会话的端—端连接。它与 OSI 参考模型的传输层功能类似，也对高层屏蔽了底层网络的实现细节，TCP/IP 参考模型的传输层完全是建立在包交换通信子网基础之上的，该层定义了两个端到端的协议即 TCP 协议和 UDP 协议。

① 传输控制协议(transport control protocol，TCP)

它是一种可靠的、面向连接的协议，用于包交换的计算机通信网络、互联系统及类似的网络上，保证通信主机之间有可靠的字节流传输，完成流量控制功能，协调收发双方的发送与接收速度，达到正确传输的目的。

② 用户数据报协议(user datagram protocol，UDP)

它主要用于不要求分组顺序到达的传输中，分组传输顺序检查与排序由应用层完成。UDP 是一种不可靠的无连接协议，其特点是协议简单，额外开销小，效率高，但不保证正确传输，也不排除重复信息的发生

其中 TCP 是面向连接的服务，用户数据协议是无连接的服务。所谓面向连接服务，就是在数据交换之前，必须先建立连接，当数据交换结束后，则应终止这个连接。面向连接服务具有建立连接、数据传输和释放连接三个阶段，数据在传送时是按序传送的。

在无连接服务的情况下，两个实体之间的通信不需要先建立好一个连接，因此其下层的有关资源不需要事先进行预定保留，而是在数据传输时动态地进行分配。

(4)应用层

在 TCP/IP 体系结构中并没有 OSI 的会话层和表示层，TCP/IP 把它都归结到应用层。应用层负责向用户提供一组常用的应用程序，如电子邮件、远程登录、文件传输等。应用层包含了所有 TCP/IP 协议组中的高层协议，如文件传输协议(FTP)、电子邮件协议(SMTP)、超文本传输协议(HTTP)、域名系统(DNS)等。

10.3 网络操作系统概述

计算机操作系统是用户与计算机之间的接口。不同的使用者，对操作系统的理解是不一样的。对于一个普通用户来说，一个操作系统就是能够运行自己应用软件的平台。对于一个软件开发人员来说，操作系统是提供一系列的功能、接口等工具来编写和调试程序的裸机。对系统管理员而言，操作系统则是一个资源管理者，包括对使用者的管理、CPU 和存储器

等计算机资源的管理、打印机绘图仪等外部设备的管理。对于网络用户，操作系统应能够提供资源的共享、数据的传输，同时操作系统能够提供对资源的排他访问。因此，操作系统是一个网络用户实现数据传输和安全保证的计算机环境。网络操作系统可以理解为网络用户与计算机网络之间的接口，是专门为网络用户提供操作接口的系统软件。

10.3.1 网络操作系统的基本概念

网络操作系统 NOS(Network Operating System)就是利用局域网底层提供的数据传输功能，为高层网络用户提供资源共享等网络服务的系统软件。换句话说，网络操作系统就是管理网络资源，为网络用户提供服务的操作系统。

NOS 是网络用户与计算机网络之间的接口。它既具有单机操作系统的功能，也具有对整个网络资源进行协调管理，实现计算机之间高效可靠通信，提供各种网络服务和为网络上用户提供便利的操作与管理平台等功能。另外网络操作系统还必须兼顾网络协议，为协议的实现创造条件和提供支持，是网络各层协议得以实现的“宿主”。它还着重优化与网络有关的特性，比如数据共享、打印机共享等。当然有关网络的安全保密和容错能力也是网络操作系统需要考虑的。所以 NOS 在计算机网络系统中占有极其重要的地位，它使计算机变成了一个控制中心，管理客户端计算机在使用网络资源时发出的请求。网络操作系统的一般结构图如图 10-8 所示：

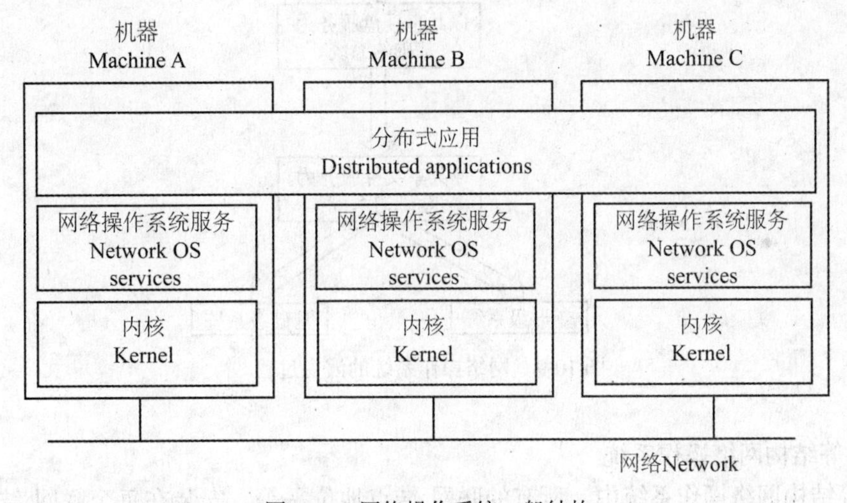

图 10-8 网络操作系统一般结构

10.3.2 网络操作系统的类型

1. 根据网络中计算机的地位分类

(1)集中式的 NOS

安装 NOS 的计算机——服务器可以为网络上的用户提供网络服务，工作站通过相应的软件系统访问和使用服务器中的资源，它采用的运行机制是客户/服务器模式(C/S 模式)，客户(是指使用资源和服务的应用程序)向服务器发出请求，服务器执行、处理后将结果传给客户，从而使 NOS 具有分布处理的能力。目前大多数的 NOS 都是这一类的，如 NetWare、

Windows 序列、Unix

(2)对等式 NOS

NOS 不是安装在专门的计算机上，而是分布在网络上的各个计算机上，允许用户之间通过共享方式互相访问对方的资源，网络上的计算机地位相同，同时扮演服务器和工作站两种角色。典型的代表有：Windows for Workgroup、Win9X、NetWare Lite

2. 根据 NOS 任务分类

网络操作系统一般可以分为两类：面向任务型与通用型。面向任务型网络操作系统是为某一种特殊网络应用要求设计的；通用型网络操作系统能提供基本的网络服务功能，支持用户在各个领域应用的需求。

通用型网络操作系统也可以分为两类：变形系统与基础级系统。变形系统是在原有的单机操作系统基础上，通过增加网络服务功能构成的；基础级系统则是以计算机硬件为基础，根据网络服务的特殊要求，直接利用计算机硬件与少量软件资源专门设计的网络操作系统。

纵观近十多年网络操作系统的发展，网络操作系统经历了从对等结构向非对等结构演变的过程，其演变过程如图 10-9 所示。

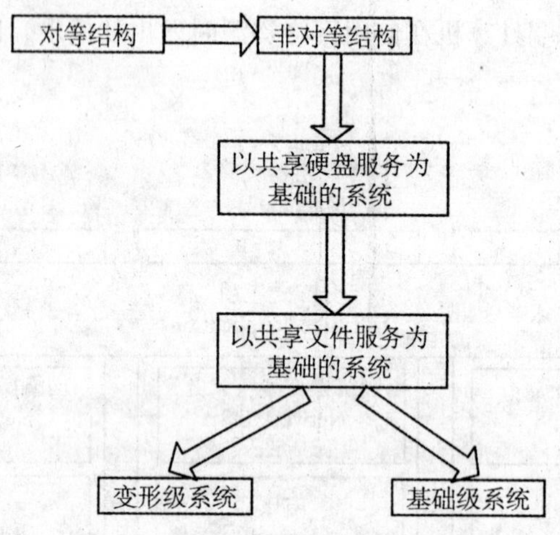

图 10-9　网络操作系统的演变过程

(1)对等结构网络操作系统

在对等结构网络操作系统中，所有的联网 结点地位平等，安装在每个联网 结点的操作系统软件相同，联网计算机的资源在原则上都可以相互共享。每台联网计算机都以前后台方式工作，前台为本地用户提供服务，后台为其他结点的网络用户提供服务。

对等结构的网络操作系统可以提供共享硬盘、共享打印机、电子邮件、共享屏幕与共享 CPU 服务。

对等结构网络操作系统的优点是：结构相对简单，网中任何结点之间均能直接通信。而其缺点是：每台联网结点既要完成工作站的功能，又要完成服务器的功能；即除了要完成本地用户的信息处理任务，还要承担较重的网络通信管理与共享资源管理任务。这都将加重联网 计算机的负荷，因而信息处理能力明显降低。因此，对等结构网络操作系统支持的网络系统一般规模比较小。

(2)非对等结构网络操作系统

针对对等结构网络操作系统的缺点，人们进一步提出了非对等结构网络操作系统的设计思想，即将联网结点分为网络服务器(Network Server)和网络工作站(Network Workstation)两类。

非对称结构的局域网中，联网计算机有明确的分工。网络服务器采用高配置与高性能的计算机，以集中方式管理局域网的共享资源，并为网络工作站提供各类服务。网络工作站一般是配置较低的微型机系统，主要为本地用户访问本地资源与网络资源提供服务。

非对等结构网络操作系统软件分为两部分，一部分运行在服务器上，另一部分运行在工作站上。因为网络服务器集中管理网络资源与服务，所以网络服务器是局域网的逻辑中心。网络服务器上运行的网络操作系统的功能与性能，直接决定着网络服务功能的强弱以及系统的性能与安全性，它是网络操作系统的核心部分。

在早期的非对称结构网络操作系统中，人们通常在局域网中安装一台或几台大容量的硬盘服务器，以便为网络工作站提供服务。硬盘服务器的大容量硬盘可以作为多个网络工作站用户使用的共享硬盘空间。硬盘服务器将共享的硬盘空间划分为多个虚拟盘体，虚拟盘体一般可以分为三个部分：专用盘体、公用盘体与共享盘体。

专用盘体可以被分配给不同的用户，用户可以通过网络命令将专用盘体链接到工作站，用户可以通过口令、盘体的读写属性与盘体属性，来保护存放在专用盘体的用户数据；公用盘体为只读属性，它允许多用户同时进行读操作；共享盘体的属性为可读写，它允许多用户同时进行读写操作。

共享硬盘服务系统的缺点是：用户每次使用服务器硬盘时首先需要进行链接；用户需要自己使用 DOS 命令来建立专用盘体上的 DOS 文件目录结构，并且要求用户自己进行维护。因此，它使用起来很不方便，系统效率低，安全性差。

为了克服上述缺点，人们提出了基于文件服务的网络操作系统。这类网络操作系统分为文件服务器和工作站软件两个部分。

文件服务器具有分时系统文件管理的全部功能，它支持文件的概念与标准的文件操作，提供网络用户访问文件、目录的并发控制和安全保密措施。因此，文件服务器具备完善的文件管理功能，能够对全网实行统一的文件管理，各工作站用户可以不参与文件管理工作。文件服务器能为网络用户提供完善的数据、文件和目录服务。

目前的网络操作系统基本都属于文件服务器系统，例如 Microsoft 公司的 Windows NT Server 操作系统与 Novell 公司的 NetWare 操作系统等。这些操作系统能提供强大的网络服务功能与优越的网络性能，它们的发展为局域网的广泛应用奠定了基础。

10.3.3 网络操作系统的特征

(1) 硬件无关性

NOS 可以在不同的硬件平台上运行，比如 UNIX 类(UNIX、Linux、Solaris、AIX 等)可运行在各种大、中、小、微型计算机上；Windows NT/2000/2003 可以运行在 Intel x86 处理器和 Compaq Alpha 处理器的微型计算机上；Netware 可以运行在 Intel x86 处理器或 Compaq Alpha 处理器的微型计算机上。

通过加载相应的驱动程序能支持各种网卡；如 3Com、D-Link、Intel 以及其他厂家的产品。能支持不同拓扑结构的网络；如总线形、环形、星形、混合型和点对点的连接。能支持不同类型的网络；部分 NOS 支持硬件设备的即插即用(plug and play，PnP)功能。

(2)目录服务

目录服务是一种分布式数据库，用于存储与网络资源有关的信息，以便于查找和管理。使用目录服务的网络具有两个组件：目录和目录服务。其中目录存储了各种网络对象(用户账户、网络上的计算机、服务器、打印机、容器、组)及其属性的全局数据库。而目录服务提供一种存储、更新、定位和保护目录中信息的方法。用户无需了解网络中共享资源的位置，只需通过一次登录就可以定位和访问所有的共享资源。这意味着不必每访问一个共享资源就要在提供资源的那台计算机上登录一次。

(3)多用户、多任务支持

NOS 能够同时支持多个用户的访问请求，并可以提供多任务处理。NOS 为用户提供的服务可以分为两大类：

① 操作系统级服务

包括用户注册与登录、文件服务、打印服务、远程访问服务等。其需要用户进行系统登录，登录后对共享资源的使用透明，共享资源就像本地资源一样来访问。

② 增值服务

包括万维网(WWW)、电子邮件(E-mail)、文件传输(FTP)、远程登录(Telnet)等。这些会开放给社会公众，用户很多，有极大的用户访问量。

10.3.4 典型的网络操作系统

常用的网络操作系统有：Novell 公司的 NetWare 系列、Microsoft 公司的 Windows 系列和 Unix、Linux 操作系统

1. NetWare 网络操作系统

Novell 是最早涉足网络操作系统的公司，1981 年提出了文件操作系统。1983 年，Novell 推出了 Netware 操作系统。Netware 操作系统优点是对网络硬件要求低、兼容 DOS 命令有丰富应用软件支持，强大的可扩展性、32 路集群、新网络文件系统 NSS、多平台目录服务、iFolder 文件访问、iPrint 通过 INTERNET 打印、轻松的远程管理。20 世纪 90 年代后期由于公司策略失误，Netware 市场份额减小，现在转向 Linux。

Netware 操作系统以文件服务为中心，主要由三个部分：文件服务内核、工作站外壳与底层通信协议组成。文件服务器内核实现了 Netware 的核心协议(NCP，NetWare Core Protocol)，工作站的重定向程序 Netware Shell 负责对用户命令进行解释。

Netware 操作系统的特点：

① Netware 文件系统实现了多路硬盘处理和高速缓冲算法加速了硬盘通道的访问速度。

② Netware 的目录和文件都建立在服务器硬盘上，在 Netware 环境中访问一个文件的路径是：文件服务器/卷名：目录名/子目录名/文件名。

③ 网络用户可以分为网络管理员、组管理员、网络操作员和普通网络用户

④ 网络管理员通过设置用户权限来实现网络安全保护措施

⑤ Netware 系统容错技术主要包括三级容错机制、事务跟踪系统、UPS 监控

⑥ Netware 的事务管理系统 TTS(Transaction Tracking System)防止数据丢失，TTS 将系统的更新过程看做完整的事务，要么全部完成，要么返回初始。

⑦ 为了防止因为断电或者电压波动，Netware 操作系统提供了 UPS 监控。

2. Windows 系列

Windows NT 采用多任务、多流程操作，以用多处理器系统。Windows 系列现在市面上常用的是 Windows 7 或 8，是一个多任务操作系统，它能够按照用户的需要，以集中或分布的方式处理各种服务器，它提供了全新改进的管理工具，更强的系统功能，更好的稳定性和安全性，可以为用户提供资源管理、用户管理、软件应用、web 应用、通信等各种服务。

3. UNIX 网络操作系统

1969 年 AT&T 公司的贝尔实验室用混编语言编写了 UNIX 第一个版本 V1，最初是在中小型计算机上运用。最早移植到 80286 微机上的 UNIX 系统，称为 Xenix。20 世纪 90 年代 UNIX 版本达到 100 多个，IEEE 制定了易移植操作系统环境即 POSIX 可移植操作系统接口。

UNIX 系统是一个多用户系统，一般要求配有 8MB 以上的内存和较大容量的硬盘，对于高档微机也适用。UNIX 网络操作系统是用 C 语言编写的，容易阅读、理解和修改。UNIX 网络操作系统早期的主要特色是结构简单，功能强大，多用户任务和便于移植。经过 20 多年的发展成长，已经成为一种成熟的主流操作系统。

UNIX 系统具有以下特性：

① 主要特性：短小精悍，简洁有效，易移植，可扩充，开放性。

② UNIX 是多任务多用户操作系统。UNIX 可以分为两大部分：一个是操作系统的内核；另外一个是外壳。内核又分为文件子系统和进程控制子系统，外壳由 Shell 解释程序等组成，内核部分的操作原语言可以对硬件负责。

③ UNIX 大部分使用 C 语言编写，易读易写，易修改。

④ UNIX 提供了强大的可编程 Shell 语言，即外壳语言作为用户界面。

⑤ UNIX 采用树形文件系统。

⑥ UNIX 提供了多种通信机制管道通信、软中断通信、消息通信、共享存储器通信、信号灯通信。

Solaris 是 Sun(被 oracle 收购)的 UNIX 系统运行在 Sun 的 RISC 芯片工作站和服务器上，Solaris 也有基于 Intel x86 的 Solaris x86。Solaris 7 系列是一种比较好的 64 位大型系统，硬件系统是 Intel 和 SPARC 系统。应用程序通过硬件加密，有很高的安全性，不必再担心病毒的侵入因为任何针对 PC 平台的病毒，无论是在物理上还是逻辑上对 Solaris 都是无效的。

1986 年 1 月，AIX V1 问世，2001 年推出最新的 AIX 5L。AIX 5L 支持 IBM Power 和 Intel64 位平台性能特点：虚拟服务器，运行效率和容错规划集群管理 Linux 亲和性安全性(通过 C2 级验证)

HP-UX 是 HP 的 UNIX 目标，是依照 POSIX 标准为 HP 的网络服务可靠的运行提供严格管理的 UNIX 系统，HP 曾与 Compaq 合并，此前 Compaq 收购了 DEC，DEC 开发出 Digital UNIX，它是完全按照 POSIX 标准的 64 位 UNIX，运行在 Digital Alpha 64 位芯片上。

4. Linux 网络操作系统

Linux 是芬兰赫尔辛基大学的大学生 Linus 开发的免费的网络操作系统，将源代码放在芬兰最大的 FTP 网站上。Linux 最大特点是开放源代码。Linux 支持 intel、Alpha、Spare 等大多数应用软件。

Linux 网络操作系统以高效性和灵活性著称。Linux 操作系统软件包不仅包含完整的

Linux 操作系统，而且还包括了文本编辑器、高级编译器等应用软件。

Linux 的特性：开放性、多用户、多任务、良好的用户界面、设备独立性、丰富的网络功能、可靠的系统安全、良好的可移植性

Linux 网络操作系统的网络服务功能：

① 可以通过 TCP/IP 协议与网络连接，或通过调制解调器使用电话拨号以 PPP 连接上网。

② Linux 操作系统提供了多种应用服务工具，可以方便地使用 Telnet、FTP、Mail、News 和 WWW 等信息资源。

③ 利用 Linux 网络操作系统可搭建各种 Internet/Intranet 信息服务器。

10.4 网络操作系统的工作模式

10.4.1 对等(Peer to Peer)式网络模式

对等(Peer to Peer)式网络是指把服务和控制功能分布到各个工作站上的一种模式。当采用对等工作模式时，局域网中的所有工作站均装有相同的协议栈，彼此之间能够直接共享设定的网络资源。应用这种方式的局域网只能在极小的范围内达到有限的=w. search. yjjli 资源共享，因此这种工作方式不能得到广泛使用。

对等式网络结构的优点是；

① 使用容易，工作站上的资源可以直接共享；

② 容易安装和维护；

③ 价格比较便宜；

④ 不需要专用服务器。

对等式网络结构的缺点是：

① 数据的保密性差；

② 文件管理分散。

10.4.2 文件服务器模式

在文件服务器模式中，网络中至少需要一台计算机来提供共享的硬盘和控制一些资源的共享。这样的计算机就称为服务器(Server)。在这种模式下，数据的共享大多是以文件形式通过对文件的加锁、解锁来实施控制的。对于来自用户计算机(通常称为工作站)有关文件的存取服务，都是由服务器来提供的。因此这种服务器常称为文件服务器。

在这种文件服务器系统中，各个用户之间不能对相同的数据作同步更新。各用户间的文件共享只能依次进行。文件服务器的功能有限，它只是简单地将文件在网络中传来传去。这就给局域网增加了大量不必要的流量负载。因此有待作进一步的改善。

10.4.3 客户机/服务器模式

随着微机性能的提高，主机由主要处理各终端作业而转向以请求/响应方式为各联机微机提供更高层次的服务，主机变为服务器，微机成为客户机，这样便形成了客户/服务器模式。

客户机/文件服务器(Client/ Server)系统结构又称为主从式结构，是由客户机、服务器计算机上的各种服务程序构成的一种网络计算环境，它把应用程序所要完成的任务分派到客户机和服务器计算机上共同完成。所谓的客户机和服务器并没有一定的界限，而取决于运行的软件。简单地说，客户机是提出服务请求的一方，而服务器是提供服务的一方。在客户机/ 文件服务器系统结构中，服务器端所提供的功能不仅仅是文件、数据库服务，还有计算、通信等能力。工作时，由客户机和服务器各自负担一部分计算或通信的功能。

1. 客户/服务器模式的优点

应用程序的任务分别由客户机和服务器分担，因而速度快、机器档次要求低；同时有效地减少了服务器和客户机之间的交互，提高了对用户命令的响应速度，减少了网上信息流量。

由于客户机和服务器具有各自的系统软件，即使服务器发生故障，也不会导致整个系统的全面崩溃，从而摆脱了由于把一切数据都存放在主机中而造成的既不可靠又容易产生瓶颈现象的困难局面。

当系统规模扩大时，可以很容易地在网上加挂服务器或客户机。客户机和服务器的数量限制实际上只是受网络 OS 功能的限制。

客户/服务器模式也有某些不足之处，主要是可靠性和瓶颈问题。一旦服务器故障，将导致整个网络瘫痪。当服务器在重负荷下工作时，会因忙不过来而显著地延长对用户请求的响应时间。用技术来提高系统的可靠性；增加服务器和减少每个局域网上客户机数目的办法，来防止出现瓶颈现象等。

常见的客户/服务器模式有两种，两层结构的客户/服务器模式(C/S)和三层结构的客户/服务器模式(B/S)

(1)两层结构的客户/服务器模式(C/S)

C/S 结构，其全称是 Client/Server，即客户端服务器端架构，其客户端包含一个或多个在用户的电脑上运行的程序，而服务器端有两种，一种是数据库服务器端，客户端通过数据库连接访问服务器端的数据；另一种是 Socket 服务器端，服务器端的程序通过 Socket 与客户端的程序通信。通过它可以充分利用两端硬件环境的优势，将任务合理分配到 Client 端和 Server 端来实现，降低了系统的通信开销。C/S 架构也可以看做是胖客户端架构。因为客户端需要实现绝大多数的业务逻辑和界面展示。这种架构中，作为客户端的部分需要承受很大的压力，因为显示逻辑和事务处理都包含在其中，通过与数据库的交互(通常是 SQL 或存储过程的实现)来达到持久化数据，以此满足实际项目的需要。

(2)三层结构的客户/服务器模式(B/S)

B/S(Browser/Server)结构即浏览器和服务器结构。它是随着 Internet 技术的兴起，对 C/S 结构的一种变化或者改进的结构。在这种结构下，用户工作界面是通过 WWW 浏览器来实现，极少部分事务逻辑在前端(Browser)实现，但是主要事务逻辑在服务器端(Server)实现，形成所谓三层结构。这样就大大简化了客户端电脑载荷，减轻了系统维护与升级的成本和工作量，降低了用户的总体成本(TCO)。由于 B/S 架构中，显示逻辑交给了 Web 浏览器，事务处理逻辑放在了 WebApp 上，这样就避免了庞大的胖客户端，减少了客户端的压力。因为客户端包含的逻辑很少，因此也被称为瘦客户端。

对于网络操作系统中的三种常用工作模式的比较如表 10-1 所示。

表10-1　三种常用工作模式的比较

	对等式网络模式	文件服务器式网络模式	客户机/服务器模式
结构原理	对等式网络不需要专用服务器，每一台工作站都能充当网络服务的请求者和提供者，都有绝对自主权，也可以互相交换文件。这种类型的网络软件被设计成每一个实体都能完成相同或相似的功能	网络以服务器为中心，严格地定义了每一个实体的工作角色，即网络上的工作站无法在彼此间直接进行文件传输，需通过服务器作为媒介，所有的文件读取，消息传送也都在服务器的掌握之中	将需要处理的工作分配给 Client 端和 Server 端处理，Client 是服务请求的一方，Server 是提供服务的一方。服务端提供的功能是文件、数据库服务、计算、通信等能力。这种结构是当前最优的结构之一
优点	(1)使用容易，且工作站上资源可直接共享 (2)容易安装与维护 (3)价格比较便宜 (4)不需专用服务器	(1)对数据的保密性非常严格，可以按照不同的需要而给予使用者相应的权限 (2)文件的安全管理较好 (3)可靠性高	(1)有效使用资源，增进生产力 (2)成本降低 (3)提高了可靠性 (4)缩短响应时间
缺点	(1)数据的保密性差 (2)文件管理分散	(1)多个使用者在同一时间内都要获得应用程序或数据时效率可能降低 (2)工作站上的资源不能直接共享 (3)安装与维护比对等式网络困难 (4)服务器的运算功能没有发挥	(1)管理较为困难 (2)开发环境较为困难
应用场合	一般办公室文件设备共享	(1)工厂生产管理系统 (2)学校教学机房 (3)政府部门小规模收费系统	数据处理量很大的大型网络，如酒店、大型商场、银行、税务局、Internet 服务器等

本章小结

本章主要介绍了计算机网络的基本概念，对网络体系结构进行了一定的说明。重点介绍了网络操作系统的概念，网络操作系统的各种不同的工作模式以及网络操作系统具备的各种功能。

习题 10

问答题

(1)什么是计算机网络？它是如何发展而来的？

(2)常见计算机网络的拓扑结构有哪几种不同的类型？

(3)简述 OSI 七层模型各层的功能?

(4)什么是网络操作系统?网络操作系统的特征有哪些?

(5)网络操作系统有哪几种工作模式?

(6)什么是域名系统(DNS),其功能有哪些?

(7)目录服务的功能是什么?

第11章 分布式操作系统

11.1 分布式系统概述

分布式计算技术是20世纪70年代中期出现在计算机研究领域中的一门新技术，发展得非常迅速，已由实验性研究阶段、边研究边应用阶段进展到实用阶段。从目前这项技术的研究工作上看它将和人工智能技术与并行处理技术密切结合成为当前计算机技术中最重要的新技术之一。从应用方面来看，随着高性能和低价格微型计算机的迅速发展和普及，以及人们对信息处理能力的广泛和深入的需求，分布式系统正日益被人们普遍重视和广为使用，分布式计算技术将广泛渗透到实际的应用系统中去。

比如一个超级市场连锁店可能有许多分店，每个商店都需要采购当地生产的商品(可能来自本地的农场)、进行本地销售，或者要对本地的哪些蔬菜因时间太长或已经腐烂而必须扔掉作出决定。因此，每个商店的本地计算机能明了存货清单是有意义的，而不是集中于公司总部。毕竟，大多数查询和更新都是在本地进行的。然而，连锁超级市场的高层管理者也会不时地想要了解他们目前还有多少存货。实现这一目标的一种途径就是将整个系统建设成对于应用程序来说就像一台计算机一样，但是在实现上它是分布的，一个商店有一台机器。这就是一个商业分布式系统。

11.1.1 分布式系统的定义

第一次分布式计算机系统(Distributed Computer System，DCS)国际会议给出分布式计算机系统的定义如下：由多个高速的处理资源组成，能够在系统范围控制下对单个问题进行合作，并最少依赖集中的过程、数据或硬件。

一个分布式计算系统由多个分散的计算机经互联网络连接而成，通常将一个处理机和它的资源一起称为分布式计算系统的一个结点(node)或场点(site)。其中各个资源单位(物理的或逻辑的)有自己的内存和其他外部设备，并运行自己的操作系统。并且任何两个资源单位之间的通信由通信网络上的消息传递实现。这样既相互协同又高度自治，能在全系统范围内实现资源管理，动态地进行任务分配或功能分配，并且能够并行地运行分布式程序。

分布式计算机系统强调资源、任务、功能和控制的全面分布。就资源分布而言，既包括处理机、输入/输出设备、通信接口和辅助存储器等物理资源，也包括进程、文件、目录、表和数据库等逻辑资源。它们分布于物理上分散的若干场点中。而各场点经互联网络连接，彼此通信构成统一的计算机系统。分布式计算机系统的工作方式也是分布的。各场点可以根据两个原则进行分工。一种是把一个任务分解成多个可以并行执行的子任务，分配给各场点协同完成。这种方式称为任务分布。另一种是把系统的总的功能划分成若干子功能，分配给各场点分别承担。这种方式称为功能分布。不论是任务分布还是功能分布，分配方案均可依处理内容动态地确定。在分布式操作系统控制下，各个场点能够较均等地分担控制功能，独立地发挥自身的控制作用，但是它们又能相互配合，在彼此通信协调的基础上实现全系统的全局管理。

设想一个大学或公司部门内的工作站网络。除了每个用户的个人工作站外，机房中可能还有一个共享的处理机池(pool of processor)，这些处理机并没有分配给特定的用户，而是在需要的时候进行动态分配。这样的系统可能会有一个单一的文件系统，其中所有的文件可以从所有的计算机上以相同的方式并且使用相同的路径名存取。另外，当一个用户输入一条命令时，系统能够找到一个最好的地方执行该命令。这可能是在用户自己的工作站上，可能是在别人空闲的工作站上，也可能在机房里一个未分配的处理机上。如果这个从系统整体上看以及运行起来看都像一个典型的单处理机分时系统，那么就可以称它为一个分布式系统。现今人们的工作和生活中的分布式系统非常多，比如银行“一卡通”系统，移动“神州行”系统，连锁店“供应链”系统，传感器网络(Sensor Network)系统，企业“工作流”系统都是常见的分布式系统。

11.1.2　分布式系统的特点

与传统的集中式计算机系统和个人计算机系统相比，分布式计算机系统具备许多卓越的性能，包括：

(1)性价比高：多个计算机的集合不仅能产生比单个大型主机更好的性价比，而且还能达到单个大型主机无论如何都不能达到的绝对性能；

(2)分布性：由于分布式计算机系统具有固有的分布性，这正好适应了那些涉及空间上分散的应用；

(3)共享性：分布式计算机系统能够方便地进行资源共享，还可以通过电子邮件、即时消息等增强人与人之间的沟通；

(4)资源利用率高：将利用率低或者闲置的计算机系统利用起来；

(5)平衡性：可以将工作负载分散到众多的机器上；

(6)高可靠性：经过良好设计的分布式计算机系统的系统可靠性明显高于集中式系统，单个芯片故障最多只会使一台机器停机，而其他机器不会受到任何影响，因此分布式计算机系统仍然可以继续工作；

(7)渐增性：渐增式的增长方式也是分布式系统优于集中式的一个潜在的重要原因。

分布式系统有许多优点，但也有缺点。第一个潜在的问题就是软件。就目前的最新技术发展水平，什么样的操作系统、程序设计语言和应用适合这一系统呢？用户对分布式系统中分布式处理又应该了解多少呢？系统应当做多少而用户又应当做多少呢？

第二个潜在的问题是通信网络，由于它会损失信息，所以就需要专门的软件进行恢复。同时网络还会产生过载，当网络负载趋于饱和时，必须对它进行改造替换或加入另外一个网络扩容。在这两种情况下，一个或多个建筑中的某些部分必须花费很高的费用进行重新布线，或者更换网络接口板(例如用光纤)。一旦系统依赖于网络，那么网络的信息丢失或饱和将会抵消我们通过建立分布式系统所获得的大部分优势。尽管存在这些潜在的问题，但是分布式系统的优点多于缺点，分布式计算机系统是近年来计算机科学技术领域中备受青睐、发展迅速的一个方向。

11.1.3 分布式系统的分类

分布式计算机系统的体系结构可用处理机之间的耦合度为主要标志来加以描述。耦合度是系统模块之间互联的紧密程度，它是数据传输率、响应时间、并行处理能力等性能指标的综合反映，主要取决于所选用体系结构的互联拓扑结构和通信链路的类型。

按地理环境衡量耦合度，分布式系统可以分为机体内系统、建筑物内系统、建筑物间系统和不同地理范围的区域系统等，它们的耦合度依次由高到低。

按应用领域的性质决定耦合度，可以分成三类。

第一种是面向计算任务的分布并行计算机系统和分布式多用户计算机系统，它们要求尽可能高的耦合度，以便发展成为能分担大型计算机和分时计算机系统所完成的工作。

第二种是面向管理信息的分布式数据处理系统。耦合度可以适当降低。

第三种是面向过程控制的分布式计算机控制系统。耦合度要求适中，当然对于某些实时应用，其耦合度的要求可能很高。

Tanenbaum 和 Renesse 将分布式系统分成几类：

(1)小型机类型

在小型机类型中，分布式系统由若干小型机(例如，VAX，也可以是大型超级计算机)通过一个通信网络组成，如图 11-1 所示。每个小型机连接几个交互终端支持多个用户并且提供访问远程其他的小型机。网络允许用户访问远程资源。处理机个数和用户数之比通常小于 1。早期的 APRA 网是一个例子。

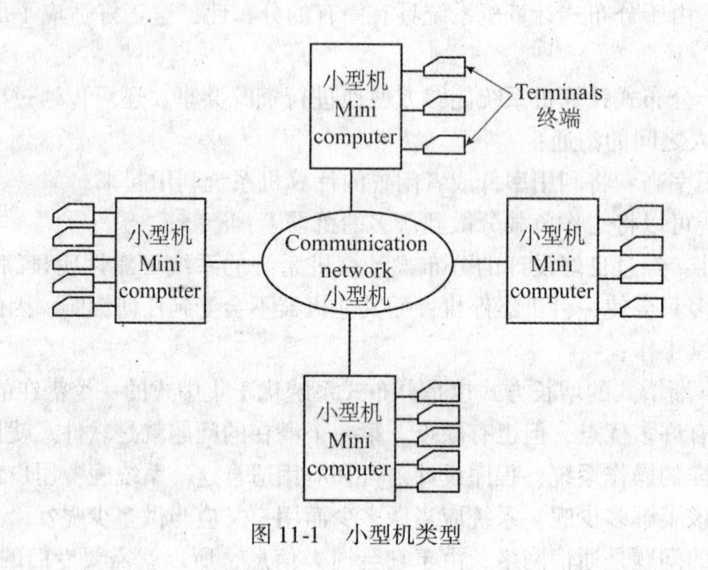

图 11-1　小型机类型

(2)工作站模型

在工作站模型中，分布式系统由多台工作站通过通信网络组成。每个用户有一台工作站完成用户的任务。借助于分布式文件系统，用户可以访问任何数据，而不管其位置。如图 11-2 所示。

一个公司的办公室或大学的系可能有许多的工作站散布在大楼或校园内。在这样的环境中，常常发现在任何时间(特别在夜里)许多工作站是空闲的，导致浪费大量 CPU 时间。因

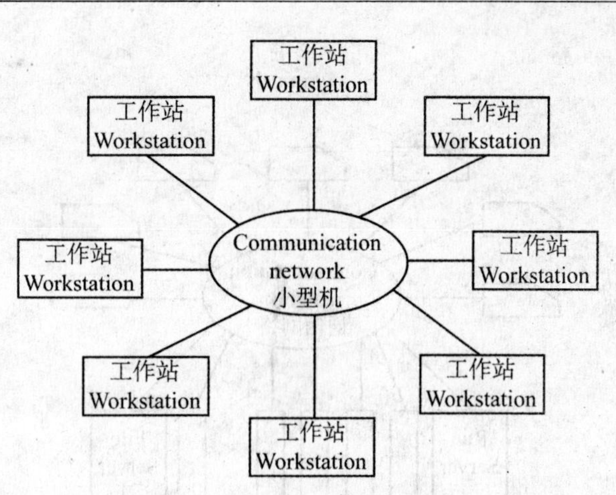

图 11-2　工作站模型

此，工作站模型的想法是用一个高速的局部网将所有这些工作站连接起来，使得空闲的工作站能够被登录在其他工作站上的用户有效地使用。

在这种模型下，一个用户登录到被称为他的"home"工作站，并且提交作业执行。当系统发现用户的工作站没有足够的处理能力来有效地执行所提交作业的进程时，它将一个或多个进程从用户的工作站转移到其他当前空闲的工作站上执行，最后将执行的结果返回到用户的工作站。Sprite 系统和在 Xerox PARC 开发的一个实验系统是工作站类型分布式计算系统的例子。

(3)处理机池模型

处理机池模型是基于观察到一个用户在大部分时间并不需要任何计算能力，但是可能在一个短时间内他可能需要非常大量的计算能力。在处理机池模型中，按照用户的需求分配一个或多个处理机给用户。一旦完成任务它们返回处理机池等待新的分配。

在处理机池模型中，处理机池由大量连接到网络上的微机和小型机组成。池中的每一台处理机有其自己的内存来装载和运行分布式计算机系统的系统程序和应用程序。在纯粹的处理机池模型中池中的处理机没有终端直接与之相连，这些终端经过特殊设备(PAD)与网络相连，用户通过终端访问系统。这些终端或者是小型无盘工作站或者是图形终端，诸如 X 终端。如图 11-3 所示。

一个特殊的服务器(称为运行服务器)按要求管理和分配池中的处理机给不同的用户 。当一个用户提交一个计算作业时，由运行服务器临时赋给适当个数处理机给该作业。例如，如果用户的计算作业是编译一个具有 n 段的程序，每一段可以独立地被编译成单独的可浮动的目标文件，可以从池中分配 n 个处理机给该作业并行地编译这全部 n 个段。当该计算完成时，n 个处理机返回给池中其他用户使用。

在处理机池模型中，没有 home 机的概念。即一个用户不登录到一个特定的计算机上，而是登录到整个系统。与之相反，在其他的模型中，每一个用户有一个 home 机(例如，一个工作站或小型机)，用户登录到其 home 机并且缺省地运行他的大部分程序。

和工作站—服务器模型相比，处理机池模型允许较好地利用在分布式计算系统中可供使用的处理能力。这是因为在处理机池模型中系统的整个处理能力可以供当前登录的用户使用，而这对工作站—服务器模型却不行，在给定的时间可能几个工作站是空闲的，但却不能用来处理其他的用户的任务。而且处理机池模型比工作站—服务器模型提供更大的灵活性，

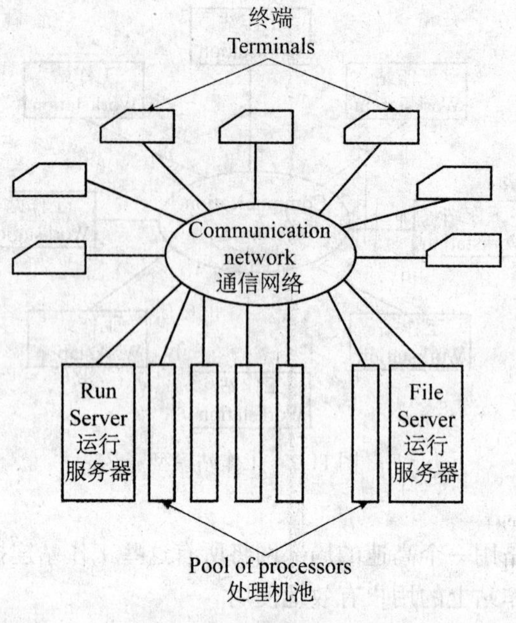

图 11-3　处理机池模型

即系统的服务可以容易地扩充，而不需要安装任何更多的计算机；处理机池中的处理机可以分配作为额外的服务器来实现装载新增的用户以及提供新的服务。但是，处理机池模型通常考虑不适合高性能的交互应用，特别是那些使用图形和窗口系统的应用。这主要由于用户的应用程序在其上执行的计算机和用户与系统交互的终端之间相连的通信速度慢的缘故。工作站-服务器模型一般考虑更适合于这类应用。Amoeba，Plan 9 和 Cambridge 分布式计算系统是处理机池模型系统例子。

(4)工作站-服务器模型

工作站模型是一个个人工作站网络，每个工作站带有自己的磁盘和局部文件系统。带有自己的磁盘的工作站通常称为有盘工作站。不带有自己的磁盘的工作站通常称为无盘工作站。如图 11-4 所示。

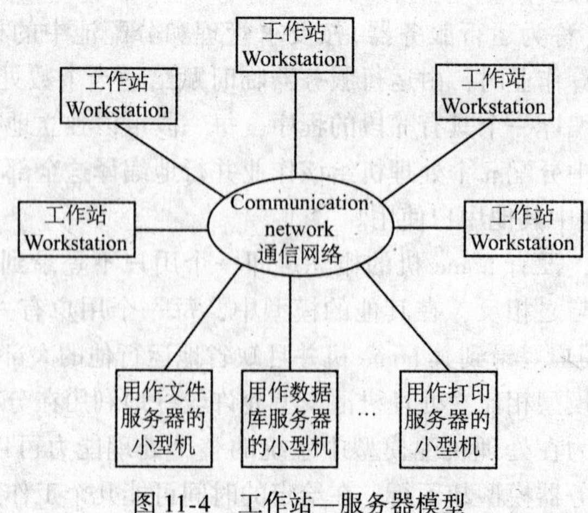

图 11-4　工作站—服务器模型

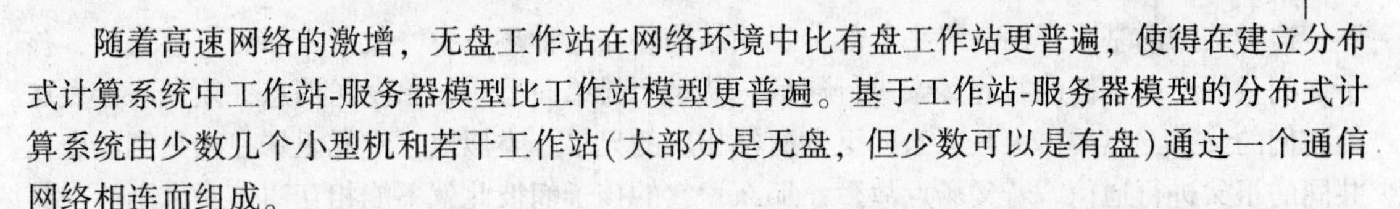

随着高速网络的激增，无盘工作站在网络环境中比有盘工作站更普遍，使得在建立分布式计算系统中工作站-服务器模型比工作站模型更普遍。基于工作站-服务器模型的分布式计算系统由少数几个小型机和若干工作站(大部分是无盘，但少数可以是有盘)通过一个通信网络相连而组成。

当无盘工作站用在网络上时，这些无盘工作站所使用的文件系统必须或者由一个有盘工作站或者由一个装备存储文件的磁盘的小型机实现。一个或多个小型机用来实现文件系统，其他的小型机用来提供其他类型的服务，例如数据库服务和打印服务。因此每一个小型机作为一个服务器机器来提供一种或多种类型服务。因而在工作站-服务器模型中除了工作站外，存在专门的机器(可以是专门的工作站)运行服务器进程(称为服务器)管理和提供访问共享资源。

这种模型中，一个用户登录到一个称为他的 home 工作站。用户进程所要求的通常计算活动在用户的 home 工作站上执行，但是对由特定服务器(例如文件服务器或数据库服务器)所提供的服务请求被送到提供该服务的一个服务器，执行用户的所请求的活动，并将结果返回到用户的工作站。因此，在这种模型下用户的进程没有必要迁移到服务器机器由它们完成工作。为了整个系统的较好性能，有盘工作站的局部磁盘通常用来存储临时文件、非共享文件、很少改变的共享文件，和虚存管理的页活动，以及远程访问数据的高速缓存等目的。

11.2.4 分布式系统的拓扑结构

分布式系统中所常见的拓扑结构有下列几种：

(1)全互联拓扑结构

在一个全互联结构中，每个场点都直接与系统中所有其他的场点相连，这种构形的基本开销很高，因为每对场点之间都必须有一条直接通信链路，如图 11-5 所示。但在这种环境中，场点间的消息传递非常快，因为任何两场点间的消息传递只需要经由一条通信线路就可直达。此外，这种结构是很可靠的，因为只有在相当多的通信链路故障的情况下，才可能分割该系统。

(2)部分互联拓扑结构

这种结构的基本开销比全互联结构要低，但场点间的消息传递可能经由若干中间的场点，以致延缓了通信速度。此外，部分互联系统也不如全互联系统可靠，因为其中的一个通信链路故障就可能分割该系统。通常让每个场点要少与另外两个场点连接。如图 11-6 所示。

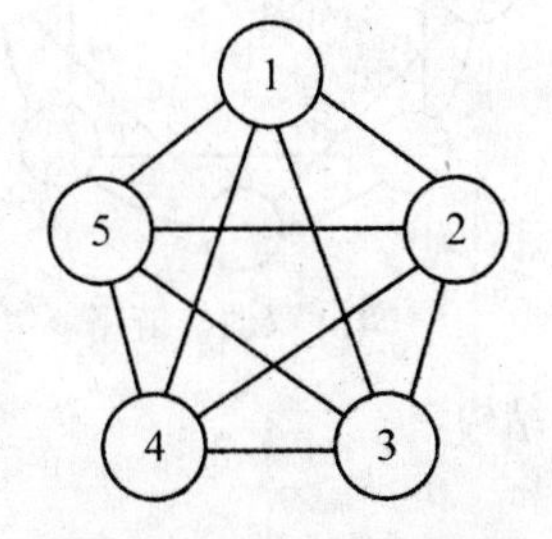

图 11-5 全互联拓扑结构

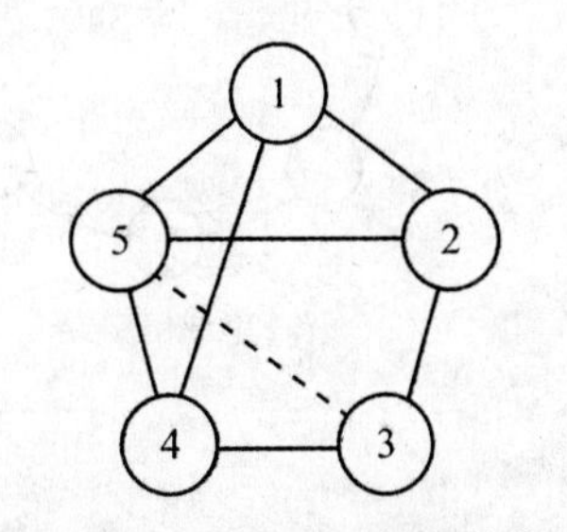

图 11-6 部分互联拓扑结构

(3)层次拓扑结构

这种结构的基本开销一般小于部分互联结构。在这种环境中，父子之间可直接通信，孩子之间只能经由它们的共同父亲进行通信，从某个兄弟向另一兄弟发送消息，须先向上发送给它们的父亲，然后再由其父亲向下发送给相应的兄弟。类似地，堂兄姐妹之间只能经由其共同的祖父进行通信。若父场点故障，那么，它的孩子们彼此就不能相互通信，也不能与其他进程通信。一般而言，除叶结点外，任何中间结点故障都可能将这种结构分割成若干不相交的子树。如图 11-7 所示。

(4)星形拓扑结构

这种构形的基本开销是场点个数的线性函数，其通信速度看起来也不会很慢，因为从场点 A 向场点 B 传递消息至多需要两次转接，即从 A 到中央场点，再从中央场点到 B，但这种通信速度却是难以预测的，因为中央场点可能变成瓶颈，虽然传递消息所需转接的次数不多，但传递消息所花的时间可能不少。

在一些星形结构系统中，中央场点完全担负着消息转接的任务。如果中央场点故障，那么该系统就完全地被分割了。如图 11-8 所示。

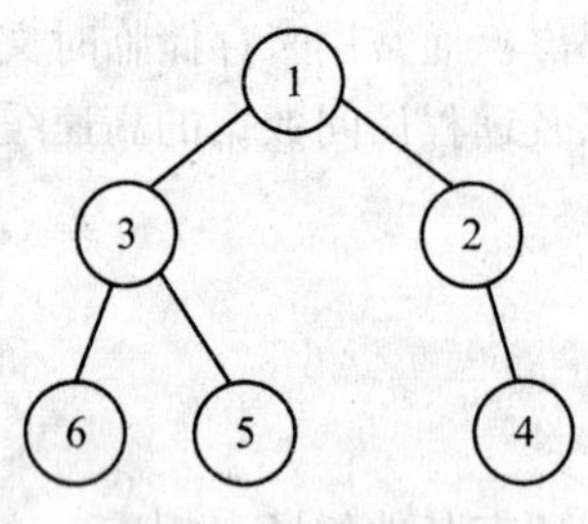

图 11-7　层次结构

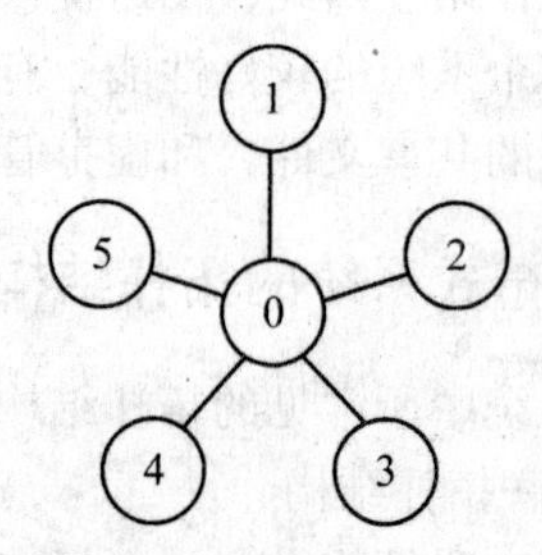

图 11-8　星形结构

(5)环形拓扑结构

环形结构可以是单向的，也可以是双向的。在单向环结构中，其中的一个场点只能给它的邻近场点之一直接传递消息，且所有的场点必须按相同的方向传递消息。在双向环结构中，其中的一个场点可将信息传递给它的两个邻近场点。如图 11-9 所示。

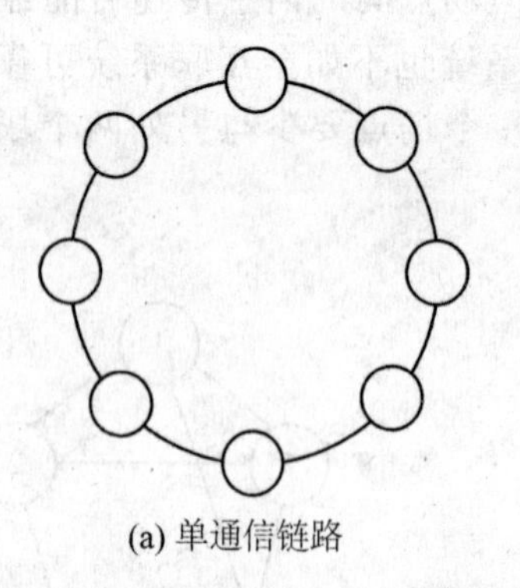

(a) 单通信链路

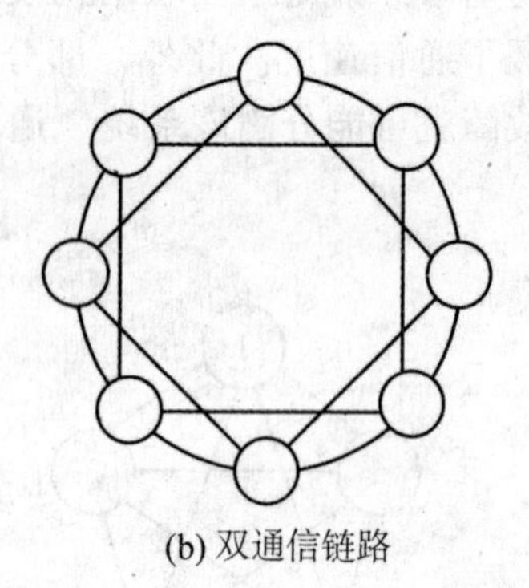

(b) 双通信链路

图 11-9　环形结构

这种结构的基本开销不会很高，但通信代价可能较高，因为从一个场点向另一场点传递消息需沿环按预定方向传递直至到达目的地。在单向环结构中，这最多可能需要 n-1 次转

接，在双向环结构中，则最多可能需要 n/2 次转接，其中 n 是网络中场点的个数。

在双向环形结构中，其中两条通信链路故障就可能导致分割整个系统。在单向环形结构中，单个场点或单条通信链路故障，就可能分割整个系统。一种补救的办法是通过提供双通信链路来扩充这种结构，但这显然会增加基本开销，如图 11-9(b)所示。

(6)多存取总线拓扑结构

在多存取总线结构(简称总线结构)中，有一条共享的通信链路(即总线)。系统中所有的场点都直接与这条通信链路相连，它可以组织成直线状，如图 11-10(a)，也可以组织成环状，如图 11-10(b)所示，其中的场点可以经由这条总线彼此直接进行通信。

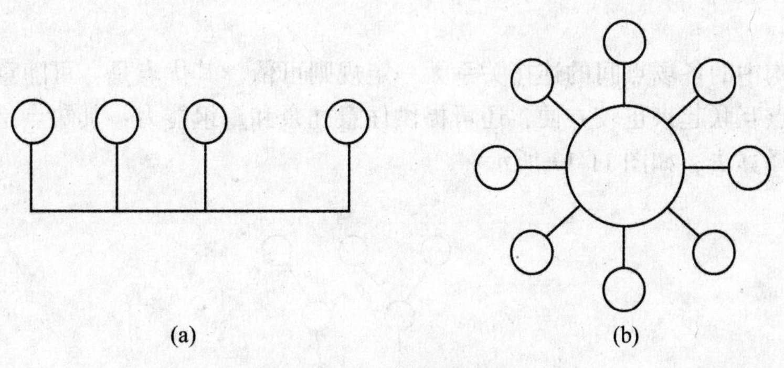

图 11-10　多存取总线结构

这类结构的基本开销是场点个数的线性函数，通信代价也很低，除非这条总线变成了瓶颈。这类结构类似于带有一个中央场点的星形结构，其中某个场点故障不会影响其他场点间的通信，但是，若这条总线故障，那么该结构就完全地被分割了。

(7)环-星形结构

环-星形结构由环、星形结构叠加而成，其优缺点介于星形和环形结构之间。如图 11-11 所示：

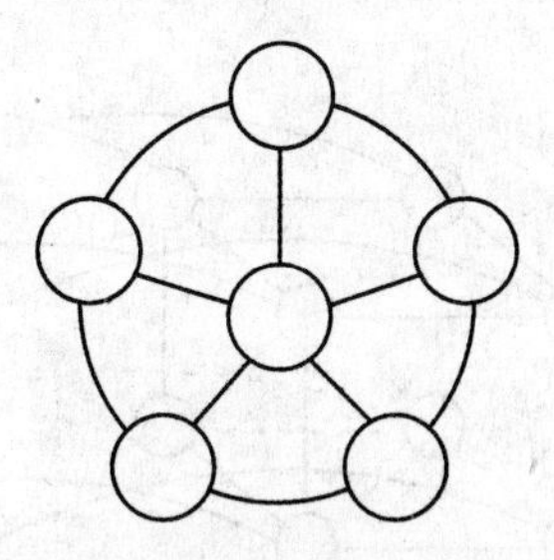

图 11-11　环-星形结构

(8)有规则结构

有规则结构中的每个场点都与它相邻的上、下、左、右场点相连，因而具有高性能、高速度和高可靠性。不过，这种结构比较复杂，且一般要求各场点是完全一致的，构造这种系统的费用也较高。如图 11-12 所示：

(9)不规则结构

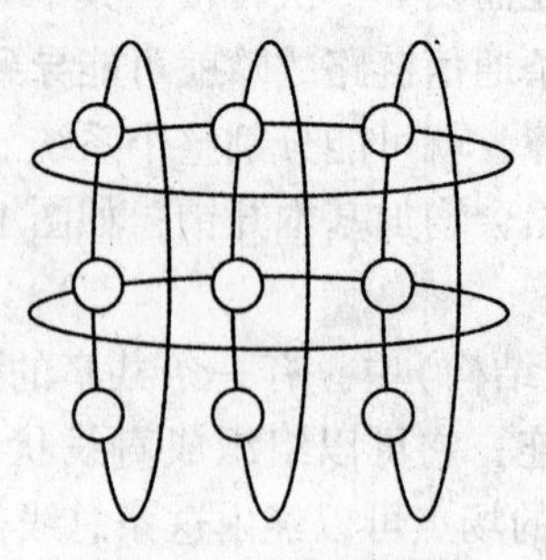

图 11-12　有规则结构

不规则结构中的各场点间的连接关系无一定规则可依，其优点是：可随意增加不同类型的结点，各结点互联起来也较方便，还可提供任意冗余和重组能力；其缺点是运行时需要较复杂的路径选择算法。如图 11-13 所示：

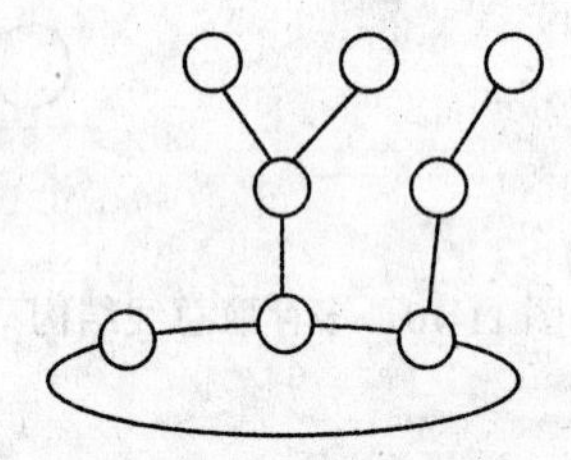

图 11-13　不规则结构

(10)立方体互联结构

立方体互联结构又称 n 维立方体分布式网络结构。这种结构把 2^n 个计算机互联起来，各计算机分别位于该立方体的角顶。立方体的每条边把两个场点连接起来，而每个场点则有

n 个全双向通路把它和 n 个其他计算机相连。例如，n=3，n=4 时立方体互联结构如所示，其中，n 为立方体的维数。如图 11-14 所示：

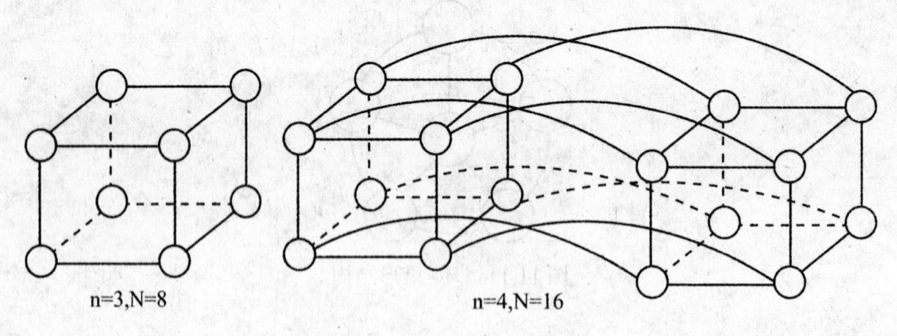

图 11-14　立方体互联结构

11.2　分布式操作系统概述

11.2.1　分布式操作系统的定义

分布式操作系统是由一个通信网络连接的若干自治的计算机所组成的分布式计算系统的操作系统。从用户观点看分布式操作系统是由一个虚拟单机组成。分布式操作系统的一般结构如图 11-15 所示：

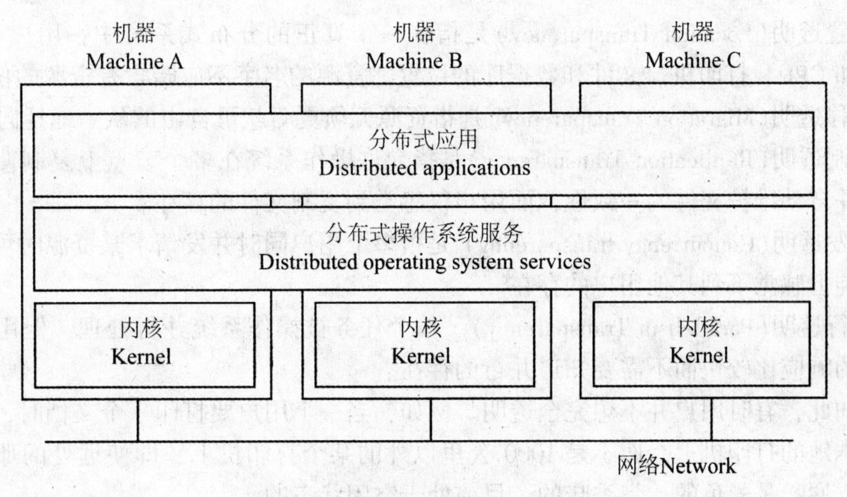

图 11-15　分布式操作系统一般结构

通过对具有代表性的分布式操作系统体系结构的分析可以发现，它们往往采用微核及核外辅以若干实用程序的结构。微核是一种具有有限功能的较小的操作系统内核，负责处理中断、通信和调度等，并向核外实用程序提供服务而实用程序分别负责一部分的系统功能，以功能模块的形式出现，并在微核的基础上进行工作。在分布式系统中，各台计算机都应配置一个微核，但它们配置的实用程序可以各不相同。因此，就某一台计算机的分布式操作系统而言，很可能是不完整的，采用功能模块不均匀分布的结构形式，不仅使组织灵活有效，有利于节省系统开销，而且也可以保证系统的坚定性。因此，分布式操作系统的主要特点是分布性和坚定性。其微核和各种实用程序以多副本的形式分布在系统中，这样，一旦系统中的某一部分发生故障，位于它机上的操作系统仍能正常工作，从而保证了系统的坚定性，同时也提高了系统的运行效率。

11.2.2　分布式操作系统的特点

(1)分布性

在分布式系统里不强调集中控制概念，至少有四类部件在物理上可能是分布的，包括硬件或处理的逻辑单元、数据、处理本身。但是每个局部数据库管理员都具有高度的自主权，它们具有独立执行任务的能力。各部件有自治性，但作为一个完整的分布式操作系统，在用户面前却要有统一性。

(2)分布式透明性

所谓分布式透明性就是在编写程序时好像数据没有被分布一样，因此把数据进行转移不会影响程序的正确性。但程序的执行速度会有所降低。

分布式计算机系统要让用户使用起来像是一个“单计算机系统”，实现分布式系统以达到这一目标的技术称透明性，它是指用户只需要描述它要得到什么服务，而不必指明由哪些物理设备或逻辑部件提供这些服务，用户不必知道服务过程实现的细节，因此非常方便。比如在某个机器上的用户想要存取另一台机器上的资源，那用户不需要知道资源到底在哪台机器上，这也是分布式操作系统和网络操作系统最大的区别。透明的概念适用于分布式系统的多个方面：

① 位置透明(Location Transparency)是指在一个真正的分布式系统中，用户不知道硬、软件资源如 CPU、打印机、文件和数据库的位置。资源的名字不应暗含有资源的位置信息。

② 迁移透明(Migration Transparency)是指资源无须更名就可自由的从一地迁向另一地。

③ 复制透明(Replication Transparency)是指允许操作系统在多个节点上复制使用频率很高的文件并自动维护文件的一致性，而用户仅感觉到复制文件的存在。

④ 并发透明(Concurrency transparency) 是指多个用户同时并发请求某资源时可能感觉到系统的迟钝但感觉不到其他用户的存在。

⑤ 并行透明(Parallelism Transparency)。单个任务被操作系统并行处理，但用户仅仅感觉到系统的响应比较快而不需要知道并行的存在。

尽管如此，有时用户并不想完全透明。例如，当一个用户要打印一个文档时，他通常喜欢输出到本地的打印机上，而不是 1000 公里以外的某个打印机上，即使远处的那台打印机更快、更方便、是彩色的、带香味的、目前处于空闲状态的。

(3)可靠性

分布式系统建立的最初目标之一就是实现一个可靠的系统。当分布式系统中的某个机器失效时，其他机器能够接替它继续工作。一个系统是否可靠主要表现在如下几个方面：

① 可用性(Availability)，一般通过冗余关键性的软硬件来实现，当其中一个失效时，其他的部件能接替工作，但要注意一致性的维护。

② 安全性，分布式系统的安全性问题比单处理机系统远为复杂，防止非法使用文件和其他资源的任务更为艰巨，通过访问控制或者权能检查可以提高系统的安全性，防止资源被非法用户使用。

③ 容错性，分布式操作系统必须具有探测任一处理机停机或发生故障的能力，并且要包含适当的处理措施，如自动重构、降级使用和错误恢复等。当分布式操作系统出现错误的时候，要能够对用户屏蔽错误。

但是实现可靠也是需要代价的。如，为了实现高可用性，必须为冗余的软硬件资源实现一致性；为了实现高安全性，必须进行访问控制检查或者权能检查。而为了实现容错，发送消息时通常需要发送多个消息副本以及其他一些额外的消息，这不但花费了额外的时间和带宽，而且在大部分情况下是不必要的。

(4)高性能

性能是分布式应用系统最关心、最重要的因素之一。在实现良好的透明性和可靠性时，必须保证应用程序在分布式系统上运行的性能不应该比在单机上差。可以用来衡量分布式系统性能的指标有很多，如响应时间、吞吐率、系统利用率、网络通信能力等等。

11.2.3　经典的分布式操作系统

1. Mach

Mach是由卡内基梅隆大学(CMU)开发的操作系统，采用线程模型。在体系结构上，Mach采用了微内核结构，在内核中仅仅实现了最基本的功能，包括进程管理、内存管理、通信以及I/O服务，而文件、目录以及其他传统的操作系统功能都是由运行在用户态的服务器进程实现的。

Mach引入端口和消息这两个抽象来实现进程间的通信。其中，Mach端口是一种单向的通信通道，带有一个消息队列。进程/线程之间就通过端口实现消息的发送和接收。Mach中的资源也是基于端口来管理的。要访问某个资源，就必须向对应的端口发送消息。Mach采用端口权限来实现对资源的保护，如发送权和接收权等。

Mach的一个很重要的设计目标就是允许对网络资源进行透明地访问。这是通过引入Mach端口的网络位置透明性来实现的。在Mach中，每个处理机上都有一个用户级的网络服务器，它的主要功能之一就是保证消息传递的有序性和网络通信的透明化。因此，尽管一开始Mach项目并不想开发一个完全的分布式操作系统，但实际上，Maeh依赖这种基于端口的、网络位置透明的通信模型可以很容易地、透明地扩展到分布式系统上。

2. Amoeba

Amoeba系统起源于1981年荷兰阿姆斯特丹Vrije大学的一项关于分布式计算和并行计算的研究课题，其最初的目标是建立一个透明的分布式操作系统。在硬件模型上，Amoeba系统是基于处理机池模型的，即所有的计算资源存放在一个或者多个处理机池中。每个处理机池是由多个处理机组成的，处理机的体系结构可以不同，每个处理机有自己的内存和网络连接，不需要共享内存。

Amoeba系统的另一个重要的组成部分是专用服务器，如文件服务器、打印服务器等。有的服务器可以运行在处理机池上，但有些服务器也可以因为一些硬件需要运行在一个单独的处理机上。在操作系统模型上，Amoeba采用线程模型。在软件体系结构上，Amoeba是基于客户机/服务器模型的，系统由两个部分组成：运行在每个处理机上的微内核以及提供大多数传统操作系统服务的服务器。Amoeba内核运行在系统中所有的处理机上，包括处理机池中的每个处理机、用作终端的计算机以及特定的服务器。Amoeba内核有四个主要的功能，即进程/线程管理、低级内存管理、进程间通信、低级FO。服务器进程完成内核不能完成的、操作系统应当提供的所有工作，包口文件服务器、目录服务器、进程服务器、运行服务器等等。

Amoeba提供两种通信方式：点对点通信和组通信。前者基于远程过程调用RPC，是Amoeba最基本的进程间通信方式；对于后者，内核用一个独立的消息来透明地模拟组通信。这两种通信方式的底层都使用了为Amoeba专门设计的快速本地互联协议FLIP来进行实际的消息传输。

3. Chorus

分布式操作系统Chorus于20世纪80年代诞生于法国国家信息与自动化研究院INRIA。一开始，Chorus就定为于分布式计算，后来又增加了实时和面向对象的概念。

Chorus是一种基于微内核的、分层的操作系统。自上而下一共4个层次：用户进程、用户态系统进程、内核进程以及最底层的微内核(在Chorus中称为Nucleus)。Chorus在其微内核中提供对名字、进程/线程、存储和通信的低级管理。基于 Chorus 的分布式系统中的每一个处理机上都运行着一个完全相同的 Chorus 微内核。

在微内核之上，Chorus 通过内核进程和用户态系统进程两个不同的层次来提供剩余的操作系统服务，这两个层次中的进程可以结合在一起组成各种不同的子系统提供给更上层的用户进程使用。线程之间通过消息来通信。Chorus 采用了类似 Mach 的端口机制实现消息通信：一个端口是接收并保存从进程那里得到的还未读过的消息的缓冲区。

Chorus 提供两种通信操作：异步传输和远程过程调用 RPC。前者让一个线程简单地发送消息到端口，类似于一次数据报传输。后者则是阻塞式的，仅当有回复消息或者阻塞超时，才会解除发送者的阻塞状态。

4. Spring

Spring 是一个分布式操作系统，提供了基于分布式对象的应用程序框架，其主要目标是研究如何在 Os 部件之间设计有效的通信接口。在 Spring 中每个操作系统部件都被视为可更换的部分，为此 Spring 将系统中的资源表示为不同的对象，并使用接口定义语言 IDL 来定义系统的接口。

Spring 采用了微内核技术，主要的系统服务如文件、驱动程序、网络等都由用户级服务进程实现。为克服微内核系统基于消息传递(IPC)开销过大的缺陷，Spring 的开发人员使用了“跨空间调用”机制作为 IPC 的补充，这种机制在 Spring 中称为 Door。通过 Door，线程可以在不同的进程间迁移。例如当用户线程请求文件服务器的服务时，发出请求的用户线程并不是激活文件服务器的服务线程，而是通过 Door 迁移到文件服务器中变成文件服务器的线程进行工作，当完成服务后再返回原来的进程中。

11.3 分布式操作系统功能

分布式操作系统用于管理分布式系统资源。在分布式计算机操作系统支持下，互联的计算机可以互相协调工作，共同完成一项任务。能直接对系统中各类资源进行动态的分配和调度、任务划分、信息传输协调工作，并为用户提供一个统一的界面和标准的接口，用户通过这一界面实现所需要的操作以及使用系统资源，使系统中若干台计算机相互协作完成共同的任务，有效地控制和协调诸任务的并行执行，并向系统提供统一的、有效的接口软件集合。分布式操作系统是网络操作系统的更高级形式，它保持网络操作系统所拥有的全部功能，同时又具有透明性、可靠性、高性能等。分布式操作系统除了需要包括单机操作系统的主要功能外，还应该包括分布式资源管理，分布式进程管理、分布式处理机管理，分布式文件系统等功能。

11.3.1 分布式资源管理

分布式操作系统是为分布式多机系统设计的，因此，它不仅对于在各场点上分别执行的任务及相关的资源负有管理和控制的职责，而且还要负责协调各场点间的交互关系。它不仅要保证在不同场点上执行的进程彼此互不干扰并严格同步，而且还必须保证避免或妥善地解决各处理机对某些资源的竞争所可能引起的死锁、饥饿及公正性等问题。分布式资源管理和调度是操作系统的主要功能之一。

单机操作系统往往采用一类资源由一个资源管理者来管理的集中管理方式，例如所有的存储单元的分配和回收以及对其管理由存储管理负责。在分布式系统中，由于系统的资源分布于整个系统的各台计算机上，分布式操作系统如对资源采用集中管理方式，必将带来管理的复杂，通信和存储开销大，以及坚定性差等弊病。

例如，假设各台计算机的存储资源都由位于某一台计算机的存储管理者来管理，那么不论谁申请存储资源，即便申请的是自己所在计算机上的存储资源，都必须发信给存储管理者，这就增加了系统的开销。此外，存储管理者还必须保存系统中各台计算机的存储资源分配信息，这将耗费存储管理者较多的资源。特别，当存储管理者所在的计算机失效时，整个系统很可能因没有存储管理者而瘫痪。

因此，为了适应模块性、自治性和强健性的要求，分布式操作系统系统设置了多个控制机构来管理，这样就形成了多个资源与多个控制机构之间比较复杂的关系。在分布式计算机系统中，究竟使用哪种资源管理方式，必须根据总体要求和资源性质来决定。在具体设计有关的资源管理算法时，除考虑死锁问题外，还须考虑公平性，并应防止饥饿现象发生。从实用的角度讲，分布式系统中的资源管理方式主要有局部集中式、分散式和分级式。

(1)局部集中管理方式

每个资源有一个中央资源管理者，负责系统中所有任务的分配。为便于管理，还有一个与资源分配情况有关的数据结构，成为系统资源表，记载着系统中所有资源的有关信息。比如：资源类型、数量、物理单位、物理特性、分配状态等等。

资源按其在各场点上的分布情况分别由其所在的场点进行局部的集中管理，不存在全系统范围的集中管理者。就一个场点而言，这种方式与单机的管理相似，但增加了利用网络通信手段申请使用其他场点上的资源的功能。

这种管理方式主要适用于内存、键盘、显示器这类本身就属于各个场点单独管理且逻辑上相互比较独立的一些资源。由于各场点都有隶属于自己管理的一部分资源，所以当一进程请求使用资源时，先向本场点的管理者提出要求，仅当本场点的管理者无法满足时，本场点管理者才向其他场点转发这一请求，而且可在提供所需资源的场点之中挑选出通信距离最短的场点，以获得相应资源，从而减少通信开销。

这种管理方式实现简单，可以做出全局优化的资源分配策略，系统扩充和裁剪容易并且减少了资源管理算法的开销。但是 可靠性不高，中央资源管理者可能成为系统的瓶颈，可能会使整个系统失去自治性。

(2)分散式管理方式

一个资源由多个场点上的管理者在协商一致的原则下共同管理。换言之，一资源由其各副本所在的场点共同管理。因此，当某场点上的进程申请使用一资源时，即使本场点有可供使用的副本或者能在其他场点上找到，也不能由这一场点(或任一场点)单独对该资源的分配作出决策，而必须与所有参与管理的结点进行协商，在取得一致后才能作出决策。

该管理方式适用于必须由多个场点共同管理且逻辑上有相互联系的一些资源，如多份拷贝的文件、数据、表格等。

分散式资源管理的可靠性高，任何一个站点、资源或服务的失效都不会影响整个系统。这样每个站点都有较高的自治性。但是这种管理方式实现比较复杂，通信开销较大，要求有较好的分散管理算法来提高对资源的响应速度。要获得有关资源的信息，每个站点都要与其他站点交换信息。

(3)分级式管理方式

分级式管理的基本原理是：

① 针对实际的分布式系统对其中的各种资源进行分析，然后根据其重要性、常用性和隶属关系将资源分为两个级别：第一级是被多个场点经常使用的资源；第二级是仅被本场点使用的资源。

② 采用不同的方式管理不同级别的资源。即对第一级资源，由于它们被系统中的多个场点经常使用，因此，必须采用分散式管理方式，由多个场点在协商一致的原则下共同管理。对第二级资源，由于它们属于某个场点，不被其他场点使用，可以采用集中式管理方式，由某个场点集中管理。

显然，对于逻辑上分属于某个场点的资源，分级式管理方式保持了集中管理方式的特点；同时，对于被系统中的多个场点经常使用的资源，它又具有分散式管理方式的特点。

11.3.2 分布式进程管理

所谓分布式进程（distributed processes）是能够真正在多个处理机上同时运行的诸进程。显然，一般的并发进程利用的是多个虚处理机的概念，实现了逻辑上的并行性。而分布式进程利用的是多个真正的物理处理机，实现了物理上的并行性。

分布式系统是以任务级并行为特征的。因此，分布式操作系统的基本调度单位不再是单机上的进程，而是在各处理机上运行着的并行进程所组成的任务队列。而且，同一任务队列的诸并发进程可分在不同处理机上并行执行；同一处理机也可执行多个不同任务队列中的进程。这就使得在单机系统中许多行之有效的调度算法，例如优先数法、时间片法等，都不完全适用于分布式系统。

分布式操作系统中的进程管理包含有以下几个方面：

1. 进程通信

分布式操作系统是在分布式计算机系统环境下运行的，在这种多机环境下，系统中各处理机不仅要执行自身接收的任务，还可能相互联系、请求服务或封锁，而所有这些都要通过通信机制进行，这种通信机制专门负责系统中各进程及各处理机之间的相互通信。所以通信是分布式操作系统最关键的功能，也是分布式操作系统区别于单机操作系统的最重要的功能之一。

分布式进程通信是指提供有力的通信手段，让运行在不同计算机上的进程可以通过通信来交换数据。在分布式系统中，所有进程相互通信是通过彼此交换消息进行的。消息通常是用消息包或帧的形式发送的。

进程通信是由分布式操作系统所提供的一些通信原语来实现的。对于通信双方，无论它们是处于同一个节点上，还是处于不同的节点上，使用的通信原语是无区别的。并且操作能够主动地区分上述两种情况，然后在不为用户所知的情况下完成通信。例如源进程通过执行 send 操作发送消息，宿进程则通过执行 receive 操作来获取消息；如果必要，在其获取消息后再通过执行 reply 操作给发送者一个回复。因此，分布式操作系统通常提供 send、receive 和 reply 等基本通信原语来实现进程间的通信和同步。

一般消息转移原语分为两类：同步型和异步型。

(1)异步型：在这类通信机制中，转移消息的进程不等待接收者的回复，又称“不等”转移，即允许发送方可任意超前于接收方，因而具有下面的特征：

① 接收方收到的消息与发送方目前的状态是无关的，即接收消息中反映的发送状态一

般不是发送方的当前状态；

② 由于通信机制与同步机制被分开，系统应具有超大的缓冲空间来容纳任意超前发出而尚未处理的消息，以解决消息发送速度和处理速度之间的不同；

③ 能较充分地利用系统的潜在能力，但实现时须解决许多实际的控制问题。

(2)同步型：在这类通信机制中，总是要求发送方等待接收方的回复，然后发送方与接收方同步继续向下执行，其主要特征是：

① 消息的发送方和接收方在完成信息交换后知道对方的状态；

② 同步机制和通信机制合二为一，一般无需大的缓冲区；

③ 实现容易，但效率较低。

由于消息本身要占用存储空间，并存放在系统缓冲区中。当使用异步消息转移机制时，系统中的进程在某一时刻可能有多个尚未处理的消息。而消息缓冲区是一个有限资源，所以使用异步方式转移消息时，可能会出现消息缓冲区溢出的情况。需要特定的消息缓冲区管理算法来处理这方面的问题。当采用同步消息转移方式时，系统中的每个进程不可能存在一个以上尚未处理的消息，其消息缓冲区的管理算法相对会比较简单。

由于分布式系统中没有共享内存，这些原语需要按照通信协议的约定和规则来实现。无论是广域的还是局域的分布式系统，通常都有多层协议要遵循，每一层都有各自的目标和规则。依据 ISO 开发出的协议分层模型(OSI 模型)，每次传送一个消息要通过很多层次，还要对消息逐层加头，到接收方又要逐层去头等等。这些工作对于分布式系统来说，协议开销就很大。CPU 因运行协议而耗费了时间，从而影响了系统的吞吐能力。所以多数分布式系统不采用分层协议模型，而采用以下几种模型：

(1)客户—服务器模型

客户—服务器模型的思想是把操作系统作为一组协作进程加以构造，它们为用户提供各种服务。客户和服务器机器通常全部运行相同的微内核，客户和服务器都作为用户进程运行。一台机器可以只运行一个进程，也可以运行多个客户进程、多个服务器进程或者二者的混合。客户—服务器模型中适合同步消息转移方式。

(2)远程过程调用

尽管客户—服务器模型提供了构造分布式操作系统的简便方法，但它存在一定的缺陷。比如进行通信要做大量的 I/O 工作，围绕着 I/O 建立系统并非最佳方法。

远程过程调用(Remote Procedure Call)就是把过程调用的概念加以扩充后引入分布式环境中的一种形式。允许程序调用另外机器上的过程，当机器 A 的一个进程(或者线程)调用机器 B 上的一个过程时，A 上的调用进程挂起，被调过程在 B 上开始执行。调用者以参数形式把信息传送给被调用者，被调用者把过程执行结果回送给调用者。RPC 像一个常规过程，调用者发出命令后一直等待着，直到它得到结果。RPC 把过程调用在网络环境中所产生的各种复杂情况都隐藏起来。

(3)组通信

在上面通信模式中认为通信只涉及两个进程：发送进程和接收进程。但在实际的系统中，通信可能涉及多个进程。所谓组是进程的集合，它们按照某个系统或用户指定的方式协同工作。组的重要特性是当某个消息发送到一个组时，组内的所有成员都能接收到该消息。所以组通信具有“一对多”的形式，即一个发送者、多个接收者，而不是简单的“点—点”的通信方式。并且组是动态的，可以创建新组、撤销旧组；一个进程可以加入某个组，也可以离开某个组；一个进程可以同时是多个组的成员。

2. 分布式进程迁移

分布式进程迁移是指由进程原来运行的机器（称为原机器）向目标机器（准备迁往的机器）传送足够数量的有关进程状态的信息，使进程能在另一机器上运行。

进程迁移是计算迁移的逻辑延伸。当一个进程被提交执行时，并不一定始终都在同一站点上运行，整个进程或者其一部分可能在不同的站点上执行。进程迁移可以分为静态迁移和动态迁移两种。前者是指被迁移的程序在源节点上还没有开始运行就被迁移，而后者是指进程在源机上运行的过程中被迁移到目的节点。我们从中可以看出，进程迁移可以发生在任意时刻。

在分布式系统中引入进程迁移可以使各站点工作负载平衡，加快计算速度，为进程运行提供更合适的硬件和软件环境，另外也避免大量数据迁移带来的影响。有两种技术可用于进程迁移。

第一种是系统对客户隐藏进程迁移的事实。这种方式的优点是，用户不必显式地编写程序来实现进程迁移。这种方式往往用于在同构系统间实现负载均衡和加速计算。

另一种方式是允许（或要求）用户显式地指定进程应如何迁移。这种方式往往用于为了满足偏爱硬件或软件的特定条件而必须迁移进程的情况。

用于负载平衡的进程迁移技术采用三种基本的系统模型：

（1）自治系统

此模型将分布式系统看成由多个独立计算机系统通过通信连接组成的集合。每个自治系统都属于一个用户。只有当“主人”不使用该系统时，系统才对外服务；一旦“主人”重新使用系统，则系统不再替其他机器工作。进程通常情况下在本机上执行，有一个特殊的命令要求进程在远程机器上运行。

（2）整体系统

此模型将分布式系统看成一个整体。它接近于单处理器系统中的分时共享模型，只是将其扩展到了多个 CPU 上。模型将 CPU、存储、I/O 设备等看成一个资源集合，以尽量处理最多的任务。该模型中的硬件可以和自治系统相同，也是一组工作站，但是其策略不同。此模型中并没有一个“主人”的概念。

（3）大规模并行处理器系统

在 Massively Parallel Processor（MPP）模型下，应用程序控制了很多原本由操作系统控制的东西，特别是，应用程序自己控制了负载平衡，这与分布式系统中一般的操作系统层次方式是不同的。而现在，计算机局域网成为了进程迁移最常使用的结构，秉承了“自治系统”的原理

3. 分布式进程同步与互斥

分布式系统中各计算机没有共享的内存区，导致进程间无法通过传统的公共变量，如信号量来进行通信。分布式进程同步比集中式进程同步复杂。由于进程分散在不同的计算机结点上，进程只能根据本地可用信息做出决策，并通过网络联系；由于系统中没有公共的时钟，进程间通过网络通信也会有延迟，不能保证资源管理者收到资源申请的顺序就是申请者请求资源的顺序。因此在分布式系统中主要使用报文进行通信以实现同步。

进程同步主要是指彼此合作的进程在共享资源上协调其操作顺序。进程互斥则主要是指彼此竞争的进程严格按次序（排他性的）使用资源。所以，分布式进程同步与互斥首先要解

决对不同计算机中的事件的排序，然后再设计出性能优越的分布式同步算法，以保证为实现进程同步所付出的开销较小。故定义一组事件的前趋关系如下：

① 若 A 和 B 是同一进程的两个事件，且 A 在 B 之前发生，则有前趋关系 A→B。

② 若 A 是一个进程发送消息的事件，而 B 是另一个进程接收该消息的事件，则 A→B。

③ 若 A→B 且 B→C，则 A→C，即前趋关系有传递性。

分布式系统中的同步系统的目的就是给使用资源的多个进程提供某种方法和手段使分布式系统保持一个一致的状态，如多副本文件系统的一致性等。分布式系统中实现硬件同步的方法一般是采用物理时钟、事件计数器、顺序器等。物理时钟方法中，时钟服务器从 WWV 或 GEOS 处获得协调世界(UTC)时间，根据系统和用户的需要以集中式物理时钟的方式或分布式物理时钟的方式实现同步控制。

(1)集中式物理方式

在分布式系统中由时钟服务器统一的以基于广播的方式和请求驱动的方式向整个分布式系统提供同步所需要的时钟。在基于广播的方式中，集中的时钟服务员定期地向分布式系统中的各个成员广播当前的时间，由接收到广播时间的各个成员对时间进行处理。与此不同的是在集中式物理时钟的请求驱动方式中，由系统中的各个成员向集中式的时钟服务员发出请求以求获得当前的时间。分布式系统中的集中式物理时钟服务员的可靠性差，同时也是系统的瓶颈，因为时钟服务员的崩溃可能导致系统的崩溃。

(2)分布式物理时钟

分布式系统中的各个成员在规定的时间内向其他成员广播它的当前时间并按照约定的方法进行时间的校正。由于分布式系统中资源的广泛分布性，很难准确地获得系统中每个机器确切的时钟值，因此实际上很难做到准确地同步，所以一般在分布式系统中更多地采用基于 Lamport“在先发生关系”的逻辑时钟进行逻辑时钟校正以给分布式系统中的各个事件一个唯一的排序，从而达到同步的目的。

分布式系统中的互斥的处理，常见的算法如下：

(1)集中式算法

分布式系统中实现互斥同步控制的最简单的方法是在并发执行的各个进程中选定一个进程作为协调者。当任一个进程想进入临界区时，首先要向协调者进程发送请求报文申请临界区进入许可。协调者进程根据目前临界区中的进程情况或者同意或者拒绝请求者进程进入临界区。这样的过程是通过报文的传递进行的。如果目前临界区内已有进程的话协调者或者拒绝或者不回答请求的进程。

无论是哪种方式，系统都要设置一个缓冲队列用来存放被阻塞的请求进程。当临界区被退出后，由退出进程向协调者进程发送一个释放报文，协调者进程将进入临界区许可报文发送给相应的被阻塞队列中的第一个进程，使其退出等待队列进入临界区。显然该算法的实现机制保证不会出现饿死和死锁现象。该方法实际上是在分布式系统中模仿单机集中式系统的实现方式，存在同样的问题即性能效率低，可靠性差。

(2)分布式算法

由于协调者的故障会导致系统的瘫痪，这通常是不可接受的。于是提出了分布式算法。当某个进程想进入临界区时，它就建立一个消息，其中包含临界区名、进程号和时间戳，然后将该消息发送给系统中所有进程。假定消息发送是可靠的，即每个消息都得到确认。如果存在可靠的组通信，就采用组通信方式。当一个进程收到其他进程发来的消息后，执行下列操作：

① 如果接收者不在临界区内且不想进入，则立即返回一个 OK 消息给发送者。

② 如果接收者在临界区内，则不做任何响应，只是将该请求送入等待队列。

③ 如果接收者也想进入临界区，但尚未进入，则将自己请求消息的时间戳与所接收的消息的时间戳进行比较。

(3)令牌环算法

令牌本身是一种特定格式的报文。系统中的进程一旦持有令牌，便具有进入临界区的权力。由于系统中仅有一个令牌，因此在任何时刻只能有一个进程在临界区内。系统中的进程在逻辑上(而不是物理拓扑)组成一个环，环中每个进程都有唯一的前趋者和唯一的后继者，令牌在环中循环。

4. 分布式进程死锁

在分布式系统中，也可能会因进程竞争资源而引起死锁。在集中式操作系统中学习了死锁发生的四个必要条件，它们是：资源独占、不可剥夺、保持申请、循环等待，只要破坏这四个条件其中的一个，死锁就不会发生。那在分布式中其实也可以这样破坏死锁产生的必要条件来预防死锁的发生。例如，只要在系统事件之间简单地定义一个全序，有序资源分配死锁预防技术就可用于分布式系统。常见的死锁检测的方法如下：

(1)集中式死锁检测法

在该算法中，每个节点维持自己的进程—资源图，同时用一个中心协调者维护整个系统的资源图(是所有单个图的并集)。

(2)分布式死锁检测法

每台机器上的进程可能等待本地资源，也可能等待分布在其他机器上的资源。

而死锁的预防算法的基本思想是进程因等待另一进程正在使用的资源而被阻塞时，先检查它们的时间戳哪个大(即更年轻)，如果等待进程的时间戳小于被等待进程的时间戳(即更老)，就允许进程阻塞等待。按照这种办法，沿着任何等待链，时间戳都是增加的，因此不会出现环路。

11.3.3 分布式处理机管理

在分布式系统中，需要提供一个支持资源共享的环境，把任务分解并分配到相应的场点。若整个系统由不同类型的处理机组成，由于每个处理机的处理能力及硬设备配置等方面都可能各具特点。因此，操作系统应该根据这些特点给处理机分配任务。若系统由同类型的处理机组成，则在任何给定的时刻，任务都可分配给任何一个处理机，并可随时进行任务的迁移，以平衡系统的负载。

分布式系统中各处理机间的通信一方面表现在进程运行期间的诸进程之间的通信上；另一方面还表现在无进程运行或进程运行已经结束时的信息交换上。例如，各处理机之间的通信，常常在需要发出寻找、分配和撤销服务请求时发生，而此时有关的处理上可能没有进程在运行，或运行的进程已经完成。通信时，处理机执行的是操作系统的内核模块，处理机通信，一般有“点—点”方式和“广播”方式两种。

(1)点一点方式：点一点方式有两个基本特征。第一是事先要确定发送目标；第二是发送机发送的消息只能由唯一接收机(目标机)所感知或接收。

这种方式容易实现，控制也比较简单，不足之处是发送机在发出消息之前必须确切知道

由谁来接收信息；此外，当有多个发送机将消息发往同一接收机时，接收机可能由于忙碌而拒绝接收，而其他空闲的处理机又不能充当接收机分担其工作，从而影响了系统的效率。

(2)广播方式：广播方式通常有如下两种理解：

① 任何一个处理机发送消息，其他处理机都可以接收到，但在发送消息时，发送机已指明了接收机的地址(目标地址)，只有与该目标地址相符的处理机才有权接收信息。由于任何一个处理机所发送的信息能为全部处理机感知，因此，有利于通信控制的简化和通信冲突的检测。这是在总线局部网和环形局部网中常用的通信方式。

② 发送者按一定算法发出消息，不具体指定接收者，真正的接收者要根据一定的条件选定。这种方式不需要事先指定接收者，也不会出现信息堆积情况，有很高的信息传输率，十分适合于分布式计算机系统。这种方式又称为散播方式。

在具体实现时，通常使处理机请求服务的要求尽可能就近完成。也就是说，当有多台处理机广播了它们的消息后，接收机也不必一一接收，而只需接收在距离(即所需经过的最少链路数量)上离它最近的处理机的消息。因此，当有广播消息时，每台接收机都将发送机上的地址同它目前所保留的地址加以比较，并根据距离作出取舍。若新地址近于旧地址，则用新地址代替旧地址，同时发送机停止继续往前散播消息。这样消息就可限制在发送机各发送方向邻近的处理机上散播。

处理机的分配与调度一般通过处理机间的互相通信来实现。其分配策略有以下两种：

(1)不可迁移的：创建进程时，系统决定为该进程分配哪台处理机，一旦分配完毕，进程将一直在这台处理机上运行，直到结束。

(2)可迁移的：可以将已经运行的进程迁移到别的处理机上继续执行。作业、进程、线程都是可迁移的。可迁移策略能提供更好的负载平衡，但同时也增加了系统的复杂性，对系统的设计有很大的影响。

11.3.4　分布式文件系统

分布式文件系统(Distributed File System)是任何分布式操作系统的核心。它通常设计成客户机服务器模式，文件和目录都被存放在单一服务器(或服务器群)中。服务器向客户机输出可以访问的文件目录，客户机可以将已输出的文件安装(mount)在本机的安装点上。当这些操作完成后，客户机上的应用程序就可以使用相同的 API 接口来访问安装在远程的文件资源。换句话说，它们就像对待本地文件系统一样对待远程文件系统。所以分布式文件系统实际上是通过对操作系统所管理的存储空间的抽象，向用户提供统一的、对象化的访问接口，屏蔽对物理设备的直接操作和资源管理。

分布式文件系统为整个网络上的文件系统资源提供了一个逻辑树结构，用户可以抛开文件的实际物理位置，仅通过一定的逻辑关系就可以查找和访问网络的共享资源。用户能够像访问本地文件一样，访问分布在网络中多个服务器上的文件。例如，用户可以“发表”一个允许其他客户机访问的目录，一旦被访问，这个目录对客户机来说就像使用本地驱动器一样。常见的分布式文件系统由以下几种组成：

(1)网络文件系统(NFS)

网络文件系统(NFS)是分布式的客户机/服务器文件系统。它采用共享文档和缓冲机制，系统中的每个节点既可作为服务器端也可以作为客户端，但客户与服务器是非对称的。NFS在文件系统的分布性是在调用层实现的，当一个远程文件被打开时，文件名被发送到远程系统。它相应的返回该文件的文件句柄(handle)，客户储存该标识符并在后继操作中使用，当在指向远程文件的文件描述符上进行了读/写系统调用时，该调用被翻译为 NFS 读/写调用，并使用分布界面传递到远程系统。

NFS 的实质在于用户间计算机的共享。用户可以联结到共享计算机并像访问本地硬盘一样访问共享计算机上的文件。管理员可以建立远程系统上文件的访问，以至于用户感觉不到他们是在访问远程文件。

(2)虚拟文件系统(VFS)

虚拟文件系统(VFS)是一种用于网络环境的分布式文件系统，是允许和操作系统使用不同的文件系统实现的接口，是物理文件系统与服务之间的一个接口层。严格说来，VFS 并不是一种实际的文件系统。它只存在于内存中，不存在于任何外存空间。VFS 在系统启动时建立，在系统关闭时消亡。

(3) Andrew 文件系统(AFS)

AFS(The Andrew File System)是美国卡内基梅隆大学开发的一种分布式文件系统。AFS 是专门为在大型分布式环境中提供可靠的文件服务而设计的。AFS 扩展性好，能够扩展到几千个节点，提供一个统一的位置无关的名字空间。AFS 规定了以"/afs/cellname"为第一级目录的基本结构，使用户能够在任何地方都能够使用同一个目录地址对自己的文件进行透明访问。

AFS 通过在客户端大量开辟文件缓存来提高性能。文件服务器进程把文件发送到客户机缓存内并随其附带一个回调，以便系统可以处理发生在其他地方的任何更改。如果用户更改了缓存在其他地方的复制文件，原始文件服务器将会激活回调，并提醒原始缓存版本它需要更新。

(4)GPFS/Tiger Shark 文件系统

Tiger Shark 是由 IBM 公司 Almaden 研究中心为 AIX 操作系统设计的并行文件系统，约1993 年的时候完成。它被设计用于支持大规模实时交互式多媒体应用，如交互电视(interactive television, ITV)。IBM 公司 Almaden 研究中心不断地对 Tiger Shark 文件系统进行完善和发展，并最终诞生了目前应用广泛的 GPFS(General Parallel File System)，通用并行文件系统。

GPFS 通过它的共享磁盘结构来实现它的强大的扩展性，一个 GPFS 系统由许多集群节点组成，GPFS 文件系统和应用程序在上面运行。这些节点通过交叉开关网络(switch fabric)连接磁盘和子磁盘。所有的节点对所有的磁盘有相同的访问权。文件被分割存储在文件系统中所有的磁盘上。GPFS 支持 4096 个每个容量达 1TB 的磁盘，每个文件系统可以达到 4 petabytes。

(5)PVFS 文件系统

很多商业化的分布式文件系统，如 IBM 的 GPFS，Intel 的 PFS 等，它们在性能，可用性上都有不错的表现，但一般价格昂贵，且需要特殊的存储设备的支持，普通用户构建基于此类的集群服务器代价高昂。因此，对开放源码的新型分布式并行文件系统的需求一直比较迫切。目前，对于公开源码的分布式文件系统，声誉最好的是 Clemson 大学和 NASA 实验室联合开发的 PVFS，它相对于传统的集中存储 NFS 具有良好的性能。

并行虚拟文件系统(PVFS)工程为 Linux 集群提供了高性能和可扩展行的并行文件系统。PVFS 与当前很多分布式文件系统一样，PVFS 基于 C/S 架构和消息传递机制实现。其客户

和服务器之间的消息传递通过 TCP/IP 来完成，提供可靠的通信环境。所有的 PVFS 文件系统数据都保存在 I/O 节点的本地文件系统中，本地的文件系统可以是一个硬盘驱动器上的一个分区，可以是整个磁盘驱动器，也可以利用本地所支持的 Linux 文件系统(例如 ext2，ext3 和 ReiserFS)所提供的多个磁盘驱动器的逻辑卷。

PVFS 相比 NFS、AFS 等传统的文件系统，有很大的性能提升。其采用一个元数据服务器来维护一个全局的名字空间，而文件存储于多个 I/O 服务器上，因此大大提高了 I/O 并发性能；多个 I/O 节点被虚拟为一个单一数据源，各个前端计算节点可以面对这个单一的数据源进行读写操作，省去了复杂的管理；而 PVFS 架构中的管理服务器，将前端的所有 I/O 请求均衡负载到各个 I/O 节点，从而实现了系统 I/O 的自动负载均衡。

(6)GFS

GFS(Global File System)是 Minnesota 大学开发的基于 SAN 的共享存储的集群文件系统，后来 Sistina 公司将 GFS 产品化。GFS 最初是在 IRIX 上开发的，后来移植到 LINUX 上，并开放源码。通过使用 GFS，多台服务器可以共用一个文件系统来存储文件。信息既可以存储在服务器上，也可以存储在一个存储局域网络上。

GFS 与 GPFS 结构相似，但它是全对称的机群文件系统，没有服务器，因而没有性能瓶颈和单一故障点。GFS 将文件数据缓存于节点的存储设备中，而不是缓存在节点的内存中。并通过设备锁来同步不同节点对文件的访问，保持 UNIX 文件共享语义。GFS 实现了日志，节点失效可以快速恢复。GFS 使用 SCSI 设备锁来进行同步，目前很少设备实现这种设备锁。在没有设备锁的情况下，GFS 也是通过唯一的锁服务器来进行同步，因此，锁服务器是其性能的瓶颈。

用户通过 GFS 可以加快数据访问速度，并进行信息复制。一旦一台服务器出现问题，用户仍可以通过网络内其他的计算机访问有关的数据。

GFS 允许多个 Linux 机器通过网络共享存储设备。每一台机器都可以将网络共享磁盘看做是本地磁盘，而且 GFS 自己也以本地文件系统的形式出现。如果某台机器对某个文件执行了与操作，则后来访问此文件的机器就会读到写以后的结果。

GFS 把文件系统组织成数个资源组(resource groups，RG)。通过 RG，GFS 把文件系统的资源分布在整个 NSP 上。一个存储设备上可以存在多个 RG。RG 实际上就是个微型的文件系统(mini file system)。

本章小结

本章主要介绍了分布式系统的基本概念，对分布式系统的特点，体系结构进行了一定的说明。重点介绍了分布式操作系统的概念，分布式操作系统的结构模型以及区别于普通操作系统的各种不同的功能。

习题 11

问答题

(1)什么是分布式操作系统，分布式操作系统有什么特点？

(2)Tanenbaum 和 Renesse 将分布式系统分成几类？

(3)分布式系统的拓扑结构有几种?

(4)分布式系统中的资源管理方式主要有哪几种?

(5)分布式处理机通信方式及其特点是什么?

(6)什么是分布式进程通信?进程通信中常采用的协议模型有哪几种?

第12章 嵌入式操作系统

本章主要介绍了嵌入式系统和嵌入式操作系统的概况，详细分析和比较了目前流行的几种嵌入式操作系统，讲述了嵌入式 Linux 的特点及移植过程。读完本章内容，可以对嵌入式操作系统，尤其是嵌入式 Linux 系统有整体的认识。主要内容包括：嵌入式系统的定义和特点、嵌入式操作系统的特点及分类、几种市面流行的嵌入式操作系统、嵌入式 Linux 的特点及移植。

12.1 嵌入式系统概述

在信息化高速发展的今天，我们的生活中到处都充斥着嵌入式系统的应用，可以说它是无处不在，无所不在的。嵌入式系统已经被广泛地应用于工业控制系统、信息家电、通信设备、医疗仪器、智能仪器仪表等众多领域，像我们平常常见到的手机、PDA、电子字典、可视电话、VCD/DVD/MP3Player、数字相机(DC)、数字摄像机(DV)、U-Disk、机顶盒(Set Top Box)、高清电视(HDTV)、游戏机、智能玩具、交换机、路由器、数控设备或仪表、汽车电子、家电控制系统、医疗仪器、航天航空设备等等都是典型的嵌入式系统。所以也可以说嵌入式技术无处不在。嵌入式将会是我们数字化生存的基础，比如一辆高档轿车大约有六七十个嵌入式系统；在一些发达国家中，平均每个家庭拥有 255 个嵌入式系统；嵌入式处理器无所不在，无处不在，全世界的年产量超过 100 亿片，这是非常惊人的数字。也正是因此，嵌入式这个概念成了目前 IT 业中非常热门也非常有前途的方向之一。

12.1.1 什么是嵌入式系统

那么什么是嵌入式系统呢？目前对嵌入式系统的定义有很多，在此，我们选择了国内一个普遍被认同的定义。嵌入式系统(Embedded Systems)是指：“嵌入到对象体系中的、用于执行独立功能的专用计算机系统”。定义为以应用为中心，以微电子技术、控制技术、计算机技术和通信技术为基础，强调硬件软件的协同性与整合性，软件硬件可剪裁的，适应应用系统对功能、可靠性、成本、体积、功耗和应用环境有等严格要求的专用计算机系统。

嵌入式系统一般由嵌入式微处理器、外围硬件设备、嵌入式操作系统以及用户的应用程序四个部分组成，用于实现对其他设备的控制、监视或管理等功能。

按照上述嵌入式系统的定义，只要满足定义中三个要素的计算机系统，都可以称为嵌入式系统。这三个基本要素即“嵌入性”、“专用性”与“计算机”。

“嵌入性”主要体现在三点上：一是在硬件上将基于 CPU 的外围器件，整合到 CPU 芯片内部，比如多数嵌入式处理器都带有 LCD 控制器，但其中意义上就相当于显卡；二是在定制的操作系统内核里将应用一并选入，编译后将内核下载到 ROM 中，而在定制操作系统内核时所选择的应用程序组件就是完成了软件的“嵌入”，比如 WinCE 在内核定制时，会有相应选择，其中就是 Wordpad、PDF、MediaPlay 等选择，如果我们选择了，在 WinCE 启动后，就可以在界面中找到这些东西；三是把软件内核或应用文件系统等东西烧到嵌入式系统硬件平台中的 ROM 中就实现了一个真正的“嵌入”。

“计算机”是对象系统智能化控制的根本保证。随着单片机向 MCU、SoC 发展，片内计算机外围电路、接口电路、控制单元日益增多，“专用计算机系统”演变成为“内含微处理器”的现代电子系统。与传统的电子系统相比较，现代电子系统由于内含微处理器，能实现对象系统的计算机智能化控制能力。

“专用性”是指在满足对象控制要求及环境要求下的软硬件裁剪性。嵌入式系统是面向用户、面向产品、面向应用的，它必须与具体应用相结合才会具有生命力、才更具有优势。嵌入式系统的软、硬件配置必须依据嵌入对象的要求，设计成专用的嵌入式应用系统。

12.1.2 嵌入式系统的发展

20 世纪 70 年代，Intel 公司推出了第一个微处理器 4004，开启了现代计算机技术的迅速发展的历程。由于微处理器的小型、廉价、高可靠性及高速数值解算能力等特点，引起了控制专业人士的兴趣，要求将微处理器嵌入到一个对象体系中，实现对对象的智能化控制。例如，将微型计算机经电气固化、机械固化，并配以各种外围接口电路，再安装到大型舰船上，构成自动驾驶仪和轮机状态检测系统。如此，计算机便失去了原有的形态与通用计算机功能，为了区别于通用计算机系统，人们把这种嵌入到对象体系中，实现对象体系智能化控制的计算机称为嵌入式系统。嵌入式系统源于微型计算机时代，至此，使得计算机朝两大方向发展。

一种为通用式计算机，它致力于高速、海量的数据处理能力，总线速度的无限提升，存储容量的无限扩大及配备齐全的外部设备和软件以满足功能的齐全和通用。

而另一分支为嵌入式，它则走向了完全不同的道路。即使之单芯片化，使其应用到智能化电子系统上。

纵观嵌入式系统发展历程，经历以下四个阶段：

第一阶段是基于单片机的，大多以可编程控制器的形式出现，具有监测、设备指示等功能，常用于一些专业性强的工业控制系统中。它一般没有操作系统，通过汇编语言直接对系统进行控制，运行结束再清除内存，它虽已初步具备嵌入式应用特点，但只是使用 8 位 CPU 来执行一些单线程程序，效率比较低，存储容量较小，几乎没有用户接口。

第二阶段是以嵌入式 CPU 为基础、以简单操作系统为核心的嵌入式系统。随着现代化工业控制的需求，人们将各种 I/O 接口、RAM、ROM 与微处理器集成到一块芯片上并辅以简单操作系统，实现系统控制。该阶段 CPU 种类繁多，功耗低，可靠性高，但通用性较弱；嵌入式操作系统开始出现并迅速发展，虽然比较简单，但已具有了一定的兼容性和扩展性，内核精巧且效率高。主要用来控制系统负载以及监控应用程序的运行。

第三阶段是以嵌入式操作系统为标志的嵌入式系统。20 世纪 90 年代，随着数字化通信和信息家电的需求，嵌入式进一步飞速发展，出现了实时性操作系统和各种嵌入式应用软件，能够运行在各种不同类型的微处理器上，具有高度的模块化和扩展性。此时的嵌入式操作系统已经具备了文件和目录管理、设备管理、多任务、网络、图形用户界面（GUI）等功能，并提供了大量的应用程序接口（API），从而使得应用软件的开发变得更加简单。如手机的操作系统有诺基亚的 Symbian，iPhone 和 iPod touch 的 iPhone OS X，摩托罗拉的 Android，

还有 Linux 等。而处理器也变为了 32 位或 64 位。

第四阶段是以 Internet 为标志的嵌入式系统。目前大多数嵌入式系统还孤立于互联网之外，但随着互联网的发展及互联技术与信息家电、工业控制的日益紧密结合，嵌入式设备与互联网的结合将代表嵌入式的未来。近几年，物联网的概念被人们无数次提起，它是把任何物品与互联网相连接，进行信息交换和通信，以实现对物品的智能化识别、定位、跟踪、监控和管理的一种网络。物联网的产生是嵌入式系统高速发展的必然产物，物联网就是嵌入式智能终端的网络化形式。嵌入式系统无所不在，有嵌入式系统的地方才会有物联网的应用。

12.1.3 嵌入式系统的特点

从上述嵌入式定义及发展可以了解嵌入式系统与通用计算机系统基本原理上没有什么根本的不同，但因为应用目标不一样，嵌入式系统具有以下特点：

(1)用性强。嵌入式系统的个性化很强，软件系统和硬件的结合非常紧密，一般要针对硬件进行系统的移植，即使在同一品牌、同一系列的产品中也需要根据系统硬件的变化和增减不断进行修改。同时针对不同的任务，往往需要对系统进行较大更改，程序的编译下载要和系统相结合。也正因为如此，嵌入式系统采用的微处理器和外围设备种类繁多，系统不具备通用性。

(2)综合性强。嵌入式系统是将先进的计算机技术、半导体技术和电子技术与各个行业的具体应用相结合后的产物。这一点就决定了它必然是一个技术密集、资金密集、高度分散、不断创新的知识集成系统。

(3)嵌入式系统的硬件和软件都必须高效率地设计，量体裁衣、去除冗余，力争在同样的硅片面积上实现更高的性能，这样才能在具体应用中对处理器的选择更具有竞争力。

(4)嵌入式系统内核小。由于嵌入式系统一般是应用于小型电子装置的，系统资源相对有限，所以内核较之传统的操作系统要小得多。比如 μC/OS-Ⅱ的内核在 2KB～10KB 数量级上。

(5)实时性。高实时性的操作系统软件是嵌入式软件的基本要求，而且软件要求固化存储，以提高速度，软件代码要求高质量和高可靠性。

(6)代码固化。为了提高执行速度和系统可靠性，嵌入式系统中的软件一般都固化在存储器芯片或单片机本身中，而不是存储于磁盘等载体中。

(7)嵌入式系统开发需要交叉开发工具和环境。由于其本身不具备自举开发能力，即使设计完成以后用户通常也是不能对其中的程序功能进行修改的，必须要有一套开发工具和环境才能进行开发，这些工具和环境一般是基于通用计算机上的软硬件设备以及各种逻辑分析仪、混合信号示波器等。开发时往往有主机和目标机的概念，主机用于程序的开发，目标机作为最后的执行机，开发时需要交替结合进行。

(8)低功耗、高可靠性。嵌入式系统大多应用于特定场合，或是条件恶劣的环境中，或是需要长时间运行，故对其可靠性、稳定性及功耗方面都有严格要求。

12.1.4 嵌入式系统的组成

嵌入式系统是一类特殊的计算机系统，每个嵌入式系统都是针对特定应用定制的，所以彼此间在功能、性能、体系结构、外观等方面可能存在很大的差异，但从计算机原理的角度看，嵌入式系统自底向上包括4层结构，分别为：硬件层、中间层、系统软件层和应用软件层。

1. 硬件层

嵌入式系统硬件层包括嵌入式微处理器、存储器(如RAM、SRAM、FLASH等)、I/O接口、通用设备接口等。

(1)嵌入式处理器

嵌入式处理器是嵌入式系统的核心部分。嵌入式处理器由嵌入式微处理器(EMPU)、嵌入式微控制器(EMCU)、嵌入式DSP处理器(EDSP)、嵌入式片上系统(ESOC)四部分构成。

①嵌入式微处理器(EMPU)

嵌入式微处理器是由通用计算机中的CPU演变而来的。它的特征是具有32位以上的处理器，具有较高的性能，当然其价格也相应较高。但与计算机处理器不同的是，在实际嵌入式应用中，只保留和嵌入式应用紧密相关的功能硬件，去除其他的冗余功能部分，这样就以最低的功耗和资源实现嵌入式应用的特殊要求。和工业控制计算机相比，嵌入式微处理器具有体积小、重量轻、成本低、可靠性高的优点。目前主要的嵌入式微处理器类型有ARM/StrongARM系列、Am186/88、386EX、SC-400、Power PC、68000、MIPS等等。

②嵌入式微控制器(EMCU)

嵌入式微控制器的典型代表是单片机，单片机从诞生之日起，就称为嵌入式微控制器。它体积小，结构紧凑，作为一个部件埋藏于所控制的装置中，主要完成各种信号控制的功能，即将整个计算机系统集成到一块芯片中。从70年代末单片机出现到今天，虽然已经经过了20多年的历史，但这种8位的电子器件目前在嵌入式设备中仍然有着极其广泛的应用。单片机芯片内部集成ROM/EPROM、RAM、总线、总线逻辑、定时/计数器、看门狗、I/O、串行口、脉宽调制输出、A/D、D/A、Flash RAM、EEPROM等各种必要功能和外设。和嵌入式微处理器相比，微控制器的最大特点是单芯片化，体积大大减小，从而使功耗和成本下降、可靠性提高。微控制器是目前嵌入式系统工业的主流。为了适应不同的应用需求，一般一个系列的单片机具有多种衍生产品，每种衍生产品的处理器内核都是一样的名，不同的是存储器和外设的配置及封装。这样可以最大限度地与应用需求相匹配，从而减小功耗和成本。由于MCU低廉的价格，优良的功能，所以拥有的品种和数量最多。比较有代表性的包括MCS-51系列、C540、MSP430系列等。目前MCU占嵌入式系统约70%的市场份额。

③嵌入式DSP处理器(EDSP)

DSP处理器是专门用于信号处理方面的处理器，它在系统结构和指令算法方面进行了特殊设计，具有很高的编译效率和指令的执行速度。在数字滤波、FFT、谱分析等各种仪器上DSP获得了大规模的应用。DSP内部采用程序和数据分开存储和传输的哈佛结构，具有专门硬件乘法器，广泛采用流水线操作，提供特殊的DSP指令，可以用来快速地实现各种数字信号处理算法，加之集成电路的优化设计，速度甚至比最快的CPU还快数倍。目前最为广泛应用的是TI的TMS320C2000/C5000系列，另外如Intel的MCS-296和Siemens的TriCore也有各自的应用范围。

④嵌入式片上系统(ESOC)

SOC追求产品系统最大包容的集成器件，是目前嵌入式应用领域的热门话题之一。SOC最大的特点是成功实现了软硬件无缝结合，直接在处理器片内嵌入操作系统的代码模块。由

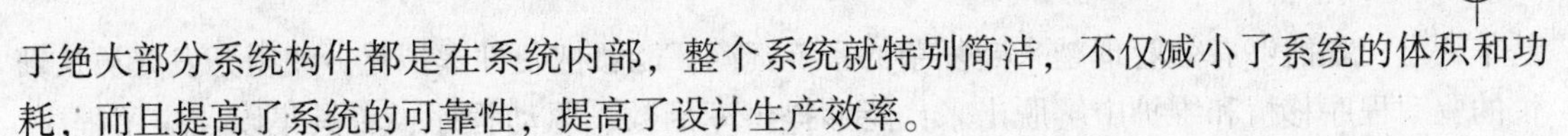

于绝大部分系统构件都是在系统内部，整个系统就特别简洁，不仅减小了系统的体积和功耗，而且提高了系统的可靠性，提高了设计生产效率。

(2)存储器

嵌入式系统需要存储器来存放和执行代码。但嵌入式系统有别于一般的通用计算机系统，它不具备像硬盘那样大容量的存储介质，而使用静态易失型存储器(RAM、SRAM)、动态存储器(DRAM)和非易失型存储器(ROM、EPROM、EEPROM、FLASH)作为存储介质，其中FLASH凭借其可擦写次数多、存储速度快、存储容量大、价格便宜等优点，在嵌入式领域内得到了广泛应用。

(3)通用设备接口和I/O接口

I/O接口是处理器与I/O设备连接的桥梁，与通用CPU不同的是嵌入式处理器芯片将通用计算机中许多由单独芯片或板卡完成的接口功能集成到芯片内部，从而有利于嵌入式系统在设计时趋于小型化，同时还具有很高的效率和可靠性。目前嵌入式系统中常用的通用设备接口有A/D(模/数转换接口)、D/A(数/模转换接口)等，I/O接口有RS-232接口(串行通信接口)、Ethernet(以太网接口)、USB(通用串行总线接口)、音频接口、VGA视频输出接口、I^2C(现场总线)、SPI(串行外围设备接口)和IrDA(红外线接口)等。

2. 中间层

由于嵌入式系统应用的硬件环境差异大，因此，如何简洁有效地使嵌入式系统能够应用于不同的使用环境，是嵌入式系统发展中必须解决的关键问题。经过不断发展，嵌入式系统由原有的3层结构逐步演化为4层结构。这个新增加的部分就是中间层，它位于硬件层与软件层之间，也称为硬件抽象层(Hardware Abstract Layer，HAL)，而作为硬件抽象层的一种实现，板级支持包(Board Support Package，BSP)是现有的大多数商用嵌入式操作系统实现可移植性所采用的一种方案。它包含了操作系统中与硬件相关的大部分功能，它能够通过特定的上层接口与操作系统进行交互，向操作系统提供底层硬件信息，并根据操作系统的要求完成对硬件的直接操作。BSP隔离了所支持的嵌入式操作系统与底层硬件平台之间的相关性，使嵌入式操作系统能够通用于BSP所支持的硬件平台，从而实现嵌入式操作系统的可移植性和跨平台性，以及嵌入式操作系统的通用性、复用性。该层一般包含相关底层硬件的初始化、数据的输入/输出操作和硬件设备的配置功能。

BSP具有两个特点：

硬件相关性：因为嵌入式实时系统的硬件环境具有应用相关性，而作为上层软件与硬件平台之间的接口，BSP需要为操作系统提供操作和控制具体硬件的方法。

操作系统相关性：不同的操作系统具有各自的软件层次结构，因此，不同的操作系统具有特定的硬件接口形式。

实际上，BSP是一个介于操作系统和底层硬件之间的软件层次，包括了系统中大部分与硬件联系紧密的软件模块。

3. 系统软件层

系统软件层由嵌入式操作系统、文件系统、图形用户接口(Graphic User Interface，GUI)、网络系统及通用组件模块组成。

嵌入式操作系统是一种支持嵌入式系统应用的操作系统软件，它是嵌入式系统(包括硬、软件系统)极为重要的组成部分，通常包括与硬件相关的底层驱动软件、系统内核、设备驱动接口、通信协议、图形界面、标准化浏览器等。嵌入式操作系统具有通用操作系统的基本特点，如能够有效管理越来越复杂的系统资源；能够把硬件虚拟化，使得开发人员从繁忙的驱动程序移植和维护中解脱出来；能够提供库函数、驱动程序、工具集以及应用程序。与通用操作系统相比较，嵌入式操作系统在系统的实时高效性、硬件的相关依赖性、软件固态化以及应用的专用性等方面具有较为突出的特点。

文件系统是操作系统用于明确磁盘或分区上的文件的方法和数据结构，即在磁盘上组织文件的方法。

图形用户界面(GUI)，又称图形用户接口，是指采用图形方式显示的计算机操作用户界面。

4. 应用软件层

嵌入式应用软件是利用操作系统提供的功能开发出针对特定应用领域，基于某一固定的硬件平台的程序，供用户使用。由于嵌入式系统自身的特点，要求嵌入式应用软件不仅具有准确性、稳定性，还要尽可能地进行代码优化，以减少对系统资源的消耗，降低硬件成本。

12.1.5 嵌入式系统的应用领域

嵌入式系统无疑是当前最热门最有发展前途的IT应用领域之一。按照应用领域的不同可对嵌入式系统进行分类。

(1)消费类电子产品

消费类电子产品是嵌入式系统需求最大的应用领域。日常生活中的各种电子产品都有嵌入式系统的身影，如数字电视、机顶盒、冰箱、洗衣机、微波炉、影碟机、MP3、MP4、手机、数码相机、数码摄像机等。现代社会里，人们被各种嵌入式系统的应用产品包围着，嵌入式系统已经在很大程度上改变了我们的生活方式。

(2)工业控制类产品

这一类的应用有很多，如各种智能测量仪表、数控装置、可编程控制器、控制机、分布式控制系统、现场总线仪表及控制系统、工业机器人、机电一体化机械设备、汽车电子设备等，嵌入式系统的引入为工控领域的效率和精确性带来了显著提高。

(3)信息、通信类产品

通信是信息社会的基础，其中最重要的是各种有线、无线网络，在这个领域大量应用了嵌入式系统，如路由器、交换机、调制解调器、多媒体网关、计费器等。很多与通信相关的信息终端也大量采用嵌入式技术，如POS机、ATM自动取款机等。

(4)航空、航天设备与武器系统

航空、航天设备与武器系统一向是高精尖技术集中应用的领域，如飞机、宇宙飞船、卫星、军舰、坦克、火箭、雷达、导弹、智能炮弹等等，嵌入式计算机系统是这些设备的关键组成部分。

(5)公共管理与安全产品

这类应用包括智能交通、视频监控、安全检查、防火防盗设备等。如智能的视频监控系统中，嵌入式系统能实现人脸识别、目标跟踪、动作识别、可疑行为判断等高级功能。

(6)生物、医学微电子产品

如红外温度检测、电子血压计、一些电子化的医学化验设备、医学检查设备等。

12.2 嵌入式操作系统的介绍

嵌入式操作系统 EOS(Embedded Operation System)，是一种支持嵌入式系统应用的操作系统软件，它是嵌入式系统的重要组成部分。它负责嵌入式系统的全部软、硬件资源的分配、调度工作，控制协调并发活动。通常包括与硬件相关的底层驱动软件、系统内核、设备驱动接口、通信协议、图形界面、标准化浏览器等。过去它主要应用于工业控制和国防系统领域。随着 Internet 技术的发展、信息家电的普及应用及 EOS 的微型化和专业化，EOS 开始从单一的弱功能向高专业化的强功能方向发展。嵌入式操作系统在系统实时高效性、硬件的相关依赖性、软件固态化以及应用的专用性等方面具有较为突出的特点。

12.2.1 嵌入式操作系统的分类

各种不同嵌入式系统的应用环境，就会产生不同特色的嵌入式操作系统。一般情况下，嵌入式操作系统可以分为两类：一类是面向控制、通信等领域的实时操作系统，如风河公司的 VxWorks、QNX 软件系统有限公司的 QNX 等；另一类是面向消费电子产品的非实时操作系统，这类产品包括个人数字助理(PDA)、移动电话、机顶盒、电子书等。

(1)实时操作系统

实时操作系统(Real-Time Operating System，RTOS)，实时并非指它的速度很快，而是指它能及时响应外部事件的请求，在规定的时间内完成对该事件的处理，并控制所有实时设备和实时任务协调、一致地工作。正因为如此，实时操作系统对于时间调度和稳定度上有非常严格的要求，不容许发生太大的误差。过去的实时操作系统产品的应用多为国防安全、航天科技以及大众运输等领域，现今也开始向信息家电等消费性电子产品领域拓展。

实时系统对逻辑和时序的要求非常严格，如果逻辑和时序出现偏差将会引起严重后果。实时系统有两种类型：软实时系统和硬实时系统。软实时系统仅要求事件响应是实时的，并不要求限定某一任务必须在多长时间内完成；而在硬实时系统中，不仅要求任务响应要实时，而且要求在规定的时间内完成事件的处理。通常，大多数实时系统是两者的结合。实时应用软件的设计一般比非实时应用软件的设计困难。实时系统的技术关键是如何保证系统的实时性。

(2)非实时操作系统

非实时操作系统与实时操作系统最大的不同点在于对时序的要求。非实时操作系统对于系统执行的反应速度，并不像实时操作系统要求那么严苛，对于系统的反应时间有着一定的宽容性。市场上非实时操作系统的产品有很多，例如 Microsoft 公司的 Windows CE、Symbian 的 Symbian OS 等，在这些通用型操作系统中，有一部分也提供有限的实时能力。非实时操作系统大多应用于信息家电、消费性电子产品等。

12.2.2 嵌入式操作系统的特点

嵌入式操作系统除具备一般操作系统最基本的功能，如任务调度、同步机制、中断处理、文件处理等外，还有下面几个特点：

(1)强实时性

多数嵌入式操作系统都是实时性的操作系统，并且多是强实时多任务系统，采用抢占式的任务调度机制。

(2)强稳定性和弱交互性

嵌入式系统一旦开始运行就不需要用户过多的干预，这就需要负责系统管理的嵌入式操作系统具有较强的稳定性。嵌入式操作系统的用户接口一般不提供操作命令，它通过系统的调用命令向用户程序提供服务。

(3)代码固化

在嵌入系统中，嵌入式操作系统和应用软件通常被固化在嵌入式系统的ROM中，辅助存储器在嵌入式系统中很少使用。

(4)可裁剪

嵌入式操作系统可以根据产品的需求进行裁剪定制，支持开放性和可伸缩性的体系结构。这样可以减少操作系统内核所需的存储器空间(RAM和ROM)。

(5)统一的接口

针对不同的CPU，如ARM、PowerPC、x86等，嵌入式操作系统都提供了统一接口。而且很多的嵌入式操作系统还支持POSIX规范，如VxWorks、OSE、RTLinux等，这样在Linux或Unix上编写的应用程序可直接移植到目标板上。

(6)操作便捷

多数嵌入式操作系统操作方便、简单，并提供友好的图形用户界面GUI。

(7)提供强大的网络功能

一般商用的嵌入式操作系统都带有网络模块，可以支持TCP/IP协议及其他协议，如Nucleus Net，而且这些网络模块都是可裁剪的，尺寸小、性能高。提供强大的网络功能，支持TCP/IP协议及其他协议，提供TCP、UDP、IP、PPP协议支持及统一的MAC访问层接口，为各种移动计算设备预留接口。

(8)良好的移植性

嵌入式操作系统能移植到绝大多数8位、16位、32位以至64位微处理器、微控制器及数字信号处理器(DSP)上运行。

12.2.3 市场上流行的嵌入式操作系统

从20世纪80年代起，国际上就有一些IT组织、公司，开始进行商用嵌入式系统和专用操作系统的研发。而近年来，随着嵌入式领域的发展，各种嵌入式操作系统如雨后春笋般不停涌现，据调查，目前全世界的嵌入式操作系统已经有两百多种。下面就一些主流的嵌入式操作系统为大家做简单介绍。

1. VxWorks

VxWorks是美国WindRiver公司于1983年设计开发的一种嵌入式实时操作系统(RTOS)。它适用面广、适用性强且可靠性高，具有多达1800个功能强大的应用程序接口(API)，可以用于所有的流行的CPU平台。它以其良好的可靠性和卓越的实时性被广泛地应用在通信、军事、航空、航天等高精尖技术及实时性要求极高的领域中，如卫星通信、军事演习、弹道制导、飞机导航等。在美国的F-16、FA-18战斗机、B-2隐形轰炸机和爱国者导弹上，甚至连2012年8月在火星表面上登陆的好奇号火星探测器上也都使用到了VxWorks。

VxWorks的实时性做得非常好，其系统本身的开销很小，进程调度、进程间通信、中断

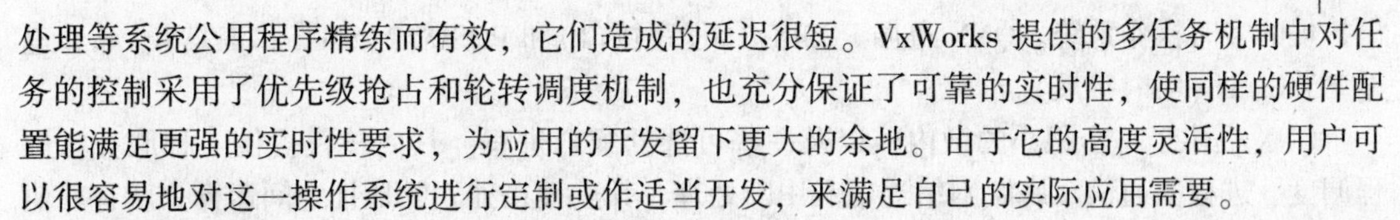

处理等系统公用程序精练而有效，它们造成的延迟很短。VxWorks 提供的多任务机制中对任务的控制采用了优先级抢占和轮转调度机制，也充分保证了可靠的实时性，使同样的硬件配置能满足更强的实时性要求，为应用的开发留下更大的余地。由于它的高度灵活性，用户可以很容易地对这一操作系统进行定制或作适当开发，来满足自己的实际应用需要。

VxWorks 的缺点是它支持的硬件相对较少，并且源代码不开放，需要专门的技术人员进行开发和维护，并且授权费比较高。

2. Windows CE

Windows CE 是微软公司针对嵌入式设备开发的32位、多任务、多线程的操作系统。常用于个人数字助理(PDA)、工业自动化设备、医疗装置、家用路由器和消费性电子产品等领域。Windows CE 的设计目的是为迎合智能型、联机式的小型装置的嵌入式系统市场，它支持 x86、ARM、MIPS、SH 等架构的 CPU，硬件驱动程序丰富，比如支持 WiFi、USB2.0 等新型设备，并且具有强大的多媒体功能；可以灵活裁剪以减小系统体积；与 PC 上的 Windows 操作系统相通，开发、调试工具使用方便，并且应用程序的开发流程与 PC 上的 Windows 程序的开发流程相似。

Windows CE 是精简的 Windows 95，Windows CE 的图形用户界面相当出色。其中 CE 中的 C 代表精简(Compact)、连接性(Connectable)、兼容性(Compatible)和工作伙伴(Companion)，E 代表电子产品(Electronics)。与 Windows 95/98、Windows NT 不同的是，Windows CE 是所有源代码全部由微软自行开发的嵌入式新型操作系统，其操作界面虽来源于 Windows 95/98，但 Windows CE 是基于 WIN32 API 重新开发、新型的信息设备的平台。Windows CE 具有模块化、结构化和基于 Win32 应用程序接口和与处理器无关等特点。Windows CE 不仅继承了传统的 Windows 图形界面，并且在 Windows CE 平台上可以使用 Windows 95/98 上的编程工具(如 Visual Basic、Visual C++等)、使用同样的函数、使用同样的界面风格，使绝大多数的应用软件只需简单的修改和移植就可以在 Windows CE 平台上继续使用。

但是，其源代码没有开放(目前开放了一小部分)，开发人员难以进行更细致的定制，并且它占用比较多的内存，整个系统相对庞大，版权许可费用也比较高。

3. μC/OS-II

μC /OS-II 是一个完整的、可移植、可固化、可裁剪的占先式实时多任务内核。μC/OS-II 绝大部分的代码是用 ANSIC 语言编写的，包含一小部分汇编代码，使之可供不同架构的微处理器使用。

μC/OS-II 是一种基于优先级的抢占式多任务实时操作系统，包含了实时内核、任务管理、时间管理、任务间通信同步(信号量，邮箱，消息队列)和内存管理等功能。它可以使各个任务独立工作，互不干涉，很容易实现准时而且无误执行，使实时应用程序的设计和扩展变得容易，使应用程序的设计过程大为简化。μC/OS-II 已经在世界范围内得到广泛应用，包括很多领域，如手机、路由器、集线器、不间断电源、飞行器、医疗设备及工业控制上等。

用户可以获得 μC/OS-II 的全部代码，但它不是开放源码的免费软件，作为研究和学习，可以购买相关书籍获得源码，用于商业目的时，必须购买其商业授权。

4. QNX

QNX 是由 QNX 软件系统有限公司开发的实时操作系统，是一个分布式、嵌入式、可规模扩展的实时操作系统。QNX 遵循 POSIX. 1(程序接口)和 POSIX. 2(Shell 和工具)、部分遵循 POSIX. 1b(实时扩展)。

QNX 提供了一个很小的微内核以及一些可选的配合进程。其内核仅提供 4 种服务：进程调度、进程间通信、底层网络通信和中断处理，其进程在独立的地址空间运行。所有其他 OS 服务，都实现为协作的用户进程，因此 QNX 内核非常小巧(QNX4. x 大约为 12KB)而且运行速度极快。这个灵活的结构可以使用户根据实际的需求，将系统配置成微小的嵌入式操作系统或是包括几百个处理器的超级虚拟机操作系统。

QNX 最为引人注目的地方是，它是 UNIX 的同胞异构体，保持了和 UNIX 的高度相似性，绝大多数 UNIX 或 LINUX 应用程序可以在 QNX 下直接编译生成。这意味着为数众多的稳定成熟的 UNIX、LINUX 应用可以直接移植到 QNX 这个更加稳定高效的实时嵌入式平台上来。

QNX 广泛应用于自动化控制、机器人科学、电信、航空航天、医疗仪器设备、交通运输、安全防卫系统等领域。

5. Embedded Linux

嵌入式 Linux 是将日益流行的 Linux 操作系统进行裁剪修改，使之能在嵌入式计算机系统上运行的一种操作系统，它几乎支持所有的 32 位、64 位 CPU。嵌入式 Linux 既继承了 Internet 上无限的开放源代码资源，又具有嵌入式操作系统的特性。嵌入式 Linux 的特点是版权费免费，购买费用媒介成本技术支持全世界的自由软件开发者提供支持网络特性免费，而且性能优异，软件移植容易，代码开放，有许多应用软件支持，应用产品开发周期短，新产品上市迅速，因为有许多公开的代码可以参考和移植，这一切使得它在嵌入式领域越来越流行。

嵌入式 Linux 的应用领域非常广泛，主要的应用领域有信息家电、PDA 、机顶盒、Digital Telephone、Answering Machine、Screen Phone 、数据网络、Ethernet Switches、Router、Bridge、Hub、Remote access servers、ATM、Frame relay 、远程通信、医疗电子、交通运输计算机外设、工业控制、航空航天领域等。

12.3 嵌入式 Linux 操作系统

12.3.1 嵌入式 Linux 操作系统特点

Linux 从 1991 年问世到现在，短短的十几年时间已经发展成为功能强大、设计完善的操作系统之一，不仅可以与各种传统的商业操作系统分庭抗争，在新兴的嵌入式操作系统领域内也获得了飞速发展。

嵌入式 Linux 的开发和研究是操作系统领域中的一个热点，目前已经开发成功的嵌入式系统中，大约有一半使用的是 Linux。Linux 之所以能在嵌入式系统市场上取得如此辉煌的成果，与其自身的优良特性是分不开的。

(1)广泛的硬件支持

Linux 是一个跨平台的系统，支持多种 CPU。Linux 内核支持 Intelx86、ARM、MIPS、ALPHA、PowerPC 等多种微处理器体系结构，目前已经成功移植到数十种硬件平台，几乎能够运行在所有流行的 CPU 上。Linux 有着异常丰富的驱动程序资源，支持各种主流硬件设备

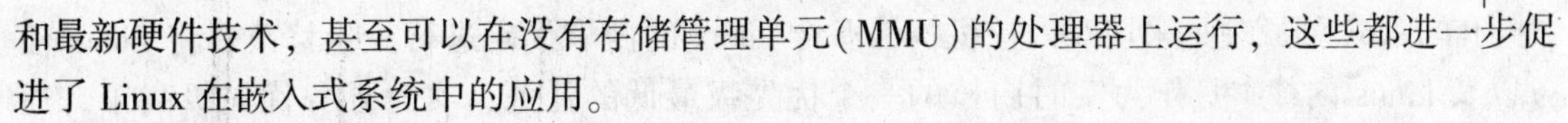

和最新硬件技术，甚至可以在没有存储管理单元(MMU)的处理器上运行，这些都进一步促进了 Linux 在嵌入式系统中的应用。

(2)内核高效稳定

Linux 内核的高效和稳定已经在各个领域内得到了大量事实的验证，Linux 的内核设计非常精巧，分成进程调度、内存管理、进程间通信、虚拟文件系统和网络接口五大部分，其独特的模块机制可以根据用户的需要，实时地将某些模块插入到内核或从内核中移走。这些特性使得 Linux 系统内核可以裁剪得非常小巧，很适合于嵌入式系统的需要。

(3)开放源码，软件丰富

Linux 是开放源代码的自由操作系统，不存在黑箱技术。它为用户提供了最大限度的自由度，只要遵循 GPL 的相关规定就可以免费得到 Linux 内核的完整源代码，不用支付版权费，可以根据具体的系统进行裁减和优化，这对于构建嵌入式系统具有重要的意义。Linux 的源代码随处可得，注释丰富，文档齐全，易于解决各种问题，且由全世界的自由软件开发者为嵌入式 Linux 提供技术支持，网络资源得天独厚，每一种通用程序在 Linux 上几乎都可以找到，并且数量还在不断增加。在 Linux 上开发嵌入式应用软件一般不用从头做起，而是可以选择一个类似的自由软件作为原型，在其上进行二次开发。

(4)优秀的开发工具

开发嵌入式系统的关键是需要有一套完善的开发和调试工具。传统的嵌入式开发调试工具是在线仿真器(In-Circuit Emulator，ICE)，它通过取代目标板的微处理器，给目标程序提供一个完整的仿真环境，从而使开发者能够非常清楚地了解到程序在目标板上的工作状态，便于监视和调试程序。在线仿真器的价格非常昂贵，而且只适合做非常底层的调试，如果使用的是嵌入式 Linux，一旦软硬件能够支持正常的串口功能时，即使不用在线仿真器也可以很好地进行开发和调试工作，从而节省了一笔不小的开发费用。嵌入式 Linux 为开发者提供了一套完整的工具链(Tool Chain)，它利用 GNU 的 gcc 做编译器，用 gdb、kgdb、xgdb 做调试工具，能够很方便地实现从操作系统到应用软件各个级别的调试。

(5)可裁剪、易定制

由于 Linux 是开放的操作系统，比较容易实现产品定制。内核可裁剪，功能可定制。Linux 的内核采用模块化设计，模块可以根据需要加载和卸除。这就使得开发人员可以针对自己的系统来编译自己的内核，运行所需资源少，十分适合嵌入式应用。

(6)完善的网络通信和文件管理机制。

Linux 从诞生之日起就与 Internet 密不可分，支持所有标准的 Internet 网络协议，并且很容易移植到嵌入式系统当中。此外，Linux 还支持 ext2、fat16、fat32、romfs 、yaffs 等文件系统，这些都为开发嵌入式系统应用打下了很好的基础。

12.3.2 嵌入式 Linux 主要版本

嵌入式 Linux 同 Linux 一样，也有众多版本，其中不同的版本分别针对不同的需要在内核等方面加入了特定的机制。嵌入式 Linux 的主要版本有：

1. RT-Linux

RT-Linux(RealTime Linux)是利用 Linux 进行实时系统开发比较早的尝试，是一种硬实时操作系统。目前 RT-Linux 已成功应用于航天飞机的空间数据采集、科学仪器测控，以及电影特技图像处理等众多领域。

RT-Linux 的原理是采用双内核机构，即将 Linux 的内核代码进行少量修改，将 Linux 任务以及 Linux 内核本身作为实时内核的一个优先级最低的任务，实时任务优先级高于普通 Linux 任务，即在实时任务存在的情况下运行实时任务，否则才运行 Linux 本身的任务。实时任务不同于 Linux 普通进程，它是以 Linux 的内核模块（Linux Loadable KernelModule，LKM）的形式存在的。需要运行实时任务的时候，将这个实时任务的内核模块插入到内核中去。实时任务和 Linux 一般进程之间的通信通过共享内存或者 FIFO 管道来实现。

2. μCLinux

μClinux 是一个完全符合 GNU/GPL 公约的操作系统，完全开放源代码，现在由 Line 公司支持维护。它的名字来自于希腊字母 μ 和英文大写字母 C 结合。μ 代表"微小"之意，字母 C 代表"控制器"，所以从字面上就可以看出它的含义，即"微控制领域中的 Linux 系统"。

μCLinux 包含 Linux 常用的 API，内核小于 512K，保留了 Linux 原有的高稳定性、强大的网络功能和卓越的文件系统支持功能等优点。目前已支持的 CPU 芯片有：Motorola 公司的 68K 系列、PowerPC 系列以及 ARM 公司的系列芯片。

μCLinux 最大特点就是不支持 MMU。μCLinux 系统对内存的访问是直接的，即不需要经过 MMU，直接将地址发送到地址线上，所有程序访问的都是实际的物理地址，这样一方面减小了内核的体积，另一方面又增强了系统的实时性能。但内存空间得不到保护，对于应用开发者来说，必须明白自己程序运行的位置，以及保证不会破坏其他程序运行空间以及系统的稳定。

μCLinux 也可以使用 RT-Linux 的实时补丁，以增强其实时性。

3. XLinux

XLinux 是由美国网虎公司推出的号称是世界上最小的嵌入式 Linux 系统，内核只有 143KB，而且还在不断减小。XLinux 核心采用了"超字元集"专利技术，让 Linux 核心不仅可能与标准字符集相容，还涵盖了 12 个国家和地区的字符集。因此，XLinux 在推广 Linux 的国际应用方面有独特的优势。

4. Embedix

Embedix 是由嵌入式 Linux 行业主要厂商之一 Luneo 推出的，是根据嵌入式应用系统的特点重新设计的 Linux 发行版本。Embedix 提供了超过 25 种的 Linux 系统服务，包括 Web 服务器等。Embedix 基于 Linux 2.2 内核，并已经成功地移植到了 Intel x86 和 PowerPC 处理器系列上。像其他的 Linux 版本一样，Embedix 可以免费获得。Luneo 还发布了另一个重要的软件产品，它可以让在 Windows CE 上运行的程序能够在 Embedix 上运行。此外还推出了 Embedix 的开发调试工具包、基于图形界面的浏览器等。可以说，Embedix 是一种完整的嵌入式 Linux 解决方案。

12.4 嵌入式 Linux 操作系统的移植

12.4.1 为什么需要移植

从前面所述嵌入式系统的定义，我们知道嵌入式系统是"可裁剪"、"专用"的，因此不同嵌入式系统应用，所采用的硬件电路也会有所不同。而操作系统与硬件平台关系十分紧密，同一操作系统不可能正常运行在不同的硬件体系结构之上，故需要我们针对不同的硬件

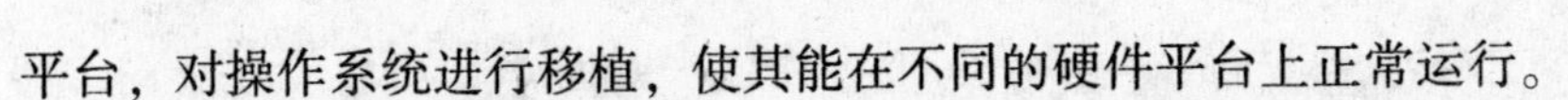

平台，对操作系统进行移植，使其能在不同的硬件平台上正常运行。

嵌入式 Linux 具有很好的跨平台性，支持很多处理器体系结构，内核代码可分为硬件相关部分和硬件无关部分，如其中系统内核 arch 目录包含了不同平台的代码，这就使得移植内核存在着可能性。Linux 内核的最新版本会及时在 www. kernel. org 上发布，其内核版本支持多种嵌入式处理器，但由于各个不同应用领域的嵌入式开发平台的硬件设备各不相同，各大半导体厂商也会推出新的芯片系列，从官方网站上下载的内核并不是万能的，不能直接在硬件平台上运行。为此开发人员需要根据具体的硬件平台重新裁剪、编译内核，根据硬件平台特性编写相应的硬件相关的代码，将 Linux 移植到硬件平台。

但由于内核各部分关系十分紧密，对一个部分的修改也会影响到其他部分，增加了移植工作难度，但总体上讲内核移植有两种方法：

① 对一种全新的硬件平台开展移植工作时需要采用"自底向上"的设计方法从头设计，即从硬件的需求考虑逐步的采用分析、设计、编码、测试。

② 多数情况下对内核的移植是在前人工作的基础上修改已有的代码。Linux 已经可以在多种体系结构中运行，可以参考相近的体系结构的代码，只要修改与目标硬件平台不同的部分即可。

12.4.2 Linux 内核源代码

Linux 内核源码非常庞大，采用了 C 语言和少量汇编实现。源码采用了目录树结构，并使用 Makefile 组织配置编译，Linux 内核顶层目录的 Makefile 是整个内核配置编译的核心文件，负责整个组织目录树中子目录的编译管理。了解内核源码有利于理解 Linux 如何组织各项功能实现及掌握内核移植方法和步骤。

1. 目录结构

Linux 内核源代码也是采用树形结构进行组织，非常合理地将功能相关的文件都放在同一个子目录下，使得程序更具可读性。内核源码下载地址：www. kernel. org，使用 tar -jxvf linux-3. 2. x 进行解压。

接下来，我们需要了解一下，这每个目录都是用于存放什么样的代码？如图 12-1 所示

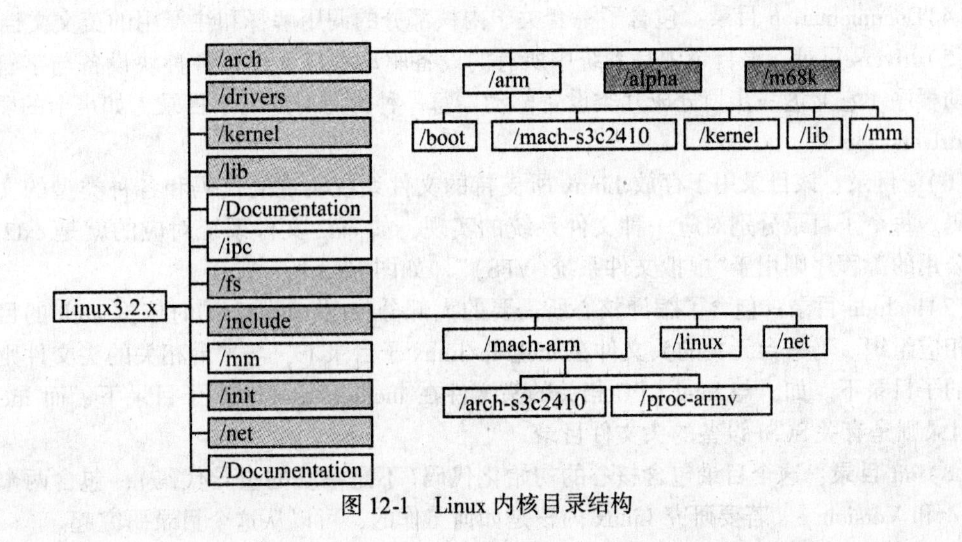

图 12-1 Linux 内核目录结构

(1)arch 目录

Arch 是 architecture 的缩写，内核中与具体 CPU 和体系结构相关的代码，均以单独目录进行存放。Arch 下每个目录都代表了一种处理器，例如，arm 目录下放置的均为与 arm 相关的代码；进入 arm 目录后，又会发现，底下的目录也是有规律的；多数目录是以 mach 开头的，它都代表着一款开发板，很有可能是一款评估板；凡是所有开发板共性的代码都放在这些目录之外，而属于该开发板的独特特性的代码则放在以开发板命名的目录中。而相应的头文件 .h 则分别放在 include/asm 目录下。在每个 CPU 的子目录下，又进一步分解为 boot，mm，kernel 等子目录，分别包含系统引导、内存管理、系统调用的进入与返回、中断处理及其他内核代码依赖于 CPU 和系统结构的底层代码。如图 12-2 所示。

```
|--x86   /* 英特尔CPU及与之相兼容体系结构的子目录*/
  | |--boot   /* 引导程序*/
  | |--compressed   /* 内核解压缩*/
  | |--tools   /* 生成压缩内核映像的程序*/
  | |--kernel   /* 相关内核特性实现方式，如信号处理、
  时钟处理*/

  | |--lib   /* 硬件相关工具函数*/
```

图 12-2　arch 部分目录

Arch 这个目录，是我们今后做开发时用得比较多的。在 Linux 下有很多的目录，并不是每个目录将来在开发中都用得到的，只有少数几个才会用到。而 arch 这个目录则是经常需要修改的。我们之所以需要做移植，正是因为硬件之间的差异性，故就需要我们对这些硬件相关的代码进行修改，而与硬件相关的代码在哪呢？一个是在驱动里，另一个就在 arch 目录里面。所以 arch 目录非常重要。

(2)block 目录：包含部分块设备驱动程序。

(3)crypto 目录：在 Linux 内核中，经常会使用到一些加密和散列算法(如 AES、SHA 等)、压缩、CRC 校验等算法，该目录就是用于实现这些算法。

(4)Documentation 目录：包含了一套关于内核部分的调用解释和注释用的英文文档。

(5)drivers 目录：该目录中是系统中所有的设备驱动程序，包括各种块设备与字符设备的驱动程序。它又进一步划分成几类设备驱动，每一种都有对应的子目录，如声卡的驱动对应于 drivers/sound。

(6)fs 目录：该目录用于存放 Linux 所支持的文件系统实现的代码和各种类型的文件操作代码。每个子目录分别对应一种文件系统的实现，如 ext2 文件系统对应的就是 ext2 子目录，公用的源程序则用于“虚拟文件系统(VFS)”。如图 12-3 所示。

(7)include 目录：包含了编译核心所需要的大部分 .h 头文件，同时依据 arch 的目录结构做相应组织。与平台无关的头文件在 include/linux 子目录下，与平台相关的头文件则放在相应的子目录下。如，与 Intel CPU 相关的头文件在 include/asm-i386 子目录下，而 include/scsi 目录则是有关 SCSI 设备的头文件目录。

(8)init 目录：这个目录包含核心的初始化代码(不是系统的引导代码)，包含两个文件 main. c 和 Version. c。若要研究 Linux 内核是如何工作的，可以从这个目录研究起。

(9)ipc 目录：进程间通信的实现代码。

```
| |--devpts   /* /dev/pts虚拟文件系统*/
| |--ext2   /* 第二扩展文件系统*/
| |--fat   /* MS的fat32文件系统*/
| |--fsofs   /* ISO9660光盘cd-rom上的文件系统*/
```

图 12-3　fs 部分目录

(10)kernel 目录：Linux 大多数关键的核心功能都是在这个目录中实现的，如调度程序、进程控制、模块化等，同时与处理器结构相关代码都放在 arch/ * /kernel 目录下。

(11)lib 目录：该目录包含了核心的库代码，不过与处理器结构相关的库代码则被放在 arch/ * /lib/目录下。

(12)mm 目录：该目录中的文件是 Linux 核心实现内存管理中体系结构无关的部分，如页式存储管理内存的分配和释放，允许用户进程将内存区间映射到它们地址空间的各种技术等；而与具体硬件体系结构相关的内存管理代码位于 arch/ * /mm 目录下。

(13)net 目录：包含各种不同网卡和网络规程的设备驱动程序。如图 12-4 所示。

```
| |--802          /*802无线通信协议核心支持代码*/
| |--appletalk          /*与苹果系统连网的协议*/
| |--ax25          /*AX25无线INTERNET协议*/
| |--bridge          /*桥接设备*/
| |--ipv4          /*IP协议族V4版32位寻址模式*/
| |--ipv6          /*IP协议族V6版*/
```

图 12-4　net 部分目录

(14)samples 目录：包含一些内核编程的范例。

(15)scripts 目录：包含配置内核的脚本文件。

(16)security 目录：SELinux 的模块，是红帽企业版 Linux 在安全性上的功能体验。

(17)sound 目录：包含常用音频设备的驱动程序。

(18)usr 目录：包含了 cpio 命令的实现，cpio 命令是制作根文件系统的时候用到的命令，可以将根文件系统和内核放到一起的命令，是个用户程序。

(19)virt 目录：内核虚拟机。

一般在每个目录下都有一个 depend 文件和一个 Makefile 文件。这两个文件都是编译时使用的辅助文件。其中 Makefile 文件中指出了编译时需要用到的编译器，也是移植过程中不可缺少的文件。

以上就是内核目录的一个基本结构，而众多目录中，在移植中经常会修改到的目录有两个：一个是 arch 目录下的文件；一个是 driver 目录下的文件。其他的目录，大家只需要了解即可。

2. Linux 内核启动流程分析

在移植 Linux 系统前，我们有必要了解一下 Linux 内核的启动流程，这可以为我们理解

Linux 系统内核的移植过程，提供清晰的移植思路。

在 Bootloader 将 Linux 内核映像拷贝到 RAM 以后，可以通过下列代码启动 Linux 内核：

call_ linux(0，machine_ type，kernel_ params_ base)。

其中，machine_ tpye 是 Bootloader 检测出来的处理器类型，kernel_ params_ base 是启动参数在 RAM 的地址。通过这种方式将 Linux 启动需要的参数从 Bootloader 传递到内核。

Linux 内核有两种映像：一种是非压缩内核，叫 Image，另一种是它的压缩版本，叫 zImage。根据内核映像的不同，Linux 内核的启动在开始阶段也有所不同。zImage 是 Image 经过压缩形成的，所以它的大小比 Image 小。但为了能使用 zImage，必须在它的开头加上解压缩的代码，将 zImage 解压缩之后才能执行，因此它的执行速度比 Image 要慢。但考虑到嵌入式系统的存储空容量一般比较小，采用 zImage 可以占用较少的存储空间，因此牺牲一点性能上的代价也是值得的。所以一般的嵌入式系统均采用压缩内核的方式。

对于 ARM 系列处理器来说，zImage 的入口程序即为 arch/arm/boot/compressed/head. S。它依次完成以下工作：开启 MMU 和 Cache，调用 decompress_ kernel()解压内核，最后通过调用 call_ kernel()进入非压缩内核 Image 的启动。下面将具体分析在此之后 Linux 内核的启动过程。

Bootloader 运行结束后，程序运行控制权交给操作系统内核，这时进入 Linux 内核启动阶段，该部分大致可以分为 3 个阶段：

第一阶段：主要是进行 CPU 和体系结构的检查、CPU 本身的初始化以及页表的建立等；

第二阶段：主要是对系统中的一些基础设施进行初始化；

第三阶段：更高层次的初始化，如根设备和外部设备的初始化。

(1)内核启动第一阶段

内核启动第一阶段源代码位于：linux/arch/arm/kernle/head. S。

从汇编文件 linux/arch/arm/kernle/head. S 的 ENTRY(stext)点处开始执行，直到 start_ kernel()函数。该段的基地址就是压缩内核解压后的跳转地址。主要功能：判断 CPU 类型、判断体系类型、创建核心页表、初始化处理器，打开 MMU、CACHE 等。接着跳转到 init/main. c 中的 start_ kernel 函数处，开始执行 C 代码。

检测处理器内核类型是在汇编子函数_lookup_processor_type 中完成的。通过以下代码可实现对它的调用：bl _lookup_processor_type。_lookup_processor_type 调用结束返回源程序时，会将返回结果保存到寄存器中。其中 R8 保存了页表的标志位，R9 保存了处理器的 ID 号，R10 保存了与处理器相关的 stru proc_info_list 结构地址。

检测处理器类型是在汇编子函数 _lookup_architecture_type 中完成的。与_lookup_processor_type 类似，它通过代码："bl_lookup_processor_type" 来实现对它的调用。该函数返回时，会将返回结构保存在 R5、R6 和 R7 三个寄存器中。其中 R5 保存了 RAM 的起始基地址，R6 保存了 I/O 基地址，R7 保存了 I/O 的页表偏移地址。

当检测处理器内核和处理器类型结束后，将调用_create_page_tables 子函数来建立页表，它所要做的工作就是将 RAM 基地址开始的 4M 空间的物理地址映射到 0xC0000000 开始的虚拟地址处。如某 S3C2410 开发板，RAM 连接到物理地址 0x30000000 处，当调用_create_page_tables 结束后 0x30000000 ~ 0x30400000 物理地址将映射到 0xC0000000 ~ 0xC0400000 虚拟地址处。当所有的初始化结束之后，使用如下代码来跳到 C 程序的入口函数 start_kernel ()处，开始之后的内核初始化工作：bSYMBOL_NAME (start_kernel)。

(2) 内核启动第二阶段

内核启动第二阶段源代码位于：linux/init/main. c 中的 start_kernel 函数处开始执行，直到调用 kernelthread（）产生 init 线程（位于 linux/init/main. c），完成 KERNEL 的启动过程。

start_kernel 是所有 Linux 平台进入系统内核初始化后的入口函数，它主要完成剩余的与硬件平台相关的初始化工作，在进行一系列与内核相关的初始化后，调用第一个用户进程-init 进程并等待用户进程的执行，这样整个 Linux 内核便启动完毕。

```
lock_kernel ();
printk (linux_banner); //打印 LINUX 版本信息等。
setup_arch (&command_line); //处理器相关的初始化过程
printk (" Kernel command line: %s \ n", saved_command_line);
parse_options (command_line); //解析 BootLoader 传递过来的内核参数
trap_init (); //设置陷阱门和中断门
init_IRQ (); //初始化系统 IRQ
sched_init (); //进程调度机制的初始化
    ……
console_init (); //控制台设备的初始化
fork_init (mempages); // 根据系统物理内存的大小计算运行创建线程（包括进程）的数量。
    ……
```

(3) 内核启动第三阶段

当以上所有的初始化工作结束后，start_kernel（）函数会调用 rest_init（）函数来进行最后的初始化，包括创建系统的第一个进程-init 进程来结束内核的启动。init 进程首先进行一系列的硬件初始化，然后通过命令行传递过来的参数挂载根文件系统。最后 init 进程会执行用户传递过来的"init="启动参数执行用户指定的命令，或者执行以下几个进程之一：

```
execve (" /sbin/init", argv_init, envp_init)
execve (" /etc/init", argv_init, envp_init)
execve (" /bin/init", argv_init, envp_init)
execve (" /bin/sh", argv_init, envp_init)
```

当所有的初始化工作结束后，cpu_idle（）函数会被调用来使系统处于闲置（idle）状态并等待用户程序的执行。至此，整个 Linux 内核启动完毕。

12.4.3　Linux 内核

嵌入式 Linux 系统在开发过程中需要对 Linux 内核进行重新定制，所以熟悉内核配置、编译和移植是非常重要的，而要清楚嵌入式 Linux 系统的移植，就必须对 Linux 内核有一定的了解。

Linux 内核是一种单内核体系结构的，即它是由几个逻辑功能上不同的部分组合而成的大程序。它可以动态加载和卸载模块，能够根据需要定制内核映像的尺寸。

那么 Linux 内核又是如何构成的呢？在或高或低的层次上，内核被划分为多个子系统。Linux 也可以看做是一个整体，因为它会将所有这些基本服务都集成到内核中。

Linux 内核由以下几个子系统组成，分别为：系统调用接口、进程管理、内存管理

(MM)、网络协议栈、虚拟文件系统（Virtul File System，VFS)、设备驱动等，如图12.5所示。

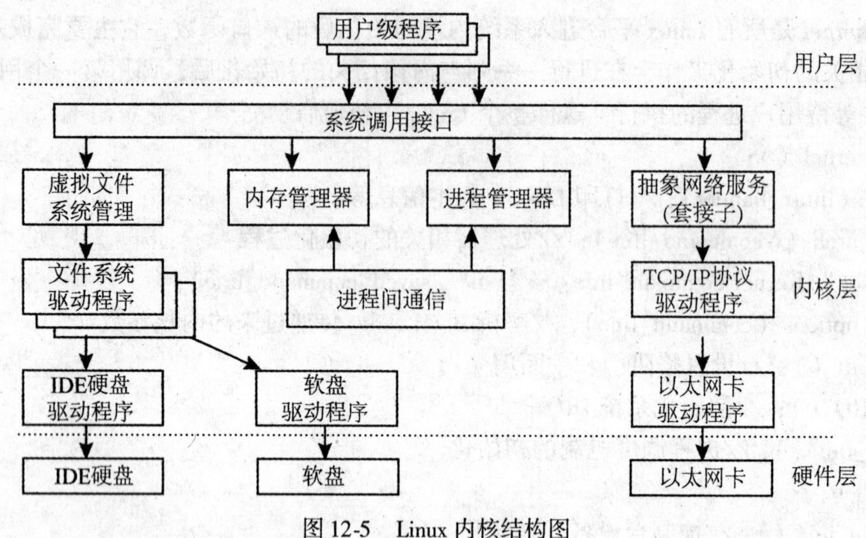

图12-5　Linux内核结构图

(1) 系统调用接口

系统调用接口（SCI）为用户空间提供了一套标准的系统调用函数来访问Linux内核，搭起了用户空间到内核空间的桥梁。

(2) 进程管理

进程管理包括创建进程（fork、exec)，停止进程（kill、exit)，控制它们之间的通信(signal或者POSIX机制)，以及控制系统进程对CPU的访问等。当需要某个进程运行时，由进程调度器根据基于优先级的调度算法启动新的进程。Linux支持多任务运行，那么如何在一个单CPU上支持多任务呢？这个工作就是由进程调度管理来实现的。在系统运行时，每个进程都会分得一定的时间片，然后进程调度器根据时间片的不同，选择每个进程依次运行，例如当某个进程的时间片用完后，调度器会选择一个新的进程继续运行。由于切换的时间和频率都非常的快，由此用户感觉是多个程序在同时运行，而实际上，CPU在同一时间内只有一个进程在运行，这一切都是进程调度管理的结果。

(3) 内存管理

内核所管理的另外一个重要资源是内存。内存管理主要完成的是如何合理有效地管理整个系统的物理内存，同时快速响应内核各个子系统对内存分配的请求。为了提高效率，Linux的内存管理支持虚拟内存，即在计算机中运行的程序，代码，数据，堆栈的总量可以超过实际内存的大小，操作系统只是把当前使用的程序块保留在内存中，其余的程序块则保留在磁盘中。必要时，操作系统负责在磁盘和内存间交换程序块。内存管理从逻辑上分为硬件无关部分和硬件有关部分。硬件无关部分提供了进程的映射和逻辑内存的对换；硬件相关的部分为内存管理硬件提供了虚拟接口。

(4) 虚拟文件系统

Linux是近二十年来发展起来的一种新型的操作系统，其中最重要的特征之一就是支持多种文件系统，这使其更加灵活，从而能与许多其他的操作系统共存。Linux支持ext2, ext3，xia，minix，umsdos，msdes，fat32，ntfs，proc，stub，ncp，hpfs，affs 以及 ufs 等多种文件系统，但是不同的文件系统有不同的访问接口，比如说同样一个文件，把它放在 ext2 这个文件系统中和放在 fat 文件系统中打开的方式是不一样的，即会使用不同的打开函数接口，这样肯定挺麻烦的，因为我们编写程序，当文件放置位置不同，就得去重新修改，采用相应的函数接口。为了解决这个问题，Linux 对所有的文件系统采用了统一的文件界面，用户通过文件的操作界面来实现对不同文件系统的操作。对于用户来说，我们不要去关心不同文件系统的具体操作过程，而只是对一个虚拟的文件操作界面来进行操作，这个操作界面就是 Linux 的虚拟文件系统（VFS），因此，我们应用程序去访问文件时，都是用 open（）来打开的，而不管这个文件到底放在什么位置，是光盘上还是网络上还是磁盘上。

因此，虚拟文件系统（VFS）隐藏了各种文件系统的具体细节，为文件操作提供了一个统一的接口，如图 12-6 所示。

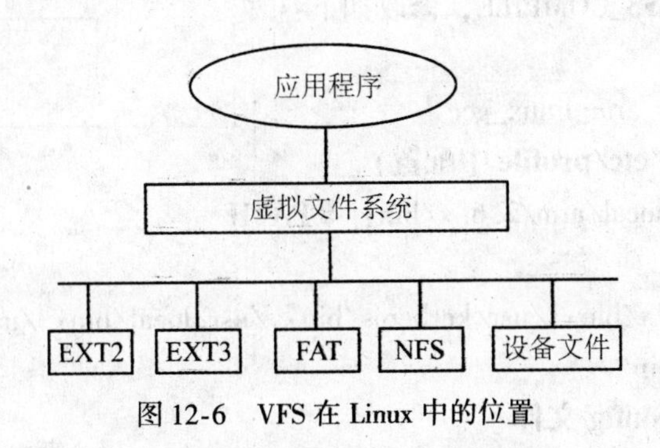

图 12-6 VFS 在 Linux 中的位置

（5）网络堆栈

网络堆栈提供了对各种网络标准的实现和各种网络硬件的支持。网络接口一般分为网络协议和网络驱动程序。网络协议部分负责实现每一种可能的网络传输协议。网络设备驱动程序则主要负责与硬件设备进行通信，每一种可能的网络硬件设备都有相应的设备驱动程序。内核中网络源代码可以在（./linux/net）中找到。

（6）设备驱动程序

Linux 内核中有大量代码都在设备驱动程序中，它们能够运转特定的硬件设备。Linux 源码树提供了一个驱动程序子目录，这个目录又进一步划分为各种支持设备，例如 Bluetooth、I^2C、serial 等。设备驱动程序的代码可以在（./linux/drivers）中找到。

（7）依赖体系结构的代码

尽管 Linux 很大程度上独立于所运行的体系结构，但是有些元素则必须考虑体系结构才能正常操作并实现更高效率。arch 子目录定义了内核源代码中依赖于体系结构的部分，其中包含了各种特定于体系结构的子目录（共同组成了 BSP）。如 arm 子目录就是与 ARM 体系结构兼容子目录，i386 子目录则是 Intel CPU 及其兼容体系结构的子目录。每个体系结构子目录都包含了很多其他子目录，每个子目录都关注内核中的一个特定方面，例如引导、内核、内存管理等。这些依赖体系结构的代码可以在（./linux/arch）中找到。

12.4.4 Linux 内核配置与编译

Linux 内核源代码支持二十多种体系结构的处理器，还有各种各样的驱动程序选项，因此在编译之前必须根据特定平台配置内核源码。Linux 内核有上千个配置选项，配置相当复杂，所以 Linux 内核源代码组织了一个配置系统。

Linux 内核配置系统可以生成内核配置菜单，以方便内核配置。配置系统主要包含 Makefile、Kconfig 和配置工具，可以生成配置界面。配置界面是通过工具来生成的，工具通过 Makefile 编译执行，选项则是通过各级目录的 Kconfig 文件定义。

Linux 内核配置、编译步骤如下：

1. 下载内核源码，并解压，进入内核源码目录。

```
$ sudo tar - jxvf linux-2. 6. x. tar. bz2
$ cd linux-2. 6. x
```

2. 修改内核目录树根下的的 Makefile，指明交叉编译器

```
$ vim Makefile
```

找到 ARCH 和 CROSS_COMPILE，修改如下：

```
ARCH = arm
CROSS_COMPILE = arm_linux_gcc
```

3. 设置环境变量（/etc/profile 中配置）

```
export PATH=/usr/local/arm/2. 6. x/bin: $PATH
echo $PATH
/usr/local/arm/2. 6. x/bin: /usr/kerberos/bin: /usr/local/bin: /usr/bin: /bin: /usr/X11R6/bin: /home/ly/bin
```

4. 配置内核产生 . config 文件

内核配置通常是在一个已有的配置文件基础上，通过修改得到新的配置文件，linux 内核提供了一系列可供参考的内核配置文件，位于：arch/ $ cpu/configs。如现在要配置一个 arm 的 linux 内核，就进入到 arch/arm 目录中，在 arm 目录下有一个 configs 目录，在其中就是供参考的内核配置文件。

例如现在的开发板为 2440 的，就可以参考 s3c2410_defconfig 这个配置文件。进入到 arch/arm/configs，将该文件拷贝到顶层目录（. config 该在的地方）下：cp s3c2410_defconfig ../../../.config，然后使用命令：make menuconfig 进入菜单配置界面，进行修改。

5. 输入内核配置命令（make menuconfig），进行内核选项的选择

可以使用如下命令之一配置内核：

Make config：基于文本模式的交互式配置；

Make menuconfig：基于文本模式的菜单型配置（最常用），如图 12-7 所示；

Make oldconfig：使用已有的配置文件（. config），但会询问新增的配置选项；

Make xconfig：图形化的配置（需安装图形化系统）。

Make menuconfig 是最为常用的内核配置方式，使用方法如下：

（1）使用方向键在各项之间移动

（2）使用“回车”键进入下一层选单；每个选项的高亮字母是键盘快捷方式，使用它可以快速达到想要设置的选项单。

（3）在括号中按“Y”将这个项目编译进内核中，按“m”编译为模块，按“n”为不选择。（也可以按空格键在编译进内核、编译为模块和不编译三者间进行切换），按“h”将显示这个选项的帮助，按“esc”返回上层菜单。

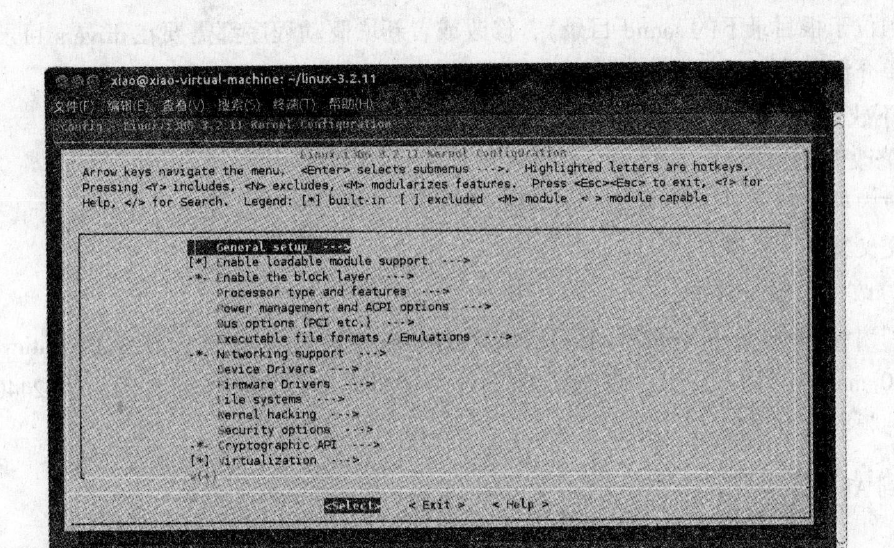

图 12-7 内核配置文本模式

6. 编译内核

当内核配置完成，就要开始做编译，在 x86 上有两个命令：Make zimage 和 Make bzimage，都可以进行编译，而二者区别：在 x86 平台，zimage 只能用于小于 512k 的内核。

在编译中还有一个非常重要的选项，-V = 1。若需获取详细编译信息，可使用：make zimage V = 1 或 make bzimage V = 1。使用该参数后，可以将编译的过程完整的显示出来，包括编译工具，编译的选项等。方便开发者查找错误。

编译好的内核位于：arch/<cpu>/boot/目录下。

7. 下载 Linux 内核（如利用串口进行下载）

此外，若想清除临时文件、中间文件和配置文件，可适用以下命令：

Make clean：删除产生的文件，但保留配置文件（如编译产生 . o 文件，删除，但配置文件保留）。

Make mrproper：不仅删除产生的文件，还一并删除配置文件。

Make distclean：除了删除产生的文件和配置文件，还删除编辑器产生的备份文件和补丁文件。

由此可见最后一种是清除得最彻底的，但是选用什么命令是由实际需要决定的。

12.4.5 Linux 内核移植

熟悉了 Linux 内核结构布局和内核启动流程后，就可以着手实际的移植工作了。所谓的移植就是把程序代码从一种运行环境转移到另外一种运行环境。对于 Linux 内核的移植，主要是将 Linux 内核从一种硬件平台转移到另一种硬件平台上运行。

在 Linux 中内核为 2. 6 的版本，文件数目为 2 万多个，分布在顶层目录下的二十多个子目录中。对于内核移植工作而言，主要是添加开发板初始化和驱动程序的代码，故最常接触到的子目录是 arch、drivers 目录。其中 arch 目录下存放的是所有和体系结构有关的代码，比如 ARM 体系结构的代码就在 arch/arm 目录下；而 drivers 是所有驱动程序所在的目录（声卡驱动单独位于根目录下的 sound 目录），修改或者新增驱动程序都需要在 drivers 目录下进行。下面简单介绍下内核的移植（以 TQ2440 为例）。

1. 下载 linux 内核源码并解压

2. 修改 Makefile

修改内核根目录下的的 Makefile，指明交叉编译器，然后设置 PATH 环境变量，使其可以找到交叉编译工具链。

3. 修改平台输入时钟

找到内核源码 arch/arm/mach-s3c2440/mach-smdk2440. c 文件，在函数 staticvoid _init smdk2440_map_io（void）中，修改成 s3c24xx_init_clocks（12000000），因为 TQ2440 使用的外部时钟频率为 12MHZ。

4. 设置 flash 分区

（1）指明分区信息

在 arch/arm/plat-s3c24xx/common-smdk. c 文件中，可以找到对 mtd_partition、s3c2410_nand_set、s3c2410_platform_nand 这三个结构体赋值的相关代码。第一个是设置 NAND Flash 的分区信息，后两个是 NAND Flash 作为平台设备注册时的结构信息。

进入 common-smdk. c 文件中，添加如下内容：

```
#include <linux/mtd/partitions. h>
#include <linux/mtd/nand. h>
#include <asm/arch/nand. h>
...
/* NAND Controller */
①建立 Nand Flash 分区表
/* 一个 Nand Flash 总共 64MB，按如下大小进行分区 */ //PS：下边的分区要根据开发板实际情况
static struct mtd_partition partition_info [ ] = {
    [0] = {
        . name= " kernel",
        . size= SZ_4M + SZ_1M,
        . offset= 0,
    },
    [1] = {
        . name= " yaffs2",
        . offset = MTDPART_OFS_APPEND, //紧靠前一个分区
        . size= MTDPART_SIZ_FULL, //剩下的容量都作为一个分区
    }
};
```

name：代表分区名字。

size：代表 flash 分区大小（单位：字节）。

offset：代表 flash 分区的起始地址（相对于 0x0 的偏移）。

②加入 Nand Flash 分区

```
struct s3c2410_nand_set nandset = {
nr_partitions: 2, /* 指明 partition_info 中定义的分区数目 */
partitions: partition_info, /* 分区信息表 */
};
```

③ 建立 Nand Flash 芯片支持

```
struct s3c2410_platform_nand superlpplatform= {
        .tacls = 0,
        .twrph0 = 30, //这 三个数字要改的，以前是 20 60 20
        .twrph1 = 0,
        .nr_sets = ARRAY_SIZE (smdk_nand_sets),
        .sets = smdk_nand_sets,
};
```

sets：支持的分区集

nr_set：分区集的个数

④加入 Nand Flash 芯片支持到 Nand Flash 驱动

另外，还要修改此文件中的 s3c_device_nand 结构体变量，添加对 dev 成员的赋值

```
struct platform_device s3c_device_nand = {
        .name = " s3c2440-nand", /* Device name */
        .id = 1, /* Device ID */
        .num_resources = ARRAY_SIZE (s3c_nand_resource),
        .resource = s3c_nand_resource, /* Nand Flash Controller Registers */
        /* Add the Nand Flash device */
        .dev = {
            .platform_data = &superlpplatform
        }
};
```

name：设备名称。

id：有效设备编号，如果只有唯一的一个设备为 1，有多个设备从 0 开始计数。

num_resource：有几个寄存器区。

resource：寄存器区数组首地址。

dev：支持的 Nand Flash 设备。

（2）指定启动时初始化

kernel 启动时依据我们对分区的设置进行初始配置。

arch/arm/machs3c2440/machsmdk2440. c 文件

vi arch/arm/machs3c2440/achsmdk2440. c

修改 smdk2440_devices [ ] . 指明初始化时包括我们在前面所设置的 flash 分区信息

```
static struct platform_device * smdk2440_devices [ ] __initdata = {
s3c_device_usb,
s3c_device_lcd,
s3c_device_wdt,
s3c_device_i2c,
s3c_device_iis,
 * 添加如下语句即可 */
s3c_device_nand,
};
```

保存，退出。

(3) 禁止 Flash ECC 校验

我们的内核都是通过 UBOOT 写到 Nand Flash 的，UBOOT 通过的软件 ECC 算法产生 ECC 校验码，这与内核校验的 ECC 码不一样，内核中的 ECC 码是由 S3C2410 中 Nand Flash 控制器产生的。所以，我们在这里选择禁止内核 ECC 校验。

修改 drivers/mtd/nand/s3c2410.c 文件：

vi drivers/mtd/nand/s3c2410.c

找到 s3c2410_nand_init_chip（）函数，在该函数体最后加上一条语句：

chip->ecc.mode = NAND_ECC_NONE;

保存，退出。

此外，针对其他不同硬件，进行驱动级移植。

5. 配置内核产生 .config 文件

6. 编译内核

7. 移植到开发板，启动。

本章小结

本章首先讲解了嵌入式系统相关的概念，包括嵌入式系统的定义、特点以及体系结构。希望能使读者对目前比较热门的嵌入式系统有个大致了解。

其次，重点讲解了嵌入式系统的重要组成部分嵌入式操作系统，介绍了它与通用操作系统的不同，并具体分析比较了市面上比较流行的几种嵌入式操作系统。

最后针对目前嵌入式市场占有率最高的嵌入式 Linux 系统进行了介绍，嵌入式 Linux 来自于 Linux 的内核裁剪和移植，故讲解了 Linux 内核的相关知识，包括内核构成、内核编译和移植方法。

习题 12

简答题

(1) 什么是嵌入式系统？它有哪些特点？

（2）从各方面比较嵌入式系统与通用计算机的区别？
（3）嵌入式系统由哪几部分构成？
（4）常用的嵌入式操作系统有哪几种？各适用于哪些地方？
（5）什么是嵌入式操作系统移植？
（6）编译及移植 S3C2410 开发板的内核。

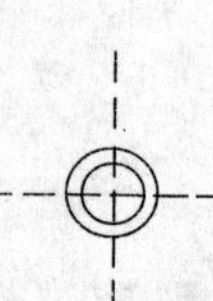

参考文献

[1] 汤小丹，等．计算机操作系统（第三版）．西安：西安电子科技大学出版社，2007.
[2] 孙钟秀．操作系统教程（第4版）．北京：高等教育出版社，2008.
[3] 张献忠．操作系统实用教程．北京：电子工业出版社，2007.
[4] 武伟．操作系统教程．北京：清华大学出版社，2010.
[5] 郑鹏．计算机操作系统．武汉：武汉大学出版社，2009.
[6] William Stallings. 操作系统——精髓与设计原理（第六版）．北京：电子工业出版社，2010.
[7] 庞丽萍．操作系统原理（第四版）．武汉：华中科技大学出版社，2008.
[8] 尤晋元，等．Windows 操作系统原理．北京：机械工业出版社，2001.
[9] 潘爱民．Windows 内核原理与实现．北京：电子工业出版社，2010.
[10] 鸟哥．鸟哥的 Linux 私房菜（基础学习篇）．北京：人民邮电出版社，2010.
[11] 陆松年．操作系统教程（第2版）．北京：电子工业出版社，2006.
[12] 方敏．计算机操作系统．西安：西安电子科技大学出版社，2004.
[13] 陈应明，等．现代计算机操作系统．北京：冶金工业出版社，2003.
[14] 谭耀铭．操作系统（2007 年版）．北京：中国人民大学出版社，2007.
[15] 杨伟，强，顾新．Linux 下的存储管理．电子科技，2005 年第9 期．
[16] 何炎祥 分布式操作系统．北京：高等教育出版社，2005.
[17] 宫杰，李慧萍．浅析分布式操作系统．计算机光盘及应用，2010 年第5 期．
[18] Andrew S. Tanenbaum. 分布式系统：原理与范例．北京：清华大学出版社，2002.
[19] 夏道藏．操作系统高等教程．北京：清华大学出版社，2002.
[20] [美] 塔嫩鲍姆．陆丽娜，伍卫国，刘隆国，译．分布式操作系统．北京：电子工业出版社，2008.
[21] 高传善．分布式系统设计．北京：机械工业出版社，2001.
[22] 郑衍德，徐良贤．操作系统高等教程．上海：上海交通大学出版社，1991.
[23] 孟静．操作系统教程——原理和实例分析．北京：高等教育出版社，2002.
[24] 刘本军．网络操作系统教程——Windows Server 2003 管理与配置．北京：机械工业出版社，2007.
[25] 万振凯，韩清，魏昕．网络操作系统——Windows 2000 Server 管理与应用．北京：北京交通大学出版社，2004.
[26] 王宝智．局域网设计与组网实用教程．北京：清华大学出版社，2010.
[27] 杨剑峰，常晓波，李敏．分布式系统原理与范型．北京：清华大学出版社，2004.
[28] 孟庆昌．操作系统教程（Linux 实例分析）．西安：电子科技大学出版社，2004.
[29] 罗小江．分布式企业文件系统的关键技术研究．上海交通大学硕士学位论文．

[30] 黄涛．基于 Linux 的分布式系统中的进程迁移技术的设计与实现．电子科技大学硕士学位论文．
[31] 宫杰，李慧萍，高琦．浅析分布式操作系统．计算机光盘软件与应用，2010 第 5 期．
[32] [英] 库劳里斯，等．金蓓弘，等，译．分布式系统概念与设计．北京：机械工业出版社，2008.
[33] 孙曼曼，崔素丽．浅谈分布式操作系统．大众科技，2010 第 6 期．
[34] 陈香兰．面向服务的分布式操作系统及其上的服务组合关键技术研究．中国科学技术大学硕士学位论文．
[35] 武秀川，翟一鸣，任满杰．集中式和分布式操作系统中的同步互斥比较教学．计算机教育，2009 第 14 期．
[36] 杨水清．ARM 嵌入式 Linux 系统开发技术详解．北京：电子工业出版社，2008.
[37] 赵苍明．嵌入式 Linux 应用开发教程．北京：人民邮电出版社，2009.
[38] DanielP. Bovet. 深入理解 Linux 内核．北京：中国电力出版社，2008.
[39] 韦山东．嵌入式 Linux 应用开发完全手册．北京：人民邮电出版社，2008.